深度学习的理论基础与核心算法

焦李成 杨淑媛 刘 芳 刘 旭
田晨曦 侯 彪 马文萍 尚荣华 编著

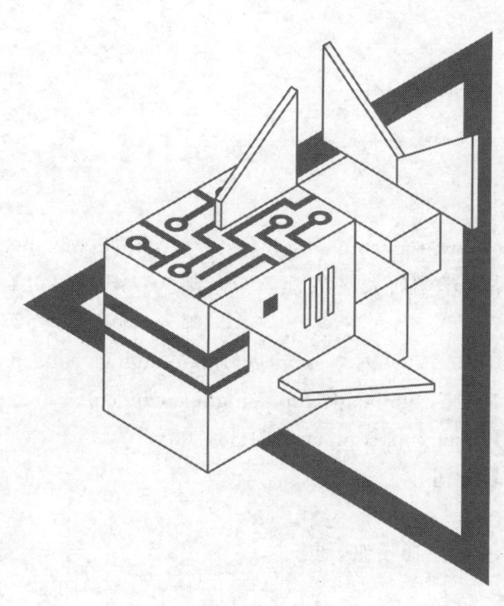

清華大学出版社
北京

内 容 简 介

本书旨在给出深度学习的理论基础和核心算法的主要内容，从而有利于读者和研究者系统地掌握理论结构和脉络。本书首先介绍了深度学习的相关数学基础，主要包括线性代数、概率论、信息论三部分。随后系统地介绍了深度学习的重点内容，主要分为五方面：深度学习的逼近理论、深度学习的表征理论、深度学习的学习理论、深度学习的优化理论、深度学习的核心算法。

本书可作为高等院校智能科学与技术、人工智能、计算机科学、电子科学与技术、控制科学与工程等专业本科生和研究生的教材，还可供对人工智能技术及其应用感兴趣的工程技术人员参考。

图书在版编目(CIP)数据

深度学习的理论基础与核心算法/焦李成等编著.—北京：清华大学出版社，2023.12
ISBN 978-7-302-63071-5

Ⅰ.①深…　Ⅱ.①焦…　Ⅲ.①机器学习－算法　Ⅳ.①TP181

中国国家版本馆 CIP 数据核字(2023)第 045028 号

责任编辑： 王　芳
封面设计： 刘　键
责任校对： 郝美丽
责任印制： 宋　林

出版发行： 清华大学出版社
网　　址： https://www.tup.com.cn，https://www.wqxuetang.com
地　　址： 北京清华大学学研大厦 A 座　　**邮　　编：** 100084
社 总 机： 010-83470000　　**邮　　购：** 010-62786544
投稿与读者服务： 010-62776969，c-service@tup.tsinghua.edu.cn
质量反馈： 010-62772015，zhiliang@tup.tsinghua.edu.cn
课件下载： https://www.tup.com.cn，010-83470236
印 装 者： 三河市龙大印装有限公司
经　　销： 全国新华书店
开　　本： 185mm×260mm　　**印　　张：** 26.5　　**字　　数：** 648 千字
版　　次： 2023 年 12 月第 1 版　　**印　　次：** 2023 年 12 月第1次印刷
印　　数： 1～1500
定　　价： 99.00 元

产品编号：096819-01

前言

PREFACE

我国科技部等五部门联合印发的《加强"从 0 到 1"基础研究工作方案》指出，新一轮科技革命和产业变革正蓬勃兴起，可望催生新的重大科学思想和科学理论，产生颠覆性技术。加强"从 0 到 1"的基础研究，开辟新领域、提出新理论、发展新方法，取得重大开创性的原始创新成果，是国际科技竞争的制高点。

人工智能技术作为新一轮科技革命和产业变革的核心力量，是新时期我国创新发展、建设世界科技强国不可或缺的关键技术。目前，深度学习理论的快速进展有力地推动了下一代人工智能技术的研究与应用。本书聚焦深度学习算法的基础理论和核心算法，希望较为全面系统地论述深度学习的基础理论，为我国建立新一代人工智能基础理论和关键共性技术体系贡献绵薄之力，为实现"从 0 到 1"提供理论支撑。

本书内容的组织和安排，更多的是基于作者的学习与理解。本书内容的取舍主要在于以下两点：理论方面，兼顾人工智能数学基础知识与领域最新原创基础理论，构建脉络清晰的人工智能理论体系，为推动下一代人工智能、下一代深度学习的发展提供坚实的理论支撑；核心技术方面，聚焦领域前沿，力争抽取出最关键、最普适的技术思想，提炼出简洁、可复用的知识模型，为发展更有力的新方法提供"源头活水"。

本书第 1 章首先介绍了深度学习的相关数学基础，主要包括线性代数、概率论、信息论三部分。紧接着系统地论述了深度学习的基础理论，主要包括五方面，即深度学习的逼近理论（第 2～5 章）、深度学习的表征理论（第 6～9 章）、深度学习的学习理论（第 10～15 章）、深度学习的优化理论（第 16～19 章）、深度学习的核心算法（第 20～28 章）。

第一部分，深度学习的逼近理论，包括第 2～5 章的内容。第 2 章介绍深度神经网络的逼近基础理论；第 3 章论述深度神经网络的函数逼近；第 4 章论述深度神经网络的复杂函数逼近理论，包括仿射系统的神经网络逼近、振荡纹理的多项式逼近和指数级逼近、Weierstrass 函数的指数级逼近；第 5 章论述深度神经网络与多尺度几何逼近系统，从傅里叶变换到多尺度几何变换，系统介绍了多尺度几何逼近的理论基础。

第二部分，深度学习的表征理论，包括第 6～9 章的内容。第 6 章论述深度特征网络的构造理论；第 7 章论述学习表征编码器的构造理论；第 8 章论述多尺度几何深度网络，包括小波神经网络、多小波网、散射网、C-CNN 等；第 9 章讨论复数深度学习网络。

第三部分，深度学习的学习理论，包括第 10～15 章的内容。第 10 章论述拟合问题；第 11 章论述正则化理论；第 12 章论述泛化理论；第 13 章论述学习可解释性；第 14 章论述收敛性理论；第 15 章主要讨论模型的复杂度。

第四部分，深度学习的优化理论，包括第 16～19 章的内容。第 16 章介绍深度学习算法优化中的一阶优化方法；第 17 章介绍高阶优化方法；第 18 章介绍启发式学习优化；第 19

章介绍进化深度学习。

第五部分，深度学习的核心算法，包括第 20～28 章的内容。第 20 章论述深度学习算法中的离散优化；第 21 章论述深度学习算法中非凸优化方法；第 22 章论述非负矩阵深度学习分解；第 23 章论述稀疏张量深度学习分解；第 24 章论述线性方程组的深度学习求解；第 25 章论述微分方程的深度学习求解；第 26 章论述深度学习分类；第 27 章论述深度学习聚类；第 28 章论述深度学习回归。

本书的完成，离不开团队的努力和各位专家、老师的大力支持，同时也特别感谢团队博士生张若浛、赵嘉璇、王丹、董惠惠、张俊、杨育婷、高捷、陈洁、马梦茹、何佩、宋雪、游超、黄钟键、王锐楠等的辛苦付出。

本书相关研究工作得到了国家自然科学基金创新研究群体基金（61621005），国家自然科学基金重点项目（61836009），国家自然科学基金重大研究计划（91438201、91438103、91838303），国防科技 173 计划项目，国家自然科学基金（U1701267、62076192、61871310、61902298、61573267、61906150），教育部规划项目，教育部 111 引智计划（B07048），教育部长江学者创新研究团队计划（IRT 15R53），陕西省创新团队（2020TD-017），陕西省重点研发计划（2019ZDLGY03-06）等项目的支持，清华大学出版社对本书的出版给予了大力支持，在此一并致谢。

最后，感谢国内外同行的关怀、帮助与指导。希望本书能为人工智能基础理论研究及其应用做一点基础性工作。由于作者水平所限及这一领域的快速发展，书中难免有不足之处，欢迎大家批评指正。

编著者

2023 年 6 月

目录

CONTENTS

第1章 数学基础

CHAPTER 1

1.1 线性代数

线性代数是理解深度学习理论基础的很重要的工具，如果想在深度学习中提出新的想法，线性代数不可或缺，所以在数学基础的开始，对线性代数中的一些基础知识进行简单的介绍。

1.1.1 向量及其运算

提到线性代数，必须要提的概念就是标量、向量、矩阵，除此之外，还可以延伸到距离、空间、范数等。在实际应用中，通常用向量表示样本，本节主要介绍向量的定义及基本运算。

1. 向量的定义

标量是一个单独的数，只有大小，没有方向。标量通常用斜体小写英文表示，例如，可以用 $n \in N$ 表示元素的数目。

向量是由一组实数组成的有序数组，同时具有大小和方向。可以通过下标获取对应值，通常用粗体小写字母表示，比如 $\boldsymbol{x}$。向量中的元素可以通过带脚标的斜体表示，比如一个 n 维向量 $\boldsymbol{x}$ 由 n 个有序实数组成，表示为列向量的形式

$$\boldsymbol{x} = \begin{bmatrix} x_1 \\ x_2 \\ \vdots \\ x_n \end{bmatrix}$$

其中，x_n 称为向量 $\boldsymbol{x}$ 的第 n 个分量，或第 n 维。向量也可看作为空间中的点，每个元素是不同坐标轴上的坐标。

2. 线性空间

线性空间是线性代数最基本的概念之一，线性空间中的元素就是向量，所以线性空间也称向量空间。本节介绍线性空间的定义及一些性质，并且给出一些常用线性空间的定义。

1）线性空间

在线性空间中，设 E 是非空集合，P 是数域。在 E 中定义两种运算，①加法：$\forall \boldsymbol{x}, \boldsymbol{y} \in E$，存在唯一 $\boldsymbol{z} \in E$，记作 $\boldsymbol{z} = \boldsymbol{x} + \boldsymbol{y}$；②数量乘法：$\forall \boldsymbol{x} \in E, \lambda \in P$，存在唯一 $\boldsymbol{\delta} \in E$，记作 $\boldsymbol{\delta} = \lambda \boldsymbol{x}$。如果加法和数量乘法满足不同的运算规律，其中加法满足下面规则。

（1）$\boldsymbol{x} + \boldsymbol{y} = \boldsymbol{y} + \boldsymbol{x}$；

(2) $(\boldsymbol{x}+\boldsymbol{y})+\boldsymbol{z}=\boldsymbol{x}+(\boldsymbol{y}+\boldsymbol{z})$；

(3) 在 E 中，有一个元素 $\mathbf{0}$，对于任意的 $\boldsymbol{x}\in E$，有 $\boldsymbol{x}+\mathbf{0}=\boldsymbol{x}$；

(4) 对于任意的 $\boldsymbol{x}\in E$，都有 E 中的元素 $\boldsymbol{y}$，有 $\boldsymbol{x}+\boldsymbol{y}=\mathbf{0}$，称 $\boldsymbol{y}$ 为 $\boldsymbol{x}$ 的负元素。

数量乘法满足下面两条规则。

(1) $l\boldsymbol{x}=\boldsymbol{x}$；

(2) $k(l\boldsymbol{x})=(kl)\boldsymbol{x}$。

加法和数量乘法满足下面两条规则。

(1) $(k+l)\boldsymbol{x}=k\boldsymbol{x}+l\boldsymbol{x}$；

(2) $k(\boldsymbol{x}+\boldsymbol{y})=k\boldsymbol{x}+k\boldsymbol{y}$。

其中，k、l 表示数域 P 中的任意值；$\boldsymbol{x}$、$\boldsymbol{y}$、$\boldsymbol{z}$ 为集合 E 中的任意元素，则称 E 是(数域 P 上的)线性空间(或向量空间)。满足上述 8 条运算规律和规则的加法和数量乘法称为线性运算。

从定义出发，可以给出向量空间的一些性质。

(1) 零元素是唯一的；

(2) 负元素是唯一的；

(3) $0\cdot\boldsymbol{x}=\mathbf{0}$；$k\cdot\mathbf{0}=\mathbf{0}$；$(-1)\boldsymbol{x}=-\boldsymbol{x}$；

(4) 如果 $k\boldsymbol{x}=\mathbf{0}$，那么 $k=0$ 或者 $\boldsymbol{x}=\mathbf{0}$。

可以看出，在线性空间中，加入了加法和数乘运算，现在在线性空间的基础上，引入范数定义，就可以得到赋范线性空间。

2) 赋范线性空间

赋范线性空间：设 E 为实(或复)线性空间，若对于任意 $\boldsymbol{x}\in E$，都有一个非负实数 $\|\boldsymbol{x}\|$ 与之对应，并满足以下条件，

(1) 正定性：$\|\boldsymbol{x}\|\geqslant 0$，且 $\|\boldsymbol{x}\|=0\Leftrightarrow\boldsymbol{x}=\mathbf{0}$；

(2) 齐次性：对任意实数，$\|k\boldsymbol{x}\|=|k|\,\|\boldsymbol{x}\|$；

(3) 三角不等式：对任意 $\boldsymbol{x},\boldsymbol{y}\in\mathbb{R}^n$，有 $\|\boldsymbol{x}+\boldsymbol{y}\|\leqslant\|\boldsymbol{x}\|+\|\boldsymbol{y}\|$，

则称 $\|\boldsymbol{x}\|$ 为向量 $\boldsymbol{x}$ 的范数，称 E 为赋范线性空间。

上述三条称为范数公理。有了赋范线性空间之后，则对向量的线性运算和长度有了概念，但对于向量来说，向量间夹角的概念也是在应用中重要的工具，接下来，引入内积的定义。

3) 内积空间

设 U 是数域 K 上的线性空间，若 $\forall\,\boldsymbol{x},\boldsymbol{y}\in U$，都有唯一的数 $(\boldsymbol{x},\boldsymbol{y})\in K$ 与之对应，且满足以下条件，

(1) 正定性：$(\boldsymbol{x},\boldsymbol{x})\geqslant 0$，$(\boldsymbol{x},\boldsymbol{x})=0\Leftrightarrow\boldsymbol{x}=\mathbf{0}$；

(2) 共轭对称性：$(\boldsymbol{x},\boldsymbol{y})=\overline{(\boldsymbol{y},\boldsymbol{x})}$；

(3) 对第一变元的线性性：$(\alpha\boldsymbol{x}+\beta\boldsymbol{y},\boldsymbol{z})=\alpha(\boldsymbol{x},\boldsymbol{z})+\beta(\boldsymbol{y},\boldsymbol{z})$，$\boldsymbol{z}\in U$，

则称 $(\boldsymbol{x},\boldsymbol{y})$ 为 $\boldsymbol{x},\boldsymbol{y}$ 的内积，U 为内积空间。

内积关于第二变元满足共轭线性性质。

(1) $(\boldsymbol{x},\alpha\boldsymbol{y})=\overline{(\alpha\boldsymbol{y},\boldsymbol{x})}=\overline{\alpha}\,\overline{(\boldsymbol{y},\boldsymbol{x})}=\overline{\alpha}(\boldsymbol{x},\boldsymbol{y})$；

(2) $(\boldsymbol{x},\boldsymbol{y}+\boldsymbol{z})=\overline{(\boldsymbol{y}+\boldsymbol{z},\boldsymbol{x})}=\overline{(\boldsymbol{y},\boldsymbol{x})}+\overline{(\boldsymbol{z},\boldsymbol{x})}=(\boldsymbol{x},\boldsymbol{y})+(\boldsymbol{x},\boldsymbol{z})$。

很容易可以得到内积空间一定是赋范线性空间，只要令向量 $\boldsymbol{x}$ 的范数定义为 $\|\boldsymbol{x}\|=$

$\sqrt{(\boldsymbol{x},\boldsymbol{x})}$。而赋范线性空间不一定是内积空间，若要用范数表示内积，需要范数满足平行四边形公式，在这里就不加以证明。

下面给出两种特殊的内积空间的例子：欧几里得(Euclid)空间以及希尔伯特(Hilbert)空间。

设 V 是实数域 $\mathbb{R}$ 的一线性空间，在 V 上定义了一个二次实函数，也就是内积记作 $(\boldsymbol{\alpha},\boldsymbol{\beta})$，内积具有如下性质。

(1) $(\boldsymbol{\alpha},\boldsymbol{\beta})=(\boldsymbol{\beta},\boldsymbol{\alpha})$；

(2) $(k\boldsymbol{\alpha},\boldsymbol{\beta})=k(\boldsymbol{\beta},\boldsymbol{\alpha})$；

(3) $(\boldsymbol{\alpha}+\boldsymbol{\beta},\boldsymbol{\gamma})=(\boldsymbol{\alpha},\boldsymbol{\gamma})+(\boldsymbol{\beta},\boldsymbol{\gamma})$；

(4) $(\boldsymbol{\alpha},\boldsymbol{\alpha})\geqslant 0$，当且仅当 $\boldsymbol{\alpha}=\mathbf{0}$ 时 $(\boldsymbol{\alpha},\boldsymbol{\alpha})=0$。

其中，$\boldsymbol{\alpha}$、$\boldsymbol{\beta}$、$\boldsymbol{\gamma}$ 是 V 中的任意向量，k 为任意实数，这样的线性空间称为欧几里得空间，简称欧氏空间。欧氏空间是一种特殊的内积空间，可以直观地理解为实数域上的有限维内积空间。

若内积空间 U 是完备的，也就是说 U 中任一柯西(Cauchy)点列都在 U 中有极限，则称 U 为 Hilbert 空间，简称 H 空间。H 空间可以看作将欧氏空间推广到了无限维，并且不局限于实数域上，但同时又保留了完备性。

线性空间、赋范线性空间、内积空间、欧氏空间以及 Hilbert 空间的关系如图 1-1 所示。

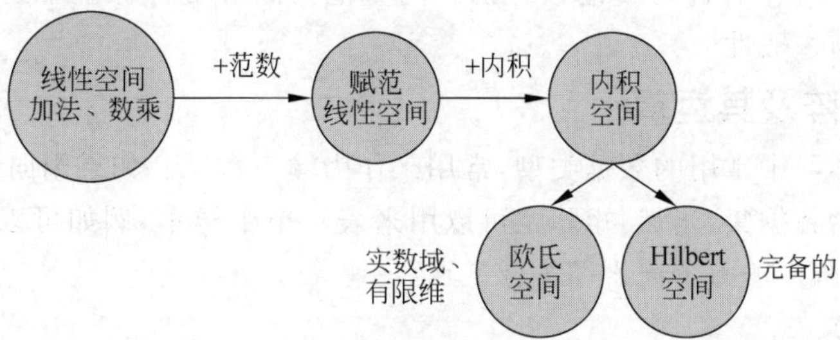

图 1-1　空间之间的关系

3. 向量范数

前面介绍赋范线性空间时，给出了范数的定义。在深度学习的建模中，范数至关重要，下面给出一些常用的向量范数。

(1) L_0 范数：向量非 0 元素的个数，L_0 范数越小 0 元素越多，也就越稀疏。

(2) $L_{\frac{1}{2}}$ 范数：$\|\boldsymbol{x}\|_{\frac{1}{2}}=\left(\sum_i|\boldsymbol{x}_i|^{\frac{1}{2}}\right)^2$，即向量元素绝对值的 $\frac{1}{2}$ 次方和的 2 次幂。

(3) L_1 范数：向量 1-范数：$\|\boldsymbol{x}\|_1=\sum_i|\boldsymbol{x}_i|$，即向量元素绝对值之和。

(4) L_2 范数：向量 2-范数：$\|\boldsymbol{x}\|_2=\sqrt{\sum_i|\boldsymbol{x}_i|^2}$，又称 Euclid 范数，常用于计算向量长度，即向量元素绝对值的平方和再开方。

(5) L_∞ 范数：向量∞-范数：$\|\boldsymbol{x}\|_\infty=\max_i|\boldsymbol{x}_i|$，即所有向量元素绝对值中的最大值。

图 1-2 所示是 $L_{\frac{1}{2}}$、L_1、L_2、L_∞ 正则子的稀疏特性图。

向量范数具有如下两个性质。

(1) 连续性：$\mathbb{R}^n$ 中任一向量范数 $\|\boldsymbol{x}\|$ 是分量 $x_1,x_2,\cdots,x_n$ 的连续函数；

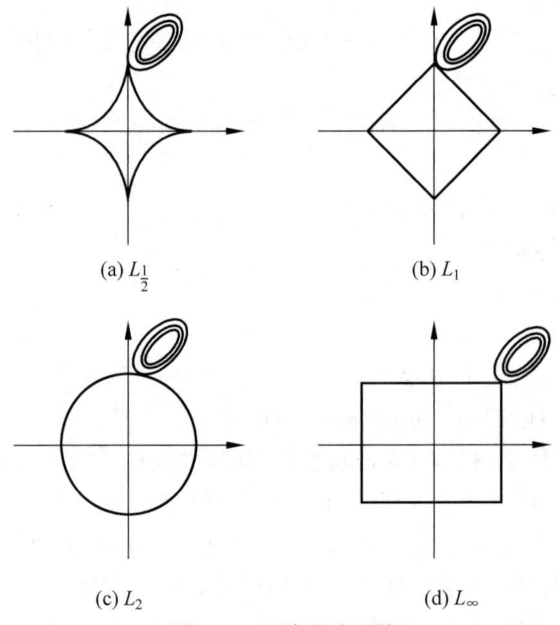

图 1-2 正则项逼近图

(2) 等价性：$\mathbb{R}^n$ 中各种向量范数等价。向量范数的等价性保证了运用具体范数研究收敛性的合法性与一般性。

1.1.2 矩阵及其运算

矩阵为深度学习中常用的数据类型，常用来作为输入数据。如果用向量表示单个样本，矩阵可以用来表示数据集，当然，矩阵也可以用来表示单个样本，例如可以用单个矩阵表示单张灰度图像，矩阵中的每个元素即为像素点。

1. 矩阵的定义

矩阵：矩阵 $\boldsymbol{A}\in\mathbb{R}^{m\times n}$ 通常为 m 行 n 列的二维数组，矩阵 $\boldsymbol{A}$ 从左上角数起的第 i 行第 j 列上的元素称为第 i、j 项，记为 $[\boldsymbol{A}]_{ij}$ 或 a_{ij}。矩阵通常以加粗的斜体大写字母表示，形式为

$$\boldsymbol{A}=\begin{pmatrix} a_{11} & \cdots & a_{1n} \\ \vdots & \ddots & \vdots \\ a_{m1} & \cdots & a_{mn} \end{pmatrix}$$

给出几个特殊的矩阵：如果矩阵行数与列数相同，则矩阵 $\boldsymbol{A}$ 称为方阵，若行列数都为 n，矩阵 $\boldsymbol{A}$ 称为 n 阶方阵。对 n 阶方阵 $\boldsymbol{A}$，若 $a_{ij}=a_{ji}$，称矩阵 $\boldsymbol{A}$ 为对称矩阵。

2. 基本运算

(1) 加法。如果 $\boldsymbol{A}$ 和 $\boldsymbol{B}$ 都为 $m\times n$ 的矩阵，则 $\boldsymbol{A}$ 和 $\boldsymbol{B}$ 的加也是 $m\times n$ 的矩阵，其每个元素是 $\boldsymbol{A}$ 和 $\boldsymbol{B}$ 相应元素相加

$$\boldsymbol{A}[\boldsymbol{A}+\boldsymbol{B}]_{ij}=a_{ij}+b_{ij}$$

(2) 乘法。如果 $\boldsymbol{A}$ 和 $\boldsymbol{B}$ 都为矩阵，$\boldsymbol{AB}$ 表示矩阵的乘法，第 i 行第 j 列的元素为

$$\boldsymbol{A}[\boldsymbol{AB}]_{ij}=\sum_{k=1}^{n}a_{ik}b_{kj}$$

其中，$\boldsymbol{AB}\in\mathbb{R}^{m\times n}$，$\boldsymbol{A}\in\mathbb{R}^{m\times l}$，$\boldsymbol{B}\in\mathbb{R}^{l\times n}$。值得注意的是，两个矩阵的乘积仅当第一个矩阵的列数和第二个矩阵的行数相等时方能定义。矩阵的乘法满足结合律和分配律两个性质，即

$$(AB)C = A(BC)$$

$$(A+B)C = AC + BC, \quad C(A+B) = CA + CB$$

(3) 行列式。一个 $n \times n$ 的矩阵 $\boldsymbol{A}$ 的形式为

$$\boldsymbol{A} = \begin{pmatrix} a_{11} & \cdots & a_{1n} \\ \vdots & \ddots & \vdots \\ a_{n1} & \cdots & a_{nn} \end{pmatrix}$$

其行列式表示为将其映射到标量的函数，记作 $\det(\boldsymbol{A})$或$|\boldsymbol{A}|$，定义为

$$\det(\boldsymbol{A}) = \sum_{j_1 j_2 \cdots j_n} (-1)^{\tau(j_1 j_2 \cdots j_n)} a_{1j_1} a_{1j_2} \cdots a_{1j_n}$$

$j_1 j_2 \cdots j_n$ 是 $1,2,\cdots,n$ 的一个排列，$\tau(j_1 j_2 \cdots j_n)$为 $j_1 j_2 \cdots j_n$ 的逆序数，$j_1 j_2 \cdots j_n$ 中前面的数大于后面的数即称为一个逆序，逆序数为偶数则为偶排列，反之为奇排列，当 $j_1 j_2 \cdots j_n$ 为偶排列时，$a_{1j_1} a_{1j_2} \cdots a_{1j_n}$ 前的符号为正；$\sum\limits_{j_1 j_2 \cdots j_n}$ 表示对所有 n 级排列求和。

(4) 秩。一个 $m \times n$ 的矩阵 $\boldsymbol{A}$ 的列秩表示为矩阵中线性无关的列向量数量，行秩表示为矩阵中线性无关的行向量数量。一个矩阵的列秩和行秩总是相等的，简称为秩，记为 $\mathrm{rank}(\boldsymbol{A})$，若有 $\mathrm{rank}(\boldsymbol{A}) = \min(m,n)$，则称该矩阵 $\boldsymbol{A}$ 为满秩矩阵。若该矩阵不满秩，则说明其包含线性相关的列向量或行向量，那么其行列式的值为 0。

(5) 转置。实数矩阵 $\boldsymbol{A} \in \mathbb{R}^{m \times n}$，第 i 行第 j 列的元素为 a_{ij}，矩阵 $\boldsymbol{A}$ 的转置记为 $\boldsymbol{A}^{\mathrm{T}}$，$(\boldsymbol{A}^{\mathrm{T}})_{ij} = a_{ji}$，有如下的运算规律

$$(\boldsymbol{A} + \boldsymbol{B})^{\mathrm{T}} = \boldsymbol{A}^{\mathrm{T}} + \boldsymbol{B}^{\mathrm{T}}$$

$$(\boldsymbol{AB})^{\mathrm{T}} = \boldsymbol{B}^{\mathrm{T}} \boldsymbol{A}^{\mathrm{T}}$$

(6) 逆矩阵。对于 n 阶方阵 $\boldsymbol{A} \in \mathbb{R}^{n \times n}$，$\boldsymbol{I}$ 为 n 阶单位矩阵，方阵 $\boldsymbol{A}^{-1}$ 满足 $\boldsymbol{A}\boldsymbol{A}^{-1} = \boldsymbol{A}^{-1}\boldsymbol{A} = \boldsymbol{I}$，称为 $\boldsymbol{A}$ 的逆矩阵，显而易见

$$(\boldsymbol{A}^{\mathrm{T}})^{-1} = (\boldsymbol{A}^{-1})^{\mathrm{T}}$$

$$(\boldsymbol{AB})^{-1} = \boldsymbol{B}^{-1} \boldsymbol{A}^{-1}$$

(7) 迹。对于 n 阶方阵 $\boldsymbol{A} \in \mathbb{R}^{n \times n}$，矩阵 $\boldsymbol{A}$ 的迹为主对角元素之和，即

$$\mathrm{tr}(\boldsymbol{A}) = \sum_{i=1}^{n} a_{ii}$$

其中，a_{ii} 为 $\boldsymbol{A}$ 的对角线元素。矩阵的迹有如下性质

$$\mathrm{tr}(\boldsymbol{A}^{\mathrm{T}}) = \mathrm{tr}(\boldsymbol{A})$$

$$\mathrm{tr}(\boldsymbol{A} + \boldsymbol{B}) = \mathrm{tr}(\boldsymbol{A}) + \mathrm{tr}(\boldsymbol{B})$$

$$\mathrm{tr}(\boldsymbol{AB}) = \mathrm{tr}(\boldsymbol{BA})$$

$$\mathrm{tr}(\boldsymbol{ABC}) = \mathrm{tr}(\boldsymbol{BCA}) = \mathrm{tr}(\boldsymbol{CAB})$$

另外，迹运算提供了另外一种描述矩阵 F 范数的方式：

$$\| \boldsymbol{A} \|_F = \sqrt{\mathrm{tr}(\boldsymbol{A}\boldsymbol{A}^{\mathrm{T}})}$$

这些迹的公式常用于求目标函数的梯度以及其他矩阵相关的求导中，在给出了这些矩阵迹的公式基础上，下面讨论向量以及矩阵的求导。

3. 矩阵的导数

1) 向量的导数

首先，给出向量 $\boldsymbol{x}$ 和标量 k，向量 $\boldsymbol{x}$ 对于标量 k 的导数，以及标量 k 对于向量 $\boldsymbol{x}$ 的导数

都是向量，第 i 个分量分别为

$$\left(\frac{\partial \boldsymbol{x}}{\partial k}\right)_i=\frac{\partial \boldsymbol{x}_i}{\partial k}$$

$$\left(\frac{\partial k}{\partial \boldsymbol{x}}\right)_i=\frac{\partial k}{\partial \boldsymbol{x}_i}$$

对于函数 $f(\boldsymbol{x})$，如果函数 $f(\boldsymbol{x})$对于向量 $\boldsymbol{x}$ 的元素可导，函数关于向量的一阶导数也是向量，第 i 个元素为

$$(\nabla f(\boldsymbol{x}))_i=\frac{\partial f(\boldsymbol{x})}{\partial x_i}$$

函数关于向量的二阶导数是矩阵，称为海森矩阵(Hessian matrix)，第 i 行第 j 列的元素分别为

$$(\nabla^2 f(\boldsymbol{x}))_{ij}=\frac{\partial^2 f(\boldsymbol{x})}{\partial x_i \partial x_j}$$

2）矩阵的导数

类似向量的一阶导数，给出矩阵 $\boldsymbol{A}$ 对于标量 k 的导数，以及标量 k 对于矩阵 $\boldsymbol{A}$ 的导数都是矩阵，第 i 行第 j 列的元素分别为

$$\left(\frac{\partial \boldsymbol{A}}{\partial k}\right)_{ij}=\frac{\partial A_{ij}}{\partial k}$$

$$\left(\frac{\partial k}{\partial \boldsymbol{A}}\right)_i=\frac{\partial k}{\partial A_{ij}}$$

3）导数的运算规则

向量和矩阵的导数满足乘法法则

$$\frac{\partial \boldsymbol{x}^{\mathrm{T}}\boldsymbol{a}}{\partial \boldsymbol{x}}=\frac{\partial \boldsymbol{a}^{\mathrm{T}}\boldsymbol{x}}{\partial \boldsymbol{x}}=\boldsymbol{a}$$

$$\frac{\partial \boldsymbol{AB}}{\partial \boldsymbol{x}}=\frac{\partial \boldsymbol{A}}{\partial \boldsymbol{x}}\boldsymbol{B}+\boldsymbol{A}\frac{\partial \boldsymbol{B}}{\partial \boldsymbol{x}}$$

4）逆矩阵的导数

矩阵 $\boldsymbol{A}$ 的逆矩阵为 $\boldsymbol{A}^{-1}$，其相对于标量的导数可以表示为

$$\frac{\partial \boldsymbol{A}^{-1}}{\partial \boldsymbol{x}}=-\boldsymbol{A}^{-1}\frac{\partial \boldsymbol{A}}{\partial \boldsymbol{x}}\boldsymbol{A}^{-1}$$

5）迹的求导

迹的求导在优化中很常用，迹和矩阵的 F 范数是等价的，即 $\|\boldsymbol{A}\|_F=\sqrt{\mathrm{tr}(\boldsymbol{AA}^{\mathrm{T}})}$，迹的求导公式可以总结为

$$\frac{\partial \mathrm{tr}(\boldsymbol{AB})}{\partial a_{ij}}=b_{ij}$$

$$\frac{\partial \mathrm{tr}(\boldsymbol{AB})}{\partial \boldsymbol{A}}=\boldsymbol{B}^{\mathrm{T}}$$

进而根据矩阵迹的几大性质，有

$$\frac{\partial \mathrm{tr}(\boldsymbol{A}^{\mathrm{T}}\boldsymbol{B})}{\partial \boldsymbol{A}}=\boldsymbol{B}$$

$$\frac{\partial \mathrm{tr}(\boldsymbol{A})}{\partial \boldsymbol{A}}=\boldsymbol{I}$$

$$\frac{\partial \text{tr}(\boldsymbol{ABA}^{\text{T}})}{\partial \boldsymbol{A}} = \boldsymbol{A}(\boldsymbol{B} + \boldsymbol{B}^{\text{T}})$$

$$\frac{\partial \|\boldsymbol{A}\|_F^2}{\partial \boldsymbol{A}} = \frac{\partial \text{tr}(\boldsymbol{A}^{\text{T}}\boldsymbol{A})}{\partial \boldsymbol{A}} = 2\boldsymbol{A}$$

6）链式法则

链式法则是计算复杂导数时的重要工具，简单地说，若函数 f 是函数 g 和 h 的复合，即 $f(\boldsymbol{x}) = g(h(\boldsymbol{x}))$，则有

$$\frac{\partial f(\boldsymbol{x})}{\partial \boldsymbol{x}} = \frac{\partial g(h(\boldsymbol{x}))}{\partial h(\boldsymbol{x})} \cdot \frac{\partial h(\boldsymbol{x})}{\partial \boldsymbol{x}}$$

链式法则在矩阵求导中同样适用，例如，

$$\frac{\partial}{\partial \boldsymbol{x}}(\boldsymbol{Ax} - \boldsymbol{b})^{\text{T}}\boldsymbol{W}(\boldsymbol{Ax} - \boldsymbol{b}) = \frac{\partial(\boldsymbol{Ax} - \boldsymbol{b})}{\partial \boldsymbol{x}} 2\boldsymbol{W}(\boldsymbol{Ax} - \boldsymbol{b}) = 2\boldsymbol{AW}(\boldsymbol{Ax} - \boldsymbol{b})$$

4. 特征值与奇异值

特征值和特征向量，以及奇异值和奇异向量是线性代数里非常重要的概念，它们捕获了矩阵的结构，决定了矩阵的很多性质，在数学公式求解、降维、降噪等方面有着广泛的应用。

1）特征值与特征向量

对一个 $n \times n$ 的矩阵 $\boldsymbol{A}$，如果存在一个标量 λ 和一个非零向量 $\boldsymbol{v}$ 满足

$$\boldsymbol{Av} = \lambda \boldsymbol{v}$$

则 λ 称为 $\boldsymbol{A}$ 的一个特征值，而 $\boldsymbol{v}$ 称为 $\boldsymbol{A}$ 的属于特征值 λ 的一个特征向量。

注意：当用矩阵 $\boldsymbol{A}$ 对它的特征向量 $\boldsymbol{v}$ 进行线性映射时，得到的新向量只是在 $\boldsymbol{v}$ 的长度上缩放 λ 倍。给定一个矩阵的特征值，其对应的特征向量的数量是无限多的。并且，令 $\boldsymbol{u}$ 和 $\boldsymbol{v}$ 是矩阵 $\boldsymbol{A}$ 的特征值 λ 对应的特征向量，则 $\alpha\boldsymbol{u}$ 和 $\boldsymbol{u}+\boldsymbol{v}$ 也是特征值 λ 对应的特征向量。

2）奇异值与奇异向量

将一个矩阵 $\boldsymbol{A}$ 的转置乘以 $\boldsymbol{A}$，并对 $\boldsymbol{AA}^{\text{T}}$ 求特征值，则有下面的形式

$$(\boldsymbol{AA}^{\text{T}})\boldsymbol{u} = \lambda \boldsymbol{u}$$

这里 $\boldsymbol{u}$ 就是左奇异向量，同理可得，矩阵 $\boldsymbol{A}^{\text{T}}\boldsymbol{A}$ 的特征向量为右奇异向量，$\boldsymbol{AA}^{\text{T}}$ 与 $\boldsymbol{A}^{\text{T}}\boldsymbol{A}$ 的非零特征值，记为 σ_i^2，σ_i，$i=1,2,\cdots,n$ 称为矩阵 $\boldsymbol{A}$ 的奇异值。

5. 矩阵范数

设矩阵 $\boldsymbol{A} = (a_{ij})_{m \times n} \in \mathbb{R}^{m \times n}$，若对应一个非负实数 $\|\boldsymbol{A}\|$，满足以下性质，则称 $\|\boldsymbol{A}\|$ 为矩阵 $\boldsymbol{A}$ 的范数。

(1) 正定性：$\|\boldsymbol{A}\| \geqslant 0$，且 $\|\boldsymbol{A}\| = 0 \Leftrightarrow \boldsymbol{A} = \boldsymbol{0}$（零矩阵）；

(2) 齐次性：对任意实数 λ，$\|\lambda \boldsymbol{A}\| = |\lambda| \|\boldsymbol{A}\|$；

(3) 三角不等式：对任意 $\boldsymbol{A}, \boldsymbol{B} \in \mathbb{R}^{m \times n}$，有 $\|\boldsymbol{A}+\boldsymbol{B}\| \leqslant \|\boldsymbol{A}\| + \|\boldsymbol{B}\|$；

(4) 相容性：$\|\boldsymbol{AB}\| \leqslant \|\boldsymbol{A}\| \cdot \|\boldsymbol{B}\|$，

矩阵范数常见实例如下。

(1) 矩阵 L_0 范数：矩阵的非 0 元素的个数，通常用它来表示稀疏，L_0 范数越小 0 元素越多，也就越稀疏。

(2) 矩阵 L_1 范数：$\|\boldsymbol{A}\|_1 = \max\limits_j \sum\limits_i a_{ij}$，列和范数，即所有矩阵列向量绝对值之和的最大值。

(3) 矩阵 L_2 范数：$\|\boldsymbol{A}\|_2=\sqrt{\lambda}$，$\lambda$ 为 $\boldsymbol{A}^{\mathrm{T}}\boldsymbol{A}$ 的最大特征值，又称为谱范数，即 $\boldsymbol{A}^{\mathrm{T}}\boldsymbol{A}$ 矩阵的最大特征值的开平方。

(4) F 范数：$\|\boldsymbol{A}\|_F=\left(\sum_i\sum_j|a_{ij}|^2\right)^{\frac{1}{2}}$，Frobenius 范数，即矩阵元素绝对值的平方和再开平方。

(5) 矩阵 L_∞ 范数：$\|\boldsymbol{A}\|_\infty=\max_i\sum_j|a_{ij}|$，行和范数，即所有矩阵行向量绝对值之和的最大值。

(6) 矩阵核范数：$\|\boldsymbol{A}\|_*=\sum_i\lambda_i$，$\lambda_i$ 是 $\boldsymbol{A}$ 的奇异值，即奇异值之和。

1.1.3 矩阵分解

一个矩阵通常可以用一些比较简单的矩阵来表示，称为矩阵分解，这是一种重要的分析手法。这些分解在计算数学中扮演着十分重要的角色，在很多领域有着广泛的应用。

1. LU 分解和 QR 分解

1）LU 分解

如果 n 阶方阵 $\boldsymbol{A}$ 可分解成一个下三角矩阵 $\boldsymbol{L}$ 和一个上三角矩阵 $\boldsymbol{U}$ 的乘积，则称 $\boldsymbol{A}$ 可作三角分解或 LU(LR)分解。如果方阵 $\boldsymbol{A}$ 可分解成 $\boldsymbol{A}=\boldsymbol{LDU}$，其中 $\boldsymbol{L}$ 是单位下三角矩阵，$\boldsymbol{D}$ 是对角矩阵，$\boldsymbol{U}$ 是单位上三角矩阵，则称 $\boldsymbol{A}$ 可作 LDU 分解。

LU 分解为

$$\boldsymbol{A}=\begin{pmatrix}a_{11}&\cdots&a_{1n}\\\vdots&\ddots&\vdots\\a_{n1}&\cdots&a_{nn}\end{pmatrix}=\begin{pmatrix}l_{11}&\cdots&0\\\vdots&\ddots&\vdots\\l_{n1}&\cdots&l_{nn}\end{pmatrix}\begin{pmatrix}u_{11}&\cdots&u_{1n}\\\vdots&\ddots&\vdots\\0&\cdots&u_{nn}\end{pmatrix}=\boldsymbol{LU} \tag{1-1}$$

LDU 分解为

$$\boldsymbol{A}=\begin{pmatrix}a_{11}&\cdots&a_{1n}\\\vdots&\ddots&\vdots\\a_{n1}&\cdots&a_{nn}\end{pmatrix}=\begin{bmatrix}1&0&\cdots&0\\l_{21}&1&\cdots&0\\\vdots&\vdots&\ddots&\vdots\\l_{n1}&l_{n2}&\cdots&1\end{bmatrix}\begin{pmatrix}d_1&\cdots&0\\\vdots&\ddots&\vdots\\0&\cdots&d_n\end{pmatrix}\begin{bmatrix}1&l_{12}&\cdots&l_{1n}\\0&1&\cdots&l_{2n}\\\vdots&\vdots&\ddots&\vdots\\0&0&\cdots&1\end{bmatrix}=\boldsymbol{LDU} \tag{1-2}$$

2）正交三角分解

非奇异矩阵(即满秩矩阵)$\boldsymbol{A}$ 能够化成正交(酉)矩阵 $\boldsymbol{Q}$ 与上三角矩阵 $\boldsymbol{R}$ 的乘积，即 $\boldsymbol{A}=\boldsymbol{QR}$，那么该公式记为 $\boldsymbol{A}$ 的正交三角(QR)分解。

这里并没有规定矩阵 $\boldsymbol{A}$ 是方阵，所以对于一个 $\boldsymbol{A}\in\mathbb{R}^{m\times n}$，可以分为以下三种情况。

(1) $m=n$ 时，记 $\boldsymbol{A}$ 为 n 阶方阵，此时矩阵 $\boldsymbol{A}$ 的 QR 分解将矩阵分解为一个 n 阶正交矩阵 $\boldsymbol{Q}$ 和 n 阶非奇异上三角矩阵 $\boldsymbol{R}$ 的乘积

$$\boldsymbol{A}=\begin{pmatrix}a_{11}&\cdots&a_{1n}\\\vdots&\ddots&\vdots\\a_{n1}&\cdots&a_{nn}\end{pmatrix}=\begin{pmatrix}q_{11}&\cdots&q_{1n}\\\vdots&\ddots&\vdots\\q_{n1}&\cdots&q_{nn}\end{pmatrix}\begin{pmatrix}r_{11}&\cdots&r_{1n}\\\vdots&\ddots&\vdots\\0&\cdots&r_{nn}\end{pmatrix}=\boldsymbol{QR} \tag{1-3}$$

(2) $m>n$ 时，矩阵 $\boldsymbol{A}$ 的 QR 分解将矩阵分解为一个 m 阶正交矩阵 $\boldsymbol{Q}$ 和尺寸为 $m\times n$ 的上三角矩阵 $\boldsymbol{R}$ 的乘积

$$\boldsymbol{A}=\begin{pmatrix}a_{11} & \cdots & a_{1n}\\ \vdots & \ddots & \vdots\\ a_{m1} & \cdots & a_{mn}\end{pmatrix}=\begin{pmatrix}q_{11} & \cdots & q_{1m}\\ \vdots & \ddots & \vdots\\ q_{m1} & \cdots & q_{mm}\end{pmatrix}\begin{pmatrix}r_{11} & \cdots & r_{1n}\\ \vdots & \ddots & \vdots\\ 0 & \cdots & 0\end{pmatrix}$$

$$=\boldsymbol{Q}\begin{pmatrix}\boldsymbol{R}_n\\ \boldsymbol{0}_{(m-n)\times n}\end{pmatrix}=\boldsymbol{QR} \tag{1-4}$$

其中，$\boldsymbol{R}_n$ 为 n 阶上三角矩阵，$\boldsymbol{0}_{(m-n)\times n}$ 为$(m-n)\times n$ 的零矩阵。

(3) $m<n$ 时，矩阵 $\boldsymbol{A}$ 的 QR 分解将矩阵分解为一个 m 阶正交矩阵 $\boldsymbol{Q}$ 和尺寸为 $m\times n$ 的上三角矩阵 $\boldsymbol{R}$ 的乘积，即

$$\boldsymbol{A}=\begin{pmatrix}a_{11} & \cdots & a_{1n}\\ \vdots & \ddots & \vdots\\ a_{m1} & \cdots & a_{mn}\end{pmatrix}=\begin{pmatrix}q_{11} & \cdots & q_{1m}\\ \vdots & \ddots & \vdots\\ q_{m1} & \cdots & q_{mm}\end{pmatrix}\begin{pmatrix}r_{11} & \cdots & r_{1n}\\ \vdots & \ddots & \vdots\\ 0 & \cdots & r_{mn}\end{pmatrix}$$

$$=\boldsymbol{Q}(\boldsymbol{R}_m \quad \boldsymbol{W}_{m\times(n-m)})=\boldsymbol{QR} \tag{1-5}$$

其中，$\boldsymbol{R}_m$ 为 m 阶上三角矩阵，$\boldsymbol{W}_{m\times(n-m)}$ 为 $m\times(n-m)$的矩阵。

求解矩阵的 QR 分解一共有三种方法：格拉姆-施密特(Gram-Schmidt)正交化、豪斯霍尔德(Householder)变换以及吉文斯(Givens)变换方法。下面以格拉姆-施密特正交化方法对方阵 $\boldsymbol{A}$ 进行 QR 分解为例做简单的介绍。

给定 n 阶方阵 $\boldsymbol{A}$，将其写成列向量分块的形式 $\boldsymbol{A}=(\boldsymbol{a}_1,\boldsymbol{a}_2,\cdots,\boldsymbol{a}_n)$，首先对矩阵 $\boldsymbol{A}$ 进行正交化，得到其正交化形式 $\boldsymbol{U}=(\boldsymbol{u}_1,\boldsymbol{u}_2,\cdots,\boldsymbol{u}_n)$，其中，

$$\begin{aligned}
&\boldsymbol{u}_1=\boldsymbol{a}_1\\
&\boldsymbol{u}_2=\boldsymbol{a}_2-\frac{\boldsymbol{a}_2^{\mathrm{T}}\boldsymbol{u}_1}{\boldsymbol{u}_1^{\mathrm{T}}\boldsymbol{u}_1}\boldsymbol{u}_1\\
&\boldsymbol{u}_3=\boldsymbol{a}_3-\frac{\boldsymbol{a}_3^{\mathrm{T}}\boldsymbol{u}_1}{\boldsymbol{u}_1^{\mathrm{T}}\boldsymbol{u}_1}\boldsymbol{u}_1-\frac{\boldsymbol{a}_3^{\mathrm{T}}\boldsymbol{u}_2}{\boldsymbol{u}_2^{\mathrm{T}}\boldsymbol{u}_2}\boldsymbol{u}_2\\
&\cdots\\
&\boldsymbol{u}_n=\boldsymbol{a}_n-\sum_{i=1}^{n-1}\frac{\boldsymbol{a}_n^{\mathrm{T}}\boldsymbol{u}_i}{\boldsymbol{u}_i^{\mathrm{T}}\boldsymbol{u}_i}\boldsymbol{u}_i
\end{aligned}$$

等式变换得到

$$\begin{aligned}
&\boldsymbol{a}_1=\boldsymbol{u}_1\\
&\boldsymbol{a}_2=\boldsymbol{u}_2+\frac{\boldsymbol{a}_2^{\mathrm{T}}\boldsymbol{u}_1}{\boldsymbol{u}_1^{\mathrm{T}}\boldsymbol{u}_1}\boldsymbol{u}_1\\
&\boldsymbol{a}_3=\boldsymbol{u}_3+\frac{\boldsymbol{a}_3^{\mathrm{T}}\boldsymbol{u}_2}{\boldsymbol{u}_2^{\mathrm{T}}\boldsymbol{u}_2}\boldsymbol{u}_2+\frac{\boldsymbol{a}_3^{\mathrm{T}}\boldsymbol{u}_1}{\boldsymbol{u}_1^{\mathrm{T}}\boldsymbol{u}_1}\boldsymbol{u}_1\\
&\cdots\\
&\boldsymbol{a}_n=\boldsymbol{u}_n+\sum_{i=1}^{n-1}\frac{\boldsymbol{a}_n^{\mathrm{T}}\boldsymbol{u}_i}{\boldsymbol{u}_i^{\mathrm{T}}\boldsymbol{u}_i}\boldsymbol{u}_i
\end{aligned}$$

写成矩阵形式

$$(\boldsymbol{a}_1,\boldsymbol{a}_2,\boldsymbol{a}_3,\cdots,\boldsymbol{a}_n)=(\boldsymbol{u}_1,\boldsymbol{u}_2,\boldsymbol{u}_3,\cdots,\boldsymbol{u}_n)\begin{pmatrix} 1 & \frac{\boldsymbol{a}_2^{\mathrm{T}}\boldsymbol{u}_1}{\boldsymbol{u}_1^{\mathrm{T}}\boldsymbol{u}_1} & \frac{\boldsymbol{a}_3^{\mathrm{T}}\boldsymbol{u}_1}{\boldsymbol{u}_1^{\mathrm{T}}\boldsymbol{u}_1} & \cdots & \frac{\boldsymbol{a}_n^{\mathrm{T}}\boldsymbol{u}_1}{\boldsymbol{u}_1^{\mathrm{T}}\boldsymbol{u}_1} \\ 0 & 1 & \frac{\boldsymbol{a}_3^{\mathrm{T}}\boldsymbol{u}_2}{\boldsymbol{u}_2^{\mathrm{T}}\boldsymbol{u}_2} & \cdots & \frac{\boldsymbol{a}_n^{\mathrm{T}}\boldsymbol{u}_2}{\boldsymbol{u}_2^{\mathrm{T}}\boldsymbol{u}_2} \\ 0 & 0 & 1 & \cdots & \frac{\boldsymbol{a}_n^{\mathrm{T}}\boldsymbol{u}_3}{\boldsymbol{u}_3^{\mathrm{T}}\boldsymbol{u}_3} \\ \vdots & \vdots & \vdots & \ddots & \vdots \\ 0 & 0 & 0 & \cdots & 1 \end{pmatrix} \tag{1-6}$$

对 $\boldsymbol{U}=(\boldsymbol{u}_1,\boldsymbol{u}_2,\cdots,\boldsymbol{u}_n)$进行标准化,则有

$$\boldsymbol{e}_i=\frac{\boldsymbol{u}_i}{\|\boldsymbol{u}_i\|},\quad i=1,2,\cdots,n$$

即

$$(\boldsymbol{u}_1,\boldsymbol{u}_2,\boldsymbol{u}_3,\cdots,\boldsymbol{u}_n)=(\boldsymbol{e}_1,\boldsymbol{e}_2,\boldsymbol{e}_3,\cdots,\boldsymbol{e}_n)\begin{pmatrix} \|\boldsymbol{u}_1\| & & \\ & \ddots & \\ & & \|\boldsymbol{u}_n\| \end{pmatrix} \tag{1-7}$$

合并式(1-6)和式(1-7)得到

$$(\boldsymbol{a}_1,\boldsymbol{a}_2,\boldsymbol{a}_3,\cdots,\boldsymbol{a}_n)=(\boldsymbol{e}_1,\boldsymbol{e}_2,\boldsymbol{e}_3,\cdots,\boldsymbol{e}_n)\begin{pmatrix} \|\boldsymbol{u}_1\| & & \\ & \ddots & \\ & & \|\boldsymbol{u}_n\| \end{pmatrix}\begin{pmatrix} 1 & \frac{\boldsymbol{a}_2^{\mathrm{T}}\boldsymbol{u}_1}{\boldsymbol{u}_1^{\mathrm{T}}\boldsymbol{u}_1} & \frac{\boldsymbol{a}_3^{\mathrm{T}}\boldsymbol{u}_1}{\boldsymbol{u}_1^{\mathrm{T}}\boldsymbol{u}_1} & \cdots & \frac{\boldsymbol{a}_n^{\mathrm{T}}\boldsymbol{u}_1}{\boldsymbol{u}_1^{\mathrm{T}}\boldsymbol{u}_1} \\ 0 & 1 & \frac{\boldsymbol{a}_3^{\mathrm{T}}\boldsymbol{u}_2}{\boldsymbol{u}_2^{\mathrm{T}}\boldsymbol{u}_2} & \cdots & \frac{\boldsymbol{a}_n^{\mathrm{T}}\boldsymbol{u}_2}{\boldsymbol{u}_2^{\mathrm{T}}\boldsymbol{u}_2} \\ 0 & 0 & 1 & \cdots & \frac{\boldsymbol{a}_n^{\mathrm{T}}\boldsymbol{u}_3}{\boldsymbol{u}_3^{\mathrm{T}}\boldsymbol{u}_3} \\ \vdots & \vdots & \vdots & \ddots & \vdots \\ 0 & 0 & 0 & \cdots & 1 \end{pmatrix}$$

$$=(\boldsymbol{e}_1,\boldsymbol{e}_2,\boldsymbol{e}_3,\cdots,\boldsymbol{e}_n)\begin{pmatrix} \|\boldsymbol{u}_1\| & \|\boldsymbol{u}_1\|\frac{\boldsymbol{a}_2^{\mathrm{T}}\boldsymbol{u}_1}{\boldsymbol{u}_1^{\mathrm{T}}\boldsymbol{u}_1} & \|\boldsymbol{u}_1\|\frac{\boldsymbol{a}_3^{\mathrm{T}}\boldsymbol{u}_1}{\boldsymbol{u}_1^{\mathrm{T}}\boldsymbol{u}_1} & \cdots & \|\boldsymbol{u}_1\|\frac{\boldsymbol{a}_n^{\mathrm{T}}\boldsymbol{u}_1}{\boldsymbol{u}_1^{\mathrm{T}}\boldsymbol{u}_1} \\ 0 & \|\boldsymbol{u}_2\| & \|\boldsymbol{u}_2\|\frac{\boldsymbol{a}_3^{\mathrm{T}}\boldsymbol{u}_2}{\boldsymbol{u}_2^{\mathrm{T}}\boldsymbol{u}_2} & \cdots & \|\boldsymbol{u}_2\|\frac{\boldsymbol{a}_n^{\mathrm{T}}\boldsymbol{u}_2}{\boldsymbol{u}_2^{\mathrm{T}}\boldsymbol{u}_2} \\ 0 & 0 & \|\boldsymbol{u}_3\| & \cdots & \|\boldsymbol{u}_3\|\frac{\boldsymbol{a}_n^{\mathrm{T}}\boldsymbol{u}_3}{\boldsymbol{u}_3^{\mathrm{T}}\boldsymbol{u}_3} \\ \vdots & \vdots & \vdots & \ddots & \vdots \\ 0 & 0 & 0 & \cdots & \|\boldsymbol{u}_n\| \end{pmatrix}$$

令

$$Q=(e_1,e_2,e_3,\cdots,e_n),\quad R=\begin{pmatrix} \|u_1\| & \|u_1\|\frac{a_2^{\mathrm{T}}u_1}{u_1^{\mathrm{T}}u_1} & \|u_1\|\frac{a_3^{\mathrm{T}}u_1}{u_1^{\mathrm{T}}u_1} & \cdots & \|u_1\|\frac{a_n^{\mathrm{T}}u_1}{u_1^{\mathrm{T}}u_1} \\ 0 & \|u_2\| & \|u_2\|\frac{a_3^{\mathrm{T}}u_2}{u_2^{\mathrm{T}}u_2} & \cdots & \|u_2\|\frac{a_n^{\mathrm{T}}u_2}{u_2^{\mathrm{T}}u_2} \\ 0 & 0 & \|u_3\| & \cdots & \|u_3\|\frac{a_n^{\mathrm{T}}u_3}{u_3^{\mathrm{T}}u_3} \\ \vdots & \vdots & \vdots & \ddots & \vdots \\ 0 & 0 & 0 & \cdots & \|u_n\| \end{pmatrix}$$

$\boldsymbol{Q}$ 是矩阵 $\boldsymbol{A}$ 的标准正交基,为正交矩阵,$\boldsymbol{R}$ 是上三角矩阵,为矩阵 $\boldsymbol{A}$ 的 QR 分解结果。

2. 特征值分解

特征值分解(Eigen decomposition)是常用的矩阵分解,也称为谱分解,特征分解在主成分分析(Principal Component Analysis,PCA)、线性判别分析(Linear Discriminant Analysis,LDA)乃至图神经网络(Graph Neural Network,GNN)等场合都有广泛应用。

特征值分解是指将一个矩阵分解为

$$A=Q\Sigma Q^{-1}=(x_1,x_2,\cdots,x_n)\begin{pmatrix}\lambda_1 & & \\ & \ddots & \\ & & \lambda_n\end{pmatrix}(x_1,x_2,\cdots,x_n)^{\mathrm{T}}$$

其中,$\boldsymbol{\Sigma}$ 是一个对角矩阵,对角线元素 $\lambda_1,\lambda_2,\cdots,\lambda_n$ 为特征值,由大到小进行排列,$\boldsymbol{Q}$ 是矩阵 $\boldsymbol{A}$ 的特征向量组成的矩阵,排列顺序与特征值的顺序相同。也就是说矩阵 $\boldsymbol{A}$ 的信息可以由其特征值和特征向量表示。

特殊情况下,$\boldsymbol{A}$ 若为实对称矩阵,特征值分解可以得到正交矩阵,即

$$A=Q\Sigma Q^{-1}=(x_1,x_2,\cdots,x_n)\begin{pmatrix}\lambda_1 & & \\ & \ddots & \\ & & \lambda_n\end{pmatrix}(x_1,x_2,\cdots,x_n)^{\mathrm{T}}$$

此时$\boldsymbol{\Sigma}$ 的对角线元素 $\lambda_1,\lambda_2,\cdots,\lambda_n$ 依然为特征值由大到小进行排列,$\boldsymbol{Q}$ 此时为正交矩阵,每列为矩阵 $\boldsymbol{A}$ 的特征向量,排列顺序与特征值的顺序相同。

一个 n 阶矩阵能进行特征分解的充分必要条件为,该矩阵有 n 个线性无关的特征向量。

3. 奇异值分解

只有方阵才可以做特征值分解,且要求方阵有 n 个线性无关的特征向量。但在大部分实际情况下所获得的矩阵不是方阵,而对于非方阵的矩阵,引入奇异值分解(Singular Value Decomposition,SVD)作为其推广,SVD 对于任意的矩阵都可以进行分解。

矩阵 $\boldsymbol{A}\in\mathbb{R}^{m\times n}$ 的 SVD 定义为

$$A=U\Sigma V^{\mathrm{T}}$$

其中,$\boldsymbol{U}\in\mathbb{R}^{m\times m}$ 和 $\boldsymbol{V}\in\mathbb{R}^{n\times n}$ 为标准正交矩阵,即列向量都是单位长度的,并且满足 $\boldsymbol{U}\boldsymbol{U}^{\mathrm{T}}=\boldsymbol{I}_m$ 和 $\boldsymbol{V}\boldsymbol{V}^{\mathrm{T}}=\boldsymbol{I}_n$。$\boldsymbol{\Sigma}\in\mathbb{R}^{m\times n}$,除了对角线元素之外,其余元素均为零。

将 $\boldsymbol{U}$ 中的列向量称为左奇异向量,是 $\boldsymbol{A}\boldsymbol{A}^{\mathrm{T}}$ 的特征向量;$\boldsymbol{V}$ 中的列向量称为右奇异向

量，是矩阵 $\boldsymbol{A}^{\mathrm{T}}\boldsymbol{A}$ 的特征向量；$\boldsymbol{\Sigma}$ 中的对角线元素称为奇异值，为 $\boldsymbol{A}\boldsymbol{A}^{\mathrm{T}}$ 特征值的非负平方根，也是 $\boldsymbol{A}^{\mathrm{T}}\boldsymbol{A}$ 特征值的非负平方根，最多有 $\mathrm{rank}(\boldsymbol{A})\leqslant\min(m,n)$ 个非零奇异值。

首先证明 $\boldsymbol{A}\boldsymbol{A}^{\mathrm{T}}$ 的非零特征值与 $\boldsymbol{A}^{\mathrm{T}}\boldsymbol{A}$ 的非零特征值相等。λ 为 $\boldsymbol{A}\boldsymbol{A}^{\mathrm{T}}$ 的一个非零特征值，$\boldsymbol{a}$ 为对应的特征向量，易得

$$\boldsymbol{A}\boldsymbol{A}^{\mathrm{T}}\boldsymbol{a}=\lambda\boldsymbol{a} \tag{1-8}$$

将式(1-8)同时左乘 $\boldsymbol{A}^{\mathrm{T}}$ 得

$$\boldsymbol{A}^{\mathrm{T}}\boldsymbol{A}\boldsymbol{A}^{\mathrm{T}}\boldsymbol{a}=\boldsymbol{A}^{\mathrm{T}}\lambda\boldsymbol{a}$$

$$\boldsymbol{A}^{\mathrm{T}}\boldsymbol{A}(\boldsymbol{A}^{\mathrm{T}}\boldsymbol{a})=\lambda(\boldsymbol{A}^{\mathrm{T}}\boldsymbol{a})$$

此时，若 $\boldsymbol{A}^{\mathrm{T}}\boldsymbol{a}\neq\boldsymbol{0}$，$\lambda$ 就为 $\boldsymbol{A}^{\mathrm{T}}\boldsymbol{A}$ 的特征值，$\boldsymbol{A}^{\mathrm{T}}\boldsymbol{a}$ 就为其对应的特征向量。下证 $\boldsymbol{A}^{\mathrm{T}}\boldsymbol{a}\neq\boldsymbol{0}$。

对式(1-8)同时左乘 $\boldsymbol{a}^{\mathrm{T}}$ 得

$$\begin{aligned}\boldsymbol{a}^{\mathrm{T}}\boldsymbol{A}\boldsymbol{A}^{\mathrm{T}}\boldsymbol{a}&=(\boldsymbol{A}^{\mathrm{T}}\boldsymbol{a})^{\mathrm{T}}\boldsymbol{A}^{\mathrm{T}}\boldsymbol{a}\\&=\boldsymbol{a}^{\mathrm{T}}\lambda\boldsymbol{a}=\lambda(\boldsymbol{a}^{\mathrm{T}}\boldsymbol{a})\end{aligned} \tag{1-9}$$

由于 $\lambda\neq0$，$\boldsymbol{a}\neq\boldsymbol{0}$，则式(1-9)大于 0，由此得 $\boldsymbol{A}^{\mathrm{T}}\boldsymbol{a}\neq\boldsymbol{0}$。即证得，$\lambda$ 同时为 $\boldsymbol{A}^{\mathrm{T}}\boldsymbol{A}$ 的非零特征值。同理可得，若 λ 为 $\boldsymbol{A}^{\mathrm{T}}\boldsymbol{A}$ 的非零特征值，那么 λ 也为 $\boldsymbol{A}\boldsymbol{A}^{\mathrm{T}}$ 的非零特征值，则 $\boldsymbol{A}\boldsymbol{A}^{\mathrm{T}}$ 的非零特征值与 $\boldsymbol{A}^{\mathrm{T}}\boldsymbol{A}$ 的非零特征值相等。

给出求解 SVD 的步骤如图 1-3 所示。

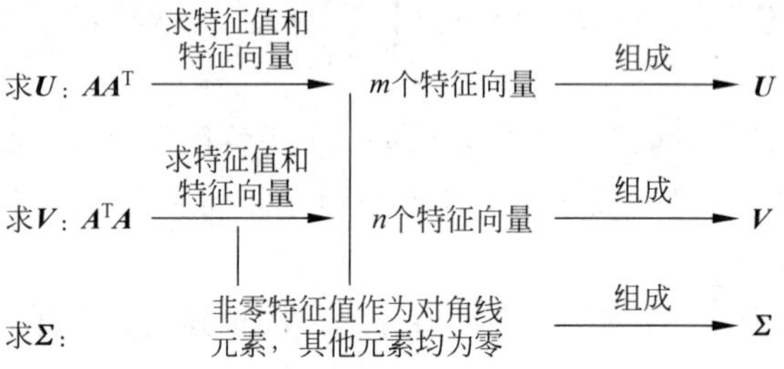

求 $\boldsymbol{U}$: $\boldsymbol{A}\boldsymbol{A}^{\mathrm{T}}$ —求特征值和特征向量→ m 个特征向量 —组成→ $\boldsymbol{U}$

求 $\boldsymbol{V}$: $\boldsymbol{A}^{\mathrm{T}}\boldsymbol{A}$ —求特征值和特征向量→ n 个特征向量 —组成→ $\boldsymbol{V}$

求 $\boldsymbol{\Sigma}$: 非零特征值作为对角线元素，其他元素均为零 —组成→ $\boldsymbol{\Sigma}$

图 1-3 求解 SVD 的步骤

SVD 可以解决低秩矩阵近似问题，即求最优 k 秩矩阵 $\widetilde{\boldsymbol{A}}$ 近似原矩阵 $\boldsymbol{A}$，即

$$\begin{aligned}&\min_{\widetilde{\boldsymbol{A}}\in\mathbf{R}^{m\times n}}\ \|\boldsymbol{A}-\widetilde{\boldsymbol{A}}\|_F\\&\text{s.t.}\ \mathrm{rank}(\widetilde{\boldsymbol{A}})=k\leqslant\mathrm{rank}(\boldsymbol{A})\end{aligned} \tag{1-10}$$

SVD 提供了式(1-10)的解析解：对矩阵 $\boldsymbol{A}$ 进行 SVD 后，将矩阵 $\boldsymbol{\Sigma}$ 中的 $r-k$ 个最小的奇异值置为 0 获得矩阵 $\boldsymbol{\Sigma}_k$，则 $\boldsymbol{A}_k=\boldsymbol{U}_k\boldsymbol{\Sigma}_k\boldsymbol{V}_k^{\mathrm{T}}$ 就是最优解，其中 $\boldsymbol{U}_k$ 和 $\boldsymbol{V}_k$ 分别是 $\boldsymbol{U}$ 和 $\boldsymbol{V}$ 中前 k 列组成的矩阵。这个结果是根据 Eckart-Young-Mirsky 定理给出。SVD 揭示了矩阵的本质特征，对于矩阵的分析有着重要意义，因此在很多领域应用广泛。

1.2 概率论

1.2.1 概率与随机变量

本节简要介绍概率的相关基本知识以供查阅和理解，包括随机变量、概率密度函数、条件概率、期望、方差等概念。

1. 随机试验

随机试验是测量其结果不确定的过程的试验。假设 n 次试验 $E=\{E_1,E_2,\cdots,E_n\}$ 是

随机试验，则对于每个试验，应当满足以下条件：

(1) 在相同的条件下可以重复进行；

(2) 每次试验的所有可能结果能事先明确，且不止一个；

(3) 进行试验之前不能确定会出现哪个结果。

每次的随机试验之前，尽管不能预知试验结果，但试验的所有可能结果是明确的。将随机试验的所有可能结果组成的集合称为该随机试验的**样本空间**，记为 S。样本空间的元素，即随机试验 E 的每个可能结果，称为样本点。

实际上，当进行随机试验时，人们常关注的是满足某种条件下的那些样本点组成的集合。例如，若规定某种灯泡的寿命(小时)小于 500 为次品，则在随机试验 E 中将关注灯泡的寿命是否有 $t>500$。满足这个条件的样本点组成样本空间的一个子集：$A=\{t|t\geqslant 500\}$。称 A 为试验 E 的一个**随机事件**。

随机事件是一个集合，具体来讲是指随机试验的可能结果的集合，也就是试验 E 的样本空间 S 中的子集，简称事件。在每次试验中，当且仅当这一子集中的一个样本点出现时，称这一事件发生。

2. 概率

概率表示一个事件发生的可能性。事件 A 的概率记为 $P(A)$。概率满足以下三个公理。

(1) 非负性。对于任意事件 A，有

$$0\leqslant P(A)\leqslant 1$$

(2) 归一性。对于整个样本空间 S，有

$$P(A)=1$$

(3) 可加性。对于一系列互不相交的事件 $A_1,A_2,\cdots$，有

$$P\left(\bigcup_{i=1,2,\cdots} A_i\right)=\sum_{i=1,2,\cdots} P(A_i)$$

由此可推出，对事件 A 与事件 B，满足下列可加性定理

$$P(A\cup B)=P(A)+P(B)-P(A\cap B)$$

由此还可推广至两个以上事件的情况，对事件 A、B、C，有

$$P(A\cup B\cup C)=P(A)+P(B)+P(C)-P(A\cap B)-P(A\cap C)-P(B\cap C)+P(A\cap B\cap C)$$

3. 随机变量

随机变量是可以随机地取不同值的变量，具体地说是随机试验的结果可以用一个数 X 表示，这个数 X 随着试验结果的不同而变化，这个数就称为随机变量。例如，随机抛一个骰子，每次试验得到的点数可以看作一个随机变量 X，X 的取值为$\{1,2,3,4,5,6\}$。

随机变量既可以是离散的也可以是连续的。离散的随机变量有或有限或可数无限多的状态，这些状态可以不必为整数，可能只是一些被命名的状态并没有数值。连续随机变量伴随着实数值。

1) 离散型随机变量

离散型随机变量的取值为有限可列举的，例如某个城市的 120 急救电话台一昼夜接到的电话次数是一个离散型随机变量。

设离散型随机变量 X 所有可能的取值为 $\{x_1, x_2, \cdots, x_N\}$，要掌握一个离散型随机变量 X 的统计规律，必须且只需知道 X 的所有可能取值及取每个可能值的概率。X 取各个可能值的概率即为事件 $\{X=x_n\}, n=1,2,\cdots,N$ 的概率，为

$$P\{X=x_n\}=p(x_n), \quad n=1,2,\cdots,N$$

离散型随机变量 X 的概率分布(或简称分布)为 $p(x_1), p(x_2), \cdots, p(x_N)$，并且满足概率公理

$$\sum_{n=1}^{N} p(x_n)=1$$

$$p(x_n) \geqslant 0, \quad \forall n \in \{1,2,\cdots,N\}$$

2) 连续型随机变量

对于非离散型随机变量，其可能的取值不能一一列举出来，由全体实数或者一部分区间组成，如

$$X=\{x \mid a \leqslant x \leqslant b\}, \quad -\infty<a<b<\infty$$

则称 X 是连续型随机变量。

对于连续型随机变量，取任意指定的实数值的概率都等于 0，与离散型随机变量截然不同。因此连续型随机变量一般研究其取值坐落在一个区间的概率。

连续型随机变量 X 的概率分布一般用概率密度函数 $p(x)$ 表示，$p(x)$ 是可积函数，简称概率密度，并具有以下性质：

(1) $p(x) \geqslant 0$；

(2) $\int_{-\infty}^{\infty} p(x) \mathrm{d} x=1$；

(3) 对于任意实数 $x_1, x_2 (x_1 \leqslant x_2)$，

$$P\{x_1<X \leqslant x_2\}=F(x_2)-F(x_1)=\int_{x_1}^{x_2} p(x) \mathrm{d} x$$

此时可以不考虑取值为开区间或闭区间，即近似认为

$$P\{x_1<X \leqslant x_2\}=P\{x_1 \leqslant X<x_2\}=P\{x_1 \leqslant X \leqslant x_2\}=P\{x_1<X<x_2\}$$

(4) 若 $p(x)$ 在点 x 处连续，则有 $F'(x)=p(x)$。

为了理解随机变量之间的依赖性，下面给出条件概率和贝叶斯公式。给定 X，变量 Y 的条件概率记为 $P(Y|X)$，定义为

$$P(Y \mid X)=\frac{P(X, Y)}{P(Y)}$$

如果 X 和 Y 是独立的，则 $P(Y|X)=P(Y)$。

贝叶斯定理是基于条件概率提出的定理，使得条件概率 $P(Y|X)$ 和 $P(X|Y)$ 可以互相表示。贝叶斯公式为

$$P(Y \mid X)=\frac{P(X \mid Y) P(Y)}{P(X)} \tag{1-11}$$

1.2.2 期望、方差和协方差

1. 期望

期望是一个随机变量被期待的取值，是应用极多的刻画概率分布特征的数据。一个随

机变量 X 的期望,是 X 以概率密度函数 $f(x)$ 为权的加权平均值,其中,离散型为

$$E[X]=\sum_{x} xf(x)$$

连续型为:

$$E[X]=\int_{-\infty}^{\infty} xf(x)\mathrm{d}x$$

期望也常记作 μ。

期望值还具有如下性质:对于常量 a、b,则 $E[a]=a$,$E[aX]=aE[X]$,$E[aX+bY]=aE[X]+bE[Y]$。

2. 方差

方差用于表示随机变量概率分布的离散程度,一个随机变量 X 的方差定义为

$$\sigma^2(X)=E\left[(X-E[X])^2\right]$$

对于常数 c,方差满足以下性质:

$$\sigma^2(c)=0,\quad \sigma^2(X+c)=\sigma^2(X),\quad \sigma^2(cX)=c^2\sigma^2(X)$$

方差的平方根称为标准差,记作 $\sigma(X)$,则有

$$\sigma(X)=\sqrt{\sigma^2(X)}$$

3. 协方差

对于一组随机变量,协方差是一个非常有用的期望值。协方差用于衡量两个随机变量之间的线性相关性和总体变化性,定义为

$$\operatorname{cov}(X,Y)=E[(X-E(X))(Y-E(Y))]$$

注意,随机变量 X 的方差等于 $\operatorname{cov}(X,X)$。

如果协方差的绝对值很大,表示变量值的变化很大,且同时离各自的均值很远。若协方差是正数,则两个变量倾向于同时取值相对较大;反之若为负数,则一个变量值倾向于取相对较大值的同时,另一个变量倾向于取相对较小的值。

如果两个随机变量的协方差为 0,那么称这两个随机变量线性不相关,但并不表示它们之间是独立的,只是可能有某种非线性的函数关系;反之,如果两个随机变量是相互独立的,则它们之间的协方差一定为 0。

二维随机变量 X、Y 的协方差矩阵可以写成如下形式,分别为

$$\begin{pmatrix} c_{11} & c_{12} \\ c_{21} & c_{22} \end{pmatrix}$$

其中,

$$c_{11}=E\left[(X-E[X])^2\right]$$
$$c_{12}=E\left[(X-E[X])(Y-E[Y])\right]$$
$$c_{21}=E\left[(Y-E[Y])(X-E[X])\right]$$
$$c_{22}=E\left[(Y-E[Y])^2\right]$$

1.2.3　常见的概率分布

本节简要介绍几种常用的概率分布,对于每种分布给出概率密度函数、期望、方差和协方差等几个主要的统计量。此节用变量 x 替代 1.2.2 节的 X,把 x 当作是概率函数的

变量。

1. 均匀分布

均匀分布是关于定义在区间$[a,b](a<b)$上连续变量的简单概率分布，其概率密度函数如图 1-4 所示。其概率密度函数等统计量如下。

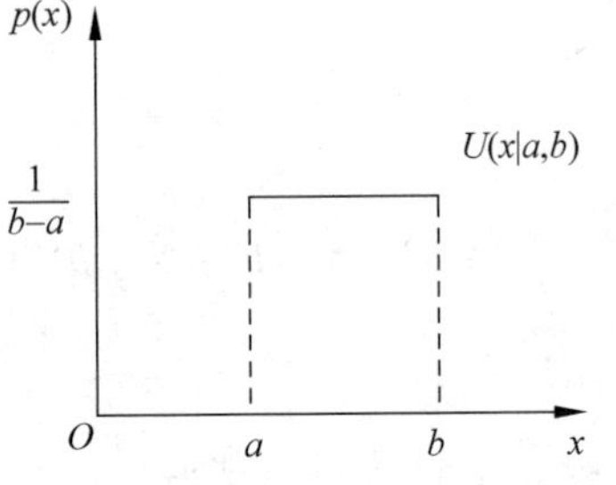

图 1-4　均匀分布的概率密度函数

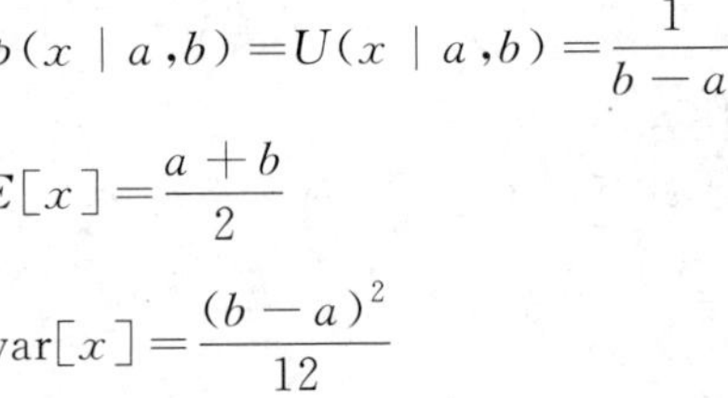

$$p(x \mid a,b)=U(x \mid a,b)=\frac{1}{b-a}$$

$$E[x]=\frac{a+b}{2}$$

$$\operatorname{var}[x]=\frac{(b-a)^2}{12}$$

不难发现，如果变量 x 服从均匀分布 $U(x|0,1)$，则 $a+(b-a)x,a<b$ 服从均匀分布 $U(x|a,b)$。

2. 伯努利分布

伯努利分布(Bernoulli distribution)是关于布尔变量 $x\in\{0,1\}$ 的概率分布，其连续参数 $\mu\in[0,1]$表示变量 $x=1$ 的概率，例如掷硬币正面朝上($x=1$)的概率为 $\mu=\frac{1}{2}$。其概率密度函数等统计量如下

$$p(x \mid \mu)=\operatorname{Bern}(x \mid \mu)=\mu^x(1-\mu)^{1-x}$$
$$E[x]=\mu$$
$$\operatorname{var}[x]=\mu(1-\mu)$$

3. 多项分布

二项分布用以描述 N 次独立的伯努利试验中由 m 次成功(即 $x=1$)的概率，其中每次伯努利试验成功的概率 $\mu\in[0,1]$。其概率密度函数等统计量如下

$$p(m \mid N,\mu)=Bin(m \mid N,\mu)=\binom{N}{m}\mu^m(1-\mu)^{N-m}$$
$$E[x]=N\mu$$
$$\operatorname{var}[x]=N\mu(1-\mu)$$

可知当 $N=1$ 时，二项分布退化为伯努利分布。

若伯努利分布由单变量扩展为 d 维向量$\boldsymbol{x}$，其中 $x_i\in\{0,1\}$ 且 $\sum_{i=1}^{d}x_i=1$，并假设 x_i 取 1 的概率为 $\mu_i\in[0,1]$，$\sum_{i=1}^{d}\mu_i=1$，则将得到离散概率分布

$$p(\boldsymbol{x} \mid \boldsymbol{\mu})=\prod_{i=1}^{d}\mu_i^{x_i}$$
$$E[x_i]=\mu_i$$
$$\operatorname{var}[x_i]=\mu_i(1-\mu_i)$$
$$\operatorname{cov}[x_j,x_i]=\mathbb{I}[j=i]\mu_i$$

在此基础上扩展二项分布则得到多项分布，它描述了在 N 次独立试验中有 m_i 次 $x_i=1$ 的概率，且分别有 d 个变量，即 $i=1,2,\cdots,d$，则有

$$p(m_1,m_2,\cdots,m_d \mid N,\mu)=Mult(m_1,m_2,\cdots,m_d \mid N,\mu)=\frac{N!}{m_1!\ m_2!\ \cdots m_d!}\prod_{i=1}^{d}\mu_i^{m_i}$$

$$E[m_i]=N\mu$$

$$\mathrm{var}[m_i]=N\mu_i(1-\mu_i)$$

$$\mathrm{cov}[m_j,m_i]=-N\mu_j\mu_i$$

4. 贝塔分布

贝塔分布(Beta distribution)是关于连续变量 $\mu\in[0,1]$的概率分布,它由两个参数 $a>0$ 和 $b>0$ 确定,其概率密度函数如图 1-5 所示,其统计量为

$$p(\mu \mid a,b)=\mathrm{Beta}(\mu \mid a,b)=\frac{\Gamma(a+b)}{\Gamma(a)\Gamma(b)}\mu^{a-1}(1-\mu)^{b-1}$$

$$=\frac{1}{B(a,b)}\mu^{a-1}(1-\mu)^{b-1}$$

$$E[\mu]=\frac{a}{a+b}$$

$$\mathrm{var}[\mu]=\frac{ab}{(a+b)^2(a+b+1)}$$

其中,$\Gamma(a)$为 Gamma 函数

$$\Gamma(a)=\int_0^{+\infty}t^{a-1}\mathrm{e}^{-t}\,\mathrm{d}t$$

其中,$B(a,b)$为 Beta 函数

$$B(a,b)=\frac{\Gamma(a)\Gamma(b)}{\Gamma(a+b)}$$

当 $a=b=1$ 时,贝塔分布退化为均匀分布。

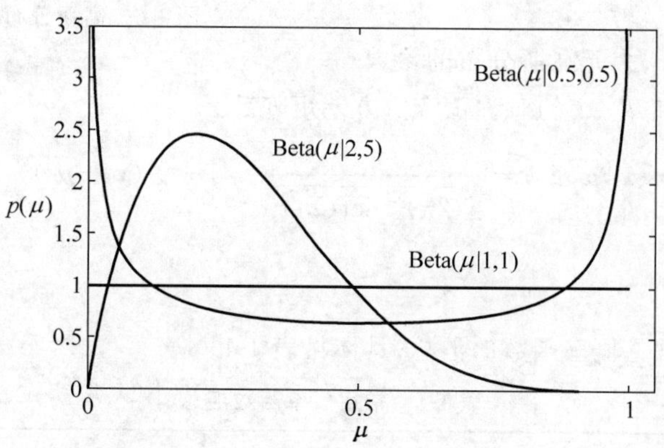

图 1-5　贝塔分布的概率密度函数

注:贝塔分布和狄利克雷分布(Dirichlet distribution)分别是二项分布和多项分布的共轭分布,共轭分布的定义将在后面给出。

5. 狄利克雷分布

狄利克雷分布是关于一组 d 个连续变量 $\mu_i\in[0,1]$的概率分布,$\sum_{i=1}^{d}\mu_i=1$。令 $\boldsymbol{\mu}=$

$(\mu_1,\mu_2,\cdots,\mu_d)^{\mathrm{T}}$，参数$\boldsymbol{\alpha}=(\alpha_1,\alpha_2,\cdots,\alpha_d)^{\mathrm{T}}$，$\alpha_i>0$，$\hat{\alpha}=\sum_{i=1}^{d}\alpha_i$。

$$p(\boldsymbol{\mu}\mid\boldsymbol{\alpha})=\mathrm{Dir}(\boldsymbol{\mu}\mid\boldsymbol{\alpha})=\frac{\Gamma(\hat{\alpha})}{\Gamma(\alpha_1)\cdots\Gamma(\alpha_i)}\prod_{i=1}^{d}\mu_i^{\alpha_i-1}$$

$$E[\mu_i]=\frac{\alpha_i}{\hat{\alpha}}$$

$$\mathrm{var}[\mu_i]=\frac{\alpha_i(\hat{\alpha}-\alpha_i)}{\hat{\alpha}^2(\hat{\alpha}+1)}$$

$$\mathrm{cov}[\mu_j,\mu_i]=\frac{\alpha_j\alpha_i}{\hat{\alpha}^2(\hat{\alpha}+1)}$$

当$d=2$时，狄利克雷分布退化为贝塔分布。

6. 高斯分布

高斯分布也称为正态分布，是应用最为广泛的连续概率分布。对于单变量$x\in(-\infty,\infty)$，高斯分布的参数为均值$\mu\in(-\infty,\infty)$和方差$\sigma^2>0$。图1-6给出了几组不同参数下高斯分布的概率密度函数。

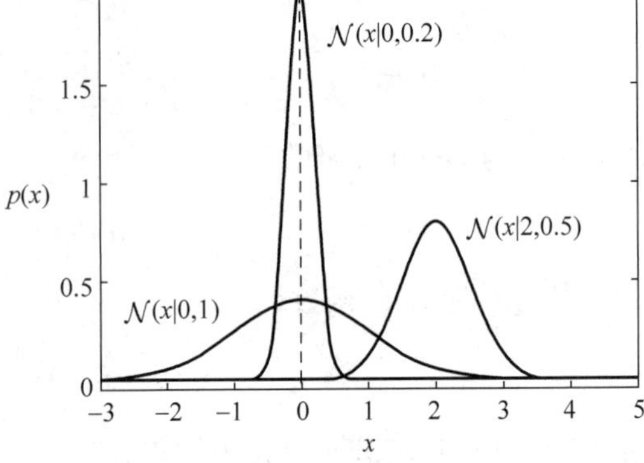

图 1-6 高斯分布概率密度

$$p(x\mid\mu,\sigma^2)=\mathcal{N}(x\mid\mu,\sigma^2)=\frac{1}{\sqrt{2\pi\sigma^2}}\exp\left\{-\frac{(x-\mu)^2}{2\sigma^2}\right\}$$

$$E[x]=\mu$$

$$\mathrm{var}[x]=\sigma^2$$

对于d维向量$\boldsymbol{x}$，多元高斯分布的参数为d维均值向量$\boldsymbol{\mu}$和$d\times d$的对称正定协方差矩阵$\boldsymbol{\Sigma}$。

$$p(\boldsymbol{x}\mid\boldsymbol{\mu},\boldsymbol{\Sigma})=\mathcal{N}(\boldsymbol{x}\mid\boldsymbol{\mu},\boldsymbol{\Sigma})=\frac{1}{\sqrt{(2\pi)^d\det(\boldsymbol{\Sigma})}}\exp\left\{-\frac{1}{2}(\boldsymbol{x}-\boldsymbol{\mu})^{\mathrm{T}}\boldsymbol{\Sigma}^{-1}(\boldsymbol{x}-\boldsymbol{\mu})\right\}$$

$$E[\boldsymbol{x}]=\boldsymbol{\mu}$$

$$\mathrm{cov}[\boldsymbol{x}]=\boldsymbol{\Sigma}$$

这里给出上述常见概率函数的汇总，具体见表1-1。

表 1-1 常用概率函数汇总

概率分布	概率函数	参数
均匀分布	$p(x\mid a,b)=1/b-a$	a,b
伯努利分布	$p(x\mid\mu)=\mu^x(1-\mu)^{1-x}$	μ
二项分布	$p(m\mid N,\mu)=\binom{N}{m}\mu^m(1-\mu)^{N-m}$	N,μ
Beta分布	$p(\mu\mid a,b)=\frac{\Gamma(a+b)}{\Gamma(a)\Gamma(b)}\mu^{a-1}(1-\mu)^{b-1}$	a,b

续表

概率分布	概率函数	参数
狄利克雷分布	$p(\boldsymbol{\mu} \mid \boldsymbol{\alpha}) = \frac{\Gamma(\hat{\alpha})}{\Gamma(\alpha_1)\cdots\Gamma(\alpha_i)}\prod_{i=1}^{d}\mu_i^{\alpha_i-1}$	μ,α
高斯分布	$p(x\mid\mu,\sigma^2)=\frac{1}{\sqrt{2\pi\sigma^2}}\exp\left\{-\frac{(x-\mu)^2}{2\sigma^2}\right\}$	μ,σ

1.2.4 共轭分布

假设变量 x 服从分布 $P(x \mid \Theta)$，其中 Θ 为参数，$X=\{x_1,x_2,\cdots,x_m\}$ 为变量 x 的观测样本，假设参数 Θ 服从先验分布 $\Pi(\Theta)$。若由先验分布 $\Pi(\Theta)$ 和抽样分布 $P(X \mid \Theta)$ 决定的后验分布 $F(X \mid \Theta)$ 与 $\Pi(\Theta)$ 是同种类型的分布，则称先验分布 $\Pi(\Theta)$ 为分布 $P(x \mid \Theta)$ 或 $P(X \mid \Theta)$ 的共轭分布。

例如，假设 $x\sim\mathrm{Bern}(x\mid\mu)$，$X=\{x_1,x_2,\cdots,x_m\}$ 为观测样本，$\bar{x}$ 为观测样本的均值，$\mu\sim\mathrm{Beta}(\mu\mid a,b)$，其中 a,b 为已知参数，则 μ 的后验分布为

$$
\begin{aligned}
F(\mu \mid X) &\propto \mathrm{Beta}(\mu \mid a,b)P(X \mid \mu)\\
&=\frac{\mu^{a-1}(1-\mu)^{b-1}}{B(a,b)}\mu^{m\bar{x}}(1-\mu)^{m-m\bar{x}}\\
&=\frac{1}{B(a+m\bar{x},b+m-m\bar{x})}\mu^{a+m\bar{x}-1}(1-\mu)^{b+m-m\bar{x}-1}\\
&=\mathrm{Beta}(\mu \mid a',b')
\end{aligned}
$$

这也是贝塔分布，其中 $a'=a+m\bar{x}$，这意味着贝塔分布与伯努利分布共轭。类似可知，多项分布的共轭分布是狄利克雷分布，而高斯分布的共轭分布仍是高斯分布。

先验分布反映了某种先验信息，后验分布既反映了先验分布提供的信息、又反映了样本提供的信息。当先验分布与抽样分布共轭时，后验分布与先验分布属于同种类型，这意味着先验信息与样本提供的信息具有某种同一性。于是，若使用后验分布作为进一步抽样的先验分布，则新的后验分布仍将属于同种类型。因此，共轭分布在不少情形下会使问题得以简化。例如，对服从伯努利分布的事件 X 使用贝塔先验分布，则贝塔分布的参数值 a 和 b 可视为对伯努利分布的真实情况(事件发生和不发生)的预估。随着“证据”(样本)的不断到来，贝塔分布的参数值从 a、b 变化为 $a+m\bar{x}$、$b+m-m\bar{x}$，且 $a/a+b$ 将随着 m 的增大趋近于伯努利分布的真实参数值 $\bar{x}$。显然，使用共轭先验之后，只需调整 a 和 b 这两个预估值即可方便地进行模型更新。

简单地说，共轭分布为后验概率预测提供了便利，如想预测满足伯努利分布的后验概率，可以提前确定先验概率服从贝塔分布，然后在此基础上进行贝叶斯估计使得问题简化。

1.3 信息论

信息论运用概率论与数理统计的方法，对一个信号包含信息量多少进行研究。最早由 Claude Shannon 于 1948 年提出，经过不断发展，信息论已经演变成为一个结合统计、物理、数学、电子工程与计算机科学多个学科的交叉领域，并在自然科学和机器学习等领域得到了

非常广泛的应用。

当接收到一个消息时，如果消息告知了很多之前不知道的新内容，则可以获得较多信息；但如果消息是基本已知的内容，则获得的信息就不多，因此信息的多少是可以度量的。

1.3.1 熵的定义

熵的概念起源于热力学，信息论中的熵也叫香农熵（Shannon entropy）或信息熵（information entropy）。熵是用来衡量信息量的大小的指标。

抛掷硬币后，知晓结果前，不确定结果是正面还是反面。通过信息可以知晓抛掷硬币的结果，消除了不确定性，从而获得信息。因此，香农信息定义为，信息是对事物运动状态或存在方式的不确定性的描述。在信息论中，消息用随机事件表示，发出这些消息的信源用随机变量表示。比如，抛掷硬币的试验可以用一个随机变量表示，而结果可能是正面或反面，具体的消息是随机事件。

1. 自信息

一个消息 x 出现的不确定性的大小就是自信息，即一个随机事件所包含的信息量，用这个随机事件出现的概率对数的负值表示

$$I(x) = -\ln p(x)$$

自信息是最大能给予接收者的信息量，随机事件发生的概率越高，其自信息越低，若事件必然发生，自信息为 0。自信息的单位是奈特(nat)。

2. 信息熵

信源包含的信息量定义为信源发出的所有可能消息的平均不确定性。香农将信源包含的信息量称为信息熵或香农熵，即自信息只处理单个随机事件，而信息熵可以量化整个概率分布中的不确定性总量

$$\begin{aligned} H(X) &= -\sum_{x \in \mathcal{X}} p(x) \ln p(x) \\ &= E[-\ln p(x)] \\ &= E[I(x)] \end{aligned}$$

上述随机变量为离散型随机变量，对于连续型随机变量，假设概率密度函数为 $p(x)$，信息熵的定义为

$$H(X) = -\int_{-\infty}^{+\infty} p(x) \ln p(x) \mathrm{d}x$$

3. 联合熵和条件熵

联合熵和条件熵是另外两个重要的定义。联合熵是信息熵在多维概率分布上的推广，条件熵是信息熵在条件概率分布上的推广。联合熵衡量了一组随机变量的信息量；条件熵 $H(X|Y)$ 衡量了在变量 Y 已知的情况下，X 的信息量。下面给出离散型随机变量中联合熵和条件熵的定义。

二维随机变量的联合熵为

$$H(X,Y) = -\sum_{x \in \mathcal{X}} \sum_{y \in \mathcal{Y}} p(x,y) \log_2 p(x,y)$$

二维随机变量的条件熵为

$$\begin{aligned} H(X \mid Y) &= -\sum_{x \in \mathcal{X}} \sum_{y \in \mathcal{Y}} p(x,y) \log_2 p(x \mid y) \\ &= -\sum_{x \in \mathcal{X}} \sum_{y \in \mathcal{Y}} p(x,y) \log_2 \frac{p(x,y)}{p(y)} \\ &= H(X,Y) - H(Y) \end{aligned}$$

$H(X)$、$H(Y)$和$H(X,Y)$之间的关系如图1-7所示。

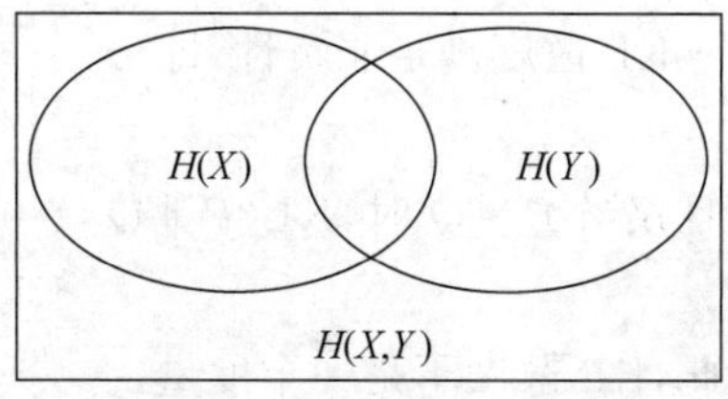

图1-7 熵和联合熵之间的关系

1.3.2 互信息

互信息(mutual information)可以反映两个随机变量之间相互依赖的程度,也就是相关性,在目标函数的构造中经常用到。

对于离散型随机变量X、Y,两个随机变量之间的互信息为

$$I(X;Y) = \sum_{x} \sum_{y} p(x,y) \ln \frac{p(x,y)}{p(x)p(y)}$$

其中,$p(x,y)$为X、Y的联合概率,$p(x)$和$p(y)$分别为X、Y的边缘概率,可以反映互信息看作联合概率和边缘概率之积的差异程度。

互信息具有对称性、非负性。互信息和联合熵、熵之间的关系如下

$$H(X,Y) = H(X) + H(Y) - I(X,Y)$$

具体如图1-8所示。

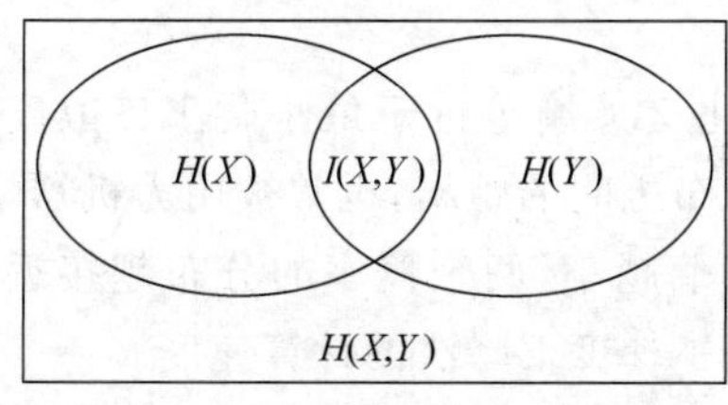

图1-8 互信息、熵和联合熵之间的关系

1.3.3 交叉熵

交叉熵用于衡量两个概率分布之间的差异程度,在机器学习中可以用来作为构造损失函数,特别是在神经网络之中。

对于离散型随机变量X,$p(x)$、$q(x)$为两个概率分布的密度函数,其交叉熵为

$$H(p,q) = -E_p[\log_2 q(x)] = -\sum_{x} p(x) \log_2 q(x)$$

交叉熵的值越大,表示两个概率分布的差异越大。从上面交叉熵的定义很容易看出来,交叉熵不具有对称性。

1.3.4 Kullback-Leibler 散度

KL(Kullback-Leibler)散度亦称相对熵或信息散度,可用于度量两个概率分布之间的差异,其值越大,表示两个分布的差异越大;反之,当KL散度为0,则两个分布完全一致。

给定两个离散型概率分布P和Q,两者之间的KL散度定义为

$$\mathrm{KL}(P \parallel Q) = \sum_{x} p(x) \ln \frac{p(x)}{q(x)}$$

其中,$p(x)$和$q(x)$分别为P和Q的概率密度函数。

给定两个连续型概率分布P和Q,两者之间的KL散度定义为

$$\mathrm{KL}(P \parallel Q) = \int_{-\infty}^{+\infty} p(x) \ln \frac{p(x)}{q(x)} \mathrm{d}x$$

其中，$p(x)$和$q(x)$分别为P和Q的概率密度函数。

KL散度有很多有用的性质，最重要的是它是非负的。只有$p=q$时，KL散度为0。因为KL散度的非负性且衡量的是两个分布之间的差异，它常用作分布之间的某种距离，但它不是真正的距离，因为它不是对称的且不满足距离的三角不等式，KL散度和前面介绍的交叉熵在统计学习和机器学习中较为常用。

KL散度满足非负性，即

$$\mathrm{KL}(P \parallel Q) \geqslant 0$$

当且仅当$P=Q$时，$\mathrm{KL}(P \parallel Q)=0$。但是，KL散度不满足对称性，即

$$\mathrm{KL}(P \parallel Q) \neq \mathrm{KL}(Q \parallel P)$$

因此，KL散度不是一个度量。

若将KL散度的定义展开，可得

$$\begin{aligned}\mathrm{KL}(P \parallel Q) &= \int_{-\infty}^{+\infty} p(x)\log p(x)\mathrm{d}x - \int_{-\infty}^{+\infty} p(x)\log q(x)\mathrm{d}x \\ &= -H(P) + H(P,Q)\end{aligned}$$

其中，$H(P)$为熵，$H(P,Q)$为P和Q的交叉熵。

可以看出交叉熵与KL散度密切联系，针对q最小化交叉熵等价于最小化KL散度。交叉熵虽然是信息论中的概念，但它刻画的是两个概率分布之间的距离，也常被用为机器学习中的误差函数，p表示正确标签，q表示预测数值，交叉熵越小，两个概率的分布越接近。交叉熵克服了传统误差函数计算收敛时间长的问题，提高了梯度下降法的计算速度。

在信息论中，熵$H(P)$表示对于来自P的随机变量进行编码所需的最小字节数，而交叉熵$H(P,Q)$则表示使用基于Q的编码对来自P的变量进行编码所需的字节数。因此，KL散度可认为是使用基于Q的编码对来自P的变量进行编码所需的“额外”字节数；显然，额外字节数必然非负，当且仅当$P=Q$时额外字节数为0。

参考文献

本章参考文献扫描下方二维码。

第 2 章 深度神经网络的逼近基础理论

CHAPTER 2

深度神经网络对函数的逼近能力是深度学习技术的理论基础,深入理解函数逼近的基础理论有助于从函数逼近的角度解释深度学习的优越性,加深对深度学习的理解。因此,本章从函数逼近论的基础出发,介绍传统函数逼近理论知识,从而架起一座从函数逼近到深度学习的桥梁,对深度学习在函数逼近中的优越性和可解释性进行阐述。

函数逼近的实践意义在于,在计算科学的很多领域里,往往存在一类特殊的函数。这类特殊函数大多数形式复杂,很难直接计算出其准确解,比如积分或无穷级数。而根据科学实验或工程技术的需要,期望得到这个未知复杂函数的性质和变化规律。函数逼近就是一种利用某一已知函数的性态来近似描述未知函数的技术,从而达到对这一未知函数的变化规律进行分析处理的目的。确切地说,给定某个函数类 A 中的函数 $f(x)$,求解一简单易算的函数类 $B\subset A$ 中的函数 $h(x)$,使得 $h(x)$ 近似 $f(x)$ 的误差在某种度量意义下最小。这就是函数逼近的概念。函数逼近在函数的近似计算、数值积分、微分方程的数值解法中均有广泛的应用。正交多项式是函数逼近的基础工具。

2.1 函数的最佳平方逼近

2.1.1 正交多项式的定义与性质

【定义 2.1】 若区间 $[a,b]$ 上的非负函数 $w(x)$,满足

(1) 积分 $\int_a^b |x|^n w(x)\mathrm{d}x$ 存在,$n=0,1,2,\cdots$;

(2) 设 $s(x)$ 是非负的连续函数,如果

$$\int_a^b s(x)w(x)\mathrm{d}x=0\Rightarrow s(x)=0,\quad \forall x\in(a,b) \tag{2-1}$$

则称 $w(x)$ 为区间 $[a,b]$ 上的权函数。

【定义 2.2】 若 $\phi(x),\varphi(x)\in C[a,b]$ 是区间 $[a,b]$ 上的权函数,则称

$$(\phi,\varphi)=\int_a^b w(x)\phi(x)\varphi(x)\mathrm{d}x \tag{2-2}$$

为 $\phi(x)$ 与 $\varphi(x)$ 在区间 $[a,b]$ 上以 $w(x)$ 为权函数的内积,其中 $w(x)\equiv 1$ 时即为普通的内积。

内积具有以下性质。

(1) 对称性:$(\phi,\varphi)=(\varphi,\phi)$;

(2) 线性性:$(c_1\phi_1+c_2\phi_2,\varphi)=c_1(\phi_1,\varphi)+c_2(\phi_2,\varphi)$,$c_1,c_2\in\mathbb{R}$;

(3) 非负性:$(\phi,\phi)=0$,当且仅当 $\phi(x)\equiv 0$ 时等号成立。

【定义 2.3】 若 $\phi(x),\varphi(x)\in C[a,b]$，$w(x)$是区间$[a,b]$上的权函数，满足

$$(\phi,\varphi)=\int_a^b w(x)\phi(x)\varphi(x)\mathrm{d}x=0 \tag{2-3}$$

则称 $\phi(x)$与 $\varphi(x)$在区间$[a,b]$上带权 $w(x)$正交。

【定义 2.4】 若在区间$[a,b]$上的函数系$\{\phi_0(x),\phi_1(x),\cdots,\phi_n(x)\}$，满足

$$(\phi_i,\phi_j)=\int_a^b w(x)\phi_i(x)\phi_j(x)\mathrm{d}x=\begin{cases}0, & i\neq j\\ \alpha_j>0, & i=j\end{cases},\quad i,j=0,1,2,\cdots \tag{2-4}$$

则称函数系$\{\phi_i\}$是区间$[a,b]$上关于权函数 $w(x)$的正交函数系。

特别地，当 $\alpha_i=1(i=0,1,2,\cdots)$时，则称该函数系$\{\phi_i\}$为标准正交函数系。例如，在区间$[-\pi,\pi]$上的三角函数系$\{1,\cos x,\sin x,\cos 2x,\sin 2x,\cdots,\cos nx,\sin nx,\cdots\}$是正交函数系，其权函数 $w(x)\equiv 1$。

【定义 2.5】 设 $\phi_n(x)$是区间$[a,b]$上的 n 次多项式，且其首项系数 $a_n\neq 0$，$w(x)$是区间$[a,b]$上的权函数，若多项式序列$\{\phi_0(x),\phi_1(x),\cdots,\phi_n(x)\}$满足式(2-4)，则称多项式序列$\{\phi_0(x),\phi_1(x),\cdots,\phi_n(x)\}$为区间$[a,b]$上带权 $w(x)$正交，并称 $\phi_n(x)$是区间$[a,b]$上带权 $w(x)$的 n 次正交多项式。

【定理 2.1】 设 $\phi_i(x)(i=0,1,2,\cdots)$是 i 次多项式，则多项式系$\{\phi_i(x)\}$在区间$[a,b]$上带权 $w(x)$的正交多项式系的充分必要条件是，对任意不超过$(i-1)$次的多项式 $Q(x)$，均有

$$(\phi_i,Q)=\int_a^b w(x)\phi_i(x)Q(x)\mathrm{d}x=0,\quad i=1,2,\cdots \tag{2-5}$$

即 $\phi_i(x)$与任何不超过$(i-1)$次的多项式 $Q(x)$在区间$[a,b]$上带权 $w(x)$正交。

利用 Gram-Schmidt 方法可以构造出在区间$[a,b]$上带权 $w(x)$正交多项式序列$\{\phi_0(x),\phi_1(x),\phi_2(x),\cdots,\phi_n(x)\}$，通过该方法构造的多项式序列$\{\phi_n(x)\}$具有以下性质。

(1) $\phi_i(x)$是首项系数为 1 的 i 次多项式；

(2) 任何 n 次多项式均可表示为$\{\phi_0(x),\phi_1(x),\cdots,\phi_n(x)\}$的线性组合；

(3) $\{\phi_n(x)\}$与任何小于 n 的多项式 $Q(x)\in M_{n-1}$ 均正交，即

$$(\phi_n,Q)=\int_a^b w(x)\phi_n(x)Q(x)\mathrm{d}x=0 \tag{2-6}$$

(4) 满足递推公式

$$\phi_{n+1}(x)=(x-\alpha_n)\phi_n(x)-\beta_n\phi_{n-1}(x),\quad n=0,1,\cdots \tag{2-7}$$

其中

$$\phi_0(x)=1,\quad \phi_{-1}(x)=0 \tag{2-8}$$

$$\alpha_n=\frac{(x\phi_n(x),\phi_n(x))}{(\phi_n(x),\phi_n(x))},\quad \beta_n=\frac{(\phi_n(x),\phi_n(x))}{(\phi_{n-1}(x),\phi_{n-1}(x))},\quad n=1,2,\cdots \tag{2-9}$$

这里

$$(x\phi_n(x),\phi_n(x))=\int_a^b x\phi_n^2(x)w(x)\mathrm{d}x$$

(5) $\phi_n(x)$在开区间(a,b)内恰好有 n 个不同的实单根。

2.1.2 常用的正交多项式

1. 切比雪夫多项式

【定义 2.6】 在区间$[-1,1]$上以 $w(x)=\dfrac{1}{\sqrt{1-x^2}}$为权函数的 n 次正交多项式

$$T_n(x)=\cos(n\arccos x),\quad n=0,1,\cdots \tag{2-10}$$

称为切比雪夫(Chebyshev)多项式。

若令 $x=\cos\theta$，则 $T_n(x)=\cos n\theta$，那么利用三角公式展开，显然有

$$T_0(x)=\cos(0\times\theta)=1 \tag{2-11}$$

$$T_1(x)=\cos\theta=x \tag{2-12}$$

$$T_2(x)=\cos 2\theta=2\cos^2\theta-\cos(0\theta)=2x^2-1 \tag{2-13}$$

$$\begin{aligned}T_3(x)&=\cos 3\theta=2\cos\theta\cos 2\theta-\cos\theta\\&=4\cos^3\theta-3\cos\theta=4x^3-3x\end{aligned} \tag{2-14}$$

……

切比雪夫多项式具有下列性质。

(1) 正交性：

$$(T_m,T_n)=\int_{-1}^{1}\frac{T_n(x)T_m(x)}{\sqrt{1-x^2}}\mathrm{d}x=\begin{cases}0, & n\neq m\\ \dfrac{\pi}{2}, & n=m\neq 0\\ \pi, & n=m=0\end{cases} \tag{2-15}$$

证明：由已知得 $T_n(x)=\cos(n\arccos x)$，令 $x=\cos\theta,\theta\in[0,\pi]$，则 $\mathrm{d}x=-\sin n\theta\mathrm{d}\theta$，$T_n(x)=\cos n\theta$，利用三角公式可得

$$\begin{aligned}(T_m,T_n)&=\int_{-1}^{1}\frac{T_n(x)T_m(x)}{\sqrt{1-x^2}}\mathrm{d}x=\int_0^{\pi}\frac{\cos m\theta\cos n\theta}{\sin\theta}(-\sin\theta)\mathrm{d}\theta\\&=\int_0^{\pi}\cos m\theta\cos n\theta\mathrm{d}\theta=\begin{cases}0, & n\neq m\\ \dfrac{\pi}{2}, & n=m\neq 0\\ \pi, & n=m=0\end{cases}\end{aligned} \tag{2-16}$$

(2) 奇偶性：

$$T_n(-x)=(-1)^nT_n(x),\quad n=0,1,\cdots \tag{2-17}$$

证明：

$$\begin{aligned}T_n(-x)&=\cos(n\arccos(-x))=\cos(n\pi-n\arccos x)\\&=(-1)^n\cos(n-\arccos x)=(-1)^nT_n(x)\end{aligned} \tag{2-18}$$

(3) 递推关系：对于相邻的3个切比雪夫多项式具有递推关系式：

$$\begin{cases}T_{n+1}(x)=2xT_n(x)-T_{n-1}(x), & n=1,2,\cdots\\ T_0(x)=1,T_1(x)=x\end{cases} \tag{2-19}$$

证明：令 $\theta=\arccos x$，则 $T_{n+1}(x)=\cos(n+1)\theta$，则有

$$T_{n+1}(x)=\cos n\theta\cos\theta-\sin n\theta\sin\theta \tag{2-20}$$

同理可得

$$T_{n-1}(x)=\cos n\theta\cos\theta+\sin n\theta\sin\theta \tag{2-21}$$

两项相加即得式(2-19)。

(4) $T_n(x)$在区间$[a,b]$上的 n 个不同的零点为

$$x_k=\cos\frac{(2k-1)\pi}{2n},\quad k=1,2,\cdots,n \tag{2-22}$$

(5) $T_n(x)$在区间$[a,b]$上的$n+1$个不同的极值点为

$$x_k=\cos\frac{k\pi}{n},\quad k=0,1,2,\cdots,n \tag{2-23}$$

使$T_n(x)$间次取得最大值和最小值,也就是1和-1。

(6) $T_n(x)$的最高次幂x^n的系数为2^{n-1},$n=1,2,\cdots$,且在首项系数为2^{n-1}的n次多项式中,范数

$$\|T_n\|_\infty=\max_{-1\leqslant x\leqslant 1}|T_n(x)|=1 \tag{2-24}$$

达到最小。

2. 勒让德多项式

【定义2.7】 在区间$[-1,1]$上的n次多项式

$$P_n(x)=\frac{1}{2^n n!}\frac{\mathrm{d}x}{\mathrm{d}x^n}(x^2-1)^n,\quad n=0,1,2\cdots \tag{2-25}$$

称为勒让德(Legendre)多项式,其最高次项系数为$\frac{(2n)!}{2^n(n!)^2}$。

勒让德多项式满足以下性质。

(1) 正交性:勒让德多项式序列$\{P_n(x)\}$是在区间$[-1,1]$上以$w(x)\equiv1$为权函数的正交多项式序列,即有

$$(P_n,P_m)=\int_{-1}^{1}P_n(x)P_m(x)\mathrm{d}x=\begin{cases}0, & n\neq m\\ \dfrac{2}{2n+1}, & n=m\end{cases} \tag{2-26}$$

(2) 奇偶性:

$$P_n(-x)=(-1)^nP_n(x),\quad n=0,1,2,\cdots \tag{2-27}$$

(3) 递推关系:

$$\begin{cases}P_0(x)=1,P_1(x)=x\\ P_{k+1}(x)=\dfrac{2k+1}{k+1}xP_k(x)-\dfrac{k}{k+1}P_{k-1}(x), & k=1,2,\cdots\end{cases} \tag{2-28}$$

3. 拉盖尔多项式

【定义2.8】 在区间$[0,\infty)$上的n次多项式

$$L_n(x)=\mathrm{e}^x\frac{\mathrm{d}^n}{\mathrm{d}x^n}(x^n\mathrm{e}^{-x}),\quad n=0,1,2,\cdots \tag{2-29}$$

称为拉盖尔(Laguerre)多项式,其首项系数为$(-1)^n$。

拉盖尔多项式具有以下性质。

(1) 正交性:拉盖尔多项式序列$\{L_n(x)\}$是在区间$[0,\infty)$上以$w(x)=\mathrm{e}^{-x}$为权函数的正交多项式序列,即有

$$(L_n,L_m)=\int_0^{+\infty}\mathrm{e}^{-x}L_n(x)L_m(x)\mathrm{d}x=\begin{cases}0, & n\neq m\\ (n!)^2, & n=m\end{cases} \tag{2-30}$$

(2) 递推关系:

$$\begin{cases}L_0(x)=1,L_1(x)=1-x\\ L_{k+1}(x)=(1+2k-x)L_k(x)-k^2L_{k-1}(x), & k=1,2,\cdots\end{cases} \tag{2-31}$$

4. 埃尔米特多项式

【定义 2.9】 在区间$(-\infty,+\infty)$上的多项式

$$H_n(x)=(-1)^n e^{x^2}\frac{d^n}{dx^n}(e^{-x^2}),\quad n=0,1,2,\cdots \tag{2-32}$$

称为埃尔米特(Hermite)多项式,其首项系数为2^n。

埃尔米特多项式具有以下性质。

(1) 正交性:埃尔米特多项式序列$\{H_n(x)\}$是在区间$(-\infty,+\infty)$上以$w(x)=e^{-x^2}$为权函数的正交多项式序列,即有

$$(H_n,H_m)=\int_{-\infty}^{+\infty}e^{-x^2}H_n(x)H_m(x)dx=\begin{cases}0, & n\neq m\\ 2^n n!\sqrt{\pi}, & n=m\end{cases} \tag{2-33}$$

(2) 递推关系:

$$\begin{cases}H_0(x)=1\\ H_1(x)=2x\\ H_{k+1}(x)=2kH_k(x)-2kH_{k-1}(x), & k=1,2,\cdots\end{cases} \tag{2-34}$$

2.1.3 构造正交多项式的一般方法

前面给出了常用的具有特殊形式的正交多项式,如果需要其他的正交多项式,一般通过以下定理构造。

【定理 2.2】 按以下方式定义的多项式集合$\{\phi_0(x),\phi_1(x),\cdots,\phi_n(x)\}$是区间$[a,b]$上关于权函数$w(x)\geqslant 0$(其中$w(x)$不恒为0)的正交函数系:

$$\begin{cases}\phi_0(x)=1\\ \phi_1(x)=x-\alpha_1\\ \phi_i(x)=(x-\alpha_i)\phi_{i-1}(x)-\beta_i\phi_{i-2}(x)\end{cases},\quad i=2,3,\cdots,n \tag{2-35}$$

其中

$$\alpha_i=\frac{(x\phi_{i-1},\phi_{i-1})}{(\phi_{i-1},\phi_{i-1})}=\frac{\int_a^b w(x)x\phi_{i-1}^2(x)dx}{\int_a^b w(x)\phi_{i-1}^2(x)dx},\quad i=1,2,\cdots,n \tag{2-36}$$

$$\beta_i=\frac{(\phi_{i-1},\phi_{i-1})}{(\phi_{i-2},\phi_{i-2})}=\frac{\int_a^b w(x)\phi_{i-1}^2(x)dx}{\int_a^b w(x)\phi_{i-2}^2(x)dx},\quad i=2,3,\cdots,n \tag{2-37}$$

2.1.4 最佳平方逼近的概念及计算

【定义 2.10】 设函数$f(x)\in C[a,b]$,$\phi_0(x),\phi_1(x),\cdots,\phi_n(x)$为定义在$[a,b]$上的一组线性无关的连续函数,令$H=\text{span}\{\phi_0(x),\phi_1(x),\cdots,\phi_n(x)\}$,如果任取$s(x)\in H$,有

$$s(x)=\sum_{i=0}^{n}a_i\phi_i(x) \tag{2-38}$$

寻求$s^*(x)\in H$,使得

$$\min_{s(x)\in H}\int_a^b w(x)[f(x)-s(x)]^2dx=\int_a^b w(x)[f(x)-s^*(x)]^2dx \tag{2-39}$$

其中，$w(x)$为$[a,b]$上的权函数，或写为

$$\min_{s(x)\in H}\|f-s\|_2^2=\|f-s^*\|_2^2 \tag{2-40}$$

称$s^*(x)$为函数$f(x)$在H中关于权函数$w(x)$的最佳平方逼近函数。

对于任一$s(x)\in H$，有$s(x)=\sum_{i=0}^{n}a_i\phi_i(x)$，于是

$$\begin{aligned}\|f-s\|_2^2&=\int_a^b w(x)\left[f(x)-s(x)\right]^2\mathrm{d}x\\&=\int_a^b w(x)\left[f(x)-\sum_{i=0}^{n}a_i\phi_i(x)\right]^2\mathrm{d}x\\&=I(a_0,a_1,\cdots,a_n)\\\|f-s^*\|_2^2&=\int_a^b w(x)\left[f(x)-s^*(x)\right]^2\mathrm{d}x\\&=\int_a^b w(x)\left[f(x)-\sum_{i=0}^{n}a_i^*\phi_i(x)\right]^2\mathrm{d}x\\&=I(a_0^*,a_1^*,\cdots,a_n^*)\end{aligned} \tag{2-41}$$

式(2-41)说明均方误差$I(a_0,a_1,\cdots,a_n)$是关于$a_0,a_1,\cdots,a_n$的多元函数(二次函数)，从而存在$s^*(x)$是式(2-39)表示的极值问题的解，即存在$a_0^*,a_1^*,\cdots,a_n^*$，使

$$\min_{a_i\in R}I(a_0,a_1,\cdots,a_n)=I(a_0^*,a_1^*,\cdots,a_n^*) \tag{2-42}$$

也就是求$s^*(x)$等价于求多元函数

$$I(a_0,a_1,\cdots,a_n)=\int_a^b w(x)\left[f(x)-\sum_{i=0}^{n}a_i\phi_i(x)\right]^2\mathrm{d}x \tag{2-43}$$

的极小值。利用多元函数取极值的必要条件，可得

$$\frac{\partial I}{\partial a_k}=2\int_a^b w(x)\left[f(x)-\sum_{i=0}^{n}a_i\phi_i\right]^2\phi_k(x)\mathrm{d}x=0,\quad k=0,1,\cdots,n \tag{2-44}$$

即

$$\sum_{i=0}^{n}a_i\int_a^b w(x)\phi_i(x)\phi_k(x)\mathrm{d}x=\int_a^b w(x)f(x)\phi_k(x)\mathrm{d}x,\quad k=0,1,\cdots,n \tag{2-45}$$

利用内积定义，于是有

$$\sum_{i=0}^{n}a_i(\phi_i,\phi_k)=(f,\phi_k),\quad k=0,1,\cdots,n \tag{2-46}$$

写成矩阵形式为

$$\begin{bmatrix}(\phi_0,\phi_0)&(\phi_0,\phi_1)&\cdots&(\phi_0,\phi_n)\\(\phi_1,\phi_0)&(\phi_1,\phi_1)&\cdots&(\phi_1,\phi_n)\\\vdots&\vdots&\ddots&\vdots\\(\phi_n,\phi_0)&(\phi_n,\phi_1)&\cdots&(\phi_n,\phi_n)\end{bmatrix}\begin{bmatrix}a_0\\a_1\\\vdots\\a_n\end{bmatrix}=\begin{bmatrix}(f,\phi_0)\\(f,\phi_1)\\\vdots\\(f,\phi_n)\end{bmatrix} \tag{2-47}$$

或$\boldsymbol{Ga}=\boldsymbol{d}$，其中系数矩阵$\boldsymbol{G}$是由基函数作内积构成，$\boldsymbol{Ga}=\boldsymbol{d}$是关于$a_0,a_1,\cdots,a_n$的线性方程组，称为法方程组。

由于$\phi_0(x),\phi_1(x),\cdots,\phi_n(x)$在区间$[a,b]$上线性无关，所以法方程组的系数矩阵$\boldsymbol{G}$

非奇异，于是法方程组 $\boldsymbol{Ga}=\boldsymbol{d}$ 的解存在且唯一，即 $a_k=a_k^*, k=0,1,\cdots,n$，有

$$s^*(x)=\sum_{i=0}^{n}a_i^*\phi_i(x)\in H \tag{2-48}$$

【定理 2.3】 设函数 $f(x)\in C[a,b]$，$\phi_0(x),\phi_1(x),\cdots,\phi_n(x)$为定义在$[a,b]$上的一组线性无关的连续函数，令 $H=\text{span}\{\phi_0(x),\phi_1(x),\cdots,\phi_n(x)\}$，则 $f(x)\in C[a,b]$在 H 中的最佳平方逼近函数存在且唯一。

事实上，$s^*(x)$满足式(2-39)，即对任何 $s(x)\in H$，有

$$\int_a^b w(x)[f(x)-s^*(x)]^2\mathrm{d}x\leqslant\int_a^b w(x)[f(x)-s(x)]^2\mathrm{d}x \tag{2-49}$$

为此只要考虑

$$\begin{aligned}D&=\int_a^b w(x)[f(x)-s^*(x)]^2\mathrm{d}x-\int_a^b w(x)[f(x)-s(x)]^2\mathrm{d}x\\&=\int_a^b w(x)[s(x)-s^*(x)]^2\mathrm{d}x+2\int_a^b w(x)[s(x)-s^*(x)][f(x)-s^*(x)]\mathrm{d}x\end{aligned} \tag{2-50}$$

由于 $s^*(x)$的系数 a_k^* 是线性方程组(2-46)的解，故可得

$$\int_a^b w(x)[f(x)-s^*(x)]\phi_k(x)\mathrm{d}x=0,\quad k=0,1,\cdots,n \tag{2-51}$$

因此可得式(2-51)的第二个积分为 0，故

$$D=\int_a^b w(x)[s(x)-s^*(x)]^2\mathrm{d}x\geqslant 0 \tag{2-52}$$

故式(2-49)成立，$s^*(x)$满足式(2-49)得证，所求得的 $s^*(x)$是 $f(x)\in C[a,b]$在 H 中最佳平方逼近函数。

若令 $\delta=f(x)-s^*(x)$，则称 $\|\delta\|_2^2$ 为最佳平方逼近的均方误差。由式(2-46)易知 $(f-s^*,s^*)=0$，则平方误差为

$$\|\delta\|_2^2=(f-s^*,f-s^*)=(f,f)-(s^*,f)=\|f\|_2^2-\sum_{k=0}^{n}a_k^*(\phi_k,f) \tag{2-53}$$

2.1.5 用正交多项式做最佳平方逼近

直接解法方程是相当困难的，通常采用正交多项式做基，可使函数的最佳平方逼近问题的计算简便。

设 $f(x)\in C[a,b]$，$H=\text{span}\{\phi_i(x)\}(i=0,1,\cdots,n)$是以 $w(x)$为权函数的正交函数系，即

$$(\phi_i,\phi_k)=\int_a^b w(x)\phi_i(x)\phi_k(x)\mathrm{d}x=\begin{cases}\|\phi_k\|_2^2, & i\neq k\\0, & i=k\end{cases} \tag{2-54}$$

式(2-46)的系数矩阵为非奇异对角阵，可以化简为

$$\|\phi_k\|_2^2 a_k=(f,\phi_k),\quad k=0,1,\cdots,n \tag{2-55}$$

解得法方程的解为

$$a_k=a_k^*=\frac{(f,\phi_k)}{\|\phi_k\|_2^2},\quad k=0,1,\cdots,n \tag{2-56}$$

从而得到 $f(x)$在 H 中的最佳平方逼近函数为

$$s^*(x)=\sum_{k=0}^{n}a_k^*\phi_k(x)=\sum_{k=0}^{n}\frac{(f,\phi_k)}{\|\phi_k\|_2^2}\phi_k(x) \tag{2-57}$$

由式(2-54)和式(2-55)可得平方逼近误差为

$$\|\delta\|_2^2=\|f\|_2^2-\sum_{k=0}^{n}(a_k^*\|\phi_k\|_2)^2 \tag{2-58}$$

由此,用正交多项式求得最佳平方逼近函数,避免解法方程组。

这里的每个 a_k^* 与 n 无关,因此对于 $f(x)\in C[a,b]$,按正交函数系$\{\phi_i(x)\}(i=0,1,\cdots,n)$展开,系数按式(2-57)逐个计算,即可得级数为

$$\sum_{k=0}^{\infty}a_k^*\phi_k(x) \tag{2-59}$$

这个级数称为 $f(x)$的广义傅里叶级数,系数 a_k^* 称为广义傅里叶系数。

当 $f(x)\in C[-1,1]$,若取勒让德正交多项式$\{\phi_k\}=\{P_k(x)\}$作基函数,由式(2-59)可得

$$s_n^*(x)=\sum_{k=0}^{n}a_k^*P_k(x) \tag{2-60}$$

其中

$$a_k^*=\frac{(f,P_k)}{(P_k,P_k)}=\frac{2k+1}{2}\int_{-1}^{1}f(x)P_k(x)\mathrm{d}x,\quad k=0,1,\cdots,n \tag{2-61}$$

根据式(2-58),这时的平方误差为

$$\|\delta\|_2^2=\int_{-1}^{1}[f(x)]^2\mathrm{d}x-\sum_{k=0}^{n}\frac{2}{2k+1}(a_k^*)^2 \tag{2-62}$$

对于首项为 1 的勒让德多项式 $P_n(x)$有如下定理。

【定理 2.4】 在所有最高次项系数为 1 的 n 次多项式中,勒让德多项式 $P_n(x)$与 0 的平方逼近误差最小($w(x)\equiv 1,-1\leqslant x\leqslant 1$)。

2.2 曲线拟合的最小二乘法

曲线拟合问题要求根据一组观测数据$(x_i,y_i)(i=0,1,\cdots,n)$确定变量 x 与 y 之间某种近似关系的函数表达式 $y=f(x)$,从几何图形上看,就是求一条曲线,它能够近似拟合给定的数据点$(x_i,y_i)(i=1,2,\cdots,n)$,如图 2-1 所示。由于观测数据一般通过实验得到,数据量较大且带有误差,因此不要求所求的近似曲线严格地通过所有数据点,而只要求它能够合理地反应数据的基本变化趋势,即所求函数靠近样本点且误差在某种度量意义下最小。曲线拟合的最小二乘法要求 $f(x_i)$与 y_i 偏差的平方和 $\sum_{i=1}^{n}[y_i-f(x_i)]^2$ 为最小,这实际上是离散情况下的最佳平方逼近。

2.2.1 最小二乘法

【定义 2.11】 对于给定的数据$(x_i,y_i)(i=0,1,\cdots,m)$,及各点的权函数 $w(x)$($w(x_i)$表示数据(x_i,y_i)的比重,可以是实验的次数和 y_i 的可信程度),要求在函数类 $H=\mathrm{span}\{\phi_0,\phi_1,\cdots,\phi_n\}$中求得函数

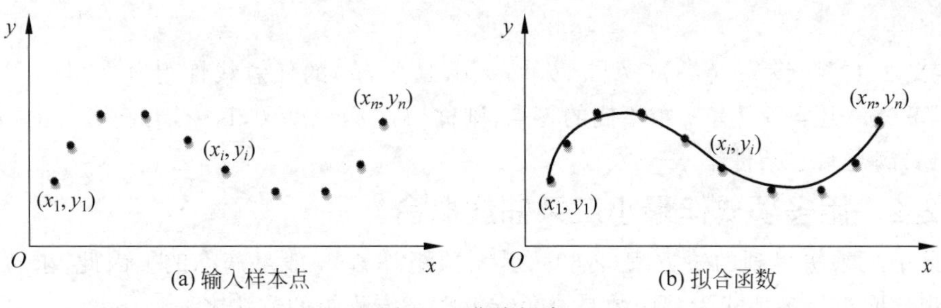

图 2-1　曲线拟合

$$\min\sum_{i=1}^{n}[y_i-f(x_i)]^2$$

$$s^*(x)=a_0^*\phi_0(x)+a_1^*\phi_1(x)+\cdots+a_n^*\phi_n(x)=\sum_{i=0}^{n}a_i^*\phi_i(x),\quad m\geqslant n \tag{2-63}$$

使得

$$\|\delta\|_2^2=\sum_{i=0}^{m}w(x_i)[s^*(x_i)-y_i]^2 \tag{2-64}$$

达到最小，其中 $s(x)=\sum_{i=0}^{n}a_i\phi_i(x)\in H$。称此逼近方法为曲线拟合的最小二乘法，$s^*(x)$ 是最小二乘解。

显然，曲线拟合问题就是求多元函数

$$I(a_0,a_1,\cdots,a_n)=\sum_{i=0}^{m}w(x_i)\left[\sum_{j=0}^{n}a_j\phi_j(x_i)-y_i\right]^2 \tag{2-65}$$

的极小值的点$(a_0^*,a_1^*,\cdots,a_n^*)$的问题. 根据多元函数求极值的必要条件，得

$$\frac{\partial I}{\partial a_k}=2\sum_{i=0}^{m}w(x_i)\left[\sum_{j=0}^{n}a_j\phi_j(x_i)-y_i\right]\phi_k(x_i)=0,\quad k=0,1,\cdots,n \tag{2-66}$$

引入内积的定义

$$\begin{cases}(\phi_j,\phi_k)=\sum_{i=0}^{m}w(x_i)\phi_j(x_i)\phi_k(x_i)\\ (f,\phi_k)=\sum_{i=0}^{m}w(x_i)y_i\phi_k(x_i)\end{cases} \tag{2-67}$$

则式(2-67)可改写为

$$\sum_{j=0}^{m}(\phi_j,\phi_k)a_j=(f,\phi_k),\quad k=0,1,\cdots,n \tag{2-68}$$

称式(2-68)为法方程。用矩阵形式表示为

$$\begin{bmatrix}(\phi_0,\phi_0) & (\phi_0,\phi_1) & \cdots & (\phi_0,\phi_n)\\ (\phi_1,\phi_0) & (\phi_1,\phi_1) & \cdots & (\phi_1,\phi_n)\\ \vdots & \vdots & \ddots & \vdots\\ (\phi_n,\phi_0) & (\phi_n,\phi_1) & \cdots & (\phi_n,\phi_n)\end{bmatrix}\begin{bmatrix}a_0\\ a_1\\ \vdots\\ a_n\end{bmatrix}=\begin{bmatrix}(f,\phi_0)\\ (f,\phi_1)\\ \vdots\\ (f,\phi_n)\end{bmatrix} \tag{2-69}$$

或 $\boldsymbol{Ga}=\boldsymbol{d}$。只有当矩阵 $\boldsymbol{G}$ 非奇异时，式(2-69)有唯一解 $a_0^*,a_1^*,\cdots,a_n^*$，而函数族 $\{\phi_j(x)\}(j=0,1,\cdots,n)$在$[a,b]$上线性无关不能保证矩阵 $\boldsymbol{G}$ 非奇异，还需要满足哈尔

(Haar)条件。

【定义 2.12】 设$\{\phi_j(x)\}\in C[a,b](j=0,1,\cdots,n)$的任意线性组合在点$\{x_i\}(i=0,1,\cdots,m,m\geqslant n)$上至多只有$n$个不同的零点,则称$\{\phi_j(x)\}(j=0,1,\cdots,n)$在点集上$\{x_i\}(i=0,1,\cdots,m)$满足哈尔条件。

2.2.2 用多项式作最小二乘曲线拟合

用最小二乘法得到的法方程(2-69),其系数矩阵$\boldsymbol{G}$一般是病态的。因此,求解方程组十分困难。取正交多项式为基函数是避免求解病态方程组的方法之一。

设$\{\phi_0,\phi_0,\cdots,\phi_0\}$在点集$X=\{x_0,x_1,\cdots,x_m\}$上正交,即

$$(\phi_j,\phi_k)=\sum_{i=0}^{m}w(x_i)\phi_j(x_i)\phi_k(x_i)\begin{cases}0, & j\neq k\\ A_k=\sum_{i=0}^{m}w(x_i)[\phi_k(x_i)]^2>0, & j=k\end{cases} \tag{2-70}$$

那么式(2-69)的解为

$$a_k^*=\frac{(f,\phi_k)}{(\phi_k,\phi_k)}=\frac{\sum_{i=0}^{m}w(x_i)f(x_i)\phi(x_i)}{\sum_{i=0}^{m}w(x_i)\phi_k^2(x_i)},\quad k=0,1,\cdots,n \tag{2-71}$$

且平方误差为

$$\|\delta\|_2^2=\|f\|_2^2-\sum_{k=0}^{n}A_k(a_k^*)^2 \tag{2-72}$$

【定理 2.5】 设已知点集$X=\{x_0,x_1,\cdots,x_m\}$及权系数$\{w(x_0),w(x_1),\cdots,w(x_m)$,则关于权函数$\{w(x_i)\}$正交的多项式组$\{P_n(x)\}(m>n)$由递推公式产生

$$\begin{cases}P_0(x)\\ P_1(x)=(x-\alpha_1)\\ P_{k+1}(x)=(x-\alpha_{k+1})P_k(x)-\beta_kP_{k-1}(x), \quad k=1,2,\cdots,n-1\end{cases} \tag{2-73}$$

其中

$$\begin{cases}\alpha_{k+1}=\dfrac{(xP_k(x),P_k(x))}{(P_k(x),P_k(x))}=\dfrac{\sum_{i=0}^{m}w(x_i)x_iP_k^2(x_i)}{\sum_{i=0}^{m}w(x_i)P_k^2(x_i)}\\ \beta_k=\dfrac{(P_k(x),P_k(x))}{(P_{k-1}(x),P_{k-1}(x))}=\dfrac{\sum_{i=0}^{m}w(x_i)P_k^2(x_i)}{\sum_{i=0}^{m}w(x_i)P_{k-1}^2(x_i)}\end{cases} \tag{2-74}$$

且有以下特性。

(1) $P_k(x)$是首项系数为1的k次多项式。

(2) $(P_i,P_j)=\sum_{k=1}^{m}w(x_k)P_i(x_k)P_j(x_k)=\begin{cases}A_i>0, & i=j\\ 0, & i\neq j\end{cases}$。

利用正交多项式$\{P_k(x)\}$作曲线拟合，只需根据式(2-73)和式(2-74)逐步计算 $P_k(x)$，同时计算其系数

$$a_k^* = \frac{(f,P_k)}{(P_k,P_k)} = \frac{\sum_{i=0}^{m} w(x_i) f(x_i) P(x_i)}{\sum_{i=0}^{m} w(x_i) P_k^2(x_i)}, \quad k=0,1,\cdots,n \tag{2-75}$$

并逐步累加 $a_k^* P_k(x)$，即可得到所求的拟合曲线 $S(x)$为

$$y = S(x) = \sum_{k=0}^{n} a_k^* P_i(x) \tag{2-76}$$

此方法是目前用多项式作最小二乘曲线拟合的最好的计算方法，其优点是不用求解法方程组，且关于$\{\alpha_k\}$，$\{\beta_k\}$和$\{a_k^*\}$的计算与 n 无关。如若增加 n，只需再计算这三组系数即可。

2.3 三角多项式逼近与快速傅里叶变换

自然界中通常存在复杂多变的振荡现象，其由多种不同频率和不同振幅的波叠加而成。如图 2-2 所示，它们呈现周期现象，一个复杂的波还可以分解为一系列谐波。当数据呈现周期现象时，显然用三角多项式作为基函数比代数多项式更加合适。早在 18 世纪 50 年代，一些研究者就开始研究用三角多项式逼近任意函数，并逐步完善了一套有效的分析方法，即傅里叶变换。随着数字技术的发展，人们又提出了离散傅里叶变换(Discrete Fourier Transform，DFT)。但在工程应用中，DFT 计算量巨大。在 1965 年，库利(Cooley)和图基(Tukey)提出了快速傅里叶变换(Fast Fourier Transform，FFT)，使得 FFT 得到广泛的应用。

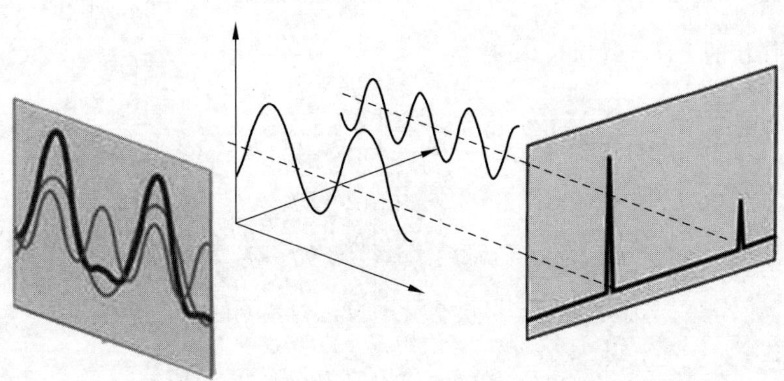

图 2-2 复杂多变的振荡现象

2.3.1 最佳平方三角逼近与三角插值

设 $f(x)$是以 2π 为周期的平方可积函数，在三角函数族 $H=\text{span}\{1,\cos x,\sin x,\cdots,\cos nx,\sin nx\}$上求最佳平方逼近多项式

$$S_n(x) = \frac{1}{2}a_0 + \sum_{k=1}^{n}(a_k\cos kx + b_k\sin kx) \tag{2-77}$$

由于三角函数族$\{1,\cos x,\sin x,\cdots,\cos nx,\sin nx\}$在$[0,2\pi]$上是正交函数族，因此，

$f(x)$在$[0,2\pi]$上的最佳平方三角逼近多项式$S_n(x)$的系数是

$$\begin{cases}a_k=\dfrac{1}{\pi}\displaystyle\int_0^{2\pi}f(x)\cos kx\,\mathrm{d}x, & k=0,1,\cdots,n\\ b_k=\dfrac{1}{\pi}\displaystyle\int_0^{2\pi}f(x)\sin kx\,\mathrm{d}x, & k=0,1,\cdots,n\end{cases}\tag{2-78}$$

其中,a_k、b_k 称为$f(x)$的傅里叶系数,函数$f(x)$按傅里叶系数展开得到的级数,

$$\frac{1}{2}a_0+\sum_{k=1}^{\infty}(a_k\cos kx+b_k\sin kx)\tag{2-79}$$

称为傅里叶级数。

显然式(2-77)给出的最佳平方逼近三角多项式是式(2-79)表示的傅里叶级数的部分和,则有

$$\| f(x)-S_n(x)\| =\| f(x)\|_2^2-\| S_n(x)\|_2^2\tag{2-80}$$

由此可得贝塞尔不等式(Bessel inequality)

$$\frac{1}{2}a_0^2+\sum_{k=1}^{n}(a_k^2+b_k^2)\leqslant\frac{1}{\pi}\int_0^{2\pi}f^2(x)\mathrm{d}x\tag{2-81}$$

因为式(2-81)的右边不依赖于n,所以正项级数$\dfrac{1}{2}a_0^2+\sum\limits_{k=1}^{+\infty}(a_k^2+b_k^2)$收敛,且有$\lim\limits_{k\to+\infty}a_k=\lim\limits_{k\to+\infty}b_k=0$。

实际问题当中,$f(x)$常在给定的离散点集$\left\{x_j=\dfrac{2\pi i}{N},j=0,1,\cdots,N-1\right\}$上给出函数值$f\left(\dfrac{2\pi j}{N}\right)$。以奇数个点的情形为例,即$x_j=\dfrac{2\pi j}{2n+1},(j=0,1,\cdots,2n)$,可以证明当$2n+1\leqslant N$时,三角函数族$\{1,\cos x,\sin x,\cdots,\cos nx,\sin nx\}$在离散点集$\left\{x_l=\dfrac{2\pi j}{2n+1},(j=0,1,\cdots,2n)\right\}$上正交,即对任何的$k,l=0,1,\cdots,n$有

$$\begin{aligned}&\sum_{j=0}^{N-1}\sin lx_j\sin kx_j=\begin{cases}0, & l\neq k\\ \dfrac{N}{2}, & l=k\neq 0\end{cases}\\ &\sum_{j=0}^{N-1}\cos lx_j\cos kx_j=\begin{cases}0, & l\neq k\\ \dfrac{N}{2}, & l=k\neq 0\\ N, & l=k=0\end{cases}\\ &\sum_{i=0}^{N-1}\cos lx_j\sin kx_j=0,\quad 0\leqslant k,l\leqslant n\end{aligned}\tag{2-82}$$

于是离散点集$\left\{x_j=\dfrac{2\pi j}{N},(j=0,1,\cdots,2n)\right\}$给出的$f(x)$的最小二乘三角逼近为

$$S_n(x)=\frac{1}{2}a_0+\sum_{k=1}^{n}(a_k\cos kx+b_k\sin kx)\tag{2-83}$$

其中

$$\begin{cases} a_k = \dfrac{2}{N}\sum_{j=0}^{N-1} f\left(\dfrac{2\pi j}{N}\right)\cos\dfrac{2\pi kj}{N}, & k=0,1,\cdots,n \\ b_k = \dfrac{2}{N}\sum_{j=0}^{N-1} f\left(\dfrac{2\pi j}{N}\right)\sin\dfrac{2\pi kj}{N}, & k=0,1,\cdots,n \end{cases} \tag{2-84}$$

当 $2n+1=N$ 时，有

$$S_n(x_j)=f(x_j),\quad j=0,1,\cdots,N-1 \tag{2-85}$$

此时 $S_n(x)$ 即为三角插值多项式。

对于更一般的情形，假设 $f(x)$ 是以 2π 为周期的复函数，且已知 $f(x)$ 在 N 个等分点 $x_i=\dfrac{2\pi i}{N}$，$(i=0,1,\cdots,N-1)$ 的值 $f(x_i)=f\left(\dfrac{2\pi i}{N}\right)$，令

$$\phi_k(x)=\mathrm{e}^{\mathrm{j}kx}=\cos kx+\mathrm{j}\sin kx,\quad \mathrm{j}=\sqrt{-1},k=0,1,\cdots,N-1 \tag{2-86}$$

则 $\{\phi_k(x),k=0,1,\cdots,N-1\}$ 在点集 $\left\{x_i=\dfrac{2\pi i}{N},(i=0,1,\cdots,N-1)\right\}$ 上正交。因此，$f(x)$ 在点集 $\left\{x_i=\dfrac{2\pi i}{N},(i=0,1,\cdots,N-1)\right\}$ 上的最小二乘解，即最小二乘傅里叶逼近为

$$S(x)=\sum_{k=0}^{n-1}c_k\mathrm{e}^{\mathrm{j}kx},\quad (n\leqslant N) \tag{2-87}$$

其中

$$c_k=\frac{1}{N}\sum_{i=0}^{N-1}f_i\mathrm{e}^{-\mathrm{j}ki\frac{2\pi}{N}},\quad k=0,1,\cdots,n \tag{2-88}$$

若 $n=N-1$，则 $S(x)$ 为 $f(x)$ 在点 x_i，$(i=0,1,\cdots,N-1)$ 上的插值函数，即 $S(x_i)=f(x_i)$，那么由式(2-88)可得

$$f_i=\sum_{k=0}^{N-1}c_k\mathrm{e}^{\mathrm{j}ki\frac{2\pi}{N}},\quad i=0,1,\cdots,N-1 \tag{2-89}$$

式(2-88)是由 $\{f_i\}$ 求 $\{c_k\}$ 的过程，称为 $f(x)$ 的 DFT，也可以说 $\{c_k\}$ 是 $\{f_i\}$ 的 DFT。而式(2-89)是由 $\{c_k\}$ 求 $\{f_i\}$ 的过程，称为离散傅里叶逆变换(Inverse Discrete Fourier Transform，IDFT)。这些变换是计算机进行频谱分析的主要方法，其将信号分解成不同频率的正弦函数进行叠加，是数字信号处理中最重要、最基本的方法之一，在全息技术、光谱和声谱分析等领域中都有广泛的应用。

2.3.2　快速傅里叶变换

事实上，傅里叶分析涉及的傅里叶逼近系数的计算、傅里叶变换或者逆变换，总结起来都可以归结为计算

$$b_i=\sum_{k=0}^{N-1}x_k w_N^{ki},\quad (i=0,1,\cdots,N-1) \tag{2-90}$$

其中，$\{x_k,k=0,1,\cdots,N-1\}$ 为已知的输入数据，$\{b_i,i=0,1,\cdots,N-1\}$ 为输出数据，且 $w_N=\mathrm{e}^{\mathrm{j}\frac{2\pi}{N}}=\cos\dfrac{2\pi}{N}+\mathrm{j}\sin\dfrac{2\pi}{N}(\mathrm{j}=\sqrt{-1})$。

由式(2-90)可以看到，直接计算一个 b_i 需要 N 次复数乘法和 $N-1$ 次复数加法，计算全部 N 个 b_i 则需要 N^2 次乘法和 $N(N-1)$ 次加法。尽管只是简单的复数乘法和复数加

法，但当 N 很大时，计算量相当大。为此，在 1965 年提出了 DFT 的高效、快速的版本：FFT。FFT 的主要思想是尽量减少式(2-90)中的乘法计算次数，特别是当被变换的抽样点数 N 越多，计算量的节省越显著。由于计算速度的显著提升，才使得 DFT 得到更加广泛的应用。

注意，w 是 N 等分复平面单位圆上的一点，有 $w^N=1$，所以 $\{w^{ki},k,i=0,1,\cdots,N-1\}$ 实际上仍是单位圆上的 N 个分点，用 N 去除 ki，可得

$$
\begin{aligned}
&ki=qN+r,\quad (0\leqslant r\leqslant N-1)\\
&w^{ki}=w^{qN+r}=(w^N)q\cdot w^r=(1)q\cdot w^r=w^r
\end{aligned}
\tag{2-91}
$$

故 $w^{ki}=w^r$ 只有 N 个不同的值 $w^0,w^1,\cdots,w^{N-1}$，特别是当 $N=2^p$ 时，w^{ki} 只有 $\frac{N}{2}$ 个不同值，因此可把同一个 w^r 对应的 x_k 相加后再乘以 w^r，则 N 个 b_i 可被分为 p 步算出，乘法次数减少为 $\frac{N}{2}(p-1)$。

下面介绍 $N=2^p$ 时的算法，把 k、i 用二进制表示如下，

$$
\begin{cases}
k=k_{p-1}2^{p-1}+\cdots+k_1 2^1+k_0 2^0=k_{p-1}\cdots k_1 k_0\\
i=i_{p-1}2^{p-1}+\cdots+i_1 2^1+i_0 2^0=i_{p-1}\cdots i_1 i_0
\end{cases}
\tag{2-92}
$$

其中，i_r、k_r 分别表示 k、i 在二进制表示中 2^r 单位上的数，取值为 0 或 1。根据 i、k 的表示法，令

$$
\begin{aligned}
&b_i=b(i)=b(i_{p-1}\cdots i_1 i_0)\\
&x_k=x_0(k)=x_0(k_{p-1}\cdots k_1 k_0)\\
&w^{ki}=w^{(k_{p-1}\cdots k_1 k_0)(i_{p-1}\cdots i_1 i_0)}=w^{i_0(k_{p-1}\cdots k_1 k_0)+i_1(k_{p-2}\cdots k_0 0)+\cdots+i_{p-1}(k_0 0\cdots 0)}
\end{aligned}
\tag{2-93}
$$

于是式(2-90)可分解为 p 层求和，有

$$
\begin{aligned}
b_i&=\sum_{k=0}^{N-1}x_0(k)w^{ki}\\
&=\sum_{k_0=0}^{1}\left\{\sum_{k_1=0}^{1}\cdots\left(\sum_{k_{p-1}=0}^{1}x_0(k_{p-1}\cdots k_1 k_0)w^{i_0(k_{p-1}\cdots k_1 k_0)}\right)w^{i_1(k_{p-2}\cdots k_0 0)}\right\}w^{i_{p-1}(k_0 0\cdots 0)}
\end{aligned}
\tag{2-94}
$$

若引入记号

$$
x_1(k_{p-2}\cdots k_0 i_0)=\sum_{k_{p-1}=0}^{1}x_0(k_{p-1}\cdots k_0)w^{i_0(k_{p-1}\cdots k_0)}
\tag{2-95a}
$$

$$
x_2(k_{p-3}\cdots k_0 i_1 i_0)=\sum_{k_{p-2}=0}^{1}x_1(k_{p-2}\cdots k_0 i_0)w^{i_1(k_{p-2}\cdots k_0 0)}
\tag{2-95b}
$$

$$\vdots$$

$$
x_m(i_{p-1}\cdots i_1 i_0)=\sum_{k_0=0}^{1}x_{p-1}(k_0 i_{p-2}\cdots i_0)w^{i_{p-1}(k_0 0\cdots 0)}
\tag{2-95c}
$$

则

$$
x_p(i_{p-1}\cdots i_0)=b(i_{p-1}\cdots i_0)=b(i)
\tag{2-96}
$$

为简化计算每个和式，注意 $w^{i_0 2^{p-1}}=w^{i_0\frac{N}{2}}=(-1)^{i_0}$，并将二进制 $(0k_{p-2}\cdots k_0)_2=k$ 还原为十进制表示：$k=k_{p-2}2^{p-2}+\cdots+k_0 2^0$，则

$$\begin{aligned}x_1(k_{p-2}\cdots k_0 i_0)&=x_0(0k_{p-2}\cdots k_0)w^{i_0(k_{p-2}\cdots k_0)}+x_0(1k_{p-2}\cdots k_0)w^{i_0 2^{p-1}}\cdot w^{i_0(0k_{p-2}\cdots k_0)}\\&=[x_0(0k_{p-2}\cdots k_0)+(-1)^{i_0}x_0(1k_{p-2}\cdots k_0)]w^{i_0(0k_{p-2}\cdots k_0)}\end{aligned}\tag{2-97}$$

由于 $i_0=0$ 或 1，再将二进制转为十进制得

$$\begin{cases}x_1(2k)=x_1(k_{p-2}\cdots k_0 0)=x_0(k)+x_0(k+2^{p-1})\\x_1(2k+1)=x_1(k_{p-2}\cdots k_0 1)=[x_0(k)-x_0(k+2^{p-1})]w^k\\k=0,1,\cdots,2^{p-1}-1\end{cases}\tag{2-98}$$

同理可得

$$\begin{cases}x_2(k2^2+i)=x_1(2k+i)+x_1(2k+i+2^{p-1})\\x_2(k2^2+i+2)=[x_1(2k+i)-x_1(2k+i+2^{p-1})]w^{2k}\\i=0,1;\ k=0,1,\cdots,2^{p-2}-1\end{cases}\tag{2-99}$$

对于一般情况，可得 FFT 计算公式如下：

$$\begin{cases}x_m(k2^m+i)=x_{m-1}(k2^{m-1}+i)+x_{m-1}(k2^{m-1}+i+2^{p-1})\\x_m(k2^m+i+2^{m-1})=[x_{m-1}(k2^{m-1}+i)-x_{m-1}(k2^{m-1}+i+2^{p-1})]w^{k2^{m-1}}\\m=1,2,\cdots,p;\ i=0,1,\cdots,2^{m-1}-1;\ k=0,1,\cdots,2^{p-m}-1\end{cases}\tag{2-100}$$

式(2-100)即为计算 DFT 的 FFT 算法，其复数乘法运算从式(2-90)的 N^2 次减为$\frac{N}{2}(p-1)$次。当 $N=2^{10}$ 时，FFT 的计算量是原来 DFT 的$\frac{1}{230}$。在计算机的数学库中可以找到 FFT 算法的相关程序。

2.4 多项式的万能逼近性质

在函数逼近问题中，逼近函数 $s(x)$的函数类 H 有多种选择，且在选定函数类以后，在该类函数中确定 $s(x)$的具体形式也是多种多样的。另外，$s(x)$对 y 的逼近程度(误差)也可以有不同的定义。在实际问题中，需要根据所研究问题的运动规律和观测数据本身的特点，以及用户的经验等，来确定函数类 H 的具体形式。一般地，在某个较简单函数类中去寻找所需要的函数 $s(x)$，这种函数类叫作逼近函数类。一般函数逼近类可以在不同的函数空间(比如由一些基函数通过线性组合所张成的函数空间 $H=\text{span}(\phi_1,\phi_2,\cdots,\phi_n)$)中进行选择。第 1 章介绍的正交多项式函数系和三角多项式函数系就是常用的逼近函数类。

在函数逼近论中，还有很多其他形式的逼近函数类，比如由代数多项式的比构成的有理分式集(有理逼近)，按照一定条件定义的样条函数集(样条逼近)以及 RBF 逼近等。

一组函数能够成为一组基函数需要具备一些比较好的性质，比如光滑性、线性无关性、权性(所有基函数的权和为 1)、局部支集、完备性、正性、凸性等。其中完备性是指该组函数所张成的线性子空间(线性组合)能够以任意的误差和精度逼近给定的函数，即万能逼近

性质。

对于多项式函数类，有以下"万能逼近定理"。

【定理 2.6】 Weierstrass 逼近定理：在$[a,b]$上任意连续函数 $y(x)$，对于任意给定的 $\varepsilon>0$，必存在 n 次多项式 $f(x)=\sum_{i=0}^{n} a_i \phi_i(x)$，使得

$$\min_{x\in[a,b]} |f(x)-y(x)| < \varepsilon \tag{2-101}$$

Weierstrass 逼近定理表明，对于给定的函数，n 次多项式能以任何精度逼近该函数，只要 n 的次数足够高。具体的构造方法有前面介绍的常用的切比雪夫多项式、勒让德多项式，以及伯恩斯坦(Bernstein)多项式等。另外，也可以根据特定需要按 2.1.3 节所述方法构造其他正交多项式。

类似地，由傅里叶分析理论(或 Weierstrass 第二逼近定理)，只要阶数 n 足够高，阶三角函数多项式就能以任意精度逼近给定的周期函数。理论表明，因为多项式函数类和三角函数类在函数空间是"稠密"的，所以可以保障逼近函数的"合理性"。

对于实际的应用，如何选择合适的逼近函数类，需要考虑以下两个问题。

(1) 根据逼近对象或样本数据的一些"先验知识"来决定具体的函数逼近类。比如，被逼近函数具有周期性，选择三角函数作为逼近函数比较合理；如果被逼近的函数具有奇点，有理函数作为逼近函数是个合理的选择。

(2) 确定了逼近函数类，需要进一步确定合适的次数或阶数。以选定多项式函数类为例，根据勒让德插值定理，一定能找到一个 $n-1$ 次多项式来插值给定的 n 个样本点。但如果这个高次多项式的 n 较大，则容易引起过拟合(overfitting)；反过来，n 较小，则得到的多项式容易导致欠拟合(underfitting)。在实际应用中，过拟合和欠拟合都会导致较差的拟合能力，即泛化性能差，如图 2-3 所示。

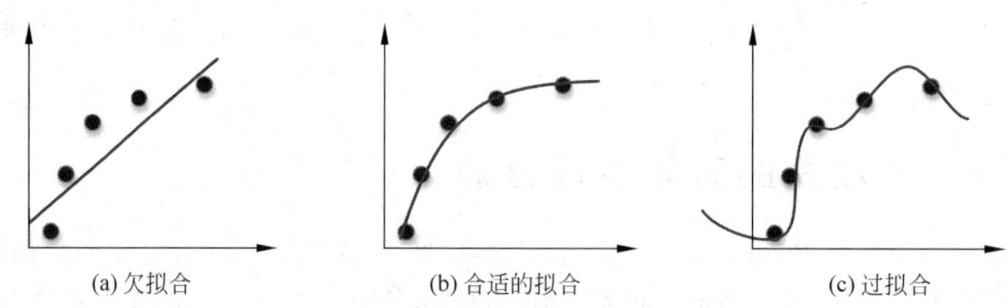

图 2-3 用不同次数的多项式拟合样本点

值得强调的是，一个逼近函数的表达能力体现在该函数的未知参数(如式(2-74)中的系数)与样本点个数的差，也称为自由度。如果逼近函数的未知参数越多，则表达能力越强。然而，在实际的拟合问题中，逼近函数的拟合能力并非越强越好。因为如果只关注样本点处的拟合误差的话，非常强的表达能力会使样本点之外的函数值远远偏离期望的目标，反而降低拟合函数的预测性能，产生过拟合，如图 2-3(c)所示。因此人们发展出各种方法来缓解(不能完全避免)过拟合，如剔除样本点中的噪声(数据去噪)、增加样本点数据量(数据增广)、简化预测模型、获取额外数据进行交叉验证或对目标函数进行适当的正则化等。这类似于在深度神经网络中遇到的过拟合问题(在后面的相关章节详细叙述)。

在实际应用中，如何选择拟合函数的数学模型(合适的逼近函数类及其阶数)，并不是一

开始就能选好，往往须通过分析确定若干模型后，再经过实际计算、比较和调整才能选到较好的模型。还需要不断的试验和调试（称为“调参”过程），是个需要丰富经验的“技术活”。

2.5　从函数逼近的角度解释神经网络①

深度神经网络被视为“黑盒”操作，具有较差的可解释性。一些研究者试图从函数逼近的角度对深度学习进行合理解释。曲线拟合的过程是寻求样本点的参数化以及表达函数的基函数，从这个角度，类比于深度神经网络有以下特点。

（1）隐藏层中节点的激活函数相当于基函数。

（2）隐藏层中设置的节点个数相当于基函数的次数或阶数。

如图 2-4 所示的一元函数的神经元结构，变量 x 乘以一个伸缩 w_i^0，加上一个平移 b_i^0（称为偏置），即变量的仿射变换，得到神经元的输入 $F_i(x)=w_i^0x+b_i^0$；然后经激活函数 $\phi(x)$的复合后得到该神经元的输出 $G_i=\phi(F_i(x))$。

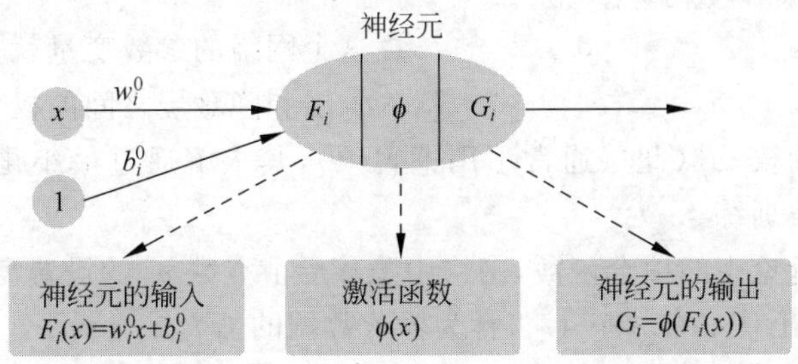

图 2-4　一元（单变量）函数的神经元结构

多变量的情形类似，如图 2-5 所示，变量$\{x_1,x_2,\cdots,x_n\}$经过伸缩平移得到仿射变换后神经元的输入 $F_i(x_1,x_2,\cdots,x_n)=\sum_{k=1}^{n}w_{ik}^0x_k+b_i^0$，然后再经过激活函数 $\phi(x)$复合后得到该神经元的输出 $G_i=\phi[F_i(x_1,x_2,\cdots,x_n)]$。

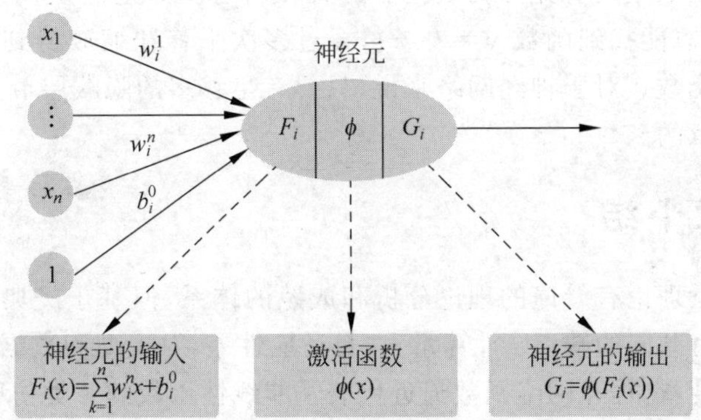

图 2-5　多元（多变量）函数的神经元结构

从函数逼近的角度，神经网络本质上就是传统的逼近论中的逼近函数的一种推广。它的函数表达不是通过指定的理论完备的基函数，而是通过简单的基元函数（激活函数）的不

① 本节内容根据中国科学技术大学刘利刚教授发布的文章《什么是深度学习》内容整理。

断变换得到的基函数。实质上是二层复合函数。本质上,神经网络的学习过程就是在学习基函数。这些基函数是通过激活函数 $\phi(x)$通过平移和伸缩(变量的仿射变换)得来的。

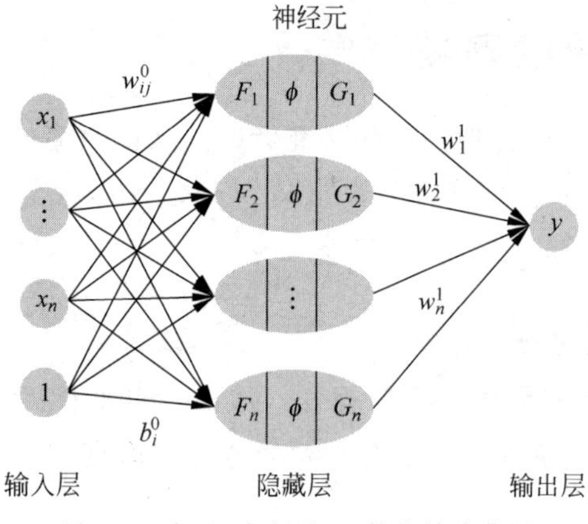

图 2-6　多元(多变量)函数的单隐藏层神经元结构

如图 2-6 所示,一个多元函数的神经网络结构由一个输入层,一个隐藏层和一个输出层组成。输入层的变量为$\{x_1,x_2,\cdots,x_n\}$和一个常数节点 1,隐藏层包含多个节点且激活函数是 $\phi(x)$,隐藏层的输出就是节点的线性组合加偏置(即仿射变换)经过激活 $\phi(x)$后得到的复合函数 $G_i=\phi[F_i(x_1,x_2,\cdots,x_n)]$, 其中 $F_i(x_1,x_2,\cdots,x_n)=\sum_{k=1}^{n}w_{ik}^0x_k+b_i^0$。最后的输出层就是这些复合函数的组合 $y(x)=\sum_{k=1}^{m}w_k^1G_k(x)$。

这个网络的参数变量就是所有的权系数,包括输入层和隐藏层之间的权 w_{ik}^0 和偏置项b_i^0,隐藏层与输出层之间的权 w_k^1(此层通常不用偏置项),其求解通过最小化损失函数。一般称此求解过程为学习或训练。

类似于函数逼近论中的拟合函数,网络中隐藏层节点数 m 的设置需要不断地调试来确定. 隐藏层节点的输出$\{G_1,G_2,\cdots,G_n\}$称为输入数据的$\{x_1,x_2,\cdots,x_n\}$的"特征"。

综上所述,整个网络的训练过程就是学习所有的参数变量,最后得到的拟合函数 $y(x)=\sum_{k=1}^{n}w_k^1G_k(x)$ 就是一些函数的线性组合表达,其中组合函数$\{G_1,G_2,\cdots,G_n\}$是表达函数 $y(x)$的基函数。

将函数 $y=\phi(x)$经过足够多的伸缩和平移,所生成的函数 $y_b^a=\phi(ax+b),a,b\in\mathbb{R}$,其线性组合所张成的函数空间有充分的表达能力且在所有函数空间是稠密的。也就是说,对于任意给定的函数,总能找到函数 $y=\phi(x)$,经过多次平移和缩放得到其函数线性组合能够逼近这个给定的函数。对于神经网络来说,只要有足够多的隐藏层节点数,该网络所表达的函数就能逼近任意的函数。

2.6　本章小结

经典的函数逼近理论有严谨的理论分析和成熟的体系,但基于经典函数逼近论及其相关很多衍生算法都有共同的缺点: 计算量大,自适应性差,对模型和数据要求高,依赖性强。从函数逼近论的角度看,神经网络函数逼近代表了非线性函数的一类仿射展开,本质上是一个信息的非线性变换系统,其特有的优点在于仿射基的选择自由度大,逼近参数可由统一的训练算法获得,相对于传统算法稳定性和适应性好,不依赖于数据。在现实中,对于很多无法以数学表达式的形式直观地给出其数学模型的问题,只要获取此类过程中的大量历史数据或经验数据,神经网络通常都能有效地提取出数据中潜在的规律,得到其内在规律的合理拟合。由于神经网络的学习、组织和容错能力,其对不完整的或有噪声的数据也能完成很好的识别。

因此，神经网络为函数逼近提供了一种不同于传统理论的方法。神经网络通过对样本的自学习，可记忆客观事物在空间、时间方面比较复杂的映射关系，非常适合解决模式识别、优化组合、函数逼近等问题。关于神经网络的逼近问题国内外已有许多理论成果，我们将在下面的章节进行系统阐述。

参考文献

本章参考文献扫描下方二维码。

第 3 章 深度神经网络的函数逼近

CHAPTER 3

函数逼近是神经网络强大应用之一同时也是其理论内核。神经网络从样本数据出发，计算输入和输出结果集之间的映射关系，从而对未知函数进行非线性逼近。相关研究表明深度神经网络能够为数学信号处理中使用的非常广泛的函数和函数类提供信息理论上的最佳逼近。对于非常不同的函数类(例如平方运算、乘法、多项式、正弦函数)，一般的平滑函数甚至一维振荡纹理和分形函数(如 Weierstrass 函数)，神经网络能够提供指数逼近精度，其中后两者尚没有除深度网络以外的先前已知方法能够完成指数近似精度，即近似误差在网络中非零权重的数量上呈指数衰减。在充分光滑函数的近似中，相关研究表明有限宽深度网络要求的连通性严格小于有限深度的宽网络。如图 3-1 所示，下面将展示深度神经网络逼近乘法、多项式、光滑函数和正余弦函数的数学证明。

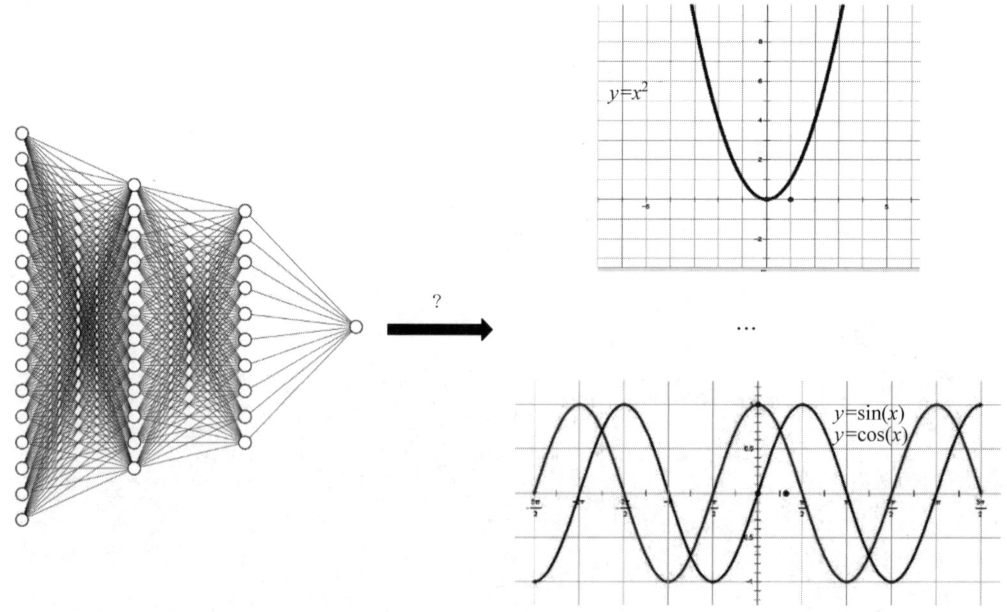

图 3-1 神经网络对基础函数进行逼近

3.1 基本的 ReLU 网络定义

本节对基本的 ReLU 网络和一些相关的设置进行形式化定义，以便后续用其对多种多样的函数进行逼近。首先需要考虑的一些符号定义如下：对于函数 $f(\boldsymbol{x})$：$\mathbb{R}^d \rightarrow \mathbb{R}$ 和集合

$\Omega \subseteq \mathbb{R}^d$，定义

$$\| f \|_{L^\infty(\Omega)} := \sup\{ | f(\boldsymbol{x}) | : \boldsymbol{x} \in \Omega\}$$

其中，$L^p(\mathbb{R}^d)$和$L^p(\mathbb{R}^d, \mathbb{C})$分别表示$L^p$函数的实数空间和复数空间。在处理简单函数的近似误差时，例如$(\boldsymbol{x},\boldsymbol{y}) \mapsto \boldsymbol{xy}$，为简单起见，将其记为$\| f(\boldsymbol{x},\boldsymbol{y}) - \boldsymbol{xy} \|_{L^p(\Omega)}$。对于向量$\boldsymbol{b} \in \mathbb{R}^d$，定义$\| \boldsymbol{b} \|_\infty := \max\limits_{i=1,2,\cdots,d} |b_i|$，相似地，对于矩阵$\boldsymbol{A} \in \mathbb{R}^{m\times n}$，有$\| \boldsymbol{A} \|_\infty := \max\limits_{i,j} |A_{i,j}|$。将$n \times n$的单位矩阵表示为$\boldsymbol{I}_2$。对于一个集合$X \in \mathbb{R}^d$，$|X|$代表$X$的勒贝格(Lebesgue)距离。

由于神经网络结构和激活函数种类繁多，在计算机视觉、语音识别、自然语言处理等众多领域，ReLU网络最为广泛使用，因此这里限定ReLU激活函数，并且考虑下面的网络结构。

【定义3.1】 设$L \in \mathbb{N}$和$N_0, N_1, \cdots, N_L \in \mathbb{N}$，ReLU神经网络$\Phi$具有映射关系$\Phi$：$\mathbb{R}^{N_0} \to \mathbb{R}^{N_L}$，则有

$$\Phi = \begin{cases} F_1, & L=1 \\ F_2 \circ \sigma \circ F_1, & L=2 \\ F_L \circ \sigma \circ F_{L-1} \circ \sigma \circ \cdots \circ \sigma \circ F_1, & L \geqslant 3 \end{cases} \tag{3-1}$$

其中，$l \in \{1,2,\cdots,L\}$，F_l：$\mathbb{R}^{N_{l-1}} \to \mathbb{R}^{N_l}$，$F_l(\boldsymbol{x}) := \boldsymbol{w}_l \boldsymbol{x} + \boldsymbol{b}_l$表示仿射变换，矩阵$\boldsymbol{w}_l \in \mathbb{R}^{N_l \times N_{l-1}}$，$\boldsymbol{b}_l \in \mathbb{R}^{N_l}$表示偏置向量，ReLU激活函数$\sigma$：$\mathbb{R} \to \mathbb{R}$，$\sigma(\boldsymbol{x}) = \max(\boldsymbol{x}, \boldsymbol{0})$，且$\sigma(x_1, x_2, \cdots, x_N) := (\sigma(x_1), \sigma(x_2), \cdots, \sigma(x_N))$。另外，将输入维度$N_0 = d$，输出维度$N_L = d'$的ReLU网络集合记为$\xi_{d,d'}$。关于ReLU网络的其他定义如下。

(1) 连通性$\mathcal{M}(\Phi)$表示矩阵$\boldsymbol{w}_l$，$l \in \{1,2,\cdots,L\}$和向量$\boldsymbol{b}_l$，$l \in \{1,2,\cdots,L\}$中非零元素的数量。

(2) 网络深度$\mathcal{D}(\Phi) := L$。

(3) 网络宽度$\mathcal{W}(\Phi) := \max\limits_{l=0,1,\cdots,L} N_l$。

(4) 权重大小$\mathcal{A}(\Phi) := \max\limits_{l=1,2,\cdots,L} \max\{ \| \boldsymbol{w}_l \|_\infty, \| \boldsymbol{b}_l \|_\infty \}$。

注意，N_0是输入层的维度，将其表示第0层，$N_1, N_2, \cdots, N_{L-1}$则分别是第1层和第$L-1$层，$N_L$指输出层的维度。深度的定义$\mathcal{D}(\Phi)$是指式(3-1)中的仿射变换的堆叠数量，即网络深度。由此定义可知，单隐藏层神经网络深度为2层。出于技术目的，将标准仿射变换视为深度为1的神经网络。

令矩阵$(w_l)_{i,j}$表示第$l-1$层第j个节点与l层第i个节点之间的权重，$(b_l)_i$是第l层第i个节点偏置，由此表示的单隐藏层神经网络如图3-2所示。

主要考虑Φ：$\mathbb{R}^d \to \mathbb{R}$，也就是$N_L = 1$的情况，很容易将其泛化到$N_L > 1$的情况。本章使用的神经网络结构涉及下面介绍的基本元素，即网络的连接和线性组合。

【引理3.1】 设$d_1, d_2, d_3 \in \mathbb{N}$，$\Phi_1 \in \xi_{d_1,d_2}$，且$\Phi_2 \in \xi_{d_2,d_3}$，则存在网络$\Psi \in \xi_{d_1,d_3}$，其中$\mathcal{D}(\Psi) \leqslant \mathcal{D}(\Phi_1) + \mathcal{D}(\Phi_2)$，$\mathcal{M}(\Psi) \leqslant 2\mathcal{M}(\Phi_1) + 2\mathcal{M}(\Phi_2)$，$\mathcal{W}(\Psi) \leqslant \max\{2d_2, \mathcal{W}(\Phi_1), \mathcal{W}(\Phi_2)\}$，$\mathcal{A}(\Psi) = \max\{\mathcal{A}(\Phi_1), \mathcal{A}(\Phi_2)\}$，且满足

$$\Psi(x) = (\Phi_2 \circ \Phi_1)(x) = \Phi_2[\Phi_1(x)], \quad \forall x \in \mathbb{R}^{d_1} \tag{3-2}$$

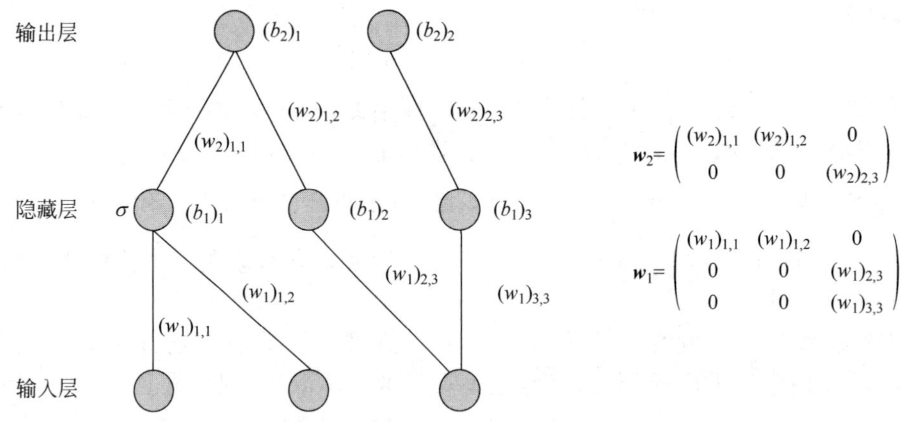

图 3-2　一个单隐藏层神经网络的权重$(w_l)_{i,j}$,偏置$(b_l)_i$ 关于边和节点的示意图

证明:此证明基于等式 $x=\rho(x)-\rho(-x)$。首先,由式(3-1)可得

$$\Phi_1=F^1_{L_1}\circ\sigma\circ F^1_{L_1-1}\circ\cdots\circ\sigma\circ F^1_1 \quad 和 \quad \Phi_2=F^2_{L_2}\circ\sigma\circ F^2_{L_2-1}\circ\cdots\circ F^2_2\circ\sigma\circ F^2_1$$

令 $N^1_{L_1-1}$ 表示 Φ_1 第 L_1-1 层的宽度,N^2_1 表示 Φ_2 第一层的宽度。根据

$$F^1_{L_1}(x):=\begin{pmatrix}\mathbb{I}_{d_2}\\ \mathbb{I}_{d_2}\end{pmatrix}F^1_{L_1}(x),\quad F^2_1(y):=F^2_1((\mathbb{I}_{d_2}\ -\mathbb{I}_{d_2})y) \tag{3-3}$$

定义仿射变换 $F^1_{L_1}:\mathbb{R}^{N^1_{L_1-1}}\mapsto\mathbb{R}^{2d_2}$,$F^2_1:\mathbb{R}^{2d_2}\mapsto\mathbb{R}^{N^2_1}$。

构造网络

$$\Psi:=F^2_{L_2}\circ\sigma\circ\cdots\circ F^2_2\circ\sigma\circ F^2_1\circ\sigma\circ F^1_{L_1}\circ\cdots\circ\sigma\circ F^1_1 \tag{3-4}$$

满足声明的特性。

在本章中,除有明确的说明以外,两个神经网络的组合均以引理 3.2 中形式表示。

为了形式化具有可能不同深度的网络的线性组合的概念,需要下面两个引理展示如何在保留网络输入-输出关系的同时增加网络深度以及如何并行化网络。

【引理 3.2】　令 $d_1,d_2,K\in\mathbb{N}$,且 $\Phi\in\xi_{d_1,d_2}$,$\mathcal{D}(\Phi)<K$。那么,存在一个网络 $\Psi\in\xi_{d_1,d_2}$,满足$\mathcal{D}(\Psi)<K$,$\mathcal{M}(\Psi)\leqslant\mathcal{M}(\Phi)+d_2\mathcal{W}(\Phi)+2d_2(K-\mathcal{D}(\Phi))$,$\mathcal{W}(\Psi)=\max\{2d_2,\mathcal{W}(\Phi)\}$,$\mathcal{A}(\Psi)=\max\{1,\mathcal{A}(\Phi)\}$,且满足 $\Psi(x)=\Phi(x)$,$\forall x\in\mathbb{R}^{d_1}$。

证明:令 $F_j(x):=\mathrm{diag}(\mathbb{I}_{d_2},\mathbb{I}_{d_2})x$,对于 $j\in\{\mathcal{D}(\Phi)+1,\cdots,K-1\}$,$F_K(x):=(\mathbb{I}_{d_2}\ -\mathbb{I}_{d_2})x$,则有

$$\Phi=F_{\mathcal{D}(\Phi)}\circ\sigma\circ F_{\mathcal{D}(\Phi)-1}\circ\sigma\circ\cdots\circ\sigma\circ F_1 \tag{3-5}$$

如下网络

$$\Psi:=F_K\circ\sigma\circ F_{K-1}\circ\sigma\circ\cdots\circ\sigma\circ F_{\mathcal{D}(\Phi)+1}\circ\sigma\circ\begin{pmatrix}F_{\mathcal{D}(\Phi)}\\ -F_{\mathcal{D}(\Phi)}\end{pmatrix}\circ\sigma\circ F_{\mathcal{D}(\Phi)-1}\circ\sigma\circ\cdots\circ\sigma\circ F_1 \tag{3-6}$$

满足声明的特性。

简单起见,只针对深度相同的网络提出以下两个引理,在引理 3.2 的直接应用之后,就可以推广到一般情况。仅针对相同深度的网络陈述以下两个引理,对一般情况的扩展遵循引理 3.2 的直接应用。这两个引理中式(3-1)和式(3-5)给出了神经网络并行化的概念,具

体来说是结合神经网络实现函数 f 和 g 到神经网络的映射，即 $x\mapsto(f(x),g(x))$。

【引理 3.3】 令 $n,L\in\mathbb{N}$，且对于 $i\in\{1,2,\cdots,n\}$，令 $d_i,d'_i\in\mathbb{N}$，且 $\Phi_i\in\xi_{(d_i,d'_i)}$，$\mathcal{D}(\Phi_i)=L$。存在网络 $\Psi\in\xi_{\sum_{i=1}^n d_i,\sum_{i=1}^n d'_i}$，且有

$$\mathcal{D}(\Phi_i)=L,\mathcal{M}(\Psi)=\sum_{i=1}^n\mathcal{M}(\Phi_i),\mathcal{W}(\Psi)=\sum_{i=1}^n\mathcal{W}(\Phi_i),A(\Psi)=\max_i A(\Phi_i)$$

对于任意的 $\boldsymbol{x}=(\boldsymbol{x}_1,\boldsymbol{x}_2,\cdots,\boldsymbol{x}_n)\in\mathbb{R}^{\sum_{i=1}^n d_i}$，$\boldsymbol{x}_i\in\mathbb{R}^{d_i}$，$i\in\mathbb{N}$，满足

$$\Psi(\boldsymbol{x})=(\Phi_1(\boldsymbol{x}_1),\Phi_2(\boldsymbol{x}_2),\cdots,\Phi_n(\boldsymbol{x}_n))\in\mathbb{R}^{\sum_{i=1}^n d'_i}\tag{3-7}$$

证明：设网络 Φ_i 为

$$\Phi_i=F_L^i\circ\sigma\circ F_{L-1}^i\circ\sigma\circ\cdots\circ\sigma\circ F_1^i\tag{3-8}$$

其中 $F_l^i(\boldsymbol{x})=w_l^i x+b_l^i$。进一步定义 Φ_i 的层维度为 $N_0^i,N_1^i,\cdots,N_L^i$，且令

$$N_l:=\sum_{i=1}^n N_l^i,\quad l\in\{0,1,\cdots,L\}$$

那么，对于任意的 $l\in\{0,1,\cdots,L\}$，定义分块对角矩阵

$$\boldsymbol{w}_l:=\mathrm{diag}(w_l^1,w_l^2,\cdots,w_l^n)$$

向量 $\boldsymbol{b}_l=(b_l^1,b_l^2,\cdots,b_l^n)$，仿射变换 $F_l:=\boldsymbol{w}_l\boldsymbol{x}+\boldsymbol{b}_l$。那么有如下的网络

$$\Psi:=F_L\circ\sigma\circ F_{L-1}\circ\sigma\circ\cdots\circ\sigma\circ F_1\tag{3-9}$$

满足声明的特性，得证。

至此，已阐述完形式化神经网络线性组合的概念。

【引理 3.4】 令 $n,L,d'\in\mathbb{N}$，且对于 $i\in\{1,2,\cdots,n\}$，令 $d_i\in\mathbb{N}$，$a_i\in\mathbb{R}$，有 $\Phi_i\in\xi_{d_i,d'}$ 满足 $\mathcal{D}(\Phi_i)=L$。那么，存在一个网络 $\Psi\in\xi_{\sum_{i=1}^n d_i,d'}$ 满足

$$\mathcal{D}(\Psi)=L,\mathcal{M}(\Psi)\leqslant\sum_{i=1}^n\mathcal{M}(\Phi_i),\mathcal{W}(\Psi)\leqslant\sum_{i=1}^n\mathcal{W}(\Phi_i),\mathcal{B}(\Psi)=\max_i\{|a_i|\mathcal{B}(\Phi_i)\}$$

则对于任意的 $\boldsymbol{x}=(\boldsymbol{x}_1,\boldsymbol{x}_2,\cdots,\boldsymbol{x}_n)\in\mathbb{R}^{\sum_{i=1}^n d_i}$，$\boldsymbol{x}_i\in\mathbb{R}^{d_i}$，$i\in\{1,2,\cdots,n\}$满足

$$\Psi(\boldsymbol{x})=\sum_{i=1}^n a_i\Phi_i(\boldsymbol{x}_i)\in\mathbb{R}^{d'}\tag{3-10}$$

证明：用引理 3.3 的结构来证明，用$(a_1w_L^1,a_2w_L^2,\cdots,a_nw_L^n)$代替 $\boldsymbol{w}_L$，$\sum_{i=1}^n a_ib_L^i$ 代替 $\boldsymbol{b}_L$，得到的网络满足要求的性质。

3.2　乘法、多项式、光滑函数的逼近

首先推导神经网络近似平方函数。以此为基础，构建对乘法函数的近似，然后进行多项式和一般平滑函数的近似[①]。首先引入"锯齿"函数完成相关函数的逼近网络构造。考虑函

① 本章神经网络基础元素的符号化定义等主要基于文献 *Deep neural network approximation theory*。

数 $h:\mathbb{R}\to[0,1]$，有

$$h(x)=2\sigma(x)-4\sigma\left(x-\frac{1}{2}\right)+2\sigma(x-1)=\begin{cases}2x, & 0\leqslant x<\dfrac{1}{2}\\ 2(1-x), & \dfrac{1}{2}\leqslant x\leqslant 1\\ 0, & \text{其他}\end{cases} \tag{3-11}$$

令 $h_0(x)=x, h_1(x)=h(x)$，s 阶锯齿函数 h_s 作为函数 h 的 s 折构成，即

$$h_s:=\underbrace{h\circ h\circ\cdots\circ h}_{s},\quad s\geqslant 2 \tag{3-12}$$

注意 h 能够通过 2 层网络 $\Phi_h\in\xi_{(1,1)}$ 实现，根据 $\Phi_h:=F_2\circ\sigma\circ F_1=h$，其中

$$F_1(x)=\begin{pmatrix}1\\1\\1\end{pmatrix}x-\begin{pmatrix}0\\ \dfrac{1}{2}\\ 1\end{pmatrix},\quad F_2(x)=(2\quad -4\quad 2)\begin{pmatrix}x_1\\x_2\\x_3\end{pmatrix} \tag{3-13}$$

因此 s 阶锯齿函数 h_s 能够通过网络 $\Phi_h^s\in\xi_{(1,1)}$ 实现，即

$$\Phi_h^s:=F_2\circ\sigma\circ\underbrace{F_h\circ\sigma\circ\cdots\circ F_h\circ\sigma}_{s-1}\circ F_1=h_s \tag{3-14}$$

其中，

$$F_h(x)=\begin{pmatrix}2&-4&2\\2&-4&2\\2&-4&2\end{pmatrix}\begin{pmatrix}x_1\\x_2\\x_3\end{pmatrix}-\begin{pmatrix}0\\ \dfrac{1}{2}\\ 1\end{pmatrix} \tag{3-15}$$

下面对频繁用到的 $h_s(x)$ 的自相似性和对称特性进行总结。

【引理 3.5】 对于 $s\in\mathbb{N}, k\in\{0,1,\cdots,2^{s-1}-1\}$，$h(2^{s-1}-k)$ 包含在区间 $\left[\dfrac{k}{2^{s-1}},\dfrac{k+1}{2^{s-1}}\right]$ 内，有

$$h_s(x)=\sum_{k=0}^{2^{s-1}-1}h(2^{s-1}x-k),\quad x\in[0,1]$$

且

$$h_s\left(\frac{k}{2^{s-1}}+x\right)=h_s\left(\frac{k+1}{2^{s-1}}-x\right),\quad x\in\left[0,\frac{1}{2^{s-1}}\right]$$

3.2.1 乘法函数的逼近

本节首先阐述深度 ReLU 网络对平方函数的逼近，据此构造对乘法函数的逼近。

【命题 3.1】 对于任意的常数 $C>0$，存在 $\varepsilon\in\left(0,\dfrac{1}{2}\right)$，有网络

$$\{\Phi_\varepsilon\in\xi_{(1,1)}\mid \mathcal{D}(\Phi_\varepsilon)\leqslant C\log(\varepsilon^{-1}),\mathcal{W}(\Phi_\varepsilon)=3,\mathcal{A}(\Phi_\varepsilon)\leqslant 1,\Phi_\varepsilon(0)=0\}$$

满足

$$\|\Phi_\varepsilon(x)-x^2\|_{L^\infty([0,1])}\leqslant\varepsilon \tag{3-16}$$

证明： 基于以两个基本的观察结果。

(1) 关于函数 $f(x)=x-x^2$ 在点$\frac{j}{2^k}, j\in\{0,1,\cdots,2^k\}$处的线性插值 $I_k:[0,1]\to\mathbb{R}$，$k\in\mathbb{N}$，尤其是其细化步骤 $I_k\to I_{k+1}$ 的自相似性。对于任意 $k\in\mathbb{N}$，残差 $f-I_k$ 在每一个插值的两点之间的区间是相同的。具体地，将 $f_k:[0,2^{-k}]\to[0,2^{-2k-2}]$定义为 $f_k(x)=2^{-k}x-x^2$，并且考虑它的线性插值 $g_k:[0,2^{-k}]\to[0,2^{-2k-2}]$在区间$[0,2^{-m}]$的中间点和结尾点处有

$$g_k(x):=\begin{cases}2^{-k-1}x, & x\in[0,2^{-k-1}]\\ -2^{-k-1}x+2^{-2k-1}, & x\in[2^{-k-1},2^{-k}]\end{cases}\tag{3-17}$$

直接计算可得到

$$f_k(x)-g_k(x)=\begin{cases}f_{k+1}(x), & x\in[0,2^{-k-1}]\\ f_{k+1}(x-2^{-k-1}), & x\in[2^{-k-1},2^{-k}]\end{cases}\tag{3-18}$$

令 $f=f_0$ 和 $I_1=g_0$，对于任意的 $k\in\mathbb{N}$，有

$$f(x)-I_k(x)=f_k\left(x-\frac{m}{2^k}\right),\quad x\in\left[\frac{m}{2^k},\frac{m+1}{2^k}\right],\quad m\in\{0,1,\cdots,2^k-1\}\tag{3-19}$$

并且 $I_k=\sum_{j=0}^{k-1}G_j$，其中，$G_j:[0,1]\to\mathbb{R}$，则

$$G_j(x)=g_j\left(x-\frac{m}{2^j}\right),\quad x\in\left[\frac{m}{2^j},\frac{m+1}{2^j}\right],\quad m\in\{0,1,\cdots,2^j-1\}\tag{3-20}$$

因此，有

$$\sup_{x\in[0,1]}|x_2-(x-I_k(x))|=\sup_{x\in[0,1]}|f(x)-I_k(x)|=\sup_{x\in[0,2^{-k}]}|f_k(x)|=2^{-2k-2}\tag{3-21}$$

(2) 观察结果是基于上面描述的锯齿构造。根据它，通过每一层中两个神经元的第 j 层网络容易得到G_j 的实现；第三个神经元能被使用实现 $x-I_k(x)$到 x^2 的近似。具体地，记

$$s_j(x)=2^{-1}\sigma(x)-\sigma(x-2^{-2j-1})$$

对于 $x\in[0,1]$,$G_0=s_0$，可得 $G_j=s_j\circ G_{j-1}$。据此，能够构建一个网络实现 $x-I_k(x),x\in[0,1]$

$$\boldsymbol{w}_l=\begin{pmatrix}2^{-1} & -1 & 0\\ 2^{-1} & -1 & 0\\ -2^{-1} & 1 & 1\end{pmatrix}\in\mathbb{R}^{3\times3},\quad \boldsymbol{b}_l=\begin{pmatrix}0\\ -2^{-2l+1}\\ 0\end{pmatrix}\in\mathbb{R}^3,\quad l\in\{2,3,\cdots,k\}\tag{3-22}$$

并且 $\boldsymbol{w}_{k+1}=(-2^{-1},1,1)\in\mathbb{R}^{1\times3}$，$\boldsymbol{b}_{k+1}=\boldsymbol{0}$。设 $F_l(\boldsymbol{x})=\boldsymbol{w}_l x+\boldsymbol{b}_l, l\in\{1,2,\cdots,k+1\}$，有

$$\Phi_k=F_{k+1}\circ\sigma\circ F_k\circ\sigma\circ\cdots\circ\sigma\circ F_1\tag{3-23}$$

直接计算可得 $\Phi_k(x)=x-\sum_{j=0}^{k-1}G_j(x), x\in[0,1]$。网络 $\Phi_\varepsilon:=\Phi_{\left\lceil\frac{\log(\varepsilon^{-1})}{2}\right\rceil-1}$ 满足声明特性，得证。

根据引理 3.5 中 $h_s(x)$的对称性，其导致命题 3.1 证明中的插值错误，由于每个区间间隔都是相同的，最大误差出现在各个区间的中心。然而，逼近神经网络在随着网络深度呈指数增长的多个点上实现线性插值。

【引理 3.6】 令 $k\in\mathbb{N}$，函数 $f:\mathbb{R}\to\mathbb{R}$ 如果是不超过 k 块的分段线性，则称其为 k 锯齿函数，即域$\mathbb{R}$ 可以划分为 k 个区间，使得 f 在这些区间中的每一个上都是线性的。

可知，锯齿函数构造中的线性区域的数量随着网络深度增加呈指数级增长能够最优消除这种误差。值得强调的是，本章发展的理论与这种最优特性紧密相关。然而，网络权重通过训练获取，在这个意义上，这种特性又是脆弱的，通常线性区域的数量并没有随着网络深度呈指数级增加。有文献提出了一个神经网络训练方法尝试避免这个问题。理解在通常的神经网络中线性区域的数量怎样增长，并量化其影响(可能是指数的)，是神经网络的逼近理论基础限制方面一个公开的问题。

构建在区间$[-S,S]$上近似乘法函数的网络，将用到对 x^2 的近似结果，极化等式

$$xy=\frac{1}{4}((x+y)^2-(x-y)^2),\quad \sigma(x)+\sigma(-x)=|x|$$

以及 ReLU 函数正齐次的缩放性质，即 $\sigma(\theta x)=\theta\sigma(x),\theta\geqslant 0,x\in\mathbb{R}$。

【命题 3.2】 对于任意的常数 $C>0$，存在 $S\in\mathbb{R}_+$ 和 $\varepsilon\in\left(0,\frac{1}{2}\right)$，有网络

$$\{\Phi_{S,\varepsilon}\in\xi_{(2,1)}\mid\mathcal{D}(\Phi_{S,\varepsilon})\leqslant C(\log(\lceil S\rceil)+\log(\varepsilon^{-1})),\mathcal{W}(\Phi_{S,\varepsilon})\leqslant 5,\mathcal{A}(\Phi_{S,\varepsilon})\leqslant 1\}$$

满足 $\Phi_{S,\varepsilon}(0,x)=\Phi_{S,\varepsilon}(x,0),x\in\mathbb{R}$，且

$$\|\Phi_{S,\varepsilon}(x,y)-xy\|_{L^\infty([-S,S]^2)}\leqslant\varepsilon \tag{3-24}$$

证明：不失一般性，对于 $S<1$，简单地构建 $S=1$ 的网络就能保证声明的特性。对于 $S\geqslant 1$，证明基于上面提到的极化等式。根据命题 3.1 构建两个平方网络，它们共享加和 G_j 的神经元，加上一层从(x,y)到$\left(\frac{|x+y|}{2S},\frac{|x-y|}{2S}\right)$的映射，然后通过以 1 为界的权重实现与 S^2 相乘的层。具体地，考虑关于矩阵 $\boldsymbol{w}_i$ 和偏置 $\boldsymbol{b}_i$ 的网络 Ψ_k，

$$\boldsymbol{w}_1:=\frac{1}{2S}\begin{pmatrix}1&1\\-1&-1\\1&-1\\-1&1\end{pmatrix}\in\mathbb{R}^{4\times 2},\quad \boldsymbol{b}_1:=\boldsymbol{0}\in\mathbb{R}^4$$

$$\boldsymbol{w}_2:=\begin{pmatrix}1&1&0&0\\1&1&0&0\\1&1&-1&-1\\0&0&1&1\\0&0&1&1\end{pmatrix}\in\mathbb{R}^{5\times 4}$$

$$\boldsymbol{b}_2:=\begin{pmatrix}0\\-2^{-1}\\0\\0\\-2^{-1}\end{pmatrix}$$

$$\boldsymbol{w}_i:=\begin{pmatrix}2^{-1}&-1&0&0&0\\2^{-1}&-1&0&0&0\\2^{-1}&1&1&2^{-1}&-1\\0&0&0&2^{-1}&-1\\0&0&0&2^{-1}&-1\end{pmatrix}\in\mathbb{R}^{5\times 5}$$

$$\boldsymbol{b}_i := \begin{pmatrix} 0 \\ -2^{-1i+3} \\ 0 \\ 0 \\ -2^{-1i+3} \end{pmatrix}, \quad l \in \{3,4,\cdots,k+1\}$$

$$\boldsymbol{w}_{k+2} := (-2^{-1}, \ 1, \ 1, \ 2^{-1}, \ -1) \in \mathbb{R}^{1\times 5}, \quad \boldsymbol{b}_{k+2} := \boldsymbol{0}$$

结合命题 3.1 证明中定义的 G_j 和 Φ_k，直接计算可得

$$\begin{aligned} \Psi_k(x,y) &= \left(\frac{|x+y|}{2S} - \sum_{j=0}^{k-1} G_j \frac{|x+y|}{2S}\right) - \left(\frac{|x-y|}{2S} - \sum_{j=0}^{k-1} G_j \frac{|x-y|}{2S}\right) \\ &= \Phi_k\left(\frac{|x+y|}{2S}\right) - \Phi_k\left(\frac{|x-y|}{2S}\right) \end{aligned} \tag{3-25}$$

结合式(3-21)得

$$\begin{aligned} &\sup_{(x,y)\in[-S,S]^2} \left|\Psi_2(x,y) - \frac{xy}{S^2}\right| \\ = &\sup_{(x,y)\in[-S,S]^2} \left|\left(\Phi_k\left(\frac{|x+y|}{2S}\right) - \Phi_k\left(\frac{|x-y|}{2S}\right)\right) - \left(\left(\frac{|x+y|}{2S}\right)^2 - \left(\frac{|x-y|}{2S}\right)^2\right)\right| \\ \leqslant &2 \sup_{z\in[0,1]} |\Phi_k(z) - z^2| = 2^{-2k-1} \end{aligned} \tag{3-26}$$

根据引理 3.6，令 $\Psi_S(x) = S^2 x$ 为标量乘法网络，且

$$\Phi_{S,\varepsilon} := \Psi_S \circ \Psi_{k(S,\varepsilon)}$$

其中

$$k(S,\varepsilon) := \lceil 2^{-1}(1+\log(S^2\varepsilon^{-1})) \rceil$$

然后，式(3-24)直接由式(3-26)得到，且引理 3.1 建立深度、宽度和权重大小的所需边界。最后，直接从式(3-25)得到

$$\Phi_{S,\varepsilon}(0,x) = \Phi_{S,\varepsilon}(x,0) = 0, \quad \forall x \in \mathbb{R}$$

注意，上述构建的乘法网络的权重以 1 为界，与域的大小 S 无关。这是根据引理 3.6 通过权衡网络深度得到权重大小实现的。

3.2.2 多项式函数的逼近

下面阐述多项式的近似问题，该问题受实现多项式线性组合的网络的影响，而多项式的线性组合又由乘法网络构成。

【命题 3.3】 存在常数 $C>0$，对于任意的 $k\in\mathbb{N}$，$\boldsymbol{a}=(a_i)_{i=0}^{k}\in\mathbb{R}^{k+1}$，$S\in\mathbb{R}_+$ 和 $\varepsilon\in\left(0,\frac{1}{2}\right)$，存在网络

$$\{\Phi_{\boldsymbol{a},S,\varepsilon} \in \xi_{(1,1)} \mid \mathcal{D}(\Phi_{\boldsymbol{a},S,\varepsilon}) \leqslant Ck(\log(\varepsilon^{-1}) + k\log(\lceil S\rceil) + \log(k) + \log(\lceil \|\boldsymbol{a}\|_\infty \rceil))$$
$$\mathcal{W}(\Phi_{\boldsymbol{a},S,\varepsilon}) \leqslant 9, \quad \mathcal{A}(\Phi_{\boldsymbol{a},S,\varepsilon}) \leqslant 1\}$$

满足

$$\left\|\Phi_{\boldsymbol{a},S,\varepsilon}(x) - \sum_{i=0}^{k} a_i x^i\right\|_{L^\infty([-S,S])} \leqslant \varepsilon \tag{3-27}$$

证明：如命题 3.2 中的证明，只需考虑 $S\geqslant 1$ 的情况。对于 $k=1$，进行仿射变换，并可

直接从推论 3.2 得到。对于 $k\geqslant 2$ 的证明通过实现单项式 x^m，$m\geqslant 2$ 并联合乘法网络的迭代组合。其中使用网络实现 x^m 的构建不仅作为网络实现 x^{m+1} 的构建块，而且用来并行化逼近级数和 $\sum_{i=0}^{m} a_i x^i$。

首先设

$$A_m = A_m(S,\mu) := \lceil S \rceil^m + \mu \sum_{s=0}^{m-2} \lceil S \rceil^s, \quad m \in \mathbb{N}, \mu \in \mathbb{R}_+$$

令 $\Phi_{A_j,\mu}$ 为命题 3.2 中的乘法网络。然后，定义如下递归函数

$$f_{m,S,\mu}(x) = \Phi_{A_{m-1},\mu}(x, f_{m-1}, S, \mu(x)), \quad m \geqslant 2 \tag{3-28}$$

其中，$f_{0,S,\mu}(x)=1$ 且 $f_{1,S,\mu}(x)=x$。为了简化符号，后面使用缩写 $f_m = f_{m,S,\mu}$。首先，验证 $f_{m,S,\mu}$ 可以很好地近似单项式。具体来说，用归纳法证明如下：

$$\| f_m(x) - x^m \|_{L^\infty([-S,S])} \leqslant \mu \sum_{s=0}^{m-2} \lceil S \rceil^s, \quad \forall m \geqslant 2 \tag{3-29}$$

对于基础情形 $m=2$ 直接从命题 3.2 中得到，也就是

$$\| f_2(x) - x^2 \|_{L^\infty([-S,S])} = \| \Phi_{(A_1,\mu)}(x,x) - x^2 \|_{L^\infty([-S,S])} \leqslant \mu \tag{3-30}$$

注意 $S \leqslant A_1 = \lceil S \rceil$（当在 A_m 的定义中求和的上限为负时，让求和等于 0）。

继续使用归纳假设建立归纳步骤 $(m-1) \to m$，

$$\| f_{m-1}(x) - x^{m-1} \|_{L^\infty([-S,S])} \leqslant \mu \sum_{s=0}^{m-3} \lceil S \rceil^s \tag{3-31}$$

由于

$$\| f_{m-1} \|_{L^\infty([-S,S])} = \| x^{m-1} \|_{L^\infty([-S,S])} + \| f_{m-1}(x) - x^{m-1} \|_{L^\infty([-S,S])} \leqslant A_{m-1} \tag{3-32}$$

应用命题 3.2 可得

$$\begin{aligned}
\| f_m(x) - x_m \|_{L^\infty([-S,S])} &\leqslant \| f_m(x) - x f_{m-1}(x) \|_{L^\infty([-S,S])} + \| x f_{m-1}(x) - x^m \|_{L^\infty([-S,S])} \\
&\leqslant \| \Phi_{A_{m-1,\mu}}(x, f_{m-1}(x)) - x f_{m-1}(x) \|_{L^\infty([-S,S])} + \\
&\quad S \| f_{m-1}(x) - x^{m-1} \|_{L^\infty([-S,S])} \\
&\leqslant \mu + \lceil S \rceil \mu \sum_{s=0}^{m-3} \lceil S \rceil^s,
\end{aligned} \tag{3-33}$$

归纳法完成。

现在构建网络 $\Phi_{a,S,\varepsilon}$ 近似多项式 $\sum_{i=0}^{k} a_i x_i$。存在常数 C'，对于任意的

$$k \geqslant 2, \boldsymbol{a} = (a_i)_{i=0}^{k} \in \mathbb{R}^{k+1}, \quad i \in \{1, 2, \cdots, k-1\}$$

存在一个网络 $\Psi_{\boldsymbol{a},S,\mu} \in \xi_{(3,3)}$ 满足

$$| \mathcal{D}(\Psi^i_{\boldsymbol{a},S,\mu}) \leqslant C'(\log(\mu^{-1}) + \log(\lceil A_i \rceil) + \log(\| \boldsymbol{a} \|_\infty)), \mathcal{W}(\Psi^i_{\boldsymbol{a},S,\mu}) \leqslant 9, \quad \mathcal{A}(\Psi^i_{\boldsymbol{a},S,\mu}) \leqslant 1$$

且满足

$$\Psi^i_{\boldsymbol{a},S,\mu}(x, s, y) = (x, s + a_i y, \Phi_{A_i,\mu}(x, y)) \tag{3-34}$$

为了验证这一点，考虑下面的映射链

$$(x,s,y)\xrightarrow{\text{I}}(x,s,y,y)\xrightarrow{\text{II}}(x,s+a_iy,y)\xrightarrow{\text{III}}$$

$$(x,s+a_iy,x,y)\xrightarrow{\text{IV}}(x,s+a_iy,\Phi_{A_i,\mu}(x,y))。\tag{3-35}$$

注意到映射Ⅰ是系数在$\{0,1\}$之间的仿射变换,可以简单地把它看作深度为1的网络。使用推论3.2实现权重以1为界的仿射变换$(s,y)\mapsto s+a_iy$可以获取映射Ⅱ,然后应用引理3.2和映射Ⅱ。将该网络与两个网络并行,根据$x=\sigma(x)-\sigma(-x)$实现该恒等映射。映射Ⅲ的获取通过同样的方式,将映射Ⅱ结果与另一个网络并行实现该恒等映射。最后,通过将网络$\Phi_{A_i,\mu}$与两个恒等网络并行实现映射Ⅳ。根据引理3.1构建4个网络可得网络$\Psi^i_{\boldsymbol{a},S,\mu}$,$i\in\{1,2,\cdots,k-1\}$,满足声明的特性。应用推论3.2可得网络$\Psi^0_{\boldsymbol{a},S,\mu}$,实现$x\mapsto(x,a_0,x)$,并通过网络$\Psi^k_{\boldsymbol{a},S,\mu}$实现$(x,s,y)\mapsto s+a_ky$。

令

$$\mu=\mu(\boldsymbol{a},S,\varepsilon):=(\|\boldsymbol{a}\|_\infty(k-1)^2\lceil S\rceil^{k-2})^{-1}\varepsilon$$

且定义

$$\Phi_{\boldsymbol{a},S,\varepsilon}:=\Psi^k_{\boldsymbol{a},S,\mu}\circ\Psi^{k-1}_{\boldsymbol{a},S,\mu}\circ\cdots\circ\Psi^1_{\boldsymbol{a},S,\mu}\circ\Psi^0_{\boldsymbol{a},S,\mu}\tag{3-36}$$

直接计算可得

$$\Phi_{\boldsymbol{a},S,\varepsilon}=\sum_{i=0}^k a_if_{i,S,\mu}\tag{3-37}$$

因此式(3-29)意味着

$$\begin{aligned}\left\|\Phi_{\boldsymbol{a},S,\varepsilon}(x)-\sum_{i=0}^k a_ix_i\right\|_{L^\infty([-S,S])}&\leqslant\sum_{i=0}^k|a_i|\,\|f_{i,S,\mu}(x)-x_i\|_{L^\infty([-S,S])}\\&\leqslant\sum_{i=0}^k|a_i|\left(\mu\sum_{s=0}^{i-2}\lceil S\rceil^s\right)\\&\leqslant\|\boldsymbol{a}\|_\infty\mu\sum_{m=0}^{k-2}(k-1-k)\lceil S\rceil^k\\&\leqslant\|\boldsymbol{a}\|_\infty(k-1)^2\lceil S\rceil^{k-2}\mu\\&=\varepsilon\end{aligned}\tag{3-38}$$

对于一个适当选择的绝对常数C,通过引理3.1建立$\mathcal{W}(\Phi_{\boldsymbol{a},S,\varepsilon})\leqslant 9$,$\mathcal{A}(\Phi_{\boldsymbol{a},S,\varepsilon})\leqslant 1$,有

$$\begin{aligned}\mathcal{D}(\Phi_{(\boldsymbol{a},S,\varepsilon)})&\leqslant\sum_{i=0}^k\mathcal{D}(\Psi^i_{(\boldsymbol{a},S,\mu)})\\&\leqslant 2(\log(\lceil\|\boldsymbol{a}\|_\infty\rceil)+5)+\sum_{i=1}^{k-1}C'(\log(\mu^{-1})+\log(\lceil A_{i-1}\rceil)+\log(\lceil\|\boldsymbol{a}\|_\infty\rceil))\\&\leqslant Ck(\log(\varepsilon^{-1})+k\log(\lceil S\rceil)+\log k+\log(\lceil\|\boldsymbol{a}\|_\infty\rceil))\end{aligned}\tag{3-39}$$

证毕。

Weierstrass 逼近定理指出,闭区间上的每个连续函数可以通过多项式以任意精度逼近。

【定理3.1】 令$[a,b]\subseteq\mathbb{R}$,$f\in C([a,b])$,那么对于任意的$\varepsilon>0$,存在一个多项式π,满足

$$\|f-\pi\|_{L^\infty([a,b])}\leqslant\varepsilon\tag{3-40}$$

从命题 3.3 可得出结论，闭区间上的每个连续函数都可以通过宽度不超过 9 的深度 ReLU 网络以任意精度逼近，这相当于对于有限宽深度 ReLU 网络的通用逼近定理的变体。通过将命题 3.3 应用于具有切比雪夫点的拉格朗日插值，可以获取逼近（非常）光滑函数的网络，并可显式地定量其宽度、深度和权重边界。

3.2.3 光滑函数的逼近

基于前面的结论和定理，本节主要介绍深度 ReLU 网络对光滑函数的逼近。

【引理 3.7】 考虑集合

$$V_{[-1,1]} := \{f \in C^{\infty}([-1,1],\mathbb{R} : \| f^{(n)}(x) \|_{L^{\infty}([-1,1])} \leqslant n!, \forall n \in \mathbb{N}_0)\} \tag{3-41}$$

存在常数 $C>0$，对于任意的 $f \in V_{[-1,1]}$ 和 $\varepsilon \in \left(0,\frac{1}{2}\right)$，存在网络

$$\{\Psi_{f,\varepsilon} \in \xi_{(1,1)} \mid \mathcal{D}(\Psi_{f,\varepsilon}) \leqslant C(\log(\varepsilon^{-1}))^2, \mathcal{W}(\Psi_{f,\varepsilon}) \leqslant 9, \mathcal{A}(\Psi_{f,\varepsilon}) \leqslant 1\}$$

满足

$$\| \Psi_{f,\varepsilon} - f \|_{L^{\infty}([-1,1])} \leqslant \varepsilon \tag{3-42}$$

证明：一个关于切比雪夫点的拉格朗日插值的基本结果确保，对于任意的 $f \in V_{[-1,1]}$，$k \in \mathbb{N}$，存在 k 阶多项式 $P_{f,k}$ 满足

$$\| f - P_{f,k} \|_{L^{\infty}([-1,1])} \leqslant \frac{1}{2^k(k+1)!} \| f^{(k+1)} \|_{L^{\infty}([-1,1])} \leqslant \frac{1}{2^k} \tag{3-43}$$

注意，根据 $P_{f,k} = \sum_{j=0}^{k} c_{f,k,j} T_j(x)$，$|c_{f,k,j}| \leqslant 2$ 和通过两项递归定义的切比雪夫多项式

$$T_j(x) = 2xT_{j-2}(x),\quad j \geqslant 2, T_0(x) = 1,\quad T_1(x) = x$$

可以表示为切比雪夫基。此外，使用这个递归可得出多项式基上 T_m 的系数的上界为 3^m。因此，根据 $P_{f,k} = \sum_{j=0}^{k} a_{f,k,j} x^j$ 可表达 $P_{f,k}$ 为

$$A_{f,k} := \max_{j=0,1,\cdots,k} |a_{f,k,j}| \leqslant 2(k+1)3^k \tag{3-44}$$

将命题 3.3 应用于单项式基中的 $P_{f,k}$，且有 $k = \left\lceil \log\left(\frac{2}{\varepsilon}\right) \right\rceil$ 和逼近误差 $\varepsilon/2$，那么对于某个绝对常数 C，满足

$$C'k(\log(2/\varepsilon) + \log(k) + \log(|A_{f,k}|)) \leqslant C(\log(\varepsilon^{-1}))^2 \tag{3-45}$$

证毕。

引理 3.6 中提供了引理 3.7 对一般区间近似的扩展。而引理 3.7 表明，一类特定的 C^{∞}-函数，即那些导数适当有界的函数可以由神经网络近似，该近似网络的连通性在 ε^{-1} 内呈多对数增长，事实证明这并适用于一般 m 次可微函数。

3.3 正余弦函数的逼近

本节阐述深度网络对正余弦函数的近似。深度神经网络逼近振荡函数的基本思想，本质上是利用锯齿构造实现线性区域的数量随着网络深度呈指数级增长的最优性。图 3-3 展示了使用锯齿函数完成余弦函数的构造，其结合余弦函数和锯齿函数的对称性，从而产生随

网络深度呈指数增长的振荡行为。

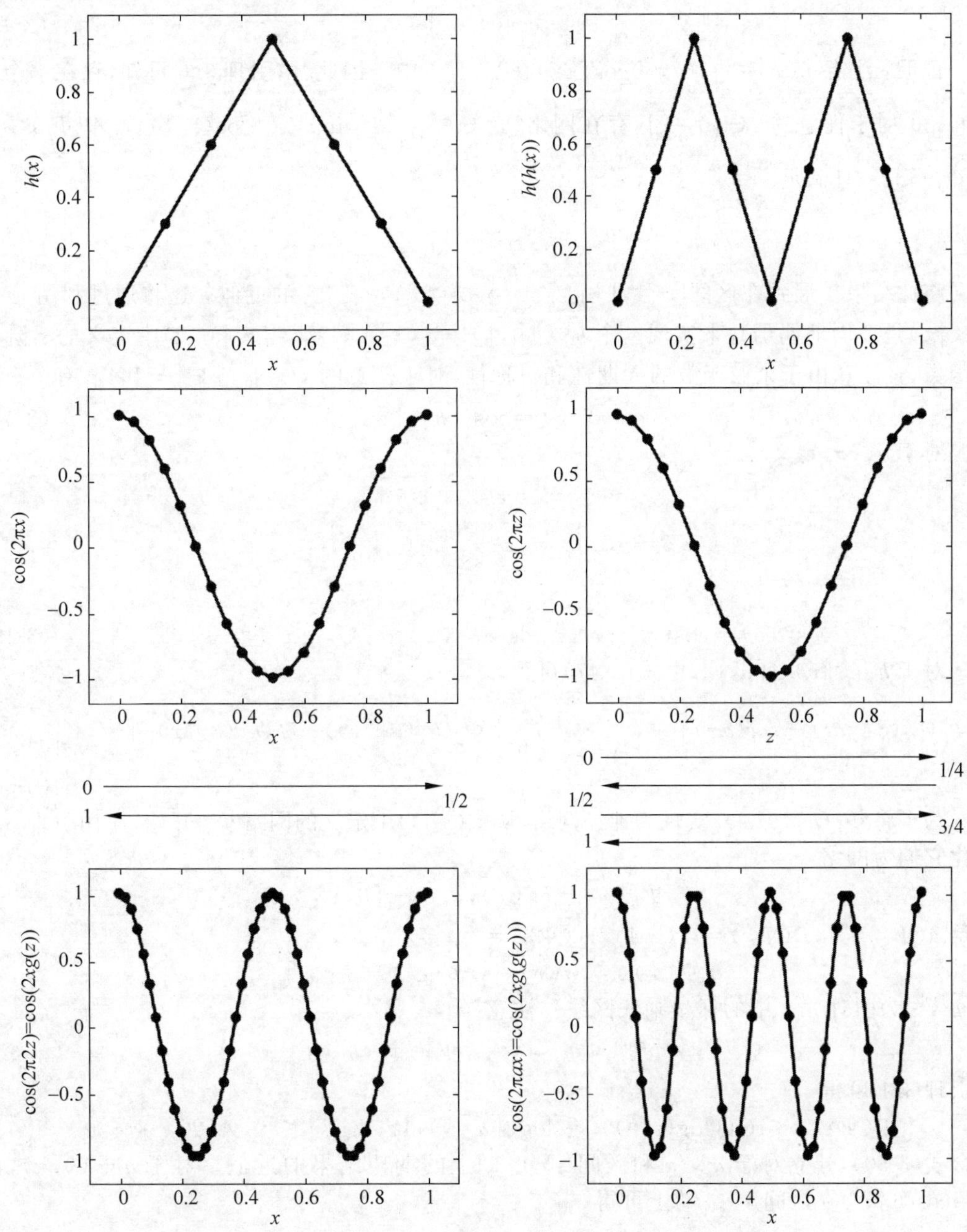

图 3-3　定理 3.1 使用式(3-12)所示的函数 $h_s(x)$ 构造对 $\cos(2\pi a x)$ 函数的逼近

3.3.1　余弦函数的逼近

基于以上深度神经网络逼近振荡函数的基本思想，本节具体阐述深度神经网络逼近余弦函数。

【定理 3.2】　对于任意的常数 $C>0$，存在 $a, S\in\mathbb{R}_+$，$\varepsilon\in\left(0,\frac{1}{2}\right)$，有网络

$$\{\Psi_{a,S,\varepsilon}\in\xi_{(1,1)}\mid\mathcal{D}(\Psi_{a,S,\varepsilon})\leqslant C((\log(\varepsilon^{-1}))^2+\log(\lceil aS\rceil)),\mathcal{W}(\Psi_{a,S,\varepsilon})\leqslant 9,\mathcal{A}(\Psi_{a,S,\varepsilon})\leqslant 1\}$$

满足

$$\| \Psi_{a,S,\varepsilon}(x) - \cos(ax) \|_{L^{\infty}([-S,S])} \leqslant \varepsilon \tag{3-46}$$

证明：注意 $f(x) := (6/\pi^3)\cos(\pi x)$在$V_{[-1,1]}$中。因此，由引理3.6可知，存在一个常数$C>0$，对于任意的$\varepsilon \in \left(0,\frac{1}{2}\right)$，存在网络$\{\Phi_\varepsilon \in \xi_{(1,1)} \mid \mathcal{D}(\Phi_\varepsilon) \leqslant C(\log(\varepsilon^{-1}))^2, \mathcal{W}(\Phi_\varepsilon) \leqslant 9, \mathcal{A}(\Phi_\varepsilon) \leqslant 1\}$，且满足

$$\| \Phi_\varepsilon - f \|_{L^{\infty}([-1,1])} \leqslant \frac{6}{\pi^3}\varepsilon \tag{3-47}$$

将此结果扩展到在区间$[-1,1]$上对$x \mapsto \cos(ax), a \in \mathbb{R}_+$的近似。这将通过利用$x \mapsto \cos(ax)$是2周期偶函数来实现。令$h_s: [0,1] \to [0,1], s \in \mathbb{N}$，为式(3-12)中定义的$s$阶锯齿函数，且注意由于余弦函数的周期性和对称性，对于任意的$s \in \mathbb{N}_0, x \in [-1,1]$，有

$$\cos(\pi 2^s x) = \cos(\pi h_s(|x|)) \tag{3-48}$$

对于$a > \pi$，定义

$$s = s(a) := \lceil \log a - \log \pi \rceil$$

$$\beta = \beta(a) := (\pi 2^s)^{-1} a \in \left(\frac{1}{2}, 1\right]$$

且

$$\cos(ax) = \cos(\pi 2^s \beta x) = \cos(\pi h_s(\beta |x|)), \quad x \in [-1,1] \tag{3-49}$$

对于$h_s(\beta|x) \in [0,1]$，由式(3-47)可得

$$\left\| \frac{\pi^3}{6}\Phi_\varepsilon(h_s(\beta \mid x)) - \cos(ax) \right\|_{L^{\infty}([-1,1])} = \frac{\pi^3}{6} \| \Phi_\varepsilon(h_s(\beta \mid x)) - f(h_s(\beta \mid x)) \|_{L^{\infty}([-1,1])} \leqslant \varepsilon \tag{3-50}$$

为了将$\Phi_\varepsilon(h_s(\beta|x))$实现为神经网络，从式(3-14)中定义的网络$\Phi_h^s$开始，应用引理3.5转化它们为网络

$$\Psi_h^s(x) = h_s(x), \quad x \in [0,1]$$

满足$\mathcal{A}(\Psi_h^s) \leqslant 1, \mathcal{D}(\Psi_h^s) = 7(s+1), \mathcal{W}(\Psi_h^s) = 3$。接着，令

$$\Psi(x) := \beta\sigma(x) - \beta\sigma(-x) = \beta \mid x \mid$$

且$\Phi_{\pi^3/6}^{\text{mult}}$为引理3.8中的标量乘法网络。注意

$$\Psi_{a,\varepsilon} := \Phi_{\pi^3/6}^{\text{mult}} \circ \Phi_\varepsilon \circ \Psi_h^s \circ \Psi = \Phi_\varepsilon(h_s(\beta \mid x \mid))$$

从引理3.1可得

$$\mathcal{D}(\Psi_{a,\varepsilon}) \leqslant C((\log(\varepsilon^{-1}))^2 + \log(\lceil a \rceil)), \mathcal{W}(\Psi_{a,\varepsilon}) \leqslant 9, \mathcal{A}(\Psi_{a,\varepsilon}) \leqslant 1$$

联合式(3-50)，建立对于$a > \pi$和区间$[-1,1]$上的期望结果的近似。对于$a \in (0,\pi)$，由$x \mapsto \cos(6/\pi^3)$在区间$V_{[-1,1]}$上可得

$$\Psi_{a,\varepsilon} := \Phi_{\pi^3/6}^{\text{mult}} \circ \Phi_\varepsilon$$

最后，对于任意的$S \geqslant 1$，考虑区间$[-S,S]$上$x \mapsto \cos(ax)$的近似。为此，定义网络

$$\Psi_{a,S,\varepsilon}(x) := \Psi_{a,S,\varepsilon}\left(\frac{x}{S}\right)$$

并由此可得

$$\begin{aligned} \sup_{x \in [-S,S]} |\Psi_{a,S,\varepsilon}(x) - \cos(ax)| &= \sup_{y \in [-1,1]} |\Psi_{a,S,\varepsilon}(Sy) - \cos(aSy)| \\ &= \sup_{x \in [-1,1]} |\Psi_{a,S,\varepsilon}(y) - \cos(aDy)| \leqslant \varepsilon \end{aligned} \tag{3-51}$$

证毕。

3.3.2 正弦函数的逼近

由 3.3.1 节获得的结果通过 $\sin(ax)=\cos(x-\pi/2)$可扩展到对 $x \mapsto \sin(ax)$的近似。下面构建网络对 $\cos(ax-b)$的近似即完成对正弦函数的逼近。

【推论 3.1】 存在常数 $C>0$,对于任意的 $a,S\in\mathbb{R}_+,b\in\mathbb{R},\varepsilon\in\left(0,\frac{1}{2}\right)$,存在网络

$$\{\Psi_{a,b,S,\varepsilon}\in\xi_{(1,1)}\mid \mathcal{D}(\Psi_{a,b,S,\varepsilon})\leqslant C((\log(\varepsilon^{-1}))^2+\log(\lceil aS\rceil+|b|)),\\ \mathcal{W}(\Phi_{a,b,S,\varepsilon})\leqslant 9,\quad \mathcal{A}(\Psi_{a,b,S,\varepsilon})\leqslant 1\}$$

满足

$$\|\Psi_{a,b,S,\varepsilon}(x)-\cos(ax-b)\|_{L^\infty([-S,S])}\leqslant\varepsilon \tag{3-52}$$

证明:对于给定的 $a,S\in\mathbb{R}_+,\varepsilon\in\left(0,\frac{1}{2}\right)$,与定理 3.2 的证明中所定义的 $\Psi_{a,S,\varepsilon}$ 网络同理,考虑网络 $\Psi_{a,b,S,\varepsilon}(x):=\Psi_{a,S+\frac{|b|}{a},\varepsilon}\left(x-\frac{b}{a}\right)$,并由式(3-51)可得

$$\sup_{x\in[-S,S]}|\Psi_{a,b,S,\varepsilon}(x)-\cos(ax-b)|\leqslant\sup_{y\in\left[-\left(S+\frac{|b|}{a}\right),S+\frac{|b|}{a}\right]}|\Psi_{a,S+\frac{|b|}{a},\varepsilon}(y)-\cos(ay)|\leqslant\varepsilon \tag{3-53}$$

本章中的结果均具有以 ε^{-1} 多对数缩放的有限宽度和深度的近似网络。由

$$\mathcal{M}(\Phi)\leqslant\mathcal{D}(\Phi)\mathcal{W}(\Phi)(\mathcal{W}(\Phi)+1) \tag{3-54}$$

可知,连通性的缩放不会比以 ε^{-1} 多对数更快。因此,近似误差 ε 在连通性上(至少)以指数速度衰减,而连通性与神经网络使用的参数数量等价。因此,可以说网络提供了指数近似精度。

3.4 神经网络的万能逼近性质和深度的必要性

前面探讨了深度 ReLU 网络对广泛的函数类的逼近,展示了深度网络良好的逼近性能。其实,早在 1989 年,研究者就严格证明了具有隐藏层的(Feed forward Neural Network,FNN)的万能近似性质,即一个包含足够数量的隐藏层的 FNN,至少包含一层具有"挤压"性质的激活函数(比如 sigmoid 函数),那么它可以以任意精度完成从任意一个有限维空间到另一个有限维空间的波莱尔(Borel)可测函数的近似。波莱尔可测函数亦称波莱尔函数,是一类非常广泛的函数,包括一切阶梯函数、连续函数和分段函数。就本章涉及的内容而言,只需要知道一切连续函数都是波莱尔可测的。

神经网络的万能近似定理表明,多层前馈网络(Multilayer Feedforward Network,MLP)是一类通用逼近器,它可以以任意精度近似任何函数。但是,该定理并没有具体给出网络究竟需要多少隐藏层,每个隐藏层又需要配备多少神经元。Ian Goodfellow 等在《深度学习》中指出,尽管一个大的前馈网络能表示任何函数,提供了表示函数的万能系统,但是不存在一个万能的学习过程能保证一定学得这个函数。通常学习失败可能因为以下两个原因。

(1) 使用的优化算法未能找到用于期望函数的参数值,即陷入局部最优或者欠拟合。

(2) 由于过拟合,训练算法选择了错误的函数。

Barron 研究了近似误差和网络中节点数量的关系，提供了单层神经网络近似多种函数类的一些界，并表明具有一层 Sigmoid 非线性函数的前馈网络能够获得 $O(1/n)$阶的积分平方误差，其中 n 为神经元数量。但在最坏的情况下可能需要指数级数量的隐藏层节点数。一个明显的例子是二进制情况，向量$\boldsymbol{v} \in \{0,1\}^n$ 可能的二值型函数数量为 2^{2^n}，通常需要 2^n 次选择这样一个函数，且需要的自由度为 $O(2^n)$。总结来说，虽然单层前馈网络能够表示任何函数，但可能引起维度灾难而给计算带来极大的挑战，甚至不可计算，尤其对于高维数据。事实上，在众多情况下，更深的网络模型的使用可以减少表示期望函数的神经元数量，且能够更好地学习和泛化。

万能逼近性质已被证明适用于众多激活函数类型。近些年，由于 ReLU 激活函数的优越性，其被广泛的使用，函数近似领域也不例外。多位学者将万能近似理论扩展到了有限宽度的 ReLU 网络，并指出这种网络的深度随着数据的维度呈指数级增长。其中一项研究表明，ReLU 神经网络可以均匀逼近索伯列夫(Sobolev)空间中的函数，在索伯列夫空间中，网络规模随数据维数呈指数增长，并匹配下界。2019 年发表的基于深度卷积神经网络(Convolutional Neural Networks，CNN)的万能逼近理论表明网络的深度与数据维度相关，并呈指数级伸缩。广泛的应用表明更深的网络模型具有更好的泛化性能。

3.5 本章小结

作为由大量处理单元互联组成的非线性、自适应信息处理系统，神经网络能够通过其自组织、自学习能力计算出复杂输入与输出结果之间的关系，因此神经网络具有强大的函数逼近能力。对于众多的深度网络模型，通过合理地选择网络的拓扑结构和激活函数，能够实现对任意高维非线性复杂函数的逼近。本章考虑以逼近乘法、多项式、光滑函数和正余弦函数等多种不同的函数显式构造深度神经网络，深度神经网络对于这些函数的逼近都具有指数精度，即具有在网络连通性中指数衰减的近似误差。此外，对比于浅层网络，深度网络具有更好的学习和泛化性能。

附录

以下 3 个引理与采用权重上限为 1 的神经网络实现任意权重的仿射变换有关。

【引理 3.8】 设 $d \in \mathbb{N}, a \in \mathbb{R}$，则存在网络 $\Phi_a \in \xi_{(d,d)}$ 满足 $\Phi_a(x)=ax$，且$\mathcal{D}(\Phi_a) \leqslant \lfloor \log(|a|) \rfloor + 4, \mathcal{W}(\Phi_a) \leqslant 3d, \mathcal{A}(\Phi_a) \leqslant 1$。

证明：首先，对于$|a| \leqslant 1$ 的情况，结论显而易见，通过将 Φ_a 看作仿射变换 $x \mapsto ax$，并且根据定义 3.1 将其表示为深度为 1 的神经网络。接下来，考虑$|a|>1$ 的情况，对于 $d=1$，令 $K := \lfloor \log(a) \rfloor, \alpha := a2^{-(K+1)}$，定义

$$\boldsymbol{w}_1 := (1, -1)^{\mathrm{T}} \in \mathbb{R}^{2\times1}$$

$$\boldsymbol{w}_2 := \begin{pmatrix} 1 & 0 \\ 1 & 1 \\ 0 & 1 \end{pmatrix} \in \mathbb{R}^{3\times2}$$

$$\boldsymbol{w}_k := \begin{pmatrix} 1 & 1 & -1 \\ 1 & 1 & 1 \\ -1 & 1 & 1 \end{pmatrix} \in \mathbb{R}^{3\times 3}, \quad k \in \{3,4,\cdots,K+3\}$$

且 $\boldsymbol{w}_{K+4} := (\alpha, 0, -\alpha)$。注意,对于 $k\in\{3,4,\cdots,K+3\}$,有

$$(\sigma \circ w_2 \circ \sigma \circ \boldsymbol{w}_1)(x) = (\sigma(x), \sigma(x)+\sigma(-x))$$

且

$$\sigma(\boldsymbol{w}_k(x, x+y, y)^{\mathrm{T}}) = 2(x, x+y, y)$$

因此,网络 $\Psi_a := \boldsymbol{w}_{K+4}\circ\sigma\circ\cdots\circ\sigma\circ w_1$ 满足

$$\Psi_a(x) = ax, \quad \mathcal{D}(\Psi_a) = \lfloor \log(a) \rfloor + 4, \quad \mathcal{W}(\Psi_a) = 3, \mathcal{A}(\Psi_a) \leqslant 1$$

应用引理 3.3 得到 Ψ_a 的 d 个副本的并行化完成证明。

【推论 3.2】 令 $d,d'\in\mathbb{N}$,$a\in\mathbb{R}_+$,$\boldsymbol{w}\in[-a,a]^{d'\times d}$,且 $\boldsymbol{b}\in[-a,a]^{d'}$,则存在网络 $\Phi_{\boldsymbol{w},\boldsymbol{b}}\in\xi_{(d,d')}$ 满足 $\Phi_{\boldsymbol{w},\boldsymbol{b}}(x)=\boldsymbol{w}x+\boldsymbol{b}$,且

$$\mathcal{D}(\Phi_{\boldsymbol{w},\boldsymbol{b}}) \leqslant \lfloor \log(|a|) \rfloor + 5, \quad \mathcal{W}(\Phi_{\boldsymbol{w},\boldsymbol{b}}) \leqslant \max\{d, 3d'\}, \mathcal{A}(\Phi_{w,b}) \leqslant 1$$

证明: 令 $\Phi_a\in\xi_{d',d'}$ 是引理 3.8 中的乘法网络,考虑 $F(x) := a^{-1}(\boldsymbol{w}x+\boldsymbol{b})$ 为 1 层网络,根据引理 3.1 可得,$\Phi_{\boldsymbol{w},\boldsymbol{b}} := \Phi_a\circ F$。

【命题 3.4】 令 $d,d'\in\mathbb{N}$ 且 $\Phi\in\xi_{(d,d')}$,对于任意的 $\boldsymbol{x}\in\mathbb{R}^d$,存在网络 $\Psi\in\xi_{(d,d')}$ 满足 $\Psi(\boldsymbol{x})=\Phi(\boldsymbol{x})$,且有

$$\mathcal{D}(\Psi) \leqslant (\lceil \log(\mathcal{A}(\Phi)) \rceil + 5)\, \mathcal{D}(\Phi), \mathcal{W}(\Psi) \leqslant \max\{3d', \mathcal{W}(\Phi)\}, \mathcal{A}(\Psi) \leqslant 1$$

证明: 令

$$\Phi = F_{\mathcal{D}(\Phi)} \circ \sigma \circ \cdots \circ \sigma \circ F_1$$

$$F_l := (\mathcal{A}(\Phi))^{-1} F_l \leqslant 1, \quad l \in \{1,2,\cdots,\mathcal{D}(\Phi)\}$$

且 $a =: \mathcal{A}(\Phi)^{\mathcal{D}(\Phi)}$。令 $\Phi_a\in\xi_{(d',d')}$ 是引理 3.8 中的乘法网络,且定义

$$\Phi := F_{\mathcal{D}(\Phi)} \circ \sigma \circ \cdots \circ \sigma \circ F_1$$

根据引理 3.1 有 $\Psi := \Phi_a\circ\Phi$。注意 Φ 有上界 1 的权重以及与 Φ 相同的深度和宽度。考虑到 σ 是正齐次的,也就是对于任意的 $\lambda\geqslant 0$,有 $\sigma(\lambda x)=\lambda\sigma(x)$,$x\in\mathbb{R}$,可得,$\Psi(\boldsymbol{x})=\Phi(\boldsymbol{x})$,$\boldsymbol{x}\in\mathbb{R}^d$。应用引理 3.1 和引理 3.8 完成证明。

【引理 3.9】 令 $\varepsilon\in\left(0,\frac{1}{2}\right)$,$n\in\mathbb{N}$,$a_0<a_1<\cdots a_n\in\mathbb{R}$,$f\in L^\infty([a_0,a_n])$,且

$$A := \left\lceil \max\left\{|a_0|, |a_n|, 2\max_{i\in\{2,3,\cdots,n-1\}} \frac{1}{|a_i - a_{i-1}|}\right\}\right\rceil, \quad B := \max\{1, \|f\|_{L^\infty([a_0,a_n])}\}$$

假设对于任意的 $i\in\{1,2,\cdots,n-1\}$,存在网络 $\Phi_i\in\xi_{(1,1)}$,有 $\|f-\Phi_i\|_{L^\infty([a_i,a_{i+1}])}\leqslant \varepsilon/3$。那么,存在网络 $\Phi\in\xi_{(1,1)}$,满足

$$\|f-\Phi_i\|_{L^\infty([a_0,a_n])} \leqslant \varepsilon$$

且

$$\mathcal{D}(\Phi) \leqslant \left(\sum_{i=1}^{n-1} \mathcal{D}(\Phi_i)\right) + Cn(\log(\varepsilon^{-1}) + \log(B) + \log(A))$$

$$\mathcal{W}(\Phi) \leqslant 7 + \max\{2, \max_{i\in\{1,2,\cdots,n-1\}} \mathcal{W}(\Phi_i)\}, \mathcal{A}(\Phi) = \max\{1, \max_i \mathcal{A}(\Phi_i)\}$$

其中,$C>0$ 是一个绝对常数,也就是独立于 $\varepsilon,n,f,a_0,a_1,\cdots,a_n$。

证明：首先根据如下的定义形成统一划分的神经网络$(\Psi_{i=1})_{i=1}^{n-1}\in\xi_{(1,1)}$，即

$$\Psi_1(x):=1-\frac{1}{a_2-a_1}\sigma(x-a_1)+\frac{1}{a_2-a_1}\sigma(x-a_2)$$

$$\Psi_i(x):=\frac{1}{a_i-a_{i-1}}\sigma(x-a_{i-1})-\left(\frac{1}{a_i-a_{i-1}}+\frac{1}{a_{i+1}-a_i}\right)\sigma(x-a_i)+\frac{1}{a_{i+1}-a_i}\sigma(x-a_{i+1}),\quad i\in\{2,3,\cdots,n-2\}$$

$$\Psi_{n-1}(x):=\frac{1}{a_{n-1}-a_{n-2}}\sigma(x-a_{n-2})-\frac{1}{a_{n-1}-a_{n-2}}\sigma(x-a_{n-1})$$

注意 $\mathrm{supp}(\Psi_1)=(\infty,a_2)$，$\mathrm{supp}(\Psi_{n-1})=[a_{n-2},\infty)$和 $\mathrm{supp}(\Psi_i)=[a_{i-1},a_{i+1}]$。确保，对于任意的$i\in\{1,2,\cdots,n-1\}$，$\Psi_i$ 能够通过神经网络实现且其满足

$$\mathcal{D}(\Psi_i)\leqslant 2(\lceil\log(\mathcal{A}(w)\rceil+5),\mathcal{W}(\Psi_i)\leqslant 3,\mathcal{A}(\Psi_i)\leqslant 1$$

接下来，令 $\Phi_{B+1/6,\varepsilon/3}\in\xi_{(2,1)}$为命题 3.2 中的乘法网络，且定义该网络为

$$\Phi_i(x):=\Phi_{B+1/6,\varepsilon/3}(\Phi_i(x),\Psi_i(x))$$

根据引理 3.3 和引理 3.1，且以和的形式有

$$\Phi(x):=\sum_{i=1}^{n-1}\Phi_i(x)$$

由引理 3.8 和命题 3.2 可确保，对于任意的$i\in\{1,2,\cdots,n-1\}$，$x\in[a_{i-1},a_{i+1}]$，有

$$\begin{aligned}&|f(x)\Psi_i(x)-\Phi_i(x)|\\ \leqslant&|f(x)\Psi_i(x)-\Phi_i(x)\Psi_i(x)|+|\Phi_i(x)\Psi_i(x)-\Phi_{B+1/6,\varepsilon/3}(\Phi_i(x),\Psi_i(x))|\\ \leqslant&(\Psi_i(x)+1)\frac{\varepsilon}{3}\end{aligned}$$

且 $\mathrm{supp}(\Phi_i)=[a_{i-1},a_{i+1}]$。特别是对于任意的 $x\in[a_0,a_n]$，活动索引集

$$I(x):=\{i\in\{1,2,\cdots,n-1\}:\Phi_i(x)\neq 0\}$$

最多包含两个元素。此外，由 $\sum_{i\in I(x)}\Psi_i(x)=1$ 可知，对于任意的 $x\in\mathbb{R}$，有

$$|f(x)-\Phi(x)|=\left|\sum_{i\in I(x)}\Psi_i(x)f(x)-\sum_{i\in I(x)}\Phi_i(x)\right|\leqslant\sum_{i\in I(x)}(\Psi_i(x)+1)\frac{\varepsilon}{3}\leqslant\varepsilon$$

由引理 3.1、引理 3.3、命题 3.2 和引理 3.9，可得出结论 Φ 满足声明的特性。接下来，将引理 3.6 推广到任意(有限)区间。

【引理 3.10】 对于 $a,b\in\mathbb{R}$ 且 $a<b$，令

$$V_{[a,b]}:=\{f\in C^{\infty}([a,b],\mathbb{R}):\|f^{(n)}(x)\|_{L^{\infty}([a,b])}\leqslant n!,\forall n\in\mathbb{N}_0\}$$

存在一个常数 $C>0$，对于任意的 $a,b\in\mathbb{R}$，$a<b$，$f\in S_{[a,b]}$，且 $\varepsilon\in\left(0,\frac{1}{2}\right)$，存在网络 $\Psi_{f,\varepsilon}\in\xi_{1,1}$ 满足

$$\|\Psi_{f,\varepsilon}-f\|_{L^{\infty}([a,b])}\leqslant\varepsilon$$

且有

$$\mathcal{D}(\Psi_{f,\varepsilon})\leqslant C\max\{2,(b-a)\}(\log(\varepsilon^{-1}))^2+\log(\lceil\max\{|a|,|b|\}\rceil)+\log\left(\left\lceil\frac{1}{b-a}\right\rceil\right)$$

$$\mathcal{W}(\Psi_{f,\varepsilon})\leqslant 16,\mathcal{A}(\Psi_{f,\varepsilon})\leqslant 1$$

证明：考虑引理 3.6 讨论过的情况$[a,b]=[-1,1]$，首先证明在区间$[-S,S]$，$S\in(0,$

1)的情况，然后使用这个结果根据引理 3.8 通过一个修补参数建立更一般的情况。注意到对于 $g\in V_{[-S,S]}$，由于 $D<1$，函数 $f_g:[-1,1]\to\mathbb{R}, x\mapsto g(Sx)$ 在区间 $V_{[-1,1]}$ 上。因此，根据引理 3.6，存在一个常数 $C>0$，对于所有的 $g\in V_{[-S,S]}$ 和 $\varepsilon\in(0,1/2)$，存在网络 $\Psi\in\xi_{(1,1)}$ 满足 $\|\Psi_{g,\varepsilon}-f_g\|_{L^\infty([-1,1])}\leqslant\varepsilon$，且 $\mathcal{D}(\Psi_{g,\varepsilon})\leqslant C(\log(\varepsilon^{-1}))^2$，$\mathcal{W}(\Psi_{g,\varepsilon})\leqslant 9$，$\mathcal{A}(\Psi_{g,\varepsilon})\leqslant 1$。然后通过使网络近似 g 为 $\Psi_{g,\varepsilon}:=\Psi_{g,\varepsilon}\circ\Phi_{S^{-1}}$ 来建立该声明，其中 $\Phi_{S^{-1}}$ 是引理 3.9 中的标量乘法网络，即

$$\begin{aligned}\|\Psi_{g,\varepsilon}(x)-g(x)\|_{L^\infty([-S,S])}&=\sup_{x\in[-S,S]}\left|\Psi_{g,\varepsilon}\left(\frac{x}{S}\right)-f_g\left(\frac{x}{S}\right)\right|\\&=\sup_{x\in[-1,1]}|\Psi_{g,\varepsilon}(x)-f_g(x)|\leqslant\varepsilon\end{aligned}$$

由引理 3.1 可得

$$\mathcal{D}(\Psi_{g,\varepsilon})\leqslant C\left((\log(\varepsilon^{-1}))^2+\log\left(\left\lceil\frac{1}{S}\right\rceil\right)\right),\mathcal{W}(\Psi_{g,\varepsilon})\leqslant 9,\mathcal{A}(\Psi_{g,\varepsilon})\leqslant 1$$

接下来陈述在一般区间 $[a,b]$ 上的证明。通过在长度不超过 2 的间隔上逼近 f 并结合根据引理 3.10 得到的逼近一起实现该证明。首先对于 $b-a\leqslant 2$ 的情况，将函数移动 $(a+b)/2$ 以使其域围绕原点居中，然后使用上面的结果完成区间 $[-S,S]$，$S\in(0,1)$ 上的近似，如果 $b-a=2$，两者结合推论 3.2 通过权重以 1 为界的神经网络实现移位。使用引理 3.1 实现该移位的网络构建从而实现 g，因此可得，存在常数 C'，对于任意的 $[a,b]\subseteq\mathbb{R}$，且 $b-a\leqslant 2$，$g\in V_{[a,b]}$，$\varepsilon\in(0,1/2)$，存在网络满足 $\|g-\Psi_{g,\varepsilon}\|_{L^\infty([a,b])}\leqslant\varepsilon$，且 $\mathcal{D}(\Psi_{g,\varepsilon})\leqslant C'\left((\log(\varepsilon^{-1}))^2+\log\left(\left\lceil\frac{1}{b-a}\right\rceil\right)\right)$，$\mathcal{W}(\Psi_{g,\varepsilon})\leqslant 9$，$\mathcal{A}(\Psi_{g,\varepsilon})\leqslant 1$. 最后，对于 $b-a>2$，划分区间 $[a,b]$，并且应用引理 3.9 如下，令 $n:=[b-a]$，且定义

$$a_i:=a+i\,\frac{b-a}{n},\quad i\in\{0,1,\cdots,n\}$$

接着，对于 $i\in\{0,1,\cdots,n-1\}$，令 $g_i:[a_{i-1},a_{i+1}]\to\mathbb{R}$ 将 g 限制在区间 $[a_{i-1},a_{i+1}]$ 中，且有 $a_{i+1}-a_{i-1}=\dfrac{2(b-a)}{n}\in\left(\dfrac{4}{3},2\right]$。进一步，对于 $i\in\{0,1,\cdots,n-1\}$，类似于上述构建，令 $\Psi_{g_i,\varepsilon/3}$ 是错误为 $\varepsilon/3$ 的逼近 g_i 的网络。那么，对于 $i\in\{0,1,\cdots,n-1\}$，有 $\|g-\Psi_{g,\varepsilon/3}\|_{L^\infty([a_{i-1},a_{i+1}])}\leqslant\dfrac{\varepsilon}{3}$，并应用引理 3.9 产生期望的结果。

参考文献

本章参考文献扫描下方二维码。

第4章 深度神经网络的复杂函数逼近

CHAPTER 4

前述章节描述了深度神经网络对常见非线性函数近似方法。非线性函数输入和输出不成比例，表达能力更强。在实际问题中，由于大多数系统本质上都是非线性的，而线性只是非线性的特殊例子。因此，研究者们更对非线性系统感兴趣。

由于非线性动力学方程难以求解，非线性系统通常采用近似的方式来求解。在数学中，近似理论关注的是如何用更简单的函数最好地近似一个较为复杂的函数以及如何定量描述由此引入的误差。而具有强大影响力的神经网络模型可以看作一个黑箱模型的非线性系统，能够表达难以用数学公式进行描述的输入和输出间的固有规律，最终使其学习到数据间的固有规律并可在实际中使用。随着神经网络模型的兴起，其对非线性系统的逼近也得到了越来越多的关注。Dennis Elbra 等的工作为本章提供了很多基础和参考，本章主要为读者介绍深度神经网络对非线性系统中的仿射系统、振荡纹理以及 Weierstrass 函数的逼近。在原有理论的基础上，让读者更好地去理解非线性系统的逼近过程以及神经网络强大的逼近能力。

4.1 神经网络的逼近

神经网络是多层神经元排列的结构，其中每个神经元通过加权边连接，在数学上表示为仿射线性函数和非线性函数的串联。本节通过将深层神经网络解释为柯尔莫戈洛夫-多诺霍数据率失真理论(Kolmogorov-Donoho rate distortion theory)中的编码器进行最佳逼近，旨在推导出逼近的函数(类)的复杂度与进行逼近的网络的复杂度之间的关系。

4.1.1 Kolmogorov-Donoho 数据率失真理论

逼近是一种数学中常用的方法，在数学学科的各个分支以及工程领域都有广泛应用。在信息传输的过程中，要完全避免失真几乎不可能，正如在逼近的过程中，需要进行逼近的度量。因此，本章基于 Kolmogorov-Donoho 数据率失真理论作为后续的基础。

令 $d\in\mathbb{N}$，$\boldsymbol{\Omega}\subset\mathbb{R}^d$，一组紧函数 $\mathcal{C}\subset L^2(\boldsymbol{\Omega})$ 为函数类。对于每个 $\ell\in\mathbb{N}$，$\mathfrak{C}:=\{E:\mathcal{C}\to\{0,1\}^l\}$ 为长度为 l 的二进制编码器。$\mathfrak{D}^l:=\{D:\{0,1\}^l\to L^2(\boldsymbol{\Omega})\}$ 是长度为 l 的二进制解码器。如果编码器-解码器对 $(E,D)\in\mathfrak{C}^l\times\mathfrak{D}^l$ 在函数类$\mathcal{C}$上实现均匀误差 ε，则满足

$$\sup_{f\in\mathcal{C}}\|D(E(f))-f\|_{L^2(\boldsymbol{\Omega})}\leqslant\varepsilon$$

令 $d\in\mathbb{N}$，$\boldsymbol{\Omega}\subset\mathbb{R}^d$ 和$\mathcal{C}\subset L^2(\boldsymbol{\Omega})$。对于 $\varepsilon>0$，最小最大码长 $L(\varepsilon,\mathcal{C})$ 为

$$L(\varepsilon,\mathcal{C}):=\min\{l\in\mathbb{N}:\exists(E,D)\in\mathfrak{C}^l\times\mathfrak{D}^l:\sup_{f\in\mathcal{C}}\|D(E(f))-f\|_{L^2(\boldsymbol{\Omega})}\leqslant\varepsilon\}$$

此外，最佳指数（逼近率）$\gamma^*(\mathcal{C})$定义为

$$\gamma^*(\mathcal{C}):=\sup\{\gamma\in\mathbb{R}:L(\varepsilon,\mathcal{C})\in\mathcal{O}(\varepsilon^{-1/\gamma}),\varepsilon\to 0\}$$

最佳指数$\gamma^*(\mathcal{C})$决定了$L(\varepsilon,\mathcal{C})$的最小增长率，由于误差$\varepsilon$趋于零，因此可以被视为量化函数类$\mathcal{C}$的“描述复杂度”。较大的$\gamma^*(\mathcal{C})$导致较小的增长率，因此存储信号$f\in\mathcal{C}$的内存需求较小，因此可以使用一致有界误差进行重建。

4.1.2　字典逼近

在逼近论中，给定一个字典（基元素的集合）$\mathcal{D}=\{\varphi_i,i\in\Lambda\}$，其中$\Lambda$表示一个指标集，从字典$\mathcal{D}$中取出无限个元素的线性组合来构成一个函数$f(x)$的$N$项逼近为

$$f_N(x)=\sum_{i=0}^{+\infty}c_i\varphi_i$$

应用的谐波分析领域提供了大量结构化字典$\mathcal{D}$，如小波（wavelet），脊波（ridgelet），曲波（curvelet）或剪切波（shearlet）等。进一步也包括 Gabor 框架及波原子。在现实处理逼近问题中，通常取出无线元素逼近的方式是不可能的。因此，使用最优的M个分量的方法进行非线性逼近表示

$$f_M^{(\mathrm{NLA})}(\hat{x})=\sum_{i\in I_M}c_i\varphi_i$$

其中，I_M对应$|c_n|$中最大值的M的集合，进一步得到更正式的定义。

【定义 4.1】　设$d\in\mathbb{N},\boldsymbol{\Omega}\subseteq\mathbb{R}^d$，一个函数类$\mathcal{C}\subset L^2(\boldsymbol{\Omega})$，表示字典$\mathcal{D}=(\varphi_i)_{i\in I}\subset L^2(\boldsymbol{\Omega})$。对任何$f\in C,M\in\mathbb{N}$，得

$$\Gamma_M^D(f):=\inf_{\substack{I_M\subseteq I,\\ \# I_M=M,(c_i)_{i\in I_M}}}\left\|f-\sum_{i\in I_M}c_i\varphi_i\right\| \tag{4-1}$$

称$\Gamma_M^D(f)$是f在D中的最佳M项逼近的误差，每一个$f_M=\sum\limits_{i\in I_{f,M}}c_i\varphi_i$达到式(4-1)的下限，称为$\mathcal{D}$中$f$的最佳$M$项近似。在表示系统$\mathcal{D}$中$\mathcal{C}$的最佳$M$项近似率是$\gamma^*(\mathcal{C},\mathcal{D})$。

参与最佳M项近似的M个元素通常实际上是不可行的，因为需要在无限集D中进行搜索，并且需要无限数量的位来描述参与元素的索引。因此，借鉴 D. L. Donoho 在 *Unconditional bases and bit-level compression* 中的做法：将D中参与最佳M项逼近的元素的搜索限制在D中的前$\pi(M)$个元素，其中π为多项式。得到进一步定义如下。

【定义 4.2】　给定$d\in\mathbb{N},\boldsymbol{\Omega}\subset\mathbb{R}^d$，一个函数族$\mathcal{C}\subset L^2(\boldsymbol{\Omega})$，并且一个表示系统$\mathcal{D}=(\varphi_i)_{i\in I}\subset L^2(\boldsymbol{\Omega})$，最高$\gamma>0$使得存在多项式$\pi$和常数$D>0$使得

$$\sup_{f\in\mathcal{C}}\inf_{\substack{I_M\subseteq\{1,2,\cdots,\pi(M)\},\\ \# I_M=M,(c_i)_{i\in I_M},\max_{i\in I_M}|c_i|\leqslant D}}\left\|f-\sum_{i\in I_M}c_i\varphi_i\right\|_{L^2(\boldsymbol{\Omega})}\in\mathcal{O}(M^{-\gamma}),\quad M\to\infty \tag{4-2}$$

将由$\gamma^{*,eff}(\mathcal{C},\mathcal{D})$表示，并称为表示系统$\mathcal{D}$中$\mathcal{C}$的有效最佳$M$项近似率。

【定理 4.1】　令$d\in\mathbb{N},\boldsymbol{\Omega}\subset\mathbb{R}^d$。字典$\mathcal{D}\subset L^2(\boldsymbol{\Omega})$中的函数类别$\mathcal{C}\subset L^2(\boldsymbol{\Omega})$的有效最佳$M$项近似率满足

$$\gamma^{*,eff}(\mathcal{C},\mathcal{D})\leqslant\gamma^*(\mathcal{C})$$

【定义 4.3】 令 $d\in\mathbb{N},\boldsymbol{\Omega}\subset\mathbb{R}^d$。如果表示系统$\mathcal{D}\subset L^2(\boldsymbol{\Omega})$中的功能类别$\mathcal{C}\subset L^2(\boldsymbol{\Omega})$的有效最佳 M 项近似率满足

$$\gamma^{*,eff}(\mathcal{C},\mathcal{D})=\gamma^{*}(\mathcal{C})$$

则称函数族 X 可以用$\mathcal{D}$最佳表示。

4.1.3 神经网络的表示

神经网络在回归、分类、识别等任务中展现出了惊人的效果。设 $L,N_0,N_1,\cdots,N_L\in\mathcal{N}$，$L\geqslant 2$，$L$ 表示层数，则神经网络对数据的映射表示为，$\boldsymbol{\Phi}:\mathbb{R}^{N_0}\rightarrow\mathbb{R}^{N_L}$ 则对输入数据 x 的处理表示如下：

$$\Phi(x)=\begin{cases}W_2(\rho(W_1(x))), & L=2\\ W_L(\rho(W_{L-1}(\rho(\cdots\rho(W_1(x)))))), & L\geqslant 3\end{cases}$$

其中，仿射线性映射 $\boldsymbol{W}_l:\mathbb{R}^{N_{l-1}}\rightarrow\mathbb{R}^{N_l}$，$l\in\{1,2,\cdots,L\}$，$W_l$ 对应于第 l 层

$$\boldsymbol{W}_l=A_lx+b_l,\quad \boldsymbol{A}_l\in\mathbb{R}^{N_l\times N_{l-1}},\quad \boldsymbol{b}_l\in\mathbb{R}^{N_l}$$

其中，b_l 称为仿射部分向量。本节选用 ReLU 作为非线性激活函数，即

$$\rho(x)=\max(x,0),\quad x\in\mathbb{R}$$

$\rho(x_1,x_2,\cdots,x_N):=(\rho(x_1),\rho(x_2),\cdots,\rho(x_N))$为 ReLU 神经网络。其中，$N_0=d$ 是输入层的维数，$N_1,N_2,\cdots,N_{L-1}$ 是 $L-1$ 隐藏层的维数，N_L 是输出层的维数。

$\boldsymbol{W}_l$ 仿射矩阵中$(A_l)_{i,j}$ 表示第$(l-1)$层中的第 j 个节点和第 l 层中的第 i 个节点之间的边缘相关的权重，$(b_l)_i$ 是与第 l 层中的第 i 个节点相关的权重，如图 4-1 所示。$(A_l)_{i,j}$ 和$(b_l)_i$ 分别被称为网络的边权重和节点权重；矩阵 $\boldsymbol{A}_l$ 中所有非零项的总数目表示为 $M(\boldsymbol{\Phi})$，代表网络的连通性。如果网络的连接性 $M(\boldsymbol{\Phi})$相对于可能的连接数很小，则称网络是稀疏连接的。

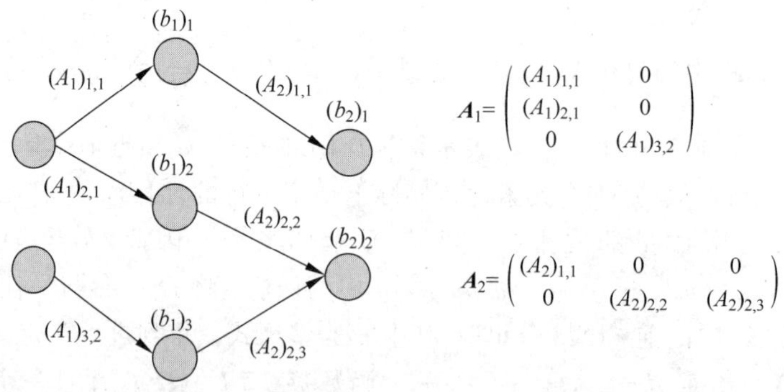

图 4-1 将两层网络的权重$(A_l)_{i,j}$ 和$(b_l)_i$ 分别分配给边和节点

此处只考虑$\boldsymbol{\Phi}:\mathbb{R}^d\rightarrow\mathbb{R}$ 的情况，即 $N_L=1$。可以对应应用中的分类问题，例如，当在遇到温度预测及分类的问题。本结果可以推广到 $N_L\geqslant 1$ 的情况。

定义一类 ReLU 网络$\boldsymbol{\Phi}:\mathbb{R}^d\rightarrow\mathbb{R}^{N_L}$，层数不多于 L 层，连通性不多于 M，输入维数 d，输出维数 N_L，$\mathcal{B}(\boldsymbol{\Phi}):=\max\limits_{l=1,\cdots,L}\{\|\boldsymbol{A}_l\|_\infty,\|\boldsymbol{b}_l\|_\infty\}$为网络中最大绝对值权重；网络的深度(即层数)为$\mathcal{L}(\boldsymbol{\Phi}):=L$；网络的宽度为$\mathcal{W}(\boldsymbol{\Phi}):=\max\limits_{l=0,1,\cdots,L}N_L$。用$\mathcal{N}_{d,d'}$表示所有 ReLU

网络的集合，其中输入维度 $N_0=d$，输出维度 $N_L=d'$。

【引理 4.1】 令 $n,L,d'\in\mathbb{N}$，并且对于 $i\in\{1,2,\cdots,n\}$，令 $d_i\in\mathbb{N}$，$a_i\in\mathbb{R}$，并且 $\Phi_i\in\mathcal{N}_{d_i,d'}$，其中 $\mathcal{L}(\Phi_i)=L$。存在网络 $\Psi\in\mathcal{N}_{\sum_{i=1}^{n}d_i,d'}$，其中

$$\mathcal{L}(\Psi)=L$$

$$\mathcal{M}(\Psi)\leqslant\sum_{i=1}^{n}\mathcal{M}(\Phi_i)$$

$$\mathcal{W}(\Psi)\leqslant\sum_{i=1}^{n}\mathcal{W}(\Phi_i)$$

$$\mathcal{B}(\Psi)\leqslant\max_i\{|a_i|\mathcal{B}(\Phi_i)\}$$

并且满足

$$\Psi(\boldsymbol{x})=\sum_{i=1}^{n}a_i\Phi_i(x_i)\in\mathbb{R}^{d'}$$

对于所有的 $\boldsymbol{x}=(x_1,x_2,\cdots,x_n)^{\mathrm{T}}\in\mathbb{R}^{\sum_{i=1}^{n}d_i}$ 其中 $\boldsymbol{x}_i\in\mathbb{R}^{d_i}$，$i\in\{1,2,\cdots,n\}$。

4.1.4　神经网络最佳 *M* 项逼近表示

受字典表示最佳 M 项近似理论的启发，接下来对神经网络研究最佳 M 权重近似的新概念。该理论的核心在于将网络权重解释为最佳 M 项近似中系数 c_i 的对应。

【定义 4.4】 给定 $d\in\mathbb{N}$，$\boldsymbol{\Omega}\subset\mathbb{R}^d$，并且函数族 $\mathcal{C}\subset L^2(\boldsymbol{\Omega})$。对于 $f\in\mathcal{C}$，$M\in\mathbb{N}$，

$$\Gamma_M^{\mathcal{N}}(f):=\inf_{\substack{\Phi\in\mathcal{N}_{d,1}\\ \mathcal{M}(\Phi)\leqslant M}}\|f-\Phi\|_{L^2(\boldsymbol{\Omega})}\tag{4-3}$$

$\Gamma_M^{\mathcal{NN}}(f)$ 为 f 的最佳 M 权重近似误差。上确界 $\gamma>0$ 使得

$$\sup_{f\in\mathcal{C}}\Gamma_M^{\mathcal{N}}(f)\in\mathcal{O}(M^{-\gamma}),\quad M\to\infty,$$

被表示为 $\gamma_{\mathcal{N}}^{*}(\mathcal{C})$。则称神经网络对 $\mathcal{C}$ 的最佳 M 权重近似率为 $\gamma_{\mathcal{N}}^{*}(\mathcal{C})$。

式(4-3)中的下限是对所有具有固定输入维度 d 的网络，不超过 M 个非零(边和节点)权重和任意深度 L 的网络。

通过字典进行有效最佳 M 项逼近时，有两个主要限制，即多项式深度搜索和多项式有界系数。首先注意到，神经网络的树状结构消除了对前者的需求。有效的最佳 M 项近似的第二个限制，即多项式有界系数，以单态方式施加在权重的大小上。这种增长条件将在近似结果的背景下与多对数深度增长一起变得自然，以允许网络权重的速率失真优化量化。在 $M(\Phi)$ 中权重呈多项式增长的网络可以转化为具有一致有界权重的网络，但代价是增加了深度。

因此，进一步提出受多项式深度和多项式权重增长影响的最佳 M 权重近似。首先给出具有有限权重的神经网络的表示法，以下神经网络的符号、深度和权重都是多项式的。

【定义 4.5】 对 $M,d,d'\in\mathbb{N}$，π 为多项式，定义

$$\mathcal{N}_{M,d,d'}^{\pi}:=\{\Phi\in\mathcal{N}_{d,d'}:\mathcal{M}(\Phi)\leqslant M,\mathcal{L}(\Phi)\leqslant\pi(\log(M)),B(\Phi)\leqslant\pi(M)\}$$

确定有效的最佳 M 权重近似率的概念。该概念受制于多项式深度和多项式权重的增长。

【定义 4.6】 令 $d\in\mathbb{N}$，$\boldsymbol{\Omega}\subset\mathbb{R}^d$，并且 $\mathcal{C}\subset L^2(\boldsymbol{\Omega})$ 为一个函数族。定义对于所有的 $M\in$

N 和一个多项式 π

$$\varepsilon_{\mathcal{N}}^{\pi}(M) := \sup_{f\in\mathcal{C}} \inf_{\Phi\in\mathcal{N}_{M,d,d'}^{\pi}} \| f-\Phi \|_{L^2(\boldsymbol{\Omega})}$$

$$\gamma_{\mathcal{N}}^{*,\mathrm{eff}}(\mathcal{C}):\sup\{\gamma\geqslant 0:\exists\pi$$

$$\text{s. t. }\varepsilon_{\mathcal{N}}^{\pi}(M)\in\mathcal{O}(M^{-\gamma}), M\to\infty\}$$

称 $\gamma_{\mathcal{N}}^{*,\mathrm{eff}}(\mathcal{C})$为$\mathcal{C}$的有效最佳 M 权重逼近率。将定理 4.1 的等价形式(即定理 4.2)用于深度神经网络的近似。具体而言,确定最优指数 $\gamma^*(\mathcal{C})$也构成了$\mathcal{C}$的有效最佳 M 权重近似率的基本约束。

【定理 4.2】 令 $d\in\mathbb{N}$,$\boldsymbol{\Omega}\subset\mathbb{R}^d$ 有界,并且$\mathcal{C}\subset L^2(\boldsymbol{\Omega})$。得到

$$\gamma_{\mathcal{N}}^{*,\mathrm{eff}}(\mathcal{C})\leqslant\gamma^*(\mathcal{C})$$

对定理 4.2 证明的主要思想是将编码近似网络所需的编码长度与要近似的函数类$\mathcal{C}$的 minimax 最小最大编码长度进行比较。定理 4.2 建立了一个基本下限,即在给定函数类$\mathcal{C}$上实现均匀误差的量化权重的网络连通性。

【定义 4.7】 对于 $d\in\mathbb{N}$ 和$\boldsymbol{\Omega}\subset\mathbb{R}^d$ 有界,如果满足以下条件,则函数类$\mathcal{C}\subset L^2(\boldsymbol{\Omega})$可以由神经网络最佳表示

$$\gamma_{\mathcal{N}}^{*,\mathrm{eff}}(\mathcal{C})=\gamma^*(\mathcal{C})$$

进一步令 d、$d'\in\mathbb{N}$,$\boldsymbol{\Omega}\subset\mathbb{R}^d$,$\mathcal{C}\subset L^2(\boldsymbol{\Omega})$,并且 π 是一个多项式,使

$$\Psi:\left(0,\frac{1}{2}\right)\times\mathcal{C}\to\mathcal{N}_{d,d'}$$

成为一个映射,使得对于每一个 $f\in\mathcal{C}$,$\varepsilon\in(0,1/2)$,网络 $\Psi(\varepsilon,f)$具有$(\lceil\pi(\log(\varepsilon^{-1}))\rceil,\varepsilon)$量化的权重,满足

$$\sup_{f\in\mathcal{C}}\| f-\Psi(\varepsilon,f)\|_{L^2(\boldsymbol{\Omega})}\leqslant\varepsilon$$

以及

$$\sup_{f\in\mathcal{C}}\mathcal{M}(\Psi(\varepsilon,f))\notin\mathcal{O}(\varepsilon^{-1/\gamma}),\quad\varepsilon\to 0$$

对所有的 $\gamma>\gamma^*(\mathcal{C})$。

【引理 4.2】 令 $d,d',k\in\mathbb{N}$,$D\in\mathbb{R}_+$,$\Omega\subseteq[-D,D]^d$,$\varepsilon\in(0,1/2)$。更进一步,令 $\Phi\in\mathcal{N}_{d,d'}$,$\mathcal{M}(\Phi)\leqslant\varepsilon^{-k}$,$\mathcal{B}(\Phi)\leqslant\varepsilon^{-k}$,并且令 $m\in\mathbb{N}$ 使得

$$m\geqslant 3kL(\Phi)+\log(\lceil D\rceil)$$

存在一个网络 $\widetilde{\Phi}\in\mathcal{N}_{d,d'}$,同时$(m,\varepsilon)$量化的权重满足

$$\sup_{x\in\Omega}\|\Phi(x)-\widetilde{\Phi}(x)\|_{\infty}\leqslant\varepsilon$$

网络 Φ 的权重替换为 $2^{-m\lceil\log(\varepsilon^{-1})\rceil}\mathbb{Z}\cap[-\varepsilon^{-m},\varepsilon^{-m}]$中最接近的元素,即可得到网络 $\widetilde{\Phi}(x)$。

神经网络实现了一致的逼近误差 ε,同时在 ε^{-1} 中具有多项式有界的权重和在 ε^{-1} 中以多项式增长的深度不能表现出小于$\mathcal{O}(\varepsilon^{-1/\gamma^*(\mathcal{C})})$,$\varepsilon\to 0$;换句话说,作为 M 的函数,均匀逼近误差的衰减速度快于$\mathcal{O}(M^{-\gamma^*(\mathcal{C})})$,$M\to 0$ 是不可能的。

4.1.5 字典逼近转换为神经网络逼近

通过字典以 Kolmogorov-Donoho 最优方式可以近似各种函数类。4.1.2 节和 4.1.3 节

分别介绍了字典以及神经网络逼近函数类 C。如果让神经网络扮演字典$\mathcal{D}$的角色，那么神经网络以 Kolmogorov-Donoho 最优方式可以近似哪些函数类 C？为了回答这个问题，接下来介绍一个通用框架，用于通过字典将函数逼近的结果转变为神经网络逼近的结果，通过神经网络实现字典的有效可表示性。证明对于给定的函数类 X 和满足特定条件的关联表示字典$\mathcal{D}$，存在一个具有连通性 $O(M)$ 的神经网络，该神经网络在 X 上达到相同的均匀误差为最佳。

【定义 4.8】 令 $d\in\mathbb{N},\boldsymbol{\Omega}\subseteq\mathbb{R}^d$，并且$\mathcal{D}=(\phi_i)_{i\in\mathbf{N}}\subset L^2(\boldsymbol{\Omega})$是一个表示系统。接下来，$\mathcal{D}$被认为是可以用神经网络有效表示的，如果存在一个二元多项式 π，使得对于所有 $i\in\mathbb{N}$，$\varepsilon\in(0,1/2)$都有一个神经网络 $\Phi_{i,\varepsilon}\in\mathcal{N}_{d,1}$ 满足$\mathcal{M}(\Phi_{i,\varepsilon})\leqslant\pi(\log(\varepsilon^{-1}),\log(i))$，$\mathcal{B}(\Phi_{i,\varepsilon})\leqslant\pi(\varepsilon^{-1},i)$，并且

$$\|\phi_i-\Phi_{i,\varepsilon}\|_{L^2(\boldsymbol{\Omega})}\leqslant\varepsilon$$

【定理 4.3】 令 $d\in\mathbb{N},\boldsymbol{\Omega}\subseteq\mathbb{R}^d$ 是有界的，考虑函数族$\mathcal{C}\subset L^2(\boldsymbol{\Omega})$。假设表示字典$\mathcal{D}=(\phi_i)_{i\in\mathbf{N}}\subset L^2(\boldsymbol{\Omega})$可以有效地通过神经网络表示。对所有的 $0<\gamma<\gamma^{*,\mathrm{eff}}(\mathcal{C},\mathcal{D})$，存在一个多项式 π 和一个映射

$$\Psi:\left(0,\frac{1}{2}\right)\times\mathcal{C}\rightarrow\mathcal{NN}_{\infty,\infty,d,1}$$

使得对每一个 $f\in\mathcal{C},\varepsilon\in(0,1/2)$ 网络 $\Psi(\varepsilon,f)$ 具有$(|\pi(\log(\varepsilon^{-1}))|,\varepsilon)$量化权重的同时满足$\|f-\Psi(\varepsilon,f)\|_{L^2(\boldsymbol{\Omega})}\leqslant\varepsilon,\mathcal{L}(\Psi(\varepsilon,f))\leqslant\pi(\log(\varepsilon^{-1}))$，$\mathcal{B}(\Psi(\varepsilon,f))\leqslant\pi(\varepsilon^{-1})$，并且

$$\mathcal{M}(\Psi(\varepsilon,f))\in\mathcal{O}(\varepsilon^{-1/\gamma}),\quad \varepsilon\rightarrow 0 \tag{4-4}$$

式(4-4)中的隐式常数与 f 无关。得到

$$\gamma_{\mathcal{N}}^{*,\mathrm{eff}}(\mathcal{C})\geqslant\gamma^{*,\mathrm{eff}}(\mathcal{C})$$

如果$\mathcal{D}$在定义 4.3 的意义上最优地表示函数类 X，即 $\gamma^{*,\mathrm{eff}}(\mathcal{C},\mathcal{D})=\gamma^*(\mathcal{C})$，那么它可以在定义 4.8 意义上由神经网络有效地表示。由于定理 4.2，$\gamma_{\mathcal{NN}}^{*,\mathrm{eff}}(\mathcal{C})\leqslant\gamma^*(\mathcal{C})$，得到$\gamma_{\mathcal{NN}}^{*,\mathrm{eff}}(\mathcal{C})=\gamma^*(\mathcal{C})$。因此，就定义 4.7 而言，$X$ 可以由神经网络最佳地表示。

4.2 仿射系统的神经网络逼近

本节介绍一类仿射表示系统，包括小波、脊波、曲波、小波和 α 分子，可以通过神经网络有效地表示。

4.2.1 仿射系统的定义

在非线性系统中，常用线性系统设计方法完成非线性系统的分析。仿射非线性系统是一类特殊的非线性系统，由人们对线性系统加以引申而改造出来的。本章以离散仿射系统(discrete affine systems)为例进行分析，如下所描述：离散仿射系统具有平移不变的特性，其通过对给定的平移不变系统进行扩张而得到。在介绍本节所要逼近的离散仿射系统前，先介绍相关数学基础概念。

在数学中，如果欧氏空间$\mathbb{R}^n$ 的子集是闭集合且是有界的，那么称它是紧的，例如[0,2]。函数 f 的支撑包含未映射到零元素的域的子集。如果 f 的域是一个拓扑空间，则 f 的支撑被定义为包含所有未映射到零的点的最小闭集，表示为

$$\mathrm{supp}(f)=\{x\in X:f(x)\neq 0\}$$

如果函数的支撑集是 X 中的一个紧集，则这个函数被称为是紧支撑于空间 X 的。

【定义 4.9】 离散仿射系统 $X \subset L_2$ 一般是以下形式的函数的集合

$$X = \bigcup_{k \in \mathbf{Z}} D^k E(\Psi)$$

其中，$\Psi \subset L_2(\mathbb{R})$ 是有限的，$E(\Psi) = \bigcup_{\psi \in \Psi} E(\psi)$ 是一系列转换的集合。比如整数转化 Ψ，D 是二元膨胀算子 $D: f \to \sqrt{2} f(2\cdot)$。$\Psi$ 中的函数是 X 的生成器，通常称为母波。在定义 4.2 的基础上，将 D 扩展至其他形式。该表示系统的特殊例子包括小波、脊波、曲波、α-小波以及更普遍的 α-分子。具体而言，本节以定义 4.3 为例进行相关证明。

【定义 4.10】 设 $d, r, S \in \mathbb{N}, \boldsymbol{\Omega} \subset \mathbb{R}^d, f \in L^2(\mathbb{R}^d)$ 紧支撑。对于

$$s = 0, 1, \cdots, S, \delta > 0, (c_i^s)_{i=1}^r \subset \mathbb{R}, (d_i)_{i=1}^r \subset \mathbb{R}$$

进一步设 $\mathbf{A}_j \in \mathbb{R}^{d \times d}, j \in \mathbb{N}$ 为满秩矩阵，特征值的绝对值在 1 以下，紧支撑函数：

$$g_s := \sum_{k=1}^{r} c_k^s f(\cdot - b_k), \quad s = 0, 1, \cdots, \mathcal{S}$$

根据以下内容定义对应的仿射系统 $D \subset L^2(\boldsymbol{\Omega})$。

$$\mathcal{D} := \left\{ g_s^{j,b} := (|\det(\mathbf{A}_j)|^{\frac{1}{2}} g_s(\mathbf{A}_j \cdot - \delta_b)) \Big|_{\Omega} : s \in \{1, 2, \cdots, S\}, \boldsymbol{b} \in \mathbb{Z}^d, j \in \mathbb{N}, g_s^{j,b} \neq 0 \right\} \cup \left\{ g_0^e := g_0(\cdot - \delta_b) \Big|_{\Omega} : \boldsymbol{b} \in \mathbb{Z}^d, g_0^b \neq 0 \right\} \tag{4-5}$$

其中，f 称为$\mathcal{D}$的生成函数。

定义子系统 $\mathcal{D}_0 := \{g_0^b \in \mathcal{D} : \boldsymbol{b} \in \mathbb{Z}^d\}$ 和 $\mathcal{D}_{s,j} := \{g_s^{j,b} \in \mathcal{D} : \boldsymbol{b} \in \mathbb{Z}^d\}$。由于每一个 $s \in \{1, 2, \cdots, \mathcal{S},\}, j \in \mathbb{N}$，都有紧凑的支持，由于每一个 $g_s, s \in \{1, 2, \cdots, \mathcal{S}\}$ 具有紧凑的支持 $|\mathcal{D}_0|$ 和 $|\mathcal{D}_{s,j}|$，对于所有 $s \in \{1, 2, \cdots, \mathcal{S}\}, j \in \mathbb{N}$ 是有限的。实际上，观察到存在 $c_b := c_b(\boldsymbol{\Omega}, (g_s)_{s=0}^S, \delta, d) > 0$ 使得对于所有 $s \in \{1, 2, \cdots, S\}, j \in \mathbb{Z}, \boldsymbol{b} \in \mathbb{Z}^d$，有

$$g_s^{j,b} \in \mathcal{D}_{s,j} \Rightarrow \|\boldsymbol{e}\|_\infty \leqslant c_b \|\mathbf{A}_j\|_\infty$$

$$g_0^b \in \mathcal{D}_0 \Rightarrow \|\boldsymbol{b}\|_\infty \leqslant c_b$$

由于所有子系统$\mathcal{D}_0$和$\mathcal{D}_{s,j}$都是有限的，所以可以将表示系统 D 按照以下方式表示

$$\mathcal{D} = (\varphi_i)_{i \in N} = (\mathcal{D}_0, \mathcal{D}_{1,1}, \cdots, \mathcal{D}_{\mathcal{S},1}, \mathcal{D}_{1,2}, \cdots, \mathcal{D}_{\mathcal{S},2}, \cdots)$$

其中，每个子系统 $D_{s,j}$ 内的元素可以任意排序。本节余下部分假定 D 的这种排序，并将其称为规范排序。

此外，注意到如果存在 $s_0 \in \{1, \cdots, \mathcal{S}\}$ 使得 g_{s_0} 不为 0，则存在常数

$$c_0 := c_0(\boldsymbol{\Omega}, (g_s)_{s=1}^{\mathcal{S}}, \delta, d) > 0$$

使得

$$\sum_{s=1}^{S} |\mathcal{D}_{s,j}| \geqslant c_0 |\det(\mathbf{A}_j)|, \quad j \in \mathbb{N} \tag{4-6}$$

接下来的相关论述基于以上建立的仿射系统进行，证明仿射系统生成函数可以由神经网络在任意精度范围内近似，有效地由神经网络表示。

4.2.2 仿射系统对神经网络逼近的影响

仿射系统由给定生成函数的扩展和转换组成，这些操作对给定函数的神经网络逼近性影响十分重要。在神经网络中，仿射系统的平移和扩张可以被吸收到网络的第一层，并且变

换后的函数继承了生成函数的逼近性。因此，最重要的是神经网络中的权重及其逼近域如何受到影响。

【命题 4.1】 令 $d\in\mathbb{N},p\in[1,\infty],f\in L^p(\mathbb{R}^d)$。假设存在一个二元多项式 π，使得对所有 $D\in\mathbb{R}_+,\varepsilon\in(0,1/2)$，存在一个满足的网络 $\Phi_{D,\varepsilon}\in\mathcal{N}_{d,1}$ 满足

$$\| f-\Phi_{D,\varepsilon}\|_{L^p([-D,D]^d)}\leqslant\varepsilon \tag{4-7}$$

其中$\mathcal{M}(\Phi_{D,\varepsilon})\leqslant\pi(\log(\varepsilon^{-1}),\log(\lceil D\rceil))$。对所有的满秩 $\boldsymbol{A}\in\mathbb{R}^{d\times d},\boldsymbol{e}\in\mathbb{R}^d,E\in\mathbb{R}_+,\eta\in(0,1/2)$ 存在一个网络 $\Psi_{A,e,E,\eta}\in\mathcal{N}_{d,1}$ 满足

$$\left\|\,|\det(\boldsymbol{A})|^{\frac{1}{p}}f(\boldsymbol{A}\cdot-\boldsymbol{e})-\boldsymbol{\Psi}_{\boldsymbol{A},\boldsymbol{e},E,\eta}\right\|_{L^p([-E,E]^d)}\leqslant\eta$$

其中

$$\mathcal{M}(\Psi_{A,e,E,\eta})\leqslant\pi_2(\log(\eta^{-1}),\log(\lceil E\|\boldsymbol{A}\|_\infty+\|\boldsymbol{e}\|_\infty\rceil))$$

$$\mathcal{B}(\Psi_{A,e,E,\eta})\leqslant\max\{\mathcal{B}(\Psi_{F,\eta}),|\det(\boldsymbol{A})|^{\frac{1}{p}},\|\boldsymbol{A}\|_\infty,\|\boldsymbol{e}\|_\infty\}$$

并且 $F=dE\|\boldsymbol{A}\|_\infty+\|\boldsymbol{e}\|_\infty$，$\pi_2$ 与 π 具有相同的度。

证明：通过变量的变化，对于每个 $\Phi\in\mathcal{N}_{d,1}$，

$$\left\|\,|\det(\boldsymbol{A})|^{\frac{1}{p}}f(\boldsymbol{A}\cdot-\boldsymbol{e})-|\det(\boldsymbol{A})|^{\frac{1}{p}}\Phi(\boldsymbol{A}\cdot-\boldsymbol{e})\right\|_{L^p([-E,E]^d)}=\|f-\Phi\|_{L^p(\boldsymbol{A}\cdot[-E,E]^d-\boldsymbol{e})}$$

更进一步，观察到

$$\boldsymbol{A}\cdot[-E,E]^d-\boldsymbol{e}\subset[-(dE\|\boldsymbol{A}\|_\infty+\|\boldsymbol{e}\|_\infty),(dE\|\boldsymbol{A}\|_\infty+\|\boldsymbol{e}\|_\infty)]^d=[-F,F]^d$$

由于仿射变换 $W_{A,e}(x):=\boldsymbol{A}x-\boldsymbol{e},W_A'(x):=|\det(\boldsymbol{A})|^{\frac{1}{p}}x$ 代表深度为 1 的网络，并且 $\Psi_{A,e,E,\eta}:=W_A'\circ\Phi_{F,\eta}\circ W_{A,e}$，结合引理 4.3 得到

$$\begin{aligned}\left\|\,|\det(\boldsymbol{A})|^{\frac{1}{p}}f(\boldsymbol{A}\cdot-\boldsymbol{e})-\boldsymbol{\Psi}_{\boldsymbol{A},\boldsymbol{e},E,\eta}\right\|_{L^p([-E,E]^d)}&=\|f-\Phi_{F,\eta}\|_{L^p(\boldsymbol{A}\cdot[-E,E]^d-\boldsymbol{e})}\\&\leqslant\|f-\Phi_{F,\eta}\|_{L^p([-F,F]^d)}\leqslant\eta\end{aligned}$$

通过构造直接得到$\mathcal{M}(\boldsymbol{\Psi}_{\boldsymbol{A},\boldsymbol{e},E,\eta})$和$\mathcal{B}(\boldsymbol{\Psi}_{\boldsymbol{A},\boldsymbol{e},E,\eta})$的边界。

4.2.3 神经网络对仿射系统逼近证明

接下来对神经网络逼近上述定义所描述的仿射系统进行证明。

【定理 4.4】 令 $d,S\in\mathbb{N},\boldsymbol{\Omega}\subset\mathbb{R}^d$ 是有界的，并且$(g_s)_{s=1}^S\in L^\infty(\mathbb{R}^d)$紧支撑，$\mathcal{D}=(\varphi_i)_{i\in\mathbf{N}}\subset L^2(\boldsymbol{\Omega})$是在生成函数$(g_s)_{s=1}^S$ 下的非退化规范排序仿射字典。假设存在多项式 π，使得对于所有 $s\in\{1,2,\cdots,S\},\varepsilon\in(0,1/2)$，存在一个网络 $\Phi_{s,\varepsilon}\in\mathcal{N}_{d,1}$ 满足

$$\|g_s-\Phi_{s,\varepsilon}\|_{L^2(\mathbf{R}^2)}\leqslant\varepsilon \tag{4-8}$$

其中

$$\mathcal{M}(\Phi_{D,\varepsilon})\leqslant\pi(\log(\varepsilon^{-1}),\log(\lceil D\rceil))$$

$$\mathcal{B}(\Phi_{D,\varepsilon})\leqslant\pi(\varepsilon^{-1},D)$$

那么，D 可以通过神经网络有效地表示。

证明：根据定义 4.8，建立一个二元多项式 π，使得对于每个 $i\in\mathbb{N},\eta\in(0,1/2)$有一个网络 $\Phi_{i,\eta}\in\mathcal{N}_{d,1}$ 满足

$$\|\varphi_i-\Phi_{i,\eta}\|_{L^2(\boldsymbol{\Omega})}\leqslant\eta \tag{4-9}$$

其中，$\mathcal{M}(\Phi_{i,\eta})\leqslant\pi(\log\varepsilon^{-1},\log i)$，$\mathcal{B}(\Phi_{i,\eta})\leqslant\pi(\eta^{-1},i)$，并且由于仿射系统的相关定义

式(4-5)得：

$$\varphi_i = g_{s_i}^{j_i,e_i} = (|\det(\boldsymbol{A}_{s_i,j_i})|^{\frac{1}{2}} g_{st}(\boldsymbol{A}_{s_i,j_i} \bullet - \delta \boldsymbol{e}_i))|_{\boldsymbol{\Omega}}$$

其中，$s_i \in \{0,1,\cdots,S\}$，$j_i \in J_{s_i}$ 以及 $\boldsymbol{e}_i \in \mathbb{Z}^d$。根据命题 4.1 设计出满足式(4-9)的网络。根据式(4-8)，网络 $\Phi_{s,\varepsilon}$ 满足式(4-7)且 $p=2, f=g_s, D \in \mathbb{R}_+$。因此，命题 4.1 产生了一个连通性边界，它独立于 i。仍然需要确保 $\mathcal{B}(\Phi_{i,\eta})$ 上所需的边界保持不变对，如 $\|\boldsymbol{A}_{s_i,j_i}\|_\infty$ 和 $\|\boldsymbol{e}_i\|_\infty$ 都是以 i 为界限的多项式。为了验证这一点，首先相对于 $\|\boldsymbol{A}_{s_i,j_i}\|_\infty$ 设置 $\|\boldsymbol{e}_i\|_\infty$ 的边界。由于生成器 $(g_s)_{s=1}^S$ 紧支撑，因此存在 $E \in \mathbb{R}_+$，使得对于每个 $s \in \{1, 2,\cdots,S\}$，$j \in J_s$ 以及 $\boldsymbol{e} \in \mathbb{Z}^d$：

$$\|\delta e\|_\infty \geqslant \sup_{x \in \boldsymbol{\Omega}} \|\boldsymbol{A}_{s,j} x\|_\infty + E \Rightarrow g_s^{j,e}(\boldsymbol{x}), \quad \forall \boldsymbol{x} \in \boldsymbol{\Omega} \Rightarrow g_s^{j,e} \notin \mathcal{D}_j$$

由于 $\boldsymbol{\Omega}$ 受到假设的限制，因此存在一个常数 $c=c[\boldsymbol{\Omega},(g_s)_{s=1}^S,\delta,d]$ 使对于所有 $s \in \{1, 2,\cdots,S\}$，$j_i \in J_{s_i}$ 以及 $\boldsymbol{e}_i \in \mathbb{Z}^d$。得

$$g_s^{i,e} \in \mathcal{D}_j \Rightarrow \|\boldsymbol{e}\|_\infty \leqslant c \|\boldsymbol{A}_{s,j}\|_\infty$$

对于每 $s \in \{1,2,\cdots,S\}$，有一个常数 $c=c(\boldsymbol{\Omega},(g_s)_{s=1}^S,\delta,d)$ 使得

$$|\det(\boldsymbol{A}_{s,j})| \leqslant c_s |\mathcal{D}_{s,j}|, \quad j \in J_s \tag{4-10}$$

由于仿射系统非退化条件，对于 $s \in \{1,2,\cdots,S\}$，$j \in J_s$，有 $|\mathcal{D}_{s,j}| \geqslant 1$。因此，对于 $s \in \{1,2,\cdots,S\}$，存在 $\boldsymbol{x}_0 \in \boldsymbol{\Omega}$ 以及 $\boldsymbol{e}_0 \in \mathbb{Z}^d$ 使得 $g_s^{j,e_0}(x_0) \neq 0$，这意味着

$$g_s^{i,e}(\boldsymbol{x}_0) + \boldsymbol{A}_{s,j}^{-1}\delta(\boldsymbol{e}-\boldsymbol{e}_0) = |\det(\boldsymbol{A}_{s,j})|^{\frac{1}{2}} g_s(\boldsymbol{A}_{s,j} - \delta \boldsymbol{e}_0) = g_s^{i,e_0}(\boldsymbol{x}_0) \neq 0$$

因此，得出结论

$$\boldsymbol{x}_0 + \boldsymbol{A}_{s,j}^{-1}\delta(\boldsymbol{e}-\boldsymbol{e}_0) \in \boldsymbol{\Omega}$$

这说明 $g_s^{i,e} \in \mathcal{D}_{s,j}$。因此

$$\begin{aligned} |D_{s,j}| &\geqslant |\{\boldsymbol{e} \in \mathbb{Z}^d : \boldsymbol{x}_0 + \boldsymbol{A}_{s,j}^{-1}\delta(\boldsymbol{e}-\boldsymbol{e}_0) \in \boldsymbol{\Omega}\}| \\ &= |\{\boldsymbol{e} \in \mathbb{Z}^d : \boldsymbol{A}_{s,j}^{-1}\delta \boldsymbol{e} \in \boldsymbol{\Omega} - \boldsymbol{x}_0\}| = \left|\mathbb{Z}^d \cap \frac{1}{\delta}\boldsymbol{A}_{s,j}(\boldsymbol{\Omega} - \boldsymbol{x}_0)\right| \end{aligned}$$

由于 $\boldsymbol{\Omega}$ 假设具有非空内部，因此，存在一个常数 $C=C(\boldsymbol{\Omega})$，使得

$$\left|\mathbb{Z}^d \cap \frac{1}{\delta}\boldsymbol{A}_{s,j}(\boldsymbol{\Omega} - \boldsymbol{x}_0)\right| \geqslant C \operatorname{vol}\left(\frac{1}{\delta}(\boldsymbol{\Omega} - \boldsymbol{x}_0)\right) = C\delta^{-d} |\det(\boldsymbol{A}_{s,j})| \operatorname{vol}(\boldsymbol{\Omega})$$

由此得到式(4-10)。结合式(4-6)和式(4-10)，对于所有 $s \in \{1,2,\cdots,S\}$，$j \in J_s \setminus \{1\}$：

$$c\|\boldsymbol{A}_{s_i,j_i}\|_\infty^a \leqslant \sum_{k=1}^{j_i-1} |\det(\boldsymbol{A}_{s_i,k})| \leqslant c_{s_i} \sum_{k=1}^{j_i-1} |\mathcal{D}_{k,s_i}| \leqslant c_{s_i} i$$

其中，由于 $\varphi_i \in \mathcal{D}_{j_i,s_i}$，不等式成立。因此其索引 i 必须大于前面的子字典中包含的元素数量。这确保了

$$\|\boldsymbol{A}_{s_i,j_i}\|_\infty \leqslant \left(\frac{1}{C}\max_{s=1,2,\cdots,S} c_s\right)^{\frac{1}{a}} i^{\frac{1}{a}} + \max_{s=1,2,\cdots,S} \|\boldsymbol{A}_{s,1}\|_\infty, \quad i \in \mathbf{N}$$

证毕。

则可以得出结论：神经网络为所有函数类提供 Kolmogorov-Donoho 最优近似，这些函数类由函数 g_s 生成的仿射字典进行最佳近似，这些函数可以被神经网络很好地近似。

【定理 4.5】 令 $d\in\mathbb{N},\boldsymbol{\Omega}\subset\mathbb{R}^d$ 是有界的，并且 $\mathcal{D}=(\varphi_i)_{i\in\mathbf{N}}\subset L^2(\boldsymbol{\Omega})$ 是一个 affine 系统，具有一个生成函数 f。假设存在一个二元多项式 π，使得对于所有 $D\in\mathbb{R}_+,\varepsilon\in(0,1/2)$，存在一个 $\Phi_{D,\varepsilon}\in\mathcal{NN}_{\infty,\infty,d,1}$ 的网络满足 $\|f-\Phi_{D,\varepsilon}\|_{L^2([-D,D])}\leqslant\varepsilon$，其中

$$\mathcal{M}(\Phi_{D,\varepsilon})\leqslant\pi(\log(\varepsilon^{-1}),\log(\lceil D\rceil)),\mathcal{B}(\Phi_{D,\varepsilon})\leqslant\pi(\varepsilon^{-1},D)$$

且常数 $a,c>0$，接下来有

$$\gamma_{\mathcal{NN}}^{*,\mathrm{eff}}(\mathcal{C})\geqslant\gamma^{*,\mathrm{eff}}(\mathcal{C},\mathcal{D})$$

对于所有函数类 $\mathcal{C}\subseteq L^2(\boldsymbol{\Omega})$。特别是，如果 X 由 $\mathcal{D}$ 最佳表示(在定义 4.1 和定义 4.3 的意义上)，那么 X 由神经网络最佳表示(在定义 4.7 的意义上)。

4.3 振荡纹理

4.3.1 振荡纹理的定义

振荡模式(可以认为是一个简单的纹理模型)普遍存在于自然图像中，例如，指纹图像、反射地震学中的地震图(密码图)。这些图像都包含丰富的振荡图案或纹理细节，这类视觉模式在其他应用中发挥着重要作用。振荡纹理(oscillatory textures)图像通常具有良好的方向正则性，即从局部来看，一个方向体现低频特征，另一个方向则体现高频振荡特征。

以一个简单的各向异性纹理为例。首先，将数字图像理想化为函数。如果它是只在一个方向上振荡(比如说沿着坐标 x_1)的函数在平滑衍射下的图像，则称这个函数是一个振荡模式。在数学上，可以令 $\boldsymbol{x}=(x_1,x_2)$，因此一维振荡纹理的定义如下，设集合 $F_{D,a},D,a\in\mathbb{R}_+$，则

$$F_{D,a}(\boldsymbol{x})=\{\cos(ag(\boldsymbol{x}))h(\boldsymbol{x}):g,h\in S_{[-D,D]}\}\tag{4-11}$$

其中

$$S_{[a_1,a_2]}=\{f\in C^\infty([a_1,a_2],\mathbb{R}):\|f^{(n)}(\boldsymbol{x})\|_{L^\infty([a_1,a_2])}\leqslant n!,n\in\mathbb{N}_0\}$$

g 和 h 均为 C^∞ 标量函数，h 在区间 $[0,1]^2$ 内是紧凑支持的，a 为数值较大的常数。如果将数字图像理想化为函数，则 a 在某个方向(x_1 或 x_2)上应该小于或等于原始图像的像素数。

众所周知，快速振荡的余弦项和翘曲函数 g 的组合使得在 $F_{D,a}$ 中对含有 a 的函数进行有效近似的难度较大。接下来分别介绍基于波原子的低阶多项式逼近效率和基于深度网络的指数级逼近效率。

4.3.2 振荡纹理的多项式逼近

要恢复振荡信号，选择合适的基元是关键步骤。如果使用梯度算子处理振荡信号，会忽略图像的正则性，导致部分边缘特征会被当作噪声信息处理。好的基元应该与它们试图近似的函数看起来相像。例如，小波分解擅长稀疏表示点状奇异性，因此在使用小波逼近振荡信号时会出现振铃假象。曲波(curvelet)为图像中的弯曲边缘提供了良好的基元表示，条带波(bandelet)具有良好的几何图像近似。人们提出了各种曲波变换理论来表示图像中的边缘，例如轮廓波、剪切波等。但是它们都在振荡信号上表现不佳。

为了捕捉振荡信号的复杂结构，一个可能的解决方案是研究不同波包基中的翘曲振荡模式。对于这样的图像，可以将稀疏性的讨论减少到如下两方面的权衡：适应图案的任意局部方向(即翘曲)的能力；稀疏地表示与轴线对齐的各向异性模式的能力。

一种名为波原子的新的多尺度分析工具，用于表示扭曲的振荡纹理，可以实现上述要

求。波原子,是二维小波包的一个变体。简而言之,波原子恰好在定向小波和 Gabor 之间插值,即每个波包的振荡周期(波长)通过抛物线缩放与基本支撑的大小(直径)相联系:波长~(直径)^2(对于小波,直径~波长;对于 Gabor,直径~波长^0=常数)。这一重要特性使得振荡信号在波原子中比其他标准表示有更稀疏的扩展。"波原子"这个名称来自它可以为波传播器提供最佳稀疏表示,并且可对波动方程进行快速求解。

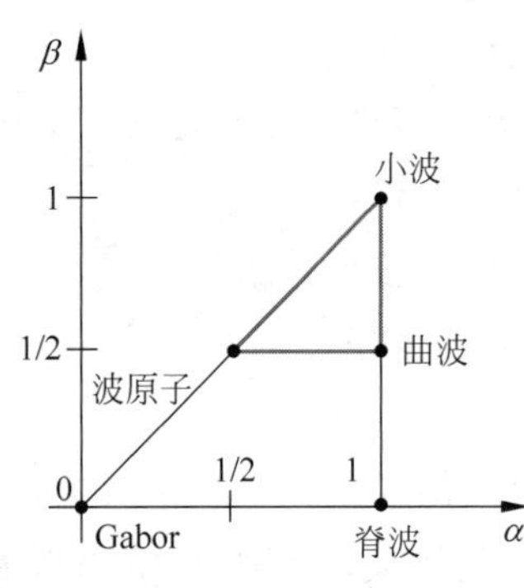

图 4-2 将各种变换识别为(α,β)族的波包

波包变换(例如小波、Gabor、脊波、曲线波、波原子)实际上相当于相位空间中的瓦片(相位空间是所有位置 x 和频率 ω 的集合)。用 α 和 β 两个参数索引已知的波包。$\alpha=1$ 表示分解是多尺度的;$\alpha=0$ 则相反。$\beta=1$ 表示基元是局部的和方向性差的;$\beta=0$ 则表示基元是扩展的并且是完全方向性的。如图 4-2 所示,利用 α 和 β 阐明谐波分析的多个变换之间的联系。曲波对应于 $\alpha=1,\beta=1/2$;小波(包括多尺度几何分析-MRA,方向波-directional,复数-complex)为 $\alpha=\beta=1$;脊波是 $\alpha=1,\beta=0$;Gabor 变换对应 $\alpha=\beta=0$;波原子被定义为 $\alpha=\beta=1/2$。

参见论文 *Wave atoms and sparsity of oscillatory patterns*,可以证明翘曲振荡函数在波原子中的扩展明显比其他表示法(例如小波、Gabor 原子或曲线小波)更稀疏。

1. 扭曲不变性与方向性的权衡

假设 g、h 和 N 是未知的,要为式(4-11)所定义的振荡函数找到一个充分稀疏表示。首先要求在翘曲状态(即平滑衍射)下保持稀疏性,即可压缩性不应该依赖于局部坐标的选择。只要波包的框架服从$\frac{1}{2}<\beta<\alpha$,平滑衍射在每一个 ℓ_p 空间上都是有界的,$p>0$。该限制对应于图 4-2 中的灰线三角形。当 $\beta>\frac{1}{2}$,每个波包的空间扩展足够小,这使得由衍射产生的翘曲可以得到控制。

另外,也希望最大化模板振荡轮廓的稀疏性,从中可以通过翘曲获得更一般的函数。这意味着式(4-11)中函数 $\cos(ag(x_1))h(x_1)$仅在 x_1 方向上振荡。傅里叶变换或 Gabor 原子是完成此任务的理想选择,它们只需要固定数量的系数(与 N 无关)即可将 $\sin(Nx_1)h(x)$近似为固定精度。Gabor 原子对应于图 4-2 中的 $\alpha=\beta=0$ 点。

以上两个要求是矛盾的,但一个很好的折中办法是对应于波原子的点 $\alpha=\beta=\frac{1}{2}$。注意,波原子是一种固定的变换,不需要依赖 N 的知识来定义变换。

2. 波原子的定义

下面的定义均为二维空间,$\boldsymbol{x}=(x_1,x_2)$。二维傅里叶变换如下:

$$\hat{f}(\boldsymbol{\omega})=\int \mathrm{e}^{-\mathrm{j}\boldsymbol{x}\cdot\boldsymbol{\omega}} f(\boldsymbol{x})\mathrm{d}\boldsymbol{x},\quad f(\boldsymbol{x})=\frac{1}{(2\pi)^2}\int \mathrm{e}^{-\mathrm{j}\boldsymbol{x}\cdot\boldsymbol{\omega}}\hat{f}(\boldsymbol{\omega})\mathrm{d}\boldsymbol{\omega} \tag{4-12}$$

将波原子写为 $\varphi_\mu(\boldsymbol{x})$,下标 $\mu=(j,\boldsymbol{m},\boldsymbol{n})=(j,m_1,m_2,n_1,n_2)$。所有 5 个量 j、m_1、m_2、n_1、n_2 均为整数,并在相空间中索引一个点(x_μ,ω_μ),如

$$\boldsymbol{x}_{\mu}=2^{-j}\boldsymbol{n},\boldsymbol{\omega}_{\mu}=\pi 2^{j}\boldsymbol{m},C_1 2^{j}\leqslant\max_{i=1,2}|m_i|\leqslant C_2 2^{j} \tag{4-13}$$

其中，C_1、C_2 均为正数，$\boldsymbol{n}$ 为空间截断，j 为尺度截断，它们的数值将由具体的实现方式指定。启发式地，位置向量 $\boldsymbol{x}_{\mu}$ 是 $\varphi_{\mu}(x)$ 的中心，波向量 $\boldsymbol{\omega}_{\mu}$ 决定了 $\hat{\phi}_{\mu}(\omega)$ 的两个凸点的中心为 $\pm\omega_{\mu}$。$\boldsymbol{m}$ 的范围需要进一步缩小到 $m_2>0$（或 $m_2=0$ 且 $m_1>0$）以说明实值函数关于 ω 原点的傅里叶变换的中心对称性。

波原子需要服从相空间点($\boldsymbol{x}_{\mu}$, $\boldsymbol{\omega}_{\mu}$)附近的位置条件。令 $\boldsymbol{x}_{\mu}$ 和 $\boldsymbol{\omega}_{\mu}$ 如式(4-13)所示，对于一些 C_1, C_2，当波包 $\{\varphi_{\mu}\}$ 的元素被称为波原子时满足

$$|\hat{\phi}_{\mu}(\boldsymbol{\omega})|\leqslant C_M\cdot 2^{-j}(1+2^{-j}|\boldsymbol{\omega}-\boldsymbol{\omega}_{\mu}|)^{-M}+C_M\cdot 2^{-j}(1+2^{-j}|\boldsymbol{\omega}+\boldsymbol{\omega}_{\mu}|)^{-M},\quad M>0 \tag{4-14}$$

$$|\phi_{\mu}(\boldsymbol{x})|\leqslant C_M\cdot 2^{j}(1+2^{j}|\boldsymbol{\omega}-\boldsymbol{\omega}_{\mu}|)^{-M},\quad M>0 \tag{4-15}$$

在应用中，可以限制衰减的阶数，甚至可以适当地更改 $\boldsymbol{x}_{\mu}$ 和 $\boldsymbol{\omega}_{\mu}$ 的定义，这样的基函数仍被称为波原子，是波原子的变体。

【定理 4.6】 对于某些 N，令 F 的形式为式(4-11)，其中 g 和 h 为 C^{∞} 类，并且 h 在$[0,1]^2$ 内紧凑支撑。F 可以由绝对值中最大的 $C_{\varepsilon}a$ 个波原子系数表示为 L^2 中的精度 ε，其中对于所有 $M>0$，都存在 $C_M>0$，使得 $C_{\varepsilon}\leqslant C_M\varepsilon^{1/M}$。

3. 定向纹理的稀疏表示

接下来对定理 4.6 进行证明。在式(4-11)中，由于函数 g 可以作为衍射 $\boldsymbol{g}(\mathbb{R}^2\to\mathbb{R}^2)$ 的第一成分，因此 g 具有翘曲的含义，所以可以将振荡剖面的预翘曲定义为

$$F(\boldsymbol{x})=\cos(ax_1)h(g^{-1}(\boldsymbol{x})) \tag{4-16}$$

分别研究 $\boldsymbol{g}$ 和 h，并通过引理 4.1 和引理 4.2 进行分解证明。最后详细说明如何将两个引理组合在一起。

【引理 4.3】 设 $u\in L^2(\mathbb{R}^2)$，$\boldsymbol{g}$ 是一个 C^{∞} 衍射。如果 u 的波原子系数在一些 $p>0$ 的情况下属于 l_p 中的单位球，那么 $u\circ\boldsymbol{g}$ 的波原子系数属于同一 ℓ_p 空间中半径为 R 的球，其中 R 只取决于 $\boldsymbol{g}$ 的平滑常数。

证明：对于任何行为良好的函数 $u(\boldsymbol{x})$ 存在：

$$u(g(\boldsymbol{x}))=\frac{1}{(2\pi)^2}\int \mathrm{e}^{\mathrm{j}g(\boldsymbol{x})\cdot\omega}\hat{u}(\boldsymbol{\omega})\mathrm{d}\boldsymbol{\omega}$$

因此，类似 $\boldsymbol{g}(\boldsymbol{x})$ 的光滑衍射算子可以被称为傅里叶积分算子的特例。证毕。

【引理 4.4】 令 F 由式(4-16)给出。那么对于所有 $0<p<2$，$F_{D,a}$ 的波原子系数都属于 ℓ_p，并且其范数不大于 $C_p a^{1/p-1/2}$，常数 C_p 的值取决于 p。

证明：为避免与内积混淆，定义符号 $\langle\boldsymbol{\omega}\rangle=\sqrt{1+|\boldsymbol{\omega}|^2}$。令 $\boldsymbol{N}_1=\pi a\binom{1}{0}$。由于 $h\circ\boldsymbol{g}^{-1}$ 是平稳的，因此 F 的频率定位估计值为

$$F\leqslant C_M\cdot(\langle\boldsymbol{\omega}-\boldsymbol{N}_1\rangle^{-M}+\langle\boldsymbol{\omega}+\boldsymbol{N}_1\rangle^{-M}) \tag{4-17}$$

另一方面，式(4-14)意味着波原子在频率上有两个颠簸，对于施瓦茨(Schwartz)类中的一些 Ψ，其形式为 $2^{-j}\hat{\Psi}(2^{-j}\boldsymbol{\omega}\pm\boldsymbol{m})$。在不失一般性的前提下，可以舍弃其中的一个颠簸，并将 f 的波原子系数 $c_{j,\boldsymbol{m},\boldsymbol{n}}$ 限制为

$$\left|\int F(\boldsymbol{\omega})2^{-j}\hat{\Psi}(2^{-j}\boldsymbol{\omega}-\boldsymbol{m})\mathrm{d}\boldsymbol{\omega}\right|\leqslant 2^{-j}C_M\cdot\langle 2^{-j}\boldsymbol{m}-\boldsymbol{N}_1\rangle^{-M}$$

这个边界在位置索引 $\boldsymbol{n}$ 所取的 $O(2^{2j})$ 值是均匀有效的。因此系数的 ℓ_p 范数的 p 次方有界于

$$\sum_j \sum_{\boldsymbol{m},\boldsymbol{n}} |c_{j,\boldsymbol{m},\boldsymbol{n}}|^p \leqslant C_M \cdot \sum_j \sum_{\boldsymbol{m}} 2^{2j} | 2^{-j} \langle 2^j \boldsymbol{m} - \boldsymbol{N}_1 \rangle^{-M} |^p$$

在剩下的总和中，从 $j^* = \frac{1}{2}\log_2(N)$ 开始，各项以接近指数的方式衰减，$\boldsymbol{m}^* = 2^{-j}\boldsymbol{N}_1$。因此，总和的界限是一个常数乘以 $2^{2j^*} 2^{-j^* p}$，即一个常数乘以 $a^{1-p/2}$。证毕。

在掌握了引理 4.3 和引理 4.4 后，现在证明主定理。

最佳 M 项波原子的近似值 F_M 的 L^2 误差服从

$$\| F - F_M \|_2^2 \leqslant C \cdot M^{1-\frac{2}{p}} \cdot \| c \|_{\ell^p}^2$$

其中，$0<p<2$ 和 c 是 F 的波原子系数。作为证明，使这个误差小于 2，意味着它足以保持 M^* 系数，其中

$$M^* \geqslant C_p \cdot \varepsilon^{\frac{2p}{p-2}} \cdot \| c \|_{\ell^p}^{\frac{2p}{p-2}}$$

由引理 4.3 和引理 4.4 可知，当 $p>0$ 时，F 的波原子系数属于 ℓ_p，且具有约束 $\| c \|_{\ell^p} \leqslant N^{\frac{1}{p}(1-\frac{p}{2})}$。代入上面的内容，就可以得到 $M^* \geqslant C_p \cdot \varepsilon^{\frac{2p}{p-2}} \cdot N$，这对任意小的 $p>0$ 有效。

将定理 4.6 泛化到不平滑的纹理模式，它的形式为

$$F^{\#}(\boldsymbol{x}) = \cos(ag(\boldsymbol{x}))h(\sqrt{a}\,\boldsymbol{x}) \tag{4-18}$$

其中 g 和 h 平滑，h 的支撑区间为 $[0, \sqrt{N}]^2$。同样，仅用 $O(N)$ 个波原子系数足以按照指定精度逼近 F。证明与上面相似。由于 F 本身包含 $O(N)$ 自由度，所以波原子可作为式(4-18)的最佳变换。

对于小波、波原子和曲波而言，波原子对于振荡函数具有最优的稀疏表示。具体来说，对于给定的精度，只需要 $O(N)$ 个波原子系数就可以表示振荡函数，但却需要 $O(N^{3/2})$ 个曲波系数，$O(N^2)$ 个小波系数或 $O(N^2)$ 个 Gabor 系数来逼近才能达到相同的精度。从这个角度讲，波原子实现了多尺度性、方向性和局部性的较好权衡。波原子能够非常好地表示振荡函数，使其在保持纹理方面显示了强大的功能。

4.3.3 振荡纹理的指数级逼近

在 3.1.2 节中，对于振荡函数进行逼近的最佳结果是基于波原子字典，达到了低阶的多项式逼近效率。Elbrachter 等的工作填补了利用神经网络实现振荡纹理的指数级逼近的空白，即近似误差在逼近中采用的参数数量呈指数衰减。参见文章 *Deep neural network approximation theory*，首先列出了证明命题 4.3 所需要的定理 4.7、引理 4.5～引理 4.8 以及命题 4.2，然后给出了命题 4.2 的证明过程。

【定理 4.7】 存在常数 $C>0$，使得对于所有 $D, a \in \mathbb{R}_+, \varepsilon \in (0,1/2)$，都存在神经网络 $\Phi_{a,D,\varepsilon} \in \mathcal{N}_{1,1}$，并且

$$\mathcal{L}(\Phi_{a,D,\varepsilon}) \leqslant C((\log\varepsilon^{-1})^2 + \log(aD))$$

$$\mathcal{W}(\Phi_{a,D,\varepsilon}) \leqslant 9$$

$$\mathcal{B}(\Phi_{a,D,\varepsilon}) \leqslant 1$$

满足

$$\| \Phi_{a,D,\varepsilon}(x) - \cos ax \|_{L^\infty([-D,D])} \leqslant \varepsilon$$

【引理 4.5】 对于 $a,b \in \mathbb{R}$，并且 $a<b$，令

$$S_{[a,b]} := \{ f \in C^\infty([a,b],\mathbb{R}) : \| f^{(n)}(x) \|_{L^\infty([a,b])} \leqslant n!, n \in N_0 \}$$

存在常数 $C>0$，对于 $f \in S_{[a,b]}$，$\varepsilon \in (0,1/2)$，存在网络 $\Psi_{f,\varepsilon} \in \mathcal{N}_{1,1}$ 满足

$$\| \Psi_{f,\varepsilon} - f \|_{L^\infty([a,b])} \leqslant \varepsilon$$

其中

$$\mathcal{L}(\Psi_{f,\varepsilon}) \leqslant C\max\{2,(b-a)\}\left((\log\varepsilon^{-1})^2 + \log(\lceil \max\{|a|,|b|\} \rceil) + \log\left(\left\lceil \frac{1}{b-a} \right\rceil\right)\right)$$

$$\mathcal{W}(\Psi_{f,\varepsilon}) \leqslant 16, \quad \mathcal{B}(\Psi_{f,\varepsilon}) \leqslant 1$$

【引理 4.6】 令 $d_1,d_2,d_3 \in \mathbb{N}$，$\Phi_1 \in \mathcal{N}_{d_1,d_2}$，$\Phi_2 \in \mathcal{N}_{d_2,d_3}$。存在一个网络 $\Psi \in \mathcal{N}_{d_1,d_3}$，其中

$$\mathcal{L}(\Psi) = \mathcal{L}(\Phi_1) + \mathcal{L}(\Phi_2), \quad \mathcal{M}(\Psi) \leqslant 2\mathcal{M}(\Phi_1) + 2\mathcal{M}(\Phi_2)$$

并且

$$\mathcal{W}(\Psi) \leqslant \max\{2d_2, \mathcal{W}(\Phi_1), \mathcal{W}(\Phi_2)\}, \quad \mathcal{B}(\Psi) = \max\{\mathcal{B}(\Phi_1), \mathcal{B}(\Phi_2)\}$$

满足

$$\Psi(\boldsymbol{x}) = (\Phi_1 \circ \Phi_2)x = \Phi_2(\Phi_1(\boldsymbol{x})), \quad \boldsymbol{x} \in \mathbb{R}^{d_1}$$

【引理 4.7】 $d_1,d_2,K \in \mathbb{N}$，$\Phi \in \mathcal{N}_{d_1,d_2}$，其中 $\mathcal{L}(\Phi) < K$。存在一个网络 $\Psi \in \mathcal{N}_{d_1,d_2}$ 其中

$$\mathcal{L}(\Psi) = K, \quad \mathcal{M}(\Psi) \leqslant \mathcal{M}(\Phi) + d_2\mathcal{W}(\Phi) + 2d_2(K - \mathcal{L}(\Phi))$$

并且

$$\mathcal{W}(\Psi) \leqslant \max\{2d_2, \mathcal{W}(\Phi)\}, \quad \mathcal{B}(\Psi) = \max\{1, \mathcal{B}(\Phi)\}$$

满足 $\Psi(\boldsymbol{x}) = \Phi(\boldsymbol{x})$，$\boldsymbol{x} \in \mathbb{R}^{d_1}$。

【引理 4.8】 $n,L \in \mathbb{N}$，$i \in \{1,2,\cdots,n\}$，令 $d_i' \in \mathbb{N}$，$\Phi_i \in \mathcal{N}_{d,d_i'}$，存在网络 $\Psi \in N_{d,\sum_{i=1}^n d_i'}$，其中

$$\mathcal{L}(\Psi) = L, \quad \mathcal{M}(\Psi) = \sum_{i=1}^n \mathcal{M}(\Phi_i), \quad \mathcal{W}(\Psi) \leqslant \sum_{i=1}^n \mathcal{W}(\Phi_i), \quad \mathcal{B}(\Psi) = \max_i \mathcal{B}(\Phi_i)$$

满足

$$\Psi(\boldsymbol{x}) = (\Phi_1(\boldsymbol{x}), \Phi_2(\boldsymbol{x}), \cdots, \Phi_n(\boldsymbol{x})) \in \mathbb{R}^{\sum_{i=1}^n d_i'}, \quad \boldsymbol{x} \in \mathbb{R}^d$$

【引理 4.9】 $n,L \in \mathbb{N}$，$i \in \{1,2,\cdots,n\}$，令 $d_i, d_i' \in \mathbb{N}$，$\Phi_i \in \mathcal{N}_{d,d_i'}$，$\mathcal{L}(\Phi_i) = L$。存在网络 $\Psi \in \mathcal{N}_{\sum_{i=1}^n d_i, \sum_{i=1}^n d_i'}$，其中

$$\mathcal{L}(\Psi) = L, \quad \mathcal{M}(\Psi) = \sum_{i=1}^n \mathcal{M}(\Phi_i), \quad \mathcal{W}(\Psi) = \sum_{i=1}^n \mathcal{W}(\Phi_i), \quad \mathcal{B}(\Psi) = \max_i \mathcal{B}(\Phi_i)$$

满足

$$\Psi(\boldsymbol{x}) = (\Phi_1(\boldsymbol{x}_1), \Phi_2(\boldsymbol{x}_2), \cdots, \Phi_n(\boldsymbol{x}_n)) \in \mathbb{R}^{\sum_{i=1}^n d_i'}$$

其中 $\boldsymbol{x} = (x_1, x_2, \cdots, x_n) \in \mathbb{R}^{\sum_{i=1}^n d_i}$，$\boldsymbol{x}_i \in \mathbb{R}^{d_i}$，$i \in \mathbb{N}$。

【命题 4.2】 存在常数 $C>0$,对于所有的 $D\in\mathbb{R}_+$ 和 $\varepsilon\in(0,1/2)$,存在网络 $\Phi_{D,\varepsilon}\in\mathcal{N}_{2,1}$,同时 $\mathcal{L}(\Phi_{D,\varepsilon})\leqslant C((\log(D))^2+\log(\varepsilon^{-1}))$,$\mathcal{W}(\Phi_{D,\varepsilon})\leqslant 5$,$\mathcal{B}(\Phi_{D,\varepsilon})\leqslant 1$,满足 $\Phi_{D,\varepsilon}(0,x)=\Phi_{D,\varepsilon}(x,0)=0$,$x\in\mathbb{R}$ 和 $\|\Phi_{D,\varepsilon}(x,y)-xy\|_{L^\infty([-D,D]^2)}\leqslant\varepsilon$。

【命题 4.3】 存在一个常数 $C>0$,使得对于所有 $D,a\in\mathbb{R}_+$,$f\in F_{D,a}$,$\varepsilon\in(0,1/2)$,存在网络 $\Gamma_{f,\varepsilon}\in\mathcal{N}_{1,1}$ 满足

$$\|f-\Gamma_{f,\varepsilon}\|_{L^\infty([-D,D])}\leqslant\varepsilon$$

其中

$$\mathcal{W}(\Gamma_{f,\varepsilon})\leqslant 23$$

$$\mathcal{L}(\Gamma_{f,\varepsilon})\leqslant C\lceil D\rceil(\log\varepsilon^{-1}+\log(\lceil a\rceil))^2$$

$$B(\Gamma_{f,\varepsilon})\leqslant\max\{1/D,\lceil D\rceil\}\pi((\varepsilon/\lceil a\rceil)^{-1})$$

证明:对于所有 $D,a\in\mathbb{R}_+$,$f\in F_{D,a}$,令 $g_f,h_f\in\mathcal{S}_D$ 为使得 $f=\cos(ag_f)h_f$ 的函数。

由引理 4.5 可知,存在常数 $C_1>0$,对于 $D,a\in\mathbb{R}_+$,$\varepsilon\in(0,1/2)$,存在网络 $\Psi_{gf,\varepsilon}$,$\Psi_{hf,\varepsilon}\in\mathcal{N}_{1,1}$ 满足

$$\|\Psi_{gf,\varepsilon}-gf\|_{L^\infty([-D,D])}\leqslant\frac{\varepsilon}{12|a|},\quad \|\Psi_{hf,\varepsilon}-hf\|_{L^\infty([-D,D])}\leqslant\frac{\varepsilon}{12|a|}\tag{4-19}$$

其中

$$\mathcal{L}(\Psi_{gf,\varepsilon}),\mathcal{L}(\Psi_{hf,\varepsilon})\leqslant C_1\lceil D\rceil\left(\log\left(\frac{\varepsilon}{12\lceil a\rceil}\right)^{-1}\right)^2+\log(\lceil D\rceil)+\log(\lceil D^{-1}\rceil)$$

$$\mathcal{W}(\Psi_{gf,\varepsilon}),\mathcal{W}(\Psi_{hf,\varepsilon})\leqslant 16$$

$$\mathcal{B}(\Psi_{gf,\varepsilon}),\mathcal{B}(\Psi_{hf,\varepsilon})\leqslant 1$$

【定理 4.8】 确保存在常数 $C_2>0$,使得对于所有 D、$a\in\mathbb{R}_+$,$\varepsilon\in(0,1/2)$,都有一个神经网络 $\Phi_{a,D,\varepsilon}\in\mathcal{N}_{1,1}$ 满足

$$\|\Phi_{a,D,\varepsilon}-\cos(a\,\cdot)\|_{L^\infty([-3/2,3/2])}\leqslant\frac{\varepsilon}{3}\tag{4-20}$$

其中

$$\mathcal{W}(\Phi_{a,D,\varepsilon})\leqslant 9,\quad \mathcal{L}(\Phi_{a,D,\varepsilon})\leqslant C_2((\log(1/\varepsilon))^2+\log(\lceil 3a/2\rceil)),\quad \mathcal{B}(\Phi_{a,D,\varepsilon})\leqslant 1$$

命题 4.2 保证存在常数 $C_3>0$,对于所有的 $\varepsilon\in(0,1/2)$,存在网络 $\mu_\varepsilon\in\mathcal{N}_{2,1}$ 满足

$$\sup_{x,y\in[-3/2,3/2]}|\mu_\varepsilon(x,y)-xy|\leqslant\frac{\varepsilon}{3}\tag{4-21}$$

其中 $\mathcal{L}(\mu_\varepsilon)\leqslant C_3\log(\varepsilon^{-1})$,$\mathcal{W}(\mu_\varepsilon)\leqslant 5$,$\mathcal{B}(\Phi_{D,\varepsilon})\leqslant 1$。

由引理 4.6 可知,存在网络 Ψ^1 满足 $\Psi^1=\Phi_{a,D,\varepsilon}\circ\Phi_{gf,\varepsilon}$,其中 $\mathcal{W}(\Psi^1)\leqslant 16$,$\mathcal{L}(\Psi^1)=\mathcal{L}(\Phi_{a,D,\varepsilon})+\mathcal{L}(\Phi_{gf,\varepsilon})$,$\mathcal{B}(\Psi^1)\leqslant 1$。

进一步,结合引理 4.7 和引理 4.8,可总结得到存在一个网络

$$\Psi^2(x)=(\Psi^1(x),\Psi_{h_f,\varepsilon}(x))=(\Phi_{a,D,\varepsilon}(\Psi_{g_f,\varepsilon}(x)),\Psi_{h_f,\varepsilon}(x))$$

其中 $\mathcal{W}(\Psi^2)\leqslant 23$,并且

$$\mathcal{L}(\Psi^2)=\max\{\mathcal{L}(\Phi_{a,D,\varepsilon})+\mathcal{L}(\Psi_{g_f,\varepsilon}),\mathcal{L}(\Psi_{h_f,\varepsilon})\}$$

通过式(4-19)和式(4-20),对所有的 $x\in[-D,D]$ 有

$$\sup_{x\in\mathbf{R}}\left|\frac{\mathrm{d}}{\mathrm{d}x}\cos(ax)\right|=a$$

$$|\Phi_{a,D,\varepsilon}(\Psi_{g_f,\varepsilon}(x))-\cos(ag_f(x))|\leqslant|\Phi_{a,D,\varepsilon}(\Psi_{g_f,\varepsilon}(x))-\cos(a\Psi_{g_f,\varepsilon}(x))|+$$
$$|\cos(a\Psi_{g_f,\varepsilon}(x))-\cos(ag_f(x))|\leqslant\frac{\varepsilon}{3}+a\frac{\varepsilon}{12|a|}\leqslant\frac{5\varepsilon}{12} \tag{4-22}$$

将式(4-22)与式(4-19)、式(4-21)和 $\|\cos\|_{L^{\infty}([-D,D])}$，$\|f\|_{L^{\infty}([-D,D])}\leqslant 1$ 结合，对于所有 $x\in[-D,D]$ 满足，

$$|\Gamma_{f,\varepsilon}(x)-f(x)|=|\mu_{\varepsilon}(\Phi_{a,D,\varepsilon}(\Psi_{gf,\varepsilon}(x)),\Psi_{hf,\varepsilon}(x))-\cos(ag_f(x))h_f(x)|\leqslant$$
$$|\mu_{\varepsilon}(\Phi_{a,D,\varepsilon}(\Psi_{gf,\varepsilon}(x)),\Psi_{hf,\varepsilon}(x))-\Phi_{a,D,\varepsilon}(\Psi_{gf,\varepsilon}(x))\Psi_{hf,\varepsilon}(x)|+$$
$$|\Phi_{a,D,\varepsilon}(\Psi_{gf,\varepsilon}(x)),\Psi_{hf,\varepsilon}(x)-\cos(ag_f(x))\Psi_{hf,\varepsilon}(x)|+|\cos(ag_f(x))\Psi_{hf,\varepsilon}(x)-$$
$$\cos(ag_f(x))h_f(x)|\leqslant\frac{\varepsilon}{3}+\frac{5\varepsilon}{12}\left(1+\frac{\varepsilon}{12\lceil a\rceil}\right)+\frac{\varepsilon}{12\lceil a\rceil}\leqslant\varepsilon \tag{4-23}$$

最后，通过引理 4.6 可知，存在一个常数 C_4，对于所有 $D,a\in\mathbb{R}_+$，$f\in F_{D,a}$，$\varepsilon\in(0,1/2)$，满足

$$\mathcal{W}(\Gamma_{f,\varepsilon})\leqslant 23$$
$$\mathcal{L}(\Gamma_{f,\varepsilon})\leqslant\mathcal{L}(\mu_{\varepsilon})+\max\{\mathcal{L}(\Phi_{a,D,\varepsilon})+\mathcal{L}(\Psi_{g_f,\varepsilon}),\mathcal{L}(\Psi_{h_f,\varepsilon})\}\leqslant$$
$$C_4\lceil D\rceil((\log\varepsilon^{-1}+\log(\lceil a\rceil))^2+\log(\lceil D\rceil)+\log(\lceil D^{-1}\rceil)) \tag{4-24}$$

且 $B(\Gamma_{f,\varepsilon})\leqslant 1$，证毕。

4.4 Weierstrass 函数

4.4.1 Weierstrass 函数的定义

Weierstrass 函数是由德国数学家魏尔斯特拉斯(Karl Weierstrass)于 1872 年利用函数项级数构造出的函数，它是处处连续而处处不可导的函数。历史上，Weierstrass 函数是一个著名的数学反例。在这之前，数学家们对函数的连续性认识并不深刻，许多数学家认为除了少数一些特殊的点以外，连续的函数在每一点上总会有导数。Weierstrass 函数的出现震惊了整个数学界，改变了当时数学家对连续函数的看法，也推动人们去构造更多的函数，这样的函数在一个区间上连续，但在一个稠密集或在任何点上都不可微。从而推动了函数论的发展。

Weierstrass 在原作中给出的构造是

$$f(x)=\sum_{n=0}^{\infty}p^n\cos(a^n\pi x) \tag{4-25}$$

其中，$0<p<1$，a 为正的奇数，使得 $pa>1+\frac{3}{2}\pi$。如今把条件设得更宽泛，将 Weierstrass 函数定义如下：

$$W_{p,a}(x)=\sum_{k=0}^{\infty}p^k\cos(a^k\pi x) \tag{4-26}$$

其中，$p\in(0,1/2)$，$a\in\mathbb{R}_+$，$ap\geqslant 1$。令$\partial=-\frac{\log(p)}{\log(a)}$，$W_{p,a}$ 具有 Holder 光滑度∂，可以通过适当选择 a 使其任意小。

Weierstrass 逼近定理是数学分析中非常重要的定理。有界闭区间上的连续函数可以

用多项式一致逼近称为 Weierstrass 第一逼近定理。而连续周期函数可以用相应的三角多项式一致逼近称为 Weierstrass 第二逼近定理。Weierstrass 逼近定理的证明，被称为"现代分析支柱"。Weierstrass 有意识地将逼近定理归为传统傅里叶分析中。

4.4.2 Weierstrass 函数的指数级逼近

经典的逼近方法只能达到多项式逼近效率，得益于 Elbrächter 等的研究成果，具体可参考文章 *Deep neural network approximation theory*，本节展示如何通过深层 ReLU 网络以指数精度逼近 Weierstrass 函数。

【命题 4.4】 存在一个常数 $C>0$，使得对于所有 $\varepsilon, p\in(0,1/2), D, a\in\mathbb{R}_+$，存在一个网络 $\Psi_{p,a,D,\varepsilon}\in\mathcal{N}_{1,1}$ 满足

$$\|\Psi_{p,a,D,\varepsilon}-W_{p,a}\|_{L^{\infty}([-D,D])}\leqslant\varepsilon$$

其中

$$\mathcal{L}(\Psi_{p,a,D,\varepsilon})\leqslant C((\log(1/\varepsilon))^3+(\log(1/\varepsilon))^2\log(\lceil a\rceil)+\log(1/\varepsilon)\log(\lceil D\rceil))$$

$$\mathcal{W}(\Psi_{p,a,D,\varepsilon})\leqslant 20$$

$$B(\Psi_{p,a,D,\varepsilon})\leqslant C$$

证明：对每个 $N\in\mathbb{N}, p\in(0,1/2), a\in\mathbb{R}_+, x\in\mathbb{R}$，令 $\mathcal{S}_{N,p,a}(x)=\sum_{k=0}^{N}p^k\cos(a^k\pi x)$ 并且注意到：

$$|\mathcal{S}_{N,p,a}(x)-W_{p,a}(x)|\leqslant\sum_{k=N+1}^{\infty}|p^k\cos(a^k\pi x)|\leqslant\sum_{k=N+1}^{\infty}p^k=\frac{1}{1-p}-\frac{1-p^{N+1}}{1-p}\leqslant 2^{-N}\tag{4-27}$$

假设

$$N_\varepsilon:=\lceil\log(\varepsilon/2)\rceil,\quad \varepsilon\in(0,1/2)$$

定理 4.7 确保存在常数 $C_1>0$，使得对于所有 $D, a\in\mathbb{R}_+, \varepsilon\in(0,1/2), k\in\mathbb{N}_0$ 都有一个神经网络 $\Psi_{a^k,D,\varepsilon}\in\mathcal{N}_{1,1}$ 满足

$$\|\Psi_{a^k,D,\varepsilon}-\cos(a^k\pi\,\cdot)\|_{L^{\infty}([-D,D])}\leqslant\frac{\varepsilon}{4}\tag{4-28}$$

其中，$\mathcal{W}(\Psi_{a^k,D,\varepsilon})\leqslant 9$，$\mathcal{L}(\Psi_{a^k,D,\varepsilon})\leqslant C_1((\log\varepsilon^{-1})^2+\log(\lceil a^k\pi D\rceil))$，和 $\mathcal{B}(\Psi_{a^k,D,\varepsilon})\leqslant 1$。令 $\boldsymbol{A}$：$\mathbb{R}^3\to\mathbb{R}^3$，$\boldsymbol{B}$：$\mathbb{R}^3\to\mathbb{R}$ 分别为 $\mathrm{A}(x_1,x_2,x_3)^{\mathrm{T}}=(x_1,x_1,x_2+x_3)^{\mathrm{T}}$ 和 $\boldsymbol{B}(x_1,x_2,x_3)^{\mathrm{T}}=x_2+x_3$ 分别得到的仿射变换。现定义，对于 $p\in(0,1/2), D, a\in\mathbb{R}_+, \varepsilon\in(0,1/2), k\in\mathbb{N}_0$，有网络

$$\Psi_{D,\varepsilon}^{p,a,0}(x)=\begin{pmatrix}x\\ p^0\Psi_{a^0,D,\varepsilon}(x)\\ 0\end{pmatrix}\quad 和\quad \Psi_{D,\varepsilon}^{p,a,k}(x_1,x_2,x_3)=\begin{pmatrix}x_1\\ p^k\Psi_{a^k,D,\varepsilon}(x_2)\\ x_3\end{pmatrix},\quad k>0\tag{4-29}$$

并且对于所有 $p\in(0,1/2)$，D、$a\in\mathbb{R}_+$，$k\in\mathbb{N}_0$，$\varepsilon\in(0,1/2)$，存在一个网络 $\Psi_{p,a,D,\varepsilon}$ 满足

$$\Psi_{p,a,D,\varepsilon}(x):=\boldsymbol{B}\circ\Psi_{D,\varepsilon}^{p,a,N_\varepsilon}\circ\boldsymbol{A}\circ\Psi_{D,\varepsilon}^{p,a,N_\varepsilon-1}\circ\cdots\circ\boldsymbol{A}\circ\Psi_{D,\varepsilon}^{p,a,0}\tag{4-30}$$

由式(4-28)可知，对于所有 $p\in(0,1/2)$，D、$a\in\mathbb{R}_+$，$\varepsilon\in(0,1/2)$，$x\in[-D,D]$，有

$$|\Psi_{p,a,D,\varepsilon}(x)-S_{N_\varepsilon,p,a}(x)|=\left|\sum_{k=0}^{N_\varepsilon}p^k\Psi_{a^k,D,\varepsilon}(x)-\sum_{k=0}^{N_\varepsilon}p^k\cos(a^k\pi x)\right|$$

$$\leqslant\sum_{k=0}^{N_\varepsilon}p^k\,|\Psi_{a^k,D,\varepsilon}(x)-\cos(a^k\pi x)|\leqslant\frac{\varepsilon}{4}\sum_{k=0}^{N_\varepsilon}2^{-k}\leqslant\frac{\varepsilon}{2}\tag{4-31}$$

将式(4-31)与式(4-27)结合可得出对于所有 $p\in(0,1/2)$, $D,a\in\mathbb{R}_+$, $\varepsilon\in(0,1/2)$, $x\in[-D,D]$,有

$$|\Psi_{p,a,D,\varepsilon}(x)-W_{p,a}(x)|\leqslant 2^{-\lceil\log(\frac{2}{\varepsilon})\rceil}+\frac{\varepsilon}{2}\leqslant\frac{\varepsilon}{2}+\frac{\varepsilon}{2}=\varepsilon\tag{4-32}$$

由引理 4.6～引理 4.8 可知,存在一个常数 C_2,对于所有 $p\in(0,1/2)$, $D,a\in\mathbb{R}_+$, $\varepsilon\in(0,1/2)$,满足:

$$\mathcal{L}(\Psi_{p,a,D,\varepsilon})\leqslant\sum_{k=0}^{N_\varepsilon}\mathcal{L}(\phi_{a^k,D,\varepsilon})\leqslant(N_\varepsilon+1)C_1[(\log(\varepsilon^{-1})^2+\log(\lceil a^{N_\varepsilon}\pi D\rceil)]$$

$$\leqslant C_2((\log\varepsilon^{-1})^3+[\log(\varepsilon^{-1})^2\log(\lceil a\rceil))+\log(\varepsilon^{-1})\log(\lceil D\rceil)]\tag{4-33}$$

其中 $\mathcal{W}(\Psi_{p,a,D,\varepsilon})\leqslant 13$, $B(\Psi_{p,a,D,\varepsilon})\leqslant 1$。

注意,限制 $p\in(0,1/2)$ 是为了简化说明,可以放宽到 $p\in(0,r)$, $r<1$,同时只改变常数 C。

4.5 本章小结

本章从逼近理论出发,围绕 Kolmogorov-Donoho 逼近定理,介绍字典逼近,神经网络逼近相关概念;由此引出仿射系统的相关定义以及逼近方式,介绍在仿射表示系统下神经网络对函数类的最优近似,振荡纹理基于波原子字典的多项式逼近,并且对深度网络实现振荡纹理和 Weierstrass 函数的指数级逼近进行了充分的证明。

参考文献

本章参考文献扫描下方二维码。

第5章 CHAPTER 5 深度神经网络与多尺度几何逼近系统

神经网络作为一种良好的逼近工具，在深度学习日益发展的今日发挥着越来越重大的作用。一般的平滑函数、一维振荡纹理和分形函数等的逼近原理及公式已经在前几章中进行了详细的论述。相较于利用神经网络对简单函数、放射系统、震荡系统的逼近，研究者开始探索深度神经网络与多尺度几何逼近系统的进一步有效结合。

随着非线性逼近理论的逐步发展及数学表征推导过程的进一步完善，多尺度几何及其逼近系统越来越被重视。多尺度几何逼近，由于其良好的非线性、方向性、平移不变性、逼近性，可以为神经网络逼近系统的后续发展提供很好的补充和发展。将多尺度几何分析融入进神经网络的逼近理论无疑会是未来的一个重点研究方向。

本章将回顾从傅里叶变换到多尺度几何变换的发展过程，重点介绍多种多尺度几何逼近波函数，以此作为除神经网络外的逼近方式的有效补充。神经网络与多尺度几何逼近方法的有效结合将在后续的第8章和第9章中详细介绍。

5.1 小波分析与多尺度几何分析

5.1.1 由傅里叶到小波分析理论

傅里叶在1807年提出以下理论：周期为2π的任意一个函数均可以被表示成一系列三角函数的代数之和。随着科学的蓬勃发展，科学家们尝试提供一种直接且简便的分析方式来实现某种基下的最优逼近。而这个逼近的误差刚好体现了在此基表示下，分解系数的能量集中程度。

傅里叶分析的核心思想是将函数用一簇三角基展开，也就是将不同频率的谐波函数进行线性叠加，从而将原函数在时域中的讨论变换到频域中。以三角基展开的方式具有很大的局限性，因此人们开始尝试其他的正交体系——小波分析。在数学界，小波分析独一无二，因为其较精确的时频定位特性，小波可有效处理非平稳信号。同时，与傅里叶分析比，小波更能稀疏地表示一段分段光滑或者有界变差函数。

傅里叶变换在处理非平稳信号时有天生缺陷。它仅仅获取信号总体包含的频率成分，但是并不知道各成分出现的具体时刻。然而自然界中的大量信号几乎均为非平稳的，因此单纯傅里叶变换不再适用。对于自然中的非平稳信号除了频率成分，还需要知道各成分出现的具体时间，也就是时频分析。

加窗显然是一个可行方法，通过将整个时域过程分解为一系列近似平稳的小过程，再进行傅里叶变换，可知各时间点上出现的频率，也就是短时傅里叶变换（Short-Time Fourier

Transform,STFT)。

如果窗太窄,会导致窗内的信号太短,进而导致频率分析不精准。如果窗太宽,在时域上又不够精细,引起时间分辨率偏低。窄窗口的时间分辨率高、频率分辨率低,宽窗口的时间分辨率低、频率分辨率高。因此,对于时变的非稳态信号,仍然无法满足信号变化的频率需求,需要小波来发挥其作用。

STFT 采取的措施是信号加窗,再分段做 FFT;而小波将傅里叶变换的基进行替换——将无限长的三角函数基换成有限长的会衰减的小波基。在这种情况下,不仅可以获取频率,同时可以定位时间。接下来从数学公式的角度进行基函数的分析。

无限长的三角函数被傅里叶变换采用,作为基函数公式

$$F(w)=\int_{-\infty}^{\infty} f(t) * \mathrm{e}^{-\mathrm{j}wt}\,\mathrm{d}t \tag{5-1}$$

该基函数可以有效地伸缩、平移,窄时对应高频,宽时对应低频。将这个基函数和信号不断地进行相乘,通过某一个尺度(宽窄)下相乘得到的结果,即可获取信号所包含的当前尺度所对应频率成分的多少。仔细分析可知,其本质是计算信号与三角函数的相关性。

小波的改变在于将无限长的三角函数基换成了有限长的衰减的小波基,变换公式为

$$F(w)=\int_{-\infty}^{\infty} f(t) * \mathrm{e}^{-\mathrm{j}wt}\,\mathrm{d}t \Rightarrow \mathrm{WT}(a,\tau)=\frac{1}{\sqrt{a}}\int_{-\infty}^{\infty} f(t) * \Psi\left(\frac{t-\tau}{a}\right)\mathrm{d}t \tag{5-2}$$

从式(5-2)可以看出,不同于变量只有频率的傅里叶变换,小波变换具有两个变量:尺度和平移量。尺度可以控制小波函数的伸缩,而平移量可以控制小波函数的平移。在这个过程中,尺度对应频率(成反比),而平移量对应时间。

与傅里叶变换不同,小波不仅可以知道信号所具有的频率成分,同时可以知道其在时域上的具体位置。就时频分析而言,傅里叶变换只能获得一个频谱,而小波变换却可以获得一个时频谱。但是,小波变换也具有一些不足。

(1) 就图像处理而言,多尺度几何分析方法(超小波)要优于小波。对于二维信号如图像,二维小波变换仅仅沿两个方向进行,虽然能有效表达图像中的点信息,但是对线信息效果较差。但是图像处理中最重要的信息是边缘线,这种情况下多尺度几何分析方法具备优势。

(2) 就时频分析而言,与希尔伯特-黄变换(HHT)比。小波依然没脱离海森堡测不准原理(Heisenberg uncertainty principle),因而在某种尺度下,小波不能在时间和频率上同时获得很高的精度。另外,小波是非适应性的,基函数不能轻易更改。

5.1.2 Gabor 系统的逼近

Gabor 系统在时频分析和偏微分方程研究中起着基本作用,Gabor 系统的逼近作为神经网络中的常用工具,本节将其作为例子,给出具体的逼近公式及过程分析。

1. Gabor 变换的提出

在进行数字图像处理的过程中,常用方法主要分成两种:空域分析法和频域分析法。顾名思义,空域分析法指的是对图像矩阵进行处理;而频域分析法往往是通过图像变换将图像从空域变换到频域,从而用另外一个角度分析图像的特征并进行后续的相关处理。频域分析法在图像增强、图像复原、图像编码压缩及特征编码压缩方面均发挥着广泛的作用。

傅里叶变换作为一种线性系统分析的有力工具,可以将时域信号有效地转换到频域并

进行后续分析，故而，时域和频域之间会存在一对一的映射关系。图像的频率是一种表征图像中灰度变化剧烈程度的指标，也可以称为灰度在平面空间上的梯度。例如，对于大面积的沙漠，其在图像中是一片灰度变化缓慢的区域，因而对应的频率值很低；而地表属性变换较为剧烈的边缘区域，其在图像中往往对应一片灰度变化剧烈的区域，其频率值较高。

如果一个信号 $f(t)$ 在$(-\infty,+\infty)$上满足以下两个条件。

(1) $f(t)$在任一有限区间上满足狄氏条件；在一个函数周期内，间断点的数目是有限的，极大值和极小值的数目是有限的，来保证最终条件：信号 $f(t)$绝对可积。

(2) $f(t)$在$(-\infty,+\infty)$上绝对可积，即

$$\int_{-\infty}^{+\infty}(|f(t)|)\,\mathrm{d}t<\infty \tag{5-3}$$

就可以通过傅里叶变换把时域信号 $f(t)$转化到频域进行处理，傅里叶变换函数为

$$F(\omega)=\int_{-\infty}^{+\infty}f(t)\mathrm{e}^{-\mathrm{j}\omega t}\,\mathrm{d}t=F[f(t)] \tag{5-4}$$

再通过傅里叶反变换把频域信号转化到时域，傅里叶逆变换为

$$f(t)=\frac{1}{2\pi}\int_{-\infty}^{+\infty}F(\omega)\mathrm{e}^{\mathrm{j}\omega t}\,\mathrm{d}\omega=F^{-1}[f(t)] \tag{5-5}$$

但是，傅里叶变换也存在着明显不足。经典傅里叶变换往往仅能反映信号的整体特性（时域、频域）。对傅里叶谱中的某一频率，无法得到这个频率具体是在什么时间产生的。另外，从傅里叶变换的定义也可以知道，傅里叶变换作为信号在整个时域内的积分，往往反映的是信号频率的一种统计特性，其不具备局部化分析信号的功能。

然而，现实中的信号在某时刻的一个某个小邻域发生变化，则信号的整个频谱都会受影响。从根本上来说，频谱的变化无法标定发生变化的具体时间和变化的具体剧烈程度。换句话说，傅里叶变换对信号的齐性是不敏感的。虽然，傅里叶变换不能给出在各个局部时间范围内部频谱上的谱信息描述，但在实际应用中，齐性往往是我们所关心的信号局部范围内的特性。因此，局部化时间分析、图形边缘检测、地震勘探反射波的位置等信息显得极其重要。

为了解决傅里叶变换的局限性，科研人员提出了 Gabor 变换。Gabor 变换是由 D. Gabor 在 1946 年提出的，为了在信号的傅里叶变换中提取出有效的局部信息，引入了时间局部化的窗函数，从而得到窗口傅里叶变换。由于窗口傅里叶变换只依赖部分时间的信号，因此其又称为 STFT，也称为 Gabor 变换。

Gabor 变换相比于傅里叶变换来说，其改变在于积分时间。傅里叶变换是基于整个时间域$(-\infty,+\infty)$上的积分，而 Gabor 变换则是基于一个局部时间窗口上的积分。

2. Gabor 变换的定义

Gabor 变换的基本思想如下：把信号划分成很多个小的时间间隔，利用傅里叶变换分析每个时间间隔，从而确定信号在该时间间隔存在的频率，其具体的处理方法是对 $f(t)$函数添加一个滑动窗，再进行傅里叶变换。

设函数 f 为具体的函数，且 $f\in L^2(R)$，则 Gabor 变换定义为

$$G_f(a,b,\omega)=\int_{-\infty}^{+\infty}f(t)g_a(t-b)\,\mathrm{e}^{-\mathrm{j}\omega t}\,\mathrm{d}t \tag{5-6}$$

其中，$g_a(t)=\frac{1}{2\sqrt{\pi a}}\exp\left(-\frac{t^2}{4a}\right)$是高斯函数，称为窗函数，其中 $a>0,b>0$。$g_a(t-b)$是一个时间局部化的窗函数，其中参数 b 用于平行移动窗口，以便于覆盖整个时域，对参数 b 积分，则有

$$\int_{-\infty}^{+\infty} G_f(a,b,\omega)\,\mathrm{d}b=\hat{f}(\omega),\quad \omega\in\mathbb{R} \tag{5-7}$$

信号的重构表达式为

$$f(t)=\frac{1}{2\pi}\int_{-\infty}^{+\infty}\int_{-\infty}^{+\infty} G_f(a,b,\omega)\,g_a(t-b)\,\mathrm{e}^{\mathrm{j}\omega t}\,\mathrm{d}\omega\,\mathrm{d}b \tag{5-8}$$

Gabor 取 $g(t)$函数为高斯函数，基于如下两个原因。

(1) 高斯函数的傅里叶变换依然为高斯函数，则傅里叶逆变换也可以用窗口函数进行局部化，同时，体现了频域的局部化。

(2) Gabor 变换是作为最优的窗口傅里叶变换，它的意义就在于 Gabor 变换出现后，使用真正意义上的时频分析。

Gabor 变换可以实现时频局部化：从而既能够在整体上提供信号的全部信息，同时又能提供在任意局部时间之内，信号变换剧烈的程度信息。换句话说，它可以同时提供时域和频域的局部化信息。

3. 窗口的宽高关系

经理论推导可知：高斯窗函数条件下的窗口宽和高，其积为一定值

$$[b-\sqrt{a},b+\sqrt{a}]\times\left[\omega-\frac{1}{a\sqrt{a}},\omega+\frac{1}{a\sqrt{a}}\right]=(2\Delta G_{b,\omega}^{a})(2\Delta H_{b,\omega}^{a})=(2\Delta g_a)(2\Delta g_{1/4a}) \tag{5-9}$$

由此可看出 Gabor 变换的局限性：其时间频率的宽度对所有频率是不变的。实际要求包括窗口大小应该随频率的变化而变化，频率高，窗口应越小，这样就符合实际问题，高频信号的分辨率应比低频信号要低。

4. Gabor 小波变换的优点

Gabor 小波变换的过程与人类视觉系统中简单细胞视觉刺激的响应过程非常相似。其在提取目标的局部空间以及频率域信息等方面表现出良好的特性。由于 Gabor 小波变换对于图像的边缘敏感，因此能够提供良好的方向选择和尺度选择。而且 Gabor 小波变换对于光照变化不敏感，故而能很好地适应光照的变换。上述几个特点使 Gabor 小波变换得以广泛用于图像处理领域，并进行视觉信息的理解。

与传统傅里叶变换比较，Gabor 小波变换具有很好的时频局部化特性。即 Gabor 滤波器的方向、基频带宽及中心频率可以被非常容易地调整，从而同时兼顾信号在时空域和频域中的分辨能力。另外，Gabor 小波变换具有多分辨率特性，也就是变焦能力，即可以采用多通道滤波技术，将一组具有不同时频域特性的 Gabor 小波应用于图像变换，从而每个通道均可以得到输入图像的某种局部特性，进一步根据需要在不同粗细粒度上对图像进行分析。此外，就特征提取的能力而言，Gabor 小波变换与其他方法相比具有以下优势：一方面，其处理的数据量较少从而可以满足系统的实时性要求；另一方面，由于 Gabor 小波变换对光照变化不敏感，同时其能容忍图像一定程度的旋转和变形。因此，当基于欧氏距离进行识别

时，特征模式与待测特征不需要符合严格的对应，从而提高系统的鲁棒性。

由于 Gabor 滤波器的上述明显优势，所以常在视觉领域中用于图像的预处理过程。

5. Gabor 变换的缺点

尽管 Gabor 变换可以在一定程度上解决局部分析问题，但对于突变信号和非平稳信号仍无法得到令人满意的结果，即 Gabor 变换仍存在着较明显的不足。

(1) Gabor 变换的时频窗口大小、形状不变，仅仅位置发生变化，在实际应用中常常希望时频窗口的大小、形状可以随频率而变化。原因是信号的频率与周期往往成反比，对高频部分希望能给出相对较窄的时间窗口，从而提高分辨率，而在低频部分则希望能给出相对较宽的时间窗口，从而保证信息的完整性。总之，能够调节的时频窗是我们所希望获得的。

(2) Gabor 变换基函数不能成为正交系。因此为了尽可能不丢失信息，在信号分析以及数值计算的过程中，必须采用非正交的冗余基，这就带来了不必要的计算量和存储量。

6. 离散 Gabor 变换的一般求法

首先选取适当的核函数，可根据实际情况，选取适当的核函数。例如，高斯窗函数为

$$g(t)=\left(\frac{\sqrt{2}}{T}\right)^{2}\mathrm{e}^{-\pi\left(\frac{t}{T}\right)^{2}} \tag{5-10}$$

其对偶函数 $\gamma(t)$ 为

$$\gamma(t)=\left(\frac{1}{\sqrt{2}\,T}\right)^{\frac{1}{2}}\left(\frac{K_0}{\pi}\right)^{\frac{-3}{2}}\mathrm{e}^{\pi\left(\frac{t}{T}\right)^{2}}\sum_{\frac{n+1}{2}>\frac{1}{T}}(-1)^{n}\mathrm{e}^{-\pi(n+1/2)^{2}} \tag{5-11}$$

离散 Gabor 变换的表达式为

$$G_{mn}=\int_{-\infty}^{\infty}\phi(t)g^{*}(t-mT)\mathrm{e}^{-\mathrm{j}n\omega t}\,\mathrm{d}t=\int_{-\infty}^{\infty}\phi(t)g_{mn}^{*}(t)\,\mathrm{d}t \tag{5-12}$$

$$\phi(t)=\sum_{m=-\infty}^{\infty}\sum_{n=-\infty}^{\infty}G_{mn}\gamma(t-mT)\mathrm{e}^{\mathrm{j}n\omega t}=\sum_{m=-\infty}^{\infty}\sum_{n=-\infty}^{\infty}G_{mn}\gamma_{mn}(t) \tag{5-13}$$

其中，

$$g_{mn}(t)=g(t-mT)\mathrm{e}^{\mathrm{j}n\omega t} \tag{5-14}$$

$\gamma(t)$ 是 $g(t)$ 的对偶函数，二者之间有如下双正交关系：

$$\int_{-\infty}^{\infty}\gamma(t)g^{*}(t-mT)\mathrm{e}^{-\mathrm{j}n\omega t}\,\mathrm{d}t=\delta_{m}\delta_{n} \tag{5-15}$$

7. Gabor 变换的解析理论

Gabor 变换的解析理论也就是由 $g(t)$ 求对偶函数 $\gamma(t)$ 的方法。可以定义 $g(t)$ 的 Zak 变换为

$$\mathrm{Zak}[g(t)]=\hat{g}(t,\omega)=\sum_{k=-\infty}^{\infty}g(t-k)\mathrm{e}^{-\mathrm{j}2\pi k\omega} \tag{5-16}$$

可以证明，对偶函数可依据式(5-17)求出

$$\gamma(t)=\int_{0}^{1}\frac{\mathrm{d}\omega}{g^{*}(t,\omega)} \tag{5-17}$$

有了对偶函数后，计算过程可以更简洁方便。

Gabor 变换的适用条件如下。

(1) 临界采样 Gabor 展开要求条件：$T\Omega=2\pi$。

(2) 过采样展开要求条件：$T\Omega \leqslant 2\pi$。当 $T\Omega > 2\pi$ 时，欠采样 Gabor 展开，已证明可能会导致数值上的不稳定。

8. 二维 Gabor 滤波器

通过 Gabor 函数来形成二维 Gabor 滤波器，则其具有在空域和频域同时取得最优局部化的优良特性，从而得以很好地描述对应于空间频率(尺度)、空间位置及方向选择性的局部结构信息。Gabor 滤波器的频率和方向表示，与人类视觉系统对于频率和方向的表示较为接近，同时由于它们常被用于纹理表征和描述。在图像处理领域中，Gabor 滤波器可以被看作是一个用于边缘检测的线性滤波器。在空域中，一个二维的 Gabor 滤波器可以看成是一个正弦平面波和高斯核函数的乘积。Gabor 滤波器是自相似的，也就意味着，所有 Gabor 滤波器均可以利用一个母小波经过膨胀和旋转来产生。在实际应用中，Gabor 滤波器可以实现在频域的不同尺度，不同方向上提取特征的作用。空域来看，高斯核函数调制正弦平面波：

$$\begin{cases} g(x,y)=s(x,y)\omega(x,y) \\ s(x,y)=\exp(-\mathrm{j}(2\pi(u_0x+v_0y))) \\ \omega(x,y)=K\exp(-\pi(a^2(x-x_0)_r^2+b^2(y-y_0)_r^2)) \\ (x-x_0)_r=(x-x_0)\cos\theta+(y-y_0)\sin\theta \\ (y-y_0)_r=-(x-x_0)\sin\theta+(y-y_0)\cos\theta \end{cases} \tag{5-18}$$

其中，$s(x,y)$是复杂的正弦函数，相当于载波；$\omega(x,y)$是二维高斯函数包迹。(u_0,v_0)定义正弦平面波的时域频率，在极坐标中可用 f 和 θ 表示

$$\begin{cases} f_0^2=u_0^2+v_0^2 \text{ ———————> } u_0=f_0\cos\theta \\ \tan\theta=u_0/v_0 \text{ ———————> } v_0=f_0\sin\theta \end{cases} \tag{5-19}$$

a、b 为 x 和 y 方向的椭圆高斯的方差，$K=1/ab$ 为高斯包迹的参数，r 为角度旋转的下标，θ 为旋转角度，(x_0,y_0)为函数峰值，也是接受域的中心。

9. Gabor 变换与小波变换

在讨论 Gabor 变换以及 Gabor 小波变换的关系之前，先分析一下傅里叶变换以及小波变换，因为它们均是逐步演变产生的。

1) 傅里叶变换

可以把满足一定条件的某个函数，表示为三角函数(正弦/余弦函数)或者其积分的线性组合。作为一种分析信号的方法，傅里叶变换可以有效地分析信号的成分，并且可以用这些成分来进行信号合成。例如，许多波形都可以作为信号的成分：正弦波、方波、锯齿波等，在傅里叶变换中，采用正弦波作为信号的成分。

不同的研究领域中，傅里叶变换有许多不同的变体形式，比如连续傅里叶变换和 DFT。傅里叶分析最初是作为热过程分析的工具提出的，最后被应用于时域分析到频域分析的转换。傅里叶变换提供了一种将时域信号变换到频域并进一步进行分析的方法，但它仅仅考虑了时域和频域的一对一映射关系，可以说是一种时频完全分离的分析方法。因此，这种方法可以有效地分析平稳信号，但对非平稳信号的分析还不够完美。

由于傅里叶变换不能局部化分析这一问题，Gabor 引入了 Gabor 变换。Gabor 变换其实是傅里叶变换的一种特例，它的本质还是傅里叶变换，但其在一定程度上可以解决傅里叶

变换具有的时频分离的缺点(通过模拟人类视觉系统来产生)。通过模拟人类视觉系统,可以将视网膜成像分解成一系列滤波图像,因而每个分解的图像均可反映频率和方向在局部范围中表现出来的强度变化。通过一组多通道 Gabor 滤波器,可以轻松得到纹理特征。Gabor 变换的根本在于 Gabor 滤波器的有效设计,而滤波器设计的核心又是频率函数 (U,V) 以及高斯函数参数的设计。

事实上,Gabor 变换就是提取信号的局部信息进行傅里叶变换,利用一个高斯函数作为窗口函数。因为一个高斯函数的傅里叶变换仍然是一个高斯函数,因此傅里叶反变换还是局部的。Gabor 变换通过选择频率参数和高斯函数参数,可以选择很多纹理特征,由于 Gabor 具有非正交性,不同特征成分之间存在冗余,所以纹理图像分析的效率不是很高。Gabor 变换可以在一定程度上实现局部分析,但是,一旦出现突发性的非平稳信号或者突变信号,仍难以得到较好的结果。

2) 小波变换

小波变换的原理也是由傅里叶变换推导出来的。小波变换理论是继傅里叶分析之后的又一突破,为许多相关领域提供了强有力的分析工具。小波变换是一种时间和频率的局部变换,它使用联合时间-尺度函数分析非平稳信号,从而有效地从信号中获得需要的信息。通过伸缩和翻译操作等运算符,可以对函数或信号进行有效的多分辨率细化分析,从而从本质上克服傅里叶分析仅仅以单变量描述信号这一明显缺陷。作为一种有效的多分辨率分析工具,小波变换提供了一个准确和统一的框架,可以在不同的尺度上实现分析和表征,并提供了统一的框架。与传统的傅里叶变换相比,它具有很多的优点。

(1) 小波变换可以覆盖整个频域。

(2) 通过选取合适的滤波器可以有效地减少或去除不同特征之间的冗余。

(3) 具有变焦特性。在低频段,可使用高频率分辨率和低时间分辨率,在高频段,可使用低频率分辨率和高时间分辨率。

(4) 小波变换在实际操作中具有快速算法(如 Mallat 小波分析算法)。

提到小波变换,就不得不提一下小波函数,简单来讲,积分为 0 的函数均可作为小波函数。另外,还可以通过一系列变化得到连续的小波变换式。小波变换往往适用于小波函数族及其相应的尺度函数,从而将原始信号分解成不同的频带。一般来讲,小波变换仅通过递归分解信号的低频部分,生成下一尺度的各频道的输出。结合层层分解,这种分解通常可以称为金字塔结构小波变换。如果不仅对低通滤波器输出进行递归分解,同时也对高通滤波器的输出进行递归分解,则可以将其称为小波包分解。因为小波变换具有良好的时频局部化、尺度变换和方向特征,成为了分析纹理的有力工具。

3) 傅里叶变换、Gabor 变换和小波变换的区别

傅里叶变换、Gabor 变换和小波变换分别拥有自己特定的定义变换式,它们在实际使用中的侧重点也是不同的。总体上讲,傅里叶变换往往更适用于稳定信号; Gabor 变换更适用于较稳定的非稳定信号; 而小波变换则偏重应用于极不稳定的非稳定信号。

从加窗的角度来说,Gabor 变换属于加窗傅里叶变换,因而 Gabor 函数可以在频域上从不同尺度、不同方向上提取到需要的相关的特征。但是,小波变换不仅可以实现在频域上的加窗,同时还可以实现在时域上的加窗,小波变换继承和发展了傅里叶变换局部化的优良思想,同时又能够克服窗口大小不随频率变化这一缺点,因此,小波变换是进行信号时频分析

和图形图像处理的一种理想工具。

Gabor 变换不是小波变换,但是 Gabor 小波变换是小波变换。需要提一下的是,Gabor 变换和 Gabor 小波变换不是一回事。Gabor 函数本身并不具有小波函数所具备的正交特性,但是如果将 Gabor 函数经过正交化处理后,就可以将其称之为 Gabor 小波。综上,将 Gabor 变换正交化,就可以得到 Gabor 小波变换。

10. Gabor 小波变换特征

与人类视觉系统中的简单细胞的视觉刺激响应对比可知,Gabor 小波变换与其非常相似。在提取目标的局部空间以及频率域信息方面,Gabor 小波变换具有非常好的特性。

尽管 Gabor 小波变换本身不能形成正交基,但在一定的参数下,它们可以形成一个紧凑的坐标系。Gabor 小波变换对图像的边缘敏感,进而可以提供良好的方向选择以及尺度选择的特性。Gabor 小波变换对光的变化不敏感,对光的变化有很好的适应性。这些特性使得 Gabor 小波变换在视觉信息理解中得到了广泛的应用。二维 Gabor 小波变换是信号时频域分析和处理中用到的重要工具。它的变换系数具有良好的视觉特征和生物背景,因此在图像处理、模式识别等领域得到了广泛的应用。

跟传统的傅里叶变换进行比较,Gabor 小波变换具有很好的时频局部化特性。换句话说,Gabor 滤波器的方向、基带宽度和中心频率可以很容易地调整,从而在时域和频域上都能最好地考虑信号的分辨能力。Gabor 小波变换具有多分辨率特性,也就是所说的变焦能力。采用多通道滤波技术,在图像变换中可以应用一组具有不同频域特征的 Gabor 小波。每个通道都可以得到输入图像的一些局部特征,可以根据需要对图像进行不同的粗度和细度分析。

另外,在特征提取方面,将 Gabor 小波变换与其他方法进行了比较: Gabor 小波变换处理的数据量较小,可以满足系统需要的实时性; Gabor 小波变换对光的变化不敏感,能在一定程度上容忍图像的旋转和变形; 使用基于欧氏距离进行识别时,特征模式不需要与待测特征严格对应,可以提高系统的鲁棒性。

Gabor 特征在生物学和技术上都有很大的优势。研究表明,在基本视觉皮层中,简单细胞的接受区被限制在一个小的空间域内,并且是高度结构化的。Gabor 变换所采用的核(Kernel)与哺乳动物视觉皮层简单细胞二维感受野剖面(Profile)是非常相似的,有极好的空间定位和方向选择性,能够捕捉空间频率(规模)和多个方向的局部结构特征。

Gabor 分解可以看作是对方向敏感的定向显微镜。同时,二维 Gabor 函数可用于增强边缘和峰值(如山谷、山脊轮廓等低级图像特性),也可以提高关键部件(如眼睛、鼻子、嘴巴)的信息,同时也加强了局部特征(如黑痣、酒窝、伤疤),从而可以在保留整体的同时对局部特征进行有效增强。Gabor 滤波具有小波特性,表明它是描述图像局部灰度分布的一个有效工具,因此可以使用 Gabor 滤波提取出图像的纹理信息。

Gabor 特征具有良好的空间局部性和方向选择性,并且对光照和姿态具有一定的鲁棒性,因此已成功应用于人脸识别中。但是,在大部分现有的基于 Gabor 特征进行的人脸识别算法中,仅仅使用了 Gabor 幅值信息,并没有使用相位信息,其主要原因在于: Gabor 相位信息往往随着空间位置呈现出周期性变化; 同时,幅值的变化是相对平滑且稳定的,幅值可以反映出图像的能量谱。

Gabor 幅值特征往往被称为 Gabor 能量特征(Gabor energy features)。Gabor 小波变

换可以如同放大镜一样，对灰度的变化进行放大。据此，人脸的一些重点区域(鼻子、嘴、眼睛、眉毛等)的局部特征可以被强化，进而有利于区分不同的人脸图像。

Gabor 滤波器对于图像的亮度和对比度变化或者是人脸姿态变化均具有较强的健壮性，同时，它表达出的局部特征恰好是对人脸识别最有用的。Gabor 小波变换是一种良好逼近，是权衡时域和频域的精确度，获得的折中。

5.2 多尺度几何分析的基础

本节将根据典型的多尺度几何分析方法出现的时间顺序，对其逼近性能进行进一步讨论。

5.2.1 由小波到多尺度几何理论

小波分析在众多学科领域中取得成就的关键原因就是它比傅里叶分析更稀疏。但是，由于小波只具有有限方向数，因此主要适用于一维奇异性对象，不能简单地推广到二维或含线或者面奇异的更高维。事实上，高维空间中具有线或面奇异的函数很普遍，如自然物体的光滑边界。在表示这些函数时，小波分析并不能充分利用其特有的几何特征，因此，在表示这些函数时，需要寻找更优或更稀疏的表示方法。

继小波分析之后，多尺度几何分析(Multiscale Geometric Analysis，MGA)作为高维函数的最优表示方法，得到了蓬勃发展。这些高维空间数据的主要特点为：某些重要特征往往集中出现在其低维子集中(如曲线、面等)，而对于三维图像，它们的重要特征又体现为丝状物(filaments)和管状物(tube)。

1. 奇异性分析

首先给出奇异性的定义：若函数在某处有间断或者某阶导数不是连续的，那么可以说该函数在此处具有奇异性。同时，奇异性或非正则结构往往包含图像的本质信息。举个例子，图像亮度的不连续性的本质其实是物体的边缘部分，图像的奇异性在图像处理领域是非常常见的，这一奇异性可以是光滑曲线的奇异性，并不仅仅是点奇异性。在数学上，利普希茨(Lipschitz)指数通常用来刻画信号的奇异性大小。

如图 5-1(a)所示，二维小波基具有的支撑区间是正方形的，且不同尺寸大小的正方形可以用于不同的分辨率。二维小波逼近奇异曲线的过程最终可以表现为点逼近线的过程。对于尺度 j，小波支撑区间的边长近似为 $2-j$，幅值超过 $2-j$ 的小波系数的个数至少为 $O(2j)$阶。如果这一尺度变细，非零小波系数的数目会以指数形式增长，因而出现大量不可忽略的系数，最终无法实现对原函数的稀疏表示。尝试寻找某种变换使其能在逼近奇异曲线时，充分利用原函数的几何正则性，那么其基的支撑区间应该为长条形，从而使用最少的系数实现对奇异曲线的有效逼近，如图 5-1(b)所示。长条形支撑区间的本质是方向性的体现，因此也可以说这种基具有各向异性(anisotropy)，上述变换过程就是多尺度几何分析。

2. 多尺度几何简介

为了更好地检测、描述这一高维奇异性，提出了一种带有方向性的稀疏表示方法，即多尺度几何分析。多尺度几何分析作为一种新的图像稀疏表示方式，能够实现对光滑分段函数的最优逼近。现今，多尺度几何分析已经广泛应用于图像去噪、图像压缩、特征提取等多个方向。

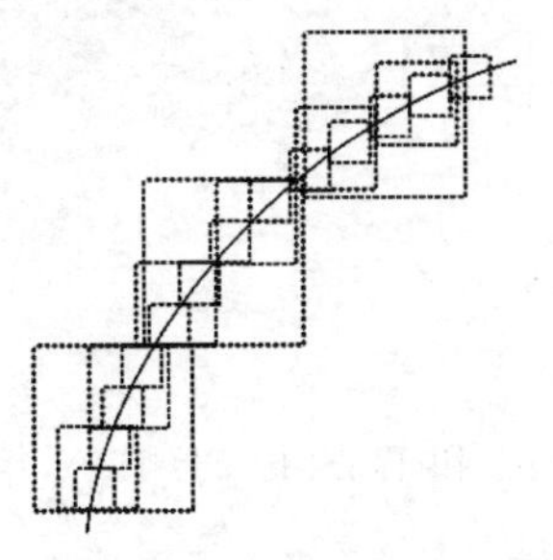

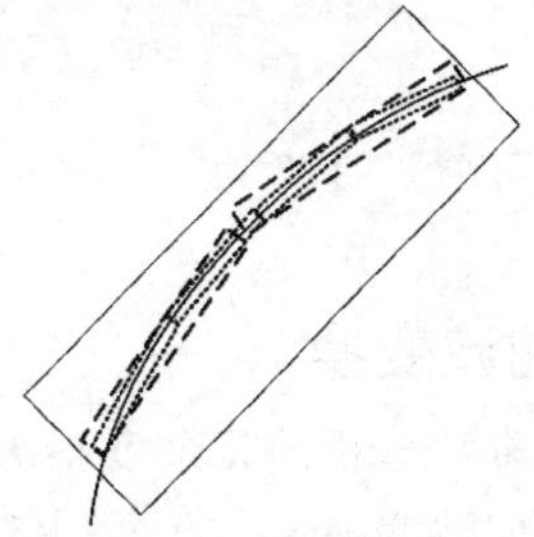

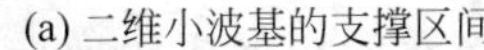

(a) 二维小波基的支撑区间　　(b) 变换后的有效逼近

图 5-1　逼近示意图

多尺度几何分析的产生符合人类视觉对图像进行有效感知的要求，也就是说它具有局部性、方向性和多尺度性。对于具有面奇异或线奇异的高维函数，多尺度几何分析是一种最优或最稀疏的表示方法。在图像领域，稀疏表示在数据存储、传输中发挥着广泛的作用。余弦基、小波基再到如今的多尺度几何分析，图像的稀疏表示逐步发展出了很多全新有效的方法。

目前已有的多尺度几何分析方法包括 Emmanuel Candès 等提出的脊波变换（ridgelet transform）、单尺度脊波（monoscale ridgelet）变换、曲波变换，Le Pennec 等提出的条带波变换，M. Do 等提出的轮廓波（contourlet）变换，David Donoho 提出的楔波（wedgelet）、小线（beamlet）等。

需要注意的是，多尺度几何分析方法可以简单分为自适应和非自适应两类，自适应方法一般利用已知的边缘检测信息对原函数进行最优的表示，即边缘检测和图像表示的结合，例如条带波和楔波。非自适应的方法无须先验地计算图像的几何特征，而是采取直接在一组固定的基或框架上对图像分解，从而摆脱了对图像自身结构信息的依赖，例如脊波、曲波和轮廓波。

5.2.2　脊波变换

1998 年 Emmanuel Candès 在博士论文中提出脊波理论，作为一种非自适应的高维函数表示方法，脊波具有很好的方向选择和识别能力，从而有效地表示信号中的方向性奇异特征。

具体而言，脊波变换先对图像进行拉东（Radon）变换，将图像中的直线映射成 Randon 域的一个点，然后通过一维小波进行奇异性检测，从而有效地解决小波变换在处理二维图像时遇到的问题。但是，对于自然图像这类边缘线条以曲线居多的情况，对全图进行脊波分析并不十分有效。为实现含曲线奇异的多变量函数的稀疏逼近，Candès 在 1999 年又提出了单尺度脊波变换。另一种方法是多尺度脊波，首先将图像分块，以求每个分块中的线条都接近直线，接着对每个分块分别进行脊波变换。对于纹理（线奇异性）丰富的自然或者遥感图像，脊波可以实现比小波更加稀疏的表示。

考虑多变量函数 $f \in L^1 \cap L^2(\mathbb{R}^n)$，若函数 Ψ：$\mathbb{R} \rightarrow \mathbb{R}$ 属于施瓦茨（Schwartz）空间 $S(\mathbb{R})$，且满足容许条件

$$K_{\Psi} = \int \frac{|\hat{\Psi}(\xi)|^2}{\xi^n} \mathrm{d}\xi < \infty \tag{5-20}$$

则称 Ψ 是容许激励函数，称

$$\Psi_\gamma(x)a^{\frac{1}{2}}\Psi\left(\frac{\langle u,x\rangle-b}{a}\right) \tag{5-21}$$

为脊波。定义连续脊波变换为

$$R(f)(\gamma)=\langle f,\Psi_\gamma\rangle \tag{5-22}$$

5.2.3 曲波变换

上述多尺度脊波分析的冗余度很大,因此 Candès 和 Donoho 于 1999 年在此变换的基础上提出了连续曲波变换。

第一代曲波变换的本质是基于多尺度脊波变换理论和带通滤波器理论进行的一种变换。曲波变换是由特殊的滤波过程和多尺度脊波变换组合实现的:在对图像进行子带分解后,可以对不同尺度的子带图像采取不同大小的分块,并对每个分块进行脊波分析。如同微积分曲线在足够小的尺度下可以被看作为直线,同理,曲线奇异性可以由直线奇异性来表示。

由于第一代曲波的数字实现很复杂,包含子带分解、平滑分块、正规化和脊波分析等一系列步骤,同时曲波金字塔的分解也造成巨大的数据冗余,因此在 2002 年,Candès 等提出了第二代曲波变换:fast curvelet transform。第二代曲波变换的实现更简单且更便于理解,其实现过程无须使用脊波,仅使用了紧支撑框架等抽象的数学意义。

在 2005 年,Candès 和 Donoho 提出了两种基于第二代曲波变换理论的快速离散曲波变换实现方法:非均匀空间抽样的二维 FFT 算法(Unequally-Spaced Fast Fourier Transform,USFFT)和 Wrap 算法(Wrapping-based transform)。

完成曲波变换需要一系列滤波器:$\Phi_0,\Psi_{2s}(s=0,1,2,\cdots)$,滤波器满足以下条件。

(1) Φ_0 是一个低通滤波器,且其通带为 $|\xi|\leqslant 1$

(2) Ψ_{2s} 是带通滤波器,通带范围为 $|\xi|\in[2^{2s},2^{2s+2}]$

(3) 所有滤波器满足

$$|\hat{\Phi}_0(\xi)|^2+\sum_{s\geqslant 0}|\hat{\Psi}_{2s}(\xi)|^2=1$$

滤波器组将函数映射为

$$f\leftrightarrow\begin{pmatrix}P_0 f=\Phi_0 * f,\\ \Delta_0 f=\Psi_0 *,\cdots\\ \Delta_s f=\Psi_{2s} * f,\cdots\end{pmatrix} \tag{5-23}$$

满足 $\|f\|_2^2=\|P_0 f\|_2^2+\sum\limits_{s\geqslant 0}\|\Delta_s * f\|_2^2$。于是,定义曲波变换系数为

$$\alpha_\mu\leqslant\langle\Delta_s f,\Psi_{Q,\alpha}\rangle,\quad Q\in\Omega_s,\alpha\in\Gamma \tag{5-24}$$

5.2.4 楔波变换

楔波是 David Donoho 教授在 1999 年研究如何从含噪数据中恢复原图像时提出的一种方向信息检测模型。在众多的多尺度几何分析工具中,楔波变换同时具有良好的线特性和面特性。作为一种简明的图像轮廓表示方法,多尺度楔波可以实现对图像的分段线性表示,并且根据图像内容自动确定分块大小,从而较好地获取图像的线特征和面特征。

多尺度楔波变换由两步组成:多尺度楔波分解和多尺度楔波表示。其分解过程是通过将图像分解为不同尺度的图像块,并将其投影成各个允许方位的楔波。其表示过程是依照

分解结果，选取图像的最佳划分，并且为每个图像块选择出最优的楔波表示。

从本质上讲，楔波就是在一个图像子块(dyadic square)中画条线段，将其分成两个楔块，对于每一个楔块采用唯一的灰度值表示。而线的位置就拥有两个灰度值，从而近似刻画出这个子块的性质。

楔波采用二进剖分的思想把各个尺度、位置和方向的二进楔形区域上的特征函数作为基元素。在二进制正方形中，任意两个不在同一条边上的顶点之间的连线就构成一条楔波，楔波左侧区域 R_a 构成了值为常数 c_a 的基函数，而右侧区域 R_b 构成了值为常数 c_b 的楔波基函数，这两常数的值可由式(5-25)求出：

$$\begin{aligned} c_a &= \mathrm{Ave}(I(S_{j,k}) \mid R_a) \\ c_b &= \mathrm{Ave}(I(S_{j,k}) \mid R_b) \end{aligned} \tag{5-25}$$

图像 I 的楔波逼近通过最小化式(5-26)的目标函数得到

$$H_{\lambda,f}(P,f) = \| f - \mathrm{Ave} \mid f \mid P \mid \|^2 + \lambda \# \mid P \mid \tag{5-26}$$

5.2.5 小线变换

1999 年，斯坦福大学的 David Donoho 教授首次提出小线变换，由小线变换引入的小线分析(beamlets analysis)也是多尺度几何分析的一种。

小线变换可以理解为小波分析多尺度概念的延伸，且是一种能进行二维或更高维奇异性分析的有效工具。通过采用各种方向、尺度和位置的小线段为基本单元建立小线库，使用图像与库中的小线段进行积分产生小线变换系数，接着以小线金字塔方式组织变换系数，再通过图的形式从金字塔中提取小线变换系数，就可以实现多尺度分析。

与小波相比，小线分析中的线段类似于小波分析中的点。小线能提供基于二进组织的线段的局部尺度、位置和方向信息，从而实现线的精确定位。小线基是一个具有二进特征的多尺度的有方向线段集合，其线段的始终点坐标是二进的，尺度也是二进的。从小线基的框架可知，每条小线把每个二进方块分为两个部分，每个小线对应两个互补的楔波，使小线基与楔波对应起来。

依据小线理论及其现有的研究结果，小线变换在处理强噪背景的图像时具有强大优势。但是小线变换所需要的前期准备(如小线字典、小线金字塔扫描)工作量太过庞大，不利于研究，后续研究可尝试将这部分简化。

假设 $f(x_1,x_2)$ 为$[0,1]^2$ 上的连续函数，v_1,v_2 为$[0,1]^2$ 上任意两个标注点，线段 $b=\overline{v_1v_2}$，则函数 f 的连续小线变换是指所有线段积分的集合：

$$T_f(b) = \int_b f(x(l))\,\mathrm{d}l \tag{5-27}$$

其中，$x(l)$是 b 沿单位速度路径上的描述。要将连续小波变换运用到图像处理中，就需要进行插值离散化：

$$f(x_1,x_2) = \sum_{i_1,i_2} f_{i_1,i_2} \phi_{i_1,i_2}(x_1,x_2) \tag{5-28}$$

其中，$\phi_{i_1,i_2}()$是一种连续插值函数，可以有多种选择方式。

5.2.6 条带波变换

2000 年，Ele Pennec 和 Stephane Mallat 提出了条带波变换。作为一种基于边缘的图像表示方法,条带波变换可以自适应地跟踪图像的几何正则方向。作者们认为:如果在图像处理过程中能预先计算出图像的几何正则性并将其充分应用,可以有效提高逼近性能。

通过预定义一种能表征图像局部正则方向的几何向量线,可以对图像的支撑区间 S 进行二进剖分 $S=U_i\Omega_i$,每一个剖分区间 Ω_i 中最多仅仅包含一条轮廓线,也就是边缘。对于所有不包含轮廓线的局部区域 Ω_i,图像灰度值的变化往往是一致正则的,故而在这些区域内无须定义几何向量线的方向。对于包含轮廓线的这些局部区域,几何正则的方向也就能体现轮廓的切线方向。依照局部几何正则方向,可以在全局最优的约束下,计算区域 Ω_i 上向量场 $\tau(x_1,x_2)$ 的向量线,再沿向量线将定义在 Ω_i 的区间小波进行条带波化从而生成条带波基,这样就能充分利用图像本身所具有的局部几何正则性。条带波化的过程其实就是沿向量线进行小波变换的过程,也就是所谓的弯曲小波变换(wrapped wavelet transform)。所有剖分区域 Ω_i 上的条带波的集合就可以构成一组 $L_2(S)$ 上的标准正交基。

条带波同小波相比具有两个明显优势:充分利用几何正则性,高频子带能量更集中,使得相同的量化步骤下,非零系数的个数相对减少;利用四叉树结构和几何流信息,条带波系数可以重新排列,因而在编码时系数扫描方式更灵活。初步实验结果表明,与普通的小波变换相比,条带波在去噪和压缩方面体现出了一定的优势和潜力。

由于第一代条带波要对原始图像重采样,并把任意几何方向弯曲至水平或垂直方向,从而借助二维分离标准小波变换来处理,所以复杂度高。第二代条带波则巧妙地借助多尺度几何分析和几何方向分析,既保留了第一代的优点,又能做到快速鲁棒,计算复杂度为 $O(N^{3/2})$,近乎线性。

5.2.7 轮廓波变换

2002 年,MN Do 和 Martin Vetterli 提出了轮廓波变换,也称塔形方向滤波器组(Pyramidal Directional Filter Bank,PDFB)。基于拉普拉斯塔形分解(Laplacian pyramid,LP)和方向滤波器组(Directional Filter Bank,DFB),轮廓波变换是多分辨的、局域的、方向的图像表示方法。由于继承了曲波的各向异性尺度关系,因此,轮廓波变换在一定意义上,可以被认为是曲波变换的另一种快速实现方式。

由于轮廓波基的支撑区间是具有一种可以随尺度变化长宽比的长条形结构,因此就可以解释其方向性和各向异性。

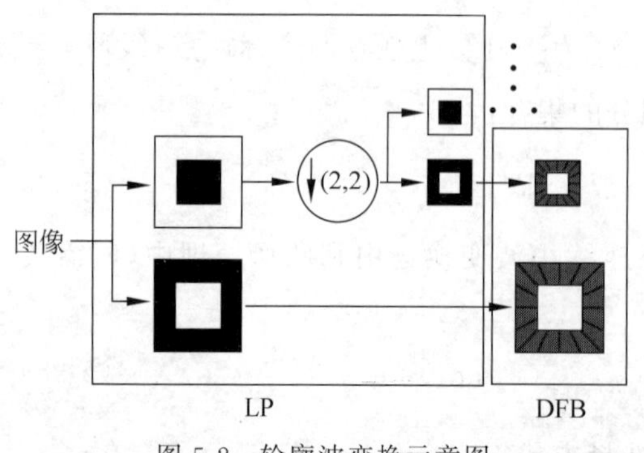

图 5-2 轮廓波变换示意图

轮廓波变换是一种对于曲线的更稀疏表达,因为其表示图像边缘的系数具有更加集中的能量。轮廓波变换是将多尺度分析和方向分析分开进行的,首先采用 LP 变换对图像进行多尺度分解,从而获取点奇异,然后采用 DFB 将同方向上的奇异点合并为一个系数。也就是说,轮廓波变换实质类似于用轮廓段(contour segment)的基结构来逼近原图像。

图 5-2 展示了轮廓波变换的子空间和嵌入式网格示意图。

5.2.8 剪切波变换

剪切波(shearlet)变换是一个新的多尺度几何分析工具，它克服了小波变换的缺点，可以较好地捕捉多维数据的几何特性，并且能够对二维图像进行有效逼近。可以通过膨胀的仿射系统，结合多尺度几何分析，来构造剪切波。当维数 $n=2$ 时，具有合成膨胀的仿射系统形式为

$$A_{AB}(\Psi)=\{\Psi_{j,l,k}(x)=|\det \boldsymbol{A}|^{j/2}\Psi(\boldsymbol{B}^l\boldsymbol{A}^j x-k)\} \tag{5-29}$$

其中 $\Psi\in L^2(R^2)$，$\boldsymbol{A}$、$\boldsymbol{B}$ 是可逆矩阵，并且 $|\det\boldsymbol{B}|=1$。

当 $\boldsymbol{A}=\begin{pmatrix}4 & 0\\ 0 & 2\end{pmatrix}$，$\boldsymbol{B}=\begin{pmatrix}1 & 1\\ 0 & 1\end{pmatrix}$时，就是剪切波，矩阵 $\boldsymbol{A}$ 控制了剪切波变换的尺度，矩阵 $\boldsymbol{B}$ 控制了方向。

5.2.9 梳状波变换

梳状波(brushlet)是一种方向图像分析和图像压缩的新工具，1997 年，Francois Meyer 和 Ronald Coifman 构造了频率域中仅仅局部化在一个峰值周围的自适应的函数基。

图像的边缘和纹理可能存在于图像的任何位置、方向和尺度上。因此能否有效地分析和描述纹理图像就成为图像分析和图像压缩领域中一项重要的基础内容。小波可以提供频率域的基于倍频带的分解方式，但方向分辨率却很低。小波包能自适应地构造傅里叶平面的最优划分，但是两个实值的小波包的张量积在傅里叶平面会产生 4 个对称的峰值，因此不可能有选择性地局部化到一个唯一的频率。方向滤波器被设计用于图像的方向信息检测，但是它不能产生傅里叶平面的任意分割。Steerable 滤波器已经被设计出来实现傅里叶平面的任意分割。但是，这些滤波器是过完备的，产生的分解系数相当多。Gabor 滤波器具有可调节的方向，但要完成分析图像的任务，需要较多的不同尺度和不同方向的滤波器完整地描述纹理图像，这恰恰是 Gabor 滤波器所缺乏的。

为了得到较好的方向分辨率，Francois Meyer 和 Ronald Coifman 将傅里叶平面扩展成加窗的傅里叶基，称为梳妆波。梳妆波是一个具有相位的复数函数，二维梳妆波的相位提供了纹理不同方向上的有用信息。另外，梳妆波具有多分辨率的特性，能有效地描述各个可能的方向、频率和位置的方向性纹理。

正交梳妆波基的公式如下：

$$w_{n,i}(x)=\sqrt{l_n}\,\mathrm{e}^{2\mathrm{j}\pi c_n x}\{(-1)^i l_n\hat{b}_\sigma(l_n x-i)-2\mathrm{j}\sin(\pi l_n x)l_n\hat{v}_\sigma(l_n x+i)\} \tag{5-30}$$

其中，i 是梳妆波的平移因子。

5.2.10 方向波变换

方向波(directionlet)变换是由 Vladan Velisavljevie 和 Baltasar Beferull-Lozano 等在 2004 年提出的。方向波是一种基于边缘的图像表示方法，通过使用基于整数格的最佳重构以及临界采样，构造各向异性的多方向小波变换。方向波变换不同于其他的波变换(如曲波、轮廓波或脊波)的构造，方向波保留了二维小波变换滤波的可分离性、二次采样、计算的简单性以及滤波器的设计。方向波的各向异性的基函数沿着任意两个有理斜率方向，拥有消失矩。方向波变换是图像的非线性逼近的一种有效工具，与其他过采样方法相比具有优势，能有效捕捉各向异性特征。

方向波可以看作"斜"各向异性的小波变换。"斜"不仅体现在水平和垂直方向，还包括

任意的有理斜率的方向；各向异性则表示沿着每个方向滤波和采样的次数可以不同。方向波变换首先对图像进行采样矩阵为 $\boldsymbol{M}_\Lambda$ 的采样，得到 $|\det(\boldsymbol{M}_\Lambda)|$（$\boldsymbol{M}_\Lambda$ 行列式的绝对值）个陪集。各陪集通过沿变换方向和队列方向上的各向异性小波变换 $AWT(n_1,n_2)$，得到一种稀疏表示。方向波变换的结构，即先由采样矩阵 $\boldsymbol{M}$，进行采样，分离出陪集。然后各个陪集在变换方向和队列方向上，分别进行一维滤波和下采样。

综上，方向波变换的具体实现步骤可总结如下。

第一步：选择图像的变换方向和队列方向，其斜率构成采样矩阵 $\boldsymbol{M}_\Lambda$。

第二步：对图像进行 $\boldsymbol{M}_\Lambda$ 采样，得到 $|\det(\boldsymbol{M}_\Lambda)|$ 个陪集。

第三步：对每个陪集分别沿变换和队列方向进行 n_1 与 n_2 次的一维小波变换，得到相应的方向波高频和低频系数子带。

5.3 多尺度几何变换的逼近性质

在考虑稀疏图像的分解时，期望经过图像的稀疏分解可以得到一种更有效的图像逼近方法。正如前面所提到的，在被用于处理图像信息时，各种各样的变换往往能够体现出自身所具有的优点，但是每一种方法往往都只能善于处理一幅图像中的某一种特征，而对于其他的特征并不是非常实用。

例如，二维小波变换在处理点的奇异性问题以及图像中的斑点部分时具有很好的效果，却不适用于处理线的奇异性问题。然而，脊波变换在处理线的奇异性问题时，效果很好，但不适用于点的奇异性问题。直观来讲，需要寻找一种更好的方法进行稀疏分解，从而使其适用于多种问题。

在对空间进行描述时，一个点是零维的，而一条直线是一维的，一个平面是二维的，但是我们的生活是具有长度、宽度和深度的三维世界，正如科幻小说中常常将时光隧道作为四维空间，那么对于更高维空间的描述，变成了一个抽象的概念。尽管如此，在处理科学与工程计算问题中，经常碰到并需要处理大量的高维数据，这些高维数据常见于信号系统、统计学习、数据挖掘以及图像处理。

方向性作为高维空间的一个主要特征，如何有效地描述并检测图像中所具有的方向信息，就成为了新的分析工具的首要任务。因此多尺度几何系统使用一组具有不同几何结构特征的多方向性的基函数，可以实现有效的方向性及多尺度位置表示。对特定空间而言，脊波同时具有方向和宽度可以改变的直线结构，而曲线波则具有方向、宽度、长度均可改变的曲线结构，轮廓波则具有光滑的轮廓段形状的表示结构，子束波则具有针状结构，而楔形波则具有楔形结构，因此，合理的选择可以收获意想不到的效果。

5.4 本章小结

本章从小波分析介绍开始，逐步引出多尺度几何理论，并对脊波变换、曲波变换、楔波变换、小线变换、条带波变换、轮廓波变换、剪切波变换、梳状波变换及方向波变换的基础进行了必要的阐述。另外，本章对多尺度几何变换的逼近性质、Gabor 系统的逼近及多尺度逼近过程进行了理论分析与说明。

本章给出了多尺度几何分析的常用逼近基及公式，如果研究者能将其有效地融入进神经网络的逼近理论，无疑会给深度学习的表征与学习的未来提供很好的指导方向。

参考文献

本章参考文献扫描下方二维码。

第6章 深度特征网络的构造理论

CHAPTER 6

深度学习通过学习数据的分布式特征表示，来分析数据的内在规律，帮助研究人员提供良好的表达特征。深度特征网络是深度学习的重要组成部分，通过构建深度神经网络，来学习和分析数据。

深度特征网络可以通过设计的网络，自动提供良好的特征。不受手工设计的限制，深度特征网络可以自主学习数据集特征，通过网络表达复杂的函数拟合。是一种十分有效的特征提取手段，具有非常好的性能。

6.1 前馈神经网络构造理论

FNN 简称前馈网络，是人工神经网络(Artificial Neural Network，ANN)的一种。FNN 是一种最早也最简单的神经网络。

FNN 构造比较简单。受人脑神经元启发，FNN 利用神经元进行信息传输。在 FNN 中神经元分层排布，信息由前一层向后一层逐层传递，相间隔的神经元间没有信息传递。信息输入第0层，后一层接受前一层处理后的信息(前一层输出)。最后，最后一层输出最终传递的信息\结果。其中，第0层叫输入层，最后一层叫输出层，其他中间层叫作隐藏层(或隐层、隐含层)。隐藏层可以是一层，也可以是多层。

FNN 一种单向多层结构，信息流过 $\boldsymbol{x}$ 的函数，流经用于定义 f 的中间计算过程，最终到达输出 $\boldsymbol{y}$。在模型的输出和模型本身之间没有反馈连接，所以这种模型被称为前向(feed-forward)的。

以 FNN 分类器为例，总的来说就是 $\boldsymbol{y}=f^*(\boldsymbol{x})$将输入 $\boldsymbol{x}$ 映射到一个类别 $\boldsymbol{y}$。其中，$\boldsymbol{y}=f^*(\boldsymbol{x})$就是 FNN 要拟合的函数。FNN 构造一个映射 $y=f(\boldsymbol{x};\theta)$，并学习参数 θ 的值，使它能够得到最佳的函数 $f^*(\boldsymbol{x})$近似。

6.1.1 前馈神经网络的结构

FNN 由神经元分层排布组成。每个神经元都是一个函数，FNN 也是由许多不同函数复合在一起组成的。用数学形式表达解释它们的组合方式，假设一个三层的 FNN，三个函数 $f^{(1)}$、$f^{(2)}$ 和 $f^{(3)}$ 分别代表每层的神经元，$f^{(1)}$ 是 FNN 的第一层，$f^{(2)}$ 是 FNN 的第二层，$f^{(3)}$ 是 FNN 的第三层。$f(\boldsymbol{x})$则是将它们连接在一个链上以形成 $f(\boldsymbol{x})=f^{(3)}(f^{(2)}(f^{(1)}(\boldsymbol{x})))$。在神经网络训练的过程中，让 $f(\boldsymbol{x})$去接近 $f^*(\boldsymbol{x})$的值，从而达到拟合。用图来描述它们的组合方式如下，可以看出 $f(\boldsymbol{x})$是一个有向无环图。一个典型的多层 FNN 如图6-1所示。

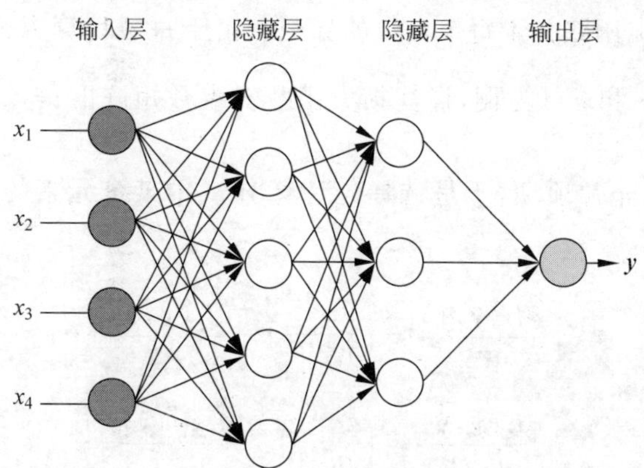

图 6-1 多层 FNN

6.1.2 前馈神经网络的前向传播

在 $f(\boldsymbol{x})$的训练过程中，目的是让 $f(\boldsymbol{x})$去接近学习 $f^*(\boldsymbol{x})$的值，从而达到拟合。$f(\boldsymbol{x})$的学习过程需要 $f(\boldsymbol{x})$将信息前向传播。

通常用下面的记号描述一个 FNN：L 表示神经网络层数，$m^{(l)}$ 表示第 l 层神经元的个数，$f_l(\cdot)$表示第 l 层神经元的激活函数，$\boldsymbol{W}^{(l)}\in\mathbb{R}^{m^{(l)}\times m^{(l-1)}}$ 表示第 $l-1$ 层到第 l 层的权重矩阵，$\boldsymbol{b}^{(l)}\in\mathbb{R}^{m^{(l)}}$ 表示第 $l-1$ 层到第 l 层的偏置，$\boldsymbol{z}^{(l)}\in\mathbb{R}^{m^{(l)}}$ 表示第 l 层神经元的净输入，$\boldsymbol{a}^{(l)}\in\mathbb{R}^{m^{(l)}}$ 表示第 l 层神经元的输入。

对于一个神经元，以第一层为例，FNN 通过下面公式进行信息传播：

$$\boldsymbol{z}^{(l)}=\boldsymbol{W}^{(l)}\cdot\boldsymbol{a}^{(l-1)}+\boldsymbol{b}^{(l)} \tag{6-1}$$

$$\boldsymbol{a}^{(l)}=f_l(\boldsymbol{z}^{(l)}) \tag{6-2}$$

FNN 通过一层层神经元，将信息逐层传递。FNN 的长度也称为 FNN 的深度。信息从输入到输出，经过了 FNN 逐层计算，用数学表达式表达即为

$$\boldsymbol{x}\rightarrow\boldsymbol{a}^{(0)}\rightarrow\boldsymbol{z}^{(1)}\rightarrow\boldsymbol{a}^{(1)}\rightarrow\boldsymbol{z}^{(2)}\cdots\boldsymbol{a}^{(L-1)}\rightarrow\boldsymbol{z}^{(L)}\rightarrow\boldsymbol{a}^{(L)}=\varphi(\boldsymbol{x};\boldsymbol{W},\boldsymbol{b}) \tag{6-3}$$

FNN 可以看作一个复合函数。那么可以将向量 $\boldsymbol{x}$ 作为输入，向量 $\boldsymbol{x}$ 从第一层输出变为 $\boldsymbol{a}^{(0)}$。最后，将第 L 层的输出 $\boldsymbol{a}^{(L)}$ 作为整个函数的输出。

6.1.3 前馈神经网络的误差反向传播算法

FNN 将信息前向传播，就能从输入的信息中提取特征。在训练的过程中，除了前向传播还需要反向传播(Back Propagation，BP)。

例如，假设给定一个样本$(\boldsymbol{x},\boldsymbol{y})$，$\boldsymbol{x}$ 是 FNN 的输入，$\boldsymbol{y}$ 是需要拟合近似的期望函数结果值 $\boldsymbol{y}=f^*(\boldsymbol{x})$。将 $\boldsymbol{x}$ 输入 FNN 中前向传播，便可以得到$\hat{\boldsymbol{y}}=f(\boldsymbol{x})$。FNN 将两个函数的差距设定为损失函数 $L(\boldsymbol{y},\hat{\boldsymbol{y}})$。通过不断缩小调整损失函数，使得 $f(\boldsymbol{x})$不断学习去接近 $f^*(\boldsymbol{x})$。在不断缩小调整损失函数过程中，FNN 需要进行误差的反向传播。

下面以使用最多也是最广泛的梯度下降法为例，介绍 FNN 误差反向传播过程。现有样本$(\boldsymbol{x},\boldsymbol{y})$，采用梯度下降法对神经网络的参数进行学习，使 FNN 拟合。将样本输入到神经网络模型中，得到损失函数为 $L(\boldsymbol{y},\hat{\boldsymbol{y}})$。现需要将损失反映到每个参数上，使得每个参数做出向拟合方向的调整。

首先就要计算损失函数关于每个参数的导数。由于每层计算方式相同，这里以网络第 l 层中的参数矩阵 $\boldsymbol{W}^{(l)}$ 和 $\boldsymbol{b}^{(l)}$ 为例，计算损失函数对参数矩阵的偏导数。但因为 $\frac{\partial L(\boldsymbol{y},\hat{\boldsymbol{y}})}{\partial \boldsymbol{W}^{(l)}}$ 的计算涉及矩阵微分，非常烦琐，于是选择先计算 $\boldsymbol{W}^{(l)}$ 中某个元素的偏导数 $\frac{\partial L(\boldsymbol{y},\hat{\boldsymbol{y}})}{\partial W_{ij}^{(l)}}$。根据链式法则有

$$\frac{\partial L(\boldsymbol{y},\hat{\boldsymbol{y}})}{\partial W_{ij}^{(l)}}=\left(\frac{\partial \boldsymbol{z}^{(l)}}{\partial W_{ij}^{(l)}}\right)^{\mathrm{T}}\frac{\partial L(\boldsymbol{y},\hat{\boldsymbol{y}})}{\partial \boldsymbol{z}^{(l)}} \tag{6-4}$$

$$\frac{\partial L(\boldsymbol{y},\hat{\boldsymbol{y}})}{\partial \boldsymbol{b}^{(l)}}=\left(\frac{\partial \boldsymbol{z}^{(l)}}{\partial \boldsymbol{b}^{(l)}}\right)^{\mathrm{T}}\frac{\partial L(\boldsymbol{y},\hat{\boldsymbol{y}})}{\partial \boldsymbol{z}^{(l)}} \tag{6-5}$$

式(6-4)和式(6-5)中的第二项 $\frac{\partial L(\boldsymbol{y},\hat{\boldsymbol{y}})}{\partial \boldsymbol{z}^{(l)}}$ 都是目标函数关于第 l 层的神经元 $\boldsymbol{z}^{(l)}$ 的偏导数，称为误差项。那么需要计算三个偏导数：$\frac{\partial \boldsymbol{z}^{(l)}}{\partial W_{ij}^{(l)}}$、$\frac{\partial \boldsymbol{z}^{(l)}}{\partial \boldsymbol{b}^{(l)}}$ 和 $\frac{\partial L(\boldsymbol{y},\hat{\boldsymbol{y}})}{\partial \boldsymbol{z}^{(l)}}$。

由于 $\boldsymbol{z}^{(l)}$ 和 $W_{ij}^{(l)}$ 的函数关系为 $\boldsymbol{z}^{(l)}=\boldsymbol{W}^{(l)}\boldsymbol{a}^{(l-1)}+\boldsymbol{b}^{(l)}$，所以偏导数为

$$\frac{\partial \boldsymbol{z}^{(l)}}{\partial W_{ij}^{(l)}}=\frac{\partial(\boldsymbol{W}^{(l)}\boldsymbol{a}^{(l-1)}+\boldsymbol{b}^{(l)})}{\partial W_{ij}^{(l)}}\triangleq\boldsymbol{I}_i(a_j^{(L-1)}) \tag{6-6}$$

因为 $\boldsymbol{z}^{(l)}$ 与 $\boldsymbol{b}^{(l)}$ 的函数关系为 $\boldsymbol{z}^{(l)}=\boldsymbol{W}^{(l)}\boldsymbol{a}^{(l-1)}+\boldsymbol{b}^{(l)}$，因此偏导数是一个 $m^{(l)}\times m^{(l)}$ 的单位矩阵

$$\frac{\partial \boldsymbol{z}^{(l)}}{\partial \boldsymbol{b}^{(l)}}=\boldsymbol{I}_{m^{(l)}} \tag{6-7}$$

用 $\boldsymbol{\delta}^{(l)}$ 定义第 l 层神经元的误差项，它表示第 l 层神经元对最终损失的影响，也反映了最终损失对第 l 层神经元的敏感程度。

根据链式法则，第 l 层的误差项为

$$\boldsymbol{\delta}^{(l)}\triangleq\frac{\partial L(\boldsymbol{y},\hat{\boldsymbol{y}})}{\partial \boldsymbol{z}^{(l)}}=\frac{\partial \boldsymbol{a}^{(l)}}{\partial \boldsymbol{z}^{(l)}}\cdot\frac{\partial \boldsymbol{z}^{(l+1)}}{\partial \boldsymbol{a}^{(l)}}\cdot\frac{\partial L(\boldsymbol{y},\hat{\boldsymbol{y}})}{\partial \boldsymbol{z}^{(l+1)}} \tag{6-8}$$

首先根据 $\boldsymbol{a}^{(l)}=f_{(l)}(\boldsymbol{z}^{(l)})$，其中 $f_{(l)}(\cdot)$ 是按位计算的函数，计算的偏导数如下。diag(·)表示对角矩阵

$$\frac{\partial \boldsymbol{a}^{(l)}}{\partial \boldsymbol{z}^{(l)}}=\frac{\partial f_{(l)}(\boldsymbol{z}^{(l)})}{\partial \boldsymbol{z}^{(l)}}=\mathrm{diag}(f'_{(l)}(\boldsymbol{z}^{(l)})) \tag{6-9}$$

根据 $\boldsymbol{z}^{(l+1)}=\boldsymbol{W}^{(l+1)}\boldsymbol{a}^{(l)}+\boldsymbol{b}^{(l+1)}$，有

$$\frac{\partial \boldsymbol{z}^{(l+1)}}{\partial \boldsymbol{a}^{(l)}}=(\boldsymbol{W}^{(l+1)})^{\mathrm{T}} \tag{6-10}$$

于是第 l 层的误差项 $\boldsymbol{\delta}^{(l)}$ 最终表示为

$$\begin{aligned}\boldsymbol{\delta}^{(l)}&\triangleq\frac{\partial L(\boldsymbol{y},\hat{\boldsymbol{y}})}{\partial \boldsymbol{z}^{(l)}}=\frac{\partial \boldsymbol{a}^{(l)}}{\partial \boldsymbol{z}^{(l)}}\cdot\frac{\partial \boldsymbol{z}^{(l+1)}}{\partial \boldsymbol{a}^{(l)}}\cdot\frac{\partial L(\boldsymbol{y},\hat{\boldsymbol{y}})}{\partial \boldsymbol{z}^{(l+1)}}=\mathrm{diag}(f'_{(l)}(\boldsymbol{z}^{(l)}))\cdot(\boldsymbol{W}^{(l+1)})^{\mathrm{T}}\cdot\delta^{(l+1)}\\&=f'_{(l)}(\boldsymbol{z}^{(l)})\odot((\boldsymbol{W}^{(l+1)})^{\mathrm{T}}\boldsymbol{\delta}^{(l+1)})\end{aligned} \tag{6-11}$$

其中，⊙表示向量的点积运算符，表示每个元素相乘。

以上就是 FNN 误差反向传播公式。可以看到，第 l 层的误差项可以通过第 $l+1$ 层的

误差项计算得到。第 l 层的一个神经元的误差项可以理解为该神经元激活函数的梯度再乘上所有与该神经元相连接的第 $l+1$ 层的神经元的误差项的权重和。

这时,参数求导里面的三个偏导数都已经求出来了,对于

$$\frac{\partial L(\boldsymbol{y},\hat{\boldsymbol{y}})}{\partial W_{ij}^{(l)}}=\left(\frac{\partial \boldsymbol{z}^{(l)}}{\partial W_{ij}^{(l)}}\right)^{\mathrm{T}}\frac{\partial L(\boldsymbol{y},\hat{\boldsymbol{y}})}{\partial \boldsymbol{z}^{(l)}}$$

$$\frac{\partial L(\boldsymbol{y},\hat{\boldsymbol{y}})}{\partial \boldsymbol{b}^{(l)}}=\left(\frac{\partial \boldsymbol{z}^{(l)}}{\partial \boldsymbol{b}^{(l)}}\right)^{\mathrm{T}}\frac{\partial L(\boldsymbol{y},\hat{\boldsymbol{y}})}{\partial \boldsymbol{z}^{(l)}} \tag{6-12}$$

可以求出

$$\frac{\partial L(\boldsymbol{y},\hat{\boldsymbol{y}})}{\partial W_{ij}^{(l)}}=\boldsymbol{I}_i(\boldsymbol{a}_j^{(l-1)})^{\mathrm{T}}\boldsymbol{\delta}^{(l)}=\boldsymbol{\delta}_i^{(l)}\boldsymbol{a}_j^{(l-1)} \tag{6-13}$$

损失函数关于第 l 层权重 $\boldsymbol{W}^{(l)}$ 梯度为

$$\frac{\partial L(\boldsymbol{y},\hat{\boldsymbol{y}})}{\partial \boldsymbol{W}^{(l)}}=\boldsymbol{\delta}^{(l)}(\boldsymbol{a}^{(l-1)})^{\mathrm{T}} \tag{6-14}$$

而损失函数关于第 l 层偏置 $\boldsymbol{b}^{(l)}$ 的梯度为

$$\frac{\partial L(\boldsymbol{y},\hat{\boldsymbol{y}})}{\partial \boldsymbol{b}^{(l)}}=\boldsymbol{\delta}^{(l)} \tag{6-15}$$

于是在利用误差反向传播算法计算出每一层的误差项后,就可以得到每一层参数的梯度。

6.1.4　前馈神经网络的梯度下降法

FNN 训练过程中,通过信息传递,将 $f(\boldsymbol{x})$逐步拟合为期望的函数 $f^*(\boldsymbol{x})$。这个过程除了信息传播,还需要在迭代过程中不断更新参数,使 FNN 不断接近期望函数 $f^*(\boldsymbol{x})$。

6.1.3 节提到的损失函数是反向传播和更新参数的重要指标。参数应该在反向传播后变为多少,向什么方向改变,是本节主要研究的内容。

这里以交叉熵损失函数为例,介绍 FNN 训练过程中如何用梯度下降法更新参数值。如果采用交叉熵损失函数,对于样本$(\boldsymbol{x},\boldsymbol{y})$,其损失函数为

$$L(\boldsymbol{y},\hat{\boldsymbol{y}})=-\boldsymbol{y}^{\mathrm{T}}\log\hat{\boldsymbol{y}} \tag{6-16}$$

其中,$\boldsymbol{y}\in\{0,1\}^C$ 是标签 $\boldsymbol{y}$ 对应的 one-hot 向量表示,C 是类别的个数。

给定训练集 $D=\{(\boldsymbol{x}^{(1)},\boldsymbol{y}^{(1)}),(\boldsymbol{x}^{(2)},\boldsymbol{y}^{(2)}),\cdots,(\boldsymbol{x}^{(N)},\boldsymbol{y}^{(N)})\}$,将每个样本 $\boldsymbol{x}^{(n)}$ 输入给 FNN,得到神经网络的输出 $\hat{\boldsymbol{y}}^{(n)}$ 后,其在训练集 D 上的结构化风险函数为

$$R(\boldsymbol{W},\boldsymbol{b})=\frac{1}{N}\sum_{n=1}^{N}L(\boldsymbol{y}^{(n)},\hat{\boldsymbol{y}}^{(n)})+\frac{1}{2}\lambda\|\boldsymbol{W}\|_F^2 \tag{6-17}$$

其中 $\boldsymbol{W}$ 和 $\boldsymbol{b}$ 分别表示网络中所有的权重矩阵和偏置向量。$\|\boldsymbol{W}\|_F^2$ 是正则化项

$$\|\boldsymbol{W}\|_F^2=\sum_{l=1}^{L}\sum_{i=1}^{m^{(l)}}\sum_{j=1}^{m^{(l-1)}}(W_{ij}^{(l)})^2 \tag{6-18}$$

然后用梯度下降法进行学习。在梯度下降法的每次迭代中,第 l 层的参数 $\boldsymbol{W}^{(l)}$ 和 $\boldsymbol{b}^{(l)}$ 的参数更新方式为

$$\boldsymbol{W}^{(l)}\leftarrow\boldsymbol{W}^{(l)}-\alpha\frac{\partial R(\boldsymbol{W},\boldsymbol{b})}{\partial \boldsymbol{W}^{(l)}}=\boldsymbol{W}^{(l)}-\alpha\left(\frac{1}{N}\sum_{n=1}^{N}\frac{\partial L(\boldsymbol{y}^{(n)},\hat{\boldsymbol{y}}^{(n)})}{\partial \boldsymbol{W}^{(l)}}+\lambda\boldsymbol{W}^{(l)}\right) \tag{6-19}$$

$$\boldsymbol{b}^{(l)}\leftarrow\boldsymbol{b}^{(l)}-\alpha\frac{\partial R(\boldsymbol{W},\boldsymbol{b})}{\partial \boldsymbol{b}^{(l)}}=\boldsymbol{b}^{(l)}-\alpha\left(\frac{1}{N}\sum_{n=1}^{N}\frac{\partial L(\boldsymbol{y}^{(n)},\hat{\boldsymbol{y}}^{(n)})}{\partial \boldsymbol{b}^{(l)}}\right) \tag{6-20}$$

梯度下降法需要计算损失函数对参数的偏导数，如果用链式法则对每个参数逐一求偏导，涉及矩阵微分，效率比较低，所以在神经网络中经常使用反向传播算法高效地计算梯度。

6.1.5 常见前馈神经网络

FNN 的提出，为研究人员指出了一种高效的非线性函数近似方法。FNN 的结构简单，使用梯度下降进行前向和反向传播便能更新 FNN 的参数，使 FNN 逼近目标函数。FNN 是一种十分高效的拟合方法。下面介绍几种常见的 FNN。

感知器（又叫感知机）结构简单，是 FNN 一种典型结构。1958 年，感知器由 Rosenblatt 提出，它是前馈式 ANN，是一种二元线性分类器，主要用于模式分类，也可用在基于模式分类的学习控制和多模态控制中。

BP 神经网络是应用最广泛的神经网络模型之一。1986 年，由 Rumelhart 和 McClelland 等提出概念。BP 神经网络是一种按照误差逆向传播算法训练的多层 FNN。与感知器不同，BP 网络的神经元变换函数采用了 S 形函数（Sigmoid 函数），因此输出量是 0～1 之间的连续量，可实现从输入到输出的任意的非线性映射。

径向基网络是指隐藏层神经元由径向基函数（Radial Basis Function，RBF）神经元组成的前馈网络。1985 年，Powell 提出了多变量插值的 RBF 方法。RBF 神经元是指神经元的变换函数为 RBF 的神经元。典型的 RBF 网络由三层组成：一个输入层，一个或多个由 RBF 神经元组成的 RBF 层（隐藏层），一个由线性神经元组成的输出层。

前馈网络还有许多未实现的潜力。未来，期望它们用于更多的任务，优化算法和模型设计的进步将进一步提高它们的性能。

6.2 卷积神经网络构造理论

CNN 是目前深度学习应用最广泛的深度模型之一，在诸多应用领域都表现优异。CNN 可以看作一种包含卷积计算且具有深度结构的 FNN，是深度学习的代表算法之一。

本节将介绍 CNN 构造理论，从结构和数学角度出发，分析 CNN 的工作原理。一个典型的 CNN 由 3 部分构成：卷积层、池化层、全连接层。在一个 CNN 中，卷积层负责提取图像中的局部特征；池化层用来大幅降低参数量级（降维）；全连接层在整个 CNN 中起到“分类器”的作用，用来输出想要的结果。

6.2.1 卷积运算

卷积运算是 CNN 的核心组成部分。

卷积运算类似于滤波操作，利用卷积核在输入矩阵上滑动滤波，产生卷积特征。卷积运算用数学公式表示，则为两个实变函数的一种数学运算。卷积运算通常用星号表示

$$\boldsymbol{y}=\boldsymbol{x}*\boldsymbol{w} \tag{6-21}$$

其中，$\boldsymbol{x}$ 代表卷积层的输入，$\boldsymbol{w}$ 是卷积核函数（卷积核），$\boldsymbol{y}$ 为卷积层的输出。输出有时被称作特征映射（feature map）。用图像描述如图 6-2 所示，用画有箭头的方框说明输出张量的左上角元素是如何卷积得到的。

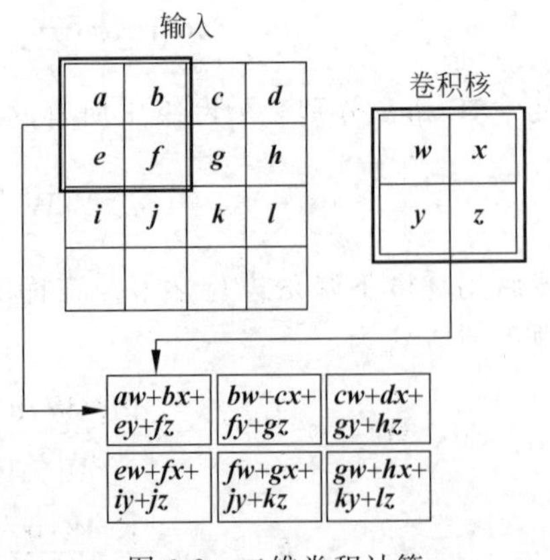

图 6-2 二维卷积计算

在 CNN 的应用中，输入通常是多维数组的数据，称为张量。而卷积核通常为较小尺寸的矩阵，比如 3×3、5×5 等。卷积核在神经网络训练过程中，不断更新参数值。

6.2.2　非线性激活层

非线性激活层，顾名思义，是由非线性激活函数组成的网络层。非线性激活层是由非线性激活函数对之前的结果进行非线性的激活响应。神经网络如果不加非线性处理，那么最终得到的仍然是线性函数，无法解决复杂函数拟合问题。引入非线性因素，解决线性模型所不能解决的问题。输出 $\boldsymbol{x}$ 经过激活函数 $f(\cdot)$ 输出 $\boldsymbol{y}$

$$\boldsymbol{y}=f(\boldsymbol{x}) \tag{6-22}$$

在卷积中激活函数类型的详细介绍将在后文介绍。

6.2.3　池化

池化(pooling)函数使用某一位置的相邻输出的总体统计特征代替网络在该位置的输出。池化过程一般在卷积过程后。池化的本质其实就是采样。池化过程就是选择某种方式对输入的特征图进行降维压缩，以加快运算速度。

例如，最大池化(max pooling)函数给出相邻矩形区域内的最大值。其他常用的池化函数包括相邻矩形区域内的平均值、L_2 范数以及基于距中心像素距离的加权平均函数。不管采用什么样的池化函数，当输入做出少量平移时，池化能够帮助输入的表示近似不变(invariant)。对于平移的不变性是指当对输入进行少量平移时，经过池化函数后的大多数输出并不会发生改变。

6.2.4　常见的距离度量方法

在深度学习中，许多算法都会使用距离度量，在实际应用中，通常用向量表示样本，所以这些度量大部分都是基于向量的。本节主要了解图 6-3 所示的几种常用的距离度量。

(1) 欧氏距离可解释为连接两个点的线段的长度。欧氏距离公式非常简单，使用勾股定理从这些点的笛卡儿坐标计算距离

$$D(\boldsymbol{x},\boldsymbol{y})=\sqrt{\sum_{i=1}^{n}(x_i-y_i)^2} \tag{6-23}$$

(2) 余弦相似度经常被用作抵消高维欧氏距离问题。余弦相似度是指两个向量夹角的余弦。如果将向量归一化为长度均为 1 的向量，则向量的点积也相同

$$D(\boldsymbol{x},\boldsymbol{y})=\cos(\theta)=\frac{\boldsymbol{x}\cdot\boldsymbol{y}}{\|\boldsymbol{x}\|\,\|\boldsymbol{y}\|} \tag{6-24}$$

两个方向完全相同的向量的余弦相似度为 1，而两个彼此相对的向量的余弦相似度为 −1。注意，它们的大小并不重要，因为这是在方向上的度量。

(3) 汉明距离是比较两个向量之间不同值的个数。它通常用于比较两个相同长度的二进制字符串。

(4) 曼哈顿距离用来计算实值向量之间的距离。曼哈顿距离是指两个向量之间的距离，在计算距离时不涉及对角线移动

$$D(\boldsymbol{x},\boldsymbol{y})=\sum_{i=1}^{k}|x_i-y_i| \tag{6-25}$$

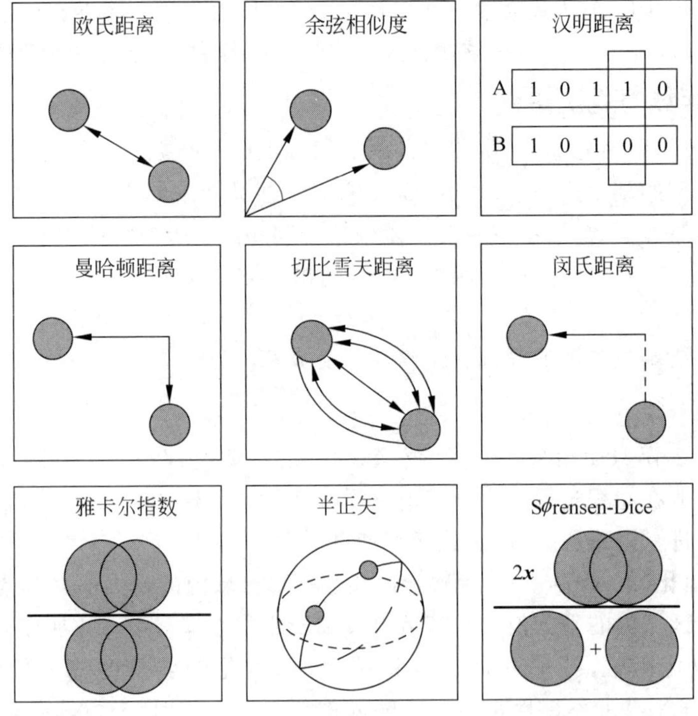

图 6-3 度量距离

(5) 切比雪夫距离定义为两个向量在任意坐标维度上的最大差值

$$D(\boldsymbol{x},\boldsymbol{y})=\max_{i}(|x_i-y_i|) \tag{6-26}$$

式(6-26)也等价于 L_p 度量的极值，即 $\lim\limits_{k\to\infty}\left(\sum\limits_{i=1}^{n}|x_i-y_i|^k\right)^{1/k}$，故切比雪夫距离也称为 L_∞ 度量。

(6) 闵氏距离比大多数距离度量更复杂。它是在 n 维实数空间中使用的度量，意味着它可以在一个空间中使用。在这个空间中，距离可以用一个有长度的向量表示：

$$D(\boldsymbol{x},\boldsymbol{y})=\left(\sum_{i=1}^{n}|x_i-y_i|^p\right)^{\frac{1}{p}} \tag{6-27}$$

改变参数 p 可以操纵距离度量，使其与其他度量非常相似。常见的 p 值有：$p=1$ 表示曼哈顿距离；$p=2$ 表示欧氏距离；$p=\infty$ 表示切比雪夫距离。

(7) 雅卡尔指数(IoU)是用于比较样本集相似性与多样性的统计量

$$D(\boldsymbol{x},\boldsymbol{y})=1-\frac{|\boldsymbol{x}\cap\boldsymbol{y}|}{|\boldsymbol{y}\cup\boldsymbol{x}|} \tag{6-28}$$

(8) 半正矢距离是指球面上的两点在给定经纬度条件下的距离

$$d=2r\arcsin\left(\sqrt{\sin^2\left(\frac{\varphi_2-\varphi_1}{2}\right)+\cos(\varphi_1)\cos(\varphi_2)\sin^2\left(\frac{\lambda_2-\lambda_1}{2}\right)}\right) \tag{6-29}$$

(9) Sørensen-Dice 系数与雅卡尔指数非常相似，都是度量样本集的相似性和多样性

$$D(\boldsymbol{x},\boldsymbol{y})=\frac{2|\boldsymbol{x}\cap\boldsymbol{y}|}{|\boldsymbol{x}|+|\boldsymbol{y}|} \tag{6-30}$$

(10) 马氏距离是基于样本分布的一种距离。物理意义就是在规范化的主成分空间中的欧氏距离。定义 N 维向量中的 M 个样本向量 $\boldsymbol{x}_1,\boldsymbol{x}_2,\cdots,\boldsymbol{x}_M$，其均值向量记为$\boldsymbol{\mu}$，协方差矩阵记为 $\boldsymbol{S}$，则样本向量 $\boldsymbol{x}$ 到均值向量$\boldsymbol{\mu}$ 的马氏距离为 $D(\boldsymbol{x})=\sqrt{(\boldsymbol{x}-\boldsymbol{\mu})^{\mathrm{T}}\boldsymbol{S}^{-1}(\boldsymbol{x}-\boldsymbol{\mu})}$，向量 $\boldsymbol{x}_i$ 与 $\boldsymbol{x}_j$ 的马氏距离定义为 $D(\boldsymbol{x}_i,\boldsymbol{x}_j)=\sqrt{(\boldsymbol{x}_i-\boldsymbol{x}_j)^{\mathrm{T}}\boldsymbol{S}^{-1}(\boldsymbol{x}_i-\boldsymbol{x}_j)}$。特别地，当协方差矩阵为单位矩阵，则马氏距离等价于欧氏距离。

6.2.5 常见的激活函数

激活函数(activation function)在 ANN 中起着重要的作用。在多层神经网络中，上层节点的输出和下层节点的输入之间具有一个函数关系，这个函数称为激活函数(又称激励函数)。本节总结了深度学习中常见的 10 种激活函数。

1. Sigmoid 激活函数

Sigmoid 函数是常用的非线性激活函数，其几何图像是图 6-4 所示的 S 形曲线，函数表达式如下

$$f(x)=\frac{1}{(1+\mathrm{e}^{-x})} \tag{6-31}$$

Sigmoid 函数的输出范围是 0～1，能够把输入的连续实值变换为 0 和 1 之间的输出。由于概率的取值范围是 0～1，因此 Sigmoid 函数非常合适作为激活函数，其梯度平滑，可以避免“跳跃”的输出值，同时此函数是可微的。

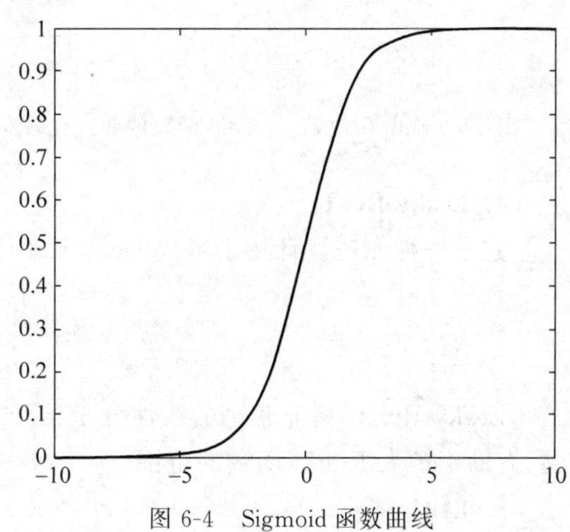

图 6-4　Sigmoid 函数曲线

Sigmoid 激活函数同样存在着一些缺点：倾向于梯度消失；函数输出不是以 0 为中心的，这会降低权重更新的效率；Sigmoid 函数执行指数运算，计算机运行得较慢。

2. tanh 激活函数

如图 6-5 所示，tanh 激活函数的几何图像也是 S 形，表达式如下

$$f(x)=\tanh(x)=\frac{2}{(1+\mathrm{e}^{-2x})}-1 \tag{6-32}$$

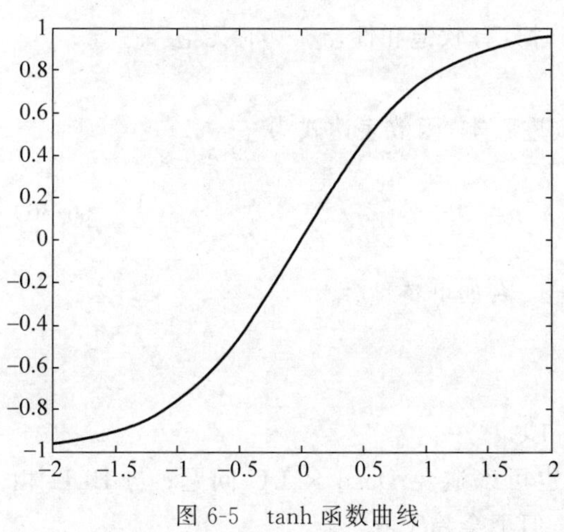

图 6-5　tanh 函数曲线

tanh 是一个双曲正切函数。如图 6-6 所示，tanh 函数和 Sigmoid 函数的曲线相对相似，但是它比 Sigmoid 函数更有一些优势。

3. ReLU 激活函数

ReLU 激活函数图像如图 6-7 所示，该函数形式比较简单，函数表达式为

$$\sigma(x)=\begin{cases}\max(0,x), & x\geqslant 0\\ 0, & x<0\end{cases} \tag{6-33}$$

从图 6-7 可知，ReLU 的有效导数是常数 1，可以解决深层网络中出现的梯度消失问

题，也就使得深层网络可训练。ReLU 函数是深度学习中较为流行的一种激活函数，相比于 Sigmoid 函数和 tanh 函数，当输入为正时，不存在梯度饱和问题，计算速度快得多。

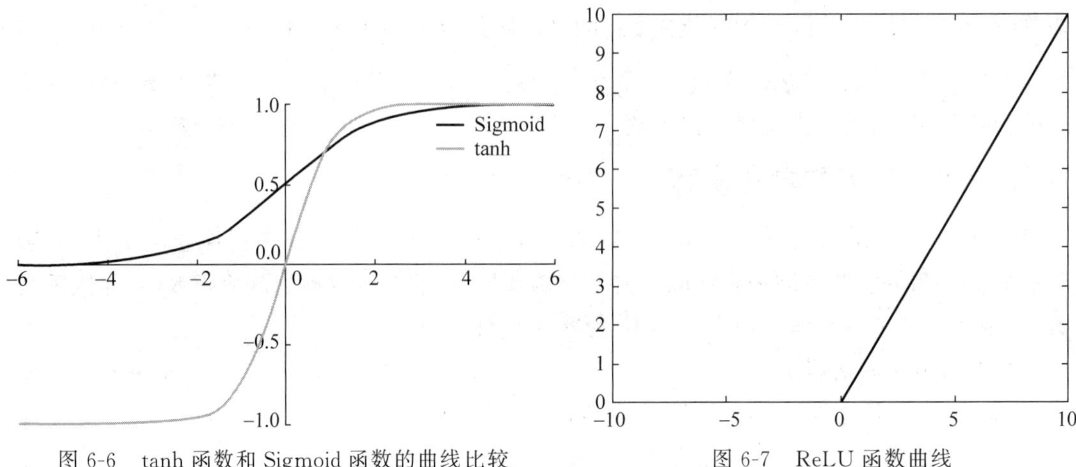

图 6-6 tanh 函数和 Sigmoid 函数的曲线比较

图 6-7 ReLU 函数曲线

4. Leaky ReLU

它是一种专门设计用于解决 Dead ReLU 问题的激活函数，函数表达式如下：

$$f(y_i)=\begin{cases} y_i, & y_i \geqslant 0 \\ a_i y_i, & y_i < 0 \end{cases} \tag{6-34}$$

Leaky ReLU 将非常小的线性分量给予负输入，调整负值的零梯度（zero gradients）问题，有助于扩大 ReLU 函数的范围。

5. ELU

ELU 的提出也解决了 ReLU 的问题。与 ReLU 相比，ELU 有负值，这会使激活的平均值接近零。均值激活接近于零可以使学习更快，因为它们使梯度更接近自然梯度，函数表达式为

$$g(x)=\mathrm{ELU}(x)=\begin{cases} x, & x>0 \\ a(\mathrm{e}^{x}-1), & x \leqslant 0 \end{cases} \tag{6-35}$$

显然，ELU 融合了 Sigmoid 和 ReLU，$x \leqslant 0$ 时具有软饱和性，$x>0$ 时无饱和性。

6. PReLU

PReLU（Parametric ReLU）也是 ReLU 的改进版本，函数表达式为

$$f(y_i)=\begin{cases} y_i, & y_i > 0 \\ a_i y_i, & y_i \leqslant 0 \end{cases} \tag{6-36}$$

其中，参数 a_i 范围通常为 0～1，并且相对较小。a_i 有如下特性。

(1) 如果 $a_i=0$，则函数为 ReLU。

(2) 如果 $a_i>0$，则函数为 Leaky ReLU。

(3) 如果 a_i 是可学习的参数，则函数为 PReLU。

PReLU 在负值域，PReLU 的斜率较小，这也可以避免 Dead ReLU 问题；与 ELU 相比，PReLU 在负值域是线性运算，尽管斜率很小，但不会趋于 0。

7. Softmax

Softmax 是用于多类分类问题的激活函数,在神经网络中应用广泛,很多时候作为输出层的激活函数使用。对于长度为 K 的任意实向量,Softmax 可以将其压缩为长度为 K,值在(0,1)范围内,并且向量中元素的总和为 1 的实向量。函数表达式为

$$S_i = \frac{e^i}{\sum_j e^j} \tag{6-37}$$

Softmax 函数的分母结合了原始输出值的所有因子,这意味着 Softmax 函数获得的各种概率彼此相关。Softmax 激活函数的主要缺点是:在零点不可微;负输入的梯度为零,这意味着对于该区域的激活,权重不会在反向传播期间更新,因此会产生永不激活的死亡神经元。

8. Swish

Swish 函数表达式为

$$y = x \cdot \text{sigmoid}(x) \tag{6-38}$$

Swish 激活函数是受 LSTM 和 highway network 中用 sigmoid 函数做门函数而得到的启发。利用"门"来控制输出。其中,Swish 激活函数的"无界性"有助于防止慢速训练期间,梯度逐渐接近 0 并导致饱和;导数恒大于 0;平滑度在优化和泛化中起了重要作用。

9. Maxout

在 Maxout 层,激活函数是输入的最大值,因此只有 2 个 Maxout 节点的多层感知机就可以拟合任意的凸函数。

假设网络某一层的输入特征向量为 $\boldsymbol{X}=(x_1,x_2,\cdots,x_d)$。Maxout 隐藏层神经元 i 的计算公式为

$$h_i(x) = \max_{j\in[1,k]} z_{ij} \tag{6-39}$$

其中,k 是 Maxout 层所需要的参数。$z_{ij}=\boldsymbol{x}^{\mathrm{T}}w_{\dots ij}+b_{ij}$。权重 $\boldsymbol{w}$ 是一个大小为(d,m,k)的三维矩阵,$\boldsymbol{b}$ 是一个大小为(m,k)的二维矩阵。

10. Softplus

Softplus 函数表达式为

$$F(x) = In(1+e^x) \tag{6-40}$$

Softplus 的导数为

$$F'(x) = \frac{e^x}{(1+e^x)} = \frac{1}{(1+e^{-x})} \tag{6-41}$$

也称为 logistic/Sigmoid 函数。Softplus 函数类似于 ReLU 函数,但是相对较平滑,像 ReLU 一样是单侧抑制。

6.2.6 卷积神经网络的生物学启发

CNN 的出现是由生物学启发而来。CNN 最初从大脑神经网络获得灵感,如它的名称一样。CNN 仿照大脑神经网络结构,模拟神经元与神将元的信息交互和学习,构建 ANN。

CNN 的启发最早可追溯到日本学者福岛邦彦提出的 Neocognitron 模型。2021 年,福岛邦彦由于通过发明第一个深度 CNNNeocognitron 模型将神经科学原理应用于工程的开创性研究,获得 2021 鲍尔奖,这是对人工智能发展的关键贡献。

1962 年，Hubel 和 Wiesel 发现初级视觉皮层中(primary visual cortex)的神经元会响应视觉环境中特定的简单特征(尤其是有向边)，而复杂细胞通过在多个简单细胞(每个都有一个不同的偏好位置)的输入上进行池化可以实现这种不变性。1979 年，福岛仿造生物的视觉皮层(visual cortex)设计了以 neocognitron 命名的神经网络。

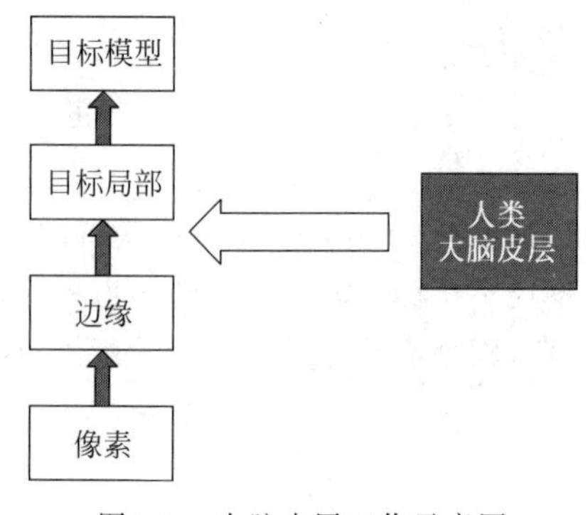

图 6-8 大脑皮层工作示意图

人类初级视觉皮层可简称为 V1，是对人类观测到的视觉信息，也就是 CNN 输入开始处理的第一个人脑区域。如图 6-8 所示，图像经由眼睛的视网膜成像，视网膜中的神经元对图像进行预处理，通过视神经和外侧膝状核的脑部区域。这些解剖区域的主要作用是仅仅将信号从眼睛传递到位于头后部的 V1。对特定特征的选择性以及通过前馈连接增大的空间不变性，构成了 CNN 这样的人工视觉系统的基础。

6.2.7 卷积神经网络的发展

CNN 在深度学习的历史中发挥了重要作用，也在各个领域繁荣发展。纵观整个计算机视觉的历史，研究工作主要集中在人工设计鲁棒性及有效的特征提取上。CNN 的出现解放了手工提取特征，提供了自动生成特征的方法，从而 CNN 得到广泛应用。

1989 年，LeCun 等使用反向传播训练了识别手写数字的 CNN。1999 年，随着 MNIST 数据集的引入，CNN 的能力得到了进一步的发展和验证。

2012 年，Alex Krizhevsky、Ilya Sutskever 在多伦多大学 Geoff Hinton 的实验室提出了一种深层 CNN：AlexNet。这个网络在 2012 年夺得了 ImageNet LSVRC 的冠军，其准确率远优于第二名，造成了很大的轰动。

VGGNet 是牛津大学计算机视觉组和 Google DeepMind 公司的研究员研发的深度 CNN。VGGNet 主要探究了 CNN 的深度和性能之间的关系，通过反复堆叠 3×3 的小卷积核和 2×2 的最大池化层，VGGNet 成功地搭建了 16～19 层的深度 CNN。到目前为止，VGGNet 依然经常用于提取特征图像。

相比 AlexNet，VGG16 的一个改进是采用连续的几个 3×3 的卷积核代替 AlexNet 中的较大卷积核(11×11，7×7，5×5)。对于给定的感受野(与输出有关的输入图片的局部大小)，采用堆积的小卷积核优于采用大的卷积核，因为多层非线性层可以增加网络深度来保证学习更复杂的模式，而且代价还比较小(参数更少)，其网络结构如图 6-9 所示。

全卷积神经网络(Fully Convolutional Neural Networks，FCNN)对图像进行像素级的分类，解决了语义级别的图像分割问题。与经典的 CNN 在卷积层之后使用全连接层得到固定长度的特征向量进行分类(全连接层＋softmax 输出)不同，FCN 可以接受任意尺寸的输入图像，采用反卷积层对最后一个卷积层的特征图进行上采样，使它恢复到输入图像相同的尺寸，从而可以对每个像素都产生一个预测，同时保留了原始输入图像中的空间信息，最后在上采样的特征图上进行逐像素分类。FCN 结构如图 6-10 所示。

CNN 提供了一种方法特化神经网络，使其能够处理具有清楚网格结构拓扑的数据，并将这样的模型扩展到非常大的规模。

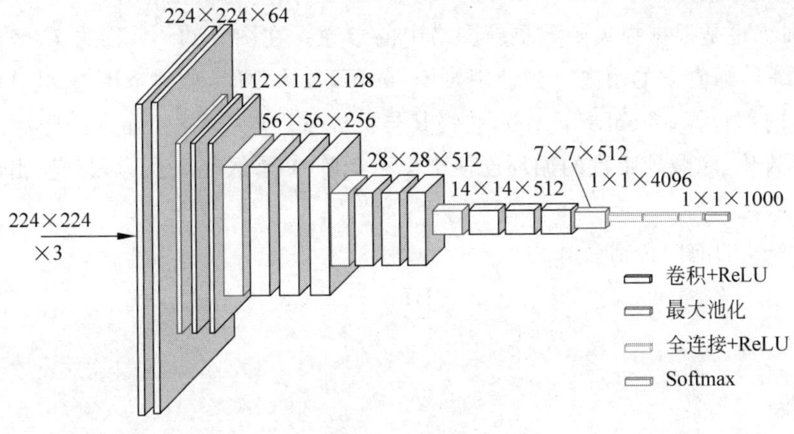

图 6-9 VGG16 结构示意图

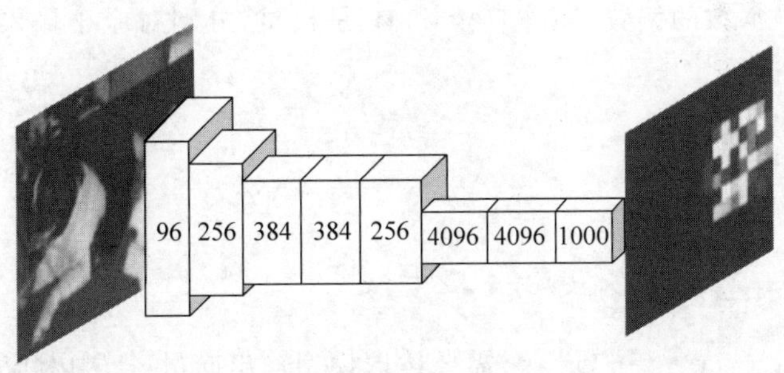

图 6-10 FCN 结构示意图

6.3 递归神经网络

递归神经网络(Recurrent Neural Network,RNN)是目前最流行的几种深度学习网络结构之一。比起 CNN,递归神经网络能够处理历史信息和建模历史记忆。由于其特殊功能,常用于处理时间、空间序列上有强关联的信息。

6.3.1 循环神经网络

循环神经网络是深度网络模型的一种,适用于处理序列特性的数据,序列特性是指符合时间顺序、逻辑顺序或者其他顺序。因为循环神经网络能有效挖掘数据中的时序信息以及语义信息,利用循环神经网络的这种能力,深度学习模型在解决语音识别、语言模型、机器翻译以及时序分析等语言处理领域的问题时有所突破。

与 FNN 不同,循环神经网络的隐藏层之间的节点是有连接的,隐藏层的输入不仅包括输入层的输出,还包括上时刻隐藏层的输出。这样的结构使得循环神经网络可以存储前面的历史信息,并作用于后面节点的输出。从结构上看,循环神经网络展开如图 6-11 所示。

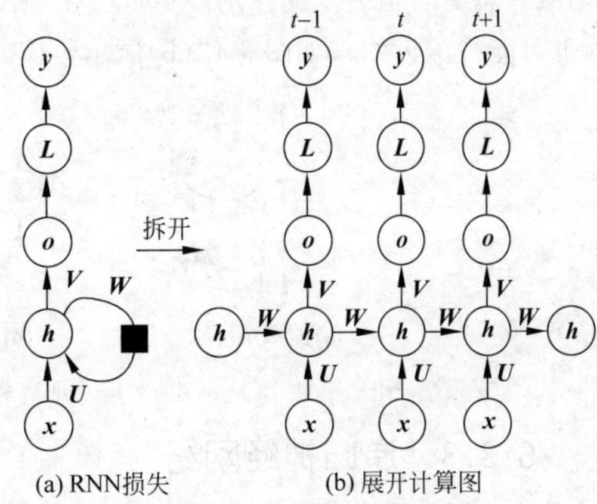

图 6-11 循环神经网络计算图

RNN 训练也是根据损失函数更新网络中的参数。在图 6-11 中，损失 $\boldsymbol{L}$ 衡量每个 $\boldsymbol{o}$ 值与相应的训练目标值 y 的距离。当使用 Softmax 函数输出时，假设 $\boldsymbol{o}$ 是未归一化的对数概率。损失 $\boldsymbol{L}$ 内部计算 $\hat{\boldsymbol{y}}=\text{softmax}(\boldsymbol{o})$，并将其与目标 $\boldsymbol{y}$ 比较。RNN 输入到隐藏的连接由权重矩阵 $\boldsymbol{U}$ 参数化，隐藏到隐藏的循环连接由权重矩阵 $\boldsymbol{W}$ 参数化以及隐藏到输出的连接由权重矩阵 $\boldsymbol{V}$ 参数化。

通常，RNN 的前向传播公式为

$$\begin{aligned}
\boldsymbol{a}^{(t)} &= \boldsymbol{b}+\boldsymbol{W}\boldsymbol{h}^{(t-1)}+\boldsymbol{U}\boldsymbol{x}^{(t)} \\
\boldsymbol{h}^{(t)} &= \tanh(\boldsymbol{a}^{(t)}) \\
\boldsymbol{o}^{(t)} &= \boldsymbol{c}+\boldsymbol{V}\boldsymbol{h}^{(t)} \\
\hat{\boldsymbol{y}}^{(t)} &= \text{softmax}(\boldsymbol{o}^{(t)})
\end{aligned} \tag{6-42}$$

其中，向量 $\boldsymbol{b}$ 和 $\boldsymbol{c}$ 是参数的偏置，矩阵 $\boldsymbol{U}$、$\boldsymbol{V}$ 和 $\boldsymbol{W}$ 是权重，分别对应于输入到隐藏、隐藏到输出和隐藏到隐藏的连接。

循环卷积的损失定义为

$$\begin{aligned}
& L(\{\boldsymbol{x}^{(1)},\boldsymbol{x}^{(2)},\cdots,\boldsymbol{x}^{(\tau)}\},\{\boldsymbol{y}^{(1)},\boldsymbol{y}^{(2)},\cdots,\boldsymbol{y}^{(\tau)}\})=\sum_t \boldsymbol{L}^{(t)} \\
&= -\sum_t \log p_{\text{modle}}(\boldsymbol{y}^{(t)} \mid \{\boldsymbol{x}^{(1)},\boldsymbol{x}^{(2)},\cdots,\boldsymbol{x}^{(t)}\})
\end{aligned} \tag{6-43}$$

其中 $p_{\text{modle}}(y^{(t)}|\{\boldsymbol{x}^{(1)},\boldsymbol{x}^{(2)},\cdots,\boldsymbol{x}^{(t)}\})$需要读取模型输出向量$\hat{\boldsymbol{y}}^{(t)}$中对应于 $\boldsymbol{y}^{(t)}$ 的项。

6.3.2 深度循环网络

与 FNN 一致，增加循环网络的隐藏层数目可以增加循环神经网络的深度，从而增强循环神经网络的能力。

由于循环神经网络的灵活性，可以增加循环神经网络的深度从而增强循环神经网络的能力。一般来说，循环网络由输入层、隐藏层和输出层组成，并在隐藏层循环。并引入“记忆”的概念。

深度循环神经网络是时间上的展开，处理的是序列结构的信息，是有环图，模型结构如图 6-12 所示。在图 6-12(a)中，层次结构中较低的层起到了将原始输入转化为对更高层的隐藏状态更合适表示的作用。更进一步提出，可以在上述三个块中各使用一个单独的 MLP(也可能是深度的)，如图 6-12(b)所示。图 6-12(c)中则加入了跳跃连接。

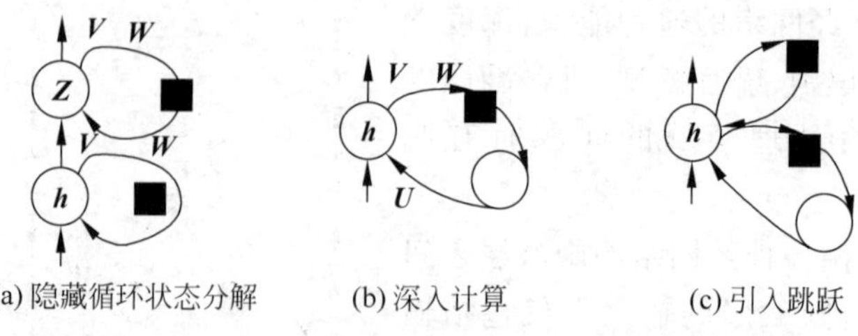

图 6-12 加深循环神经网络的方式

6.3.3 递归神经网络

递归神经网络不同于深度循环网络，它是一种树状结构的神经网络。与循环神经网络相比，递归神经网络是空间上的展开，处理的是树状结构的信息，是无环图，模型结构如图 6-13 所示。

递归神经网络与循环神经网络不同的是循环神经网络很难训练，这导致了它在实际应用中，很难处理长距离的依赖。而递归神经网络对于具有相同长度 τ 的序列，深度（通过非线性操作的组合数量来衡量）可以急剧地从 τ 减小为 $O(\log\tau)$，这可能有助于解决长期依赖。

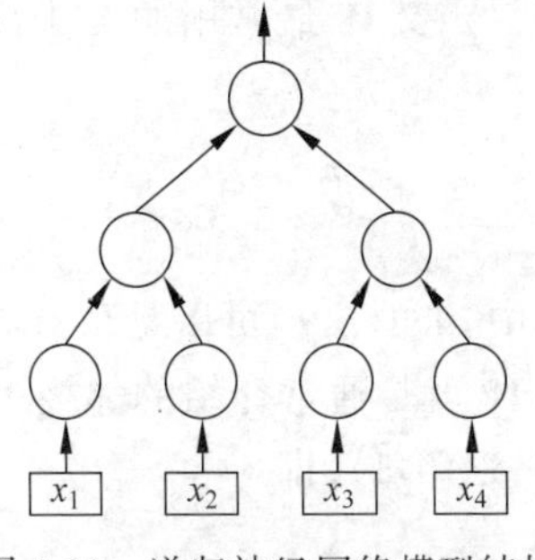

图 6-13 递归神经网络模型结构

6.4 图卷积网络

6.4.1 图的基本定义

图是一种结构化的数据，它包含实体（即节点）的集合，以及这些实体对之间交互（即边）的集合。图像是一种规则的网格数据，而图的连接是自由的，它是根据节点对是否存在关系进行连接的。如图 6-14 所示。图结构数据的优越性不仅在于它关注节点之间的关系（而不是单个点的属性），还在于它存在的普遍性。常见的图结构包括图 6-15 所示的 5 种。

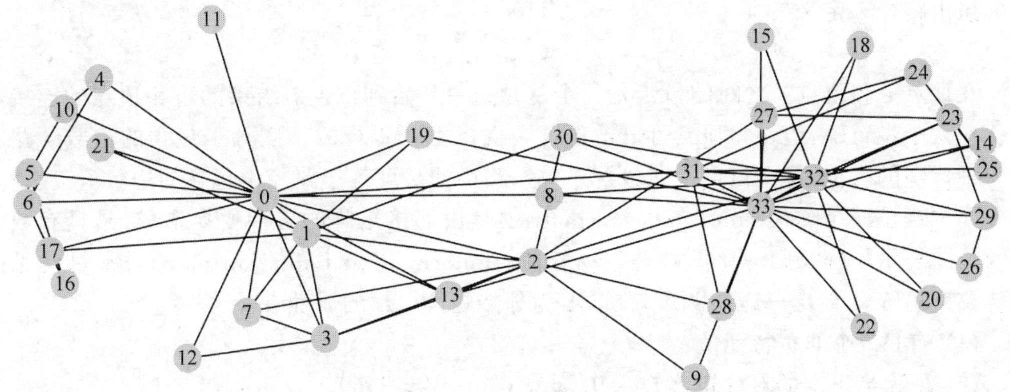
图 6-14 图结构数据

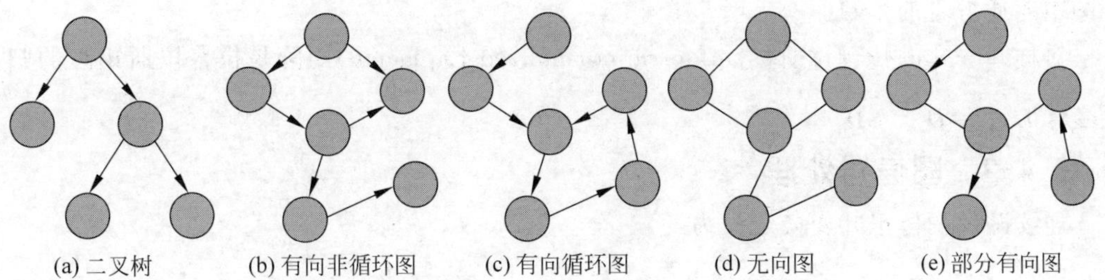

图 6-15 图的五种类型

图 $G=\{V,E,\boldsymbol{W}\}$ 是由顶点 V 和边 E 组成，$\boldsymbol{W}$ 表示权重邻接矩阵，是一种便捷的表示图的方法，矩阵中的元素表示节点对之间是否存在边。$(i,j)\in E$ 表示由 i 连接到 j 的边。在无向图中，$(i,j)=(j,i)$，但是在有向图中并不满足这条性质。这里重点介绍无向图。

W_{ij} 表示顶点 i、j 之间的边 (i,j) 的权重。如果 $W_{ij}=0$ 表示在顶点 i 和 j 之间没有边，即 $(i,j)\notin E$。$\boldsymbol{W}$ 中的元素一般为实数，并且由 $(i,j)=(j,i)$ 可以得到：$\boldsymbol{W}$ 是一个实对称矩

阵。定义 $\boldsymbol{W}$ 最常用的方法就是使用阈值高斯核权重函数

$$W_{ij}=\begin{cases}\exp\left(-\dfrac{[\operatorname{dist}(i,j)^2]}{2\theta^2}\right), & \operatorname{dist}(i,j)\leqslant k\\ 0, & \text{其他}\end{cases} \tag{6-44}$$

其中,$\operatorname{dist}(i,j)$可以是顶点 i 和 j 之间的物理距离,也可以是它们特征之间的距离。最简单的 $\boldsymbol{W}$ 就是通常介绍的邻接矩阵 $\boldsymbol{A}$,矩阵 $\boldsymbol{A}$ 只是 $\boldsymbol{W}$ 矩阵的一种特殊情况。$\boldsymbol{A}$ 中每一个元素 $A_{ij}\in\{0,1\}$,即

$$A_{ij}=\begin{cases}0, & (i,j)\in E\\ 1, & (i.j)\notin E\end{cases} \tag{6-45}$$

节点的度(node degree)是最明显和最直接的节点特征,计算关联到一个节点的边数(即节点的邻居数目)。节点 u 的度计算为

$$d_u=\sum_{v\in V}A[u,v] \tag{6-46}$$

度矩阵为$|V|\times|V|$大小的对角矩阵,对角元素为各节点的度。

无向图中,N_i 表示节点i 的邻域节点,它有多种定义的方法,一般情况下,某个顶点 i 的邻域由路径来定义

$$N_i=\{j\in V,\operatorname{path}(i,j)\leqslant k\} \tag{6-47}$$

在顶点 i 和顶点 j 之间的行走是一个从顶点 i 开始到顶点 j 结束的边和顶点的连接序列。在一个步行中,边缘和顶点可以被包含一次以上。步行的长度等于包含的边数。路径是一种特殊的行走,每个顶点只能包含一次。路径的长度等于路径中包含的边数。

图拉普拉斯矩阵(graph Laplacian matrix)是由邻接矩阵的各种变换形成,是具有数学属性的图表示矩阵。归一化图拉普拉斯矩阵(unnormalized Laplacian matrix)是最常见的拉普拉斯矩阵,$\boldsymbol{L}=\boldsymbol{D}-\boldsymbol{A}$,$\boldsymbol{D}$ 为度矩阵,$\boldsymbol{A}$ 为邻接矩阵。$\boldsymbol{L}$ 的属性有:

(1) 有$|V|$个非负特征值;

(2) $\boldsymbol{L}$ 为半正定的对称矩阵 $\boldsymbol{L}^{\mathrm{T}}=\boldsymbol{L}$,$\boldsymbol{x}^{\mathrm{T}}\boldsymbol{L}\boldsymbol{x}\geqslant 0,\forall\boldsymbol{x}\in\mathbb{R}^{|V|}$;

(3) 拉普拉斯矩阵 $\boldsymbol{L}$ 的 0 特征值的几何重数(特征值对应特征方程解向量的个数)对应于图中连通分量的个数。

对称归一化的拉普拉斯(symmetric normalized Laplacian)矩阵是拉普拉斯矩阵的归一化变体 $\boldsymbol{L}_{\mathrm{sym}}=\boldsymbol{D}^{-\frac{1}{2}}\boldsymbol{L}\boldsymbol{D}^{-\frac{1}{2}}$。

6.4.2 图信号处理

连续函数的傅里叶变换定义为

$$\hat{f}(w)=\langle f,\mathrm{e}^{2\pi\mathrm{j}wt}\rangle=\int_R f(t)\mathrm{e}^{-2\pi\mathrm{j}wt}\,\mathrm{d}t \tag{6-48}$$

有限域 $t\in\{0,1,\cdots,N-1\}$上的单变量离散函数的卷积定义为

$$(f*h)(t)=\sum_{\tau=0}^{N-1}f(\tau)h(t-\tau) \tag{6-49}$$

在信号处理中,离散卷积 $f*h$ 可看作滤波器 h 在序列 f 上的滤波操作。卷积的一个关键特性是平移不变性,可表示为

$$f(t+a)*g(t)=f(t)*g(t+a)=(f*g)(t+a) \tag{6-50}$$

差分运算也满足平移不变性这一特性：

$$\Delta f(t) * g(t) = f(t) * \Delta g(t) = \Delta(f * g)(t) \tag{6-51}$$

其中 $\Delta f(t)=f(t+1)-f(t)$就是离散单变量信号的拉普拉斯(即差分)算子。

滤波和平移不变性的概念是数字信号处理(DSP)的核心，也是 CNN 的直观基础，CNN 可看作是二维数据上的离散卷积。

接下来详细介绍离散时变信号和图信号的联系。

将循环时变信号视为如图 6-16 所示的链式图，时间 t 中的每个点表示为一个节点，每个函数值 $f(T)$表示节点的信号值。这样图信号就可以表示为向量 $f\in\mathbb{R}^N$，每一维对应的是链图中的一个节点。

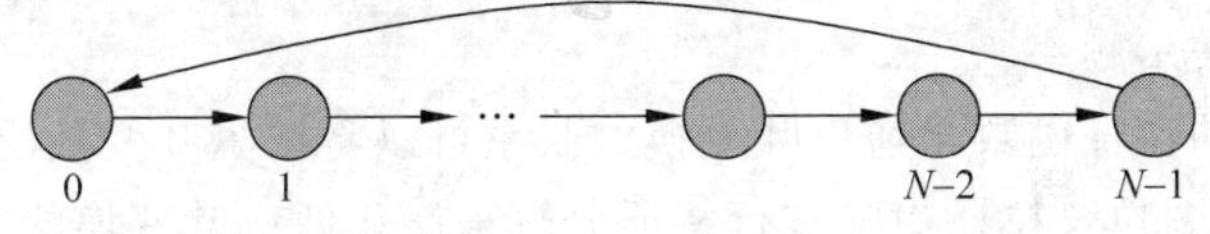

图 6-16　链式图

该链图的邻接矩阵

$$A[i,j]=\begin{cases}1, & j=(i+1)\\ 0, & 其他\end{cases}$$

为循环矩阵(时间)，可以使用图的邻接矩阵和拉普拉斯矩阵来表示运算。例如：

(1) 用邻接矩阵乘法表示时间位移：$\boldsymbol{A}f[t]=f[(t+1)_{\bmod N}]$。

(2) 通过 Laplacian 乘法进行差分运算：$\boldsymbol{L}f[t]=f[(t+1)_{\bmod N}]-f[t]$。

其中，mod$N$ 表示定义在有限域上的循环卷积。由上面可以得出结论：邻接矩阵乘信号，表示信号从一个节点传播到另一个节点。拉普拉斯算子乘信号，则可以计算每个节点上的信号与其邻域之间的差分。

借鉴这种基于图的用矩阵乘法变换信号的方法，则可以将滤波器 $\boldsymbol{h}$ 的卷积表示为对向量 $\boldsymbol{f}$ 的矩阵乘法：

$$(f * h)(t)=\sum_{\tau=0}^{N-1} f(t-\tau)h(\tau)=\boldsymbol{Q}_h\boldsymbol{f} \tag{6-52}$$

其中 $\boldsymbol{Q}_h\in\mathbb{R}^{N\times N}$ 是用来表示 $\boldsymbol{h}$ 的卷积运算的矩阵。$\boldsymbol{f}=[f(t_0),f(t_2),\cdots,f(t_{N-1})]^{\mathrm{T}}$ 是函数 f 的向量表示，因此卷积操作就可以表示为图中每个节点上信号的矩阵变换。

为了让式(6-52)等价，要求矩阵 $\boldsymbol{Q}_h$ 的乘法满足平移不变性，这点对应于循环邻接矩阵的交换性：$\boldsymbol{A}\boldsymbol{Q}_h=\boldsymbol{Q}_h\boldsymbol{A}$。差分算子的不变性可类似地定义为 $\boldsymbol{L}\boldsymbol{Q}_h=\boldsymbol{Q}_h\boldsymbol{L}$。如果实矩阵 $\boldsymbol{Q}_h$ 满足 $\boldsymbol{Q}_h=p_N(\boldsymbol{A})=\sum_{i=0}^{N-1}a_iA^i$，则上面的要求是可以成立的。例如，$\boldsymbol{Q}_h$ 是邻接矩阵的多项式函数。在数字信号处理中，这相当于将滤波器表示为移位算子的多项式函数的想法。

6.4.3　图上的滤波器

经过上面推导可看到时变离散信号上的移位和卷积可以用链式图的邻接矩阵和拉普拉斯矩阵表示。即一个时变的离散信号对应于一个链图，平移/差分等概念对应于该链图的邻接/拉普拉斯的交换性质。在链式图的情况下，是可以定义同时与 $\boldsymbol{A}$ 和 $\boldsymbol{L}$ 共轭的滤波矩阵 $\boldsymbol{Q}_h$，但对于更一般的图，可以选择是基于邻接矩阵还是拉普拉斯矩阵的某个变体来定义卷积的。

在离散时间环境中,拉普拉斯算子简单地对应于差分算子(即时间点之间的差值)。在图中,根据定义 $(Lx)[i]=\sum_{j\in V}A[i,j](x[i]-x[j])$,这个概念对应于拉普拉斯矩阵,它测量节点 i 处某些信号 $x[i]$ 的值与其所有邻居的信号值之间的差异。这样,我们可以把拉普拉斯矩阵看作是拉普拉斯算子的离散类比。

拉普拉斯算子的一个极其重要的性质是,它的特征函数对应复指数

$$-\Delta(\mathrm{e}^{2\pi \mathrm{j}st})=-\frac{\partial^2(\mathrm{e}^{2\pi \mathrm{j}st})^2}{\partial t^2}=(2\pi s)^2\mathrm{e}^{2\pi \mathrm{j}st} \tag{6-53}$$

可以看出拉普拉斯算子的特征函数与傅里叶变换中频域模态的复指数相同(即正弦平面波),相应的特征值表示频率。

拉普拉斯算子的特征函数与傅里叶变换的联系可以将傅里叶变换泛化到任意图上。特别是,通过将一般的图拉普拉斯矩阵进行特征分解来泛化傅里叶变换的概念

$$\boldsymbol{L}=\boldsymbol{U}\boldsymbol{\Lambda}\boldsymbol{U}^{\mathrm{T}} \tag{6-54}$$

其中,将特征向量 $\boldsymbol{U}$ 定义为基于图的傅里叶模态(mode)。由于拉普拉斯算子的特征函数对应于傅里叶模态(比如,傅里叶序列的复指数),所以我们根据图拉普拉斯的特征向量来定义一般图的傅里叶模。因此,信号(或函数)$\boldsymbol{f}\in\mathbb{R}^{|\boldsymbol{V}|}$ 在图上的傅里叶变换可计算为 $\boldsymbol{s}=\boldsymbol{U}^{\mathrm{T}}\boldsymbol{f}$。逆傅里叶变换为 $\boldsymbol{f}=\boldsymbol{U}\boldsymbol{s}$。

谱域中的图卷积是通过变换后的傅里叶空间中的点乘来定义的。换句话说,给定一个信号 $\boldsymbol{f}$ 的图傅里叶系数 $\boldsymbol{U}^{\mathrm{T}}\boldsymbol{f}$ 以及某个滤波器 $\boldsymbol{h}$ 的图傅里叶系数 $\boldsymbol{U}^{\mathrm{T}}\boldsymbol{h}$,可以通过元素乘积来计算一个图卷积

$$\boldsymbol{f}*_{G}\boldsymbol{h}=\boldsymbol{U}(\boldsymbol{U}^{\mathrm{T}}\boldsymbol{f}\circ\boldsymbol{U}^{\mathrm{T}}\boldsymbol{h}) \tag{6-55}$$

其中 $\boldsymbol{U}$ 是拉普拉斯 $\boldsymbol{L}$ 的特征向量矩阵,$*_G$ 表示这个卷积是特定于图 $\boldsymbol{G}$ 的。

基于式(6-55),以函数 h 的图傅里叶系数 $\boldsymbol{\theta}_h=\boldsymbol{U}^{\mathrm{T}}\boldsymbol{h}\in\mathbb{R}^{|V|}$ 表示谱域中的卷积,卷积定义为

$$\boldsymbol{f}*_{G}\boldsymbol{h}=\boldsymbol{U}(\boldsymbol{U}^{\mathrm{T}}\boldsymbol{f}\circ\boldsymbol{\theta}_h)=(\boldsymbol{U}\mathrm{diag}(\boldsymbol{\theta}_h)\boldsymbol{U}^{\mathrm{T}})\boldsymbol{f} \tag{6-56}$$

其中,$\mathrm{diag}(\boldsymbol{\theta}_h)$ 是对角矩阵,其对角线为 $\boldsymbol{\theta}_h$ 的值(逐元素相乘可以用矩阵乘表示)。

然而,以这种非参数方式定义的滤波器对图的结构没有真正的依赖关系,并且是非局部的。为了确保谱滤波器 $\boldsymbol{\theta}_h$ 为图上一个有意义的卷积,采用基于拉普拉斯算子的特征值对 $\boldsymbol{\theta}_h$ 进行参数化,将频谱滤波器定义为 $p_N(\boldsymbol{\Lambda})$,是拉普拉斯矩阵特征值的 N 阶多项式

$$\begin{gathered}p_N(\boldsymbol{\Lambda})=\sum_{k=0}^{N-1}\theta_k\Lambda^k\\ \boldsymbol{f}*_{G}\boldsymbol{h}=(\boldsymbol{U}p_N(\boldsymbol{\Lambda})\boldsymbol{U}^{\mathrm{T}})f=p_N(\boldsymbol{L})\boldsymbol{f}\end{gathered} \tag{6-57}$$

这一定义确保了滤波器的局部性。如果使用一个 k 阶的多项式,那么每个节点上的滤波信号仅取决于其邻域中的信息。因此,图卷积可以表示为拉普拉斯的多项式(或其归一化变体)。

6.4.4 图卷积网络

Bruna 等定义了非参数光谱滤波器[式(6-56)]以及参数光谱滤波器[式(6-57)]。Defferrard 等根据公式(6-57)定义了卷积,将卷积核限制为多项式展开:

$$T_k(x)=2xT_{k-1}(x)-T_{k-2}(x)$$

并使用切比雪夫多项式定义了 $p_N(L)$。这种方法得益于切比雪夫多项式高效的递归公式并具有各种各样的性质,使它们适合于多项式逼近。k 阶切比雪夫多项式可表示为

$$T_k(x)=2xT_{k-1}(x)-T_{k-2}(x) \tag{6-58}$$

其中,$T_0=1,T_1=x$。多项式构成了 $L^2([-1,1],dy/\sqrt{1-y^2})$的正交基,即

$$\int_{-1}^{1}T_n(x)T_m(x)\frac{1}{\sqrt{1-x^2}}\mathrm{d}x=\begin{cases}0, & n\neq m\\ \pi, & n=m=0\\ \pi/2, & n=m\neq 0\end{cases} \tag{6-59}$$

它是以$\sqrt{1-y^2}$为度量的可积函数的希尔伯特空间。因此滤波器可以参数化为截断形式

$$g_{\boldsymbol{\theta}}(\boldsymbol{\Lambda})=\sum_{k=0}^{K-1}\theta_k T_k(\boldsymbol{\Lambda}) \tag{6-60}$$

其中,$\boldsymbol{\theta}\in\mathbb{R}^K$ 为切比雪夫的系数向量,$T_K(\boldsymbol{\Lambda})\in\mathbb{R}^{n\times n}$ 是在$\boldsymbol{\Lambda}=2\boldsymbol{\Lambda}/\lambda_{\max}-\boldsymbol{I}_n$ 处的 k 阶切比雪夫多项式,是有界于$[-1,1]$的对角矩阵。因此滤波过程可写为:

$$\boldsymbol{y}=g_{\theta}(\boldsymbol{L})\boldsymbol{x}=\sum_{k}^{K-1}\theta_k T_k(L)x \tag{6-61}$$

其中,$T_k(\boldsymbol{L})\in\mathbb{R}^{n\times n}$ 是在缩放拉普拉斯矩阵 $\boldsymbol{L}=2\boldsymbol{L}/\lambda_{\max}-\boldsymbol{I}_n$ 上求出的 k 阶切比雪夫多项式。令$\bar{\boldsymbol{x}}_k=T_k(\boldsymbol{L})x\in\mathbb{R}^n$,则可用递归联系计算$\bar{\boldsymbol{x}}_k=2\boldsymbol{L}\bar{\boldsymbol{x}}_{k-1}-\bar{\boldsymbol{x}}_{k-2}$,$\bar{\boldsymbol{x}}_0=\boldsymbol{x}$,$\bar{\boldsymbol{x}}_1=\boldsymbol{L}\boldsymbol{x}$。完整的卷积操作可表示为算法复杂度为 $O(K|\varepsilon|)$。

由上述可得,经过滤波操作,第 s 个样本的第 j 个输出特征图可表示为

$$\boldsymbol{y}_{s,j}=\sum_{i=1}^{F_{\text{in}}}g_{\boldsymbol{\theta}_{i,j}}(\boldsymbol{L})\boldsymbol{x}_{s,i}\in\mathbb{R}^n \tag{6-62}$$

其中,切比雪夫系数$\boldsymbol{\theta}_{i,j}\in\mathbb{R}^K$ 的 $F_{\text{in}}\times F_{\text{out}}$ 向量为该层的可训练参数。

用反向传播算法训练多个卷积层时,需要两个梯度

$$\frac{\partial \boldsymbol{E}}{\partial \boldsymbol{\theta}_{i,j}}=\sum_{s=1}^{S}[\bar{\boldsymbol{x}}_{s,i,0},\bar{\boldsymbol{x}}_{s,i,1},\cdots,\bar{\boldsymbol{x}}_{s,i,K-1}]^{\mathrm{T}}\frac{\partial \boldsymbol{E}}{\partial \boldsymbol{y}_{s,j}},\frac{\partial \boldsymbol{E}}{\partial \boldsymbol{x}_{i,j}}=\sum_{j=1}^{F_{\text{out}}}g_{\boldsymbol{\theta}_{i,j}}(\boldsymbol{L})\frac{\partial \boldsymbol{E}}{\partial \boldsymbol{y}_{s,j}} \tag{6-63}$$

其中,S 为 mini-batch 的样本数,E 为损失函数。上述三种计算中的每一种都归结为 K 稀疏矩阵-向量乘法和一次密集矩阵-向量乘法,算法复杂度为 $O(K|\varepsilon|F_{\text{in}}F_{\text{out}}S)$。

Kipf 和 Welling 等建立了图卷积网络(Graph Convolutional Networks,GCN)的概念,提出了 GCN 模型。它定义了一个基本的 GCN 层:

$$\boldsymbol{H}^{(k)}=\sigma(\boldsymbol{A}\boldsymbol{H}^{(k-1)}\boldsymbol{W}^{(k)}) \tag{6-64}$$

其中,$\boldsymbol{A}=(\boldsymbol{D}+\boldsymbol{I})^{-\frac{1}{2}}(\boldsymbol{I}+\boldsymbol{A})(\boldsymbol{D}+\boldsymbol{I})^{-\frac{1}{2}}$是邻接矩阵的归一化变体。$\boldsymbol{W}^{(k)}$是一个可学习的参数矩阵,$\sigma$ 为非线性激活函数。该模型就是将一个简单的图卷积(基于 $\boldsymbol{I}+\boldsymbol{A}$ 的多项式),与一个可学习的权重矩阵,以及一个非线性相结合。

6.4.5　图卷积网络的过度平滑问题

在基于式(6-64)的 K 轮信息传递之后,得到一个依赖于邻接矩阵的 K 次幂表示

$$\boldsymbol{H}^{(k)}=\boldsymbol{A}_{\text{sym}}^{K}\boldsymbol{X}\boldsymbol{W}^{(k)} \tag{6-65}$$

其中,$\boldsymbol{W}$ 是一些线性算子,$\boldsymbol{X}$ 是输入节点特征的矩阵。由于

$$\boldsymbol{L}_{\mathrm{sym}}=\boldsymbol{I}-\boldsymbol{A}_{\mathrm{sym}}=\boldsymbol{U}\boldsymbol{\Lambda}\boldsymbol{U}^{\mathrm{T}} \tag{6-66}$$

因此 $\boldsymbol{A}_{\mathrm{sym}}=\boldsymbol{U}(\boldsymbol{I}-\boldsymbol{\Lambda})\boldsymbol{U}^{\mathrm{T}}$。由式(6-66)可得，$\boldsymbol{A}_{\mathrm{sym}}$ 最大特征值对应于其对应的对称归一化拉普拉斯矩阵 $\boldsymbol{L}_{\mathrm{sym}}$ 的最小特征值。这意味着，将信号乘以 $\boldsymbol{A}_{\mathrm{sym}}$ 的高次幂相当于一个基于 $\boldsymbol{L}_{\mathrm{sym}}$ 最低特征值(或频率)的卷积滤波器，因此堆叠多轮的消息传递会导致卷积滤波器是低通的，在最坏的情况下，这些滤波器只是将所有的节点表征收敛到图上连接分量内的常数值(即拉普拉斯的“零频”)。实际上，在图上堆叠更深的卷积滤波器可以导致更简单而不是更复杂的卷积滤波器。

6.4.6 图小波神经网络

GCN 将卷积核表示式(6-37)所示的多项式展开。然而，这样的多项式近似限制了在图上定义适当卷积的灵活性，即在 N 较小的情况下，很难用 n 个自由参数来近似对角矩阵 $p_N(\boldsymbol{\Lambda})$。而在 N 较大的情况下，局部性不再保证。因此用图小波变换代替图傅里叶变换来解决上述三个局限性。

与图傅里叶变换类似，图小波变换将图信号从顶点域投射到频谱域。图小波变换采用一组小波作为基数，定义为$\boldsymbol{\psi}_s=(\psi_{s1},\psi_{s2},\cdots,\psi_{sn})$，其中 ψ_{si} 表示图上的信号从节点 i 扩散出去，s 是一个缩放参数。ψ_s 可表示为

$$\boldsymbol{\psi}_s=\boldsymbol{U}\boldsymbol{G}_s\boldsymbol{U}^{\mathrm{T}} \tag{6-67}$$

其中，$\boldsymbol{U}$ 为拉普拉斯特征向量，$\boldsymbol{G}_s=\mathrm{diag}(g(s\lambda_1),g(s\lambda_2),\cdots,g(s\lambda_n))$为缩放矩阵，$g(s\lambda_i)=\mathrm{e}^{\lambda_i s}$。

以图小波为基础，信号 $\boldsymbol{x}$ 在图上的图小波变换定义为：$\boldsymbol{x}=\boldsymbol{\psi}_s^{-1}\boldsymbol{x}$，逆变换为：$\boldsymbol{x}=\boldsymbol{\psi}_s\boldsymbol{x}$。请注意，只要将$\boldsymbol{\psi}_s$ 中的 $g(s\lambda_i)$替换为 $g(-s\lambda_i)$对应的热核，就可以得到$\boldsymbol{\psi}_s^{-1}$。将式(6-35)中的图傅里叶变换替换为图小波变换，就可以得到图卷积为

$$\boldsymbol{f} *_G \boldsymbol{h}=\boldsymbol{\psi}_s((\boldsymbol{\psi}_s^{-1}\boldsymbol{f})\circ(\boldsymbol{\psi}_s^{-1}\boldsymbol{h})) \tag{6-68}$$

与图傅里叶变换相比，图小波变换用于定义图卷积时具有以下优点。

(1) 计算效率高：可以通过快速算法获得图小波，而不需要对拉普拉斯矩阵进行特征分解。Hammond 等提出利用切比雪夫多项式高效逼近$\boldsymbol{\psi}_s$ 和$\boldsymbol{\psi}_s^{-1}$ 的方法，计算复杂度为 $O(m\times|E|)$，其中$|E|$为边的数量，m 为切比雪夫多项式的阶数。

(2) 高稀疏性：对于实际网络，矩阵 $\boldsymbol{\psi}_s$ 和$\boldsymbol{\psi}_s^{-1}$ 都是稀疏的，因为这些网络通常是稀疏的。因此，图小波变换比图傅里叶变换具有更高的计算效率。

(3) 局部的卷积：每一个小波都对应图上的信号从中心节点扩散出去，在顶点域高度局部化。因此，式(6-68)中定义的图卷积在顶点域是局部化的。

(4) 灵活的邻域：图小波对节点邻域的调整更加灵活。不同于通过离散的最短路径距离来约束邻域的方法，图小波变换采用了连续的方式，即改变缩放参数 s，s 值越小，邻域越小。图 6-17 展示了使用 GSP 工具箱描述的示例网络上两个不同尺度的小波基。

图小波神经网络(Graph Wavelet Neural Network，GWNN)是一种多层 CNN，它取代了傅里叶变换和小波变换。第 m 层的结构是

$$\boldsymbol{X}_{[:,j]}^{m+1}=h\left(\boldsymbol{\psi}_s\sum_{i=1}^{p}\boldsymbol{F}_{i,j}^{m}\boldsymbol{\psi}_s^{-1}\boldsymbol{X}_{[:,i]}^{m}\right),\quad j=1,2,\cdots,q \tag{6-69}$$

其中，$\boldsymbol{\psi}_s$ 是小波基，$\boldsymbol{\psi}_s^{-1}$ 是缩放参数为 s 的图小波变换矩阵，它将顶点域的信号投射到频谱域。$\boldsymbol{X}_{[:,i]}^{m}$的尺寸为 $n\times1$ 是 X^m 的第 i 列。$\boldsymbol{F}_{i,j}^{m}$ 是在谱域中学习的对角滤波器矩阵，h 是

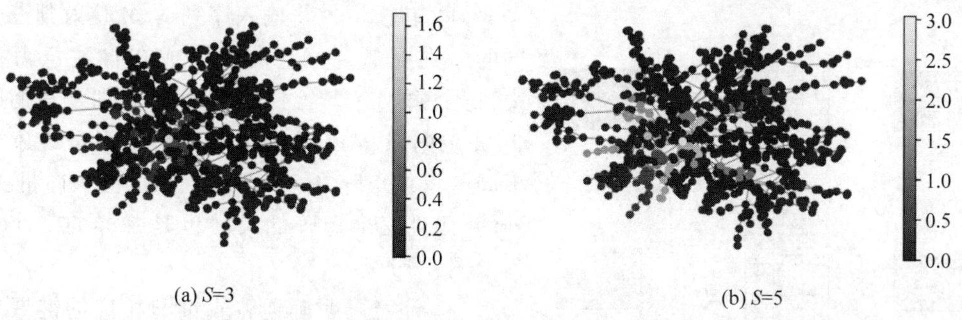

图 6-17 两个不同尺度的小波基

非线性激活函数。该层将尺寸为 $n\times p$ 的输入张量 $\boldsymbol{X}^m$ 转换为尺寸为 $n\times q$ 的输出张量 $\boldsymbol{X}^{m+1}$。

在式(6-69)中,每层的参数复杂度为 $O(n\times p\times q)$,其中 n 为节点数,p 为当前层每个顶点的特征数,q 为下一层每个顶点的特征数。传统的 CNN 方法学习每对输入特征和输出特征的卷积核。这会产生大量的参数,并且通常需要大量的训练数据来进行参数学习。这对于基于图的半监督学习来说是不允许的。为解决这个问题,我们将特征转换从图卷积中分离出来。每个层在 GWNN 分为两部分:特征变换和图卷积,特征变换为

$$\boldsymbol{X}^{m'}=\boldsymbol{X}^m\boldsymbol{W}$$

图卷积为

$$\boldsymbol{X}^{m+1}=h(\boldsymbol{\psi}_s\boldsymbol{F}^m\boldsymbol{\psi}_s^{-1}\boldsymbol{X}^{m'})$$

其中,$\boldsymbol{W}\in\mathbb{R}^{p\times q}$ 为特征变换的参数矩阵,维数为 $n\times q$ 的 $\boldsymbol{X}^{m'}$ 为特征变换后的特征矩阵,$\boldsymbol{F}^m$ 为图卷积核的对角矩阵,h 为非线性激活函数。

从图卷积中分离出特征转换后,参数复杂度从 $O(n\times p\times q)$ 降低到 $O(n+p\times q)$。在标签相当有限的情况下,参数的减少对于基于图的半监督学习是非常重要的。

6.5 自组织网络构造理论

6.5.1 自注意力模型

注意力机制是神经网络中常用的模型。受人类视觉系统的启发,注意力机制旨在通过选择对象的关键部分而不是整个对象来识别对象。注意力机制可以通过有选择地关注给定的数据集来学习进行预测,提高深度神经网络的性能。在神经网络中引入注意力机制可以带来更好的判别特征表示能力。

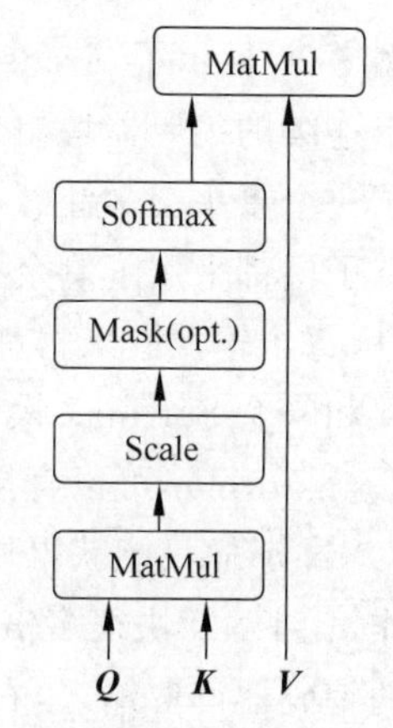

图 6-18 self-attention 基本结构

自注意力(self-attention)是一种注意力机制,在这种机制中,模型使用同一样本中的观察部分预测数据样本的其余部分。自注意力机制在 Transformer 模型中提出,有着高效的全局特征提取能力。其基本结构如图 6-18 所示。

自注意力机制作为 Transformer 的重要组成部分,可以分为两部分。

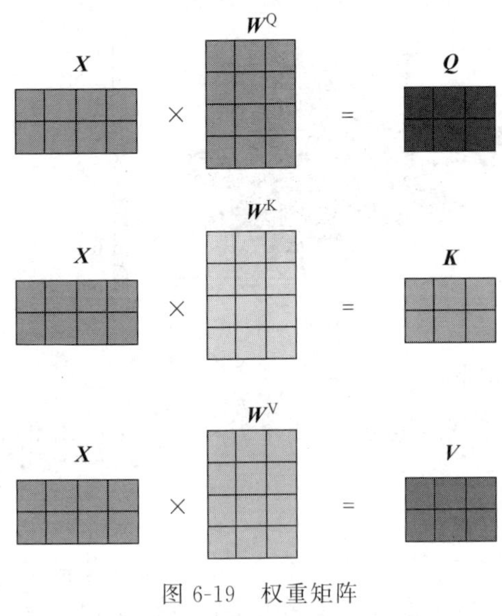

图 6-19　权重矩阵

(1) 转换层。将输入序列 $\boldsymbol{X}$、$\boldsymbol{Y}$ 映射到三个不同的序列向量。每个向量生成在自注意力机制中，每个输入有 3 个不同的向量，分别是查询向量 $\boldsymbol{Q}$、关键向量 $\boldsymbol{K}$ 和价值向量 $\boldsymbol{V}$。它们是通过三个不同的权重矩阵 $\boldsymbol{W}^{\mathrm{Q}}$、$\boldsymbol{W}^{\mathrm{K}}$、$\boldsymbol{W}^{\mathrm{V}}$ 乘以嵌入向量 $\boldsymbol{X}$ 得到的，而且三个矩阵的尺寸也是一样的。计算过程如图 6-19 所示。

(2) 注意层明确地将查询与相应的键聚集在一起，将它们分配给值，并更新输出向量。自注意力机制中，首先应计算 $\boldsymbol{Q}$ 和 $\boldsymbol{K}$ 之间的点积，为了避免结果过大，将被除以一个尺度，即向量 $\boldsymbol{Q}$ 和 $\boldsymbol{K}$ 的维度。然后使用 Softmax 操作将结果归一化为一个概率分布，再乘以矩阵 $\boldsymbol{V}$，得到权重之和的表达。该操作可以表示为

$$\mathrm{Attention}(\boldsymbol{Q},\boldsymbol{K},\boldsymbol{V})=\mathrm{softmax}\left(\frac{\boldsymbol{Q}\boldsymbol{K}^{\mathrm{T}}}{\sqrt{d_k}}\right)\boldsymbol{V}$$

6.5.2　多头自注意力模型

由于特征子空间的限制，单头注意力块的建模能力是粗糙的。为了解决这个问题，Vaswani 等提出了一个多头自注意机制(Multi-Head Self-Attention，MHSA)。单头注意力机制将输入到多个特征子空间，并由几个独立的注意力头(层)平行处理。与单头注意力机制不同的是，多头机制将输入分成几个小块，然后计算子注意力中每个子空间的值，最后将注意力的整个输出简单地串行连接到所需的维度。多头注意力是指网络可以有不同的表征 $\boldsymbol{Q}$、$\boldsymbol{K}$ 和 $\boldsymbol{V}$，最后将结果结合起来。

6.5.3　Transformer 模型

传统的 CNN 和 RNN 在 Transformer 中被放弃，整个网络结构完全由注意力机制组成。

图 6-20 显示了 Transformer 模型的整体编码器-解码器结构。具体来说，Transformer 由多个连续的编码器块组成，每个编码器由两个子层组成。与编码器相比，每个解码器块都附加了一个多头交叉注意层，以聚合解码器嵌入和编码器的输出。此外，编码器和解码器中的所有子层都采用了剩余连接和层归一化，以提高 Transformer 的可扩展性。为了记录顺序信息，每个输入嵌入物都在编码器和解码器堆栈的开始处附有一个位置编码。最后，一个线性层和一个 Softmax 操作用来预测下一个字。

Transformer 可以直接获得全局信息，不像 RNN 需要逐步递归才能获得全局信息，也不像 CNN 那样只能获得局部信息，Transformer 本质上是一种注意力结构，它可以进行并行操作，比 RNN 快很多倍。如图 6-20 所示，它是一个具有编码器-解码器结构的网络模型，左边的编码器读取输入，右边的解码器得到输出。

作为一个语言模型，Transformer 起源于机器翻译任务。给定一个单词序列，Transformer 将输入序列向量化为单词嵌入，增加位置编码，并将得到的向量序列送入编码

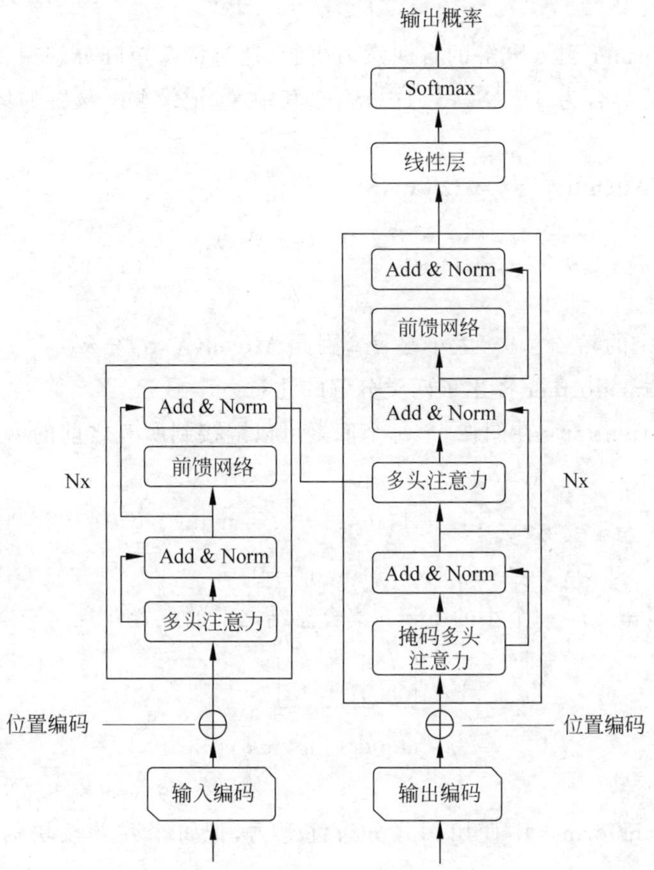

图 6-20 Transformer 模型结构图

器。当前位置只能取决于之前的位置输出。基于这种屏蔽，Transformer 解码器能够处理输入的标签序列进行并行处理。在推理过程中，由同一操作处理的前一个预测词序列操作被送入解码器以生成下一个字。

Transformer 给编码器层和解码器层的输入添加了一个额外的向量 **PE**(Positional Encoding)。用了正弦和余弦函数进行编码：

$$\mathbf{PE}_{(\mathrm{pos},2i)}=\sin(\mathrm{pos}/10000^{2u/d_{\mathrm{model}}})$$

$$\mathbf{PE}_{(\mathrm{pos},2i)}=\cos(\mathrm{pos}/10000^{2u/d_{\mathrm{model}}})$$

其中，pos 表示位置，i 表示维度位置。

这是一种解决输入序列顺序的方法，Transformer 为每个输入嵌入添加一个向量。这些向量遵循模型学习的特定模式，这允许确定每个单词的位置或序列中不同单词之间的距离。将这些值加入到嵌入中后，一旦它们被投射到向量 $\boldsymbol{Q}$、$\boldsymbol{K}$、$\boldsymbol{V}$，在点乘注意操作中，就有可能提供嵌入向量之间有意义的距离。

对于 Transformer 在视觉任务上的改进与变形，将在后续进行详细介绍。

6.5.4 稀疏自注意力机制

由于 Transformer 模型计算量巨大，减少计算成本是必经之路。将稀疏偏差引入注意力机制可以降低 Transformer 的复杂性。下面利用具体模型分析如何将稀疏偏差引入注意力机制。

稀疏 Transformer 引入分解的自注意力机制，通过稀疏矩阵分解减少计算量。其给定注意力连接的模式集合为 $\boldsymbol{S}=\{\boldsymbol{S}_1,\boldsymbol{S}_2,\cdots,\boldsymbol{S}_n\}$，其中 $\boldsymbol{S}_i$ 记录 key 位置的集合，第 i 个 query 向量可以扩展为

$$\begin{aligned}\textbf{Attend}(\boldsymbol{X},\boldsymbol{S})&=(a(\boldsymbol{x}_i,\boldsymbol{S}_i))_{i\in\{1,2,\cdots,L\}}\\ a(\boldsymbol{x}_i,\boldsymbol{S}_i)&=\operatorname{softmax}\left(\frac{(\boldsymbol{x}_i\boldsymbol{W}^q)(\boldsymbol{x}_j\boldsymbol{W}^k)_{j\in\boldsymbol{S}_i}}{\sqrt{d_k}}\right)(\boldsymbol{x}_j\boldsymbol{W}^V)_{j\in\boldsymbol{S}_i}\end{aligned}\tag{6-70}$$

$\boldsymbol{S}_i$ 的大小是不固定的，$a(\boldsymbol{x}_i,\boldsymbol{S}_i)$大小是 d_v，因此 $\textbf{Attend}(\boldsymbol{X},\boldsymbol{S})\in\mathbb{R}^{L\times d_v}$。

同样，稀疏 Transformer 提出了两类分解的注意力。

(1) strided attention：在图像中，每个像素可以链接到所有之前的 l 个像素，像素在相同列中相互链接

$$\begin{aligned}\boldsymbol{A}_i^{(1)}&=\{t,t+1,\cdots,i\},\quad t=\max(0,i-\ell)\\ \boldsymbol{A}_i^{(2)}&=\{j:(i-j)\bmod\ell=0\}\end{aligned}\tag{6-71}$$

(2) fixed attention：一个小的 token 集合总结之前的位置并且向未来的位置传递信息

$$\begin{aligned}\boldsymbol{A}_i^{(1)}&=\left\{j:\left\lfloor\frac{i}{\ell}\right\rfloor=\left\lfloor\frac{i}{\ell}\right\rfloor\right\}\\ \boldsymbol{A}_i^{(2)}&=\{j:j\bmod\ell=\{\ell-c,\cdots,\ell-1\}\}\end{aligned}\tag{6-72}$$

其中，c 是一个超参数。

还可以在 Transformer 中使用因式分解注意力，把每个残差模块的注意力类型交错起来

$$\operatorname{attention}(\boldsymbol{X})=Atten(\boldsymbol{X},\boldsymbol{A}^{(n\bmod p)})\boldsymbol{W}^0\tag{6-73}$$

其中，n 是当前残差模块的索引。

此外，局部敏感哈希(Locality-Sensitive Hashing，LSH)模型也减少了计算量，旨在解决 Transformer 中的几个问题：具有 N 层的模型中的内存比单层模型中的内存大 N 倍，因为需要存储反向传播的激活；中间 FF 层通常相当大；同时，长度为 L 的序列上的注意矩阵通常在内存和时间上都需要 $O(L^2)$的内存和时间。

基于以上讨论，进行了两种改进：将点乘的注意力替换为局部敏感的哈希注意力，将时间复杂度从 $O(L^2)$降到 $O(L\log L)$。标准残差模块替换为可逆残差层，这样在训练期间只允许存储一次激活，而不是 N 次(即与层数成比例)。

在注意力机制中加入局部哈希敏感。如果它保留了数据点之间的距离信息，我们称哈希(Hash)机制 $\boldsymbol{x}\to h(\boldsymbol{x})$是局部敏感的，这么做相近的向量可以获得相似的哈希值。给定一个固定的随机矩阵 $\boldsymbol{R}\in\mathbb{R}^{d\times b/2}$，其中 b 是超参数，哈希函数为 $h(\boldsymbol{x})=\operatorname{argmax}([\boldsymbol{xR};-\boldsymbol{xR}])$。

在局部敏感哈希注意力中，一个序列只可以和在相同的哈希桶(hashing bucket)中的位置进行交互，$\boldsymbol{S}_i=\{j:h(q_i)=h(k_j)\}$。

注意力矩阵通常是稀疏的，使用 LSH，基于哈希桶可以对 $\boldsymbol{K}$ 和 $\boldsymbol{Q}$ 进行排序。设置 $\boldsymbol{Q}=\boldsymbol{K}$，这样更便于批处理。有趣的是，这种“共享 QK”配置并不影响 Transformer 的性能。

可逆残差网络(Reversible Residual Network)的动机是设计一种结构，使任何给定层的

激活都可以从下一层的激活中恢复，只需使用模型参数。因此，可以通过在反向传播期间重新计算需要激活的内存，而不是存储所有激活。给定一层 $\boldsymbol{x}\rightarrow\boldsymbol{y}$，传统的残差层都是计算 $\boldsymbol{y}=\boldsymbol{x}+F(\boldsymbol{x})$，但是可逆层将输入和输出分为 $(\boldsymbol{x}_1,\boldsymbol{x}_2)\rightarrow(\boldsymbol{y}_1,\boldsymbol{y}_2)$，然后执行下面的操作

$$\boldsymbol{y}_1=\boldsymbol{x}_1+F(\boldsymbol{x}_2),\quad \boldsymbol{y}_2=\boldsymbol{x}_2+G(\boldsymbol{y}_1) \tag{6-74}$$

可逆就是

$$\boldsymbol{x}_2=\boldsymbol{y}_2-G(\boldsymbol{y}_1),\quad \boldsymbol{x}_1=\boldsymbol{y}_1-F(\boldsymbol{x}_2) \tag{6-75}$$

将相同的思想应用到 Transformer 中，可得

$$\boldsymbol{Y}_1=\boldsymbol{X}_1+\text{Attention}(\boldsymbol{X}_2),\quad \boldsymbol{Y}_2=\boldsymbol{X}_2+\text{FeedForward}(\boldsymbol{Y}_1) \tag{6-76}$$

内存可以通过分块前向计算进行操作

$$\boldsymbol{Y}_2=[\boldsymbol{Y}_2^{(1)};\cdots;\boldsymbol{Y}_2^{(c)}]=[\boldsymbol{X}_2^{(1)}+\text{FeedForward}(\boldsymbol{Y}_1^{(1)});\cdots;\boldsymbol{X}_2^{(c)}+\text{FeedForward}(\boldsymbol{Y}_1^{(c)})] \tag{6-77}$$

6.5.5 结合卷积的自注意力机制

CNN 已经是比较成熟的神经网络模型，拥有良好的特征提取能力。Transformer 专注于全局操作。Transformer 模型的自注意力机制没有 CNN 的空间不变形的假设，还需要更多的数据去学习，因而训练数据需求量高。而卷积是局部操作，卷积建模一般只关注于邻域像素之间的关系。所以 Transformer 可以和卷积形成很好的互补，两者相互结合的模型成为深度学习架构中研究人员感兴趣的研究方向之一。

研究人员将 CNN 上的成功经验转移到 Transformer 模型上，期望提高 Transformer 模型的性能与效率，具体包括软近似(DeiT、ConViT)、直接局部性处理(CeiT、LocalViT)、位置编码的直接替换(CPVT、ResT)和结构组合(Early Conv、CoAtNet)等。

除此之外，CNN 可以与 Transformer 模型直接结合，利用两种优秀的模型共同构建神经网络模型架构。Transformer 模型有两个关键的组成：多头注意力机制和 FFN。已有研究表明通过卷积层可以近似 Transformer 模型的多头注意力机制。MHSA 可能在没有跨层连接和 FFN 时对"token 一致性"具有很强的归纳偏置。因此，Transformer 在理论上具有比 CNN 更强大的建模能力。与之前基于注意力的方法类似，一些方法尝试将 Transformer 插入 CNN 主干或用 Transformer 层替换部分卷积块，如 VTs 和 BoTNet 模型。

6.5.6 强化自注意力模型

Transformers 模型除了计算量大，还有训练收敛慢问题。为了解决 Transformer 模型训练收敛慢问题，GTrXL(Gated Transformer-XL)使用强化学习提高原始 Transformer 和 XL 变体的稳定性和学习速度，并将归一化层应用于残差模块中的输入流，而不应用于短路连接流。这种重新排序的一个关键好处是允许原始输入从第一层流到最后一层。

残差连接被 GRU 取代

$$\begin{cases}\boldsymbol{r}=\sigma(\boldsymbol{W}_r^{(l)}\boldsymbol{y}+\boldsymbol{U}_r^{(l)}\boldsymbol{x})\\ \boldsymbol{z}=\sigma(\boldsymbol{W}_z^{(l)}\boldsymbol{y}+\boldsymbol{U}_z^{(l)}\boldsymbol{x}-\boldsymbol{b}_g^{(l)})\\ \hat{\boldsymbol{h}}=\tanh(\boldsymbol{W}_g^{(l)}\boldsymbol{y}+\boldsymbol{U}_g^{(l)}(\boldsymbol{r}\odot\boldsymbol{x}))\\ \boldsymbol{g}^{(l)}(\boldsymbol{x},\boldsymbol{y})=(1-\boldsymbol{z})\odot\boldsymbol{x}+\boldsymbol{z}\odot\hat{\boldsymbol{h}}\end{cases} \tag{6-78}$$

GTrXL 提供了易于培训，易于实现但更具表达性的体系结构，可替代部分可观察环境

中普遍用于强化学习代理的标准多层 LSTM。

6.5.7 结合先验的自注意力机制

若 Transformers 模型能够在训练中获得先验知识，无疑会大大加速训练过程。这里的先验指的是来自其他源的先验注意力分布。在 Transformers 模型中的自注意力机制是一系列的加权和。这类注意力可以通过先验进行补充。

数据任务都来自现实生活，那么根据生活经验和数据分布，研究人员可以预先得到某些特定的数据。这类数据具有的特性在任务中是起到重要作用的，或者说是受到模型偏爱的。那么研究人员可以根据已知的信息加入模型，使得模型不用从头学习，大大缩减训练时间，增加模型效率。

一个方法是在位置上使用高斯分布。具体来说，生成的注意力分布可以乘以高斯密度，然后再进行重归一化，这相当于在生成的注意力得分中加入一个偏置项，其中较高得分的代表有较高的参与先验概率。同时，在 Transformer 架构中，经常可以看到相邻层的注意力分布是相似的。因此，使用前一层的注意力分布作为注意力计算的先验也是很自然的。

利用结合先验的注意力机制，使得模型更鲁棒，增加了模型特征的多样性。

6.6 本章小结

深度特征网络由于其学习和适应、自组织、函数逼近和大规模并行处理等能力，而被广泛应用。网络通过添加更多的层或在层中组合更多的单元，深层网络可以表示复杂性不断增加的函数。给定足够大的模型和带有足够标签的大量训练标签集，将向量输入映射到输出向量，可以通过深度特征网络完成大多数对人类来说可以快速考虑的任务。本章首先介绍用于表示这些函数的前馈深度网络模型，接着介绍了递归、卷积、图以及自组织网络。由于深度特征网络优秀的性能，深度特征网络在模式识别、信号处理、系统辨识和优化等方面有着广泛的研究应用。尽管深度学习应用广泛，但仍处于萌芽阶段，但它很快成为开发和实现智能机器的主要研究方向。海量数据的处理、超参数的优化、网络鲁棒性等都是未来深度学习要面临的挑战和问题。

参考文献

本章参考文献扫描下方二维码。

第 7 章 学习表征编码器的构造理论

CHAPTER 7

对于深度学习而言，良好的特征表达对最终算法的准确性起了非常关键的作用。从海量数据中提取重要特征，筛除冗余特征，是深度学习提取有效特征的关键。

深度特征表示的大多数策略都会引入一些有助于学习潜在变差因素的线索。这些线索可以帮助学习器将这些观察到的因素与其他因素分开。探索新的特征提取和学习最佳表示模型是值得深入研究的内容。

7.1 自编码器

自编码器(Auto Encoder,AE)是一种神经网络模型。与第 6 章介绍的网络有所不同，自编码器是一种降维或者数据压缩的模型。将数据输入自编码器中，自编码器可以提取数据的核心特征，这一过程称为解码。同时，自编码器可以根据特征，将特征还原成原始数据，这一过程称为编码。

和 Transformer 模型类似，自编码器由一个编码器(encoder)和一个解码器(decoder)两部分组成。如图 7-1 所示，函数 $h=f(\boldsymbol{x})$表示编码器，函数 $\boldsymbol{r}=g(\boldsymbol{h})$表示解码器，编码功能 $f(\boldsymbol{x})$和解码功能 $g(\boldsymbol{x})$都是神经网络模型。

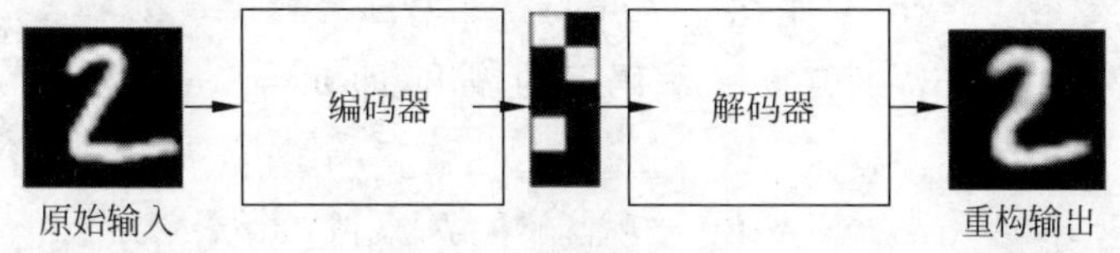

图 7-1 自编码器结构

传统的自编码器可用于降维或特征学习。自编码器可以被认为是前馈网络的一个特例，可以使用完全相同的技术进行训练，通常使用小批量梯度下降法(其中梯度是基于反向传播计算的)。与一般的前馈网络不同，自编码器也可以使用再循环进行训练。这种学习算法是基于比较原始输入的激活和重构输入的激活。

7.1.1 欠完备自编码器

欠完备(under-complete)自编码器，顾名思义，这种模型的输出维度(编码)小于输入维度，是欠完备的。显而易见，要想使自编码器学得训练数据的有益特征，只需要限制自编码器的维度比输入 $\boldsymbol{x}$ 小，这将会强制自编码器捕捉训练数据中的最显著特征。学习欠完备的表示将强制自编码器捕捉训练数据中最显著的特征。

学习过程可以简单地描述为最小化一个损失函数：

$$L(x,g(f(\boldsymbol{x}))) \tag{7-1}$$

其中，L 是一个损失函数，惩罚 $g(f(\boldsymbol{x}))$ 与 $\boldsymbol{x}$ 的差异(如均方误差)。当解码器是线性的且 L 是均方误差，欠完备的自编码器会学习得到与 PCA 相同的生成子空间。这种情况下，自编码器在训练执行复制任务的同时学到了训练数据的主元子空间。但如果编码器和解码器被赋予过大的容量，自编码器会执行复制任务而捕捉不到任何有关数据分布的有用信息。

7.1.2 正则自编码器

除了像欠完备自编码器一样，构建一个比输入维度小的隐藏层，也可以约束自编码器，这种称为正则自编码器。正则自编码器使用的损失函数可以引导模型学习其他特性(除了将输入复制到输出)，避免了因为限制使用浅层的编码器和解码器以及缩小的编码维数造成的模型性能和容量受限，这些特性包括稀疏表示、表示的小导数以及对噪声或输入缺失的鲁棒性等。即使模型容量大到足以学习一个无意义的恒等函数，非线性且过完备的正则自编码器仍然能够从数据中学到一些关于数据分布的有用信息。

在实际应用中，常用到两种正则自编码器：稀疏自编码器和降噪自编码器。

7.1.3 稀疏自编码器

稀疏自编码器正是向自动学习特征迈出的第一步。

前面提到的欠完备自编码器是输出维度(编码)小于输入维度，而稀疏自编码器是隐藏层节点数小于输入层的节点数。稀疏自编码器一般用来学习特征，可用于像分类这样的任务。稀疏正则化的自编码器必须反映训练数据集的独特统计特征，而不是简单地充当恒等函数。以这种方式训练，执行附带稀疏惩罚的复制任务可以得到能学习有用特征的模型。

稀疏自编码器的训练误差设置为

$$L(\boldsymbol{x},g(f(\boldsymbol{x})))+\Omega(\boldsymbol{h}) \tag{7-2}$$

其中，$g(\boldsymbol{h})$是解码器的输出，通常 $\boldsymbol{h}$ 是编码器的输出，即 $\boldsymbol{h}=f(\boldsymbol{x})$。$\Omega(\boldsymbol{h})$项是稀疏惩罚。联合分布为

$$p_{\text{model}}(\boldsymbol{x},\boldsymbol{h})=p_{\text{model}}(\boldsymbol{h})p_{\text{model}}(\boldsymbol{x}\mid\boldsymbol{h}) \tag{7-3}$$

其中，$\boldsymbol{h}$ 是潜变量，将 $p_{\text{model}}(\boldsymbol{h})$视为模型关于潜变量的先验分布，表示模型看到可见变量 x 的信念先验。对数似然函数可分解为

$$\log p_{\text{model}}=\log\sum_{\boldsymbol{h}}p_{\text{model}}(\boldsymbol{h},\boldsymbol{x}) \tag{7-4}$$

最大化为

$$\log p_{\text{model}}(\boldsymbol{h},\boldsymbol{x})=\log p_{\text{model}}(\boldsymbol{h})+\log p_{\text{model}}(\boldsymbol{x}\mid\boldsymbol{h}) \tag{7-5}$$

$\log p_{\text{model}}(\boldsymbol{h})$项能被稀疏诱导。如 Laplace 先验

$$p_{\text{model}}(h_i)=\frac{\lambda}{2}\mathrm{e}^{-\lambda|h_i|} \tag{7-6}$$

对应于绝对值稀疏惩罚。将对数先验表示为绝对值惩罚，得到

$$\Omega(\boldsymbol{h})=\lambda\sum_i|h_i| \tag{7-7}$$

$$-\log p_{\text{model}}(\boldsymbol{h},\boldsymbol{x})=\sum_i\left(\lambda\mid h_i\mid-\log\frac{\lambda}{2}\right)=\Omega(\boldsymbol{h})+\text{const} \tag{7-8}$$

这里的常数项只跟 λ 有关。通常将 λ 视为超参数，是可以丢弃不影响参数学习的常数项。

7.1.4 去噪自编码器

和稀疏自编码器不同的是，去噪自编码器(Denoising Auto-Encoder，DAE)的训练过程中，输入的数据有一部分是"损坏"的。去噪自编码器的输入数据中含有"噪声"，模型需要去噪并进行编码。去噪自编码器认为能够对"损坏"的原始数据编码、解码，最后还能恢复真正的原始数据，这样的特征才是好的。这样的特征才是数据中不可缺少且最重要的。

去噪自编码器通过改变重构误差项获得一个能学到有用信息的自编码器。与传统自编码器不同，去噪自编码器通过最小化重构误差获取有用特征，其中 $\hat{\boldsymbol{x}}$ 是被某种噪声损坏的 $\boldsymbol{x}$ 的副本，因此去噪自编码器必须消除这些损坏，而不是简单地复制输入。

去噪自编码器的重构分布可表示为

$$P_{\text{reconstruct}}(\boldsymbol{x}\mid\hat{\boldsymbol{x}})=P_{\text{reconstruct}}(\boldsymbol{x}\mid\boldsymbol{h}) \tag{7-9}$$

7.1.5 卷积自编码器

卷积自编码器与自编码器结构一样，但利用了传统自编码器的无监督的学习方式，结合CNN的卷积和池化操作，从而实现特征提取，最后通过堆叠实现一个深层的神经网络。

卷积自编码器的编码器部分由卷积层和池化层构成，池化层负责空域下采样，而解码器由卷积层和上采样层构成。使用卷积层和池化层替代了原来的全连接层。原理和其他自编码器一样，其主要差别在于卷积自编码器采用卷积方式对输入信号进行线性变换，并且其权重是共享的，这点与CNN一样。因此重建过程就是基于隐藏编码的基本图像块的线性组合。卷积自编码器的损失函数与传统正则自编码器一样，可以写作 $L(\boldsymbol{x},\boldsymbol{y})+\lambda\|\boldsymbol{W}\|_2^2$。

其中，在卷积步骤中图片经过卷积核滤波会生成很多小图像块，称为特征图或特征。这些特征保留了输入图像中像素之间的关系。每个卷积核扫描原始图像产生新的特征，这一产生分值的过程称为卷积。扫描完原始图像后，每个特征都会生成高分值和低分值的滤波图像，卷积核(可以视作滤波器)越多，模型可以提取的特征就越多。但是，特征越多，训练时间也就越长。因此，最好还是选择最少的过滤器提取特征。池化会缩小图像尺寸。例如，一个2×2的最大值池化窗口扫描图像，会将该2×2窗口的最大值划分给新图像中大小为1×1的块，扫描完整个图像，图像大小会缩小(2×2→1×1)。除了最大值池化操作外，池化方法还包括"平均池化"(取平均值)或"总和池化"(总和)等。

7.2 线性编码器

线性编码器通过随机线性解码器函数来构造模型。线性因子模型描述如图7-2所示的数据生成过程。首先，从一个分布中抽取解释性因子 $\boldsymbol{h}$，使得

$$\boldsymbol{h}\sim p(\boldsymbol{h}) \tag{7-10}$$

其中，$p(\boldsymbol{h})$是一个因子分布，满足 $p(\boldsymbol{h})=\prod_i p(h_i)$，所以易于从中采样。接下来，在给定因子的情况下，对实值的可观察变量进行采样

$$\boldsymbol{x}=\boldsymbol{W}\boldsymbol{h}+\boldsymbol{b}+\text{noise} \tag{7-11}$$

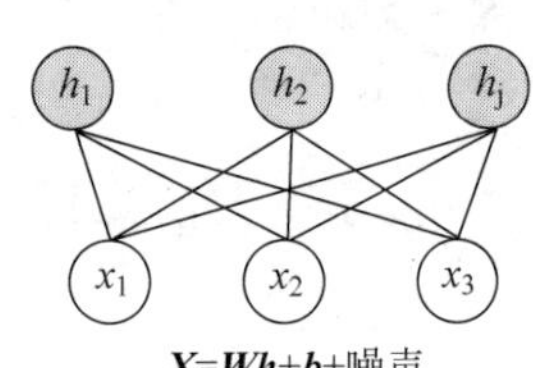

图 7-2　线性因子的有向图

其中,噪声通常是对角化的(在维度上是独立的)且服从高斯分布。

一般来说,观察到的数据向量 $\boldsymbol{x}$ 是通过独立的潜在因子 $\boldsymbol{h}$ 的线性组合再加上一定噪声获得的。不同的模型,比如概率 PCA、因子分析或者 ICA,都是选择了不同形式的噪声以及先验 $p(\boldsymbol{h})$。

7.2.1　概率 PCA

概率 PCA 是从概率角度进行主元分析。概率 PCA 将 PCA 模型引入概率中,主要是将因子模型做了一些修改。在因子分析(factor analysis)中,潜变量的先验是一个方差为单位矩阵的高斯分布:

$$\boldsymbol{h} \sim \mathcal{N}(\boldsymbol{h};0,1) \tag{7-12}$$

这里假定在给定 $\boldsymbol{h}$ 的条件下观察值 x_i 是条件独立(conditionally independent)的。假设噪声是从对角协方差矩阵的高斯分布中抽出的,协方差矩阵为 $\boldsymbol{\psi}=\mathrm{diag}(\boldsymbol{\sigma}^2)$,其中 $\boldsymbol{\sigma}^2=[\sigma_1^2,\sigma_2^2\cdots\sigma_n^2]^{\mathrm{T}}$ 表示一个向量,每个元素表示一个变量的方差。因此,潜变量的作用是捕获不同观测变 x_i 之间的依赖关系。$\boldsymbol{x}$ 服从多维正态分布,并满足

$$\boldsymbol{x} \sim \mathcal{N}(\boldsymbol{x},\boldsymbol{b},\boldsymbol{W}\boldsymbol{W}^{\mathrm{T}}+\boldsymbol{\psi}) \tag{7-13}$$

PCA 引入到概率框架,条件方差 σ^2 等于同一个值。则 $\boldsymbol{x}$ 的协方差简化为 $\boldsymbol{W}\boldsymbol{W}^{\mathrm{T}}+\sigma^2\boldsymbol{I}$,这里的 σ^2 是一个标量。可以得到条件分布,如下:

$$\boldsymbol{x} \sim \mathcal{N}(\boldsymbol{x},\boldsymbol{b},\boldsymbol{W}\boldsymbol{W}^{\mathrm{T}}+\sigma^2\boldsymbol{I}) \tag{7-14}$$

或者等价地

$$\boldsymbol{x}=\boldsymbol{W}\boldsymbol{h}+\boldsymbol{b}+\sigma\boldsymbol{z} \tag{7-15}$$

其中 $\boldsymbol{x}\sim\mathcal{N}(\boldsymbol{z};0,1)$是高斯噪声。之后 Tipping 和 Bishop 提出了一种迭代的 EM 算法来估计参数 $\boldsymbol{W}$ 和 σ^2。当 $\sigma\to0$ 时,概率 PCA 退化为 PCA。

7.2.2　独立成分分析

独立成分分析(Independent Component Analysis,ICA)是一种利用统计原理建模线性因子的方法。旨在将信号分析成许多潜在的信号,这些潜在信号可以通过缩放和叠加恢复成观察到的数据。

潜变量的先验 $p(\boldsymbol{h})$需要给出,模型确定的生成 $\boldsymbol{x}=\boldsymbol{W}\boldsymbol{h}$,通过非线性变化确定 $p(\boldsymbol{x})$。ICA 的许多变种不是生成模型,生成模型可以直接表示 $p(\boldsymbol{x})$,而 ICA 的许多变种仅知道如何在 $\boldsymbol{x}$ 和 $\boldsymbol{h}$ 之间变换,却不能表示 $p(\boldsymbol{h})$和 $p(\boldsymbol{x})$,所以 ICA 多用于分离信号。

7.2.3　慢特征分析

慢特征分析(Slow Feature Analysis,SFA)使用来自时间信号的信息学习不变的特征。

对代价函数添加以下正则化项

$$\lambda\sum_t L(f(\boldsymbol{x}^{(t+1)}),f(\boldsymbol{x}^{(t)})) \tag{7-16}$$

其中,t 表示时间序列的索引,f 是需要正则化的特征提取器,L 是度量距离的损失函数,例如均方误差。

SFA 算法将 $f(x;\theta)$定义为线性变换,对式(7-17)优化

$$\min_{\theta} E(f(\boldsymbol{x}^{(t+1)})_i - f(\boldsymbol{x}^{(t)})_i)^2 \tag{7-17}$$

并满足约束

$$E_t f(\boldsymbol{x}^{(t)})_i = 0 \tag{7-18}$$

$$E_t[\boldsymbol{f}(\boldsymbol{x}^{(t)})_i^2] = 1 \tag{7-19}$$

SFA 的主要优点是，即使在深度非线性条件下，依然能够在理论上预测学习到好的特征。

7.2.4 稀疏编码

稀疏编码的概念已经不陌生，在稀疏自编码器章节就有所涉猎。稀疏编码受启发于神经生物学。生物界的研究者发现，哺乳动物在长期的进化过程中，为了能够快速准确且低代价地获得信息，常常会采用稀疏的方式进行信息获取。

用数学表达描述，就是将一个信号表示为一组基的线性组合，而且要求只需要较少的几个基就可以将信号表示出来。稀疏性指的是：只有很少的几个非零元素或只有很少的几个远大于零的元素。稀疏编码是指在该模型中推断 h 值的过程，或者设计和学习模型的过程采用稀疏形式进行编码。

与其他线性因子模型相同，稀疏编码使用了线性的解码器加上噪声的方式获得一个 $\boldsymbol{x}$ 的重构。稀疏编码模型通常假设线性因子有一个各向同性精度为 β 的高斯噪声

$$p(\boldsymbol{x} \mid \boldsymbol{h}) = \mathcal{N}\left(\boldsymbol{x}; \boldsymbol{Wh} + \boldsymbol{b}, \frac{1}{\beta}\boldsymbol{I}\right) \tag{7-20}$$

分布 $p(\boldsymbol{h})$ 通常选取为一个峰值很尖锐且接近 0 的分布(Olshausen and Field)。例如拉普拉斯分布

$$p(h_i) = \text{Laplace}\left(h_i; 0, \frac{2}{\lambda}\right) = \frac{\lambda}{4}\mathrm{e}^{-\frac{1}{2}\lambda|h_i|} \tag{7-21}$$

稀疏编码希望隐性特征更稀疏，即集中在少数几个特征上，所以它的先验函数通常选为在零点附近有比较陡峭峰值的函数。稀疏编码中的编码器不是参数化的编码器。在这个优化问题中，寻找单个最可能的编码值：$\boldsymbol{h}^* = f(\boldsymbol{x}) = \underset{\boldsymbol{h}}{\operatorname{argmax}}\, p(\boldsymbol{h}|\boldsymbol{x})$。所以，稀疏编码的优化问题为

$$\underset{\boldsymbol{h}}{\operatorname{argmax}}\, p(\boldsymbol{h} \mid \boldsymbol{x}) = \underset{\boldsymbol{h}}{\operatorname{argmax}} \log p(\boldsymbol{h}|\boldsymbol{x}) = \underset{\boldsymbol{h}}{\operatorname{argmin}} \lambda \|\boldsymbol{h}\|_1 + \beta\|\boldsymbol{x} - \boldsymbol{Wh}\|_2^2 \tag{7-22}$$

对于绝大多数形式，推断问题是凸的，优化过程总能找到最优编码。

7.3 生成模型

生成模型可以根据一部分数据的分布，对数据集进行模拟。在概率和统计理论中，生成模型指的是能够随机生成观察数据的模型。在机器学习中，生成模型可用于直接为数据建模(例如，基于变量的概率密度函数的数据抽样)或建立变量间的条件概率分布。

7.3.1 玻耳兹曼机

玻耳兹曼机(Boltzmann machine)是一种基于能量的模型，其对应的联合概率分布为

$$P(\boldsymbol{x}) = \frac{\exp(-E(\boldsymbol{x}))}{Z} \tag{7-23}$$

能量 E 越小，对应状态的概率越大。Z 是配分函数，用作归一化。统计力学认为任何概率分布都可以转变成基于能量的模型，所以利用基于能量的模型是一种学习概率分布的通用方法。

玻耳兹曼机常用的能量函数 E 的形式为

$$E(\boldsymbol{x}) = -\boldsymbol{x}^{\mathrm{T}}\boldsymbol{U}\boldsymbol{x} - \boldsymbol{b}^{\mathrm{T}}\boldsymbol{x} \tag{7-24}$$

这个能量函数是 2 阶多项式，就说明了变量与变量之间的关系是线性关系，那么它的表达能力是有限的。

研究人员提出在玻耳兹曼机里加入隐变量，或者将变量变成不是所有变量都是可见的。通过这样的方式增加能量函数的表达能力，使得能量函数不在变量之间线性相关，可以逼近任何的关于可见变量的概率分布函数。

所以研究人员对式(7-24)进行修改，把变量分为可见变量 $\boldsymbol{v}$ 与不可见变量 $\boldsymbol{h}$，则能量函数可以改写成

$$E(\boldsymbol{v},\boldsymbol{h}) = -\boldsymbol{v}^{\mathrm{T}}\boldsymbol{R}\boldsymbol{v} - \boldsymbol{v}^{\mathrm{T}}\boldsymbol{W}\boldsymbol{h} - \boldsymbol{h}^{\mathrm{T}}\boldsymbol{S}\boldsymbol{h} - \boldsymbol{b}^{\mathrm{T}}\boldsymbol{v} - \boldsymbol{c}^{\mathrm{T}}\boldsymbol{h} \tag{7-25}$$

限制玻耳兹曼机(Restricted Boltzmann Machines，RBM)由多伦多大学的 Geoff Hinton 等提出，是一种可通过输入数据集学习概率分布的随机生成神经网络，是基于概率模型的无监督非线性特征学习器。当用 RBM 或多层次结构的 RBM 提取的特征在馈入线性分类器(如线性支持向量机或感知机)时通常会获得良好的结果。

如图 7-3 所示，RBM 是概率无向图模型，通过无监督的学习方式，自动学习到研究数据的最佳特征，发现其内部的隐藏规律，这些特性使得它广泛应用于深度学习任务。RBM 是深度置信网络实现数据特征提取和分类的最小单元，堆叠得越多，对数据的高维映射越简洁，形成的 DBN 的分类精度越高。

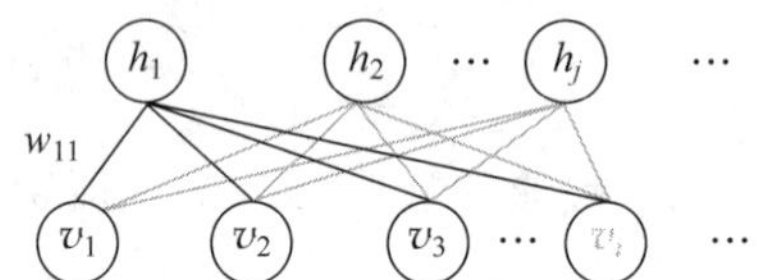

图 7-3　RBM 的图形模型

RBM 的节点是随机变量，其状态取决于它连接到的其他节点的状态。根据 Hammersley-Clifford 原理和 RBM 极大团构造(只包含单点团和两点团)，标准 RBM 的能量函数可以定义为

$$E_{\theta}(\boldsymbol{v},\boldsymbol{h}) = -\boldsymbol{a}^{\mathrm{T}}\boldsymbol{v} - \boldsymbol{b}^{\mathrm{T}}\boldsymbol{h} - \boldsymbol{h}^{\mathrm{T}}\boldsymbol{W}\boldsymbol{v} \tag{7-26}$$

其中，a_i 表示可见层中每个变量 v_i 的偏置，b_j 表示隐藏层中每个变量 h_j 的偏置，w_{ij} 表示第 i 个可见变量和第 j 个隐藏变量之间的连接权重。基于能量函数，RBM 的联合概率分布函数为

$$P_{\theta}(\boldsymbol{v},\boldsymbol{h}) = \frac{1}{Z_{\theta}}\mathrm{e}^{-E_{\theta}(\boldsymbol{v},\boldsymbol{h})} \tag{7-27}$$

其中，Z_{θ} 为归一化处理的配分函数。

7.3.2 生成随机网络

生成随机网络(Generative Stochastic Network，GSN)与经典的概率模型(有向或无向)不同，不是显性地定义观察量与隐藏量的联合分布，而是存在马尔可夫链的稳态分布。GSN 可以看作是去噪自编码器的推广，除可见变量(通常表示为 $\boldsymbol{x}$)之外，在生成马尔可夫链中还包括潜变量 $\boldsymbol{h}$。

GSN 由两个条件概率分布参数化，在马尔科夫链中利用了两个条件概率分布。

(1) $p(x^{(k)}|h^{(k)})$指导根据现有给定当前潜在状态下如何产生下一个可见变量。

(2) $p(x^{(k)}|h^{(k-1)},x^{(k-1)})$指导在给定先前的潜在状态和可见变量下如何更新潜在状态变量。

去噪自编码器联合概率分布只是隐性定义的,是马尔可夫链的稳态分布。存在稳态分布的条件是温和的,并且需要与标准马尔可夫链蒙特卡罗方法相同的条件。

7.3.3 生成对抗网络

生成对抗网络(Generative Adversarial Networks,GAN)是通过神经网络两个系统相互竞争训练得来的,可以使生成网络产生的样本服从真实数据分布。GAN 模型被证明在学习数据分布方面很强大。GAN 在结构上受博弈论中的二人零和博弈的启发,系统由两个网络进行对抗训练。GAN 被称为对抗性,因为它有一个生成器和一个鉴别器,并在它们之间进行博弈。通常情况下,生成器和鉴别器都是神经网络,并同时进行训练。生成器产生虚假样本,目标是尽量捕捉真实数据样本的潜在分布,并生成新的数据样本。而鉴别器则对虚假样本和真实数据进行鉴别,目标是尽量准确地判断一个样本是来自真实数据还是由生成网络产生。在对抗性训练的过程中,由于生成器已经学会了真实数据的概率分布,鉴别器无法将它们区分开来。

生成器网络与对手竞争。生成器网络直接产生样本 $\boldsymbol{x}=g(\boldsymbol{z};\boldsymbol{\theta}^{(g)})$,判别器网络试图区分从训练数据抽取的样本和从生成器抽取的样本。判别器由 $d(\boldsymbol{x};\boldsymbol{\theta}^{(d)})$给出的概率值,指示 $\boldsymbol{x}$ 是真实训练样本而不是从模型抽取的伪造样本的概率。$v(\boldsymbol{\theta}^{(g)};\boldsymbol{\theta}^{(d)})$确定判别器的收益,$-v(\boldsymbol{\theta}^{(g)};\boldsymbol{\theta}^{(d)})$确定生成器的收益,学习训练期间,每个分支最大化自己的收益:

$$\begin{cases}\boldsymbol{g}^{*}=\operatorname*{argmin}_{g}\max_{d}v(\boldsymbol{g},\boldsymbol{d})\\ v(\boldsymbol{\theta}^{(g)},\boldsymbol{\theta}^{(d)})=E_{\boldsymbol{x}\sim p_{\text{data}}}\log d(\boldsymbol{x})+E_{\boldsymbol{x}\sim p_{\text{model}}}\log(1-d(\boldsymbol{x}))\end{cases}\tag{7-28}$$

这驱使判别器试图学习将样本正确地分类为真的或者伪造的,同时生成器试图欺骗分类器以让其相信样本都是真实的。

在收敛时,生成器样本与实际数据不可区分,并且判别器处处都输出$\frac{1}{2}$,就可以丢弃判别器。在实践中,由神经网络表示的 $\boldsymbol{g}$ 和 $\boldsymbol{d}$ 以及$\max_{\boldsymbol{d}}v(\boldsymbol{g},\boldsymbol{d})$不凸时,GAN 的学习可能是困难的。

7.4 变分推断

深度学习中常常遇到可见变量$\boldsymbol{v}$ 和一系列潜变量$\boldsymbol{h}$ 难以计算 $p(\boldsymbol{h}|\boldsymbol{v})$或其期望。当分布不容易表达,可以将“求分布”问题转化为“缩小距离”问题。当两个分布的差距很小的时候,其中一个就可以作为另外一个的近似分布,成为输出结果了。

变分推断简单来说便是需要根据已有数据推断需要的分布 P;当 P 不容易表达,不能直接求解时,可以尝试用变分推断的方法。即,寻找容易表达和求解的分布 Q,当 Q 和 P 的差距很小的时候,Q 就可以作为 P 的近似分布代替 P。

具体的推导过程如下:在一个概率模型中,假设在包含 N 个从随机变量$\boldsymbol{x}$(连续或离散)独立同分布采样得到的数据集 $\boldsymbol{x}=\{x_1,x_2,\cdots,x_N\}$,假设该数据集由一个包含未观测

连续随机变量 z 的随机过程生成的。

变分推断中可以将隐藏变量 z 相对于观察量 $\boldsymbol{x}$ 的条件概率写为 $p(z|\boldsymbol{x})=\dfrac{p(z,\boldsymbol{x})}{p(\boldsymbol{x})}$，其中分母是观察量的边缘分布，可以通过联合分布中边缘化隐藏变量得到 $p(\boldsymbol{x})=\int p(z,\boldsymbol{x})\mathrm{d}z$，这个函数又称作证据，通常这个积分需要指数级别的时间去计算，这也是为什么推断问题常常难于处理。

在变分推断中，不是直接求 $p(z|\boldsymbol{x})$，而是求其 KL 散度最小的优化问题

$$q^*(z)=\underset{q(z)\in Q}{\operatorname{argmin}}KL(q(z)\parallel p(z,\boldsymbol{x}))$$

$$\mathrm{KL}(q(z)\parallel p(z,\boldsymbol{x}))=E[\log q(z\mid \boldsymbol{x})]-E[\log p(z\mid \boldsymbol{x})]$$

其中，期望均是对于分布 $q(z)$ 上的期望。可以将其进一步展开为

$$\mathrm{KL}(q(z)\parallel p(z,\boldsymbol{x}))=E[\log q(z)]-E[\log p(z,\boldsymbol{x})]+\log p(\boldsymbol{x}) \tag{7-29}$$

注意这里最后一项为 $\log p(\boldsymbol{x})$，又回到最初的边缘分布的问题难以求解。由于无法直接计算 KL 散度，所以改变优化目标为与 KL 散度前两项相关的量(Evidence Lower BOund, ELBO)：

$$\mathrm{ELBO}(q)=E[\log p(z,\boldsymbol{x})]-E[\log q(z)] \tag{7-30}$$

可以看到，ELBO 是负 KL 散度再加上 $\log p(\boldsymbol{x})$，由于 $\log p(\boldsymbol{x})$ 相对于 $q(z)$ 的梯度为零，所以极小化 KL 散度的问题与极大化 ELBO 的优化问题是等价的。

因此，可以通过最大这个 ELBO 来达到最小化 $\mathrm{KL}(q(z)\parallel p(z,\boldsymbol{x}))$ 的目的，这样做的好处在于，如果直接优化 $\mathrm{KL}(q(z)\parallel p(z,\boldsymbol{x}))$，由于真实后验分布往往事先不知道，而且如果用贝叶斯公式来计算 $p(z|\boldsymbol{x})$ 的复杂度特别高，因此不好直接优化 $\mathrm{KL}(q(z)\parallel p(z,\boldsymbol{x}))$。将难以求解的 KL 极值问题转化为易于求解的对 ELBO 的极值问题。

在学习算法中使用近似推断会影响学习的过程，反过来学习过程也会影响推断算法的准确性。训练算法倾向于朝使得近似推断算法中的近似假设变得更加真实的方向来适应模型。

对于离散型潜变量，可以用一个向量 $\boldsymbol{q}$ 来参数化分布 $q(h_i=1|\boldsymbol{v})=\hat{\boldsymbol{h}}_i$。解关于 $\hat{\boldsymbol{h}}_i$ 的方程为

$$\frac{\partial}{\partial\hat{\boldsymbol{h}}_i}L=0 \tag{7-31}$$

反复更新 $\hat{\boldsymbol{h}}_i$ 不同的元素直到满足收敛准则。

对于连续性潜变量，在均值场近似，固定 $q(h_j|\boldsymbol{v})$，可以归一化下面分布来得到最优的 $q(h_j|\boldsymbol{v})$

$$\tilde{q}(h_j\mid\boldsymbol{v})=\exp(E_{h_i\sim q(h_i|\boldsymbol{v})})\log\tilde{p}(\boldsymbol{v},\boldsymbol{h}) \tag{7-32}$$

这是一个不动点方程，对每一个 i 它都被迭代的反复使用直到收敛。

7.5 部分-整体层次结构

神经网络的发展与人类心理学也密切相关。心理学研究发现，人类在识别图像时候，将视觉场景解析成部分-整体的层次结构，并将部分和整体之间相对不变的视觉关系，建模为

部分和整体之间的坐标变换。

优秀的神经网络应该像人类一样智能，能够和人类一样理解图像。根据心理学的发现，研究人员想模拟人类构建神经网络模型，使得神经网络模型像人类一样理解图像的神经网络。Hinton 基于 2017 年提出的胶囊网络(capsule network)提出一个想象的系统部分-整体层次结构(GLOM)。GLOM 通过仿照人类理解系统，在固定结构的神经网络中将不同的图像解析为局部-整体的层次结构。

Hinton 研究的胶囊网络一直致力于研究如何通过神经网络呈现出局部-整体的层次关系。在先前的胶囊网络中，模型会将一组特定功能的神经元称为"胶囊"，用以处理特定区域中特定类型的图像输入。通过激活这些预先存在的、类型特定的胶囊子集以及胶囊之间的适合连接，可以构建一个解析树。网络通过动态路由的机制选取部分激活的胶囊处理特定的输入，从而解决 CNN 面临的无法识别局部-整体的关系以及不同视角理解物体的问题。

GLOM 架构由许多列(column)组成，所有列均使用完全相同的权重。GLOM 模型基于单个静态图像的感知提出，可以简单地将 GLOM 理解为用于处理一系列帧的流程模型，因此静态图像可以被视为一系列相同的帧。

每一列都是一堆空间局部自编码器，这些编码器会学习小图像块(image patch)中的多个不同级别的表示。每个自编码器都会使用多层自下而上的编码器和多层自上而下的解码器，将同一个级别的嵌入转换为相邻级别的嵌入。这些级别与部分-整体分层体系中的级别一一对应。

在图 7-4 中，不同层级之间包含了自下而上编码器(蓝线)和自上而下解码器(红线)，自下而上和自上而下交互的蓝色和红色箭头是由两个具有多个隐藏层的不同神经网络来实现。这些网络在成对的级别中有所差异，但它们可以跨列、跨时间步分享。对于静态图，深绿色箭头可以简单看作按比例缩放的残差连接，以实现每个级别的嵌入的时间平滑。对于视频，绿色连接可以是基于多个先前状态的胶囊来学习时间动态的神经网络。不同列中，相同级别的嵌入向量之间的交互可以通过非自适应的、注意力加权的局部平滑器(图中没有显示)来实现。

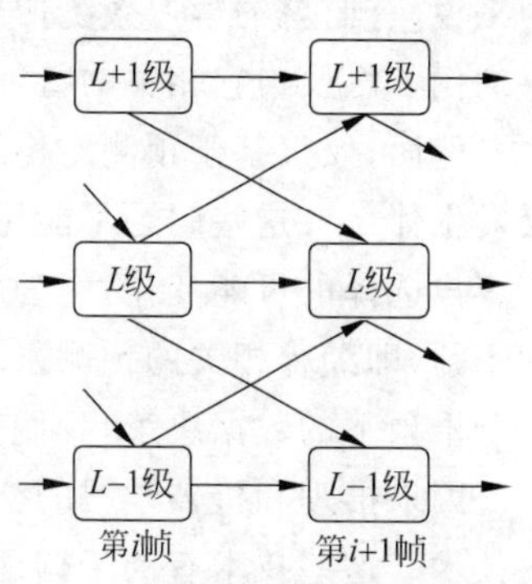

图 7-4　不同级别的嵌入如何在单列中进行交互

在每一个离散的时间点和每个列中，一个层次的嵌入(embedding)更新来自 4 部分加权平均。

(1) 由自下而上的神经网络作用于下层的嵌入在上一时间步产生的预测。

(2) 由自上而下的神经网络在上一级的嵌入上作用于上一时间步产生的预测。

(3) 前一个时间步长的嵌入向量。

(4) 前一时间步相邻列中同层次的嵌入的注意力加权平均值。

对于一个静态图像来说，随着时间的推移，一层级的相近的嵌入向量形成"孤岛"，即一个层面的嵌入会稳定下来，各个层级的"孤岛"形成一棵"解析树"，产生几乎相同向量的独特岛。Hinton 认为这些特征孤岛相比于短语结构语法要强大得多，它们可以轻易地表示不相连的物体。如图 7-5 所示，所有显示的位置都属于同一个对象，场景层面还没有确定一个共享向量。将每个位置的完整嵌入向量分为部分-整体层次结构中每个层次的独立部分，然后

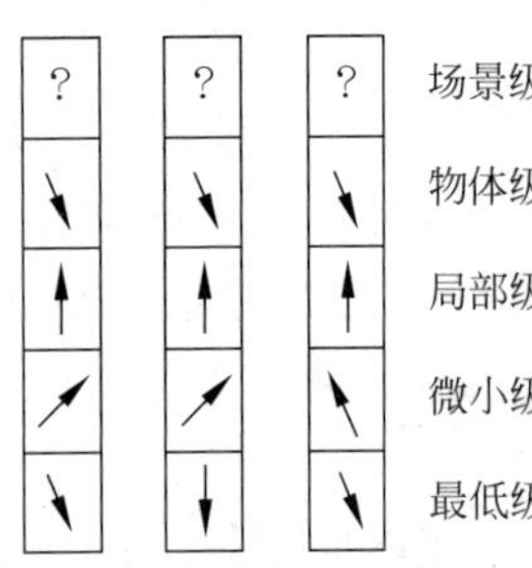

图 7-5 附近三列中某一特定时间的嵌入图片

将一个层次的高维嵌入向量作为二维向量显示出来。

相较于 Transformer 结构，GLOM 的每个时间步 t 的权重是相同的。Transformer 中的多头机制在 GLOM 中重新设计为用于实现局部-整体层次结构的多个层级，并且多层级之间通过自下而上和自上而下交互。同时注意力机制被简化为使用每个位置的嵌入向量作为 Q、K、V 值。

与 CNN 相比，GLOM 模型只使用 1×1 的卷积(除了最初输入)。GLOM 模型不同位置的交互用的是通过无参数的平均实现而不是匹配过滤。在不同层级之间自下而上和自上而下交互。不同于 CNN 的单独任务，GLOM 使用对比的自监督学习并且实现层次上的分割。

7.6 因果推理

近年来，机器学习取得了显著进展，提供了一些新技术，比如创建复杂的、可计算的文本和图像表示。这些技术催生了许多新应用，如基于图像内容的图像搜索、多种语言之间的自动翻译，甚至是真实图像和声音的合成。同时，机器学习已经在企业中被广泛采用，用于经典的实例（例如预测客户流失、贷款违约和制造设备故障等）。

在许多情况下，这种成功可能归因于对大量训练数据的监督学习（结合大量计算）。总的来说，有监督的学习系统擅长一项任务：预测。当目标是预测一个结果，且有很多这个结果的例子以及与它相关的特征时，我们可能会转向监督学习。

然而，仅仅基于预测的推理有一些基本的限制。例如，如果银行提高了客户的信用额度会发生什么？这些问题不能用建立在先前观察到的数据上的相关模型来回答，因为它们涉及客户选择的可能变化，作为对信用限额变化的反应。在很多情况下，决策过程的结果是一种干预，即纯粹相关的预测系统不具备在这种干预下进行推理的能力，因此容易产生偏差。对于干预下的数据决策，我们需要因果关系。

因果推理和机器学习的交集是一个迅速扩展的研究领域。它已经产生了可供主流采用的技术。这些技术有助于构建更健壮、更可靠和更公平的机器学习系统。

7.6.1 从相关性到因果关系

很多东西都表现出相关性：太阳升起时公鸡就啼叫；按一下开关，灯就灭了；自 19 世纪以来，全球气温急剧上升，与此同时，海盗的数量已经减少到几乎为零。

这些例子说明，虽然相关性可能是因果关系的结果，就像电灯开关的例子一样，但相关性并不总是意味着因果关系，就像海盗的例子一样。

首先，所谓因果性与相关性是不同的，相关性指的是如果观测到了一个变量 X 的分布，就能推断出另一个变量 Y 的分布，那么说明 X 和 Y 是有相关性的。而因果性则强调，如果干预了某个变量 X，而这种干预引起了 Y 变量的变化，才能说明 X 是 Y 的原因，而 Y 是 X 的结果。

如果要按照定义找因果关系，那么就应该通过做实验，控制变量，改变某一个变量 X，然后观察另一个变量 Y 是否跟着改变。但是实际上很多情况下只有大量的统计数据，而非实验结果。而且，有些情景我们也无法做实验，比如有违反科学伦理的内容，或者由于客观条件不可能开展实验，比如宏观经济现象就无法通过实验来证明，只能通过已有的数据进行分析。如何从各个变量的数据集中找到它们的因果关系，就是因果推断的基本内容。

7.6.2 预测和因果推理的区别

预测问题可以描述为：

$$p(Y \in A \mid X = x) \tag{7-33}$$

它表示如果"观察"到 $X=x$，然后预测 Y 的值。

而因果推理，也叫作反事实推理。反事实推理，就是解决"假使…将会怎么样"之类的问题。这些问题就叫作反事实疑问，获取反事实疑问的结果叫作因果推理。

如果把某个变量 X"设置"为 x，那么 Y 会是多少。用数学公式表示为

$$p(Y \in A \mid \mathrm{set}X = x) \tag{7-34}$$

因果关系是主动干预。所以，因果关系可以从随机化的实验中得到，但是很难从观察到的数据中得到。

7.6.3 因果推理的表示方式

对因果关系的描述主要有两种，分别是反事实推理和因果推理图。

1. 反事实推理

对于两个变量 X 和 Y，能观察到的是一些数据$\{(X_i, Y_i)\}$，但是无法知道对于某一个数据点$\{(X_i, Y_i)\}$，如果改变 X_i 的值，Y_i 会怎么变，这就是所谓的反事实推理，具体如图 7-6 所示。

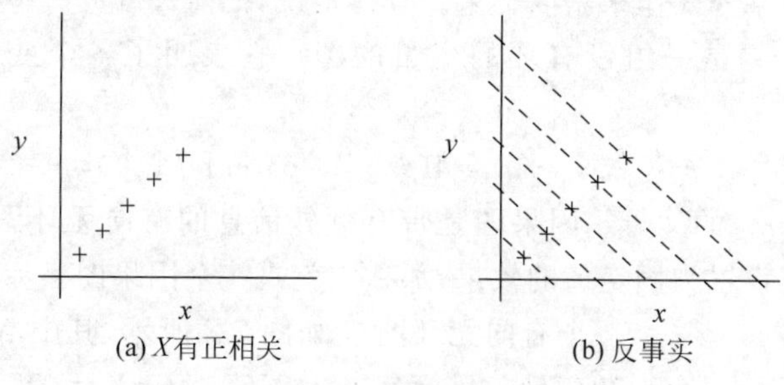

图 7-6 反事实推理

假设 X 是一个二进制变量。可以通过估计 $E(Y|X=x)$解决从 X 预测 Y 的问题。为了解决这个因果问题，引入反事实推理

$$Y = \begin{cases} Y_1, & X = 1 \\ Y_0, & X = 0 \end{cases} \tag{7-35}$$

更简洁地表示为

$$Y = XY_1 + (1 - X)Y_0 \tag{7-36}$$

如果在数据中观察到 $X=0$，就只能观察到 $Y=Y_0$，而此时的 Y_1 就没法观察到了。例如，一个观察到的数据集如表 7-1 所示（* 表示未观测到数据）。

表 7-1 观察数据集

X	Y	Y_0	Y_1
1	1	*	1
1	1	*	1

续表

X	Y	Y_0	Y_1
1	0	*	0
1	1	*	1
0	1	1	*
0	0	0	*
0	1	1	*
0	1	1	*

需要计算的是 $p(Y|\mathrm{set}X=0)=p(Y_0)$，$p(Y|\mathrm{set}X=1)=p(Y_1)$。由于 * 的存在，没有办法准确估计它们。但是，显然存在

$$E[Y_1]\neq E[Y\mid X=1] \tag{7-37}$$

$$E[Y_0]\neq E[Y\mid X=0] \tag{7-38}$$

定义

$$\theta=E[Y_1]-E[Y_0]=E[Y\mid \mathrm{set}X=1]-E[Y\mid \mathrm{set}X=0]$$

可以看作是一个衡量因果关系的参数，如果它大于零，表示在设置 $X=1$ 时会在期望上增大 Y(这是一个因果推断)。

2. 因果推理图

预测 $p(Y\in A\mid X=x)$ 和推理 $p(Y\in A\mid \mathrm{set}X=x)$ 的差异的另一种表示是使用一种有向图。通过对图执行某些操作来获取结果。具体地说，把箭头分成一些变量表示干预。

有向无环图(DAG)是一组没有环的变量的图。它表明了各个变量之间的联合概率分布

$$p(y_1,\cdots,y_k)=\Pi p(y_j\mid \mathrm{parents}(y_j)) \tag{7-39}$$

其中，$\mathrm{parents}(y_j)$ 是 y_j 的父母。因果图是带有额外信息的有向无环图。如果有向无环图正确地编码了将变量设置为固定值的效果，那么它就是一个因果图。

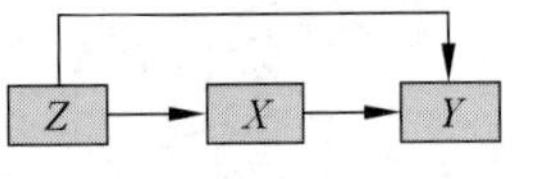

图 7-7 有向无环图 G

一个有向无环图 G 如图 7-7 所示，其中 X，Y 是变量，Z 是一个混杂变量。目标是求 $p(Y\in A\mid \mathrm{set}X=x)$。

首先，设定 X 的值，并移除所有指向 X 的箭头，构建出新的图 G_*，这相当于将原始的联合分布 $p(x,y,z)=p(z)p(x|z)p(y|x,z)$ 替换为新的联合分布 $p_*(y,z)=p(z)p(y|x,z)$。$p(x|z)$ 被移除是因为 x 是一个固定的值。

接着，从新的分布中计算 y 的分布

$$p(y\mid \mathrm{set}X=x)=p_*(y)=\int p_*(y,z)\mathrm{d}z=\int p(z)p(y\mid x,z)\mathrm{d}z \tag{7-40}$$

而当 $X=\{0,1\}$ 时，

$$p(y\mid \mathrm{set}X=1)-p(y\mid \mathrm{set}X=0)=\int p(y\mid 1,z)p(z)\mathrm{d}z-\int p(y\mid 0,z)p(z)\mathrm{d}z \tag{7-41}$$

此时，衡量因果关系的参数 θ 的计算如下

$$\theta=E[Y\mid \mathrm{set}X=1]-E[Y\mid \mathrm{set}X=0]=\int yp(y\mid 1,z)p(z)\mathrm{d}z-\int yp(y\mid 0,z)p(z)\mathrm{d}z$$

$$=E[Y \mid X=1,Z=z]p(z)\mathrm{d}z-E[Y \mid X=0,Z=z]p(z)\mathrm{d}z$$

$$=\int\mu(1,z)p(z)\mathrm{d}z-\int\mu(0,z)p(z)\mathrm{d}z \tag{7-42}$$

一般来说,DAG 方法和反事实方法可以得到相同的因果公式,因为它们是同一件事的两种不同的表示。

7.7 本章小结

深度特征表示可以有效学习出较好的特征描述。这种模型方法常用于减少现有模型工作所需的标注数据量,并适用于更广泛的任务。在现实生活中,通常会有巨量的未标注训练数据和相对较少的标注训练数据,在非常有限的标注数据集上监督学习通常会导致严重的过拟合。面对这些难以处理的计算的一种方法是近似它们。为了让模型理解表示给定的训练数据,深度特征表示通过特征学习对数据进行描述。本章从深度特征表示的方法出发,详细介绍了深度特征表示的几种基本模型,这些方法将深度学习推向真正的人工智能领域。

参考文献

本章参考文献扫描下方二维码。

第8章 多尺度几何深度网络理论

CHAPTER 8

多尺度几何工具，由于其良好的表征能力和特征提取能力，被广泛应用于计算机领域的相关任务。随着深度学习与神经网络的逐步发展，多尺度几何与深度神经网络的结合成为了新的趋势。

8.1 小波神经网络

小波神经网络(Wavelet Neural Network, WNN)在早期就已开始被研究，大约开始于1992年，为小波研究做出突出贡献的有Zhang Q、Harold H S和焦李成等。其中，焦李成教授在《神经网络的应用与实现》中对小波神经网络的理论推导进行了详细论述。最近几年来，研究者又不断对小波神经网络开展了很多新的研究工作及理论推导工作。

小波神经网络是在小波分析研究获得突破的基础上提出的一种ANN。它是基于小波分析理论以及小波变换所构造的一种分层的、多分辨率的新型ANN模型，结果如图8-1所示。

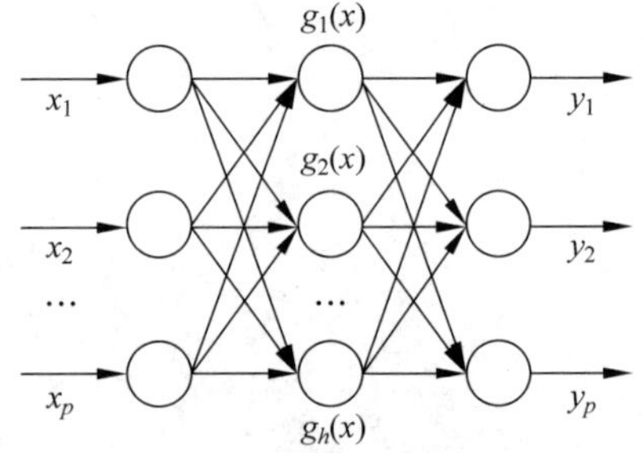

图8-1 小波神经网络结构图

小波神经网络有很多明显优势。首先，小波基元和整个网络结构的确定具有可靠的理论基础，可以避免BP神经网络等在结构设计中的盲目性。其次，网络权系数线性分布和学习目标函数的凸性使得网络训练过程在根本上避免了局部最优等等的非线性优化问题。第三，其具有较强的学习能力和泛化能力。

小波分析具有多分辨分析的良好优点，可以当作一种窗口大小固定不变但是形状可改变的分析方法，也可以被理解为信号的显微镜。

小波分析的分类包括Haar小波规范正交基、Morlet小波、Mallat算法、多分辨分析、多尺度分析、紧支撑小波基、时频分析等。

WNN能有效地集ANN与小波分析的优点于一身，可以加速网络的收敛速度，避免落入局部最优，同时具备时频局部分析的良好特点。

WNN用非线性小波基取代通常的Sigmoid函数，它的信号表述过程是将所选取的小波基进行线性叠加。它体现出了上述的诸多优点，同时具有广阔的应用前景。相应的输入层到隐藏层的权重以及隐藏层的阈值可以分别被小波函数的尺度伸缩因子以及时间平移因子来替代。WNN的应用如下。

(1) 在图像处理方面,可用于图像压缩、分类、识别诊断、去污等。在医学成像方面,可减少 B 超、CT、核磁共振成像的时间,提高分辨率。

(2) 广泛应用于信号分析。它可以用于边界处理与滤波、时频分析、微弱信号的信噪分离与提取、分形指数、信号识别与诊断、多尺度边缘检测等。

(3) 在计算机视觉、计算机图形学、生物医学等工程技术等领域广泛应用。

8.2 多小波网

小波分析是应用数学和工程科学中一个新兴的研究领域。小波由于其在时域、频域、尺度变化和方向等方面的优良特性,在许多领域得到了广泛的应用。多小波受到人们的广泛关注。在这短短几年时间,涌现出一系列新的研究热点:小波理论及结构、小波变换的实现、预过滤器设计和信号处理的问题边界。为了使小波在图像处理方面得以逐步应用,研究者目前积极探索,在静态图像编码和图像去噪等方面也取得了一些成果。1994 年,Geronimo、Hardin 和 Massopus 构造了著名的 GHM 多小波。同时,在信号处理领域,将传统滤波器组扩展到向量滤波器组和块滤波器组,初步形成了向量滤波器组的理论体系,建立了向量滤波器组与多小波变换的关系。

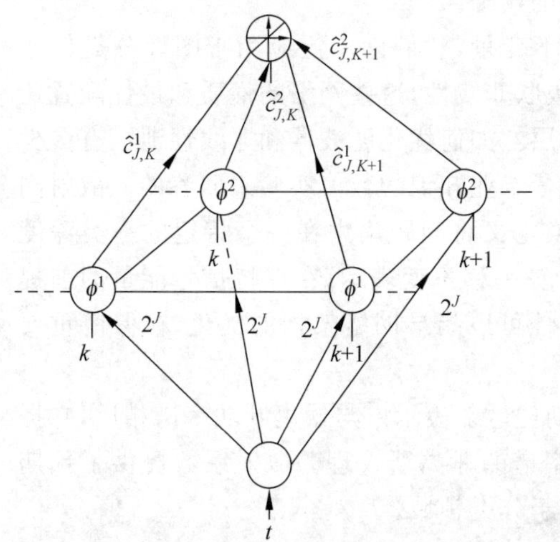

图 8-2 小波神经网络结构图

焦李成在 2001 年发表的文章中提出了一种基于多小波的神经网络模型,并证明了其通用性、近似性以及相合性,估计了与这些性质相关的收敛速度。该网络的结构与小波网络相似,但将标准正交尺度函数替换为标准正交多尺度函数。理论分析表明,多小波网络比小波网络收敛更快,特别是对于光滑函数。其网络示意如图 8-2 所示。

在图像处理的实际使用中,正交性能保持了能量;对称(线性相位)既适合人眼的视觉系统,又能够使得信号在边界处变得易于处理,因此分析工具同时具备这两种特性是很重要的。然而,在实数域中却不存在紧支、对称、正交的非平凡小波,这使得人们必须在正交性和对称性之间妥协。如果存在多个尺度函数和多个小波函数,这称为多小波。多小波可以认为是单位小波的扩展,它保持了单位小波已有良好的时域和频域局部化特性,并克服了单个小波的缺点,多小波变换相对于单位小波变换的优点如下。

(1) 多小波变换具有对称性、正交性、平滑性和紧支持性,这些都是图像处理中非常重要的特性。对称意味着存在线性相位。对人类视觉和心理学的研究表明,人们的视觉对对称错误的敏感度远低于对不对称错误的敏感度。正交性能足以维持能量;紧支持性意味着多小波滤波器组具有有限长度等。

(2) 多小波滤波器组并不具备严格的低通和高通划分。可以通过多小波预滤波,将高频能量转移到低频,有利于提高压缩比。

将正交单小波中的分解与重构的 Mallat 算法推广至正交多小波,可得到多小波分解:

$$
\begin{aligned}
\boldsymbol{C}_{j-1,k} &= \sqrt{2}\sum_{n\in Z}\boldsymbol{h}_{n-2k}\boldsymbol{C}_{j,n}, \quad j,k\in Z \\
\boldsymbol{D}_{j-1,k} &= \sqrt{2}\sum_{n\in Z}\boldsymbol{g}_{n-2k}\boldsymbol{D}_{j,n}, \quad j,k\in Z
\end{aligned} \tag{8-1}
$$

多小波重构：

$$
\boldsymbol{C}_{j,k} = \sqrt{2}\sum_{n\in Z}\overset{*}{\boldsymbol{h}}_{k-2n}\boldsymbol{C}_{j-1,n} + \overset{*}{\boldsymbol{g}}_{k-2n}\boldsymbol{D}_{j-1,n} \tag{8-2}
$$

其中，$\boldsymbol{C}_{j,k}=[c_{0,j,k}c_{1,j,k},\Lambda,c_{r-1,j,k}]^{\mathrm{T}}$，$\boldsymbol{D}_{j,k}=[d_{0,j,k}d_{1,j,k},\Lambda,d_{r-1,j,k}]^{\mathrm{T}}$，$\overset{*}{\boldsymbol{h}}_n$ 和 $\overset{*}{\boldsymbol{g}}_n$ 分别是 $\boldsymbol{h}_n$、$\boldsymbol{g}_n$ 的共轭转置。

8.3 散射网

一个小波散射网络计算一个平移不变的图像表示，这是稳定的变形，同时保存高频信息用于分类。它将具有非线性模的小波变换卷积与非线性模型及平均池化进行级联。第一网络层输出 sift 类型的描述符，而下一层提供互补的不变式改进分类的信息。小波散射网络的数学分析解释了小波散射网络的重要特性可用于分类的深度 CNN，平稳过程的散射表示包含高阶矩从而可以区分具有相同傅里叶功率谱的纹理。

深度 CNN 有能力构建对变形稳定的大规模不变量，它们已广泛应用于图像分类任务中。尽管这种神经网络架构取得了成功，但由于级联非线性，这些网络的性质和最优配置还没有被很好地理解。为什么要使用多层？有多少层？如何优化滤波器和非线性池？有多少内部和输出神经元？这些问题大多是需要通过大量专业知识的数值实验来回答的。散射网从数学和算法的角度解决这些问题，引入散射变换定义将问题集中在一个特定的一类深度 CNN。散射变换通过级联小波变换和模池运算计算平移不变表示，在保持信号能量的前提下，对形变是 Lipschitz 连续的。散射网固有的特性可以指导网络架构的优化，在保留重要信息的同时避免无用的计算。

在解决纹理判别问题时，引入了平稳过程的期望散射表示。与傅里叶功率谱相反，它提供了高阶矩阵的信息，从而可以区分具有相同功率谱的非高斯纹理。散射系数提供了预期散射表示的一致估计。散射网同样可以广泛应用于分类领域。

在散射网中用小波变换计算卷积。与傅里叶正弦波相反，小波是局部波形，因此对变形是稳定的，但得到的卷积是平移协变的，而不是不变的。散射变换从小波系数建立非线性不变量，同时使用模数和平均池化函数。

散射网的示意如图 8-3 所示。

散射变换通过进一步迭代小波变换和模算子来计算高阶系数。小波系数计算的最大尺度是 2^J，并且在更低的频率进行如下滤波 $\phi_{2^J}(u)=2^{-2J}\phi(2^{-J}u)$。对于 Morlet 小波，选择平均滤波器 ϕ 作为高斯滤波器。因为图像是实数信号，所以考虑“正”旋转 $r\in G^+$ 就是有效的了，角度被设定为$[0,\pi)$：

$$
Wx(u)=\{x\star\phi_{2^J}(u), x\star\psi_\lambda(u)\}_{\lambda\in P} \tag{8-3}
$$

式(8-3)中索引被设置为 $P=\{\lambda=2^{-j}r: r\in G^+, j\leqslant J\}$。其中，$2^J$ 和 2^j 是空间尺度变量；$\lambda=2^{-j}r$ 是频率支撑 $\hat{\varphi}_\lambda(\omega)$对于位置的一种频率索引。

小波模传播器保持低频平均，并计算复小波系数的模如下

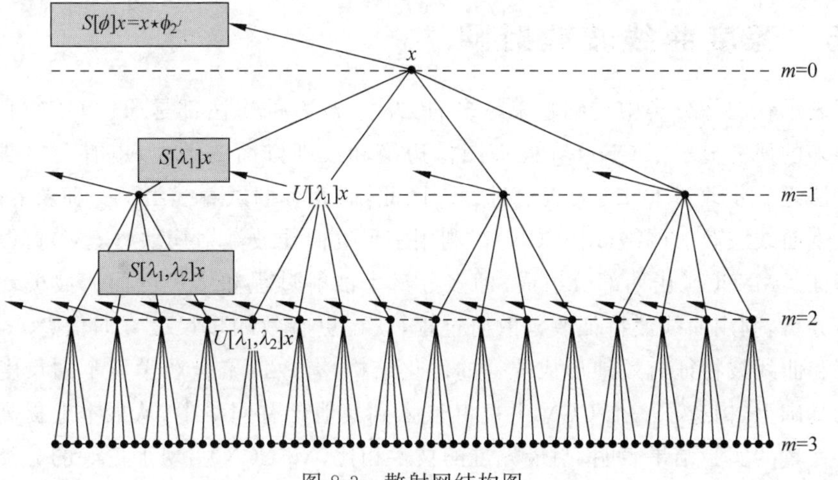

图 8-3 散射网结构图

$$\widetilde{W}x(u)=\{x\bigstar\phi_{2^J}(u),\ |x\bigstar\psi_\lambda(u)|\}_{\lambda\in P} \tag{8-4}$$

8.4 深度散射网

2018 年,Shin Fujieda 等在文章 *Wavelet Convolutional Neural Networks* 中提出小波散射网,其本质是一种依赖于散射结构的多尺度神经网络。散射过程中充分利用了小波良好的表征性质。

Fujieda 认为空间和光谱方法是图像处理任务中的两种主要方法。在许多这样的成熟算法中,CNN 最近在许多任务中取得了显著的性能改进。由于 CNN 直接在空域处理图像,它们本质上是空间方法。考虑到空间和光谱方法具有不同的特征,将光谱方法纳入 CNN 将是很有趣的,于是,一种新的 CNN 结构——小波 CNN 被提出,它将多分辨率分析和 CNN 合并成一个模型。CNN 可以被视为多分辨率分析的有限形式。在此基础上,可以利用小波变换对多分辨率分析中缺失的部分进行补充,并将其作为附加分量集成到整体体系结构中。小波 CNN 网在大多数图像处理任务中是有用的。网络结构如图 8-4 所示。

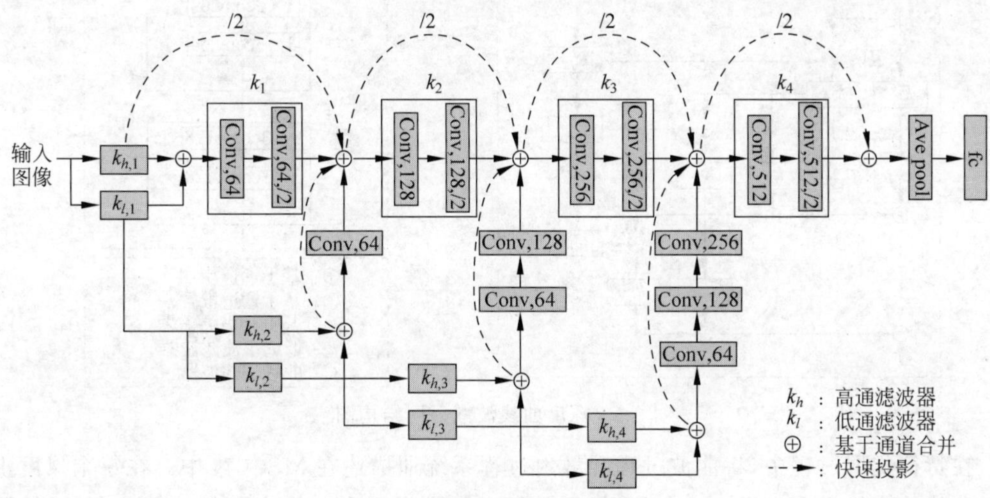

图 8-4 深度散射网结构图

8.5 深度曲线波散射网

特征表示在图像分类中受到越来越多的关注。现有的方法都是通过 CNN 直接提取特征。近年来的研究显示了 CNN 在处理图像边缘和纹理方面的潜力,也有一些研究者探索了一些方法进一步改进 CNN 的表示过程。因此,研究者们试着提出了一种新的分类框架,称为多尺度曲线波散射网络(MSCCN)。利用多尺度曲线波散射模块(CCM)可以有效地表示图像特征。MSCCN 由两部分组成,即多分辨率散射过程和多尺度曲线波模块。根据多尺度几何分析,利用曲线波特征改善散射过程,获得更有效的多尺度方向信息。具体而言,散射过程和曲线波特征有效地形成统一的优化结构,有效地聚合和学习不同尺度层次的特征。在此基础上,构造了一个 CCM 并将其嵌入到其他已有网络中,从根本上提高了特征表示质量。大量的实验结果表明,与最先进的技术相比,MSCCN 实现了更好的分类精度。最后,通过计算损失函数值的趋势,研究者们可视化了部分特征图,并进行泛化分析,对收敛性、洞察力和适应性进行评价。

提出的 MSCCN 框图如图 8-5 所示。这个端到端网络是在 ResNet 基础上设计的,直接提供原始远程图像。曲线波过程(C1～C3)和散射过程(S1～S3)在网络中得到了有效的表征。CCM 模块是从整个体系结构构建的,可以迁移至常用的多种神经网络。

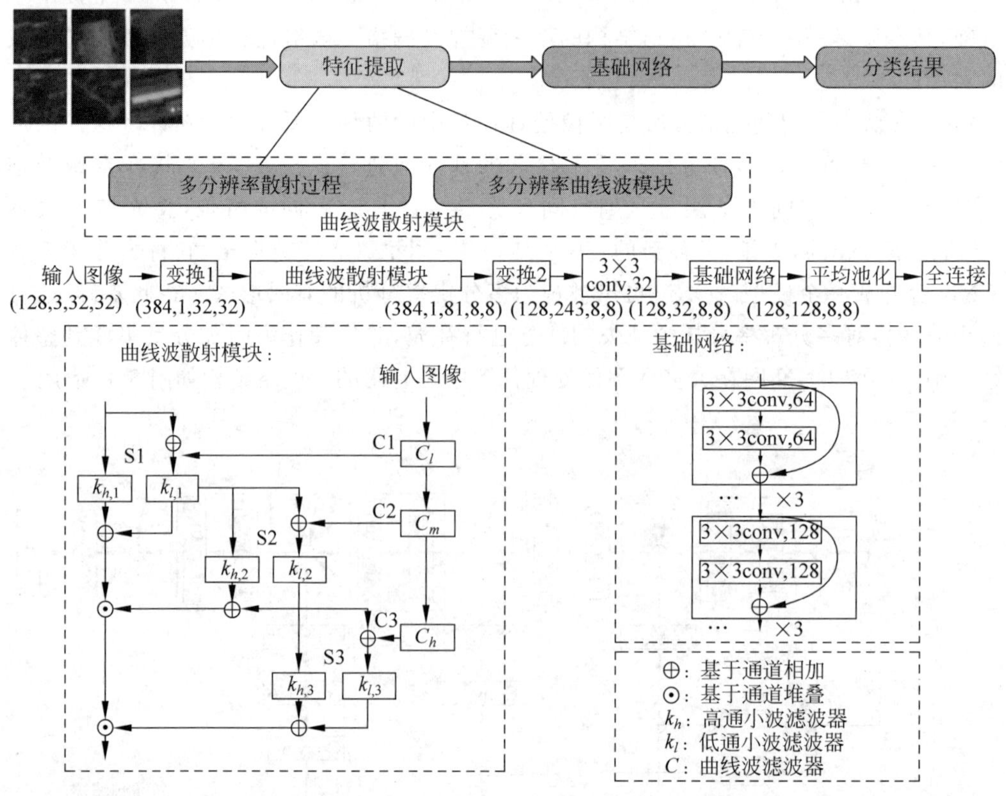

图 8-5 深度曲线波散射网结构图

在特征提取过程中,将曲波过程和散射过程系统地描述在 MSCCN 中。在每个尺度上,离散曲线波变换提取多尺度方向特征,而散射过程增强了多分辨率散射特征。在散射过程中使用正确的高通和低通滤波器，在曲线波过程中使用准确的预定义参数，可以有效地聚合和学习多尺度特征。同时，曲线波系数的稀疏性可以简化网络的运算过程。

除了 ResNet，还有许多更深和更新颖的网络在分类任务中表现良好，如 PreActResNet、GoogLeNet、DenseNet、MobileNet、DPN、ShuffleNet、SeNet 和 EfficientNet。利用多尺度曲线波和散射过程，实现了方向信息的集成。为了后续推广，提出了 CCM，该模块依赖多尺度几何方法，无须训练即可提供更好的多分辨率和方向表示。同时，神经网络具有良好的训练和学习框架。因此，可以将 CCM 嵌入到网络中，可以优化学习过程中的多尺度表征过程。

实验结果表明，该算法在 Igarss18、UC Merced Land Use(UCM)、AID、WHU-RS、NWPU-RESISC45 及 CRSV 等多个遥感数据集上均取得了不错的分类结果。

8.6 轮廓波卷积神经网络

由于纹理尺度的不确定性和纹理模式的杂波性，提取有效的纹理特征一直是纹理分类中一个具有挑战性的问题。对于纹理分类，传统的方法是在频域进行光谱分析。最近的研究显示了 CNN 在处理空间域纹理分类任务时的潜力。有学者尝试在不同的领域结合这两种方法获得更丰富的信息，并提出了一种新的网络结构——轮廓波卷积神经网络(Contourlet CNN,C-CNN)。该网络旨在学习图像的稀疏和有效的特征表示。首先，应用轮廓波变换从图像中提取光谱特征。其次，设计空间-光谱特征融合策略，将光谱特征融合到 CNN 体系结构中。再次，通过统计特征融合将统计特征融合到 CNN 中。最后对融合特征进行分类得到结果。在广泛使用的 3 个纹理数据集(kth-tips2-b、DTD 和 CUReT)和 5 个遥感数据集(UCM、WHU-RS、AID、RSSCN7 和 NWPU-RESISC45)上的实验表明，该方法在分类精度方面优于几种常用的分类方法，且可训练参数较少。

具体而言，主要贡献如下。

(1) 提出了一种新的网络结构 C-CNN，将光谱域和空间域的信息相结合。

(2) 将轮廓波变换整合到 CNN 中，挖掘光谱域的特征，使网络更加紧凑。

(3) 为了获得更好的特征，设计了多特征融合策略，包括空间光谱特征融合(Spatial Spectral Feature Fusion,SSFF)和统计特征融合(Statistical Feature Fusion,SSF)。

(4) 从理论上分析了轮廓波的稀疏性和轮廓波的参数。

在纹理分类中，如何有效地表达纹理是应对纹理尺度不确定性和纹理模式杂波等挑战的关键。同时，有效地解释了为什么轮廓波变换是稀疏表示而不是小波。如图 8-6 所示，C-CNN 以多尺度、多方向的方式描述了结合 CNN 和特征表示的轮廓波变换。

算法流程如下所示。

算法 8-1：C-CNN 算法的学习过程

输入：训练数据集：$\boldsymbol{x}=\{x_n|n=1,2,\cdots,N\}$

其相对应的类标：$\boldsymbol{y}=\{y_n|n=1,2,\cdots,N\}$

类别数目：T

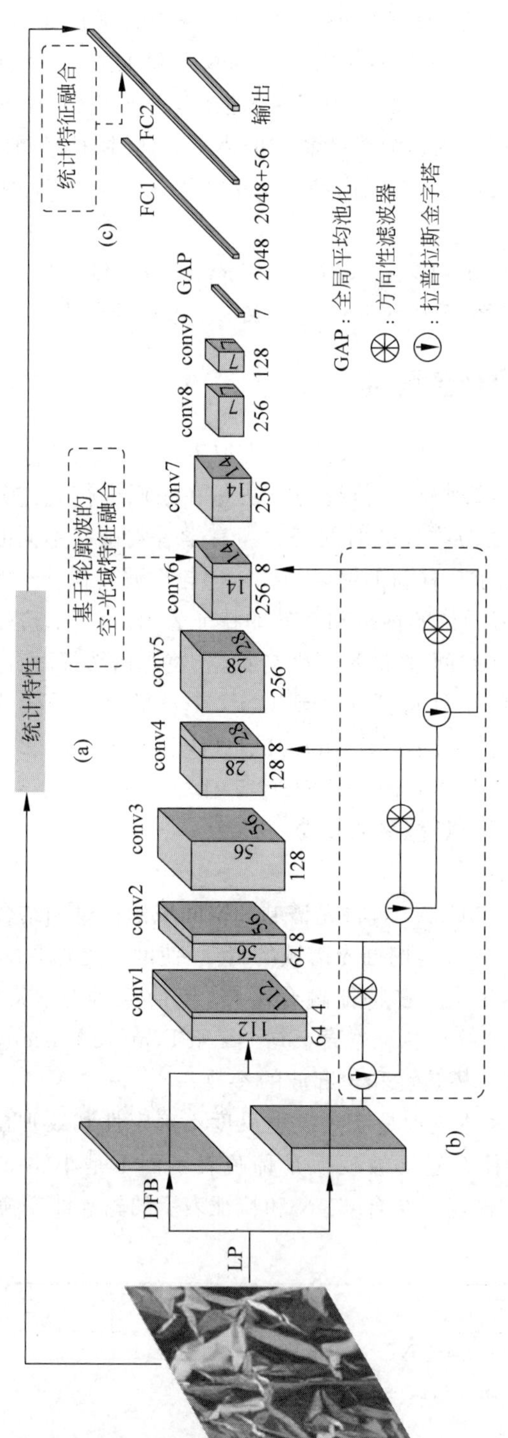

图 8-6　C-CNN 主体流程图

输出：分类结果：$\hat{\boldsymbol{y}}=\{\hat{y}_n \mid n=1,2,\cdots,N\}$

预处理：基础网络可以表示如下：[conv1,conv2,…,conv9,GAP,FC1,FC2,FC3],nlevels=[0,3,3,3],$l=1,2,\cdots,L$,F_{LP}='maxflat',F_{DFB}='$d$maxflat7'

开始

for $n=1$ *to* N

输入图片 $\boldsymbol{x}_n$,获取一组系数 $C_k^l(\boldsymbol{x},\boldsymbol{y})$,$k$ 是每个分解层的子代系数

计算 $C_k^l(\boldsymbol{x},\boldsymbol{y})$的分布特征 f

if height$(C_k^l(\boldsymbol{x},\boldsymbol{y}))\neq$ width$(\boldsymbol{C}_k^l(\boldsymbol{x},\boldsymbol{y}))$,那么

将 $\boldsymbol{C}_k^l(\boldsymbol{x},\boldsymbol{y})$的尺寸变换为 M^2,其中 $M=\max(\text{height}(C_k^l(\boldsymbol{x},\boldsymbol{y})),\text{width}(C_k^l(\boldsymbol{x},\boldsymbol{y})))$

endif

特征图为：conv1$\oplus C_k^l(\boldsymbol{x},\boldsymbol{y})$,conv2$\oplus C_k^2(\boldsymbol{x},\boldsymbol{y})$,conv4$\oplus C_k^3(\boldsymbol{x},\boldsymbol{y})$,conv6$\oplus C_k^4(\boldsymbol{x},\boldsymbol{y})$

联系统计特征图到 FC2：$f\oplus$FC2

更新参数直到收敛

endfor

end

8.7　本章小结

本章着眼于深度多尺度几何网络,分别对小波神经网络、多小波网、散射网、深度散射网、深度曲线波散射网、C-CNN 进行了理论说明。多尺度几何深度网络充分结合多尺度几何分析和深度学习的优势,提出更加有效的模型,是一个值得深入研究的方向。

参考文献

本章参考文献扫描下方二维码。

第9章 复数深度学习网络

CHAPTER 9

本章从复数域与实数的区别着手,重点介绍了常见的复数域深度网络,包括复数深度神经网络、复数 CNN、复数轮廓波网络以及半监督复值 GAN 网络。

9.1 复数深度神经网络的相关概念

目前,深度学习中使用的绝大多数构件,其技术和体系结构都是基于实值操作和表示。但是,最近关于递归神经网络以及较早的基础理论分析的结果表明,复数往往具有极其丰富的表示能力,同时还能促进噪声鲁棒的记忆检索机制。虽然它们可能给全新的神经架构带来吸引人瞩目的潜能,却因为缺乏设计此类模型所需的构件,导致复数深度神经网络有点边缘化。

通过不断对复数神经网络进行探索,研究者提出了复数深度神经网络的关键组件,同时将它们应用于卷积前馈网络和 LSTM 中。具体而言,可以依靠复数卷积及目前的算法实现复数值的神经网络的批量归一化以及权重初始化策略,同时,在端到端训练方案的实验中利用它们,结果表明这种复数值的模型带来的效果可以与它们相对应的实数模型差不多甚至更好。

Chiheb Trabelsi 等在 2018 年给出了复数神经网络的核心,为实现深度神经网络的复数构建块奠定了数学框架。

9.1.1 复数值的表征

首先概述框架中复数的表示方式,一个复数 $z=a+\mathrm{j}b$ 有一个实分量 a 和一个虚分量 b,这里 $\mathrm{j}^2=-1$。将复数的实部 a 和虚部 b 作为逻辑上不同的实数实体,就可以用实数算法内部模拟复数算法。

9.1.2 复数卷积

为了执行相当于传统的实数在复数域的二维卷积,将卷积复数滤波器矩阵 $\boldsymbol{W}=\boldsymbol{A}+\mathrm{j}\boldsymbol{B}$ 和一个复的向量 $\boldsymbol{h}=\boldsymbol{x}+\mathrm{j}\boldsymbol{y}$ 进行卷积。其中 $\boldsymbol{A}$ 和 $\boldsymbol{B}$ 是实数矩阵,$\boldsymbol{x}$ 和 $\boldsymbol{y}$ 是实数向量。总之,该过程是采用实数模拟计算。由于卷积算子是分配的,将向量 $\boldsymbol{h}$ 与滤波器 $\boldsymbol{W}$ 进行卷积,得到

$$\boldsymbol{W}*\boldsymbol{h}=(\boldsymbol{A}*\boldsymbol{x}-\boldsymbol{B}*\boldsymbol{y})+\mathrm{j}(\boldsymbol{B}*\boldsymbol{x}+\boldsymbol{A}*\boldsymbol{y}) \tag{9-1}$$

如果用矩阵表示法来表示卷积运算的实部和虚部,可得:

$$\begin{bmatrix}\mathrm{Re}(\boldsymbol{W}*\boldsymbol{h})\\ \mathrm{Im}(\boldsymbol{W}*\boldsymbol{h})\end{bmatrix}=\begin{bmatrix}\boldsymbol{A} & -\boldsymbol{B}\\ \boldsymbol{B} & \boldsymbol{A}\end{bmatrix}*\begin{bmatrix}\boldsymbol{x}\\ \boldsymbol{y}\end{bmatrix} \tag{9-2}$$

9.1.3 复数可微性

为了在复数神经网络中进行反向传播，一个充分条件是网络中每个复参数的实部和虚部具有可微的代价函数和激活。通过约束激活函数为复可微的或全实数的，可以限制复数神经网络可能激活函数的使用。

参照链式法则，复数可微性的公式可写为如下的形式：如果 L 是实数损失函数，z 是复变量，使 $z=x+\mathrm{j}y$，其中 $x,y\in\mathbb{R}$，则有：

$$\nabla_L(x)=\frac{\partial L}{\partial z}=\frac{\partial L}{\partial x}+\mathrm{j}\frac{\partial L}{\partial y}=\frac{\partial L}{\partial \Re(z)}+\mathrm{j}\frac{\partial L}{\partial \Im(z)}=\Re(\nabla_L(z))+\mathrm{j}\Im(\nabla_L(z)) \tag{9-3}$$

9.1.4 复数激活

研究者们已经提出多种典型的复数激活函数，3 个典型的公式如下：

$$\mathrm{modReLU}(z)=\mathrm{ReLU}(|z|+b)c^{\mathrm{j}\theta_z}=\begin{cases}(|z|+b)\dfrac{z}{|z|}, & |z|+b\geqslant 0\\ 0, & \text{其他}\end{cases} \tag{9-4}$$

$$\mathbb{C}\mathrm{ReLU}(z)=\mathrm{ReLU}(\Re(z))+\mathrm{jReLU}(\Im(\boldsymbol{x})) \tag{9-5}$$

$$z\mathrm{ReLU}(z)=\begin{cases}z, & \theta_z\in\left[0,\dfrac{\pi}{2}\right]\\ 0, & \text{其他}\end{cases} \tag{9-6}$$

9.1.5 复数批归一化

深度网络通常依靠批处理归一化来加速学习。在某些情况下，批处理规范化对于优化模型至关重要。批处理归一化的标准公式只适用于实数值。因此，需要提出一批可用于复数的归一化公式。

如果要将复数数组标准化为标准正态复数分布，是不足以平移和缩放它们，使其均值为0，方差为 1 的。这种类型的归一化不能保证实数分量和虚数分量的方差相等，并且结果的分布不能保证是可循环的。

为解决这个问题，选择将这个问题作为一个漂白的二维向量来处理。这就意味着沿着两个主分量将数据按其方差的平方根缩放。这可以通过用以 0 为中心的数据($x-E[x]$)来乘以 2×2 协方差矩阵 $\mathbf{V}$ 的平方根倒数来实现：

$$\bar{\boldsymbol{x}}=(\mathbf{V})^{-\frac{1}{2}}(\boldsymbol{x}-E[\boldsymbol{x}]) \tag{9-7}$$

其中，协方差矩阵 $\mathbf{V}$ 如下：

$$\mathbf{V}=\begin{pmatrix}\boldsymbol{V}_{\mathrm{rr}} & \boldsymbol{V}_{\mathrm{ri}}\\ \boldsymbol{V}_{\mathrm{ir}} & \boldsymbol{V}_{\mathrm{ii}}\end{pmatrix}=\begin{pmatrix}\mathrm{Cov}(\mathrm{Re}(\boldsymbol{x}),\mathrm{Re}(\boldsymbol{x})) & \mathrm{Cov}(\mathrm{Re}(\boldsymbol{x}),\mathrm{Re}(\boldsymbol{x}))\\ \mathrm{Cov}(\mathrm{Im}(\boldsymbol{x}),\mathrm{Re}(\boldsymbol{x})) & \mathrm{Cov}(\mathrm{Im}(\boldsymbol{x}),\mathrm{Re}(\boldsymbol{x}))\end{pmatrix} \tag{9-8}$$

9.1.6 复数权重初始化

在一般情况下，特别是在未执行批处理规范化时，适当的初始化对于降低梯度消失或爆炸的风险至关重要。通过批归一化方法，不仅输入层可以被进行归一化处理，同时，每一个中间层的输入也可以被进行归一化处理，从而实现输出服从正态分布(均值为 0，方差为 1)的目的，有效地避免内部协变量偏移。具体步骤如下。

(1) 隐藏层的输出结果可以被在批(batch)上做归一化处理。

(2) 进行缩放(scale)和平移(shift)操作。

(3) 采用 ReLU 激活函数,并将其送入下一层。

在这个过程中,采用特定模式的瑞利分布的单个参数进行初始化。至此,新的方差公式可以写为如下的形式

$$\mathrm{Var}(\boldsymbol{W})=\frac{4-\pi}{2}\sigma^2+\left(\sigma\sqrt{\frac{\pi}{2}}\right)^2=2\sigma^2 \tag{9-9}$$

其中,σ 为瑞利分布的单个参数。

9.2 复数卷积神经网络

复数 CNN 指的是在传统 CNN 的基础上,把 CNN 从实数域推广到复数域,它的网络结构流程如图 9-1 所示。

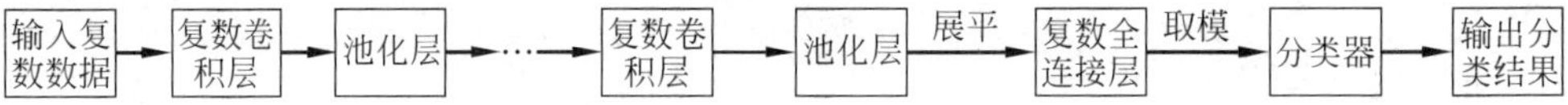

输入复数数据 → 复数卷积层 → 池化层 →…→ 复数卷积层 → 池化层 →(展平)→ 复数全连接层 →(取模)→ 分类器 → 输出分类结果

图 9-1 CNN 的结构流程图

CNN 在计算机视觉领域取得巨大成功的基础上,胡跃红尝试提出了一种适用于合成孔径雷达(SAR)图像判读的复数 CNN(CV-CNN)。它利用了复杂 SAR 图像的振幅和相位信息。将 CNN 的输入输出层、卷积层、激活函数、池化层等所有元素扩展到复数域。此外,针对 CV-CNN 的训练,提出了一种基于 SGD 的复杂反向传播算法。然后在典型的极化 SAR 图像分类任务上测试所提出的 CV-CNN,该任务通过监督训练将每个像素分类为已知的地形类型。

9.2.1 数学计算过程

对于两个复数向量,分别将其表示为 $\boldsymbol{z}_1=\boldsymbol{x}_1+\mathrm{j}\boldsymbol{y}_1$ 和 $\boldsymbol{z}_2=\boldsymbol{x}_2+\mathrm{j}\boldsymbol{y}_2$,用于进行复数运算,具体的过程如下:

$$\begin{aligned}\boldsymbol{z}&=\boldsymbol{z}_1\times\boldsymbol{z}_2=(\boldsymbol{x}_1+\mathrm{j}\boldsymbol{y}_1)\times(\boldsymbol{x}_2+\mathrm{j}\boldsymbol{y}_2)\\&=(\boldsymbol{x}_1\times\boldsymbol{x}_2-\boldsymbol{y}_1\times\boldsymbol{y}_2)+(\boldsymbol{y}_1\times\boldsymbol{x}_2+\boldsymbol{x}_1\times\boldsymbol{y}_2)\end{aligned} \tag{9-10}$$

其中 $\mathrm{j}^2=1$。根据实数卷积运算和复数运算理论,复数二维卷积运算可以被实现。假设 $\boldsymbol{h}=\boldsymbol{x}+\mathrm{j}\boldsymbol{y}$ 是复数向量,$\boldsymbol{W}=\boldsymbol{A}+\mathrm{j}\boldsymbol{B}$ 是复数滤波矩阵,对这两者进行卷积,并结合 $\boldsymbol{A}$、$\boldsymbol{B}$ 均为实数矩阵,同时 $\boldsymbol{x}$、$\boldsymbol{y}$ 为实数向量。那么就可以用实数数据来对复数卷积计算过程进行模拟。

另外,对应的矩阵形式下的复数卷积运算过程可写为如下的形式:

$$\begin{bmatrix}\mathrm{Re}(\boldsymbol{W}*\boldsymbol{h})\\\mathrm{Im}(\boldsymbol{W}*\boldsymbol{h})\end{bmatrix}=\begin{bmatrix}\boldsymbol{A}&-\boldsymbol{B}\\\boldsymbol{B}&\boldsymbol{A}\end{bmatrix}*\begin{bmatrix}\boldsymbol{x}\\\boldsymbol{y}\end{bmatrix}=\begin{bmatrix}\mathrm{Re}(\boldsymbol{A}*\boldsymbol{x}-\boldsymbol{B}*\boldsymbol{y})\\\mathrm{Im}(\boldsymbol{B}*\boldsymbol{x}+\boldsymbol{A}*\boldsymbol{y})\end{bmatrix} \tag{9-11}$$

9.2.2 网络结构

用基准数据集进行的实验表明,使用 CV-CNN 代替传统的实数 CNN,在同等自由度下,分类误差可以进一步降低。CV-CNN 在整体分类精度方面的性能可与现有的最先进的方法相媲美。将 CNN 的输入输出层、卷积层、激活函数、池化层等元素扩展到复数域。此外,针对 CV-CNN 的训练,提出了一种基于 SGD 的复杂反向传播算法。然后在典型的极化 SAR 图像分类任务上测试所提出的 CV-CNN,该任务通过监督训练将每个像素分类为已知的地形类型。实验表明,使用 CV-CNN 代替传统实数 CNN 可以进一步降低分类误差的自

由度。CV-CNN 在整体分类精度方面的性能可与现有的最先进的方法相媲美。CV-CNN 的结构如图 9-2 所示。

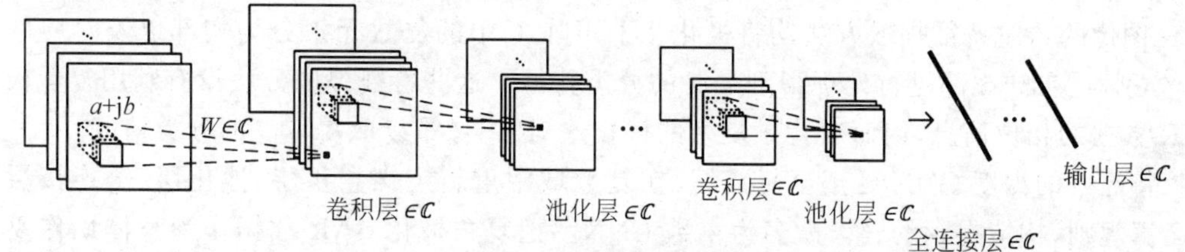

图 9-2 CV-CNN 的结构图

CV-CNN 结构能够处理复数数据,但其中也包含池化层和全连接层。因此 CV-CNN 网络结构并不能解决池化层和全连接层所产生的问题。另外,FCN 尽管解决了 CNN 结构中来自池化层和全连接层的问题,但并不能有效地处理包含幅度和相位的复数数据。综上,研究者也将 CV-CNN 和全连接神经网络结构进行有效融合,据此解决 CNN 结构缺陷问题的同时,实现处理好复数数据的复数全连接卷积网络(Complex Fully Convolutional Networks,CFCNN)结构,具体结构如图 9-3 所示。

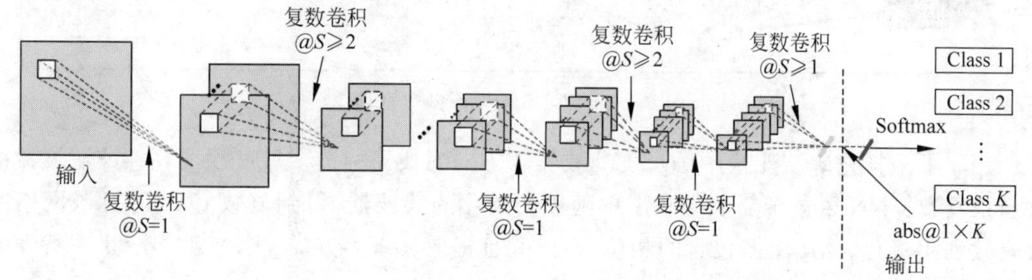

图 9-3 CFCNN 结构

CFCNN 结构中包含输入、输出层,同时还包括步长为 s 的卷积层的组合以及取模层。CFCNN 与 CV-CNN 相比,CV-CNN 的池化层在 CFCNN 中,被使用步长大于或等于 2 的复数卷积层来替换,另外,CV-CNN 的复数全连接层在 CFCNN 中,被使用步长为 1 的复数卷积层替换。步长为 2 的复杂卷积层可以在不丢失特征位置信息的情况下完成池化层的降维。复杂卷积层的步长为 1,可以实现复杂全连接层的功能,避免了全连接层带来的问题。与 CV-CNN 和 FCNN 相比,CFCNN 不仅具有较高的网络性能,而且具有更好的鲁棒性。

9.3 复数轮廓波网络

深度 CNN 作为可直接处理图像块的一类 FNN,可以引入像素空间相关性,进而减弱相干斑影响、提升遥感图像的分类精度。如果进一步将深度 CNN 延伸至复数域进行运算,就可以充分用起遥感图像的相位信息,构造获得复数 CNN。轮廓波变换通过不同尺度、不同方向的子带对图像进行逼近,从而捕捉图像的内部几何结构,得到判别特征。马丽媛以复数 CNN 为基础,通过引入轮廓波变换,进一步构造多尺度深度学习模型,能够有效地解决背景复杂的遥感图像分类问题。

9.3.1 原理描述

极化 SAR 图像通常表示为极化相干矩阵 $\boldsymbol{T}$,包含丰富的幅度和相位信息。针对极化 SAR 图像的传统特征提取方法均将极化相干矩阵 $\boldsymbol{T}$ 中的复数元素分为实部以及对应的虚部,分别对实部、虚部进行处理得到最终的分类特征。这些特征提取方法没有利用复数极化 SAR 数据的相位信息,因而对背景复杂的极化 SAR 图像难以取得较高的分类精度。

将经典的深度 CNN 延拓至复数域,在复数域中重新定义卷积层、池化层、全连接层等的运算规则,构造得到的网络命名为复数 CNN。把复数极化 SAR 数据作为整体用作复数 CNN 的输入直接进行运算,可充分利用极化 SAR 图像的相位信息,减少由复数域到实数域转化过程中的信息损失,增强网络的泛化能力。

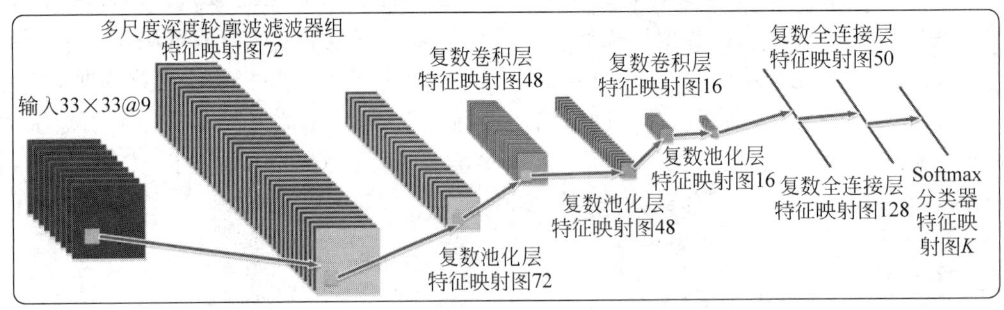

图 9-4 复数 C-CNN 的网络结构

用非下采样轮廓波变换中的尺度滤波器和方向滤波器构造多尺度深度轮廓波滤波器组并替换复数 CNN 第一个复数卷积层中随机初始化的滤波器,得到复数 C-CNN。该网络能够有效利用极化 SAR 图像包含的相位信息,并且提取具有多方向、多尺度、多分辨率特性的判别特征。

复数的轮廓波网的主要工作如下:利用基于复数 C-CNN 的遥感图像分类方法,可以在复数域上对深度 CNN 中卷积层、下采样层、归一化层和全连接层的运算规则进行重新定义,进而得到复数 CNN。利用多尺度深度轮廓波滤波器组来代替复数 CNN 内第一个复数卷积层中的滤波器,可以构造出多尺度深度学习模型,将其命名为复数 C-CNN。这个模型可以有效地提取出具有多方向、多尺度、多分辨率的幅度特征、相位特征,进而提高遥感图像的分类精度。

9.3.2 数学计算过程

将深度 CNN 从实数域向复数域延拓,各个模块的运算规则改进如下。

(1) 复数域卷积:输入数据为复数形式,可写为 $\boldsymbol{x}=\boldsymbol{a}+\mathrm{j}\cdot\boldsymbol{b}\in\mathbb{C}^{n\times m}$,卷积核定义为 $\boldsymbol{w}=\boldsymbol{u}+\mathrm{j}\cdot\boldsymbol{v}\in\mathbb{C}^{u\times v}$。因此,对应于 $\boldsymbol{x}$ 与 $\boldsymbol{w}$ 的卷积计算式如下:

$$\boldsymbol{x}*\boldsymbol{w}=(\boldsymbol{a}*\boldsymbol{u}-\boldsymbol{b}*\boldsymbol{v})=\mathrm{j}\cdot(\boldsymbol{a}*\boldsymbol{v}+\boldsymbol{b}*\boldsymbol{u})\in\mathbb{C}^{(n-u+1)\times(m-v+1)} \tag{9-12}$$

其中,符号 j 就是虚数单位。

(2) 复数域非线性:假设复数域卷积计算后的输出为$\boldsymbol{\Gamma}=\boldsymbol{x}*\boldsymbol{w}+\boldsymbol{c}$,复数域非线性函数 φ 与实数域上非线性函数的取法一致,但是需要针对数据的实部和虚部分别进行运算,计算式为

$$\varphi(\boldsymbol{\Gamma})=\varphi(\mathrm{Re}(\boldsymbol{\Gamma}))+\mathrm{j}\cdot\varphi(\mathrm{Im}(\boldsymbol{\Gamma}))\in\mathbb{C}^{(n-u+1)\times(m-v+1)} \tag{9-13}$$

(3) 复数域池化：设卷积非线性处理得到输出为 $\Omega=\varphi(\boldsymbol{\Gamma})$。复数域池化实际上类似于实数域的池化过程，但同样需要分别对实部和虚部进行操作，也就是

$$P=\text{Maxpooling}(\text{Re}(\Omega),r)+\text{j}\cdot\text{Maxpooling}(\text{Im}(\Omega),r)\in\mathbb{C}^{n_1\times n_2} \tag{9-14}$$

其中，r 是池化半径，Maxpooling 代表最大池化操作，因此有

$$\begin{cases} n_1=\left\lfloor\dfrac{n-u+1}{r}\right\rfloor \\ n_2=\left\lfloor\dfrac{m-v+1}{r}\right\rfloor \end{cases} \tag{9-15}$$

(4) 复数域批量归一化：这里的归一化操作其实和实数域上的归一化方式是相同的，都是通过加速计算并保持拓扑结构对应性。对 P 的实部和虚部进行归一化，可以写为

$$F=\text{Normalization}(\text{Re}(P))+\text{j}\cdot\text{Normalization}(\text{Im}(P)) \tag{9-16}$$

(5) 复数域全连接：复数域批量归一化后的特征映射可以写成 $F\in\mathbb{C}^{M@n_S\times m_S}$。其中，$S$ 表示卷积流模块的个数，M 表示特征映射图的个数。当获得到若干个卷积流处理后的特征映射之后，通常可以继续进行拉伸或向量化操作计算出相应的特征，接着利用全连接层进行进一步的处理。

(6) 分类器设计：可以将输入的深层抽象特征的实部与虚部堆栈分别看作分类器的输入，从而构成实数域上的特征，那么此时的网络输出就不用扩展为复数域。在实数域上进行 softmax 分类器设计就可以实现图像的逐像素分类。

针对待分类极化 SAR 图像的地物特征，设定复数 C-CNN 的结构为：输入层→多尺度深度轮廓波滤波器层→复数池化层→复数卷积层→复数池化层→复数卷积层→复数池化层→复数全连接层→复数全连接层→Softmax 分类器。

9.3.3　网络参数

复数 C-CNN 各层的参数如下。

(1) 输入层，特征映射图数目为 18。

(2) 第 1 层多尺度深度轮廓波滤波器层，特征映射图数目为 72。

(3) 第 2 层复数池化层，池化半径为 2。

(4) 第 3 层复数卷积层，特征映射图数目为 48，滤波器尺寸为 4。

(5) 第 4 层复数池化层，池化半径为 2。

(6) 第 5 层复数卷积层，特征映射图数目为 16，滤波器尺寸为 4。

(7) 第 6 层复数池化层，池化半径为 2。

(8) 第 7 层复数全连接层，特征映射图数目为 128。

(9) 第 8 层复数全连接层，特征映射图数目为 50。

(10) 第 9 层 Softmax 分类器，特征映射图数目为 K。

复数 C-CNN 中多尺度深度轮廓波滤波器组的滤波器值是固定的，在网络训练过程中不需要反向传播修改滤波器值，可以减弱复数卷积层中交叉运算导致的计算复杂度提高的影响。且该滤波器组继承了非下采样轮廓波变换的非下采样特性，卷积运算不会改变输入图像块的大小，能够保持极化 SAR 图像的旋转不变性。

9.4 半监督复数 GAN

极化 SAR 图像广泛应用于灾害探测、军事侦察等领域。然而，它们的解释也面临着一些挑战，如标记数据不足、数据信息利用不足等。一种复数 GAN 可以用于解决这些问题。模型的复数形式符合极化 SAR 数据的物理机制，有利于利用和保留极化 SAR 数据的幅度、相位信息。Sun Q 等将 GAN 体系结构与半监督学习相结合，解决了标记数据不足的问题。GAN 扩展了训练数据，利用半监督学习对生成的、有标记的和未标记的数据进行训练。在两个基准数据集上的实验结果表明，该模型优于现有的最先进的模型，特别是在标记数据较少的情况下。

一般实数 GAN 生成的数据在特征和分布上与极化 SAR 数据不同。因此，可以将实数 GAN 扩展到复数域，提出了一种复数 GAN。图 9-5 给出了该模型的框架，它由复数生成器和复数判别器组成。该框架由复数全连接、复数反卷积、复数卷积、复数激活函数和复数批处理归一化组成，分别用 CFC、CDeConv、CConv、CA 和 CBN 表示。此外，复数网络还充分利用了极化 SAR 数据的幅值和相位特征。

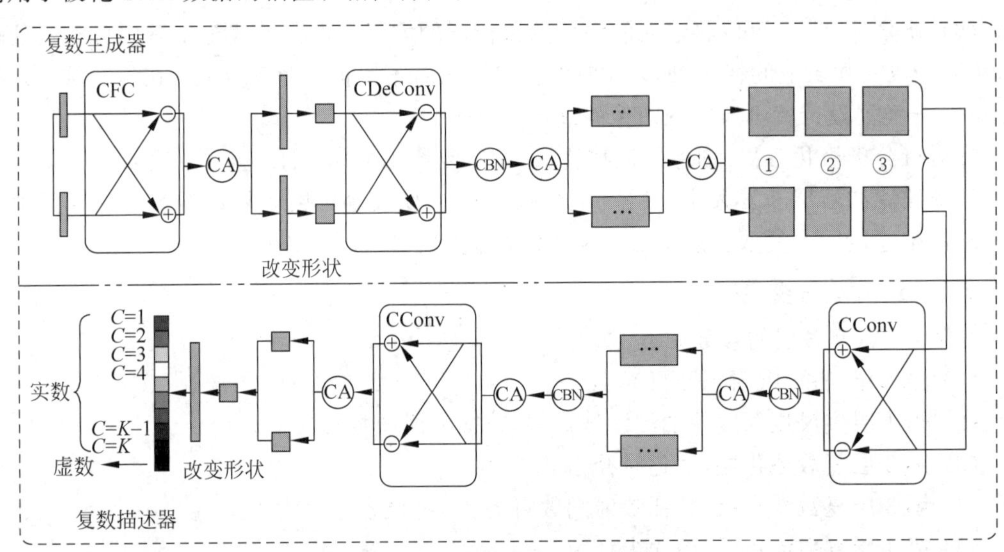

图 9-5 半监督复数 GAN 网络的结构

在复数生成器中，经过一系列的复数运算，将两个随机生成的向量转换成与极化 SAR 数据具有相同形状和分布的复数矩阵。

在复数判别器中，可以利用复数运算提取一对形式完整的复数特征。然后将最后一个特征的实部和虚部连接到实数域进行最终分类。

在模型训练中，利用生成的假数据、有标记的实际数据和未标记的实际数据，通过半监督学习对该复数 GAN 进行交替训练，直到网络能够有效识别输入数据的真实性，实现正确的分类。

9.5　复数 Transformer 网络

虽然近年来深度学习在各个领域都受到了极大的关注，但主要的深度学习模型几乎都不使用复数。然而，语音、信号和音频数据在傅里叶变换后自然是复数，研究表明了复杂网络的潜在更丰富的表示。因此，复数 Transformer 网络被提出，将 Transformer 模型作为序列建模的主干，同时还开发了针对复杂输入的注意力机制和编解码器网络。该模型在 MusicNet 数据集上实现了最先进的性能。

(1) 复数编码器：编码器由 6 个相同的堆栈组成，每个堆栈有两个子层。第一子层为复注意力层，第二子层为复数前馈网络。两个子层都有残差连接和层标准化结构。在编码器的剩余连接之前，作者采用了层标准化方法。

(2) 复数解码器：解码器也有 6 个相同的堆栈。每个堆栈有三个子层：复数注意力层、复数前馈网络和另一个复数注意力层。第一个复数注意力层被与附加的对角线蒙版相结合。第二个复数注意力层将在编码表征和解码器输入上执行。

(3) 复数注意力层：模型提出了复杂的注意力机制构建块。给定复数 $\boldsymbol{x}=\boldsymbol{a}+\mathrm{j}\cdot\boldsymbol{b}$，想要实现不同时间步长的高维信息同步处理。因此，可以计算出查询矩阵 $\boldsymbol{Q}=\boldsymbol{X}\boldsymbol{W}_Q$，关键矩阵 $\boldsymbol{K}=\boldsymbol{X}\boldsymbol{W}_K$，值矩阵 $\boldsymbol{V}=\boldsymbol{X}\boldsymbol{W}_V$(其中 $\boldsymbol{Q}$、$\boldsymbol{K}$、$\boldsymbol{V}$ 均为复数)，并定义复杂注意为

$$\boldsymbol{Q}\boldsymbol{K}^{\mathrm{T}}\boldsymbol{V}=(\boldsymbol{X}\boldsymbol{W}_Q)(\boldsymbol{X}\boldsymbol{W}_K)^{\mathrm{T}}(\boldsymbol{X}\boldsymbol{W}_V) \tag{9-17}$$

复数 Transformer 网络结构如图 9-6 所示。复数编码、复数解码以及复数注意力机制模块被有效地与 Transformer 网络结构相结合，这可以启发思考与探索：复数结构及其优良特性是否能够被与最新的网络结构不断结合，从而实现更好的效果。

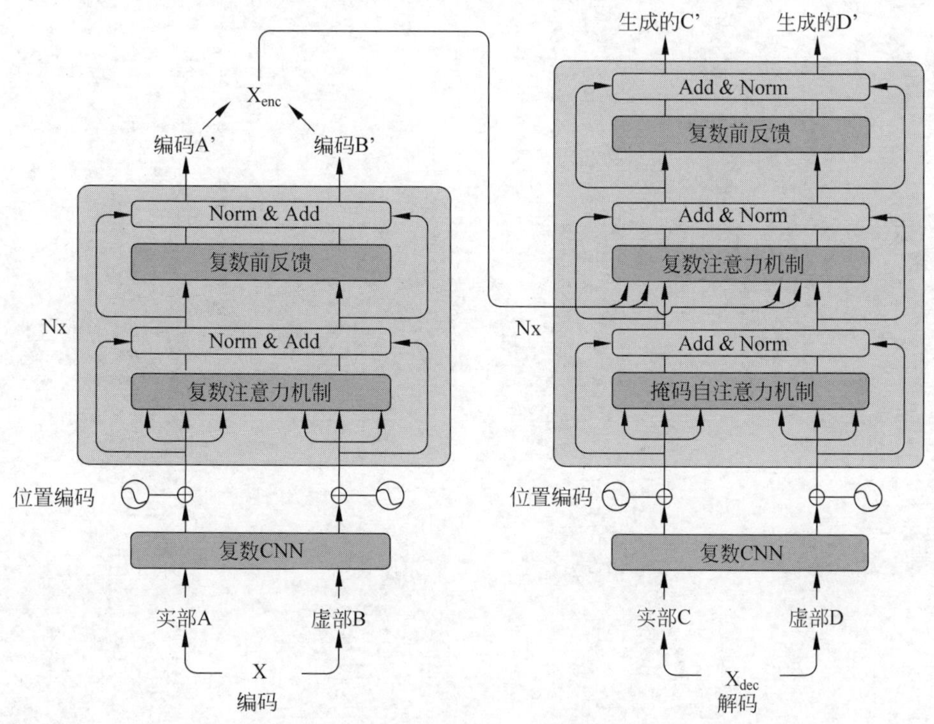

图 9-6　复数 Transformer 网络的结构

9.6 本章小结

本章着眼于复数信息与实数神经网络的区别，分别对复数深度神经网络、复数 CNN、复数轮廓波网络、半监督复数 GAN 网络和复数 Transformer 网络进行了理论说明。

参考文献

本章参考文献扫描下方二维码。

第 10 章 拟合问题

CHAPTER 10

神经网络模型可以拟合任何一个函数，但是模型的拟合是在一定误差内的拟合，所以这种误差的大小决定了模型的拟合能力。对模型而言，用什么方法，以什么评价指标来测试模型才能较为准确地度量模型的拟合能力？如果确定了方法和指标，模型是否可以在有限的时间内训练完毕呢？这些都是在模型拟合过程中需要解决的问题。本章将对这些在模型拟合过程中一定会遇见的问题进行介绍和解答。

10.1 拟合方法介绍

拟合是一种把现有数据透过数学方法来代入一条数式的表示方式。更具体来说，是根据某个未知函数（或者难于求解的函数方程）的几个已知数据点求出变化规律和特征相似的近似曲线的过程。拟合的目的是得到最接近的近似曲线。

10.1.1 线性回归

在拟合函数时，最简单的便是"直线"这类线性函数，而拟合"直线"的线性函数方法也被称作线性回归方法，什么是线性回归呢？监督学习中，如果预测的变量是离散的，则称其为分类；如果预测的变量是连续的，则称其为回归；如果自变量与因变量之间的关系同时满足可加性和齐次性，则这种变量之间的关系是线性的。换句话说，当自变量与因变量的函数图像可以用直线、平面或者超平面表示时，则满足线性关系。

最小二乘估计是最常见的线性回归方法之一。最小二乘法是一种数学优化技术，它通过最小化误差的平方和寻找数据的最佳函数匹配，利用最小二乘法可以简便地求得未知的数据，并使得这些求得的数据与实际数据之间误差的平方和为最小。

对于一个线性回归模型，假设从总体中获取了 m 组观察值 $(x_{11},x_{12},\cdots,x_{1n},y_1)$，$(x_{21},x_{22},\cdots,x_{2n},y_2)$，…，$(x_{m1},x_{m2},\cdots,x_{mn},y_m)$，这些观测数据必须满足两个条件：在测量系统中不存在系统误差，只存在纯偶然误差；误差是符合正态分布的，误差的均值为 0。

这 m 组数据可以用如下线性方程组表示：

$$\begin{cases}\alpha_0+\theta_1 x_{11}+\cdots+\theta_n x_{1n}=y_1\\ \alpha_0+\theta_1 x_{21}+\cdots+\theta_n x_{2n}=y_2\\ \qquad\vdots\\ \alpha_0+\theta_1 x_{m1}+\cdots+\theta_n x_{mn}=y_m\end{cases} \tag{10-1}$$

如果将样本矩阵记为矩阵 $\boldsymbol{X}$

$$\boldsymbol{X}=\begin{pmatrix}1 & x_{11} & \cdots & x_{1n}\\ 1 & x_{21} & \cdots & x_{2n}\\ \cdots & \cdots & \cdots & \cdots\\ 1 & x_{m1} & \cdots & x_{mn}\end{pmatrix}\in\mathbb{R}^{m\times(n+1)} \tag{10-2}$$

将参数矩阵记为

$$\boldsymbol{\theta}=(\theta_0,\theta_1,\cdots,\theta_n)^{\mathrm{T}}\in\mathbb{R}^{(n+1)\times 1} \tag{10-3}$$

真实值记为向量 $\boldsymbol{Y}$

$$\boldsymbol{Y}=(y_0,y_1,\cdots,y_m)^{\mathrm{T}}\in\mathbb{R}^{m\times 1} \tag{10-4}$$

上述线性方程组也可以表示为

$$\boldsymbol{X\theta}=\boldsymbol{Y} \tag{10-5}$$

线性回归就是要求样本回归函数尽可能好地拟合这组值,也就是说,这条直线应该尽可能处于样本数据的中心位置。因此,选择最佳拟合曲线的标准可以确定为:使总的拟合误差(即总残差)达到最小。

对于总残差的标准通常情况下定义为残差的平方和最小,即

$$\text{loss}=\min\sum_{i=1}^{m}(f(x_{i1},x_{i2},\cdots,x_{in})-y_i)^2 \tag{10-6}$$

因为如果直接进行残差和 $\min\sum_{i=1}^{m}(f(x_{i1},x_{i2},\cdots,x_{in})-y_i)$ 将出现残差和相互抵消的问题,使得拟合直线无法处于样本中心,无法达到拟合的目的。如果利用残差的绝对值和 $\min\sum_{i=1}^{m}|f(x_{i1},x_{i2},\cdots,x_{in})-y_i|$ 可以避免上述残差和相互抵消的问题,但是绝对值的存在难以处理,并且在零点不存在导数,所以也不适合。取残差的平方和 $\min\sum_{i=1}^{m}(f(x_{i1},x_{i2},\cdots,x_{in})-y_i)^2$,既可以避免残差和相互抵消的问题,同时处处可导,所以残差的平方和最为合适。

对于最小二乘估计来说,最终得矩阵表达形式可以表示为

$$\begin{aligned}\text{loss}&=\min\|\boldsymbol{X\theta}-\boldsymbol{Y}\|_2^2=\min((\boldsymbol{X\theta}-\boldsymbol{Y})^{\mathrm{T}}(\boldsymbol{X\theta}-\boldsymbol{Y}))\\&=\min(\boldsymbol{\theta}^{\mathrm{T}}\boldsymbol{X}^{\mathrm{T}}\boldsymbol{X\theta}-2\boldsymbol{\theta}^{\mathrm{T}}\boldsymbol{X}^{\mathrm{T}}\boldsymbol{Y}+\boldsymbol{Y}^{\mathrm{T}}\boldsymbol{Y})\end{aligned} \tag{10-7}$$

而式(10-7)等价于方程

$$\frac{\partial\,\boldsymbol{\theta}^{\mathrm{T}}\boldsymbol{X}^{\mathrm{T}}\boldsymbol{X}\,\boldsymbol{\theta}-2\,\boldsymbol{\theta}^{\mathrm{T}}\boldsymbol{X}^{\mathrm{T}}\boldsymbol{Y}+\boldsymbol{Y}^{\mathrm{T}}\boldsymbol{Y}}{\partial\,\boldsymbol{\theta}}=2(\boldsymbol{X}^{\mathrm{T}}\boldsymbol{X\theta}-\boldsymbol{X}^{\mathrm{T}}\boldsymbol{Y})=0 \tag{10-8}$$

最终得到 $\boldsymbol{\theta}$ 的解析解

$$\boldsymbol{\theta}=(\boldsymbol{X}^{\mathrm{T}}\boldsymbol{X})^{-1}\boldsymbol{X}^{\mathrm{T}}\boldsymbol{Y} \tag{10-9}$$

通过式(10-9)可知,要保证 $\boldsymbol{\theta}$ 存在解,则 $\boldsymbol{X}^{\mathrm{T}}\boldsymbol{X}$ 必须是一个可逆矩阵,当 $\boldsymbol{X}^{\mathrm{T}}\boldsymbol{X}$ 不存在逆矩阵时,式(10-9)就无法成立。当 $\boldsymbol{X}^{\mathrm{T}}\boldsymbol{X}$ 不可逆时,存在两种方法使得 $\boldsymbol{X}^{\mathrm{T}}\boldsymbol{X}$ 重新存在解。

(1) 增加样本数量,通过增加样本的数量,使得 $(\boldsymbol{X}^{\mathrm{T}}\boldsymbol{X})^{-1}$ 的秩 $R((\boldsymbol{X}^{\mathrm{T}}\boldsymbol{X})^{-1})=n+1$,则 $(\boldsymbol{X}^{\mathrm{T}}\boldsymbol{X})^{-1}$ 将一定存在。

(2) 可以添加正则项,常见的是 L_1 正则项和 L_2 正则项,在方程中添加了正则项,则 $\boldsymbol{\theta}$

得解析解变为：

$$\boldsymbol{\theta}=\left(\boldsymbol{X}^{\mathrm{T}}\boldsymbol{X}+\lambda\begin{pmatrix}0 & 0\\0 & I\end{pmatrix}\right)^{-1}\boldsymbol{X}^{\mathrm{T}}\boldsymbol{Y} \tag{10-10}$$

$\left(\boldsymbol{X}^{\mathrm{T}}\boldsymbol{X}+\lambda\begin{pmatrix}0 & 0\\0 & I\end{pmatrix}\right)^{-1}$ 是 $\boldsymbol{X}^{\mathrm{T}}\boldsymbol{X}$ 的广义逆，该矩阵一定存在。

10.1.2 复杂函数拟合

函数逼近主要研究如何使用初等函数近似表示复杂函数，或者说，函数逼近就是使用简单函数在自变量的定义域内尽量相近。

函数逼近包含最基本的三个要素：函数簇、逼近形式、范数。函数簇是指选定的元素数量有限的函数集合。逼近形式一般是利用有限参数和函数簇中的函数进行的线性组合；范数是确定线性组合时的有限参数。

范数有更严格的数学定义：设 H 是域 K 上的线性空间，对任意 $x,y\in H$，有一个 K 中数 (x,y) 与之对应，使得对任意的 $x,y,z\in H$；$\alpha\in K$ 满足：$(x,x)\geqslant 0$；$(x,x)=0$，当且仅当 $x=0$；$(x,y)=\overline{(y,x)}$；$(x,\alpha y)=\alpha(x,y)$；$(x+y,z)=(x,z)+(y,z)$。称 $(,)$ 是 H 上的一个内积，H 上定义了内积称为内积空间，完备的内积空间称为希尔伯特空间。

作为希尔伯特空间，一定具备范数和正交基，可以利用空间中的正交基通过线性组合的范数构建空间中的任意元素。对比以下函数逼近的需求，希尔伯特空间的正交基就是函数逼近需要确定的函数簇；该空间内定义了范数，对于函数逼近而言就是可以确定线性组合的参数，所以在希尔伯特空间具备和函数逼近需要的一切要素。

从希尔伯特空间的视角看函数逼近的问题，如果 F 是希尔伯特空间，A 是 F 的希尔伯特子空间，根据投影定理，设 M 是内积空间 H 的完备线性子空间，那么对任何 $x\in H$，x 在 M 上的投影唯一地存在。也就是说存在 $x_0\in M$，$x_1\perp M$ 使得 $x=x_0+x_1$，而且这种分解是唯一的。特别地，当 $x\in M$ 时，$x_0=x$。而根据投影的极值性质：如果 x_0 是 x 在 M 上的投影，那么 $\| x-x_0 \|$ 是点 x 到集合 M 的距离，也就是 $\| x-x_0 \|=\inf_{y\in M}\| x-y \|$。投影定理以及投影的极值性质意味着：一个元素在希尔伯特空间必有投影；这个投影是该元素在该希尔伯特空间的最优逼近。如果换作函数希尔伯特空间的话，那就是一个给定函数在一个函数族构成的希尔伯特空间上的投影函数就是最优逼近函数。所以 A 中必有唯一的函数 $f^*(x)$ 是在该范数定义下的 $f(x)$ 的最优逼近。

最优逼近函数的寻找关键是确定希尔伯特空间，而希尔伯特空间的确定关键是确定内积以及由内积导出的范数。由于希尔伯特空间的完备性和线性性质，希尔伯特空间一般在定义域 $[a,b]$ 上有如下四类：连续函数簇、有界函数簇、均方可积函数簇和 p 方的 L-S 可积函数簇。分别记作 $C[a,b]$、$L_\infty[a,b]$、$L_2[a,b]$、$L_p[a,b]$。选择这些函数也意味着即将用来逼近的函数就在这个函数簇中。函数簇常常是函数空间，而这个空间一般是向量空间或者线性空间，同时是无限维的。

对于同一个希尔伯特空间，存在多组不同的可以用来表示该空间的正交基：多项式函数类是通过选择幂函数簇 P_n 作为正交基，根据其形式的不同，可以分为雅克比多项式、切比雪夫多项式、勒让德多项式、拉盖尔(Laguerre)多项式、埃尔米特(Hermite)多项式等。三角函数类拟合是通过选择三角函数作为正交基。

(1) 雅克比多项式是定义在$(-1,1)$上，关于权函数$(1-x)^{\alpha}(1+x)^{\beta}$的正交多项式，其中$\alpha,\beta>-1$。雅克比多项式表达式为：

$$P_n^{(\alpha,\beta)}(x)=\frac{\Gamma(\alpha+n+1)}{n!\Gamma(\alpha+\beta+n+1)}\sum_{m=0}^{n}\binom{n}{m}\frac{\Gamma(\alpha+\beta+m+n+1)}{\Gamma(\alpha+m+1)}\left(\frac{x-1}{2}\right)^m \tag{10-11}$$

其中，

$$\Gamma(\alpha)=\int_0^{+\infty}t^{\alpha-1}\mathrm{e}^{-t}\,\mathrm{d}t$$

雅克比多项式的递推公式为：

$$\begin{aligned}&2n(n+\alpha+\beta)(2n+\alpha+\beta)P_n^{(\alpha,\beta)}(x)\\&=(2n+\alpha+\beta-1)[(2n+\alpha+\beta)(2n+\alpha+\beta-2)x+\alpha^2-\beta^2]P_{n-1}^{(\alpha,\beta)}(x)-\\&\quad 2(n+\alpha-1)(n+\beta-1)(2n+\alpha+\beta)P_{n-2}^{(\alpha,\beta)}(x)\end{aligned} \tag{10-12}$$

(2) 勒让德多项式是定义在区间$(-1,1)$上关于权函数为1的正交多项式。勒让德多项式实际上是雅克比多项式在$\alpha=\beta=0$时的特殊情况。勒让德多项式的表达式为：

$$P_n(x)=\frac{1}{2^n n!}\frac{\mathrm{d}^n}{\mathrm{d}x^n}[(x^2-1)^n] \tag{10-13}$$

勒让德多项式的递推公式为：

$$(n+1)P_{n+1}(x)=(2n+1)xP_n(x)-nP_{n-1}(x) \tag{10-14}$$

其中，$P_0(x)=1$，$P_1(x)=x$。

(3) 切比雪夫多项式是定义在区间$(-1,1)$上关于权函数$\frac{1}{\sqrt{1-x^2}}$的正交多项式。第一类切比雪夫多项式的表达式为：

$$T_n(x)=\cos(n\arccos(x)) \tag{10-15}$$

第一类切比雪夫多项式的递推公式为：

$$T_{n+1}(x)=2xT_n(x)-T_{n-1}(x) \tag{10-16}$$

其中

$$T_0(x)=1,\quad T_1(x)=x$$

第二类切比雪夫多项式的表达式为：

$$U_n(x)=\frac{\sin[(n+1)\theta]}{\sin\theta} \tag{10-17}$$

第二类切比雪夫多项式的递推公式为：

$$U_{n+1}(x)=2xU_n(x)-U_{n-1}(x) \tag{10-18}$$

其中

$$T_0(x)=1,\quad T_1(x)=2x$$

(4) 拉盖尔多项式是定义在区间$(0,+\infty)$上关于权函数$\mathrm{e}^{-x}x^{\alpha}$的正交多项式。拉盖尔多项式的递推表达式为$(\alpha=0)$：

$$L_{n+1}(x)=\frac{(2n+1-x)L_n(x)-nL_{n-1}(x)}{n+1} \tag{10-19}$$

其中，

$$L_0(x)=1,\quad L_1(x)=-x+1$$

(5) 埃尔米特多项式是定义在区间$(-\infty,+\infty)$上关于权函数 e^{-x^2} 的正交多项式。埃尔米特多项式的表达式为：

$$H_n(x)=(-1)^n e^{x^2}\frac{d^n}{dx^n}e^{-x^2} \tag{10-20}$$

埃尔米特多项式的递推公式为：

$$H_{n+1}(x)=2xH_n(x)-2nH_{n-1}(x) \tag{10-21}$$

其中

$$H_0(x)=1,\quad H_1(x)=2x$$

(6) 三角多项式是定义在$(-T,T)$上权函数为 1 的正交多项式。三角多项式的表达式为：

$$H_n(x)=e^{\frac{j2\pi nx}{T}} \tag{10-22}$$

以上这些是常用的逼近函数类。在逼近论中，还有许多其他形式的逼近函数类，如由代数多项式的比值构成的有理分式集（有理逼近）、按照一定条件定义的样条函数集（样条逼近）、RBF 逼近、由正交函数系的线性组合构成的（维数固定的）函数集等。

10.1.3　通用逼近定理

通用近似定理 (universal approximation theorem)指的是：如果一个 FNN 具有线性输出层和至少一层隐藏层，只要给予网络足够数量的神经元，便可以实现以足够高精度来逼近任意一个在$\mathbb{R}^n$ 的紧子集上的连续函数。

George Cybenko 在 1989 年最早提出并证明了这一定理在激活函数为 Sigmoid 函数时的特殊情况。那时，这一定理被看作是 Sigmoid 函数的特殊性质。在 1991 年，Kurt Hornik 研究发现，造就"通用拟合"这一特性的根源并非 Sigmoid 函数，而是多层 FNN 这一架构本身。当然，所用的激活函数仍然必须满足一定的弱条件假设，常数函数显然是无法实现的。

这一定理表明，只要给予了适当的参数，便可以通过简单的神经网络架构去拟合一些现实中非常有趣、复杂的函数。这一拟合能力也是神经网络架构能够完成现实世界中复杂任务的原因。通用近似定理用数学语言描述如下：

令 φ 为一单调递增、有界的非常数连续函数。记 m 维单元超立方体$[0,1]^m$ 为 $\boldsymbol{I}_m$，并记在 $\boldsymbol{I}_m$ 上的连续函数的值域为 $C(\boldsymbol{I}_m)$。则对任意实数 $\varepsilon>0$ 与函数 $f\in C(\boldsymbol{I}_m)$，存在整数 N、常数 $\alpha_i,\beta_i\in\mathbb{R}$ 与向量$\boldsymbol{\omega}_i\in\mathbb{R}^m\ (i=1,2,\cdots,n)$，则可以定义

$$F(\boldsymbol{x})=\sum_{i=1}^{N}\alpha_i\varphi(\boldsymbol{\omega}_i^{\mathrm{T}}\boldsymbol{x}+\boldsymbol{\beta}_i) \tag{10-23}$$

为 $f(\boldsymbol{x})$的逼近函数。其中，$f(\boldsymbol{x})$与 φ 无关，亦即对任意 $\boldsymbol{x}\in\boldsymbol{I}_m$，有

$$|F(\boldsymbol{x})-f(\boldsymbol{x})|<\varepsilon \tag{10-24}$$

因此，函数 $F(\boldsymbol{x})$在 $C(\boldsymbol{I}_m)$里是稠密的，替换为 $\boldsymbol{I}_m$ 为$\mathbb{R}^m$ 的任意紧子集，结论依然成立。

通用近似定理是 ANN 领域的数学基础，从该角度来看待函数逼近问题，整个神经网络就是由中间节点的激活函数及权系数所决定的一个函数。最简单的多元函数的神经网络的结构包括一层输入层、一层隐藏层及一层输出层。输入层除了变量 x 外，还有一个常数节点 1；隐藏层包含多个节点，每个节点的激活函数都是 $\varphi(x)$，隐藏层的输出就是输入层节点的线性组合加偏置（即仿射变换）$\boldsymbol{\omega}_i^{\mathrm{T}}\boldsymbol{x}+\boldsymbol{\beta}$ 代入到激活函数的复合函数 $H_i(x)=\varphi(\boldsymbol{\omega}_i^{\mathrm{T}}\boldsymbol{x}+$

$\boldsymbol{\beta}_i$)；输出层是这些复合函数的组合 $F(\boldsymbol{x})=\sum_{k=1}^{n} w_k H_k(x)$。这个网络的所有权系数$\boldsymbol{\omega}_i$、$\boldsymbol{\beta}_i$作为这个神经网络的参数变量,需要通过极小化损失函数求解。这个过程称为“训练”或“学习”。与前面所述的逼近论中的拟合函数类似,网络的隐藏层的节点数需要通过不断调试和尝试确定。隐藏层的节点输出 $H_i(\boldsymbol{x})$称为输入数据 $\boldsymbol{x}$ 的“特征”。

整个网络的学习过程本质上就是学习所有的系数参数,最后得到的拟合函数为一些函数的线性组合表达。这些组合函数实质上就是表达函数的“基函数”。

神经网络的学习过程本质上是在学习基函数,这些基函数是通过激活函数的平移和伸缩(变量的仿射变换)得到的。函数逼近理论存在两个要素：基函数的获取,基函数的数量。基函数的获取在神经网络中是通过使用激活函数,然后学习其变换得到的。基函数的数量相当于隐藏层的神经元个数。从这个观点来看,神经网络本质上就是传统的逼近论中的逼近函数的一种推广。它不是通过指定的理论完备的基函数来表达函数的,而是通过简单的基元函数(激活函数)的不断变换得到的“基函数”来表达函数的,实质上是二层复合函数。

10.2 拟合数据划分

对比两个拟合模型时,如何才能准确地确定哪个模型的拟合性能更好呢？换句话说,当使用相同的数据集时,使用什么方法才可以较为准确地比较模型拟合性能的优劣,在本节中介绍了三种划分数据集的方法——留出法、交叉验证法、自助法,来较为合理的评价模型泛化性的优劣。

10.2.1 留出法

留出法(hold out)是直接将整个数据集划分为两个互斥的集合,将其中一个集合作为训练集,另一个作为测试集,并保证在这两个集合中没有相同的样本存在。模型利用训练集调整权重,利用测试集评估学习得到的模型的拟合性能。

使用留出法划分数据集时存在很多问题。首先,训练集和测试集应该按照怎样的比例划分,如果将整个数据集的样本尽可能划分给训练集,这对于模型的学习来说固然是好,因为训练集样本越多,那么训练集的样本分布也越接近整个数据集的样本分布,但是用于评估的测试样本就变少了,这将不能保证测试结果的可靠性；相反将尽可能多的样本划分给测试集,这样保证了测试结果的可靠性,但是训练样本变少了,使得模型很可能学习不到样本的普遍特征,使模型的泛化性能下降,所以这是矛盾的问题。这个问题没有很好的解决方法,但是按照以往的经验来说,训练测试集划分的比例一般为 7∶3 较为合适,也就是说将整个数据集中 70%的样本作为训练集,用来让模型学习更新参数,30%的样本作为测试集,用来评估训练得到的模型的泛化性能,判断能否很好地预测训练中没有出现过的样本。

其次,在划分数据的时候需要尽可能地保证训练集、测试集和该类数据具有相同的数据分布,否则将引入集合本身自带的一些不是该类数据所具备的特征,进而造成严重的过拟合问题,如在划分训练验证集的时候需要保证正负类样本的比例在这两个集合中保持一致。

最后,利用留出法作为评估方法时存在一定的随机性,当划分的训练集和测试集不同时,虽然它们都是从同一个数据集中划分出来的,模型也是一样的,但是被模型学习的样本不同，作为评估泛化性能的样本不同，最后的泛化性能的结果也将不同，这种评价结果往往是不稳定的，所以在使用留出法的时候，一般需要进行多次随机划分、重复地进行实验，得到多个评估结果并取平均值作为最后的评估结果。

10.2.2 交叉验证法

交叉验证法(cross validation)首先将数据集划分为 n 等份，当然，与留出法一样，这 n 个等份的集合都是互斥的，任何两个集合都没有相同的样本，并且每个子集都尽可能地保持数据分布一致，即从数据集中通过分层采样得到。然后，利用 $n-1$ 个子集作为训练集，剩下的那一个子集作为测试集，当数据集的 n 个子集划分好后，训练集和测试集的划分方式将会有 n 种可能，也就是说可以得到 n 组训练集/测试集，进而进行 n 次训练和测试，最后得到这 n 次实验的均值，一般称为 n 折交叉验证。显然，交叉验证法评估结果的稳定性和保证性在很大程度上取决于 n 的取值，n 最常用的取值为 5、10、20 等。

如果整个数据集中只有 m 个样本，并且在划分子集时将其划分为 m 个子集，则得到了一种特殊的交叉验证法：留一法(leave one out cross validation)。留一法的优势首先在于在划分子集时只有唯一的一种方案将 m 个样本的数据集划分为 m 个非空子集，这样保证了每个子集中只有一个样本，所有留一法将不受随机样本划分的影响。留一法的另一个优势在于使用留一法划分的训练集比整个数据集少了一个在测试集中的样本，在绝大多数情况下，使用这样的训练集训练得到的模型与利用整个数据集训练得到的模型非常相似。因此，留一法的评估结果往往被认为比较准确。然而，留一法也有其缺陷。

(1) 在数据集较大时，留一法建立的模型数量与原始数据样本数量相同，造成计算代价非常大。

(2) 留一法的评估结果不能确保一定比其他的评估方法准确。

(3)“没有免费的午餐”定理对实验评估方法也同样适用。

10.2.3 自助法

自助法是以自助采样法(有放回的采样或重复采样)为基础的一种模型验证方法。具体做法是：在给定数据集后，对该数据集进行采样，每次从数据集中随机采样一个样本，采样结束后重新放回原始数据集中，使得该样本在下次采样时仍可能被采样到，重复 n 次该采样操作，其中可能存在重复的元素，采样得到的 n 个样本构成一个子集，也就是通过自助法产生的训练集，这就是自助法的全过程。通过这样的采样过程可以估计该训练集相比原始数据集而言，样本在 n 次采样中始终不被采样到的概率是 $\left(1-\frac{1}{n}\right)^n$，取极限得到

$$\lim_{n\to\infty}\left(1-\frac{1}{n}\right)^n=\frac{1}{\mathrm{e}}=0.368 \tag{10-25}$$

相比留出法和交叉验证法，自助法中有放回的抽样可以减缓由于划分训练/测试集导致的样本规模不同而引起的估计偏差。相比留一法，虽然说自助法和它一样，受到规模不同而引起的估计偏差的影响小，但是，自助法相比留一法而言有一个巨大的优势，自助法的计算复杂度在样本量多的时候远远小于留一法的计算复杂度，有利于高效地进行实验估计。但是自助法存在一个明显的缺点，在多次抽样过程中，数据的分布发生了改变，这使得训练数据和原数据不再是同分布，也就意味着引入了偏差，所以，自助法做模型估计是有偏估计。

自助法在数据集较小、难以有效划分训练集和测试集时很有用。此外，通过多次自助采样可生成不同的训练集，用不同的训练集训练多个模型，当需要预测数据时，分别输入多个模型进行预测，将每个预测结果作为候选结果，进行投票，选取票数最多的结果作为输出结果。自助法是集成学习方法常用的手段之一。然而，自助法将改变数据的分布，在初始数据量足够时，留出法和交叉验证法更常用一些。

10.3 拟合能力度量

在评价模型拟合能力时，合理的评估方法使得评估结果准确可靠，但是不同任务需要的评估指标往往不同，而使用不同的性能度量往往会导致不同的评判结果，所以在对模型泛化能力进行评估时，需要明确任务需求，根据任务选择合适的性能度量，进而评价不同模型的泛化性。

10.3.1 错误率和精度

给定样本集 $D=\{(x_1,y_1),(x_2,y_2),\cdots,(x_n,y_n)\}$，其中 x_i 是一个示例，y_i 是 x_i 的标签，(x_i,y_i)称为一个样本。以某种函数形式将 x_i、y_i 进行比较则可以得到模型的性能度量。

在逻辑回归任务最常使用的性能度量是均方误差(mean squared error)

$$E(f,D)=\frac{1}{n}\sum_{i=1}^{n}(f(x_i)-y_i)^2 \tag{10-26}$$

当数据分布为 D 和概率密度函数为 $p(\cdot)$时，均方误差为

$$E(f,D)=\int_{x\sim D}(f(x)-y)^2p(x)\mathrm{d}x \tag{10-27}$$

精度和错误率是分类任务中最常用的性能度量，错误率是指分类错误的样本占所有样本的比例，精度则是分类正确的样本数占所有样本的比例。对样本集 D，分类错误率定义为

$$E(f,D)=\frac{1}{n}\sum_{i=1}^{n}I(f(x_i)\neq y_i) \tag{10-28}$$

精度则定义为

$$\mathrm{acc}(f,D)=\frac{1}{n}\sum_{i=1}^{n}I(f(x_i)=y_i)=1-E(f,D) \tag{10-29}$$

当数据分布为 D，概率密度函数为 $p(\cdot)$时，错误率与精度可分别描述为

$$E(f,D)=\int_{x\sim D}I(f(x)\neq y)p(x)\mathrm{d}x \tag{10-30}$$

$$\mathrm{acc}(f,D)=\int_{x\sim D}I(f(x)=y)p(x)\mathrm{d}x=1-E(f,D) \tag{10-31}$$

10.3.2 精准率和召回率

错误率和精度在分类任务中非常常用，但并不能满足所有任务需求，有时候将样本分类错误或者将样本分类正确的重要程度可能不一样。比如，将正常人判断为病人的危险程度将低于将病人判断为正常人，这个时候希望将病人都判断对，即使包含一些正常人都是可以接受的，因为正常人可以进一步再进行检查。再如，挑选品质的鱼时，买家可能更关心挑出

来的鱼中品质好的鱼的比例。这些情况不能仅仅用准确率或者错误率来评价，因为判断正确或者错误的代价是不一样的，人们关注的地方也是不一样的，所以精准率(precision)和召回率(recall)是更为适用于此类需求的性能度量。

在二分类问题中，利用样本的真实标签和学习器预测值进行组合将存在 4 种不同的情况。

(1) 真正例(True Positive，TP)表示样本标签为正样本并且预测也为正样本。

(2) 假正例(False Positive，FP)表示样本标签为正样本但是预测为负样本。

(3) 真反例(True Negative，TN)表示样本标签为负样本并且预测也为负样本。

(4) 假反例(False Negative，FN)表示样本标签为负样本但是预测为正样本。

这 4 种情况的样本数之和将等于样例总数，不可能存在第 5 种情况，为了更好地观察和统计，分类结果一般会表示成如表 10-1 所示的混淆矩阵(confusion matrix)的形式。

表 10-1　分类结果的混淆矩阵

真实情况	预测结果	
	正例	反例
正例	真正例	假反例
反例	假正例	真反例

精准率是指样本标签为正样本并且预测也为正样本的样本数量与预测为正样本的样本数量的比值

$$P=\frac{\mathrm{TP}}{\mathrm{TP}+\mathrm{FP}} \tag{10-32}$$

召回率是指样本标签为正样本并且预测也为正样本的样本数量与标签为正样本的样本数量的比值

$$R=\frac{\mathrm{TP}}{\mathrm{TP}+\mathrm{FN}} \tag{10-33}$$

精准率和召回率往往不会是正相关的关系。因为想要提高精准度时，模型将更为“保守”地预测正样本，只将“把握更大”的样本预测为正样本，这将出现学习器正确预测正样本(TP)和错误预测正样本(FN)的数量同时减少，但是 FN 的数量减少的比 TP 减少的数量多，使得精准度上升。这种情况下，由于在数据集中标签为正样本的数量是一定的，这将导致 TP 的数量下降，而 FN 的数量增加，导致召回率下降。再想提高召回率时，模型将更加“大胆”地预测正样本，将“把握更小”的样本也预测为正样本，这将使得 TP 的数量增加，由于在数据集中标签为正样本的数量是一定的，使得召回率上升。但是，由于模型将更多的样本预测为正样本，使得 TP 和 FP 的数量同时增加，并且 FP 增加的数量大于 TP 增加的数量，使得精准度下降。

10.3.3　精准率-召回率曲线

当学习器训练结束后，学习器可以预测所有的样本为正样本的概率，可以利用正样本概率对这些样本进行由高到低的排序，将学习器认为最可能的正样本排在前面，将学习器认为最不可能的样本排在后面；在得到样本排序后设定一个阈值，大于该阈值的样本认为是正样本，小于该阈值的样本认为是负样本，则每个阈值都可以计算得到精准率和召回率，这样便可以得到多组精准率和召回率,将这些点绘制在以精准率为纵轴、召回率为横轴的图中就得到了精准率-召回率曲线,简称 P-R 曲线,显示该曲线的图称为 P-R 图。当该阈值设置很高时,那么精准率将为 1,由于阈值很高,使得高于这个值的样本数量很少,导致召回率近似为 0;当阈值设置很低时,可以尽可能地包含真实的正样本,使得召回率近似为 1,但是同时也将包含很多预测错误的样本,使得精准率近似为 0,这样就可以得到由 x 轴、y 轴和 P-R 曲线构成的封闭图形。

P-R 图直观地显示出学习器在样本总体上的精准率和召回率。在进行比较时,若一个学习器的 P-R 曲线被另一个学习器的曲线完全"包住",则可断言后者的性能优于前者,如果两个学习器的 P-R 曲线发生了交叉,则难以一般性地断言两者孰优孰劣,只能在具体的精准率和召回率条件下进行比较。

10.3.4 F_1 度量与交并比

在很多情形下,人们往往希望把两个学习器比出个高低。这时一个比较合理的判据是比较 P-R 曲线下面积的大小,它在一定程度上表征了学习器在精准率和召回率上取得相对"双高"的比例。但是计算曲线下面积所消耗的计算代价比较高,有时候甚至无法计算,所以人们设计了一些综合考虑精准率和召回率的性能度量。平衡点(Break-Event Point,BEP)就是这样一个度量,它是"精准率=召回率"时的取值。但是 BEP 还是过于简化了,更常用的是 F_1 度量

$$F_1=\frac{2\times P\times R}{P+R}=\frac{2\times \mathrm{TP}}{\text{样例总数}+\mathrm{TP}-\mathrm{TN}} \tag{10-34}$$

在一些应用中,对精准率和召回率的重视程度有所不同。例如在商品推荐系统中,为了尽可能少打扰用户,更希望推荐内容是用户感兴趣的,此时精准率更重要;而在逃犯信息检索系统中,更希望尽可能少漏掉逃犯,此时召回率更重要。F_1 度量的一般形式——F_β,能表达出对精准率/召回率的不同偏好,它定义为

$$F_\beta=\frac{(1+\beta^2)\times P\times R}{(\beta^2\times P)+R} \tag{10-35}$$

其中,$\beta>0$ 度量了召回率对精准率的相对重要性;$\beta=1$ 时退化为标准的 F_1;$\beta>1$ 时召回率有更大影响;$\beta<1$ 时精准率有更大影响。

另一种较为综合的度量是交并比(Intersection over Union,IoU)

$$\mathrm{IoU}=\frac{\mathrm{TP}}{\mathrm{TP}+\mathrm{FN}+\mathrm{FP}} \tag{10-36}$$

它与 P、R 以及 F_1 的关系为

$$\mathrm{IoU}=\frac{P\times R}{P+R-P\times R}=\frac{F_1}{2-F_1} \tag{10-37}$$

F_1 度量与 IoU 相比于单一精准率或者召回率的评价的优点在于它兼顾了召回率与精确率的优点,在交并比较高时,所对应的精准率与召回率也相对比较高,避免一味追求精准率(或召回率)的同时导致召回率(或精准率)的快速下降。

10.3.5 受试者工作特征曲线

很多学习器是为测试样本产生一个真实值或概率预测,然后将这个预测值与一个分类阈值进行比较,若大于阈值则分为正类,否则为反类。例如,神经网络在一般情形下是对每

个测试样本预测出一个[0.0,1.0]之间的真实值,然后将这个值与0.5进行比较,大于0.5则判为正例,否则为反例。这个真实值或概率预测结果的好坏,直接决定了学习器的泛化能力。实际上,根据这个真实值或概率预测结果,可将测试样本进行排序,"最可能"是正例的排在最前面。"最不可能"是正例的排在最后面。这样,分类过程就相当于在这个排序中以某个截断点(cut point)将样本分为两部分,前一部分判作正例,后一部分判作反例。

在不同的应用任务中,可根据任务需求来采用不同的截断点。例如,若更重视精准率,则可选择排序中靠前的位置进行截断;若更重视召回率,则可选择靠后的位置进行截断。因此,排序本身的质量好坏,体现了综合考虑学习器在不同任务下的"期望泛化性能"的好坏,或者说,一般情况下泛化性能的好坏。受试者工作特征(Receiver Operating Characteristic, ROC)曲线则是从这个角度出发研究学习器泛化性能的有力工具。

ROC曲线源于对敌机进行检测的雷达信号分析技术,20世纪60～70年代开始用于一些心理学、医学检测应用中,此后被引入机器学习领域。与P-R曲线相似,根据学习器的预测结果对样例进行排序,按此顺序逐个把样本作为正例进行预测,每次计算出两个重要量的值,分别以它们为横、纵坐标作图,就得到了ROC曲线。与P-R曲线使用精准率、召回率为纵、横坐标不同,ROC曲线的纵轴是真正例率(True Positive Rate,TPR),横轴是假正例率(False Positive Rate,FPR)

$$\mathrm{TPR}=\frac{\mathrm{TP}}{\mathrm{TP}+\mathrm{FN}} \tag{10-38}$$

$$\mathrm{FPR}=\frac{\mathrm{FP}}{\mathrm{TN}+\mathrm{FP}} \tag{10-39}$$

显示ROC曲线的图称为ROC图。显然,对角线对应于随机猜测模型,而点(0,1)则对应将所有正例排在所有反例之前的理想模型。

现实任务中通常是利用有限个测试样例来绘制ROC图,此时仅能获得有限个(真正例率,假正例率)坐标对,只能绘制出近似ROC曲线,无法产生光滑的ROC曲线。绘图过程很简单:给定n^+个正例和n^-个反例,根据学习器的预测结果对样例进行排序,然后把分类阈值设为最大,即把所有样例均预测为反例,此时真正例率和假正例率均为0,在坐标(0,0)处标记一个点,然后将分类阈值依次设为每个样例的预测值,即依次将每个样例划分为正例。设前一个标记点坐标为(x,y),当前若为真正例,则对应标记点的坐标为$\left(x,y+\frac{1}{n^+}\right)$,当前若为假正例,则对应标记点的坐标为$\left(x,y+\frac{1}{n^-}\right)$,然后用线段连接相邻点即得。进行学习器比较时,若一个学习器的ROC曲线被另一个学习器的ROC曲线完全包住,则可断言后者的性能优于前者;若两个学习器的ROC曲线发生交叉,则难以一般性地断言两者孰优孰劣。

10.3.6 曲线下的面积与平均精度

当比较两个学习器时,确实存在一个学习器的ROC曲线完全被另一个学习器的ROC曲线包含的情况发生,但是大多数情况下都是存在交叉的情况,此时如果一定要进行比较,则较为合理的判据是比较ROC曲线下的面积(Area Under ROC Curve,AUC)。

从定义可知,AUC可通过对ROC曲线下各部分的面积求和而得。假定ROC曲线是由坐标为$\{(x_1,y_1),(x_2,y_2),\cdots,(x_m,y_m)\}$的点按序连接而形成($x_1=0,x_m=1$),则AUC可估算为

$$\mathrm{AUC}=\frac{1}{2}\sum_{i=1}^{n-1}(x_{i+1}-x_i)(y_{i+1}+y_i) \tag{10-40}$$

形式化地看,AUC考虑的是样本预测的排序质量,因此它与排序误差有紧密联系。给定n^+个正例和n^-个反例,令D^+和D^-分别表示正、反例集合,则排序损失(loss)定义为

$$l_{\mathrm{rank}}=\frac{1}{n^+n^-}\sum_{x^+\in D^+}\sum_{x^-\in D^-}((I(f(x^+)<f(x^-))+\frac{1}{2}I(f(x^+)=f(x^-))) \tag{10-41}$$

即考虑每一对正、反例,若正例的预测值小于反例,则记一个"罚分",若相等,则记0.5个"罚分"。容易看出,l_{rank}对应的是ROC曲线之上的面积:若一个正例在ROC曲线上对应标记点的坐标为(x,y),则x恰好是排序在其之前的反例所占的比例,即假正例率,因此有

$$\mathrm{AUC}=1-l_{\mathrm{rank}} \tag{10-42}$$

由于计算AUC时需要得到P-R曲线各个点的值,并连成曲线,再计算曲线下面积,因此需要进行微积分,整个过程会伴随着巨大的计算代价。为了得到平均评价的同时避免巨大的计算量,提出了平均精度(Average Precision,AP)的概念,在不同的召回率水平上,平均精度给了模型更好的评估方法。

不同数据集的某类别的AP计算方法可能会有所区别,但是总体思想还是一致的。AP计算方法主要分为两种。

(1) VOC2010数据集中,只需要选取当$R\geqslant 0,0.1,0.2,\cdots,0.9,1$,共11个点的$P$的最大值,AP就是这11个$P$值的平均值

$$\mathrm{AP}=\frac{1}{M}\sum_{\mathrm{threshold}=0}^{1}\max(P(R\geqslant \mathrm{threshold})),\quad \mathrm{threshold}\in\{0,0.1,0.2,\cdots,0.9,1\} \tag{10-43}$$

(2) COCO数据集中,设定多个IoU阈值(0.5~0.95,0.05为步长),在每个IoU阈值下都有某一类别的AP值,然后求不同IoU阈值下的AP平均,就是所求的最终的AP值

$$\mathrm{AP}=\frac{1}{N}\sum_{\mathrm{threshold}=0}^{1}\max(P(\mathrm{IoU}\geqslant \mathrm{threshold})),\quad \mathrm{threshold}\in\{0.5,0.55,\cdots,0.95\} \tag{10-44}$$

10.3.7 代价敏感错误率与代价曲线

在现实任务中常会遇到这样的情况:不同类型的错误所造成的后果不同。例如在医疗诊断中,错误地把患者诊断为健康人与错误地把健康人诊断为患者,看起来都是犯了"一次错误",但后者的影响是增加了进一步检查的麻烦,前者的后果却可能是丧失了拯救生命的最佳时机。再如,门禁系统错误地把可通行人员拦在门外,使得用户体验不佳,但错误地把陌生人放进门内,则会造成严重的安全事故。为权衡不同类型错误所造成的不同损失,可为错误赋予非均等代价(unequal cost)。

以二分类任务为例,可根据任务的领域知识设定一个如表10-2所示的代价矩阵(cost matrix),其中cost_{ij}表示将第i类样本预测为第j类样本的代价。一般来说,$\mathrm{cost}_{ij}=0$。若将第0类判别为第1类所造成的损失更大,则$\mathrm{cost}_{01}>\mathrm{cost}_{10}$,损失程度相差越大,$\mathrm{cost}_{01}$、$\mathrm{cost}_{10}$值的差别越大。

表 10-2 二分类代价矩阵

真实类别	预测类别	
	第 0 类	第 1 类
第 0 类	0	$cost_{01}$
第 1 类	$cost_{10}$	0

回顾前面介绍的一些性能度量可看出，它们大都隐式地假设了均等代价，例如定义的错误率是直接计算"错误次数"，并没有考虑不同错误会造成不同的后果。在非均等代价下，所希望的不再是简单地最小化错误次数，而是希望最小化总体代价(total cost)。若将表 10-2 中的第 0 类作为正类、第 1 类作为反类，令 D^+ 与 D^- 分别代表样例集 D 的正例子集和反例子集，则代价敏感(cost-sensitive)错误率为

$$E(f,\mathrm{cost})=\frac{1}{n}\left(\sum_{x_i\in D^+}I(f(x_i)\neq y_i)\times \mathrm{cost}_{01}+\sum_{x_i\in D^-}I(f(x_i)\neq y_i)\times \mathrm{cost}_{10}\right) \tag{10-45}$$

类似地，可给出基于分布定义的代价敏感错误率，以及其他一些性能度量如精度的代价敏感版本。若令 cost_{ij} 中的 i、j 取值不限于 0、1，则可定义出多分类任务的代价敏感性能度量。

在非均等代价下，ROC 曲线不能直接反映学习器的期望总体代价，而代价曲线(cost curve)则可达到该目的。代价曲线图的横轴是取值为[0,1]的正例概率代价

$$P(+)\mathrm{cost}=\frac{p\times \mathrm{cost}_{01}}{p\times \mathrm{cost}_{01}+(1-p)\times \mathrm{cost}_{10}} \tag{10-46}$$

其中，p 是样例为正例的概率；纵轴是取值为[0,1]的归一化代价

$$\mathrm{cost}_{\mathrm{norm}}=\frac{\mathrm{FNR}\times p\times \mathrm{cost}_{01}+\mathrm{FNR}\times(1-p)\times \mathrm{cost}_{10}}{p\times \mathrm{cost}_{01}+(1-p)\times \mathrm{cost}_{10}} \tag{10-47}$$

其中，FPR 是定义的假正例率，FNR=1−TPR 是假反例率。代价曲线的绘制很简单：ROC 曲线上每点对应了代价平面上的一条线段，设 ROC 曲线上点的坐标为(TPR,FPR)，则可相应计算出 FNR，然后在代价平面上绘制一条从(0,FPR)到(1,FNR)的线段，线段下的面积即表示了该条件下的期望总体代价；如此将 ROC 曲线上的每个点转化为代价平面上的一条线段然后取所有线段的下界，围成的面积即为在所有条件下学习器的期望总体代价。

10.3.8 欠拟合与过拟合

希望学习到的学习器可以准确地预测新样本，也就是使泛化误差为 0，但是只训练样本不可能拥有这类数据的所有的样本。一般可以通过训练使学习器对训练样本的误差达到 0，但是训练样本误差为 0 与泛化误差为 0 不是等价的。而且训练样本的误差为 0 的学习器往往泛化误差偏大，这是因为学习器将训练样本特有的特征作为这类数据的普遍特征一并学习，导致学习器的泛化性下降，所以这样的学习器不能很好地适应新样本。希望学习器学习所有样本的普遍特征，而不希望学习训练样本时将训练样本中特有的特征也学习。

当学习器预测训练样本得到的误差过低时，在将普遍特征学习到的同时，将训练样本特有的特征也学习了，并认为这种特征也是数据的普遍特征，使得学习器可以完美的预测训练

样本而无法准确地预测新样本，这种现象在机器学习中称为过拟合。过拟合的定义是，给定一个假设空间 H，一个假设 h 属于 H，如果存在其他的假设 h' 属于 H，使得在训练样例上 h 的错误率比 h' 小，但在整个实例分布上 h' 比 h 的错误率小，那么就说假设 h 过度拟合训练数据。判断是否过拟合的方法也很简单，就是模型在验证集合上和训练集合上表现都很好，而在测试集合上表现很差。

与之对应的另外一种现象是欠拟合。它是通过训练数据没有学习到这类样本的足够的普遍特征，导致即不能很好地预测训练样本，也不能很好的预测新样本。欠拟合定义则是，给定一个假设空间 H，一个假设 h 属于 H，如果存在其他的假设 h' 属于 H，使得在训练样例上 h 的错误率比 h' 大，并且在整个实例分布上 h' 比 h 的错误率也大，那么就说假设 h 欠拟合训练数据。判断是否过拟合的方法也很简单，就是模型在验证集合上和训练集合上表现都很差，在测试集合上也表现很差。

在深度学习中，欠拟合问题比较好处理，一般都是模型学习能力低下，提高模型的容量，增加模型训练的轮数等方法都可以很好地处理欠拟合问题。而深度学习中最难以处理的问题是过拟合问题，产生过拟合问题的原因有很多，不仅仅在于模型的设计，也有可能在于所使用的训练数据。例如，模型的学习能力太强，训练的轮数过多，模型权重的决策面过于复杂，训练样本和所有的样本的分布不一致等，都可能造成过拟合现象的产生。

常见的处理过拟合的办法有以下三方面。

(1) 在模型中加入 Dropout 层和批标准化(Batch Normalization，BN)层等方法；Dropout 层会随机使部分神经元失活，减少神经元之间的依赖关系，而在降低依赖性后，这些神经元还能得到相同的预测结果，说明它们学习到更加具有泛化性的特征，也可以说模型的泛化性能得到提高。BN 层将同一个批次的数据进行标准化，将一个批次的数据相互关联，使模型不会从某一个训练样本中生成确定的结果，由此提高模型的泛化性。

(2) 在数据的处理上，增加训练样本的数量以及对训练样本进行数据增强等方法。增加训练样本和数据增强本质上是一致的，都是增加训练样本的数量，因为采样样本越多，越能保证采样的样本与所有样本数据的概率分布保持一致，能更好地包含这类数据的普遍特征。

(3) 在模型的偏好也就是在损失函数上，可以通过在损失函数中添加正则项等方法来减缓过拟合问题。添加正则项使得模型的复杂度降低，而奥卡姆剃刀原理指出在模型能够较好拟合训练集(经验风险)的前提下，尽量减小模型的复杂度可以减缓模型过拟合的问题。

10.4 计算复杂度

计算，实际上是解决问题的过程。人们希望用计算机找到解决一切问题的方法，在计算领域建立了算法理论和算法模型，并根据各种问题提出具体算法。即使很多问题理论上可以计算，但是实际情况中考虑到计算复杂性，即问题的时空需求太过复杂，是实际不可行的计算问题。

符号主义机器学习是人工智能知识工程学派的一个分支，旨在寻找一个终极通用的强人工智能。20 世纪 70 年代，基于知识的系统取得卓越成绩，而到了 80 年代，它们迅速传播，后来却消失了。它们消失的主要原因是知识习得瓶颈：文法的不断扩张使设计达到无限、逻辑推理非常困难、找不到通用判断文法等 NP-hard 问题。

连接主义机器学习的支持者像是经验主义者，认为所有的推理都是不可靠的，知识必须来源于观察及实验。他们构建的 ANN 达到了极高的深度，所消耗的代价也相当高，Google 的 AlphaGo 与李世石下棋的过程，有大量机器在参与运算，仅一场比赛消耗的电量费用就达 3000 美元。

由此可见，人工智能未来的发展仍然曲折坎坷，为了评估未来将要出现的算法和模型，有必要弄清问题是否实际可计算以及计算复杂性问题。

10.4.1　计算复杂性理论基本问题

1. 时间复杂度

时间复杂度并不是表示一个程序解决问题需要花多少时间，而是当问题规模扩大后，程序需要的时间长度增长得有多快。对于高速处理数据的计算机来说，处理某一个特定数据的效率不能衡量一个程序的好坏，而应该看当这个数据的规模变大到数百倍后，程序运行的效率。

不管数据有多大，程序处理花的时间始终是那么多的，就说这个程序很好，具有 $O(1)$的时间复杂度，也称常数级复杂度。数据规模变得有多大，花的时间也跟着变得有多长，这个程序的时间复杂度就是 $O(n)$，例如找 n 个数中的最大值；而像冒泡排序、插入排序等，数据扩大 2 倍，时间变慢 4 倍的，复杂度为 $O(n^2)$。还有一些穷举类的算法，所需时间长度呈几何级数上涨，这就是 $O(a^n)$的指数级复杂度，甚至 $O(n!)$的阶乘级复杂度。

2. Cook-Karp 论题

1971 年，Cook 和 Karp 提供了实际可行的计算的标准，即多项式时间算法标准。区分了可计算问题中实际可计算的问题和实际不可计算的问题。实际可计算问题称为多项式时间可计算，实际不可计算的问题称为指数时间可计算。

Cook-Karp 论题是指一个算法实际可行当且仅当它是多项式时间可计算的。时间复杂度是解决问题需要的时间与问题的规模之间的多项式关系。多项式关系形如 $O(n^k)$就是多项式时间复杂度，其中 k 为某个常数，n 是问题的输入规模。例如，时间复杂度为 $O(n\log n)$、$O(n^3)$都是多项式时间复杂度。而时间复杂度为 $O(n^{\log n})$、$O(2^n)$是指数时间复杂度，$O(n!)$是阶乘时间复杂度。像 $O(a^n)$和 $O(n!)$型的时间复杂度，它是非多项式级的，其复杂度计算机往往不能承受。

3. Church 论题

Church 论题是一个关于可计算性理论的假设。该假设论述了关于函数特性的、可有效计算的函数值(用更现代的表述来说——在算法上可计算的)。简单来说，Church-Turing 论题认为“任何在算法上可计算的问题同样可由图灵机计算”。

声称一个函数是“可有效计算的”究竟意味着什么？在某种意义上是不甚明确的直觉结果。所以，该论题依然是一个假想。Rosser 于 1939 年对“可有效计算性”进行了如下的解读：“很明显 CC 和 RC(Church 和 Rosser 的论据)的成立依赖于对‘有效性’的严格定义。‘有效的方法’主要是指该方法的每一步都可被事先确定，而且该方法可在有限的步数之内生成结果”。“有效方法”这个想法在直觉上是清楚的，但却没有在形式上加以定义，因为什么是“一个简单而精确的指令”和什么是“执行这些指令所需的智力”这两个问题并没有明确的答案。

现在普遍认为 Church-Turing 论题是正确的。但是，该论题不具有数学定理一般的地位，也无法被证明；说是定理不如说是个将可计算性等同于图灵机的提议。如果能有一个方法能被普遍接受为一个有效的算法但却无法在图灵机上允许，则该论题也是可以被驳斥的。“海狸很忙”函数是一个著名的不可计算函数，输入 n，返回具有 n 个状态的图灵机，在停机之前所能打印的最大符号数量。找到“海狸很忙”函数的上限等于解决停机问题，该问题已被确定为图灵不可解。Church-Turing 论题断言该函数不能使用任何方法进行有效计算。

10.4.2 判定问题类

1. P 问题

在多项式时间内可解的问题为多项式（Polynomial，P）问题。例如，时间复杂度为 $O(n\log n)$的快速排序和堆排序，$O(n^2)$的冒泡排序和直接选择排序算法都是 P 问题，也就是多项式时间算法。而我们也只在乎一个问题是否存在多项式算法，因为一个时间复杂度比多项式算法还要复杂的算法研究起来是没有任何实际意义的。

2. NP 问题

非确定性多项式（Non-deterministic Polynomial，NP）问题指问题只能通过验证给定的猜测是否正确来求解。所谓多项式指的是验证猜测可在多项式时间内完成，所谓非确定性指的是问题只能通过验证猜测来解，而不能直接求解。

如 Hamilton 回路是 NP 问题，因为验证一条路是否恰好经过了每一个顶点可在多项式时间内完成，但是找出一个 Hamilton 回路却要穷举所有可能性，不能直接求解。又如大合数的质因数分解，没有给定的公式可直接求出一个合数的两个质因数是什么，但是验证两个数是否是质因数却可在多项式时间完成，所以它也是 NP 问题。

之所以要定义 NP 问题，是因为通常只有 NP 问题才可能找到多项式的算法。我们不会指望一个连多项式验证一个解都不行的问题存在一个解决它的多项式级的算法。它与 P 问题的区别在于存在多项式时间的算法的一类问题，称为 P 类问题；而像梵塔问题，旅行商问题（Travelling salesman problem，TSP）等至今没有找到多项式时间算法解的一类问题，称为 NP 问题。同时，P 类问题是 NP 问题的一个子集。也就是说，能多项式时间地解决一个问题，必然能多项式时间地验证一个问题的解。

3. P 对 NP 问题

P 对 NP（P VS NP）问题是 Steve Cook 于 1971 年首次提出的。假如 NP 问题能找到算法使其在多项式时间内解决，也就是证得了 P＝NP。比 NP 问题更难的则是 NP-完全（NP Complete）问题和 NP-Hard 问题（如围棋）。

为了研究问题的复杂性，必须将问题抽象简化，只考虑判定性问题，即提出一个问题，只需要回答 yes 或者 no 的问题。任何一般的最优化问题都可以转化为一系列判定性问题，比如求图中从 A 到 B 的最短路径，可以转化成：从 A 到 B 是否有长度为 1 的路径？从 A 到 B 是否有长度为 2 的路径？从 A 到 B 是否有长度为 k 的路径？如果问到了 k 的时候回答了 yes，则停止发问，可以说从 A 到 B 的最短路径就是 k。人类还未解决的问题是：是否所有的 NP 问题都是 P 问题，即 P＝NP?。这就是著名的世界七大数学难题之首，包括两面。

(1) P＝NP：最终能够找到一些计算方法，使得不确定性图灵机（Non-Deterministic Turing Machine，NDTM）能够快速解决的问题，在确定性图灵机（Deterministic Turing Machine，DTM）上也能够快速解决。快速的意思是“使用不超过输入字符串的多项式时间”。

(2) P≠NP：NP 只能用 NDTM 快速解决，而不能用 DTM 快速解决。

人们普遍认为，P=NP 不成立。人们如此坚信 P≠NP 是有原因的，就是在研究 NP 问题的过程中找出了一类非常特殊的 NP 问题叫作 NP-完全问题，正是 NP-完全问题的存在，使人们相信 P≠NP。

4. 约化

约化的定义是如果能找到这样一个变化法则，对任意一个程序 A 的输入，都能按这个法则变换成程序 B 的输入，使两程序的输出相同，那么我们说，问题 A 可约化为问题 B，即可以用问题 B 的解法解决问题 A，或者说，问题 A 可以“变成”问题 B。“可约化”指的是可“多项式时间”的约化(polynomial-time reducible)，即变换输入的方法是能在多项式的时间内完成的。“约”的意思不是越来越简单，需要理解为向更复杂的情况归约，虽不严谨但更形象。约化具有一项重要的性质：约化具有传递性。如果问题 A 可约化为问题 B，问题 B 可约化为问题 C，则问题 A 一定可约化为问题 C。

例如，一元一次方程的求解跟二元一次方程的求解，只要能求解二元一次方程，那就可以用二元一次方程的解法求解一元一次方程，只需要将一元一次方程加上 y，并附加一个方程 $y=0$ 就可以将一元一次方程变形为一个二元一次方程，然后用二元一次方程的解法来求解这个方程。注意，这里二元一次方程的解法会比一元一次的复杂。所以，只需要找到解二元一次方程的规则性解法，那就能用这个规则性解法来求解一元一次方程。

一元一次方程的求解约化成二元一次方程的求解，看上去是将问题复杂化。但是问题的应用范围也增大了，不断约化下去，就能够不断寻找复杂度更高但应用范围更广的算法来代替。一定会存在一个最大的问题(“通吃”所有 NP 问题)，而只需要解决了这个问题，那其下的所有问题也就解决啦!

这种问题的存在难以置信，并且更加不可思议的是，这种问题不止一个，它有很多个，它是一类问题，就是传说中的 NP-完全问题。

5. NP-完全问题

NP-完全问题是指满足下面两个条件的问题：它是一个 NP 问题；所有的 NP 问题都可以用多项式时间约化到它。它可以在多项式时间内求解，当且仅当所有的其他的 NP 完全问题也可以在多项式时间内求解。只要找到一个 NP-完全问题的多项式解，所有的 NP 问题都可以在多项式时间内约化成这个 NP-完全问题，再用多项式时间解决，这样 NP 就等于 P 了。

NP-完全问题还没有找到一个多项式时间算法，因此可直观地理解，NP-完全问题目前没有多项式时间复杂度的有效算法，只能用指数级甚至阶乘级复杂度的搜索。现在被证明是 NP-完全问题的还有很多，任何一个 NP-完全问题找到了多项式算法的话，所有的 NP 问题都可以完美解决了。因此，正是因为 NP-完全问题的存在，P=NP 变得难以置信。

例如，密码学中的“素数分解”(大数分解和素性检测)，就是一个 NP-完全问题。假如 P=NP，密码学的工作者必须改造的工作实在是太多了。如果 P=NP，则现有的大量密文都是容易解密的。逻辑电路问题是第一个 NP-完全问题。逻辑电路问题指的是这样一个问题：给定一个逻辑电路，问是否存在一种输入使输出为 True。这是有严格证明的。它显然属于 NP 问题，并且可以直接证明所有的 NP 问题都可以约化到它(想想计算机内部也不过是一些 0 和 1 的运算)。Hamilton 回路是 NP-完全问题,TSP 也是 NP-完全问题。

6. NP-Hard 问题

NP-Hard 问题是指满足 NP-完全问题定义的第二条但不一定要满足第一条(就是说,NP-Hard 问题要比 NP-完全问题的范围广,但不一定是 NP 问题)。NP-Hard 问题同样难以找到多项式时间复杂度的算法,但它不列入我们的研究范围,因为它不一定是 NP 问题。即使 NP-完全问题发现了多项式级的算法,NP-Hard 问题有可能仍然无法得到多项式级的算法。事实上,由于 NP-Hard 放宽了限定条件,它将有可能比所有的 NP-完全问题的时间复杂度更高从而更难以解决。判定类的关系如图 10-1 所示。

图 10-1 判定问题类的韦恩图

10.5 本章小结

本章节主要介绍了在表征对象的特征时所涉及的两个问题：拟合问题和计算复杂度。

神经网络模型可以拟合任何一个函数,但是模型的拟合是在一定误差内的拟合,所以这种误差的大小决定了模型的拟合能力。对模型而言,在什么样条件以什么样的方式评价它才能较为准确地比较模型的拟合能力？在拟合问题中,介绍了模型的评估方法、模型性能的度量方法以及欠拟合与过拟合。模型的评估方法介绍了如何得到准确且稳定的模型性能,本章介绍了三种方法——留出法、交叉验证法、自助法；模型的度量方法介绍了如何评价模型的表征性能,共介绍了 4 类性能指标——错误率和精度、精准率和召回率、F_1 与 IoU、ROC 和 AUC、代价敏感错误率与代价曲线。

当可以较为公平地比较两个模型的拟合性能时,设计的模型能否在现有的计算条件下训练得到呢？在计算复杂度中,介绍了在计算复杂度中对计算量的分类——判定问题类。目前,判定问题类的分类有：P 问题,NP 问题,NP-完全问题以及 NP-Hard 问题,目前,实际可行的计算标准为多项式时间算法标准,也就是说只有在多项式时间算法标准的算法才可以在现有的计算条件下对其进行求解,只有 P 问题可以在现有的计算条件下对其进行求解,NP 问题是无法求解的,但是可以在现有的计算条件下对猜想的解进行验证,而 NP-完全问题以及 NP-Hard 问题目前都无法进行求解。

参考文献

本章参考文献扫描下方二维码。

第 11 章 正则化理论

CHAPTER 11

在深度学习中，正则化方法是一种改进网络泛化能力和避免网络过拟合的重要方法，对于稳定和加速深度神经网络的训练至关重要。开发更有效的正则化策略已渐渐成为深度学习领域的主要研究工作之一。本章主要介绍正则化的相关理论以及部分深度学习正则化方法。

11.1 常用范数特性

在正则化学习过程中，常会看到用作正则项的几种范数：L_1 范数、L_2 范数、L_1/L_2 范数。

L_1 范数也被称为稀疏规则算子(Lasso regularization)。稀疏化有很多好处，可用于特征选择与可解释性等方向。L_2 范数的名称很多，如它的回归叫岭回归(ridge regression)，或者是权值衰减(weight decay)。以 L_2 范数作为正则项可以得到稠密解，即每个特征对应的参数 $\boldsymbol{w}$ 都很小，接近于 0 但是不为 0。此外，L_2 范数作为正则化项，可以防止模型为了迎合训练集而过于复杂造成过拟合的情况，从而提高模型的泛化能力。L_F 范数通常也称为矩阵的 L_2 范数，它是一个凸函数，可以求导求解，易于计算。

稀疏表示的基本思想源自压缩感知，希望用最少的样本表示测试数据。理论前提基础是，对于任意输入都可以用已有样本线性表示

$$\boldsymbol{y}=w_1x_1+w_2x_2+\cdots w_ix_i,\quad x_i\in\boldsymbol{x} \tag{11-1}$$

也就是说，想让更多的 $w_i=0$，0 越多，则越稀疏。正则化可以防止模型过拟合，提高模型的泛化能力。显然，正则化操作可以让稀疏表示中的字典尽可能多为 0。最理想的状况就是 L_0 正则化，其目标函数可表示为

$$\hat{\boldsymbol{x}}_0=\operatorname{argmin}\|\boldsymbol{x}\|_0,\quad \boldsymbol{wx}=\boldsymbol{y} \tag{11-2}$$

但是，因为求解 L_0 正则化是一个 NP-Hard 问题，所以一般不解 L_0 正则化。通常使用 L_1 正则化来代替 L_0 正则化，L_1 正则化可表示为

$$\hat{\boldsymbol{x}}_1=\operatorname{argmin}\|\boldsymbol{x}\|_1,\quad \boldsymbol{wx}=\boldsymbol{y} \tag{11-3}$$

在稀疏学习理论中，L_0 范数可以用来衡量一个向量是否稀疏。在实际研究中往往采用 L_1 范数进行特征选择，即让部分特征系数为 0。L_2 范数可以防止过拟合，提升模型的泛化能力，有助于处理条件数不好时的矩阵(数据变化很小矩阵求解后的结果变化很大)。例如，在 2 维空间中，向量(3,4)的长度是 5，那么 5 就是这个向量的一个范数值。更确切地说，可以将 L_2 范数看作欧氏范数或者 L_2 范数的值。在稀疏学习过程中，也常常会使用 L_1/L_2

范数作为衡量指标。以上几种范数在基础理论研究中占据了重要的地位。同时，在正则化优化问题中它们也常作为正则项约束目标函数。

11.2 正则化理论

11.2.1 良态问题

正则化理论(regularization theory)是 Tikhonov 于 1963 年提出的一种用以解决逆问题的病态方法。它是指在线性代数理论中，病态问题通常是由一组线性代数方程定义的，而且这个方程组通常来源于有着很大的条件数的病态反问题。大条件数意味着舍入误差或其他误差会严重地影响问题的结果。在经典的数学物理方程定解的问题中，人们只研究良态问题。良态问题是指定解满足下面三个要求的问题：①解是存在的；②解是唯一的；③解连续依赖于定解条件，即解是稳定的。这三个要求中，只要有一个不满足就称为病态问题。求解病态问题的普遍方法是用一组与原病态问题相“邻近”的良态问题的解去逼近原问题的解，这种方法称为正则化方法。

11.2.2 Tikhonov 正则化定义

1963 年，Tikhonov 提出一种解决病态问题的名为正则化的方法，并且随后常常应用于回归问题、分类问题、结构预测。它的基本思想就是通过某些含有解的先验知识的非负的辅助泛函使解稳定，先验知识的一般形式涉及假设输入/输出映射函数是光滑的。当求解超定问题(即 $\boldsymbol{A}_{m\times n}\boldsymbol{x}=b, m>n$)时，矩阵 $\boldsymbol{A}$ 的协方差矩阵 $\boldsymbol{A}^{\mathrm{H}}\boldsymbol{A}$ 奇异或者接近奇异时，利用最小二乘法求解的结果会出现发散或者对解的不合理逼近。为解决这一问题，Tikhonov 提出在最小二乘代价函数的基础上使用正则化，其可表示为

$$J_\lambda(\boldsymbol{x})=\frac{1}{2}(\|\boldsymbol{Ax}-\boldsymbol{b}\|_2^2+\lambda\|\boldsymbol{x}\|_2^2) \tag{11-4}$$

其中，$\lambda\geqslant 0$ 为正则化参数。式(11-4)中 $\boldsymbol{x}$ 的共轭梯度可表示为

$$\frac{\partial J_\lambda(\boldsymbol{x})}{\partial \boldsymbol{x}^{\mathrm{H}}}=\frac{\partial}{\partial \boldsymbol{x}^{\mathrm{H}}}((\boldsymbol{Ax}-\boldsymbol{b})^{\mathrm{H}}(\boldsymbol{Ax}-\boldsymbol{b})+\lambda\boldsymbol{x}^{\mathrm{H}}\boldsymbol{x})=\boldsymbol{A}^{\mathrm{H}}\boldsymbol{Ax}-\boldsymbol{A}^{\mathrm{H}}\boldsymbol{b}+\lambda\boldsymbol{x} \tag{11-5}$$

令

$$\frac{\partial J_\lambda(\boldsymbol{x})}{\partial \boldsymbol{x}^{\mathrm{H}}}=0$$

则可以得到解为

$$\hat{\boldsymbol{x}}_{\mathrm{Tik}}=(\boldsymbol{A}^{\mathrm{H}}\boldsymbol{A}+\lambda\boldsymbol{I})^{-1}\boldsymbol{A}^{\mathrm{H}}\boldsymbol{b}$$

这种使用 $(\boldsymbol{A}^{\mathrm{H}}\boldsymbol{A}+\lambda\boldsymbol{I})^{-1}$ 代替协方差矩阵直接求逆 $(\boldsymbol{A}^{\mathrm{H}}\boldsymbol{A})^{-1}$ 的方法常称为 Tikhonov 正则化。

11.2.3 Tikhonov 正则化近似解求解

关于 Tikhonov 正则化的极小化问题求解，目标函数为

$$\boldsymbol{x}^\lambda=\underset{x\in X}{\operatorname{argmin}}J_\lambda(\boldsymbol{x}) \tag{11-6}$$

假设 $\boldsymbol{A}: X\to Y$ 是 Hilbert 空间 X 到 Hilbert 空间 Y 的有界线性算子，那么 Tikhonov 泛函存在的唯一的极小值点 $\boldsymbol{x}^\lambda\in X$，并且 $\boldsymbol{x}^\lambda$ 是方程

$$A^*Ax^\lambda+\lambda x^\lambda=A^*y$$

的唯一解，可以写成 $x^\lambda=R_\lambda y$，其中

$$R_\lambda=(A^*\mid A+\lambda I)^{-1}A^*:Y\to X \tag{11-7}$$

假设 $A: X\to X$ 是 Hilbert 空间 X 上的有界线性算子，若存在常数 $C>0$ 使得

$$\mathrm{Re}(Ax,x)\geqslant C\|x\|^2,\quad x\in X \tag{11-8}$$

则称算子 K 为严格强制的。

【定理 11.1】 由式(11-7)所定义的算子族 R_λ 构成算子 A 的一个正则化策略。

证明： 令 $S_\lambda=A^*A+\lambda I$，则对任意 $x\in X$ 有

$$\lambda\|x\|^2\leqslant\lambda\|x\|^2+\|Kx\|^2=\mathrm{Re}(S_\lambda x,x)$$

这表明了 S_λ 是严格强制的，从而 $R_\lambda=S_\lambda^{-1}A^*$ 也有界。这隐含着正则化解 $x^\lambda=R_\lambda y$ 连续的依赖方程的右端项 y。令 $x\in X$ 固定，设(μ_j,x_j,y_j)为算子 A 的奇异系统，则由

$$R_\lambda Ax=\sum_{j=1}^{\infty}\frac{\mu_j^2}{\mu_j^2+\lambda}(x,x_j)x_j,\quad x=\sum_{j=1}^{\infty}(x,x_j)x_j \tag{11-9}$$

有

$$R_\lambda Ax-x^2=\sum_{j=1}^{\infty}\left(\frac{\mu_j^2}{\mu_j^2+\lambda}-1\right)^2|(x,x_j)|^2 \tag{11-10}$$

由于 $x\in X$ 固定，对任意 $\varepsilon>0$，存在 $N\in\mathbb{N}$，使得

$$\sum_{j=N+1}^{\infty}|(x,x_j)|^2\leqslant\frac{\varepsilon^2}{8} \tag{11-11}$$

另外对 $j=1,2,\cdots,N$，存在 $\lambda_0>0$，使得

$$\left(\frac{\mu_j^2}{\mu_j^2+\lambda}-1\right)^2\leqslant\frac{\varepsilon^2}{2\|x\|^2},\quad\forall\,0<\lambda\leqslant\lambda_0,j=1,2,\cdots,N$$

从而

$$\begin{aligned}R_\lambda Ax-x^2&=\sum_{N}^{j=1}\left(\frac{\mu_j^2}{\mu_j^2+\lambda}-1\right)^2|(x,x_j)|^2+\sum_{\infty}^{j=N+1}\left(\frac{\mu_j^2}{\mu_j^2+\lambda}-1\right)^2|(x,x_j)|^2\\&\leqslant\frac{\varepsilon^2}{2\|x\|^2}\sum_{N}^{j=1}|(x_1,x_j)|^2+4\sum_{\infty}^{j=N+1}|(x_1,x_j)|^2\\&\leqslant\frac{\xi^2}{2}+\frac{\xi^2}{2}=\varepsilon^2,\quad\forall\,0<\lambda\leqslant\lambda_0\end{aligned} \tag{11-12}$$

这样对于任何给定的 $x\in X$，当 $\lambda\to0$ 时，$R_\lambda Ax\to x$，即 $R_\lambda A$ 逐渐收敛于恒等算子。综上所述，算子族 R_λ 构成正则化策略。

11.2.4 L 曲线准则

Tikhonov 正则化是为了求解反问题的一种逼近方法，但是往往无法得到精确解。因此，常常可以通过施加约束在允许误差内进行求解。如恶化确定施加的约束值，则是 L 曲线解决的问题。它通过平衡约束值所带来的放大误差以及近似解与精确解的误差获取适合的参数值。

在平面上以 log-log 为尺度时，所有点$(\|Ax^{\lambda,\delta}-y^b\|,\|x^\lambda\|)$构成一条单调递减的曲线。因为这条曲线形状很像 L，故称为 L 曲线。在 L 曲线的竖直部分正则化参数很小，

($\| Ax^{\lambda,\delta}-y^b \|$)也很小,即正则化解与扰动后的数据拟合得较好。但是,$x^{\lambda,\delta}$ 对正则化参数的变化较为敏感,所以竖直部分属于欠正则化状态。传播的数据误差在总误差中占主导地位。在L曲线的水平部分,正则化参数 λ 较大,正则化误差占主导地位,随 λ 的增大,$\| Ax^{\lambda,\delta}-y^b \|$ 相应地增大,但 $x^{\lambda,\delta}$ 几乎不变化,所以水平部分属于过正则化状态。为了达到平衡欠正则化与过正则化的目标,可以在L曲线的拐角处选取正则化参数。通常选择L曲线上曲率最大的点作为L曲线的隅角。如果

$$u(\lambda)=\log K x^{\lambda,\delta}-y^{\delta},\quad v(\lambda)=\log x^{\lambda,\beta} \tag{11-13}$$

那么,以 λ 为参数的L曲线的曲率函数可以表示为

$$k(\lambda)=\frac{|u'v''-u''v'|}{[(u')^2+(v')^2]^{3/2}} \tag{11-14}$$

其中,"$'$"表示对 λ 求导。

如果知道L曲线的精确表达式,那么可以直接对曲率函数求极大值,从而得到相应的正则化参数。如果无法得到L曲线的精确表达式,也不想通过选取大量的正则化参数计算它们所对应的正则化解来得到L曲线的近似,则可以采用三次样条插值的办法近似地确定隅角,从而选取正则化参数。其主要思想为:利用逐步增加节点个数形成更好地逼近L曲线的参数样条,并以最终样条上曲率最大点所对应的参数作为正则化参数。

11.3 正则化方法

正则化方法是机器学习中核心问题之一。在正则化过程中,许多策略显式地被设计来减少测试误差,使得算法不仅在训练数据上体现较好的性能,同时能够在测试数据集上体现良好的泛化性。正则化是一种选择模型的方法,它的作用是选择经验风险与模型复杂度均较小的模型。它有利于寻找一组泛化性能较好的模型参数,使模型具有一定的通用性,可以适用于不同数据。在深度学习中,从最小化泛化误差的意义上,最好的拟合模型是一个适当正则化的大型模型。常用的正则化方法包括数据增强、提前终止、权重衰减、标签平滑、稀疏权值连接Dropout以及权重参数的 L_1 和 L_2 范数约束惩罚等。

11.3.1 参数范数惩罚

正则化是在深度学习之前出现的,随后才被应用于深度学习模型优化过程,如神经网络、线性回归或逻辑回归等问题。参数范数惩罚的正则化方法是对目标函数 J 添加一个参数范数惩罚 $\Omega(\boldsymbol{\theta})$,以此来限制模型的学习能力。$L_1$、$L_2$ 正则化就是属于这种方法。将正则化的目标函数记为

$$J(\boldsymbol{\theta};\boldsymbol{X},\boldsymbol{y})=J(\boldsymbol{\theta};\boldsymbol{X},\boldsymbol{y})+\alpha\Omega(\boldsymbol{\theta}) \tag{11-15}$$

其中,$\alpha\geqslant 0$ 是权衡范数惩罚项 Ω 和标准目标函数 $J(\boldsymbol{X};\boldsymbol{\theta})$ 相对贡献的超参数,通过调整 α 的大小,可以获得不同的参数选择偏好。

需要注意的是,参数包括模型中每一层仿射变换的权重和偏置,通常只对权重做惩罚,而不对偏置做正则惩罚。因为精确拟合偏置所需的数据通常比权重少很多,正则化偏置参数可能会导致明显的欠拟合。向量 $\boldsymbol{w}$ 常被用来表示所有应受范数惩罚影响的权重,而向量 $\boldsymbol{\theta}$ 表示了包括 $\boldsymbol{w}$ 和无须正则化的所有参数。在神经网络中,有时希望对网络的每一层使用单独的惩罚,并分配不同的系数 α。寻找合适的多个超参数的代价很大,因此为了减少搜索

空间,往往在所有层使用相同的权重衰减。

11.3.2 权重衰减

权重衰减是机器学习训练中常用的正则化技术之一。它也叫 L_2 正则化,表明权重衰减的线性回归最小化训练集上的均方误差和正则项的和 $J(\boldsymbol{w})$,其偏好于 L_2 范数平方较小的权重。L_2 范数正则化可以让权重衰减到更小的值,在一定程度上减少模型过拟合的问题。具体如下

$$J(\boldsymbol{w})=\mathrm{MSE}_{\text{train}}+\lambda \boldsymbol{w}^{\mathrm{T}} \boldsymbol{w} \tag{11-16}$$

其中,$\boldsymbol{w}$ 为模型参数,λ 就是正则项系数,其大小可以控制正则项与前项损失的比重。前面一项为原始代价函数,后面的一项则为添加的正则项。在不使用 L_2 正则化时,求导结果中 $\boldsymbol{w}$ 前系数为 1,现在 $\boldsymbol{w}$ 前面系数为 $1-\eta\lambda/n$。因为 η、λ、n 都是正的,所以 $1-\eta\lambda/n<1$。它的效果是减小 $\boldsymbol{w}$,这也是权重衰减的由来。当然考虑到后面的导数项,$\boldsymbol{w}$ 最终的值可能增大也可能减小。

从模型的复杂度上解释:从某种意义上说,更小的权值 $\boldsymbol{w}$ 表示网络的复杂度更低,对数据的拟合更好。而在实际应用中,L_2 正则化的效果往往好于未经正则化的效果也得到了验证。从数学方面的解释:过拟合的时候,拟合函数的系数往往非常大。过拟合,就是拟合函数需要考虑到每一个点,最终形成的拟合函数波动很大。在某些很小的区间里,函数值的变化很剧烈。这就意味着函数在某些小区间里的导数值(绝对值)非常大。由于自变量值可大可小,所以只有系数足够大才能保证导数值很大。

11.3.3 噪声注入

模型过拟合的原因之一是抗噪能力弱。如果输入数据稍微改变一点点,就可能得到完全不一样的结果。提高网络抗噪能力最简单的方法就是在训练中加入随机噪声一起训练。噪声可在网络的不同位置(输入层,隐藏层,输出层)加入。

数据集增强,在某种意义上可以看作是在输入层加入噪声,即通过随机旋转、翻转、色彩变换、裁剪等人工操作扩充训练集大小。这样可以使得网络对于输入更加鲁棒。Dropout 方法属于在隐藏层中加入噪声的一种方式,具体的 Dropout 技术在 11.3.7 节进行详细介绍。

数据集中可能存在部分标记错误问题。解决这个问题常见的办法是标签平滑,通过把确切的分类目标从 0 和 1 替换成 $\frac{\varepsilon}{k-1}$ 和 $1-\varepsilon$,正则化具有 k 个输出的 Softmax 函数的模型。标签平滑的优势是能够防止模型追求确切的概率而不能学习正确分类。从优化过程的角度来看,对权重叠加方差极小的噪声等价于对权重施加范数惩罚,可以解释为关于权重的贝叶斯推断的随机实现。

11.3.4 数据增强

数据增强是提升算法性能、满足深度学习模型对大量数据的需求的重要技术。数据增强通过向训练数据添加转换或扰动来人为增加训练数据集。数据增强技术(如水平或垂直翻转图像、裁剪、色彩变换、扩展和旋转)通常应用在视觉表征和图像分类中。本节主要介绍基于空间几何方向与基于像素颜色方向的数据增强技术。

1. 空间几何方向

训练集与测试集之间可能存在位置偏差，而通过空间几何方向处理训练数据，使模型在测试阶段提高对其检测对象的识别率。空间几何方向的处理类型主要包括缩放、翻转、旋转、平移、裁剪等。

2. 像素颜色方向

像素颜色方向主要涉及噪声扰动、尺度变换、模糊处理以及 HSV 对比度变换与 RGB 颜色扰动。

(1) 噪声扰动。对图像随机添加各种噪声，例如高斯噪声，椒盐噪声等以随机的白色或黑色像素点铺满整个图像，可以有效抑制高频特征，减弱其对模型的影响，提升模型的学习能力。

(2) 尺度变换。对图像分辨率进行调整，例如调整为原有分辨率的 0.8、1.1、1.2 等倍率，进而产生新的图像。

(3) 模糊处理。对图像中各像素之间的差异性向下调整，实现像素之间的平滑化。

(4) HSV 对比度变换与 RGB 颜色扰动。两种类型均是对颜色通道的调整，前者通过调整 H、S、V 参数值，修改色调和饱和度进而调整图像各处的对比度；后者通过从 RGB 颜色空间转换到另一颜色空间，增加或减少颜色参数后返回 RGB 颜色空间实现颜色的扰动。

11.3.5 多任务学习

多任务学习通过合并几个任务中的样例(可以视为对参数施加的软约束)来提高泛化能力。正如训练样本能够将模型参数推向具有更好泛化能力的值一样，当模型的一部分被多个额外的任务共享时，如果共享合理，通常会带来更好的泛化能力。

从深度学习的观点看，底层的先验知识如下：能解释数据变化(在与之相关的不同任务中观察到)的因素中，某些因素是跨两个或更多任务共享的。多任务学习如图 11-1 所示。多任务学习常见的代价函数是不同任务的加权和。其可表示为

$$L(\boldsymbol{w}) = \sum_{I=1}^{n} \alpha_i L_i(W) \tag{11-17}$$

其中，α_i 是每个任务的权重，通常可以手工选择或者使用网格搜索的方式确定，属于额外的超参数。

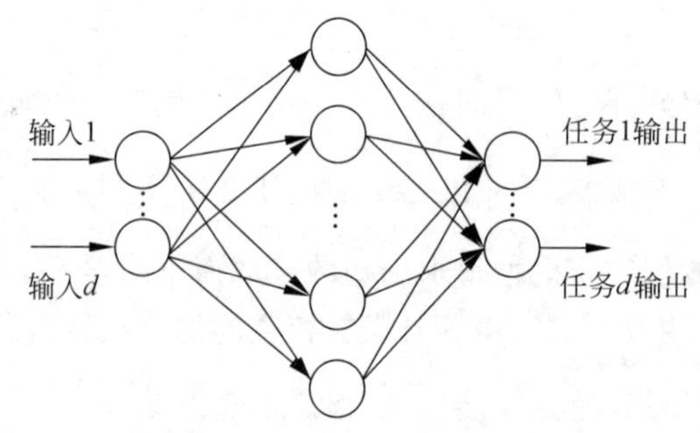

图 11-1 多任务学习示意图

11.3.6 提前终止

提前终止是深度学习中一种常见的正则化形式。模型过拟合一般发生在训练次数过多的情况下，在过拟合之前停止训练是一种简单有效的方法。提前终止需要验证集的损失作

为观测指标，当验证集的损失开始持续上升时，这时就该停止训练过程了。提前终止的正则化效果可以通过图 11-2 进行解释。

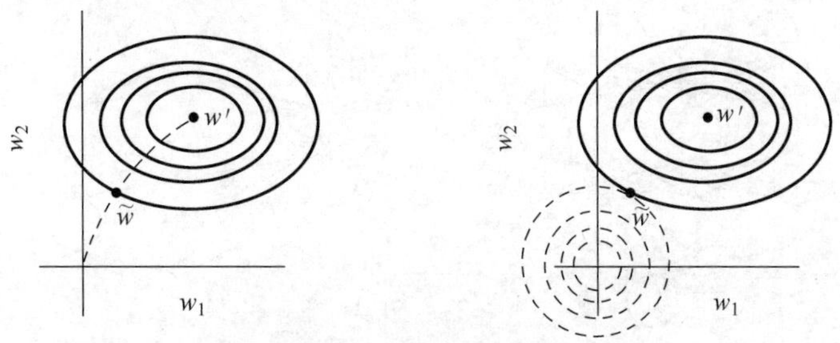

图 11-2　正则化示意图

提前终止可以将优化过程的参数空间限制在初始参数 $\theta=0$ 的小邻域内，在目标函数大曲率方向的参数比较小曲率方向的参数更早地学习到。实际上通过推导也可以证明，提前终止的轨迹结束于 L_2 正则化目标的绩效点。在一定条件下，提前终止和 L_2 正则化等价。相比 L_2 正则化，提前终止还可以监控验证集误差，以便在较好的时间点停止训练。权重衰减需要进行多个不同超参数值的训练实验。与权重衰减相比，提前终止更具有优势，它能自动确定正则化的正确量。

11.3.7　Dropout

Dropout 是深度学习中经常采用的一种正则化方法。它的做法可以简单的理解为在 DNN 训练的过程中以概率 p 丢弃部分神经元，即使被丢弃的神经元输出为 0。在介绍 Dropout 之前，首先介绍一下集成学习 Bagging 的概念，即通过结合几个模型降低泛化误差的技术。分别训练几个不同的模型，然后让所有模型表决测试样例的输出，也称为模型平均。模型平均起作用的原因是不同的模型通常不会在测试集上产生完全相同的误差。

假设有 k 个回归模型，每个模型在每个例子上的误差为 ε_i，这个误差服从均值为 0、方差 $E[\varepsilon_i^2]=v$ 且协方差 $E[\varepsilon_i\varepsilon_j]=c$ 的多维正态分布。通过所有集成模型的平均预测所得误差是 $\frac{1}{k}\sum_i \varepsilon_i$，则该集成预测期的平方误差的期望为

$$E\left[\left(\frac{1}{k}\sum_i \varepsilon_i\right)^2\right]=\frac{1}{k^2}E\left[\sum_i\left(\varepsilon_i^2+\sum_{j\neq i}\varepsilon_i\varepsilon_j\right)\right]=\frac{1}{k}v+\frac{k-1}{k}c \tag{11-18}$$

在误差完全相关即 $c=v$ 的情况下，

$$E\left[\left(\frac{1}{k}\sum_i \varepsilon_i\right)^2\right]=v$$

模型平均对提升结果没有任何帮助。在误差完全不相关，即 $c=0$ 的情况下，集成模型的误差期望减小到

$$E\left[\left(\frac{1}{k}\sum_i \varepsilon_i\right)^2\right]=\frac{1}{k}v$$

用一句话说，平均上，集成至少与它任何成员表现得一样好，并且如果成员误差是独立的，集成将显著地比其成员表现得更好。

神经网络中随机初始化的差异、小批量的随机选择、超参数的差异或不同输出的非确定性实现往往足以使得集成中的不同成员具有部分独立的误差。在明确了模型平均的优点

后，再来介绍 Dropout。表面上看，Dropout 是每次训练过程中随机舍弃一些神经元之间的连接，它可以实例化地表示为图 11-3。

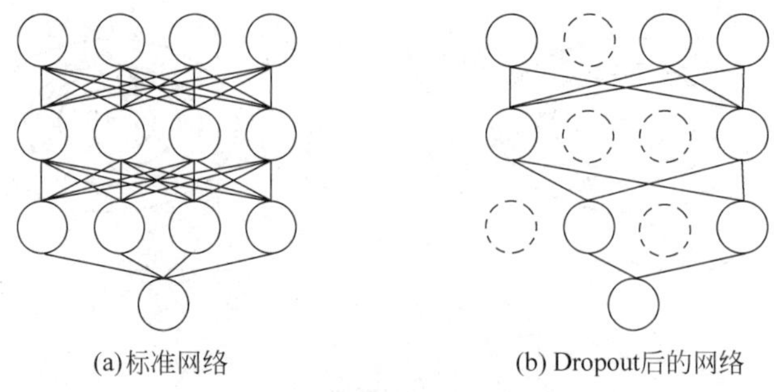

图 11-3　Dropout 效果示意图

Dropout 提供了一种廉价的 Bagging 集成近似，能够训练和评估指数级数量的神经网络。Dropout 和 Bagging 训练不太一样，Bagging 中所有模型都是独立的，而 Dropout 是所有模型共享参数，每个模型集成父神经网络参数的不同子集，这种参数共享的方式使得在有限可用内存下表示指数级数量的模型变得可能。隐藏单元经过 Dropout 训练后，它必须学习与不同采样神经元合作，使得神经元具有更强的鲁棒性，并驱使神经元通过自身获取到有用的特征，而不是依赖其他神经元去纠正自身的错误。

11.3.8　Drop Connect

Drop Connect 是另一种减少算法过拟合的正则化策略，是 Dropout 的一般化。在 Drop Connect 的过程中需要将网络架构权重的一个随机选择子集设置为零，取代了 Dropout 中对每个层随机选择激活函数的子集设置为零的做法。由于每个单元接收来自过去层单元的随机子集的输入，Drop Connect 和 Dropout 都可以获得有限的泛化性能。Drop Connect 和 Dropout 相似的地方在于它是在模型中引入稀疏性，不同之处在于 Drop Connect 引入的是权重的稀疏性而不是层输出向量的稀疏性。

11.3.9　SelfNorm 与 CrossNorm

SelfNorm 与 CrossNorm 是由李沐等研究者提出的 2 种标准化技术，可以用来增强分布外(Out-Of-Distribution，OOD)泛化。其利用特征均值和方差提高模型鲁棒性方面形成了对立统一，可以提高计算机视觉或自然语言处理等不同领域、监督和半监督、分类和分割等任务的性能。

1. SelfNorm

SelfNorm 的灵感来自注意力可以帮助模型强调有用特征和抑制无用特征。就重新校准和而言，SelfNorm 希望突出区别风格，而降低微弱风格。在实践中，使用一个全连接网络包装注意力函数和。由于其输入和输出都是标量，因此该体系结构是高效的。由于每个通道都有自己独立的统计量，SelfNorm 使用轻量级的全连接网络单独重新校准每个信道，因此只有复杂度。

如图 11-4 所示，SelfNorm 中 f 和 g 是注意力函数。调整后的通道变为

$$\sigma'_A \frac{A-\mu_A}{\sigma_A}+\mu'_A \tag{11-19}$$

2. CrossNorm

如图 11-5 所示，CrossNorm 将通道 A 的 μ_A 和 σ_A 与通道 B 的 μ_B 和 σ_B 交换，即改变相互之间的和

$$\sigma_B \frac{A-\mu_A}{\sigma_A}+\mu_B \tag{11-20}$$

$$\sigma_A \frac{B-\mu_B}{\sigma_B}+\mu_A \tag{11-21}$$

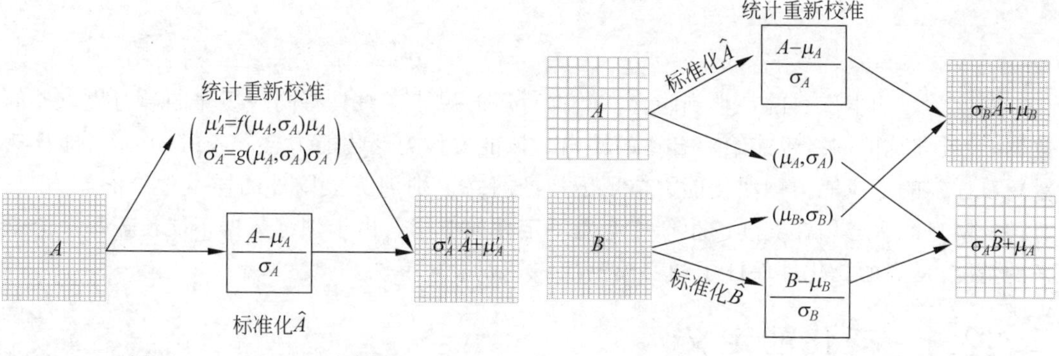

图 11-4　SelfNorm 示意图　　　　图 11-5　CrossNorm 示意图

式(11-20)和式(11-21)可以看成一种和相互标准化，该方法称为 CrossNorm。它的动机基于一个关键的观察：一个目标数据集(如一个分类数据集)具有丰富的类型。具体来说，每个实例，甚至每个通道，都有其独特的风格。交换统计信息可以有效地进行类型扩展，减少决策时的类型偏差。在小批量训练中，一般以一定的概率使用 CrossNorm。

11.4 本章小结

正则化技术在各类问题的研究中被广泛采用，并得到深入研究。神经网络的拟合能力非常强，通过不断迭代的方式使训练数据的误差率降到非常低，进而导致过拟合。因此必须运用正则化方法提高模型的泛化能力，避免过拟合。在传统机器学习算法中，主要通过限制模型的复杂度来提高泛化能力，比如在损失函数中加入 L_1 范数或者 L_2 范数。在训练深层神经网络时，还需要用到其他正则化方法，比如 Dropout、提前终止、数据增强和标签平滑等。本章详细地介绍了正则化理论，并总结归纳了目前深度学习中的正则化技术，旨在为深度学习研究者提供该方面的理论基础。

参考文献

本章参考文献扫描下方二维码。

第12章 泛化理论

CHAPTER 12

深度学习的本质目的是学到隐含在数据背后的规律。对具有同一规律的学习集以外的数据，经过训练的网络也能给出合适的输出。该能力称为泛化能力(generalization)，即算法对新鲜样本的适应能力。泛化能力体现了神经网络识别训练集以外的样本集合的能力，它对神经网络能否应用在实际的生产中起着决定性的作用。由于训练数据不能覆盖每一个未来的情况，良好的泛化性保证了学习模型能够处理未知事件。

12.1 泛化的定义

很多模型依据泛化误差评判学习算法的泛化性。泛化误差是学习算法基于训练集学习得到的模型在未见数据上的预测能力。一般用测试集上的误差作为泛化误差

$$R_{\exp}(\hat{f}) = E_p[L(Y, f(X))] = \int_{x*y} L(y, \hat{f}(x))P(x, y)\mathrm{d}x\mathrm{d}y \tag{12-1}$$

这种误差是一种经验性的指标。泛化误差应该是模型在所有未知数据上的"平均"预测误差，即所有误差的数学期望。但"所有未知数据"是无法获取的，真实地泛化评估模型极为困难。本章将根据相关泛化理论进一步讨论模型的泛化性。

12.2 泛化理论

泛化理论的目的是在相关理论上解释和证明模型的泛化性。对于泛化问题的理论研究，大多都根据一致性收敛分析泛化误差的概率上界来估计泛化性能的上界，也就是常听到的泛化界(generalization bound)。泛化界可以被定义为在给定学习算法 A 的数据集 S_m 上的函数 f 的不可计算的预期风险和可计算的经验风险之间的差

$$\text{generalization bound} = R[f_{A(S_m)}] - \hat{R}_m[f_{A(S_m)}] \tag{12-2}$$

本质上，如果将泛化误差的上界设定成一个小的数值，它将保证深度学习算法 f 在实际中很好地泛化。泛化误差的多个理论上界取决于模型的复杂度、稳定性、鲁棒性等。

传统的泛化理论基于统计学习理论，建立了基于假设复杂性的泛化理论。传统的工具通常基于假设复杂性开发泛化界，如VC维(Vapnik-Chervonenkis dimension)、Rademacher复杂度(Rademacher complexity)和覆盖数。在经典的结果中，这些复杂性严重依赖模型的大小。这些结果引入奥卡姆剃须刀(Ockham's Razor)原理：Plurality should not be posited without necessity，最少假设解释最有可能是正确的。也就是说，需要找到一个足够小的模型，这些模型只要能够在不过度拟合的情况下适应训练样本，就是具有很好泛化性的模型。

统计学习理论中基于模型复杂度的泛化误差上界，通常表明小模型的泛化能力比较好。但是这和深度学习的实验和表现不一致。对于已知的上界的深度学习函数，Rademacher 复杂度随着网络深度的增长呈指数级增长。这与实际观察的结果恰恰相反，适合的训练数据网络深度越大，经验误差就越小。例如，Neyshabur 在 2015 年的工作和 Novak 在 2018 年的实验证明："大型网络不仅表现出良好的测试性能，并且随着网络规模的增加，泛化能力也在提升"。2016 年，Canziani 统计了一些竞赛中的模型和实验也得到了相同的结论。同样，泛化误差的上界基于 VC 维和训练参数呈线性增长，不取决于深度学习中的实际观察值。深度学习模型通常具有非常大的模型大小，有时使泛化界甚至大于损失函数的潜在最大值。此外，奥卡姆剃刀原理表明，泛化性与模型大小之间存在正相关关系。但这个原理不适用于解释深度学习算法的泛化性。对于深度学习算法，更深更广的过度参数化网络往往具有好的泛化性能。

深度学习模型的庞大模型规模使得泛化边界变得模糊，因此非常需要能够发展与大小无关的假设复杂性度量和泛化界。一个有希望的想法是描述在深度学习中可以学习的"有效"假设空间的复杂性。有效假设空间可以显著小于整个假设空间，因此，可以期望获得更小的泛化保证。

12.2.1　机器学习的泛化理论

机器学习算法的泛化理论基于经典学习理论，如基于空间复杂性的 VC 维和 Rademacher 复杂度。这些指标可推导基于数据量和参数量的泛化边界。这个泛化界和模型的深度与宽度成正比，和训练样本大小成反比。

传统的统计学习理论建立了基于假设空间复杂性的泛化保证。评价假设复杂性的一个主要措施是 VC 维。

【定义 12.1】 对于任何非负整数 m，假设空间 H 的增长函数定义为

$$\Pi_H(m) := \max_{x_1,x_2,\cdots,x_m} |\{(h(x_1),h(x_2),\cdots,h(x_m)) : h \in H\}| \tag{12-3}$$

如果 $\Pi_H(m)=2^m$，假设空间 H 使数据集 $\{x_1,x_2,\cdots,x_m \in X\}$ 打散，即 H 能实现示例集上所有对分，将 VC 维定义为能被 H 打散的最大示例集的大小。

通过 VC 维可以得到一个一致的泛化界。

【定理 12.1】 假设空间 H 具有 VC 维，对于任意 $\delta>0$，概率为 $1-\delta$，不等式(12-4)适用于任意 $h\in H$

$$R(h) \leqslant \hat{R}(h) + \sqrt{\frac{2\mathrm{VCdim}(H)\log\dfrac{em}{\mathrm{VCdim}(h)}}{m}} + \sqrt{\frac{\log\dfrac{1}{\delta}}{2m}} \tag{12-4}$$

其中，m 是训练样本大小。

因此，神经网络 VC 维的结果可以表征其通用性。Goldberg 给出了参数大小 W 和深度 D 的神经网络 VC 维的 $O(W^2)$ 上界，Bartlett 和 Williamson 将其改进为 $O(W\log(WD))$，然后 Bartlett 等将其改进为 $O(WL\log W+WL^2)$。

哈维等证明了 VC 维的最紧上界。

【定理 12.2】 考虑一个具有 W 参数的神经网络和具有激活函数的 U 单元，它们是分段多项式，最多有 p 块，最多有 d。设 F 是该网络计算的函数集，然后，

$$\mathrm{VCdim}(\mathrm{sgn}(F))=O(WU\log((d+1)p)) \tag{12-5}$$

VC 维的这种上界在很大程度上和模型的参数数量相关，这就使得在深度学习中泛化误差的上界很大。甚至在某些情况下，泛化界可以显著大于损失函数的最大潜在值（例如 0-1 损失的 1）。基于 VC 维的泛化误差没有考虑数据分布，因此得到的上限是非常松的。

范围界是另一类泛化界。与基于 VC 维的最坏情况边界相比，范围边界为学习模型提供了很强的保证，即它们可以在较大的置信度范围下实现小的经验范围损失。

【定义 12.2】 范围界：对于任何分布 D 和范围 $\gamma>0$，定义假设 h 的预期范围损失为

$$L_\gamma(h)=P_{(x,y)\sim D}(\boldsymbol{h}(\boldsymbol{x})[y]\leqslant\gamma+\max_{j=y}\boldsymbol{h}(\boldsymbol{x})[j]) \tag{12-6}$$

其中 $\boldsymbol{h}(\boldsymbol{x})[j]$ 是向量 $\boldsymbol{h}(\boldsymbol{x})$ 的第 j 个分量。边值损失下的泛化界称为范围界。

可以通过假设空间的覆盖数或 Rademacher 复杂度证明范围界，定义如下。

【定义 12.3】 覆盖数：空间 H 的覆盖数 $N(H,\boldsymbol{\varepsilon},\|\cdot\|)$ 被定义为在度量 $\boldsymbol{\varepsilon}$，矩阵 $\|\cdot\|$ 下覆盖 H 的任何子集 $V\subset H$ 的最小基数，即 $\sup\limits_{\boldsymbol{A}\in H}\min\limits_{\boldsymbol{B}\in V}\|\boldsymbol{A}-\boldsymbol{B}\|\leqslant\varepsilon$

【定义 12.4】 经验 Rademacher 复杂度和 Rademacher 复杂度：给定一个实数函数类 H 和一个数据集 S，经验 Rademacher 复杂度定义为

$$\hat{R}(H)=E_{\boldsymbol{\varepsilon}}\left[\sup_{h\in H}\frac{1}{m}\sum_{i=1}^{m}\varepsilon_i h(x_i)\right] \tag{12-7}$$

其中 $\boldsymbol{\varepsilon}=\{\varepsilon_1,\varepsilon_2,\cdots,\varepsilon_m\}$ 是分布在空间 $\{-1,+1\}^m$ 中的随机向量。定义 Rademacher 复杂度为

$$R(H)=E_\varepsilon\hat{R}(H) \tag{12-8}$$

直观地，覆盖数表示需要多少个球来覆盖假设空间；Rademacher 复杂度的度量假设输出与噪声向量之间的最大相关性，从而表征假设空间对噪声的拟合优度。显然，更大的覆盖数或 Rademacher 复杂度对应于更大的假设复杂性。

Bartlett 等对于泛化误差，得到以下光谱归一化上界

$$\widetilde{O}\left(\frac{x_2\log W}{\gamma m}R_A+\sqrt{\frac{1/\delta}{m}}\right),\quad R_A=\left(\prod_{i=1}^{D}\rho i\boldsymbol{A}\sigma\right)\left(\sum_{i=1}^{D}\frac{\boldsymbol{A}_i^{\mathrm{T}}-\boldsymbol{M}_i^{\mathrm{T}}\ \frac{2/3}{2,1}}{\boldsymbol{A}\ \frac{2/3}{\sigma}}\right)^{\frac{2}{3}} \tag{12-9}$$

这个界限比 Neyshabur 更严格。此外，该界还表明，通过控制网络的光谱范数，可以提高可推广性。这解释了光谱归一化，一种主要用于 GAN 的有效正则化器，以及用于提高神经网络训练性能的奇异值边界。

通过对权重引入一些范数约束，Golowich 等改善方程的指数深度依赖性，多项式依赖关系如下

$$O\left(\frac{B\sqrt{D}\prod_{j=1}^{D}M_F(j)}{\sqrt{m}}\right) \tag{12-10}$$

或者

$$O\left(\frac{B\sqrt{D+\log m}\prod_{j=1}^{D}M_F(j)}{\sqrt{m}}\right) \tag{12-11}$$

其中，$M_F^Q(j)$为 Frobenius 范数。当假设

$$\prod_{j=1}^{D} W_j^2 \leqslant M \tag{12-12}$$

其中，$M>0$ 是常数，$\boldsymbol{W}_j$ 是第 j 个权重矩阵，Golowich 等进一步改进与深度无关的界限如下

$$\widetilde{O}\left(B\left(\prod_{j=1}^{D} M_F(j)\right)R_G\right) \tag{12-13}$$

其中

$$R_G = \min\left\{\sqrt{\frac{\log\left(\frac{1}{\Gamma}\prod_{j=1}^{D} M_F(j)\right)}{\sqrt{m}}}, \sqrt{\frac{D}{m}}\right\} \tag{12-14}$$

而 Γ 是所有权重矩阵的谱范数的上界。此外，Golowich 等也证明下界为

$$\Omega\left(\frac{B\prod_{j=1}^{D}\boldsymbol{M}_F(j)W^{\max\left\{0,\frac{1}{2}-\frac{1}{p}\right\}}}{\sqrt{m}}\right) \tag{12-15}$$

传统泛化理论中的泛化误差大致可以表示为

$$\text{Test error} \leqslant \text{Train error} + O\left(\frac{\text{depth} \times \text{width}}{\sqrt{\text{training set size}}}\right) \tag{12-16}$$

式(12-16)认为，测试误差不能超过训练误差和某个边界的和。这个边界随着训练集的增加而减少，随着模型参数量(depth×width)的增加而增加。但问题在于，这种的泛化误差上界并没有考虑深度神经网络“过参数化”这一现象。并不是说所有参数对最终的预测都是起作用的，深度模型存在着大量冗余的参数，因此 depth×width 并不能正确描述深度模型的学习难度，过参数化会让学习变得更简单。

12.2.2　基于模型复杂度的泛化理论

深度学习模型可以通过确定底层的数据分布、算法共同约束深度神经网络，从而构建成一种“简单的”函数族。通过范数约束函数族，泛化误差可以表示为

$$\text{Test error} \leqslant \text{Train error} + O\left(\frac{\substack{\text{weight norms controlled by SGD} \\ \text{for the given data distribution}}}{\sqrt{\text{training set size}}}\right) \tag{12-17}$$

2018 年，Golowich 等在模型每层的参数矩阵上假设范数约束，利用 Rademacher 复杂度得到了一个泛化误差的上界。对于具有 d 层的网络，其中每一层 j 都有一个参数矩阵，最多为 Frobenius 范数 $M_F(j)$，m 为训练样本，可以证明泛化界为

$$\mathcal{O}\left(\frac{\sqrt{d}\left(\prod_{j=1}^{d} M_F(j)\right)}{\sqrt{m}}\right) \tag{12-18}$$

并且用一种通用的技术将与深度相关的边界转换为与深度无关的边界，用一个浅层网络和单变量 Lipschitz 函数的组成来近似。假设各层的 Frobenius 范数为 $M_F(1), M_F(2), \cdots, M_F(d)$，可以进一步改进上述结果为

$$\mathcal{O}\left(\left(\prod_{j=1}^{d} M_F(j)\right)\cdot\min\left\{\sqrt{\frac{\log\left(\frac{1}{\Gamma}\prod_{j=1}^{d} M_F(j)\right)}{\sqrt{m}}},\sqrt{\frac{d}{m}}\right\}\right) \tag{12-19}$$

结论表示：上界不直接与模型的规模相关，但是和模型参数的模以及网络的深度相关。

2018 年，Jiang Yiding 等提出使用跨网络层的标准化边际分布作为泛化误差的预测因子。实证研究了边际分布与泛化之间的关系，结果表明，在对距离进行适当的归一化后，边际分布的一些基本统计量可以准确地预测泛化误差。将边际分布作为泛化预测因子，直观地说，如果边际分布的统计量能够真实地预测泛化性能，那么一个简单的预测方案应该能够建立两者的关系。因此，选择线性回归作为预测因子可以发现泛化误差与边际分布的对数变换统计量之间的关系几乎是完全线性的。事实上，与现有的其他泛化方法相比，该方法的预测效果更好，也表明边际分布可能包含关于模型泛化深度的重要信息。

此外，可以从不变性的角度研究深度神经网络的几何形状和容量度量之间的关系。2019 年，Liang 等引入了一个新的容量概念——Fisher-Rao 范数，它具有理想的不变性，并由信息几何学驱动。他发现了新的容量度量的一个分析特征，通过它建立了规范比较不等式，并进一步表明，新的度量可以作为一些现有的基于规范的复杂性度量的保护伞，并推导了该测度所引起的泛化误差的上界。2020 年，Tu 等发表了一篇论文，使用 Fisher-Rao 范数证明 RNN 的泛化边界。Fisher-Rao 和 matrix-1 norm 可以有效帮助控制上限的尺度，在训练样本中增加一些噪音，可以提升模型的泛化能力，但是不能加入太多的噪声，否则会使训练误差变大。Fisher-Rao Norm 依赖一个关于梯度的结构化引理。该引理表示：参数的模可以被梯度的大小控制，该引理有效刻画了梯度对深度学习模型泛化能力的影响，有助于更好地理解泛化能力和训练能力之间的关系。

在特征提取和泛化中量化特征-深度的对应关系可以实现学习任务的最优泛化性能。2020 年，Han 等通过在提取单一特征和复合特征时的深度参数权衡，提出了特征对深度和反面的自适应性。基于这些结果，证明了在深度网络实现经典的经验风险最小化可以实现许多学习任务的最优泛化性能。

统计学习理论中的 VC 维、Rademacher 复杂度和覆盖数建立了泛化误差（泛化界）的一系列上界。通常，这些泛化边界明确地依赖模型的大小，控制模型的大小可以帮助模型更好地推广。然而，深度学习模型的巨大模型大小也使泛化边界模糊，有必要发展与大小无关的假设复杂度测度和泛化界。

12.2.3 基于信息论的泛化理论

在信息论中，强数据处理不等式的保证下，只要网络的每一层的映射是不可逆的，即信息衰减，那么神经网络所学习到的特征和最后一层参数的互信息，就会随着层数的增加而逐渐减少。因此网络越深，模型的泛化能力也就变得越强。

2018 年，Zhang 等从信息论的角度出发，得到了一个泛化误差的上界。其中的理论分析主要基于三个方面。

(1) 和传统的浅层学习模型（例如支撑向量机）不同，深度神经网络具有层级特征映射结构，这样的层级结构能有效帮助网络避免过拟合。

(2) 传统的泛化误差上界是通过模型的函数空间复杂度进行估计，忽略了数据的分布，仅考虑模型函数空间中最坏的情况。

(3) 实际中模型的泛化能力和数据分布是相关的。

受到最近信息论和自适应数据分析的研究的启发，用神经网络学到的特征和最后一层神经网络参数的互信息，求解泛化误差上界，设 L 为深度神经网络中的卷积层和池化层数，n 为训练样本的大小，推导该网络的期望泛化误差的上界为

$$E\left[R(W)-R_S(W)\right] \leqslant \exp\left(-\frac{L}{2}\log\frac{1}{\eta}\right)\sqrt{\frac{2\sigma^2}{n}I(S,W)} \tag{12-20}$$

其中，$\sigma>0$ 是一个常数依赖损失函数，$0<\eta<1$ 是一个常数依赖每个卷积或池化层的信息损失常数，$I(S,W)$是训练样本 S 和输出假设 w 之间的互信息。这个上界表明，随着网络中卷积和池化层数量 L 的增加，预期的泛化误差将呈指数下降到零。具有严格信息丢失的层(如卷积层)，减少了整个网络的泛化误差。然而，期望泛化误差为零的算法并不意味着一个较小的测试误差或 $E\left[R(W)\right]$。这是因为，随着层数的增加，数据的信息丢失时，$E\left[R_S(W)\right]$很大。这表明，声称“越深越好”的条件是一个较小的训练错误或 $E\left[R_S(W)\right]$。这可以得出：网络的输出对于输入的依赖性越小，其泛化能力就越强。

12.2.4 基于随机梯度下降算法的泛化理论

算法稳定性对算法的泛化性能有一定影响，深度学习的泛化能力和用来训练它的梯度下降算法密切相关。由此可以推导出由随机梯度下降(Stochastic Gradient Descent，SGD)算法训练的深度模型的泛化界。通过在每一步迭代中优化对应的泛化界，可以使模型具有很好的泛化性。

2017 年，Lu 等研究了神经网络的宽度如何影响其表现力。基于传统结果，具有适当激活函数的深度边界(例如 depth-2)网络是通用的逼近器，给出了宽度有界的 ReLU 网络的一个普遍逼近定理：depth-(n-4) ReLU 网络(其中 n 是输入维数)是通用逼近器。此外，除了测量零集外，所有函数都不能用 depth-n ReLU 网络近似。也就是说，有一类深网络不能由任何浅网络实现，其大小不超过指数界。在这里，Lu 等提出了关于 ReLU 网络的宽度效率的双重问题：是否有宽网络不能通过窄网络实现，其大小不是实质性的大？随后 Lu 证明了存在一类宽网络，它不能由任何深度不超过多项式界的窄网络来实现。另一方面，通过广泛的实验证明了，尺寸超过常数因子约束的多项式的窄网络可以很高的精度逼近宽浅网络。通过提供全面的证据，表明了深度可能比宽度更有效地表达 ReLU 网络。

2018 年，Kuzborskij 等建立了 SGD 算法稳定性的数据相关概念，并利用它发展新的泛化界。证明了在一些有额外损失的条件下，SGD 是一种平均而言稳定的算法。这些条件在常用的损失函数中被满足，例如有 Sigmoid 激活函数的神经网络中的逻辑(logistic)/softmax 损失(loss)。在这种情况下，稳定性就意味着 SGD 对训练集中小扰动的敏感度。也进一步证明了 SGD 在诸如深度神经网络等非凸函数中存在数据依赖的平均界限的泛化能力下降

$$\underset{S,A}{E}\left[R(A_S)-\hat{R}_S(A_S)\right] \leqslant o\left(\frac{1+\frac{1}{c\gamma}}{m}\max\left\{\left(\underset{S,A}{E}\left[\hat{R}_S(A_S)\right]T\right)^{\frac{c\gamma}{1+c\gamma}},\left(\frac{T}{m}\right)^{c\gamma}\right\}\right) \tag{12-21}$$

这就引出了至少两个结论。首先，围绕初始点（initialization point）的目标函数的曲率具有决定性的影响。从更为平缓有较低风险区域的一个点开始，应该会产生更高的稳定性，即更快的泛化。在实践中选择初始化参数时，这会是一个很好的预筛选策略。其次，考虑到全面通过，可简化界限，也就有了更大的训练集，而更小的泛化能力降低。

2019 年，He 等提供了一种训练策略的理论和经验证据，即应该控制批大小（batch size）与学习率（learning rate）的比率，以获得良好的泛化能力。小批量训练会在梯度上引入噪音，这种噪声会使 SGD 远离尖锐极小值，从而增强泛化能力。由 SGD 训练的神经网络的 PAC-贝叶斯泛化界，该界与批大小与学习率的比值正相关，这种相关性为训练策略奠定了理论基础。He 在论文中指出，SGD 的优化过程形成路径可以用偏微分方程进行表示。SGD 优化的过程可以描述为

$$T+1\text{ 时刻的参数} - T\text{ 时刻的参数} = \text{学习率} \times \text{函数的梯度}$$

显然，这个表达式就是偏微分方程。由于批是随机的，初始化是随机的，对于梯度的建模也引入了噪声。这意味着，当前的梯度等于整个数据集上梯度的平均值加一个不确定的噪声。

SGD 的优化路径可以用随机过程的稳态分布给模型建模，再利用 PAC-Bayes 得到泛化误差的上界。由此得出结论：泛化能力和学习率与批大小之间存在正比例相关关系。这个关系也说明了超参数的调整有一定的规律可循。用测试精度表示泛化能力，在学习率不变的条件下，测试精度和批大小之间的关系为：随着批大小的增加，测试精度下降。在批大小不变的条件下，测试精度和学习率之间的关系为：随着学习率的增加，测试精度提升。最佳批量大小与学习率（learning rate）和训练集大小成正比。或者换句话说："不要衰减学习率，而要增加批量的大小"。对于有动量（momentum）的 SGD，可以推导出类似的缩放规则。

$$\frac{\varepsilon N}{B(1-m)} = \text{const} \tag{12-22}$$

其中，ε 是学习率；N 为训练集的大小；m 是动量；B 是批大小。

2020 年，Liu 等认为深度学习的泛化能力和用来训练它的梯度下降密切相关。提出了一个刻画梯度下降法训练过程中泛化性能的一个量：一步泛化比例（One-Step Generalization Ratio，OSGR）

$$R(Z,n) := \frac{E_{D,D'\sim Z^n}(\Delta L[D'])}{E_{D\sim Z^n}(\Delta L[D])} \tag{12-23}$$

这个量反映了在一步迭代中，测试集的损失下降 $\Delta L[D']$ 和训练集的损失下降 $\Delta L[D]$ 的期望值的比值。假设训练集 D' 和测试集 D 大小都为 n，服从同一个分布 Z^n。统计上来说，测试集的损失下降速度小于训练集的损失下降速度，OSGR 对应的应该小于 1。最终整个训练结束时，测试集损失的整体下降会小于训练集损失的整体下降，产生了泛化鸿沟（generalization gap）。如果整个训练过程中，OSGR 始终很大（接近于 1），那么最终的泛化鸿沟就会很小，相应地，模型的最终泛化性能也会很好。所以 OSGR 是一个很好的可以刻画梯度下降法过程中模型泛化性能的量。

进一步定义参数的梯度信噪比（Gradient Signal to Noise Ratio，GSNR），它反映的是在梯度下降的过程中梯度的均值与梯度的方差之间的比值。这个均值和方差指的是梯度在所有样本逐个分别计算每个参数的梯度，最后对每个参数分别计算样本（sample）数量的均值

和方差。例如对参数 θ_j，它的梯度信噪比定义为

$$r(\theta_j) := \frac{\tilde{g}^2(\theta_j)}{\rho^2(\theta_j)} \tag{12-24}$$

其中，$\tilde{g}$ 和 ρ 分别代表在所有样本上计算的梯度均值和梯度方差。

定性的来说，GSNR 反映了损失函数对不同样本梯度的一致性。如果所有样本的梯度完全一致且不为 0，则梯度均值不为 0 而方差为 0，相应的 GSNR 为无穷大。对于一般的梯度下降法，可以直接对所有的样本求均值，并用这个均值作为参数迭代方向。除了梯度的均值，所有样本的梯度的分布与网络最终的泛化性能有密切的联系。

12.2.5 基于损失曲面几何结构的泛化理论

基于损失曲面几何结构的算法考虑了与泛化相关的高阶信息。12.2.4 节中基于 SGD 算法运用一阶优化器，只寻求最小化训练损失，通常会忽略与泛化相关的高阶信息（如曲率）。损失曲面决定了 SGD 算法“输出的解”的性质。因此对损失曲面几何结构进行分析，基于锐度感知更新梯度，从而提高神经网络泛化性。

损失曲面的几何结构决定了偏微分方程在损失曲面上的轨迹，这主要有两方面的原因。

(1) 随机偏微分方程包含了损失函数以及损失函数的各阶导数，所以损失曲面的几何结构直接影响了随机偏微分方程的结构。

(2) 损失曲面也决定了随机偏微分方程的边际条件，因此损失曲面决定了 SGD 算法“输出的解”的性质。因此透彻理解损失曲面的几何结构，对研究深度学习的优化以及泛化能力非常重要。

2018 年，Novak 等用实验说明，神经网络的泛化性能和损失曲面的几何结构相关，神经网络的泛化性能和输入空间的区域个数相关。非线性激活函数使得损失曲面极端非凸，并且不光滑，使优化算法的理论分析非常困难。这种混乱的局面使已有的优化算法的理论分析变得非常困难。最近的一系列实验表明，通过网络的输入和输出雅克比矩阵的范数可以衡量出，训练后的神经网络对训练数据流形附近的输入扰动更具鲁棒性，并且它与泛化有很好的相关性。此外，与较差的泛化性相关的因素（如全批训练或使用随机标签）对应较低的鲁棒性。而与良好泛化相关的因素（如数据增强和 ReLU 非线性）会产生更鲁棒的函数。

2019 年，Yun 等证明了单层的神经网络损失曲面有无穷多的次优局部极小值。此结论需要有 4 个条件保证：单个隐藏层、平方损失、一维输出、两段线性激活。

2020 年，He 等将保证单层的神经网络损失曲面有无穷多的次优局部极小值的 4 个条件扩展为：任意深度、任意可微分损失、任意维输出、任意分段线性激活，并进一步给出了如下性质。

(1) 在每一个区域中，每一个局部极小值都是全局最小值。

(2) 在每一个区域中，所有的局部极小值也汇聚成了一个极小值峡谷。

(3) 一个峡谷上所有的点构成一个等价类。

(4) 此等价类还存在着平行峡谷。

(5) 所有的等价类构成一个商空间。

其实，第二条性质就解释了模式连接，即在 SGD 找到的局部极小值的附近，存在一些经

验风险差别很小的点,并且这些点连成了一条线。

只优化训练损失值,很容易导致模型质量次优。2021 年,Foret P 引入了一种新的有效的方法,可以同时最小化损失值和损失锐度,提出了锐度感知最小化(Sharpness-Aware Minimization,SAM)。SAM 函数是寻找位于具有均匀低损失值的参数 $\boldsymbol{w}$,而不是只有其本身具有低损失值的参数。训练损失通过构造极小极大目标实现。在范数下,计算当前权重的缩放梯度后,SAM 基于锐度感知梯度更新 $\boldsymbol{w}$。

具体来说,SAM 试图通过制定一个极大极小目标寻找其整个邻居训练较低损失 L_{train} 的参数 $\boldsymbol{w}$

$$\min_{\boldsymbol{w}} \max_{\|\boldsymbol{\varepsilon}\|_2 \leqslant \rho} L_{\text{train}}(\boldsymbol{w}+\boldsymbol{\varepsilon}) \tag{12-25}$$

其中,ρ 是邻近球的大小。在不丧失一般性的情况下,这里可以使用 L_2 范数获得其强大的经验结果,为了简单起见,省略了正则化术语。因为内部最大化的精确解是 $\boldsymbol{\varepsilon}^* = \arg\max_{\|\boldsymbol{\varepsilon}\|_2 \leqslant \rho} L_{\text{train}}(\boldsymbol{w}+\boldsymbol{\varepsilon})$ 很难获得,可以采用一个有效的一阶近似

$$\hat{\boldsymbol{\varepsilon}}(\boldsymbol{w}) = \underset{\|\boldsymbol{\varepsilon}\|_2 \leqslant \rho}{\arg\max} L_{\text{train}}(\boldsymbol{w}) + \boldsymbol{\varepsilon}^{\mathrm{T}} \nabla_{\boldsymbol{w}} L_{\text{train}}(\boldsymbol{w}) = \rho \nabla_{\boldsymbol{w}} L_{\text{train}}(\boldsymbol{w}) / \| \nabla_{\boldsymbol{w}} L_{\text{train}}(\boldsymbol{w}) \|_2 \tag{12-26}$$

在 L_2 范数下,$\hat{\boldsymbol{\varepsilon}}(\boldsymbol{w})$ 只是当前权值 $\boldsymbol{w}$ 的一个比例梯度。在计算 $\hat{\boldsymbol{\varepsilon}}$ 后,SAM 基于锐度感知梯度 $\nabla_{\boldsymbol{w}} L_{\text{train}}(\boldsymbol{w})|_{\boldsymbol{w}+\hat{\boldsymbol{\varepsilon}}(\boldsymbol{w})}$ 更新 $\boldsymbol{w}$。

此外,Xiangning Chen 指出 SAM 可直接应用于 Vision Transformers (ViT),从而提高泛化性能。由于对视觉数据缺乏归纳偏差,ViT 放大了一阶优化器的泛化缺陷,导致过度急剧的损失场景和较差的泛化性能。假设平滑收敛的损失场景可以显著提高无卷积架构的泛化能力,那么 SAM 可以很好地避免锐度最小值。从损失几何的角度研究 ViT,通过 SAM 明确正则化损失的几何形状,可以使模型享有更平坦的损失景观,并提高了准确性和鲁棒性的泛化。

12.2.6 基于傅里叶分析的泛化理论

傅里叶分析的理论框架非常好地解释了深度神经网络为什么在拥有大量参数的情况下既能学好训练数据,又能保持好的泛化能力。深度神经网络在拟合目标函数的过程中,低频成分会先收敛,并且在低频成分收敛的时候,深度神经网络的高频成分仍然很小。当深度神经网络拟合高频成分的时候,已经收敛的低频成分只会受到很小的干扰。因此通过傅里叶分析定量刻画模型的学习函数,进而可以分析算法的泛化性。

2018 年,Xu 等从拟合一维函数出发考虑这个问题。训练数据集是少数几个均匀采样数据点,如果用多项式去拟合,阶数很高的时候(大于数据点个数),拟合的结果通常是一个能够精确刻画训练数据但振荡厉害的函数。但如果用深度神经网络,无论多大规模,通常学习到的曲线都是相对平坦的。因为是一维函数,所以振荡和平坦可用傅里叶分析定量地刻画。于是就自然能猜想到,深度神经网络在学习的时候可能更加偏爱低频成分。

频率原则可以粗糙地表述成:深度神经网络在拟合目标函数的过程中,有从低频到高频的先后顺序(frequency principle or f-principle)。经验上在傅里叶分析角度理解深度学习的泛化能力,平坦简单的函数会比振荡复杂的函数具有更好的泛化能力。深度神经网络从目标函数的低频成分开始学习。当它学到训练数据的最高频率时,此时频率空间误差趋近于零。因为频率空间的误差等于实数域空间的误差,所以它的学习也基本停止了,这样深度

学习学到的函数的最高频率能够被训练数据限制。对于小的初始化，激活函数的光滑性很高，高频成分衰减很快，从而使学习到的函数有更好的泛化能力。对于低频占优的目标函数，小幅度的高频成分很容易受到噪音的影响。基于频率原则，提前停止训练（early-stopping）就能在实际中提高深度神经网络的泛化能力。

从理论上在傅里叶分析角度理解深度学习的泛化能力，如果目标函数是随机数据点（频率空间没有低频占优的特性），或者深度神经网络的参数的初始化值比较大，这个原则就会失效。特别是在初始化的情况下，深度神经网络的泛化能力也会变差。

2018 年，Rahaman 等对深度神经网络学习到的函数的频率幅度的估计并不能解释这些现象。特别地，对于层数和神经元数目足够多的深度神经网络，Rahaman 给出的理论无法解释为什么深度神经网络从低频开始学习。深度神经网络的拟合函数的高频成分受权重的谱范数（spectral norm）控制。对于小规模的深度神经网络，可以经常观察到，权重的范数随训练而增长，从而允许小规模的深度神经网络去拟合目标函数中的高频成分。Rahaman 在理论上给出频率原则的一种可能解释。

2019 年，Xu 等给出图 12-1 所示的例子。其中，图 12-1(a)为目标函数 $\sin x+2\sin 2x+2\sin 3x+2\sin 4x$，图 12-1(b)为其 DFT，对于层数和神经元数目足够多的神经网络，权重的谱范数基本不变，如图 12-1(c)所示。图 12-1(d)所示为频率成分的相对误差，4 个重要的频率峰值，如图 12-1(b)的黑点，仍然是从低频开始收敛。对于这种情况，Rahaman 等对深度神经网络的拟合函数的高频成分的上限估计在训练过程中基本不变，从而不能看出低频到高频学习的频率原则。

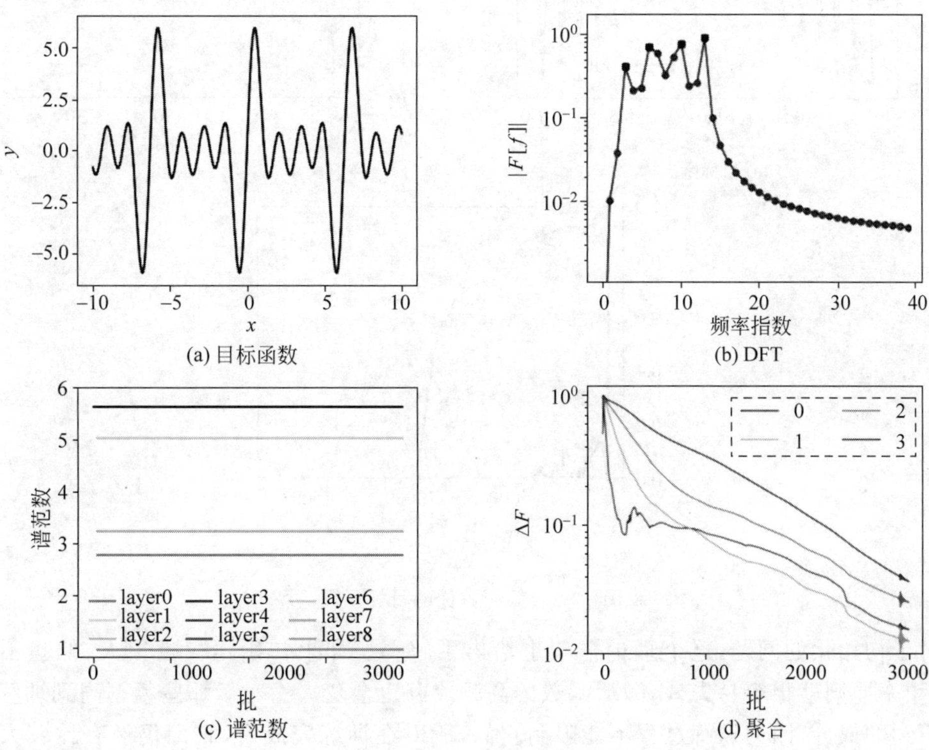

图 12-1 频率原则的特殊情况

Xu 等给出了能够解释这些问题的理论框架。从只有一层隐藏层的深度神经网络(Sigmoid 作为激活函数)开始,在傅里叶空间分析梯度下降算法,从而得到损失函数 $L(k)$ 在任一频率分量上对任一参数 Θ_{j1} 的导数

$$\left|\frac{\partial L(k)}{\partial \Theta_{j1}}\right| = A(k)\exp(-|\pi k/2w_j|)G_{j1}(\Theta_j, k) \tag{12-27}$$

其中,Θ_{j1} 对应神经元的权重,$G_{j1}(\Theta_j, w)$是关于对应神经元所有参数 Θ_j 和频率 k 的一个多项式,$A(w)$是学习到的函数与目标函数的差的幅度。当频率 k 的分量还没有收敛时,对于一个较小的权重 w_j,$\exp(-|\pi k/2w_j|)$将主导 $G_{j1}(\Theta_j, w)$。这个表达式可以定性地推广到一般深度神经网络。

这个理论分析揭示了对于低频占优的目标函数,当深度神经网络的参数很小时,低频成分会先收敛,并且在低频成分收敛的时候,深度神经网络的高频成分仍然很小。当深度神经网络拟合高频成分时,已经收敛的低频成分只会受到很小的干扰。对高频占优的函数,整个训练过程就会变得复杂。低频容易受到高频的影响,所以低频是振荡式的收敛,每振荡一次,偏离的最大幅度就会下降。频率越低,振荡越频繁,如图 12-2 所示。

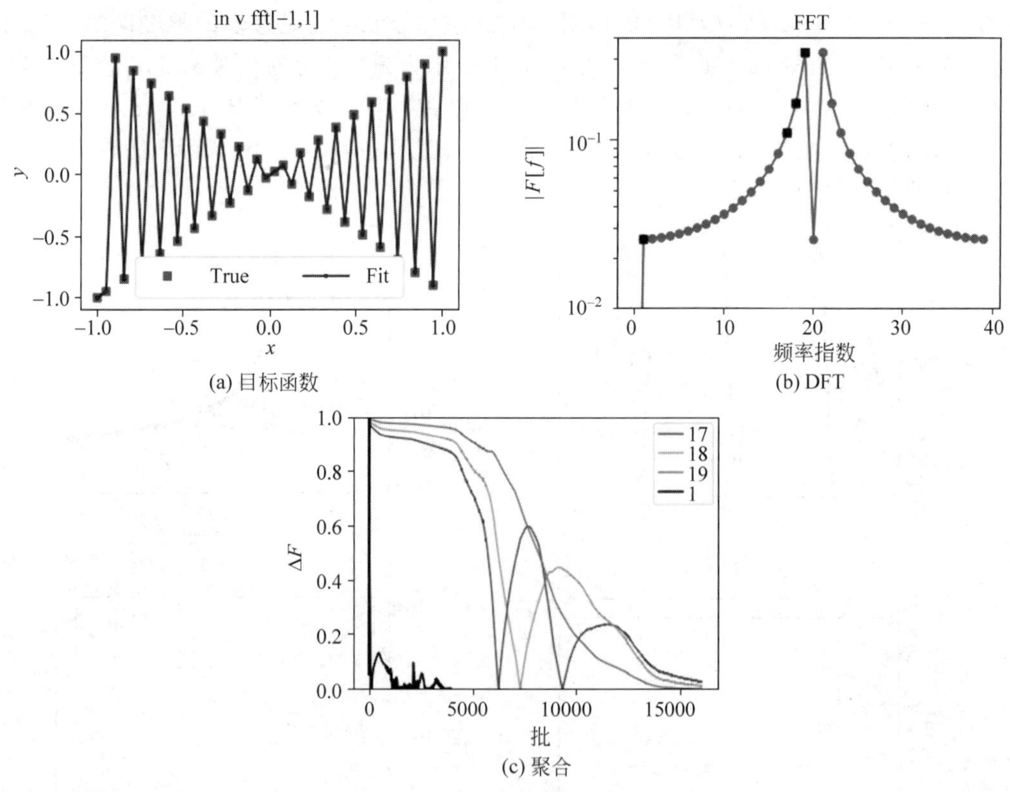

图 12-2 低频占优的目标函数

对于初始化的问题,这个理论框架也给出了解释。如果初始化权重很大,低频不再占优,则频率原则就很容易失效,激活函数的高频成分也会变大。对于那些频率高到训练数据也看不到的成分,因为训练过程不能限制它们,所以在训练完成后,它们仍然有比较大的幅度,从而导致深度神经网络的泛化能力变差。

傅里叶分析的理论框架非常好地解释了深度神经网络为什么在拥有大量参数的情况下

既能学好训练数据，又能保持好的泛化能力，简单地说，由于频率原则，深度神经网络学习到的函数的频率范围是根据训练数据的需要而达到。对于那些比训练数据的最高频率还高的频率成分，深度神经网络能保持它们的幅度很小。

结合随机傅里叶特征的深度特征去相关，通过干扰变量平衡可以去除特征间相关性。2021 年，Xingxuan Zhang 提出深度稳定学习模型。深度稳定学习的基本思路是提取不同类别的本质特征，去除无关特征与虚假关联，并仅基于本质特征（与标签存在因果关联的特征）做出预测。深度网络的各维特征间存在复杂的依赖关系，仅去除变量间的线形相关性并不足以完全消除无关特征与标签之间的虚假关联，所以一个直接的想法就是通过核(kernel)方法将原始特征映射到高维空间，但是经过 kernel 映射后原始特征的特征图维度被扩大到无穷维，各维变量间的相关性无法计算。鉴于随机傅里叶特征(Random Fourier Feature，RFF)在近似核函数以及衡量特征独立性方面的优良性质，采用 RFF 将原始特征映射到高维空间中（可以理解为在样本维度进行扩充），消除新特征间的线性相关性即可保证原始特征严格独立。

12.2.7 基于未标记数据的泛化理论

前面介绍的方法通过参数量或者权重范数来度量模型的复杂度，但权重范数会随着数据集的增加而显著增加，并抵消分母数据集的增长速度。由于理论没有考虑训练集的增长对泛化边界的影响，所以可能会和深度学习模型的训练观察有一定偏差。深度模型的泛化随着训练集的大小而改善，然而之前的理论却反常地扩大，因此本节介绍一种超越一致收敛假设的理论，并且介绍使用未标记数据来提供泛化性估计的方法。

Vaishnavh Nagarajan 提出，现代泛化理论的方法本质上基于一致性收敛。但一致性收敛边界实际上并不能全面解释深度学习的泛化问题，应该在一致性收敛之上来讨论泛化边界。一致性收敛是函数列或函数项级数的一种性质。对于函数项级数的一致性收敛有如下定义。

【定义 12.5】 设$\{S_n(x)\}$是函数项级数$\sum u_n(x)$的部分和函数列，若$\{S_n(x)\}$在数集 D 上一致收敛于函数 $S_n(x)$，则称函数项级数 $\sum u_n(x)$ 在 D 上一致收敛于函数 $S_n(x)$，或称函数项级数在 D 上一致收敛。

函数项级数作为数项级数的推广，一致性收敛的判别法类似于数项级数。可通过 Cauchy 判别法、Abel 判别法、Dirichlet 判别法等判别一致收敛函数。一致收敛函数具有连续性、可积性、可微性等特点。

机器学习中的一致性收敛，简单来说就是回答“为什么降低训练损失能降低测试损失”这个问题。如果函数族的经验风险能与总体风险一致地收敛，那么这个问题就是可以学习的。

Vaishnavh Nagarajan 表示，之前的研究大多数都基于一致性收敛考虑泛化边界，但目前 Rademacher 复杂度、覆盖数和 PAC-Bayes 等众多前沿泛化边界分析都可能存在问题。一致性收敛不能提供坚实的理论基础主要体现在两方面。

(1) 泛化边界随着训练集的增长而增长。直观理解，当数据集无穷大时，训练误差和测试误差之间差距应该减少到零。

(2) 任何一致性收敛边界，不论它们的推导与应用如何严格，都不能解释 SGD 训练的神经网络泛化性问题。

基于未标记数据的泛化方法在一致性收敛之上来讨论泛化边界。利用在训练过程中没有使用的新的未标记数据，通过简单的经验技术来预测泛化。该方法不依赖统一收敛这样的工具。首先训练 SGD 的两次随机运行，随机方法包括随机的初始化、随机的训练数据集、不同的（不相交的）训练数据（数据）的排序。然后通过测量两次随机运行的结果在一个未标记数据集上的差异，去估计测试误差。超参数会导致测试误差的轻微变化。然而，差异率能够捕捉到测试误差中的这些变化。通过经验技术多次评估在不同域上的所有样本对的测试误差和差异率，可以预测模型泛化性能。

12.3 泛化方法

对泛化方法的介绍使得理论能够帮助实践减少试错，基于泛化方法设计更高效的模型。本节介绍的泛化方法包括数据处理、特征表示、训练策略和学习方法。

12.3.1 数据处理

模型的泛化性能往往依赖训练数据的数量和多样性。对于有限的训练数据集，数据处理是一种最简单生成样本的方法，可以提高模型的泛化能力。其主要目标是使用不同的数据操作方法增加现有训练数据的多样性和数据数量，如数据增强，数据生成等。

数据增强是训练机器学习模型的最有用的技术之一。在视觉领域，典型的增强操作包括对图片进行翻转、旋转、缩放、裁剪、添加噪声等。它们已被广泛应用于监督学习中，通过减少过拟合提高模型的泛化性能。

数据生成是一种流行技术，可生成多样化和丰富的数据，提高模型的泛化能力。可使用变分自编码器（Variational Auto Encoder，VAE）和 GAN 等生成模型实现数据生成。此外，图片数据也可以使用 Mixup 策略实现。

12.3.2 特征表示

基于特征表示的方法使得算法学习到有利于泛化的特征。对于不同域的泛化，特征表示方法有两种具有代表性的技术：域不变表示学习和特征解纠缠表示。

1. 域不变表示学习

域不变表示学习基于核、对抗性训练、明确的域间特征对齐或不变风险最小化进行学习。如果特征表示对不同的领域保持不变，则该表示是一般的，并可转移到不同的领域。基于这一理论，人们提出了大量的领域自适应算法。对于域泛化，目标是将特定特征空间中多个源域之间的表示差异减少为域不变，使学习到的模型具有对不可见域的推广能力。

域不变表示学习主要有以下 4 种类型的方法。

(1) 基于核的方法依赖核函数将原始数据转换为高维特征空间，而无须计算该空间中数据的坐标，而是只需计算特征空间中所有对样本之间的内积。

(2) 基于域对抗性学习的方法利用对抗性训练逐渐减少流形空间的域差异。对生成器和鉴别器迭代训练。训练鉴别器区分域，而训练生成器欺骗鉴别器学习域不变的特征表示。

(3) 显式特征对齐通过跨源域的特征对齐或特征归一化学习域不变表示。一些方法通过最小化域的最大平均差异、二阶相关、均值和方差（矩匹配）、瓦瑟斯坦距离等明确最小化特征分布差异。此外，一些工作使用特征规范化技术来增强域泛化能力，Pan 等在 CNN 中引入了实例归一化(Instance Normalization,IN)层,以提高模型的泛化能力。IN在图像样式转移领域得到了广泛的研究,其中图像的样式由IN参数反映,即每个特征通道的均值和方差。因此,IN层可以用来消除特定于实例的风格差异,增强泛化。然而,IN是任务不可知论者的,可能会删除一些有区别性的信息。因此有选择性地使用BN和IN可提高网络的泛化和识别能力。

(4) 不变性风险最小化不寻求匹配所有域的表示分布,而是强制执行表示空间上的最优分类器在所有域上保持相同。从直觉上看,预测的理想表示的因果机制不应受到其他因素/机制的影响,因此分类器应该是域不变的。对分类器的约束体现了所有域共享相同的表示级分类器的需求,设计约束不变性风险最小化的目标函数鼓励模型实现低源域风险,进而增加泛化性。

2. 特征解纠缠表示

这类方法试图将特征解纠缠为域共享或域特定的部分,以更好地泛化。解纠缠表示学习的目标是学习一个函数,该函数将一个样本映射到一个特征向量,该向量包含关于不同变化因素的所有信息,每个维度(或维度的子集)只包含一些因素的信息。基于解纠缠的泛化方法通常将特征表示分解为可理解的组合/子特征,其中一个特征是领域共享/不变特征,另一个是与领域特定的特征。基于解纠缠的方法主要可分为多成分分析和生成建模两类。多成分分析使用不同的网络参数提取解耦特征。生成建模方法使用生成模型解耦特征,试图从域级、采样平台级和标签级构建特征的生成机制。

12.3.3 训练策略

在模型训练过程中利用合理的策略限制模型的过拟合,有利于提高模型泛化性。这些训练策略包括Dropout、早停法(early stop)、模型加噪和对抗攻击。

Dropout应用在网络中的相邻层之间,关键思想是在每次迭代时,随机地从神经网络中丢弃一些连接。

早停法是一种交叉验证策略,保留训练集的一部分作为验证集,当验证集的性能越来越差时,就会停止对模型的训练。

模型加噪有利于提高模型泛化。在训练深度神经网络时,通过允许一些不准确的情况,不仅可以提高训练性能,还可以提高模型的准确性。除了向输入数据本身加噪,还可以将噪声添加到激活、权重或梯度中。在训练过程中注入噪声,即将噪声添加或乘以神经网络的隐藏单元。注意噪声的程度需要根据算法本身适度调整。太少的噪声不能起到影响泛化性的作用,而太多的噪声则会使映射函数的学习难度过大。

在机器学习模型中加入对抗性数据,可以得到欺骗的识别结果。通过增强模型的抗攻击能力,可以提升模型的泛化能力。

12.3.4 学习方法

设计有效的学习方法也有利于提高模型泛化性。这些学习方法包括集成学习、元学习、梯度优化、因果表征学习、自监督学习和增量学习。

集成学习通常结合多种模型(如分类器或专家)增强模型的能力。对于泛化性能,集成学习利用多个域之间的关系,通过使用特定的网络架构设计和训练策略来提高泛化。元学习的关键思想是从多个任务中学习一个通用模型。设计合理的多个任务有利于学习具有泛化性的模型。基于梯度优化的方法使用梯度信息迫使网络学习具有泛化性的表示，迭代地丢弃在训练数据上激活的主要特征，并迫使网络激活与标签相关的剩余特征。这样，网络就可以被迫从更多的坏情况中学习，从而提高泛化能力。此外，基于因果表征学习建模潜在的因果变量和基于增量学习不断学习新样本特征，均有利于提高模型泛化性。

12.4 本章小结

本章围绕深度学习的泛化问题进行介绍。研究泛化问题有助于深度学习算法学习隐含在数据对背后的规律。首先介绍泛化理论，从传统机器学习的泛化理论引入，依次介绍基于模型复杂度的泛化理论、基于信息论的泛化理论、基于 SGD 算法的泛化理论、基于损失曲面几何结构的泛化理论、基于傅里叶分析的泛化理论，以及基于未标记数据的泛化理论。其次介绍泛化方法，包括数据处理、特征表示、训练策略和学习方法。深度学习方法良好的泛化性保证了模型在实际应用中的稳定性。

参考文献

本章参考文献扫描下方二维码。

第 13 章 学习可解释性

CHAPTER 13

在日常生活中，深度学习模型在各种任务下扮演着越来越重要的角色并取得了显著的成果。通常情况下，在视觉识别，自然语言处理等领域中，深度学习模型的结果堪比人类专家，甚至优于人类专家，但也因此引发一个问题：此结果是否可信，由于深度学习模型具有超参数化的性质，很难理解其预测的结果，可能会在自动驾驶、医疗保健和金融服务等高风险预测领域导致严重的后果。因此，深度学习模型的可解释性决定了用户是否能信任这些模型的关键性因素，也是如今具有挑战性的问题。本章将从深度学习可解释性的基本概念及意义、分类方法两个方面展开讨论。

13.1 深度学习的可解释性基本概念

13.1.1 可解释性的概念

模型的可解释性是指深度学习模型的内在特性，在这种程度上，模型的推断结果是可预测的或人类可以理解的。

广义上的可解释性指在需要了解或解决一件事情时，可以获得所需要的足够多可以理解的信息，比如在调试代码时，需要通过变量审查和日志信息定位问题出在哪里；在科学研究中面临一个新问题的研究时，需要查阅资料了解这个新问题的基本概念和研究现状，以获得对研究方向的正确认识。再以多层神经网络模型为例，模型产生决策的依据可以是

$$\mathrm{e}^{-\left(\frac{2}{\mathrm{e}^{-(2x+y)}}+1\right)}+\frac{6}{\mathrm{e}^{-(7x+4y)+1}}$$

是否大于 0.5(这已经是最简单的模型结构了)，这一连串非线性函数的叠加公式让人难以直接理解神经网络的“脑回路”，所以深度神经网络习惯被认为是黑箱模型。

反过来理解，如果在一些情境中无法得到足够的匹配的信息，那么这些事情都是不可解释的。对于深度学习的用户而言，模型的可解释性是一种较为主观的性质，无法通过严谨的数学物理等表达方法形式化地定义可解释性。通常情况下，可以认为深度学习的可解释性刻画了人类对模型预测或决策结果的理解程度，即用户可以更容易理解深度学习中解释性较高的模型做出的预测和决策。

解释算法和模型的可解释性具有混淆含义，通常情况下人们可以信任解释算法，并可以通过匹配解释，即来自深度模型的解释算法的结果以及人类标记的结果，来进一步评估模型的可解释性。用一句话来说，解释是对人进行解释的过程。此外，还可以从更宏大的角度理

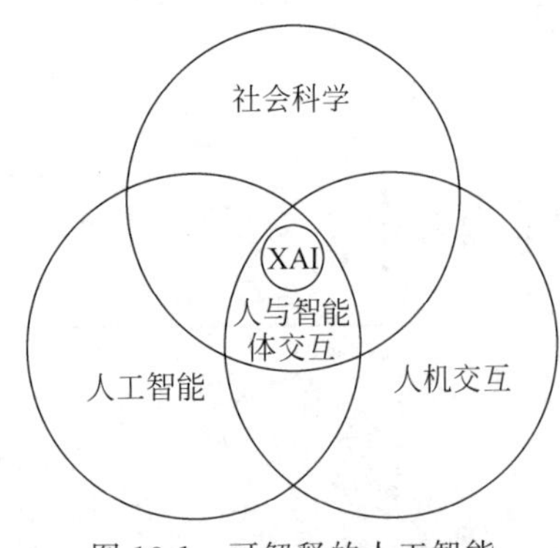

图 13-1 可解释的人工智能

解可解释性人工智能，将其作为一个人与智能体的交互问题。如图 13-1 所示，人与智能体的交互涉及人工智能、社会科学、人机交互等领域。

实际上，可以从可解释性和完整性两个方面衡量解释的合理性。可解释性旨在通过一种人类能够理解的方式描述系统的内部结构，它与人类的认知、知识和偏见息息相关。完整性旨在通过一种精确的方式(严谨的数学符号-逻辑规则)描述系统的各个操作步骤(如剖析深度学习网络中的数学操作和参数)。

13.1.2 研究可解释性的必要性

广义上来说，对可解释性的需求主要来源于对问题和任务了解得还不够充分。具体到深度学习/机器学习领域，尽管高度的非线性赋予了多层神经网络极高的模型表示能力，配合一些调参技术可以在很多问题上达到非常喜人的表现。但正如 Pearl 所指出的：“几乎所有的深度学习突破性的本质上来说都只是些曲线拟合罢了”，他认为今天人工智能领域的技术水平只不过是上一代机器已有功能的增强版。如果一个模型完全不可解释，那么在很多领域的应用就会因为没办法给出更多可靠的信息而受到限制。这也是为什么深度学习模型在准确率这么高的情况下，仍然有一大部分人倾向于应用可解释性高的传统统计学模型的原因。可解释性始终是一个非常好的性质，如果能兼顾效率、准确度、口语化三方面，具备可解释性的模型将在很多应用场景中具有不可替代的优势。

在当下的深度学习浪潮中，许多新发表的工作都声称自己可以在目标任务上取得良好的性能。尽管如此，用户在诸如医疗、法律、金融等应用场景下仍然需要从更为详细和具象的角度理解得出结论的原因。为模型赋予较强的可解释性也有利于确保其公平性、隐私保护性能、鲁棒性、透明度、满意度、信息性等，说明输入到输出之间状态的因果关系，提升用户对产品的信任程度。

1. 高可靠性的要求

(1) 大多数深度学习模型是由数据驱动的黑盒模型，模型所获取的知识类型在很大程度上依赖于模型的架构、对数据的表征方式，而模型的可解释性可以显式地捕获这些知识。神经网络在实践中经常有难以预测的错误(进一步的研究是对抗样本攻击与防御)，这对于要求可靠性较高的系统很危险。

(2) 尽管深度学习模型可以取得优异的性能，但是由于深度学习模型难以调试，致使其难以实现质量保证工作。可解释性有助于发现潜在的错误，也可以通过调试而改进模型。

(3) 当深度学习模型的决策和预测结果对人的生活产生重要影响时，其可解释性与用户对模型的信任程度息息相关。例如，对于医疗、自动驾驶等与人们的生命健康紧密相关的任务，以及保险、金融、理财、法律等与用户财产安全相关的任务，用户往往需要模型具有很强的可解释性才会谨慎地采用该模型。

2. 伦理/法规的要求

(1) 目前，AI 医疗一般只作为辅助性的工具，因为一个合格的医疗系统必须是透明的、可理解的、可解释的，可以获得医生和病人的信任。

(2) 在司法决策方面，面对纷繁复杂的事实类型，除了法律条文，还需要融入社会常识、人文因素等。因此，AI 在司法决策的事后，必须要给出法律依据和推理过程。

(3) 由于深度学习高度依赖于训练数据，而训练数据往往并不是完全准确的。为了保证模型的公平性，用户会要求深度学习模型具有检测偏见的功能，能够通过对自身决策的解释说明其公平性。

3. 作为其他科学研究的工具

科学研究可以发现新知识，可解释性正是用以揭示背后原理。

13.2 深度学习的可解释性分类方法

根据可解释性方法的作用时间、与模型的匹配关系以及作用范围，可以按如下方法对深度学习的可解释性方法进行分类。

(1) 本质可解释性和事前/后可解释性。

(2) 针对特定模型的可解释性和模型无关可解释性。

(3) 局部可解释性和全局可解释性。

模型的可解释性是指模型向人类解释或以可理解的方式呈现的能力。深度学习模型重点关注如何解释网络对于数据的处理过程、网络对于数据的表征以及如何构建能够生成自我解释的深度学习系统。网络对于数据的处理过程将回答输入为什么会得到相应的特定输出，这一解释过程与剖析程序的执行过程相类似；网络对于数据的表征将回答网络包含哪些信息，这一过程与解释程序内部的数据结构相似，下面将重点基于这三方面展开讨论。

13.2.1 学习深度过程的可解释性方法

本质可解释性指的是对模型的架构进行限制，使其工作原理和中间结果能够较为容易地为人们所理解(例如，结构简单的决策树模型)；事前/后可解释性则指的是通过各种统计量、可视化方法、因果推理等手段，对训练前/后的模型进行解释。

1. 数据可视化

数据可视化(data visualization)方法就是一类非常重要的事前/后可解释性方法。

(1) 在深度学习模型前，探索训练数据性质进行数据分析(尤其数据量非常大或者数据维度非常高的时候)，可以从各个层次角度更好地理解数据的分布情况，如一种称为 MMD-Critic 的方法可以帮助模型找到数据中一些具有代表性或者不具代表性的样本。

(2) 在深度学习模型后，尤其在数据挖掘工作中，数据可视化可以以图表的形式分析模型决策和预测结果出现的问题或展示分析挖掘成果，最终对模型进行改进。

2. 显著性图

显著性图方法使用一系列可视化的技术，从模型中生成解释，该解释通常表达了样本特征对于模型输出的影响，从一定程度上解释模型的预测，常见方法有反卷积、梯度方法等。Zeiler 等提出了可视化的技巧，使用反卷积观察到训练过程中特征的演化和影响，对 CNN 内部结构与参数进行了一定的“解读”，可以分析模型潜在的问题，网络深度、宽度、数据集大小对网络性能的影响，也可以分析网络输出特征的泛化能力以及泛化过程中出现的问题。

3. 线性代理模型

目前被广泛采用的深度学习模型，大多仍然是黑盒模型。在根据预测结果规划行动方案或者选择是否部署某个新模型时，需要理解预测背后的推理过程，从而评估模型的可信赖程度。一种可能的方法是,使用线性代理模型(proxy model)近似“黑盒模型”。

1) LIME 和相似性算法

Marco 等提出了一种局部可解释-模型无关的解释技术(Local Interpretable Model-Agnostic Explanations,LIME),它通过一种可解释的准确可靠的方式,学习一个围绕预测结果的可解释模型,解释任意的分类器或回归模型的预测结果。即使用一个潜在的可解释的模型(如线性模型和决策树)在目标样本附近拟合一组扰动样本,给出一个局部实例的解释。定义一个模型(解释器)$g \in G$,其中 G 是一类可解释的模型。LIME 的目标函数为

$$\xi(x) = \underset{g \in G}{\operatorname{argmin}} L(f, g, \pi_x) + \Omega(g) \tag{13-1}$$

其中,f 为分类器,g 为解释器,其域为 $g \in \{0,1\}^{d'}$;π_x 为扰动样本 z 和 x 之间的邻近度度量;$\Omega(g)$为解释器 g 的复杂度,L 为损失函数。

得到的解释 $\xi(x)$解释目标样本 x,当 g 是线性模型时具有线性权重。有限时间是模型不可知的,这意味着所得到的代理模型适用于任何模型。类似地,一些与模型无关的算法的目标是解释特征,并为最终决策提供特征的重要性或贡献。

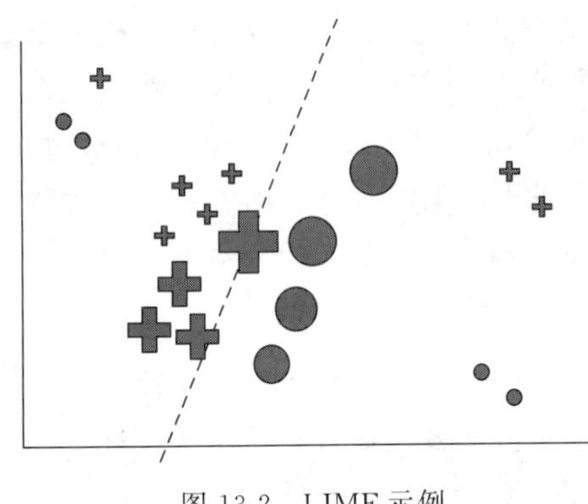

图 13-2 LIME 示例

如图 13-2 所示,中心的十字样本有待解释。从全局来看,很难判断十字和圆圈对于带解释样本的影响。可以将视野缩小到黑色虚线周围的局部范围内,在中心十字样本周围对原始样本特征做一些扰动,将扰动后的采样样本作为分类模型的输入。

MAPLE 是一个类似的方法,使用局部线性模型作为解释。不同之处在于,它将局部性定义为数据点进入代理随机林中同一叶节点的频率(适合训练过的网络)。

2) 决策树

另一种代理模型的方法是决策树。将神经网络分解成决策树的工作从 20 世纪 90 年代开始,该工作能够解释浅层网络,并逐渐泛化到深度神经网络的计算过程中。图 13-3 所示为决策树的经典示例。

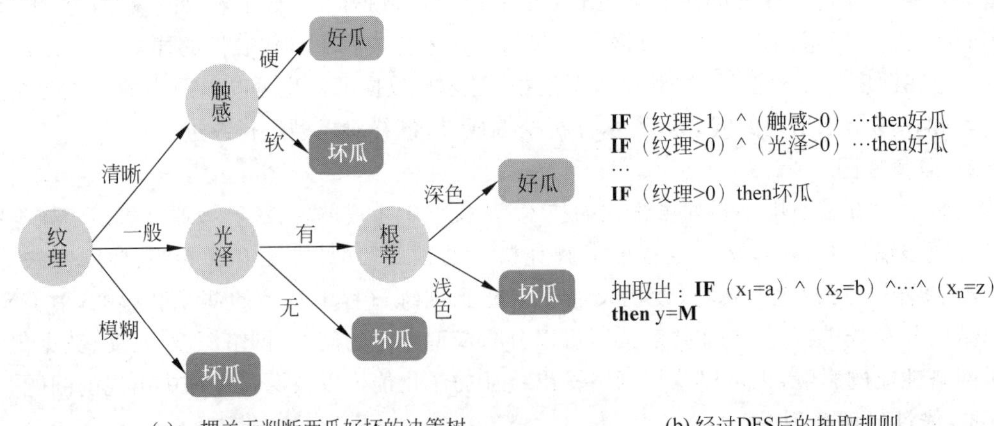

(a) 一棵关于判断西瓜好坏的决策树　　(b) 经过DFS后的抽取规则

图 13-3 决策树示例

对于神经网络来说，一个经典的例子是 Makoto 等提出的规则抽取(rule extraction)方法：CRED，该方法使用决策树对神经网络进行分解，并通过 c/d-rule 算法合并生成的分支，产生不同分类粒度，并能够考虑连续与离散值的神经网络输入/输出的解释。具体算法如下。

(1) 将网络输入变量按设定的特征间隔大小分成不同类别，并划分网络的目标输出和其他输出。

(2) 建立输出隐藏决策树(hidden-output decision tree)，每个节点使用预测目标的特征做区分，以此分解网络，建立网络的中间规则。

(3) 对于(2)建立的每个节点，对其代表的每个函数建立输入隐藏决策树，对输入的特征进行区分，得到每个节点输入的规则。

(4) 使用(3)中建立的输入规则替换节点的输出规则，得到网络整体的规则。

(5) 合并节点，根据设定的规则，使表达简洁。

DeepRED 算法将 CRED 的工作拓展到多层网络上，并采用了多种结构优化生成树的结构。另一种决策树结构是 ANN-DT 算法，同样使用模型的节点结构建立决策树，对数据进行划分。不同的是，判断节点是采用正负两种方法判断该位置的函数是否被激活，以此划分数据。决策树生成后，通过在样本空间采样、实验，获得神经网络的规则。

由于非线性和巨大的计算，深度模型的基本原理是复杂的。然而，这一理性过程可以通过图模型或决策树来证明，这为人类提供了一个相对更可解释的理性路径。此外，深度神经网络可以与决策森林模型相结合，或蒸馏为软决策树。一种名为 BETA 的解释基本过程的模型不可知方法允许学习(具有最优性保证)一个紧凑决策集，每个都解释了黑盒模型在明确的特征空间区域的行为。这阶段的工作对较浅的网络生成了可靠的解释，启发了很多工作，但由于决策树节点个数依赖于网络大小，对于大规模的网络，方法的计算开销将相应增长。

4. 自动规则生成方法

自动规则生成是另一种总结模型决策规律的方法。20 世纪 80 年代，Gallant 将神经网络视作存储知识的数据库，为了从网络中发掘信息和规则，他在工作中提出了从简单网络中提取规则的方法，这可以看作规则抽取在神经网络中应用的起源。现今，神经网络中的规则生成技术主要把输出看作规则的集合，利用命题逻辑等方法从中获取规则。

(1) Hiroshi Tsukimoto 提出了一种从训练完成的神经网络中提取特征提取规则的方法，该方法属于分解法，可以适用在输出单调的神经网络中，如 Sigmoid 函数。该方法不依赖训练算法，计算复杂度为多项式，其计算思想为：用布尔函数拟合神经网络的神经元，同时为了解决该方法导致计算复杂度指数增加的问题，将算法采用多项式表达。最后将该算法推广到连续域，提取规则采用了连续布尔函数。

(2) Towell 形式化了从神经网络中提取特征的方法，从训练完成的神经网络中提取网络提取特征的方法——MOFN 算法，该方法的提取规则与所提取的网络的精度相近，同时优于直接细化规则的方法产生的规则，更加利于人类理解网络。MOFN 分为 6 步：聚类、求平均、去误差、优化、提取、简化。

规则生成可以总结出可靠可信的神经网络的计算规则，规则可以基于统计分析，也可以从模型中推导，为神经网络在关键领域的应用提供了安全保障的可能。

5. 通过模型响应进行解释

对特定例子的模型反应可以揭示出决策的原因。许多研究工作都集中在这种直觉上。这些特殊的例子包括但不限于反事实的例子和原型。利用反事实的例子来解释模型的行为,在理论上可以包含到因果推理中,这被认为是模型可解释性的一个新视角。反事实解释描述了情况的变化会导致达成替代决定,并且可以自然地用来解释深层模型基本原理过程。

反事实的例子通过修改原始输入中的重要事实来解释模型的行为。类似地,搜索原型的算法通过搜索或创建范例输入来解释模型的行为,从而导致模型做出期望的预测。Chaofan Chen 等提出了原型网,它通过寻找预测对象的原型部分并从原型中收集证据做出最终决定来解释深度模型。另一种名为 Abele 的方法生成示例和反示例图像,标记为与图像类相同且不同的类,并用显著性映射,突出了图像区域对其分类的重要性。

作为一种生成原型的技术,激活最大化通常通过一个优化过程计算原型

$$\max_{x} \log p(y_c \mid x) - \lambda \| x \|^2 \tag{13-2}$$

其中,$p(y_c|x)$是以 x 为输入的深度模型给出的概率,第二项是生成原型的约束。但是,该约束可以被许多其他选择所取代。

13.2.2 学习深度网络表示的可解释性方法

尽管存在大量神经网络运算,深度神经网络内部由少数的子组件构成,对深层网络表示的解释旨在了解流经这些信息瓶颈的数据的作用和结构。可以按其粒度划分为三个子类:基于神经元的解释,用来说明单个神经元或单个滤波器通道的情况;基于层的解释,将流经层的所有信息一起考虑;基于其他表示向量的解释。

1. 基于神经元的解释

1) 分类激活图

香港中文大学周博磊博士的工作为分类激活图(Classification Activation Map,CAM)技术奠定了基础,发现了 CNN 中卷积层对目标的定位功能。给定 CNN 和图像分类任务,可以从 CNN 模型的最后一层的操作中推导出分类激活图,并显示影响模型决策的重要区域。具体地说,对于给定的 c 类,期望在接受域中与该类别的模式对应的单位在特征图中被激活。分类器中的权重表明了每个特征图在分类类别 c 中的重要性。因此,视觉模式存在的加权和说明了一个类别的重要区域。设 $f_k(x,y)$表示单位 k 在空间位置(x,y)最后一个卷积层的激活,$F_k=\sum_{x,y} f_k(x,y)$ 为单位 k 的全局平均池化,w_k^c 为单位 k 类别为 c 对应的权重,因此 $\sum_k w_k^c F_k$ 是类别 c 的 Soft-max 的输入,则类别 c 的激活映射图为

$$M_c(x,y)=\sum_k w_k^c f_k(x,y) \tag{13-3}$$

2) 分类激活图变体

CradCAM 进一步观察卷积层的梯度流,以给予激活图的权重。假设 y^c 是在 Soft-max 之前的类别 c 的分数,A^k 是卷积层中单位 k 的特征映射图的激活,神经元的重要性权重 α_k^c 是 y^c 相对于 A^k 的全局平均池化梯度

$$\alpha_k^c=\frac{1}{Z}\sum_i \sum_j \frac{\partial y^c}{\partial A_{i,j}^k} \tag{13-4}$$

局部图是前向激活图的加权组合

$$L^c_{\text{Grad-CAM}} = \text{ReLU}\left(\sum_k \alpha^c_k A^k\right) \tag{13-5}$$

ScoreCAM 也使用梯度信息，但通过增加置信度的概念赋予每个激活图分配重要性。给定一个图像模型 $Y=f(X)$，它接收图像 X 并输出日志 Y。卷积层 l 的第 k 个通道表示为 A^k_l。使用基线图像 X_b 和类 c，A^k_l 对 Y 的贡献是

$$C(A^k_l) = f^c(X \circ H^k_l) - f^c(X_b) \tag{13-6}$$

其中，$H^k_l = s(U_p(A^k_l))$。$U_p(\cdot)$是将 A^k_l 上采样到输入，s 并将每个元素归一化为$[0,1]$。ScoreCAM 定义为

$$L^c_{\text{Score-CAM}} = \text{ReLU}\left(\sum_k \alpha^c_k A^k_l\right) \tag{13-7}$$

其中，$\alpha^c_k = C(A^k_l)$。

3）训练中的解释模块

如果可解释的深度模型是那些中间层由语义神经元组成的模型，那么在训练过程中将内部神经元正则化转向候选语义就提高了可解释性。通过简单的抽象，目标函数可以写为

$$\text{Loss} = L(f(x), y) + \alpha R \tag{13-8}$$

其中，$f(x)$表示以 x 为输入的深度模型输出；y 是 ground truth；L 是损失函数，特别是标准监督分类问题的交叉熵；R 是添加偏向语义神经元的正则化。

2. 基于层的解释

层相关性传播(layer-wise relevance propagation，LRP)递归地计算每个层神经元的相关性评分，以便理解在图像分类任务中图像 x 的单一像素对预测函数 $f(x)$的贡献

$$f(x) = \cdots = \sum_{d=1}^{V^{(l+1)}} R^{(l+1)}_d = \sum_{d=1}^{V^{(l)}} R^{(l)}_d = \cdots = \sum_{d=1}^{V^{(1)}} R^{(1)}_d \tag{13-9}$$

其中，$R^{(l)}_d$ 是第 l 层的第 d 个神经元的相关性评分；$V^{(l)}$ 表示第 l 层的维度；$V^{(1)}$ 是输入图像中的像素数。正在迭代的等式(13-9)从最后一层的分类器输出 $f(x)$到由图像像素组成的输入层 x，然后产生像素对预测结果的贡献。Alexander Binder 提出了一种基于一阶泰勒展开式的针对乘积型非线性的 LRP 的扩展。Hila Chefer 等采用了 LRP 解释 Transformer 模型。

3. 基于其他表示向量的解释

概念激活向量(Concept Activation Vectors，CAV)是通过识别和探测与人类可解释概念一致的方向来解释神经网络表示，用单个单元的线性组合所形成的表示向量空间中的其他方向作为其表征向量。

TCAV(Testing with CAV)是给定一组代表人类感兴趣的概念的例子，通过寻找第 l 层激活空间中的向量，将概念的激活向量定义为超平面的标准，分离没有概念的例子和模型激活中的概念。给定某类中的一个例子，沿着 CAV 的方向，该例子的方向导数如果是正就贡献分数，该类中所有例子中具有正方向导数的例子的比率被定义为 TCAV 分数。CAV 找到了一个语义概念的例子，由一个深度模型的中间层学习，它有助于预测，而 TCAV 定量地衡量这个概念的贡献。

13.2.3 学习深度系统自身可解释的生成方法

网络模型自身也可以通过不同的设计方法和训练使其具备一定的解释性，常见的方法主要有三种：注意力机制网络、分离表示法、生成解释法。基于注意力机制的网络可以学习一些功能，这些功能提供对输入或内部特征的加权，以引导网络其他部分可见的信息。分离法的表征可以使用单独的维度来描述有意义的和独立的变化因素，应用中可以使用深层网络训练显式学习的分离表示。在生成解释法中，深层神经网络也可以把生成人类可理解的解释作为系统显式训练的一部分。

1. 注意力机制网络

注意力机制的计算过程可以解释为：计算输入与其中间过程表示之间的相互权重。计算得到的与其他元素的注意力值可以被直观地表示。

Dong Huk Park 在文章 *Multimodal explanations: Justifying decisions and pointing to the evidence* 中提出的模型可以同时生成图像与文本的解释。其方法在于利用人类的解释纠正机器的决定，但当时并没有通用的包含人类解释信息与图像信息的数据集，因此整理了数据集 ACT-X 与 VQA-X，并在其上训练提出了 P-JX(Pointing and Justification eXplanation)模型。

模型利用注意力机制得到图像像素的重要性，并据此选择输出的视觉图，同时，数据集中的人类解释文本对模型的预测做出纠正，这样模型可以同时生成可视化的解释，亦能通过文字说明描述关注的原因。并且利用多模态的信息可以更好地帮助模型训练，同时引入人类的知识纠错有利于提高模型的可解释性。

2. 分离表示法

分离表示目标是用高低维度的含义不同的独立特征表示样本，过去的许多方法提供了解决该问题的思路，例如 PCA、ICA、NMF 等。深度网络同样提供了处理这类问题的方法。

1) InfoGAN

GAN 是一种流行的基于两个对抗网络的生成模型，一个生成新的例子，另一个尝试从自然例子中生成的例子进行分类。对 GAN 的解释主要是寻找有语义意义的方向。与标记语义相比，GAN 解剖可以在生成模型中找到语义神经元，并能够修改生成的图像中的语义。

Chen 等的文章 *InfoGAN: Interpretable representation learning by information maximizing generative adversarial nets* 曾被 OpenAI 评为 2016 年 AI 领域的五大突破之一，在 GAN 的发展历史上具有里程碑式的意义。InfoGAN 没有依赖于标签，而是以一种无监督的方式，在生成模型的中间层中找到语义上有意义的方向。对于大多数深度学习模型而言，其学习到的特征往往以复杂的方式在数据空间中耦合在一起。如果可以对学习到的特征进行解耦，就可以得到可解释性更好的编码。对于原始的 GAN 模型而言，生成器的输入为连续的噪声输入，无法直观地将输入的维度与具体的数据中的语义特征相对应，即无法得到可解释的数据表征。同样地，Yujun Shen 等提出了一种识别语义神经元的封闭语义分解方法。

2) 解释图

张拳石团队提出了一种名为解释图的图模型，旨在揭示预训练的 CNN 中隐藏的知识层次。解释图结构示意图表示了隐藏在 CNN 卷积层中的知识层次。预训练 CNN 中的每个卷积核可能被不同的目标部分激活。该方法是以一种无监督的方式将不同的模式从每个卷积核中解耦出来，从而使得知识表征更为清晰。

具体而言，解释图中的各层对应CNN中不同的卷积层。解释图的每层拥有多个节点，用于表示所有候选部分的模式，总结对应的卷积层中隐藏于无序特征图中的知识，图中的边用于连接相邻层的节点，通过编码表示某些部分的共同激活逻辑和空间关系。将一张给定的图像输入给CNN，解释图输出的内容包括某节点是否被激活及某节点在特征图中对应部分的位置。由于解释图学习到了卷积编码中的通用知识，因此可以将卷积层中的知识迁移到其他任务中。

解释图中各部分模式之间的空间关系和共同激活关系如下：高层模式将噪声滤除并对低层模式进行解耦；从另一个层面上来说，可以将低层模式视作高层模式的组成部分。

3）胶囊网络

Hinton在文章 *Dynamic routing between capsules* 中提出的胶囊网络（Capsule Net，CapsNet）是当年的又一里程碑式著作。通过研究发现CNN存在以下问题。

（1）CNN只关注要检测的目标是否存在，而不关注这些组件之间的位置和相对的空间关系。

（2）CNN不具备旋转不变性，学习不到3D空间信息。

（3）神经网络一般需要学习大量案例，训练成本高。

为了解决这些问题，Hinton提出了胶囊网络，使网络在减少训练成本的情况下，具备更好的表达能力和解释能力。胶囊（capsule）可以表示为一组神经元向量，用向量的长度表示物体存在概率，再将其压缩以保证属性不变，用向量的方向表示物体的属性，例如位置、大小、角度、形态、速度、反光度、颜色及表面的质感等。CapsNet和传统CNN的不同是计算单位不同，传统神经网络以单个神经元作为单位，胶囊以一组神经元作为单位。CNN中神经元与神经元之间的连接，CapsNet中胶囊与胶囊之间的连接，都是通过对输入进行加权的方式操作。

3. 生成解释法

除了以上介绍的诸多方法外，在模型训练的同时，可以设计神经网络模型，令其产生能被人类理解的证据，生成解释的过程也可被显式地定义为模型训练的一部分。

Wagner在2019年发表的文章 *Interpretable and fine-grained visual explanations for convolutional neural networks* 中首次实现了图像级别的细粒度解释。传统方法采用添加正则项的方式缓解，但由于引入了超参数，人为的控制导致无法生成更加可信的细粒度的解释。而FGVis方法基于提出的对抗防御（adversarial defense）方法，通过过滤可能导致对抗证据的样本梯度，可以避免图像的可解释方法中对抗证据的问题。该方法并不基于任何模型或样本，而是一种优化方法，并单独生成解释图像中的每个像素优化，从而得到细粒度的图像解释。

使用文本生成技术，模型可以显式地为自己的决策生成人类可读的解释。训练一个联合输出规划模型产生一个预测，同时对该预测的原因产生解释。这需要某种类型的监督来训练模型的解释部分。

13.2.4 其他类别方法

下面简要介绍更多针对强化学习、推荐系统和医学应用的解释算法。这些应用与分类任务略有不同，需要各种解释，但以前引入的大多数算法都可以直接使用。

(1) 强化学习是机器学习的一个领域,涉及智能代理应该如何在一个环境中采取行动,以最大化累积奖励的概念。一些强化学习模型是基于视觉识别模型的,因此一些基于显著性映射的算法已经被应用于强化学习中。强化学习的可解释性调查可以在 Erika Puiutta 的文章 *Explainable reinforcement learning*:*A survey* 中找到。

(2) 推荐系统是信息过滤系统的一个子类,它试图预测用户对项目的"评级"或"偏好"。关于推荐系统的调查可以参见文章 *Feature interaction interpretability*:*A case for explaining adrecommendation systems via neural interaction detection*。

(3) 由于缺乏解释,深度模型在医学领域的应用受到了批评。许多算法都是为视觉分类和识别,医学实践应该多考虑解释研究。

13.3 深度卷积框架的可解释性

深度学习发展火热,深度 CNN 也取得了令人瞩目的成绩。深度学习一度被认为是"黑匣子",一部分学者试图从可解释性探索深度学习(包括深度卷积框架在内)理论的可解释性。本节主要从多分辨分析角度对深度卷积框架进行理论分析。

目前,深度学习框架能够解决特定逆问题但不具备强有力的可解释性。深度学习与经典信号处理方法(例如小波、非局部处理、压缩感知等)之间的联系尚未得到很好的理解。Ye J C 等就此提出一种针对逆问题的通用深度学习框架,将使用卷积框架的一类的深度网络定义为深度卷积框架。

13.3.1 卷积的 Hankel 矩阵表示

汉克尔矩阵(Hankel Matrix)是指每一条逆对角线上的元素都相等的矩阵,在数字信号处理、数值计算、系统控制等领域均有广泛的应用。本节使用的符号和定义如表 13-1 所示。

表 13-1 本节使用的符号和定义

符号	含义	符号	含义
$\boldsymbol{\Phi}$	编码器的非局部基矩阵	p	输入通道数
$\tilde{\boldsymbol{\Phi}}$	解码器的非局部基矩阵	q	输出通道数
$\boldsymbol{\Psi}$	编码器的局部基矩阵	$\boldsymbol{f}$	信号单通道输入,如 $f\in\mathbb{R}^n$
$\tilde{\boldsymbol{\Psi}}$	解码器的局部基矩阵	$\boldsymbol{Z}$	一个 p 通道的输入信号,如 $Z\in\mathbb{R}^{n\times p}$
$b_{\text{enc}}, b_{\text{dec}}$	编码器和解码器偏差	$\mathcal{H}_d(\cdot)$	Hankel 操作,如 $\mathcal{H}_d:\mathbb{R}^n\mapsto Y\subset\mathbb{R}^{n\times d}$
$\boldsymbol{\phi}_i$	编码器的第 i 个非局部基或滤波器	$\mathcal{H}_{d\mid p}(\cdot)$	扩展 Hankel 操作,如 $\mathcal{H}_{d\mid p}:\mathbb{R}^{n\times d}\mapsto Y\subset\mathbb{R}^{n\times pd}$
$\tilde{\boldsymbol{\phi}}_i$	解码器的第 i 个非局部基或滤波器	$\mathcal{H}_d^{\dagger}(\cdot)$	Hankel 操作的通用逆,$\mathcal{H}_d^{\dagger}$:$\mathbb{R}^{n\times d}\mapsto\mathbb{R}^n$
$\boldsymbol{\psi}_i$	编码器的第 i 个局部基或滤波器	$\mathcal{H}_{d\mid p}^{\dagger}(\cdot)$	扩展 Hankel 操作的通用逆,$\mathcal{H}_{d\mid p}^{\dagger}$:$\mathbb{R}^{n\times pd}\mapsto\mathbb{R}^{n\times p}$
$\tilde{\boldsymbol{\psi}}_i$	解码器的第 i 个局部基或滤波器	$\boldsymbol{U}$	(扩展的)Hankel 矩阵的左奇异向量矩阵

续表

符 号	含 义	符 号	含 义
C	编码器处的卷积框架系数	$\mathbf{V}$	(扩展的)Hankel 矩阵的右奇异向量矩阵
$\widetilde{C}$	解码器处的卷积框架系数	$\sum$	(扩展的)Hankel 矩阵的奇异值矩阵
n	输入维度	$\boldsymbol{\rho}_d(\cdot)$	$n\times d$ 循环矩阵
d	卷积滤波器长度		

Hankel 矩阵在信号处理和控制理论等许多论文中反复出现,例如系统识别、谐波检索、阵列信号处理、基于子空间的通道识别等。Hankel 矩阵也可以从卷积运算中获得,这在本节具有一定的意义。

为避免对边界条件进行特殊处理,本节的理论主要推导使用圆形卷积。首先令

$$\boldsymbol{f}=[f[1],f[2],\cdots,f[n]]^{\mathrm{T}}\in\mathbb{R}^n,\quad \boldsymbol{\psi}=[\psi[1],\psi[2],\cdots,\psi[n]]^{\mathrm{T}}\in\mathbb{R}^d$$

输入 $\boldsymbol{f}$ 和滤波器$\bar{\boldsymbol{\psi}}$ 的单输入单输出(SISO)卷积可以用矩阵形式表示

$$\boldsymbol{y}=\boldsymbol{f}\circledast\bar{\boldsymbol{\psi}} \tag{13-10}$$

其中,$\boldsymbol{\mathcal{H}}_d(\boldsymbol{f})$是一个环绕的 Hankel 矩阵。

$$\boldsymbol{\mathcal{H}}_d(\boldsymbol{f})=\begin{bmatrix} f[1] & f[2] & \cdots & f[d] \\ f[2] & f[3] & \cdots & f[d+1] \\ \vdots & \vdots & \ddots & \vdots \\ f[n] & f[1] & \cdots & f[d-1] \end{bmatrix} \tag{13-11}$$

类似地,使用 q 个滤波器$\bar{\boldsymbol{\psi}}_1,\bar{\boldsymbol{\psi}}_2,\cdots,\bar{\boldsymbol{\psi}}_q\in\mathbb{R}^d$ 的单输入多输出(SIMO)卷积可以表示为

$$\boldsymbol{Y}:=[\boldsymbol{y}_1\,\boldsymbol{y}_2\cdots\boldsymbol{y}_q]\in\mathbb{R}^{n\times q},\quad \boldsymbol{\Psi}:=[\boldsymbol{\psi}_1\,\boldsymbol{\psi}_2\cdots\boldsymbol{\psi}_q]\in\mathbb{R}^{d\times q} \tag{13-12}$$

另一方面,p 通道输入 $\boldsymbol{Z}=[\boldsymbol{z}_1,\boldsymbol{z}_2,\cdots,\boldsymbol{z}_p]$的多输入多输出(MIMO)卷积可以表示为

$$\boldsymbol{y}_i=\sum_{j=1}^{p}\boldsymbol{z}_j\circledast\bar{\boldsymbol{\psi}}_i^j,\quad i=1,2,\cdots,q \tag{13-13}$$

其中,p 和 q 分别是输入和输出通道的数量;$\bar{\boldsymbol{\psi}}_i^j\in\mathbb{R}^d$ 表示对第 j 个通道输入进行卷积以计算其对第 i 个输出通道的贡献的 d 个滤波器的长度。通过如下定义 MIMO 滤波器内核为

$$\boldsymbol{\Psi}=\begin{bmatrix}\boldsymbol{\Psi}_1\\ \boldsymbol{\Psi}_2\\ \vdots\\ \boldsymbol{\Psi}_p\end{bmatrix} \tag{13-14}$$

其中,$\boldsymbol{\Psi}_j=[\boldsymbol{\psi}_1^i\,\boldsymbol{\psi}_2^i\cdots\boldsymbol{\psi}_q^i]\in\mathbb{R}^{d\times q}$。MIMO 卷积对应的矩阵表示为

$$\boldsymbol{Y}=\boldsymbol{Z}\circledast\bar{\boldsymbol{\Psi}}=\sum_{j=1}^{p}\mathcal{H}_d(\boldsymbol{z}_j)\boldsymbol{\Psi}_j=\mathcal{H}_{d\mid p}(\boldsymbol{Z})\boldsymbol{\Psi} \tag{13-15}$$

其中,$\bar{\boldsymbol{\Psi}}$ 是式(13-14)意义上的翻转块结构矩阵,$\mathcal{H}_{d\mid p}(\boldsymbol{Z})$是通过并排堆叠 p 个 Hankel 矩阵的扩展 Hankel 矩阵

$$\mathcal{H}_{d\mid p}(\boldsymbol{Z}):=[\mathcal{H}_d(\boldsymbol{z}_1)\quad \mathcal{H}_d(\boldsymbol{z}_2)\quad\cdots\quad\mathcal{H}_d(\boldsymbol{z}_p)] \tag{13-16}$$

为了简化符号,本节表示$\mathcal{H}_{d\mid 1}([\boldsymbol{Z}])=\mathcal{H}_d(\boldsymbol{Z})$。图 13-4 说明了当卷积滤波器长度 d 为 2 时,从$[\boldsymbol{z}_1,\boldsymbol{z}_2,\boldsymbol{z}_3]\in\mathbb{R}^{8\times 3}$ 构建扩展 Hankel 矩阵的过程。

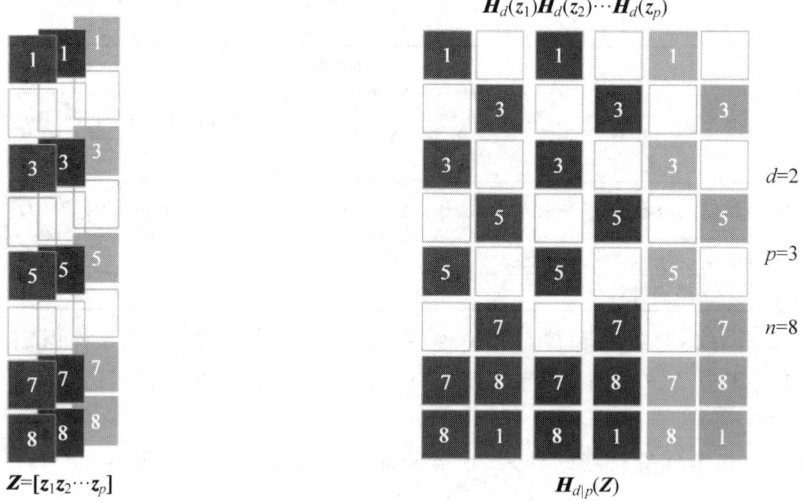

图 13-4 用于一维多通道输入块的扩展 Hankel 矩阵的构建

最后，作为 $q=1$ 的 MIMO 卷积的特例，多输入单输出(MISO)卷积定义为

$$\boldsymbol{y}=\sum_{j=1}^{p}\boldsymbol{z}_j \circledast \overline{\boldsymbol{\psi}}^j=\boldsymbol{Z}\circledast \boldsymbol{\Psi}=\mathcal{H}_{d\mid p}(\boldsymbol{Z})\boldsymbol{\Psi} \tag{13-17}$$

其中，

$$\boldsymbol{\Psi}=\begin{bmatrix}\boldsymbol{\psi}_1\\ \boldsymbol{\psi}_2\\ \vdots\\ \boldsymbol{\psi}_p\end{bmatrix} \tag{13-18}$$

SISO、SIMO、MIMO 和 MISO 卷积操作如图 13-5(a)～图 13-5(d)所示。

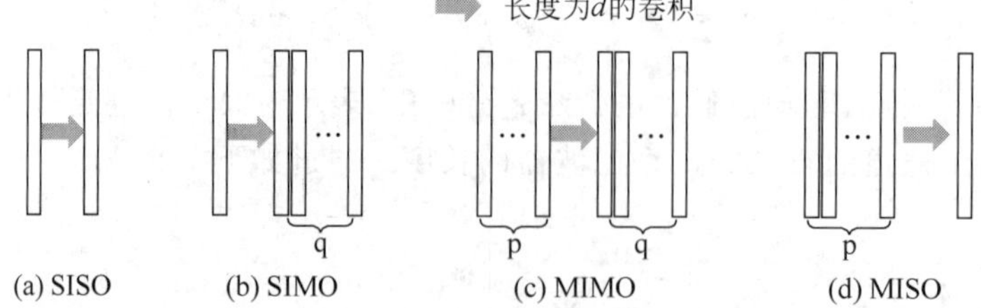

图 13-5 一维卷积运算及其 Hankel 矩阵表示

对于图像域 CNN(和通用多维卷积)的多通道二维卷积运算的扩展是直截了当的，因为类似的矩阵向量运算也可以使用。唯一需要更改的是扩展的 Hankel 矩阵的定义，即现在定义为块 Hankel 矩阵。特别是对于二维输入 $\boldsymbol{X}=[\boldsymbol{x}_1,\boldsymbol{x}_2,\cdots,\boldsymbol{x}_{n2}]\in\mathbb{R}^{n_1\times n_2}$，$\boldsymbol{x}_i\in\mathbb{R}^{n_1}$，与用 $d_1\times d_2$ 滤波器滤波相关的 Hankel 矩阵块为：

$$H_{d_1,d_2}(\boldsymbol{X})=\begin{bmatrix}H_{d_1}(\boldsymbol{x}_1) & H_{d_1}(\boldsymbol{x}_2) & \cdots & H_{d_1}(\boldsymbol{x}_{d_2})\\ H_{d_1}(\boldsymbol{x}_2) & H_{d_1}(\boldsymbol{x}_3) & \cdots & H_{d_1}(\boldsymbol{x}_{d_2+1})\\ \vdots & \vdots & \ddots & \vdots\\ H_{d_1}(\boldsymbol{x}_{n_2}) & H_{d_1}(\boldsymbol{x}_1) & \cdots & H_{d_1}(\boldsymbol{x}_{d_2-1})\end{bmatrix}\in\mathbb{R}^{n_1n_2\times d_1d_2} \tag{13-19}$$

类似地，来自 p 通道 $n_1 \times n_2$ 输入图像 $\boldsymbol{X}^{(i)} = [\boldsymbol{x}_1^i, \boldsymbol{x}_2^i, \cdots, \boldsymbol{x}_{n2}^i]$，$i=1,2,\cdots,p$ 的扩展 Hankel 矩阵块定义为：

$$\mathcal{H}_{d_1,d_2|p}([\boldsymbol{X}^{(1)}\boldsymbol{X}^{(2)}\cdots\boldsymbol{X}^{(p)}]) = [\mathcal{H}_{d_1,d_2}(\boldsymbol{X}^{(1)})\mathcal{H}_{d_1,d_2}(\boldsymbol{X}^{(2)})\cdots\mathcal{H}_{d_1,d_2}(\boldsymbol{X}^{(p)})] \in \mathbb{R}^{n_1n_2\times d_1d_2p} \tag{13-20}$$

对于一个给定的图像 $\boldsymbol{X}\in\mathbb{R}^{n_1\times n_2}$，二维滤波器 $\bar{\boldsymbol{K}}\in\mathbb{R}^{d_1\times d_2}$ 进行二维 SISO 卷积的输出 $\boldsymbol{Y}\in\mathbb{R}^{n_1\times n_2}$ 可以用矩阵向量形式表示：

$$V_{EC}(\boldsymbol{Y}) \mid = \mathcal{H}_{d_1d_2}(\boldsymbol{X})V_{EC}(\boldsymbol{K}) \tag{13-21}$$

其中，$V_{EC}(\boldsymbol{Y})$表示通过堆叠二维矩阵 $\boldsymbol{Y}$ 的列向量进行的向量化操作。类似地，对于给定的 p 个输入图像 $\boldsymbol{X}^{(j)}\in\mathbb{R}^{n_1\times n_2}$，$j=1,2,\cdots,p$，用二维滤波器 $\bar{\boldsymbol{K}}_{(i)}^{(j)}\in\mathbb{R}^{d_1\times d_2}$ 进行二维 MIMO 卷积，可以用矩阵向量形式表示为

$$V_{\mathrm{EC}}(\boldsymbol{Y}^{(i)}) = \sum_{j=1}^{p} H_{d_1,d_2}(\boldsymbol{X}^{(j)})V_{\mathrm{EC}}(\boldsymbol{K}_{(i)}^{(j)}),\quad i=1,2,\cdots,q \tag{13-22}$$

因此，定义

$$\boldsymbol{\mathcal{Y}} = [V_{\mathrm{EC}}(Y^{(1)}) \quad \cdots \quad V_{\mathrm{EC}}(Y^{(q)})] \tag{13-23}$$

$$\boldsymbol{\mathcal{K}} = \begin{bmatrix} V_{\mathrm{EC}}(K_{(1)}^{(1)}) & \cdots & V_{\mathrm{EC}}(K_{(q)}^{(1)}) \\ \vdots & \ddots & \vdots \\ V_{\mathrm{EC}}(K_{(1)}^{(p)}) & \cdots & V_{\mathrm{EC}}(K_{(q)}^{(p)}) \end{bmatrix} \tag{13-24}$$

二维 MIMO 卷积可以表示为

$$\boldsymbol{\mathcal{Y}} = H_{d_1,d_2|p}([X^{(1)}X^{(2)}\cdots X^{(p)}])\mathcal{K} \tag{13-25}$$

由于一维卷积和二维卷积之间的这些相似性，因此，为了简单起见将在整个论文中使用一维表示法。但是，建议读者将相同的理论应用于二维情况。

在 CNN 中，使用了唯一的多维卷积。具体来说，要从 p 个输入通道生成 q 个输出通道，请先对 p 个二维滤波器和 p 个输入通道图像进行卷积运算，然后将加权和应用于输出（通常称为 1×1 卷积）。对于一维信号，此操作可以写为

$$\boldsymbol{y}_i = \sum_{j=1}^{p} w_j(\boldsymbol{z}_j \circledast \bar{\boldsymbol{\psi}}_i^j),\quad i=1,2,\cdots,q \tag{13-26}$$

其中，w_j 表示一维加权。注意，这等效于 MIMO 卷积，有

$$\boldsymbol{Y} = \sum_{j=1}^{p} w_j H_d(\boldsymbol{z}_j)\boldsymbol{\Psi}_j = \sum_{j=1}^{p} H_d(\boldsymbol{z}_j)\boldsymbol{\Psi}_j^w = H_{d|p}(\boldsymbol{Z})\boldsymbol{\Psi}^w = \boldsymbol{Z}\circledast\bar{\boldsymbol{\Psi}}^w \tag{13-27}$$

其中，$\bar{\boldsymbol{\Psi}}^w = [\boldsymbol{w}_1\bar{\boldsymbol{\Psi}}_1\cdots\boldsymbol{w}_p\bar{\boldsymbol{\Psi}}_p]^{\mathrm{T}}$。使用扩展 Hankel 矩阵的上述矩阵向量运算还描述了如图 13-6 所示的二维 CNN 中的滤波运算。对于第一层滤波器，输入和输出通道号为 $p=2$，$q=3$，并且滤波器维数为 $d_1=d_2=2$。因此，相应的卷积运算可以用

$$V_{EC}(\boldsymbol{Y}^{(j)}) = \sum_{i=1}^{2}\mathcal{H}_{d_1d_2}(\boldsymbol{X}^{(i)})V_{EC}(\boldsymbol{K}_{(i)}^{(j)})$$

表示，其中 $\boldsymbol{X}^{(i)}$、$\boldsymbol{Y}^{(j)}$ 分别表示第 i、j 输入通道的图像；$\boldsymbol{K}_{(i)}^{(j)}$ 表示第 i 输入通道的滤波器产生第 j 输出通道。

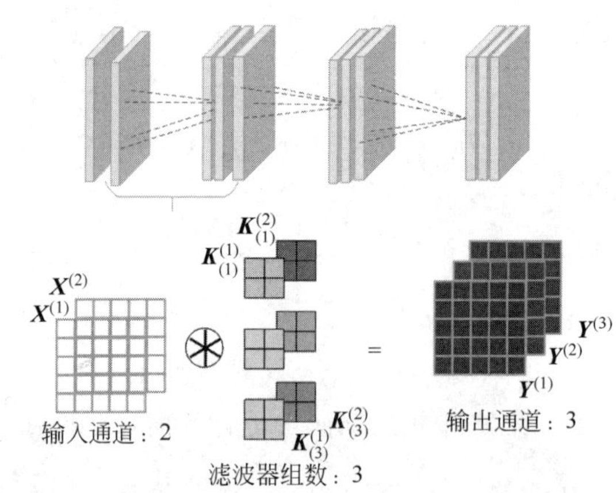

图 13-6　D-CNN 卷积运算

13.3.2　Hankel 矩阵分解和卷积框架

Hankel 矩阵的最重要的特性是，Hankel 矩阵分解有利于框架表示，该框架表示的基是通过所谓的局部和非局部基的卷积构建的。更具体地说，对于给定的输入向量 $\boldsymbol{f} \in \mathbb{R}^n$，假设秩为 $r<d$ 的 Hankel 矩阵 $\boldsymbol{H}_d(\boldsymbol{f})$ 具有以下 SVD

$$\boldsymbol{H}_d(\boldsymbol{f}) = \boldsymbol{U\Sigma V}^{\mathrm{T}} \tag{13-28}$$

其中，$\boldsymbol{U}=[u_1 u_2 \cdots u_r] \in \mathbb{R}^{r\times r}$ 和 $\boldsymbol{V}=[v_1 v_2 \cdots v_r] \in \mathbb{R}^{d\times r}$，分别表示左右奇异向量基；$\boldsymbol{\Sigma} \in \mathbb{R}^{r\times r}$ 是对角矩阵，其对角线分量包含奇异值。通过将 Hankel 矩阵左右两侧的 $\boldsymbol{U}^{\mathrm{T}}$ 和 $\boldsymbol{V}$ 相乘，得到

$$\boldsymbol{\Sigma} = \boldsymbol{U}^{\mathrm{T}}\boldsymbol{H}_d(\boldsymbol{f})\boldsymbol{V} \tag{13-29}$$

请注意，$\boldsymbol{\Sigma}$ 第 (i,j) 个元素为

$$\sigma_{ij} = \boldsymbol{u}_i^{\mathrm{T}}\boldsymbol{H}_d(\boldsymbol{f})\,\boldsymbol{v}_j = \langle \boldsymbol{f}, \boldsymbol{u}_i \circledast \boldsymbol{v}_j \rangle, \quad 1 \leqslant i,j \leqslant r \tag{13-30}$$

由于 $\boldsymbol{H}_d(\boldsymbol{f})$ 的行数和列数分别为 n 和 d，因此右乘向量 $\boldsymbol{v}_j$ 与 $\boldsymbol{f}$ 向量的 d 邻域局部交互，而左乘向量 $\boldsymbol{u}_i$ 与向量 $\boldsymbol{f}$ 的共 n 个元素具有全局交互作用。因此，式(13-30)表示信号 $\boldsymbol{f}$ 与基同时进行全局和局部相互作用的强度。因此，$\boldsymbol{u}_j$ 和 $\boldsymbol{v}_j$ 称为非局部基和局部基。

以上关系适用于任意基矩阵 $\boldsymbol{\Phi} := [\boldsymbol{\phi}_1\ \boldsymbol{\phi}_2 \cdots \boldsymbol{\phi}_m] \in \mathbb{R}^{n\times n}$ 和 $\boldsymbol{\Psi} := [\boldsymbol{\psi}_1\ \boldsymbol{\psi}_2 \cdots \boldsymbol{\psi}_d] \in \mathbb{R}^{d\times d}$，分别乘到 Hankel 矩阵的左侧和右侧以得出系数矩阵：

$$\boldsymbol{c}_{ij} = \boldsymbol{\phi}_i^{\mathrm{T}}\boldsymbol{H}_d(f)\,\boldsymbol{\psi}_j = \langle \boldsymbol{f}, \boldsymbol{\phi}_i \circledast \boldsymbol{\psi}_j \rangle, \quad i=1,2,\cdots,n;\ j=1,2,\cdots,d \tag{13-31}$$

它表示 $\boldsymbol{f}$ 与非局部基 $\boldsymbol{\phi}_i$ 和局部基 $\boldsymbol{\psi}_j$ 的相互作用。Yin 等使用式(13-31)作为扩展系数，得到以下信号扩展，并将其称为扩展卷积框架。同时，Yin 等指出，可以在给定的非局部基上，通过最佳学习 $\boldsymbol{\Psi}$ 充分稀疏得出框架系数。因此，非局部基的选择是决定框架扩展效率的关键因素之一。下面将讨论非局部基的几个例子：SVD、Haar、DCT、单位矩阵和学习基。

(1) 根据 SVD，通过正交矩阵 $\boldsymbol{U}_{\mathrm{ext}} \in \mathbb{R}^{n\times(n-r)}$ 扩展左奇异向量基 $\boldsymbol{U} \in \mathbb{R}^{n\times r}$ 构造 SVD 基

$$\boldsymbol{\Phi}_{\mathrm{SVD}} = [\boldsymbol{U}\boldsymbol{U}_{\mathrm{ext}}] \tag{13-32}$$

使得 $\boldsymbol{\Phi}_{\mathrm{SVD}}^{\mathrm{T}}\boldsymbol{\Phi}_{\mathrm{SVD}} = \boldsymbol{I}$。SVD 基取决于输入信号，并且 SVD 的计算代价昂贵。

(2) Haar：Haar 基来自 Haar 小波变换，其构造为

$$\boldsymbol{\Phi}=[\boldsymbol{\Phi}_{\text{low}},\boldsymbol{\Phi}_{\text{high}}] \tag{13-33}$$

低通和高通运算$\boldsymbol{\Phi}_{\text{low}},\boldsymbol{\Phi}_{\text{high}}\in\mathbb{R}^{n\times\frac{n}{2}}$被定义为：

$$\boldsymbol{\Phi}_{\text{low}}^{(1)}=\frac{1}{\sqrt{2}}\begin{bmatrix}1&0&\cdots&0\\1&0&\cdots&0\\0&1&\cdots&0\\0&1&\cdots&0\\\vdots&\vdots&\ddots&\vdots\\0&0&\cdots&1\\0&0&\cdots&1\end{bmatrix},\quad \boldsymbol{\Phi}_{\text{high}}^{(1)}=\frac{1}{\sqrt{2}}\begin{bmatrix}1&0&\cdots&0\\-1&0&\cdots&0\\0&1&\cdots&0\\0&-1&\cdots&0\\\vdots&\vdots&\ddots&\vdots\\0&0&\cdots&1\\0&0&\cdots&-1\end{bmatrix} \tag{13-34}$$

注意，Haar 基的每一列的非零元素都是 2，因此一层 Haar 分解并不表示全局相互作用。但是，通过级联 Haar 基，交互作用变得全局，从而有利于输入信号的多分辨率分解。此外，Haar 基是有用的全局基，因为它可以稀疏化分段的恒定信号。随后，将显示平均池化操作与 Haar 基础密切相关。

(3) 离散余弦变换(DCT)是 Yin 等提出的一个有趣的全局基，因为它的能量压缩特性已由 JPEG 图像压缩标准证明。DCT 基矩阵是一个完全填充的密集矩阵，它清楚地表示了全局交互作用。DCT 基从未在深层的 CNN 中使用过，这可能是一个有趣的研究方向。

(4) 单位矩阵。在这种情况下$\boldsymbol{\Phi}=\boldsymbol{I}_{n\times n}$，因此基于信号之间没有全局交互作用。有趣的是，这种非局部基经常在没有池化层的 CNN 中使用。在这种情况下，认为信号的局部结构更为重要，并且训练了局部基，使得它们可以最大限度地捕获信号的局部相关结构。

(5) 在极端情况下，对信号不了解，也可以学习非局部基。但是，必须要注意，因为学习到的非局部基的大小为 $n\times n$，对于图像处理应用而言，它很快变得非常大。例如，如果有人对处理 512×512(即 $n=2^9\times2^9$)的图像感兴趣，则用于存储可学习的非局部基的所需存储器变为 2^{37}，这是不可能存储或估计的。但是，如果输入块的大小足够小，则这可能是深度 CNN 研究的另一个有趣方向。

13.3.3 深度卷积框架进行多分辨率分析

在深度卷积框架中，在给定的非局部基上，学习局部卷积滤波器以提供最佳收缩行为。因此，非局部基$\boldsymbol{\Phi}$ 是控制性能的重要设计参数。特别是，深卷积框架的能量压缩特性受到$\boldsymbol{\Phi}$的影响非常明显。回想一下，Hankel 矩阵的 SVD 基础可实现最佳的能量压缩属性。但是，SVD 的基础取决于输入信号的类型，所以不能对不同输入数据使用相同基。因此，选择非局部分析基$\boldsymbol{\Phi}$ 可以近似于 SVD 基，并具有良好的能量压缩性能。小波可用于分段连续信号和图像，具体来说，以小波为基础，标准池化和反池化网络被用作小波变换的低频路径，但存在其他小波变换的高频路径。多分辨率的另一个重要动机——卷积框架的多分辨分析是指数级大的接受域。例如，图 13-7 将带池化多分辨率网络的网络深度有效接收场与没有池化层的基准网络进行相比。使用相同大小的卷积滤波器，在具有池化层的网络中，有效的接收场会扩大。因此，多分辨率分析(Multi-Resolution Analysis，MRA)的确是为了进一步扩大使用高通带卷积框架而进一步处理池化层的接收场。

1. U-Net 的局限性

在解释多分辨率深度卷积框架之前，首先讨论称为 U-net 的流行多分辨率深度学习架

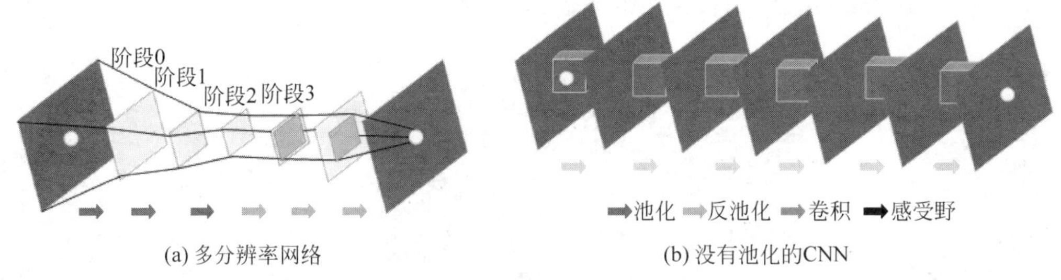

(a) 多分辨率网络　　(b) 没有池化的CNN

图 13-7　有效接收场比较

构的局限性，它是由编码器和解码器网络以及跳过的连接组成的。U-Net 利用图 13-7(a)所示的池化和解池化获得指数倍大的接收场。具体来说，平均和最大池化运算$\boldsymbol{\Phi}_{\text{ave}}, \boldsymbol{\Phi}_{\max} \in \mathbb{R}^{n\times\frac{n}{2}}$；U-Net 中使用的 $\boldsymbol{f}\in\mathbb{R}^n$ 定义如下

$$\boldsymbol{\Phi}_{\text{ave}}=\frac{1}{\sqrt{2}}\begin{bmatrix}1 & 0 & \cdots & 0\\ 1 & 0 & \cdots & 0\\ 0 & 1 & \cdots & 0\\ 0 & 1 & \cdots & 0\\ \vdots & \vdots & \ddots & \vdots\\ 0 & 0 & \cdots & 1\\ 0 & 0 & \cdots & 1\end{bmatrix},\quad \boldsymbol{\Phi}_{\max}=\begin{bmatrix}b_1 & 0 & \cdots & 0\\ 1-b_1 & 0 & \cdots & 0\\ 0 & b_2 & \cdots & 0\\ 0 & 1-b_2 & \cdots & 0\\ \vdots & \vdots & \ddots & \vdots\\ 0 & 0 & \cdots & b_{\frac{n}{2}}\\ 0 & 0 & \cdots & 1-b_{\frac{n}{2}}\end{bmatrix} \tag{13-35}$$

其中，最大池中的$\{b_i\}_i$ 是由信号确定的随机(0,1)信号统计决定的二进制数。可以很容易地看到最大池化或平均池化的列是正交的。但是，它不构成基，因为它不跨越$\mathbb{R}^n$。那网络执行了什么？

对于平均池化，解池层$\tilde{\boldsymbol{\Phi}}$ 具有与池化相同的形式，即$\tilde{\boldsymbol{\Phi}}=\boldsymbol{\Phi}$。在这种情况下，在局部基$\boldsymbol{\Psi}\tilde{\boldsymbol{\Psi}}^{\mathrm{T}}=\boldsymbol{I}_{d\times d}$ 的框架条件下，池化和池化后的信号变为

$$\hat{\boldsymbol{f}}=\boldsymbol{H}_d^{\dagger}(\boldsymbol{\Phi}(\boldsymbol{\Phi}^{\mathrm{T}}\boldsymbol{H}_d(\boldsymbol{f}))=\boldsymbol{\Phi}\boldsymbol{\Phi}^{\mathrm{T}}\boldsymbol{f} \tag{13-36}$$

这基本上是一个低通信号，细节信号丢失了。为了解决这个限制并保持细节，U-Net 具有旁路连接和串联层，如图 13-8(a)所示。其中⊛ 对应卷积运算；红色和蓝色块分别对应于编码器和解码器块。特别是，结合了低通和旁路连接，增强了卷积框架系数$\boldsymbol{C}_{\text{aug}}$ 可以表示为

$$\boldsymbol{C}_{\text{aug}}=\boldsymbol{\Phi}_{\text{aug}}^{\mathrm{T}}\boldsymbol{H}_d(\boldsymbol{f})\boldsymbol{\Psi}=\boldsymbol{\Phi}_{\text{aug}}^{\mathrm{T}}(\boldsymbol{f}\circledast\bar{\boldsymbol{\Psi}})=\begin{bmatrix}\boldsymbol{C}\\ \boldsymbol{S}\end{bmatrix} \tag{13-37}$$

$$\boldsymbol{\Phi}_{\text{aug}}^{\mathrm{T}}:=\begin{bmatrix}\boldsymbol{I}\\ \boldsymbol{\Phi}^{\mathrm{T}}\end{bmatrix},\boldsymbol{C}:=\boldsymbol{f}\circledast\boldsymbol{\Psi},S:=\boldsymbol{\Phi}^{\mathrm{T}}(\boldsymbol{f}\circledast\bar{\boldsymbol{\Psi}}) \tag{13-38}$$

解池化后，低通分支信号变成$\boldsymbol{\Phi}\boldsymbol{S}=\boldsymbol{\Phi}\boldsymbol{\Phi}^{\mathrm{T}}(\boldsymbol{f}\circledast\bar{\boldsymbol{\Psi}})$，因此串联时的信号给定

$$\boldsymbol{W}=[\boldsymbol{H}_d(\boldsymbol{f})\boldsymbol{\Psi}\quad \boldsymbol{\Phi}\boldsymbol{\Phi}^{\mathrm{T}}\boldsymbol{H}_d(\boldsymbol{f})\boldsymbol{\Psi}]=[\boldsymbol{f}\circledast\bar{\boldsymbol{\Psi}}\quad \boldsymbol{\Phi}\boldsymbol{\Phi}^{\mathrm{T}}(\boldsymbol{f}\circledast\bar{\boldsymbol{\Psi}})] \tag{13-39}$$

$\boldsymbol{W}$ 中的第一个元素来自旁路连接。恢复的最终步骤可以表示为

$$\hat{\boldsymbol{f}}=\boldsymbol{H}_d^{\dagger}\left(\boldsymbol{W}\begin{bmatrix}\tilde{\boldsymbol{\Psi}}_1^{\mathrm{T}}\\ \tilde{\boldsymbol{\Psi}}_2^{\mathrm{T}}\end{bmatrix}\right)=\boldsymbol{H}_d^{\dagger}(\boldsymbol{H}_d(\boldsymbol{f})\boldsymbol{\Psi}\tilde{\boldsymbol{\Psi}}_1^{\mathrm{T}})+\boldsymbol{H}_d^{\dagger}(\boldsymbol{\Phi}\boldsymbol{\Phi}^{\mathrm{T}}\boldsymbol{H}_d(\boldsymbol{f})\boldsymbol{\Psi}\tilde{\boldsymbol{\Psi}}_2^{\mathrm{T}})$$

$$=\frac{1}{d}\sum_{i=1}^{q}(f\circledast\bar{\psi}_i\circledast\tilde{\psi}_i^1+\boldsymbol{\Phi}\boldsymbol{\Phi}^{\mathrm{T}}(f\circledast\bar{\psi}_i)\circledast\tilde{\psi}_i^2) \tag{13-40}$$

注意,这并不保证完美重构,因为低频分量$\boldsymbol{\Phi}\boldsymbol{\Phi}^{\mathrm{T}}(f\circledast\psi_i)$同时包含在式(13-40)中,所以低频分量被过分强调,这被认为是平滑的主要来源。

2. 多分辨率分析

为了解决 U-Net 的局限性,在这里提出一种使用小波非局部基的新颖多分辨率分析。如前所述,在第一层,对学习$\boldsymbol{\Psi}^{(1)}$和$\tilde{\boldsymbol{\Psi}}^{(1)}$感兴趣,这样

$$\boldsymbol{H}_{d_{(1)}}(f)=\boldsymbol{\Phi}^{(1)}\boldsymbol{C}^{(1)}\tilde{\boldsymbol{\Psi}}^{(1)\mathrm{T}},\quad \boldsymbol{C}^{(1)}:=\boldsymbol{\Phi}^{(1)\mathrm{T}}\boldsymbol{H}_{d_{(1)}}(f)\boldsymbol{\Psi}^{(1)} \tag{13-41}$$

对于 MRA,将非局部正交基$\boldsymbol{\Phi}^{(1)}$分解为低频和高频子带,即

$$\boldsymbol{\Phi}^{(1)}=[\boldsymbol{\Phi}_{\mathrm{low}}^{(1)},\boldsymbol{\Phi}_{\mathrm{high}}^{(1)}] \tag{13-42}$$

例如,如果使用 Haar 小波,则第一个层运算$\boldsymbol{\Phi}_{\mathrm{low}}^{(1)},\boldsymbol{\Phi}_{\mathrm{high}}^{(1)}\in\mathbb{R}^{n\times\frac{n}{2}}$为

$$\boldsymbol{\Phi}_{\mathrm{low}}^{(1)}=\frac{1}{\sqrt{2}}\begin{bmatrix}1&0&\cdots&0\\1&0&\cdots&0\\0&1&\cdots&0\\0&1&\cdots&0\\\vdots&\vdots&\ddots&\vdots\\0&0&\cdots&1\\0&0&\cdots&1\end{bmatrix},\quad \boldsymbol{\Phi}_{\mathrm{high}}^{(1)}=\frac{1}{\sqrt{2}}\begin{bmatrix}1&0&\cdots&0\\-1&0&\cdots&0\\0&1&\cdots&0\\0&-1&\cdots&0\\\vdots&\vdots&\ddots&\vdots\\0&0&\cdots&1\\0&0&\cdots&-1\end{bmatrix} \tag{13-43}$$

注意,$\boldsymbol{\Phi}_{\mathrm{low}}^{(1)}$ 平均池化操作完全相同。但是,与 U-Net 中的池化不同,由于$\boldsymbol{\Phi}^{(1)}=[\boldsymbol{\Phi}_{\mathrm{low}}^{(1)},\boldsymbol{\Phi}_{\mathrm{high}}^{(1)}]$,现在$\boldsymbol{\Phi}_{\mathrm{high}}^{(1)}$ 构成$\mathbb{R}^n$ 的正交基。本节还定义了近似信号$\boldsymbol{C}_{\mathrm{low}}^{(1)}$,细节信号$\boldsymbol{C}_{\mathrm{high}}^{(1)}$:

$$\begin{aligned}\boldsymbol{C}_{\mathrm{low}}^{(1)}&:=\boldsymbol{\Phi}_{\mathrm{low}}^{(1)\mathrm{T}}\boldsymbol{H}_{d_{(1)}}(f)\boldsymbol{\Psi}^{(1)}=\boldsymbol{\Phi}_{\mathrm{low}}^{(1)\mathrm{T}}(f\circledast\bar{\boldsymbol{\Psi}}^{(1)})\\ \boldsymbol{C}_{\mathrm{high}}^{(1)}&:=\boldsymbol{\Phi}_{\mathrm{high}}^{(1)\mathrm{T}}\boldsymbol{H}_{d_{(1)}}(f)\boldsymbol{\Psi}^{(1)}=\boldsymbol{\Phi}_{\mathrm{high}}^{(1)\mathrm{T}}(f\circledast\bar{\boldsymbol{\Psi}}^{(1)})\\ \boldsymbol{C}^{(1)}&=\boldsymbol{\Phi}^{(1)\mathrm{T}}\boldsymbol{H}_{d_{(1)}}(f)\boldsymbol{\Psi}^{(1)}=\begin{bmatrix}\boldsymbol{C}_{\mathrm{low}}^{(1)}\\ \boldsymbol{C}_{\mathrm{high}}^{(1)}\end{bmatrix}\end{aligned} \tag{13-44}$$

注意,图 13-8(a)的矩形框表示该操作对应非局部基矩阵乘法后的局部滤波。然后,在第一层有以下分解

$$\boldsymbol{H}_{d_{(1)}}(f)=\boldsymbol{\Phi}^{(1)}\boldsymbol{C}^{(1)}\tilde{\boldsymbol{\Psi}}^{(1)\mathrm{T}}=\boldsymbol{\Phi}_{\mathrm{low}}^{(1)}\boldsymbol{C}_{\mathrm{low}}^{(1)}\tilde{\boldsymbol{\Psi}}^{(1)\mathrm{T}}+\boldsymbol{\Phi}_{\mathrm{high}}^{(1)}\boldsymbol{C}_{\mathrm{high}}^{(1)}\tilde{\boldsymbol{\Psi}}^{(1)\mathrm{T}} \tag{13-45}$$

在第二层中,类似地使用近似信号 $\boldsymbol{C}_{\mathrm{low}}^{(1)}$ 进行。更具体地说,对使用正交非局部基数感兴趣:$\boldsymbol{\Phi}^{(2)}=[\boldsymbol{\Phi}_{\mathrm{low}}^{(2)},\boldsymbol{\Phi}_{\mathrm{high}}^{(2)}]$,其中$\boldsymbol{\Phi}_{\mathrm{low}}^{(2)}$ 和$\boldsymbol{\Phi}_{\mathrm{high}}^{(2)}$ 变换近似信号 $\boldsymbol{C}_{\mathrm{low}}^{(1)}\in\mathbb{R}^{d_1\times\frac{n}{2}}$ 分别到低频带和高频带

$$\boldsymbol{H}_{d_{(2)}\mid p_{(2)}}(\boldsymbol{C}_{\mathrm{low}}^{(1)})=\boldsymbol{\Phi}_{\mathrm{low}}^{(2)}\boldsymbol{C}_{\mathrm{low}}^{(2)}\tilde{\boldsymbol{\Psi}}^{(2)\mathrm{T}}+\boldsymbol{\Phi}_{\mathrm{high}}^{(2)}\boldsymbol{C}_{\mathrm{high}}^{(2)}\tilde{\boldsymbol{\Psi}}^{(2)\mathrm{T}} \tag{13-46}$$

其中 $p_{(2)}=d_{(1)}$ 表示 Hankel 块数,$d_{(2)}$ 是第二层卷积滤波器长度,并且

$$\begin{aligned}\boldsymbol{C}_{\mathrm{low}}^{(2)}&:=\boldsymbol{\Phi}_{\mathrm{low}}^{(2)\mathrm{T}}\boldsymbol{H}_{d_{(2)}\mid p_{(2)}}(\boldsymbol{C}_{\mathrm{low}}^{(1)})\boldsymbol{\Psi}^{(2)}=\boldsymbol{\Phi}_{\mathrm{low}}^{(2)\mathrm{T}}(\boldsymbol{C}_{\mathrm{low}}^{(1)}\circledast\bar{\boldsymbol{\Psi}}^{(2)})\\ \boldsymbol{C}_{\mathrm{high}}^{(2)}&:=\boldsymbol{\Phi}_{\mathrm{high}}^{(2)\mathrm{T}}\boldsymbol{H}_{d_{(2)}\mid p_{(2)}}(\boldsymbol{C}_{\mathrm{low}}^{(1)})\boldsymbol{\Psi}^{(2)}=\boldsymbol{\Phi}_{\mathrm{high}}^{(2)\mathrm{T}}(\boldsymbol{C}_{\mathrm{low}}^{(1)}\circledast\bar{\boldsymbol{\Psi}}^{(2)})\end{aligned} \tag{13-47}$$

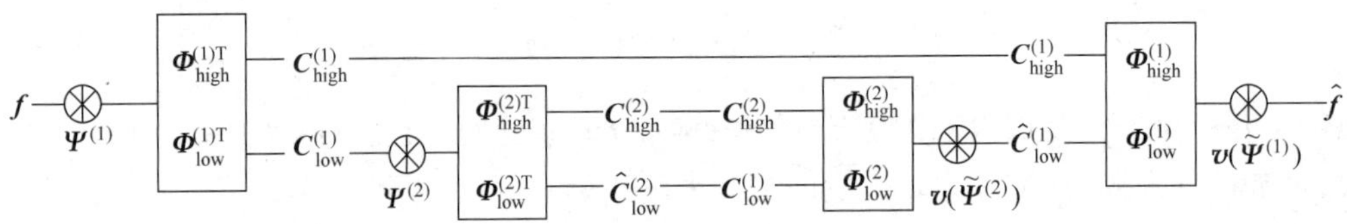

(a) 深度卷积框架多分辨率分析

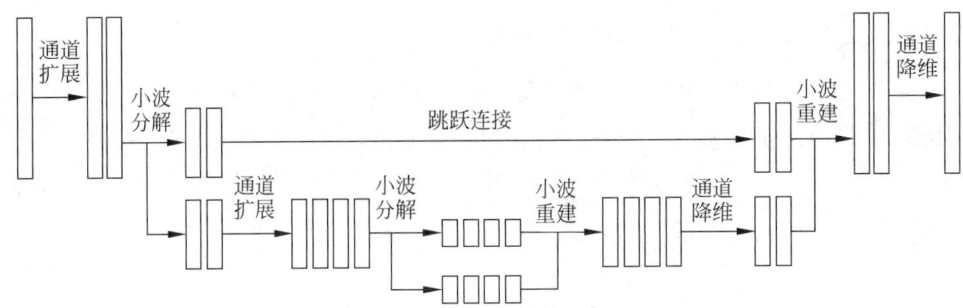

(b) 具有长度为2的局部滤波器的多分辨率深度卷积框架分解的示例

图 13-8 多分辨率分析

同样,$\Phi^{(2)}_{low}$ 对应于标准平均池操作。注意,需要对 $p_{(2)}=d_{(1)}$ 的 Hankel 块进行扩展的 Hankel 矩阵的提升操作,因为第一层会生成 $p_{(2)}$ 过滤后的输出,需要将其与 $d_{(2)}$ 卷积第二层的长度滤波器。类似地,近似信号需要从后续层进行进一步处理。当 $l=1,2,\cdots,L$ 时,有

$$\begin{aligned}
&\boldsymbol{H}_{d_{(l)}\mid p_{(l)}}(\boldsymbol{C}^{(l-1)}_{low})=\boldsymbol{\Phi}^{(l)}_{low}\boldsymbol{C}^{(l)}_{low}\tilde{\boldsymbol{\Psi}}^{(l)T}+\boldsymbol{\Phi}^{(l)}_{high}\boldsymbol{C}^{(l)}_{high}\tilde{\boldsymbol{\Psi}}^{(l)T}\\
&\boldsymbol{C}^{(l)}_{low}:=\boldsymbol{\Phi}^{(l)T}_{low}\boldsymbol{H}_{d_{(l)}\mid p_{(l)}}(\boldsymbol{C}^{(l-1)}_{low})\boldsymbol{\Psi}^{(l)}=\boldsymbol{\Phi}^{(l)T}_{low}(\boldsymbol{C}^{(l-1)}_{low}\circledast\bar{\boldsymbol{\Psi}}^{(l)})\\
&\boldsymbol{C}^{(l)}_{high}:=\boldsymbol{\Phi}^{(l)T}_{high}\boldsymbol{H}_{d_{(l)}\mid p_{(l)}}(\boldsymbol{C}^{(l-1)}_{low})\boldsymbol{\Psi}^{(l)}=\boldsymbol{\Phi}^{(l)T}_{high}(\boldsymbol{C}^{(l-1)}_{low}\circledast\bar{\boldsymbol{\Psi}}^{(l)})
\end{aligned}\tag{13-48}$$

其中,$p_{(l)}$ 表示第 l 层的局部基。这促成了使用 Haar 小波的 l 层深度卷积框架。卷积框架的多层实现现在产生了一个有趣的编码器-解码器深度网络结构,如图 13-8(a)所示,其中红色和蓝色块分别代表编码器和解码器块。更具体地说,使用 ReLU,编码器部分如下所示:

$$\begin{cases}
\boldsymbol{C}^{(1)}_{low}=\rho(\boldsymbol{\Phi}^{(1)T}_{low}(\boldsymbol{f}\circledast\bar{\boldsymbol{\Psi}}^{(1)})), & \boldsymbol{C}^{(1)}_{high}=\boldsymbol{\Phi}^{(1)T}_{high}(\boldsymbol{f}\circledast\bar{\boldsymbol{\Psi}}^{(1)})\\
\boldsymbol{C}^{(2)}_{low}=\rho(\boldsymbol{\Phi}^{(2)T}_{low}(\boldsymbol{C}^{(1)}_{low}\circledast\bar{\boldsymbol{\Psi}}^{(2)})), & \boldsymbol{C}^{(2)}_{high}=\boldsymbol{\Phi}^{(2)T}_{high}(\boldsymbol{C}^{(1)}_{low}\circledast\bar{\boldsymbol{\Psi}}^{(2)})\\
\vdots & \vdots\\
\boldsymbol{C}^{(L)}_{low}=\rho(\boldsymbol{\Phi}^{(L)T}_{low}(\boldsymbol{C}^{(L-1)}_{low}\circledast\bar{\boldsymbol{\Psi}}^{(L)})), & \boldsymbol{C}^{(L)}_{high}=\boldsymbol{\Phi}^{(L)T}_{high}(\boldsymbol{C}^{(L-1)}_{low}\circledast\bar{\boldsymbol{\Psi}}^{(L)})
\end{cases}\tag{13-49}$$

另一方面,解码器部分由

$$\begin{cases}
\hat{\boldsymbol{C}}^{(L-1)}_{low}=\rho(H^{\dagger}_{d_{(L)}\mid p_{(L)}}(\boldsymbol{\Phi}^{(L)}\hat{\boldsymbol{C}}^{(L)}\tilde{\boldsymbol{\Psi}}^{(L)T}))=\rho((\boldsymbol{\Phi}^{(L)}\hat{\boldsymbol{C}}^{(L)})\circledast\nu(\tilde{\boldsymbol{\Psi}}^{(L)T}))\\
\qquad\vdots\\
\hat{\boldsymbol{C}}^{(1)}_{low}=\rho(H^{\dagger}_{d_{(1)}\mid p_{(L)}}(\boldsymbol{\Phi}^{(2)}\hat{\boldsymbol{C}}^{(2)}\tilde{\boldsymbol{\Psi}}^{(2)T}))=\rho((\boldsymbol{\Phi}^{(2)}\hat{\boldsymbol{C}}^{(2)})\circledast\nu(\tilde{\boldsymbol{\Psi}}^{(2)T}))\\
\hat{\boldsymbol{f}}=H^{\dagger}_{d_{(1)}}(\boldsymbol{\Phi}^{(1)}\hat{\boldsymbol{C}}^{(1)}\tilde{\boldsymbol{\Psi}}^{(1)T})=\rho((\boldsymbol{\Phi}^{(1)}\hat{\boldsymbol{C}}^{(1)})\circledast\nu(\tilde{\boldsymbol{\Psi}}^{(1)T}))
\end{cases}\tag{13-50}$$

其中 $v(\boldsymbol{\Psi})$ 可参考图 13-8(a),使用

$$\boldsymbol{\Phi}^{(l)}\hat{\boldsymbol{C}}^{(l)}\tilde{\boldsymbol{\Psi}}^{(l)\mathrm{T}}=\boldsymbol{\Phi}_{\mathrm{low}}^{(l)}\hat{\boldsymbol{C}}_{\mathrm{low}}^{(l)}\tilde{\boldsymbol{\Psi}}^{(l)\mathrm{T}}+\boldsymbol{\Phi}_{\mathrm{high}}^{(l)}\hat{\boldsymbol{C}}_{\mathrm{high}}^{(l)}\tilde{\boldsymbol{\Psi}}^{(l)\mathrm{T}} \tag{13-51}$$

在这里可以进一步处理高频分量

$$\hat{\boldsymbol{C}}_{\mathrm{high}}^{(L)}=\boldsymbol{C}_{\mathrm{high}}^{(L)}\circledast\boldsymbol{H}^{(L)} \tag{13-52}$$

对于某些 $\boldsymbol{H}^{(L)}$ 和 $\hat{\boldsymbol{C}}_{\mathrm{low}}^{(L)}$ 是来自第$(L-1)$分辨率层的解码的低频段，可以使用其他滤波器进一步处理。

图 13-8(b)显示了当使用长度为 2 的局部滤波器时，具有卷积框架的多分辨率分析的整体结构。注意，除了高通滤波器通过外，该结构与 U-Net 结构非常相似。这再次证实了深度卷积框架和深度神经网络之间的密切关系。

13.4 本章小结

为了使深度学习模型对用户而言更加透明，研究人员近年来从可解释性和完整性这两个角度出发，对深度学习模型得到预测、决策结果的工作原理和深度学习模型本身的内部结构以及数学操作进行了解释。至今，可解释性深度学习领域的研究人员在网络对于数据的处理过程、网络对于数据的表征以及如何构建能够生成自我解释的深度学习系统三个层次上均取得了可喜的进展。

就网络工作过程而言，研究人员通过设计线性代理模型、决策树模型等与原始模型性能相当，但具有更强可解释性的模型来解释原始模型；此外，研究人员还开发出了显著性图、CAM 等方法将与预测和决策最相关的原始数据与计算过程可视化，给出一种对深度学习模型的工作机制十分直观的解释。

就数据表征而言，现有的深度学习解释方法涉及基于层的解释、基于神经元的解释、基于表征向量的解释三个研究方向，分别从网络层的设计、网络参数规模、神经元的功能等方面探究了影响深度学习模型性能的重要因素。

就自我解释的深度学习系统而言，目前研究者从注意力机制、表征分离、解释生成等方面展开了研究，在视觉-语言多模态任务中实现了对模型工作机制的可视化，并且基于 InfoGAN、胶囊网络等技术将对学习有不同影响的表征分离开来，实现了对数据表征的细粒度控制。

现有的对深度学习模型的解释方法仍然存在诸多不足，面临着以下重大的挑战：现有的可解释性研究往往针对任务目标和完整性其中的一个方向展开，然而较少关注如何将不同的模型解释技术合并起来，从而构建更为强大的模型的揭示方法；缺乏对于解释方法的度量标准，无法通过更加严谨的方式衡量对模型的解释结果；现有的解释方法往往针对单一模型，模型无关的解释方法效果仍有待进一步提升；对无监督、自监督方法的解释工作仍然存在巨大的探索空间。

参考文献

本章参考文献扫描下方二维码。

第14章 收敛性理论

CHAPTER 14

深度学习的模型训练过程本质上是求解一个最优化问题。收敛性分析是帮助检验设计的算法是否具有可行性，能否收敛到最优解，以及收敛到最优解需要的收敛条件。同时，对收敛率的分析有利于设计更高效算法。

14.1 收敛问题

深度学习模型通常需要求解 $\min\limits_{\omega \in W} f(x)$，其中 f 为待优化的损失函数，要将其最小化从而求得最优模型。ω 是优化变量(网络参数)，W 是网络参数的定义域(或者叫限制域)。分析收敛性通常需要在一定的基本假设条件下进行，最后通过设定的判定指标分析是否能收敛到最优解。

14.1.1 收敛问题定义

收敛性是衡量算法有效性的重要指标。设 $\{x_n\}$ 是数列，则 $\{x_n\}$ 收敛是指存在 $x \in \mathbb{R}$，使得对于任意的 $\varepsilon \in \mathbb{R}_+$，成立存在 $N \in \mathbb{N}_+$，使得对于任意 $n \in \mathbb{N}_+$，若 $n > N$，则 $|x_n - x| < \varepsilon$，此时称 x_n 收敛于 x。

14.1.2 收敛与一致收敛之间的差异

收敛是说 $n \to \infty$ 时收敛域上每个点的函数项级数值都收敛到一个相同的值上，但是不保证各个点的函数项级数值的收敛速度一样。一致收敛是说 $n \to \infty$ 时收敛域上每个点的函数项级数值都收敛到一个相同的值上，且能保证在 n 大于某个 N 时所有点上的函数项级数值与给定的值的距离要多小有多小。总体来说，收敛与一致收敛之间最大的区别是，逐点收敛指在每个点，函数值 $f_n(x)$ 都收敛到 $f_n(x)$，但是不同点收敛快慢可能不一样。一致收敛指所有 $f_n(x)$ 大约同步地收敛到 $f_n(x)$。

一致收敛的概念实际上针对的是变量的全体，就如一致连续和一致收敛的概念中所描述的那样。但是收敛就不存在这样的问题，例如函数列在单点处的收敛就退化为数列收敛的问题，就只有一个变量，这就不是困难的讨论了。一致收敛的好处在于过渡，这里的过渡指的是单独的函数分析性质(连续、可导、积分)向和函数分析性质的过渡。

在数学分析相关图书中，和函数的连续、可导、积分的性质都要有一个前提的条件：一致收敛。正是有了一致收敛作为桥梁，才能够使得每个函数的连续性，可导性与积分性质推到和函数上，这实际上是有限函数求和得到的和函数性质所不需要的条件。

14.2 单隐藏层神经网络的收敛性

基于优化函数为凸的假设分析单隐藏层神经网络(线性神经网络)的收敛性。

14.2.1 基本假设与判定指标

设变量迭代表达式为

$$\theta^{(t+1)}=\theta^{(t)}-\alpha_t g_t$$

对于任意 t,$f_t(\theta)$都是关于 θ 的凸函数,即给定定义域内任意 θ_1 和 θ_2,对于 $\forall a\in(0,1)$都有(凸函数第一定义)

$$f_t(a\theta_1+(1-a)\theta_2)\leqslant af_t(\theta_1)+(1-a)f_t(\theta_2) \tag{14-1}$$

以及(凸函数第二定义)

$$f_t(\theta_2)\geqslant f_t(\theta_1)+\langle\nabla f_t(\theta_1),\theta_2-\theta_1\rangle \tag{14-2}$$

其中,第二定义是凸函数的性质,可从第一定义推出。

1. 判定指标

当 $f_t(\theta)$为凸函数时,判定指标选择为统计量 $R(T)$

$$R(T)=\sum_{t=1}^{T}f_t(\theta^{(t)})-\min_{\theta}\sum_{t=1}^{T}f_t(\theta) \tag{14-3}$$

当 $T\to\infty$,$R(T)$的均摊值$\dfrac{R(T)}{T}\to 0$,此时这样的算法是收敛的,即

$$\theta\to\underset{\theta}{\operatorname{argmin}}\sum_{t=1}^{T}f_t(\theta)\triangleq\theta^*$$

不仅趋于某个值,而且这个值使目标函数最小。在算法收敛的前提下,一般认为:

(1) $R(T)$随着 t 增长得越慢,算法收敛越快;

(2) 增长速率相同时,学习率衰减越慢,算法收敛越快。

2. 基本假设

首先介绍变量有界假设。对于变量的任意一维 i,有

$$\|\theta_i-\theta'_i\|^2\leqslant D_i,\quad\forall\theta_i,\theta' \tag{14-4}$$

对于梯度有界假设,有

$$\|g_t\|^2\leqslant G,\quad\forall t \tag{14-5}$$

或者对于变量的任意一维 i

$$\|g_{t,i}\|^2\leqslant G_i,\quad\forall t \tag{14-6}$$

对于深度学习常用的梯度下降法,每一次迭代都可以计算出一个目标函数的值,只需要证明这个目标函数收敛,就可以说明算法具有可行性。

考虑问题

$$\min_x f(x) \tag{14-7}$$

当 f 光滑时,梯度下降方法的迭代为

$$x^{k+1}=x^k-\alpha_k\nabla f(x^k) \tag{14-8}$$

其中,α_k 为步长。当 f 非光滑时,次梯度方法的迭代为

$$x^{k+1}=x^k-\alpha_k g^k,\quad g^k\in\partial f(x^k) \tag{14-9}$$

一般从以下三方面证明一个梯度方法是收敛的。

(1) 目标函数值收敛到最优值：$f(x^k)-f^*<\varepsilon$。

(2) 迭代序列收敛到最优解：$\| x^k-x^* \|<\varepsilon$。

(3) 梯度趋于0：$\| \nabla f(x^k) \| \leqslant \varepsilon$。

14.2.2 基于SGD算法的收敛性

在一般情况下很难精确计算出统计量 $R(T)$。因此这里分析基于SGD算法的收敛性先求取 $R(T)$ 的一个上界，然后利用上界值在极限情况下是否趋于0来判定收敛性。

已知

$$\boldsymbol{\theta}=\underset{\boldsymbol{\theta}}{\operatorname{argmin}}\sum_{t=1}^{T} f_t(\boldsymbol{\theta})$$

那么

$$\begin{aligned} R(T) &= \sum_{t=1}^{T} f_t(\boldsymbol{\theta}^{(t)})-\min_{\boldsymbol{\theta}}\sum_{t=1}^{T} f_t(\boldsymbol{\theta}) = \sum_{t=1}^{T} f_t(\boldsymbol{\theta}^{(t)})-\min_{\boldsymbol{\theta}}\sum_{t=1}^{T} f_t(\boldsymbol{\theta}^*) \\ &= \sum_{t=1}^{T}[f_t(\boldsymbol{\theta}^{(t)})-f_t(\boldsymbol{\theta}^*)] \end{aligned} \tag{14-10}$$

由于 $f_t(\boldsymbol{\theta})$ 是凸函数，有

$$f_t(\boldsymbol{\theta}) \geqslant f_t(\boldsymbol{\theta}^{(t)})+\langle \boldsymbol{g}_t, \boldsymbol{\theta}^{(t)}-\boldsymbol{\theta}^* \rangle$$

亦即

$$f_t(\boldsymbol{\theta})-f_t(\boldsymbol{\theta}^{(*)}) \leqslant \langle \boldsymbol{g}_t, \boldsymbol{\theta}^{(t)}-\boldsymbol{\theta}^* \rangle \tag{14-11}$$

代入 $R(T)$

$$R(T) \leqslant \sum_{t=1}^{T}\langle \boldsymbol{g}_t, \boldsymbol{\theta}^{(t)}-\boldsymbol{\theta}^* \rangle \tag{14-12}$$

这个结论通用性很强，适用范围不仅限于SGD。

接下来从 $\boldsymbol{\theta}^{(t)}$ 迭代式到 $\langle g_t, \boldsymbol{\theta}^{(t)}-\boldsymbol{\theta}^* \rangle$ 建立联系。从 $\boldsymbol{\theta}^{(t)}$ 的迭代式开始做数学变形

$$\begin{aligned} \boldsymbol{\theta}^{(t+1)} &= \boldsymbol{\theta}^{(t)}-\boldsymbol{\alpha}_t \boldsymbol{g}_t \Rightarrow \boldsymbol{\theta}^{(t+1)}-\boldsymbol{\theta}^{(*)}=\boldsymbol{\theta}^{(t)}-\boldsymbol{\theta}^{(*)}-\boldsymbol{\alpha}_t \boldsymbol{g}_t \\ &\Rightarrow \| \boldsymbol{\theta}^{(t+1)}-\boldsymbol{\theta}^{(*)} \|_2^2 = \| \boldsymbol{\theta}^{(t)}-\boldsymbol{\theta}^{(*)}-\alpha_t \boldsymbol{g}_t \|_2^2 \\ &\Rightarrow \| \boldsymbol{\theta}^{(t+1)}-\boldsymbol{\theta}^{(*)} \|_2^2 = \| \boldsymbol{\theta}^{(t)}-\boldsymbol{\theta}^{(*)} \|_2^2 - 2\alpha_t \langle \boldsymbol{g}_t, \boldsymbol{\theta}^{(t)}-\boldsymbol{\theta}^* \rangle + 2\alpha_t^2 \| \boldsymbol{g}_t \|_2^2 \\ &\Rightarrow \langle \boldsymbol{g}_t, \boldsymbol{\theta}^{(t)}-\boldsymbol{\theta}^* \rangle = \frac{1}{2\alpha_t}[\| \boldsymbol{\theta}^{(t)}-\boldsymbol{\theta}^{(*)} \|_2^2 - \| \boldsymbol{\theta}^{(t+1)}-\boldsymbol{\theta}^{(*)} \|_2^2] + \frac{\alpha_t}{2}\| \boldsymbol{g}_t \|_2^2 \end{aligned} \tag{14-13}$$

这一系列的数学变形是为了分离出 $\langle \boldsymbol{g}_t, \boldsymbol{\theta}^{(t)}-\boldsymbol{\theta}^* \rangle$，与 $R(T)$ 上界相呼应。整理后有

$$\begin{aligned} R(T) &\leqslant \sum_{t=1}^{T} \frac{1}{2\alpha_t}[\| \boldsymbol{\theta}^{(t)}-\boldsymbol{\theta}^{(*)} \|_2^2 - \| \boldsymbol{\theta}^{(t+1)}-\boldsymbol{\theta}^{(*)} \|_2^2] + \frac{\alpha_t}{2}\| \boldsymbol{g}_t \|_2^2 \\ &= \underbrace{\sum_{t=1}^{T} \frac{1}{2\alpha_t}[\| \boldsymbol{\theta}^{(t)}-\boldsymbol{\theta}^{(*)} \|_2^2 - \| \boldsymbol{\theta}^{(t+1)}-\boldsymbol{\theta}^{(*)} \|_2^2]}_{(14\text{-}14\text{a})} + \underbrace{\sum_{t=1}^{T} \frac{\alpha_t}{2}\| \boldsymbol{g}_t \|_2^2}_{(14\text{-}14\text{b})} \end{aligned} \tag{14-14}$$

$R(T)$ 上界由两部分组成。对 $R(T)$ 的上界利用基本假设和数学不等式来做放缩。首先根据梯度有界假设

$$\sum_{t=1}^{T}\frac{\alpha_t}{2}\|\boldsymbol{g}_t\|_2^2\leqslant\sum_{t=1}^{T}\frac{\alpha_t}{2}G^2=\frac{G^2}{2}\sum_{t=1}^{T}\alpha_t \tag{14-15}$$

这里保留 α_t 以便后续设计最优学习率。对式(14-14a)采用错位重组求和的技巧

$$\begin{aligned}&\sum_{t=1}^{T}\frac{1}{2\alpha_t}[\|\boldsymbol{\theta}^{(t)}-\boldsymbol{\theta}^*\|_2^2-\|\boldsymbol{\theta}^{(t+1)}-\boldsymbol{\theta}^*\|_2^2]\\
=&\frac{1}{2\alpha_1}\|\boldsymbol{\theta}^{(1)}-\boldsymbol{\theta}^*\|_2^2-\frac{1}{2\alpha_1}\|\boldsymbol{\theta}^{(2)}-\boldsymbol{\theta}^*\|_2^2+\\
&\frac{1}{2\alpha_2}\|\boldsymbol{\theta}^{(2)}-\boldsymbol{\theta}^*\|_2^2-\frac{1}{2\alpha_2}\|\boldsymbol{\theta}^{(3)}-\boldsymbol{\theta}^*\|_2^2+\cdots+\\
&\frac{1}{2\alpha_T}\|\boldsymbol{\theta}^{(T)}-\boldsymbol{\theta}^*\|_2^2-\frac{1}{2\alpha_T}\|\boldsymbol{\theta}^{(T+1)}-\boldsymbol{\theta}^*\|_2^2\\
=&\frac{1}{2\alpha_1}\|\boldsymbol{\theta}^{(1)}-\boldsymbol{\theta}^*\|_2^2+\sum_{t=2}^{T}\left(\frac{1}{2\alpha_t}-\frac{1}{2\alpha_{t-1}}\right)\|\boldsymbol{\theta}^{(t)}-\boldsymbol{\theta}^*\|_2^2-\frac{1}{2\alpha_T}\|\boldsymbol{\theta}^{(T+1)}-\boldsymbol{\theta}^*\|_2^2\end{aligned} \tag{14-16}$$

这个技巧只涉及将求和号内的各项展开及合并,合并的依据是将标红的部分每相邻两项套个括号。整理成上面的形式后,开始放缩:

变量有界假设为:

$$\frac{1}{2\alpha_1}\|\boldsymbol{\theta}^{(1)}-\boldsymbol{\theta}^*\|_2^2\leqslant\frac{1}{2\alpha_1}D^2$$

由于 α_t 单调不增,即

$$\frac{1}{2\alpha_t}\geqslant\frac{1}{2\alpha_{t-1}}$$

则有

$$\|\boldsymbol{\theta}^{(t)}-\boldsymbol{\theta}^*\|_2^2\leqslant+D^2$$

$$\sum_{t=2}^{T}\left(\frac{1}{2\alpha_t}-\frac{1}{2\alpha_{t-1}}\right)\|\boldsymbol{\theta}^{(t)}-\boldsymbol{\theta}^*\|_2^2\leqslant D^2\sum_{t=2}^{T}\left(\frac{1}{2\alpha_t}-\frac{1}{2\alpha_{t-1}}\right)$$

可得到数学不等式

$$-\frac{1}{2\alpha_T}\|\boldsymbol{\theta}^{(T+1)}-\boldsymbol{\theta}^*\|_2^2\leqslant 0$$

所以式(14-14a)最终放缩结果为

$$\sum_{t=1}^{T}\frac{1}{2\alpha_t}[\|\boldsymbol{\theta}^{(t)}-\boldsymbol{\theta}^*\|_2^2-\|\boldsymbol{\theta}^{(t+1)}-\boldsymbol{\theta}^*\|_2^2]\leqslant\frac{1}{2\alpha_1}D^2+D^2\sum_{t=2}^{T}\left(\frac{1}{2\alpha_t}-\frac{1}{2\alpha_{t-1}}\right)+0=D^2\frac{1}{2\alpha_T} \tag{14-17}$$

因此 $R(T)$ 的上界为

$$R(T)\leqslant D^2\frac{1}{2\alpha_T}+\frac{G^2}{2}\sum_{t=1}^{T}\alpha_t \tag{14-18}$$

最后设计最优学习率,令 α_T 是关于 t 的函数 $\alpha_t=\alpha_t(t)$,且采用多项式衰减

$$\alpha_t=\frac{C}{t^p}$$

其中，$p\geqslant 0$，C 为常数。则有

$$\begin{aligned}R(T)&\leqslant D^2\frac{T^p}{2C}+\frac{G^2}{2}\sum_{t=1}^{T}\frac{C}{t^p}\leqslant D^2\frac{T^p}{2C}+\frac{G^2C}{2}\left(1+\int_1^T\frac{dt}{t^p}\right)\\&=D^2\frac{T^p}{2C}+\frac{G^2C}{2}\left(\frac{1}{1-p}T^{1-p}-\frac{p}{1-p}\right)\end{aligned}\tag{14-19}$$

于是

$$R(T)=\mathcal{O}(T^{\max(p,1-p)})$$

当 $p=1/2$ 时，$R(T)$ 取得最优上界 $\mathcal{O}(T^{\frac{1}{2}})$，相应的学习率为 $\alpha_t=\left(\frac{C}{t}\right)^{\frac{1}{2}}$，均摊值 $R(T)/T=O(T^{\frac{1}{2}})$ 在 $T\to\infty$ 时趋 0。

14.2.3 基于自适应梯度算法的收敛性

基于自适应梯度算法 Adagrad 的变量迭代为

$$\boldsymbol{\theta}^{(t+1)}=\boldsymbol{\theta}^{(t)}-\boldsymbol{\alpha}_t\odot\boldsymbol{g}_t\tag{14-20}$$

其中，$\boldsymbol{g}_t=\nabla+f_t(\boldsymbol{\theta}^{(t)})$ 与 SGD 相同；$\odot$ 为两个向量在对应位置做乘积（哈达玛积）；$\boldsymbol{\alpha}_t$ 从标量变成了向量：$\boldsymbol{\alpha}_t=\frac{\alpha}{\sqrt{\sum_{s=1}^{t}\boldsymbol{g}_t^2}}$。这里的分子 α 是标量，分母 $\sqrt{\sum_{s=1}^{t}\boldsymbol{g}_t^2}$ 是向量。向量的数值运算（加减乘除、乘方开方、指数对数）是指对向量的各个元素做数值运算。标量除以向量的运算是指让标量除以向量的各个元素，最终输出向量的运算。

Adagrad 与 SGD 的主要区别在于学习率：SGD 的学习率是个标量，一般采用多项式衰减，对梯度的每一维衰减程度都一样，缺乏个性化设计；而 Adagrad 的学习率是个向量，衰减程度与历史梯度的累积平方和有关，对梯度的每一维的衰减程度都不同，实现了自适应。

首先求取统计量 $R(T)$ 的一个上界，然后利用上界值在极限情况下是否趋于 0 来判定收敛性。SGD 证明中关于的第一步放缩可以复用，即

$$R(T)\leqslant\sum_{t=1}^{T}\langle+\boldsymbol{g}_t,\boldsymbol{\theta}^{(t)}-\boldsymbol{\theta}^*\rangle\tag{14-21}$$

按照变量维度做进一步的拆分

$$\sum_{t=1}^{T}\langle+\boldsymbol{g}_t,\boldsymbol{\theta}^{(t)}-\boldsymbol{\theta}^*\rangle=\sum_{t=1}^{T}\sum_{i=1}^{d}g_{t,i}(\theta_i^{(t)}-\theta_i^*)\tag{14-22}$$

更改求和顺序

$$\sum_{t=1}^{T}\sum_{i=1}^{d}g_{t,i}(\theta_i^{(t)}-\theta_i^*)=\sum_{i=1}^{d}\sum_{t=1}^{T}g_{t,i}(\theta_i^{(t)}-\theta_i^*)\tag{14-23}$$

最终

$$R(T)\leqslant\sum_{i=1}^{d}\sum_{t=1}^{T}g_{t,i}(\theta_i^{(t)}-\theta_i^*)\tag{14-24}$$

从 $\boldsymbol{\theta}^{(t)}$ 迭代式到 $\langle\boldsymbol{g}_t,\boldsymbol{\theta}^{(t)}-\boldsymbol{\theta}^*\rangle$ 建立联系。将 $\boldsymbol{\theta}^{(t)}$ 的变量迭代式按照维度做拆分：对任意第 i 维，都有

$$\theta_i^{(t+1)}=\theta_i^{(t)}-\alpha_{t,i}g_{t,i} \tag{14-25}$$

其中

$$\theta_i^{(t+1)}=\theta_i^{(t)}-\alpha_{t,i}g_{t,i}$$

此时迭代形式就与 SGD 一致了(仅仅是向量与标量的区别)。同理,可以分离 $g_{t,i}(\theta_i^{(t)}-\theta_i^*)$

$$g_{t,i}(\theta_i^{(t)}-\theta_i^*)=\frac{1}{2\alpha_{t,i}}[(\theta_i^{(t)}-\theta_i^*)^2-(\theta_i^{(t+1)}-\theta_i^*)^2]+\frac{\alpha_{t,i}}{2}g_{t,i}^2 \tag{14-26}$$

连错位重组求和的技巧也可以沿用

$$\sum_{t=1}^{T}\frac{1}{2\alpha_{t,i}}[(\theta_i^{(t)}-\theta_i^*)^2-(\theta_i^{(t+1)}-\theta_i^*)^2]\leqslant+D_i^2\frac{1}{2\alpha_{T,i}} \tag{14-27}$$

因此:

$$\begin{aligned}R(T)&\leqslant\sum_{i=1}^{d}\Big[\sum_{t=1}^{T}g_{t,i}(\theta_i^{(t)}-\theta_i^*)\Big]\\&=\sum_{i=1}^{d}\left[\sum_{t=1}^{T}\frac{1}{2\alpha_{t,i}}[(\theta_i^{(t)}-\theta_i^*)^2-(\theta_i^{(t+1)}-\theta_i^*)^2]+\sum_{t=1}^{T}\frac{\alpha_{t,i}}{2}g_{t,i}^2\right]\\&\leqslant\sum_{i=1}^{d}\left[D_i^2\frac{1}{2\alpha_{T,i}}+\sum_{t=1}^{T}\frac{\alpha_{t,i}}{2}g_{t,i}^2\right]\end{aligned} \tag{14-28}$$

最后,将 $\alpha_{t,i}$ 代入

$$R(T)\leqslant\sum_{i=1}^{d}\left[\underbrace{\frac{D_i^2}{2\alpha}\sqrt{\sum_{s=1}^{T}g_{s,i}^2}}_{(14\text{-}29\text{a})}+\underbrace{\frac{\alpha}{2}\sum_{t=1}^{T}\frac{g_{t,i}^2}{\sqrt{\sum_{s=1}^{t}g_{s,i}^2}}}_{(14\text{-}29\text{b})}\right] \tag{14-29}$$

对不等号右边的式子,将对中括号内的部分分别放缩。同样设前半部分为式(14-29a),后半部分为式(14-29b)。对于式(14-29a),利用梯度有界假设,有

$$\sqrt{\sum_{s=1}^{T}g_{s,i}^2}\leqslant\sqrt{TG_i^2}=G_i\sqrt{T} \tag{14-30}$$

于是

$$\frac{D_i^2}{2\alpha}\sqrt{\sum_{s=1}^{T}g_{s,i}^2}\leqslant\frac{D_i^2}{2\alpha}G_i\sqrt{T} \tag{14-31}$$

关于式(14-29b)的处理相对复杂一些,主要运用数学变形,此处为证明的难点

$$\begin{aligned}\sum_{t=1}^{T}\frac{g_{t,i}^2}{\sqrt{\sum_{s=1}^{t}g_{s,i}^2}}&=\sum_{t=1}^{T}\frac{2g_{t,i}^2}{\sqrt{\sum_{s=1}^{t}g_{s,i}^2}+\sqrt{\sum_{s=1}^{t}g_{s,i}^2}}\leqslant\frac{g_{1,i}^2}{\sqrt{g_{1,i}^2}}+\sum_{t=2}^{T}\frac{2g_{t,i}^2}{\sqrt{\sum_{s=1}^{t}g_{s,i}^2}+\sqrt{\sum_{s=1}^{t-1}g_{s,i}^2}}\\&=\sqrt{g_{1,i}^2}+\sum_{t=1}^{T}\left(2\sqrt{\sum_{s=1}^{t}g_{s,i}^2}-2\sqrt{\sum_{s=1}^{t-1}g_{s,i}^2}\right)\leqslant2\sqrt{\sum_{s=1}^{T}g_{s,i}^2}\leqslant2G_i\sqrt{T}\end{aligned} \tag{14-32}$$

最后一个不等号用了放缩式(14-29a)的结论。式(14-29b)最终的放缩结果为

$$\frac{\alpha}{2}\sum_{t=1}^{T}\frac{g_{t,i}^2}{\sqrt{\sum_{s=1}^{t}g_{s,i}^2}}\leqslant\frac{\alpha}{2}\cdot 2G_i\sqrt{T}=\alpha+G_i\sqrt{T} \tag{14-33}$$

最后整理出 $R(T)$ 的上界

$$R(T)\leqslant\sum_{i=1}^{d}\left[\frac{D_i^2}{2\alpha}G_i\sqrt{T}+\alpha+G_i\sqrt{T}\right]=\sum_{i=1}^{d}\left[\frac{D_i^2}{2\alpha}+\alpha\right]G_i\sqrt{T} \tag{14-34}$$

最后设计最优学习率,在工程实践中,学习率 α 是个常数,但是在这里,为了更好地压低 $R(T)$ 上界,令 α 与维度 i 有关,即

$$\alpha=\alpha_i,\quad \alpha_{t,i}=\frac{\alpha_i}{\sqrt{\sum_{s=1}^{t}g_{s,i}^2}}$$

此时 $R(T)$ 上界变为

$$R(T)\leqslant\sum_{i=1}^{d}\left[\frac{D_i^2}{2\alpha_i}+\alpha_i\right]G_i\sqrt{T} \tag{14-35}$$

根据基本不等式,当 $\forall i,\alpha_i=D_i/\sqrt{2}$ 时,上界取最小值 $\sum_{i=1}^{d}\sqrt{2}D_iG_i\sqrt{T}$,即 $R(T)=O(T^{1/2})$,与 SGD 的上界同阶。

14.2.4 基于动量自适应算法的收敛性

基于动量自适应算法 Adam 的变量迭代式比 SGD 和 Adagrad 更复杂些($\boldsymbol{m}^{(0)}$、$\boldsymbol{v}^{(0)}$ 初始化为 0,$\boldsymbol{\theta}^{(1)}$ 随机初始化)

$$\boldsymbol{m}^{(t)}=\beta_1\boldsymbol{m}^{(t-1)}+(1-\beta_1)\boldsymbol{g}_t,\quad \boldsymbol{m}^{(t)}=\boldsymbol{m}^{(t)}/(1-\beta_1^t) \tag{14-36}$$

$$\boldsymbol{v}^{(t)}=\beta_2\boldsymbol{v}^{(t-1)}+(1-\beta_2)\boldsymbol{g}_t^2,\quad \boldsymbol{v}^{(t)}=\boldsymbol{v}^{(t)}/(1-\beta_2^t) \tag{14-37}$$

$$\boldsymbol{\theta}^{(t+1)}=\boldsymbol{\theta}^{(t)}-\alpha_t\boldsymbol{m}^{(t)}/\sqrt{\boldsymbol{v}^{(t)}} \tag{14-38}$$

其中

$$\boldsymbol{g}_t=\nabla f_t(\boldsymbol{\theta}^{(t)})$$

Adam 对比 Adagrad 有以下这些优点。

(1) 引进了动量(momentum):$\boldsymbol{g}_t\rightarrow\boldsymbol{m}^{(t)}$。

(2) 改进了 Adagrad 的分母

$$\sqrt{\sum_{s=1}^{t}\boldsymbol{g}_s^2}\rightarrow\sqrt{\boldsymbol{v}^{(t)}}=\sqrt{\sum_{s=1}^{t}(1-\beta_2)\beta_2^{t-s}\boldsymbol{g}_s^2}$$

Adagrad 中所有的梯度分配相同的权重,新梯度的影响力越来越弱;分母的数值越来越大,数值计算不稳定,引发数值溢出。

Adam 中旧梯度分配的权重越来越小,例如 $\boldsymbol{g}_1^2$ 的权重为$(1-\beta_2)\beta_2^{t-1}$,那么

$$\|\boldsymbol{v}^{(t)}\|_2\leqslant(1-\beta_2)\sum_{s=1}^{t}\beta_2^{t-s}\|\boldsymbol{g}_s^2\|_2\leqslant C(1-\beta_2^t)\leqslant C \tag{14-39}$$

在 Adagrad 证明中,将 $R(T)$ 上界具体拆分到每一维变量上,以双重求和的形式呈现

$$R(T)\leqslant\sum_{i=1}^{d}\sum_{t=1}^{T}g_{t,i}(\theta_i^{(t)}-\theta_i^*) \tag{14-40}$$

接下来从$\boldsymbol{\theta}^{(t)}$迭代式到$\langle \boldsymbol{g}_t, \boldsymbol{\theta}^{(t)} - \boldsymbol{\theta}^* \rangle$建立联系。仿照 Adagrad 证明，需要分离出$g_{t,i}(\theta_i^{(t)} - \theta_i^*)$。首先从 Adam 的迭代表达式出发，对于变量的任意一维 i，有

$$\theta_i^{(t+1)} = \theta_i^{(t)} - \alpha_t \frac{\hat{m}_i^{(t)}}{\sqrt{\hat{v}_i^{(t)}}} = \theta_i^{(t)} - \alpha_t \frac{1}{1-\beta_1^t} \frac{m_i^{(t)}}{\sqrt{\hat{v}_i^{(t)}}} = \theta_i^{(t)} - \alpha_t \frac{1}{1-\beta_1^t} \frac{\beta_1 m_i^{(t-1)} + (1-\beta_1) g_{t,i}}{\sqrt{\hat{v}_i^{(t)}}} \tag{14-41}$$

当β_1取值为常数时算法收敛性难以证明，于是令$\beta_1 = \beta_{1,t}$，即让β_1迭代次数增加，且$\beta_{1,t}$单调不增，即$\beta_{1,1} \geqslant \beta_{1,2} \geqslant \cdots \geqslant \beta_{1,t} \geqslant \cdots$也就是说动量将逐渐消失，最终$m_i$将趋近于$g_i$。此时$\theta_i^{(t+1)}$变成了

$$\theta_i^{(t+1)} = \theta_i^{(t)} - \alpha_t \frac{1}{1 - \prod_{s=1}^{t} \beta_{1,s}} \frac{\beta_{1,t} m_i^{(t-1)} + (1-\beta_{1,t}) g_{t,i}}{\sqrt{\hat{v}_i^{(t)}}} \tag{14-42}$$

从$\theta_i^{(t)}$到$\theta_i^{(t+1)}$依然是加性更新。由于形式较为复杂，考虑换元，令

$$\alpha_t \frac{1}{1 - \prod_{s=1}^{t} \beta_{1,s}} = \gamma_i \tag{14-43}$$

于是

$$\theta_i^{(t+1)} = \theta_i^{(t)} - \gamma_t \frac{\beta_{1,t} m_i^{(t-1)} + (1-\beta_{1,t}) g_{t,i}}{\sqrt{\hat{v}_i^{(t)}}} \tag{14-44}$$

接下来进行分离$g_{t,i}(\theta_i^{(t)} - \theta_i^*)$的工作。

$$\begin{aligned} \theta_i^{(t+1)} &= \theta_i^{(t)} - \gamma_t \frac{\beta_{1,t} m_i^{(t-1)} + (1-\beta_{1,t}) g_{t,i}}{\sqrt{\hat{v}_i^{(t)}}} \\ &\Rightarrow (\theta_i^{(t+1)} - \theta_i^*)^2 = \left[(\theta_i^{(t)} - \theta_i^*) - \gamma_t \frac{\beta_{1,t} m_i^{(t-1)} + (1-\beta_{1,t}) g_{t,i}}{\sqrt{\hat{v}_i^{(t)}}} \right]^2 \\ &\Rightarrow 2\gamma_t \frac{\beta_{1,t} m_i^{(t-1)} + (1-\beta_{1,t}) g_{t,i}}{\sqrt{\hat{v}_i^{(t)}}} (\theta_i^{(t)} - \theta_i^*) \\ &= (\theta_i^{(t)} - \theta_i^*)^2 - (\theta_i^{(t+1)} - \theta_i^*)^2 + \gamma_t^2 \frac{[\beta_{1,t} m_i^{(t-1)} + (1-\beta_{1,t}) g_{t,i}]^2}{\hat{v}_i^{(t)}} \end{aligned} \tag{14-45}$$

由于$\beta_{1,t} m_i^{(t-1)} + (1-\beta_{1,t}) g_{t,i} = m_i^{(t)}$，有

$$g_{t,i}(\theta_i^{(t)} - \theta_i^*) = \underbrace{\frac{\sqrt{\hat{v}_i^{(t)}} [(\theta_i^{(t)} - \theta_i^*)^2 - (\theta_i^{(t+1)} - \theta_i^*)^2]}{2\gamma_t (1-\beta_{1,t})}}_{(14\text{-}46\text{a})} \underbrace{- \frac{\beta_{1,t}}{1-\beta_{1,t}} m_i^{(t-1)} (\theta_i^{(t)} - \theta_i^*) +}_{(14\text{-}46\text{b})}$$
$$\underbrace{\frac{\gamma_t}{2(1-\beta_{1,t})} \frac{(m_i^{(t)})^2}{\sqrt{\hat{v}_i^{(t)}}}}_{(14\text{-}46\text{c})} \tag{14-46}$$

接下来将对式(14-46a)～式(14-16c)三项分别放缩。在 Adam 算法中，对$R(T)$上界的

放缩即对式(14-46)三项的放缩。关于式(14-46a),有

$$\begin{aligned}
&\sum_{t=1}^{T}\frac{\sqrt{\hat{v}_i^{(t)}}\left[(\theta_i^{(t)}-\theta_i^*)^2-(\theta_i^{(t+1)}-\theta_i^*)^2\right]}{2\gamma_t(1-\beta_{1,t})}\\
&=\sum_{t=1}^{T}\frac{\sqrt{\hat{v}_i^{(t)}}\left[(\theta_i^{(t)}-\theta_i^*)^2-(\theta_i^{(t+1)}-\theta_i^*)^2\right]}{2\alpha_t\dfrac{1}{1-\prod\limits_{s=1}^{t}\beta_{1,s}}(1-\beta_{1,t})}\\
&=\sum_{t=1}^{T}\frac{\sqrt{\hat{v}_i^{(t)}}\left[(\theta_i^{(t)}-\theta_i^*)^2-(\theta_i^{(t+1)}-\theta_i^*)^2\right](1-\prod\limits_{s=1}^{t}\beta_{1,s})}{2\alpha_t(1-\beta_{1,t})}\\
&\leqslant\sum_{t=1}^{T}\frac{\sqrt{\hat{v}_i^{(t)}}\left[(\theta_i^{(t)}-\theta_i^*)^2-(\theta_i^{(t+1)}-\theta_i^*)^2\right]}{2\alpha_t(1-\beta_{1,1})}
\end{aligned}\tag{14-47}$$

随即错位重组求和

$$\begin{aligned}
&\sum_{t=1}^{T}\frac{\sqrt{\hat{v}_i^{(t)}}\left[(\theta_i^{(t)}-\theta_i^*)^2-(\theta_i^{(t+1)}-\theta_i^*)^2\right]}{2\gamma_t(1-\beta_{1,t})}\\
&\leqslant\sum_{t=1}^{T}\frac{\sqrt{\hat{v}_i^{(t)}}(\theta_i^{(t)}-\theta_i^*)^2}{2\alpha_t(1-\beta_{1,1})}-\frac{\sqrt{\hat{v}_i^{(t)}}(\theta_i^{(t+1)}-\theta_i^*)^2}{2\alpha_t(1-\beta_{1,1})}\\
&=\frac{\sqrt{\hat{v}_i^{(1)}}(\theta_i^{(1)}-\theta_i^*)^2}{2\alpha_1(1-\beta_{1,1})}-\frac{\sqrt{\hat{v}_i^{(T)}}(\theta_i^{(T+1)}-\theta_i^*)^2}{2\alpha_T(1-\beta_{1,1})}+\\
&\underbrace{\sum_{t=2}^{T}(\theta_i^{(t)}-\theta_i^*)^2\cdot\left[\frac{\sqrt{\hat{v}_i^{(t)}}}{2\alpha_t(1-\beta_{1,1})}-\frac{\sqrt{\hat{v}_i^{(t-1)}}}{2\alpha_{t-1}(1-\beta_{1,1})}\right]}_{(14\text{-}48\text{a})}
\end{aligned}\tag{14-48}$$

重点看第三项式(14-48a),这一项的放缩时常为人诟病,因为它是有条件的,当$\dfrac{\sqrt{\hat{v}_i^{(t)}}}{\alpha_t}\geqslant\dfrac{\sqrt{\hat{v}_i^{(t-1)}}}{\alpha_{t-1}}$对任意 t 恒成立时

$$\begin{aligned}
&\sum_{t=2}^{T}(\theta_i^{(t)}-\theta_i^*)^2\cdot\left[\frac{\sqrt{\hat{v}_i^{(t)}}}{2\alpha_t(1-\beta_{1,1})}-\frac{\sqrt{\hat{v}_i^{(t-1)}}}{2\alpha_{t-1}(1-\beta_{1,1})}\right]\\
&\leqslant\sum_{t=2}^{T}D_i^2\cdot\left[\frac{\sqrt{\hat{v}_i^{(t)}}}{2\alpha_t(1-\beta_{1,1})}-\frac{\sqrt{\hat{v}_i^{(t-1)}}}{2\alpha_{t-1}(1-\beta_{1,1})}\right]\\
&=D_i^2\left[\frac{\sqrt{\hat{v}_i^{(T)}}}{2\alpha_T(1-\beta_{1,1})}-\frac{\sqrt{\hat{v}_i^{(1)}}}{2\alpha_1(1-\beta_{1,1})}\right]
\end{aligned}\tag{14-49}$$

其中用到了变量有界假设。需要注意的是,Adam 算法不能使$\dfrac{\sqrt{\hat{v}_i^{(t)}}}{\alpha_t}\geqslant\dfrac{\sqrt{\hat{v}_i^{(t-1)}}}{\alpha_{t-1}}$对任意 t 恒成立,于是 AMSgrad 被提出,补上了这一漏洞。因为

$$-\frac{\sqrt{\hat{v}_i^{(T)}}\,(\theta_i^{(T+1)}-\theta_i^{*})^2}{2\alpha_T(1-\beta_{1,1})}\leqslant 0,\quad \frac{\sqrt{\hat{v}_i^{(1)}}\,(\theta_i^{(1)}-\theta_i^{*})^2}{2\alpha_1(1-\beta_{1,1})}\leqslant\frac{D_i^2\sqrt{\hat{v}_i^{(1)}}}{2\alpha_1(1-\beta_{1,1})} \tag{14-50}$$

于是式(14-46a)放缩到

$$\begin{aligned}&\sum_{t=1}^{T}\frac{\sqrt{\hat{v}_i^{(t)}}\,[(\theta_i^{(t)}-\theta_i^{*})^2-(\theta_i^{(t+1)}-\theta_i^{*})^2]}{2\gamma_t(1-\beta_{1,t})}\\ &\leqslant\left[\frac{D_i^2\sqrt{\hat{v}_i^{(T)}}}{2\alpha_T(1-\beta_{1,1})}-\frac{D_i^2\sqrt{\hat{v}_i^{(1)}}}{2\alpha_1(1-\beta_{1,1})}\right]+\frac{D_i^2\sqrt{\hat{v}_i^{(1)}}}{2\alpha_1(1-\beta_{1,1})}\\ &\leqslant\frac{D_i^2\sqrt{\hat{v}_i^{(T)}}}{2\alpha_T(1-\beta_{1,1})}\end{aligned} \tag{14-51}$$

接下来关注 $\hat{v}_i^{(T)}$ 以便进一步放缩，由于 $v_i^{(t)}=(1-\beta_2)\sum_{s=1}^{t}\beta_2^{t-s}g_{s,i}^2$，借此机会探索 $\hat{v}_i^{(t)}$ 和 $v_i^{(t)}$ 的有界性，运用梯度有界假设：

$$\left.\begin{aligned}+v_i^{(t)}\leqslant\\ +\hat{v}_i^{(t)}=+\end{aligned}\right\}+\frac{v_i^{(t)}}{1-\beta_2^t}\leqslant\frac{(1-\beta_2)\sum_{s=1}^{t}\beta_2^{t-s}G_i^2}{1-\beta_2^t}=\frac{G_i^2(1-\beta_2^t)}{1-\beta_2^t}=G_i^2 \tag{14-52}$$

最终式(14-46a)放缩到

$$\sum_{t=1}^{T}\frac{\sqrt{\hat{v}_i^{(t)}}\,[(\theta_i^{(t)}-\theta_i^{*})^2-(\theta_i^{(t+1)}-\theta_i^{*})^2]}{2\gamma_t(1-\beta_{1,t})}\leqslant\frac{D_i^2\sqrt{\hat{v}_i^{(T)}}}{2\alpha_T(1-\beta_{1,1})}\leqslant\frac{D_i^2G_i}{2\alpha_T(1-\beta_{1,1})} \tag{14-53}$$

保留 α_T 以便后续设计最优学习率。

关于式(14-46b)，首先运用变量有界假设

$$\sum_{t=1}^{T}-\frac{\beta_{1,t}}{1-\beta_{1,t}}m_i^{(t-1)}(\theta_i^{(t)}-\theta_i^{*})=\sum_{t=1}^{T}\frac{\beta_{1,t}}{1-\beta_{1,t}}m_i^{(t-1)}[-(\theta_i^{(t)}-\theta_i^{*})]\leqslant\sum_{t=1}^{T}\frac{\beta_{1,t}}{1-\beta_{1,t}}|m_i^{(t-1)}|D_i \tag{14-54}$$

接着关注 tex=$m_i^{(t-1)}$

$$\begin{aligned}m_i^{(t)}&=\beta_{1,t}m_i^{(t-1)}+(1-\beta_{1,t})g_{t,i}\\ &=\beta_{1,t}\beta_{1,t-1}m_i^{(t-2)}+\beta_{1,t}(1-\beta_{1,t-1})g_{t-1,i}+(1-\beta_{1,t})g_{t,i}\\ &=\beta_{1,t}\beta_{1,t-1}\beta_{1,t-2}m_i^{(t-3)}+\beta_{1,t}\beta_{1,t-1}(1-\beta_{1,t-2})g_{t-2,i}+\\ &\quad\beta_{1,t}(1-\beta_{1,t-1})g_{t-1,i}+(1-\beta_{1,t})g_{t,i}\\ &=\beta_{1,t}\beta_{1,t-1}\cdots\beta_{1,1}m_i^{(0)}+\beta_{1,t}\beta_{1,t-1}\cdots(1-\beta_{1,1})g_{1,i}+\cdots+\\ &\quad\beta_{1,t}\beta_{1,t-1}(1-\beta_{1,t-2})g_{t-2,i}+\beta_{1,t}(1-\beta_{1,t-1})g_{t-1,i}+(1-\beta_{1,t})g_{t,i}\\ &\overset{(14\text{-}55a)}{=}\beta_{1,t}\beta_{1,t-1}\cdots(1-\beta_{1,1})g_{1,i}+\cdots+\beta_{1,t}\beta_{1,t-1}(1-\beta_{1,t-2})g_{t-2,i}+\\ &\quad\beta_{1,t}(1-\beta_{1,t-1})g_{t-1,i}+(1-\beta_{1,t})g_{t,i}\\ &=\sum_{s=1}^{t}(1-\beta_{1,s})\Big(\prod_{k=s+1}^{t}\beta_{1,k}\Big)g_{s,i}\end{aligned} \tag{14-55}$$

其中式(14-55a)处因为 $m_i^{(0)}=0$。此时运用梯度有界假设，对任意 t 都有

$$|m_i^{(t)}|\leqslant\sum_{s=1}^{t}(1-\beta_{1,s})\left(\prod_{r=s+1}^{t}\beta_{1,r}\right)|g_{s,i}|\leqslant\sum_{s=1}^{t}(1-\beta_{1,s})\left(\prod_{r=s+1}^{t}\beta_{1,r}\right)G_i=G_i\left(1-\prod_{s=1}^{t}\beta_{1,s}\right)\leqslant G_i \tag{14-56}$$

这样就能放缩式(14-46b)为

$$\sum_{t=1}^{T}-\frac{\beta_{1,t}}{1-\beta_{1,t}}m_i^{(t-1)}(\theta_i^{(t)}-\theta_i^{*})\leqslant\sum_{t=1}^{T}\frac{\beta_{1,t}}{1-\beta_{1,t}}G_iD_i=G_iD_i\sum_{t=1}^{T}\frac{\beta_{1,t}}{1-\beta_{1,t}} \tag{14-57}$$

关于式(14-46c),重点研究$\frac{(m_i^{(t)})^2}{\sqrt{\hat{v}_i^{(t)}}}=\sqrt{1-\beta_2^t}\frac{(m_i^{(t)})^2}{\sqrt{v_i^{(t)}}}\leqslant\frac{(m_i^{(t)})^2}{\sqrt{v_i^{(t)}}}$,分别看分子和分母

$$m_i^{(t)}=\sum_{s=1}^{t}(1-\beta_{1,s})\left(\prod_{r=s+1}^{t}\beta_{1,r}\right)g_{s,i}+v_i^{(t)}=(1-\beta_2)\sum_{s=1}^{t}\beta_2^{t-s}g_{s,i}^2 \tag{14-58}$$

在充分考虑 $m_i^{(t)}$ 和 $v_i^{(t)}$ 的形式后,对 $(m_i^{(t)})^2$ 做如下变换

$$(m_i^{(t)})^2=\left(\sum_{s=1}^{t}\frac{(1-\beta_{1,s})\left(\prod_{r=s+1}^{t}\beta_{1,r}\right)}{\sqrt{(1-\beta_2)\beta_2^{t-s}}}\cdot\sqrt{(1-\beta_2)\beta_2^{t-s}}g_{s,i}\right)^2 \tag{14-59}$$

这样的变换方便应用柯西不等式

$$\begin{aligned}(m_i^{(t)})^2&=\left(\sum_{s=1}^{t}\frac{(1-\beta_{1,s})\left(\prod_{r=s+1}^{t}\beta_{1,r}\right)}{\sqrt{(1-\beta_2)\beta_2^{t-s}}}\cdot\sqrt{(1-\beta_2)\beta_2^{t-s}}g_{s,i}\right)^2\\&\leqslant\sum_{s=1}^{t}\left(\frac{(1-\beta_{1,s})\left(\prod_{r=s+1}^{t}\beta_{1,r}\right)}{\sqrt{(1-\beta_2)\beta_2^{t-s}}}\right)^2\cdot\sum_{s=1}^{t}\left(\sqrt{(1-\beta_2)\beta_2^{t-s}}g_{s,i}\right)^2\\&=\sum_{s=1}^{t}\frac{(1-\beta_{1,s})^2\left(\prod_{r=s+1}^{t}\beta_{1,r}\right)^2}{(1-\beta_2)\beta_2^{t-s}}\cdot\underbrace{\sum_{s=1}^{t}(1-\beta_2)\beta_2^{t-s}g_{s,i}^2}_{v_i^{(t)}}\end{aligned} \tag{14-60}$$

这样就能处理式(14-46c),有

$$\begin{aligned}&\sum_{t=1}^{T}\frac{\gamma_t}{2(1-\beta_{1,t})}\cdot\frac{(m_i^{(t)})^2}{\sqrt{\hat{v}_i^{(t)}}}\\&\leqslant\sum_{t=1}^{T}\frac{\gamma_t}{2(1-\beta_{1,t})}\cdot\sum_{s=1}^{t}\frac{(1-\beta_{1,s})^2\left(\prod_{r=s+1}^{t}\beta_{1,r}\right)^2}{(1-\beta_2)\beta_2^{t-s}}\cdot\frac{\sum_{s=1}^{t}(1-\beta_2)\beta_2^{t-s}g_{s,i}^2}{\sqrt{\sum_{s=1}^{t}(1-\beta_2)\beta_2^{t-s}g_{s,i}^2}}\\&=\sum_{t=1}^{T}\frac{\gamma_t}{2(1-\beta_{1,t})}\sum_{s=1}^{t}\frac{(1-\beta_{1,s})^2\left(\prod_{r=s+1}^{t}\beta_{1,r}\right)^2}{(1-\beta_2)\beta_2^{t-s}}\sqrt{v_i^{(t)}}\\&\leqslant\sum_{t=1}^{T}\frac{\gamma_t}{2(1-\beta_{1,t})}\cdot\sum_{s=1}^{t}\frac{(1-\beta_{1,s})^2\left(\prod_{r=s+1}^{t}\beta_{1,r}\right)^2}{(1-\beta_2)\beta_2^{t-s}}\cdot+G_i\end{aligned} \tag{14-61}$$

最后一步放缩利用了 $v_i^{(t)}$ 的有界性。

对于式(14-46a)，当$\frac{\sqrt{\hat{v}_i^{(t)}}}{\alpha_t}\geqslant\frac{\sqrt{\hat{v}_i^{(t-1)}}}{\alpha_{t-1}}$对任意 t 恒成立时，

$$\sum_{t=1}^{T}\frac{\sqrt{v_i^{(t)}}\left[(\theta_i^{(t)}-\theta_i^*)^2-(\theta_i^{(t+1)}-\theta_i^*)^2\right]}{2\gamma_t(1-\beta_{1,t})}\leqslant\frac{D_i^2G_i}{2\alpha_T(1-\beta_{1,1})} \tag{14-62}$$

对于式(11-46b)

$$\sum_{t=1}^{T}-\frac{\beta_{1,t}}{1-\beta_{1,t}}m_i^{(t-1)}(\theta_i^{(t)}-\theta_i^*)\leqslant+G_iD_i\sum_{t=1}^{T}\frac{\beta_{1,t}}{1-\beta_{1,t}} \tag{14-63}$$

对于式(14-46c)

$$\sum_{t=1}^{T}\frac{\gamma_t}{2(1-\beta_{1,t})}\frac{(m_i^{(t)})^2}{\sqrt{\hat{v}_i^{(t)}}}\leqslant G_i\sum_{t=1}^{T}\frac{\gamma_t}{2(1-\beta_{1,t})}\cdot\sum_{s=1}^{t}\frac{(1-\beta_{1,s})^2\left(\prod_{r=s+1}^{t}\beta_{1,r}\right)^2}{(1-\beta_2)\beta_2^{t-s}} \tag{14-64}$$

因此 $R(T)$ 上界为

$$\begin{aligned}R(T)&\leqslant\sum_{i=1}^{d}\frac{D_i^2G_i}{2\alpha_T(1-\beta_{1,1})}+\sum_{i=1}^{d}G_iD_i\sum_{t=1}^{T}\frac{\beta_{1,t}}{1-\beta_{1,t}}+\\&\quad\sum_{i=1}^{d}G_i\sum_{t=1}^{T}\frac{\gamma_t}{2(1-\beta_{1,t})}\cdot\sum_{s=1}^{t}\frac{(1-\beta_{1,s})^2\left(\prod_{r=s+1}^{t}\beta_{1,r}\right)^2}{(1-\beta_2)\beta_2^{t-s}}\\&=\frac{\sum_{i=1}^{d}D_i^2G_i}{2\alpha_T(1-\beta_{1,1})}+\left(\sum_{i=1}^{d}G_iD_i\right)\left(\sum_{t=1}^{T}\frac{\beta_{1,t}}{1-\beta_{1,t}}\right)+\\&\quad\left(\sum_{i=1}^{d}G_i\right)\left[\sum_{t=1}^{T}\frac{\gamma_t}{2(1-\beta_{1,t})}\cdot\sum_{s=1}^{t}\frac{(1-\beta_{1,s})^2\left(\prod_{r=s+1}^{t}\beta_{1,r}\right)^2}{(1-\beta_2)\beta_2^{t-s}}\right]\end{aligned} \tag{14-65}$$

最后设计最优超参数。本节关注超参数 $\{\gamma_t\}$、$\{\beta_{1,t}\}$、β_2 的设计。

(1) $\beta_{1,t}\in(0,1)$，$\forall t$，随迭代步数递减，即 $\beta_{1,1}\geqslant\beta_{1,2}\geqslant\cdots\geqslant\beta_{1,T}\geqslant\cdots$。

(2) $\beta_2\in(0,1)$，$\frac{\beta_{1,t}}{\sqrt{\beta_2}}\leqslant\sqrt{c}<1$，$\forall t$。

根据 $\{\beta_{1,t}\}$ 和 β_2 继续放缩，式(14-46a)保持不变

$$\frac{\sum_{i=1}^{d}D_i^2G_i}{2\alpha_T(1-\beta_{1,1})} \tag{14-66}$$

式(14-46b)变化为

$$\left(\sum_{i=1}^{d}G_iD_i\right)\left(\sum_{t=1}^{T}\frac{\beta_{1,t}}{1-\beta_{1,t}}\right)\leqslant\left(\sum_{i=1}^{d}G_iD_i\right)\left(\frac{1}{1-\beta_{1,1}}\sum_{t=1}^{T}\beta_{1,t}\right) \tag{14-67}$$

式(14-46c)变化为

$$
\begin{aligned}
&(\sum_{i=1}^{d} G_i)\cdot\sum_{t=1}^{T}\frac{\gamma_t}{2(1-\beta_{1,t})}\cdot\sum_{s=1}^{t}\frac{(1-\beta_{1,s})^2(\prod_{r=s+1}^{t}\beta_{1,r})^2}{(1-\beta_2)\beta_2^{t-s}}\\
&=(\sum_{i=1}^{d} G_i)\cdot\sum_{t=1}^{T}\frac{\alpha_t}{2(1-\beta_{1,t})(1-\prod_{s=1}^{t}\beta_{1,s})}\cdot\sum_{s=1}^{t}\left(\frac{1-\beta_{1,s}}{\sqrt{1-\beta_2}}\right)^2\prod_{r=s+1}^{t}\left(\frac{\beta_{1,r}}{\sqrt{\beta_2}}\right)^2\\
&\overset{(14\text{-}68\text{a})}{\leqslant}(\sum_{i=1}^{d} G_i)\cdot\sum_{t=1}^{T}\frac{\alpha_t}{2(1-\beta_{1,1})^2(1-\beta_2)}\sum_{s=1}^{t}\prod_{r=s+1}^{t}c\\
&=(\sum_{i=1}^{d} G_i)\cdot\sum_{t=1}^{T}\frac{\alpha_t}{2(1-\beta_{1,1})^2(1-\beta_2)(1-c)}\\
&=(\sum_{i=1}^{d} G_i)\cdot\frac{\sum_{t=1}^{T}\alpha_t}{2(1-\beta_{1,1})^2(1-\beta_2)(1-c)}
\end{aligned}
\tag{14-68}
$$

其中得到式(14-68a)的依据是$\frac{\beta_{1,t}}{\sqrt{\beta_2}}\leqslant\sqrt{c}<1$。至此,$R(T)$上界的数量级仅与$\frac{1}{\alpha_T}$、$\sum_{t=1}^{T}\beta_{1,t}$、$\sum_{t=1}^{T}\alpha_t$有关。根据SGD中结论,如果

$$
\alpha_t=\frac{C}{t^p},\quad \frac{1}{\alpha_T}=\mathcal{O}(T^p),\quad \sum_{t=1}^{T}\alpha_t=\mathcal{O}(T^{1-p})
$$

当$p=1/2$时,取到最优上界$\mathcal{O}(T^{1/2})$,这意味着$R(T)$的最优上界不会低于$\mathcal{O}(T^{\frac{1}{2}})$。如果希望$\beta_1$衰减尽可能慢(动量项衰减尽可能慢),可使$\beta_{1,t}=\frac{\beta_1}{\sqrt{t}}$。这样$\sum_{t=1}^{T}\beta_{1,t}=\mathcal{O}(T^{\frac{1}{2}})$,$R(T)$的数量级也就维持在最优状态$\mathcal{O}(T^{\frac{1}{2}})$。

14.3 非线性神经网络的收敛性

在优化函数非凸的情况下,当目标函数的梯度消失时,算法收敛。并且最优解由全局最优解放宽为局部最优解。在放宽了目标函数对 convexity 的限制后,将判定收敛的指标调整为$E(T)$,进一步分析SGD和Adam的收敛性。

14.3.1 基本假设与判定指标

本节将放宽收敛性分析的限制。首先介绍拓展之后的变量迭代表达式,其次介绍目标函数与判定收敛的指标,最后介绍基本假设。

1. 变量迭代表达式

拓展SGD算法相比朴素的SGD多出了动量的部分,让历史值与当前的更新增量值做加权和。对于动量SGD变量迭代(动量SGD)有

$$
\begin{aligned}
t=1:&\quad \boldsymbol{\theta}^{(t+1)}=\boldsymbol{\theta}^{(t)}-\alpha_t\boldsymbol{g}_t\\
t\geqslant 2:&\quad \boldsymbol{\theta}^{(t+1)}=\boldsymbol{\theta}^{(t)}-\alpha_t\boldsymbol{g}_t+\beta(\boldsymbol{\theta}^{(t)}-\boldsymbol{\theta}^{(t-1)})
\end{aligned}
\tag{14-69}
$$

另一种叫 NAG 变量迭代(简称为 NAG),形如

$$\begin{aligned} t=1:\quad & \boldsymbol{\theta}^{(t+1)}=\boldsymbol{\theta}^{(t)}-\alpha_t\boldsymbol{g}_t-\beta\alpha_t\boldsymbol{g}_t \\ t\geqslant 2:\quad & \boldsymbol{\theta}^{(t+1)}=\boldsymbol{\theta}^{(t)}-\alpha_t\boldsymbol{g}_t+\beta[(\boldsymbol{\theta}^{(t)}-\alpha_t\boldsymbol{g}_t)-(\boldsymbol{\theta}^{(t-1)}-\alpha_{t-1}\boldsymbol{g}_{t-1})] \end{aligned} \tag{14-70}$$

它们可以统一表达为

$$\begin{aligned} t=1:\quad & \boldsymbol{\theta}^{(t+1)}=\boldsymbol{\theta}^{(t)}-\alpha_t\boldsymbol{g}_t-\beta s\alpha_t\boldsymbol{g}_t \\ t\geqslant 2:\quad & \boldsymbol{\theta}^{(t+1)}=\boldsymbol{\theta}^{(t)}-\alpha_t\boldsymbol{g}_t+\beta[(\boldsymbol{\theta}^{(t)}-s\alpha_t\boldsymbol{g}_t)-(\boldsymbol{\theta}^{(t-1)}-s\alpha_{t-1}\boldsymbol{g}_{t-1})] \end{aligned} \tag{14-71}$$

其中 $s=0$(动量 SGD)或 1(NAG)。

动量 SGD 与 NAG 的表达方式并不唯一。定义$\boldsymbol{v}^{(1)}=\boldsymbol{0}$,那么对于动量 SGD 有

$$\boldsymbol{v}^{(t+1)}=\beta\boldsymbol{v}^{(t)}-\alpha_t\boldsymbol{g}_t,\quad \boldsymbol{\theta}^{(t+1)}=\boldsymbol{\theta}^{(t)}+\boldsymbol{v}^{(t+1)} \tag{14-72}$$

对于 NAG 有

$$\boldsymbol{v}^{(t+1)}=\beta\boldsymbol{v}^{(t)}-\alpha_t\nabla f_t(\boldsymbol{\omega}^{(t)}+\beta\boldsymbol{v}^{(t)}),\quad \boldsymbol{\omega}^{(t+1)}=\boldsymbol{\omega}^{(t)}+\boldsymbol{v}^{(t+1)} \tag{14-73}$$

$$\boldsymbol{v}^{(t+1)}=\beta\boldsymbol{v}^{(t)}-\alpha_t\boldsymbol{g}_t,\quad \boldsymbol{\theta}^{(t+1)}=\boldsymbol{\theta}^{(t)}+\beta\boldsymbol{v}^{(t+1)}-\alpha_t\boldsymbol{g}_t \tag{14-74}$$

首先证明上述两种 NAG 的表达式是等价的。代换变量 $\boldsymbol{w}^{(t)}+\beta\boldsymbol{v}^{(t)}=\boldsymbol{\theta}^{(t)}$($\theta$ 为变量),于是

$$\boldsymbol{v}^{(t+1)}=\beta\boldsymbol{v}^{(t)}-\alpha_t\nabla f_t(\boldsymbol{\omega}^{(t)}+\beta\boldsymbol{v}^{(t)})\Rightarrow\boldsymbol{v}^{(t+1)}=\beta\boldsymbol{v}^{(t)}-\alpha_t\nabla f_t(\boldsymbol{\theta}^{(t)})\Rightarrow\boldsymbol{v}^{(t+1)}=\beta\boldsymbol{v}^{(t)}-\alpha_t\boldsymbol{g}_t \tag{14-75}$$

$$\begin{aligned} \boldsymbol{\omega}^{(t+1)}=\boldsymbol{\omega}^{(t)}+\boldsymbol{v}^{(t+1)} & \Rightarrow\boldsymbol{\theta}^{(t+1)}-\beta\boldsymbol{v}^{(t+1)}=\boldsymbol{\theta}^{(t)}-\beta\boldsymbol{v}^{(t)}+\boldsymbol{v}^{(t+1)} \\ & \Rightarrow\boldsymbol{\theta}^{(t+1)}=\boldsymbol{\theta}^{(t)}+\beta\boldsymbol{v}^{(t+1)}+(\boldsymbol{v}^{(t+1)}-\beta\boldsymbol{v}^{(t)}) \\ & \Rightarrow\boldsymbol{\theta}^{(t+1)}=\boldsymbol{\theta}^{(t)}+\beta\boldsymbol{v}^{(t+1)}+(-\alpha_t\boldsymbol{g}_t)\Rightarrow\boldsymbol{\theta}^{(t+1)}=\boldsymbol{\theta}^{(t)}+\beta\boldsymbol{v}^{(t+1)}-\alpha_t\boldsymbol{g}_t \end{aligned} \tag{14-76}$$

因此两种 NAG 写法等价。

下面证明等价写法,对于动量 SGD,当 $t=1$ 时,$\boldsymbol{\theta}^{(t+1)}=\boldsymbol{\theta}^{(t)}-\alpha_t\boldsymbol{g}_t$;当 $t\geqslant 2$ 时,

$$\begin{cases}\boldsymbol{v}^{(t+1)}=\beta\boldsymbol{v}^{t}-\alpha_t\boldsymbol{g}_t\\ \boldsymbol{\theta}^{(t+1)}=\boldsymbol{\theta}^{(t)}+\boldsymbol{v}^{(t+1)}\end{cases}\Rightarrow\begin{cases}\boldsymbol{\theta}^{(t)}-\boldsymbol{\theta}^{(t-1)}=\boldsymbol{v}^{(t)}\\ \boldsymbol{\theta}^{(t+1)}=\boldsymbol{\theta}^{(t)}+\beta\boldsymbol{v}^{(t)}-\alpha_t\boldsymbol{g}_t\end{cases}\Rightarrow\boldsymbol{\theta}^{(t+1)}=\boldsymbol{\theta}^{(t)}-\alpha_t\boldsymbol{g}_t+\beta(\boldsymbol{\theta}^{(t)}-\boldsymbol{\theta}^{(t-1)}) \tag{14-77}$$

对于 NAG,当 $t=1$ 时,$\boldsymbol{\theta}^{(t+1)}=\boldsymbol{\theta}^{(t)}-\alpha_t\boldsymbol{g}_t-\beta\alpha_t\boldsymbol{g}_t$;当 $t\geqslant 2$ 时,

$$\begin{aligned} \begin{cases}\boldsymbol{v}^{(t+1)}=\beta\boldsymbol{v}^{(t)}-\alpha_t\boldsymbol{g}_t\\ \boldsymbol{\theta}^{(t+1)}=\boldsymbol{\theta}^{(t)}+\beta\boldsymbol{v}^{(t+1)}-\alpha_t\boldsymbol{g}_t\end{cases} & \Rightarrow\begin{cases}\boldsymbol{v}^{(t+1)}=\beta\boldsymbol{v}^{(t)}-\alpha_t\boldsymbol{g}_t\\ \boldsymbol{\theta}^{(t)}=\boldsymbol{\theta}^{(t-1)}+\beta\boldsymbol{v}^{(t)}-\alpha_{t-1}\boldsymbol{g}_{t-1}\\ \boldsymbol{\theta}^{(t+1)}=\boldsymbol{\theta}^{(t)}+\beta\boldsymbol{v}^{(t+1)}-\alpha_t\boldsymbol{g}_t\end{cases} \\ & \Rightarrow\begin{cases}(\boldsymbol{\theta}^{(t)}-\alpha_t\boldsymbol{g}_t)-(\boldsymbol{\theta}^{(t-1)}-\alpha_{t-1}\boldsymbol{g}_{t-1})=\boldsymbol{v}^{(t+1)}\\ \boldsymbol{\theta}^{(t+1)}=\boldsymbol{\theta}^{(t)}+\beta\boldsymbol{v}^{(t+1)}-\alpha_t\boldsymbol{g}_t\end{cases} \\ & \Rightarrow\boldsymbol{\theta}^{(t+1)}=\boldsymbol{\theta}^{(t)}-\alpha_t\boldsymbol{g}_t+\beta((\boldsymbol{\theta}^{(t)}-\alpha_t\boldsymbol{g}_t)-(\boldsymbol{\theta}^{(t-1)}-\alpha_{t-1}\boldsymbol{g}_{t-1})) \end{aligned} \tag{14-78}$$

因此,拓展之后的变量迭代表达式中$\boldsymbol{\theta}^{(t+1)}$在时序上与$\boldsymbol{\theta}^{(t)}$、$\boldsymbol{\theta}^{(t-1)}$均有关,而之前朴素 SGD 算法中$\boldsymbol{\theta}^{(t+1)}$仅与$\boldsymbol{\theta}^{(t)}$有关。拓展 SGD 算法相比朴素的 SGD 多出了动量的部分。动量的计算可以是$\boldsymbol{\theta}^{(t)}-\boldsymbol{\theta}^{(t-1)}$(不包含梯度),也可以是$\boldsymbol{\theta}^{(t)}$ $(\boldsymbol{\theta}^{(t)}-\alpha_t\boldsymbol{g}_t)$ $(\boldsymbol{\theta}^{(t-1)}-\alpha_{t-1}\boldsymbol{g}_{t-1})$(包含梯

度)。

2. 目标函数与判定收敛的指标

因为任意 $f_t(\boldsymbol{\theta})$都是关于$\boldsymbol{\theta}$的凸函数这一假设太过严苛(只有线性回归、逻辑回归满足要求),严重脱离工程实际,所以考虑放宽这一假设。对于非凸的目标函数,在 $t\to\infty$时,$\boldsymbol{\theta}^{(t)}$不一定趋于$\boldsymbol{\theta}^*$,$R(T)/T$ 也就不一定趋于 0,因此有必要调整判定收敛的指标。

对于无限制条件的非凸优化问题,一般认为当目标函数的梯度消失时,算法收敛。由于目标函数非凸,不得不牺牲全局最优解,转而接受局部最优解。然而问题还没有全部解决。对于传统的非凸优化问题,它的目标函数是明确给定的,与时刻 t 无关,但是在深度学习领域这是不现实的,尤其是在推荐系统中,训练样本是源源不断地涌过来的。在这样的应用场景中,考虑定义一个抽象的目标函数

$$f(\boldsymbol{\theta})=\lim_{T\to\infty}\frac{1}{T}\sum_{t=1}^{T}f_t(\boldsymbol{\theta}) \tag{14-79}$$

把 $f_t(\boldsymbol{\theta})$看作随机函数 $f(\boldsymbol{\theta};\boldsymbol{w})$的样本,根据大数定理,

$$f(\boldsymbol{\theta})=\lim_{T\to\infty}\frac{1}{T}\sum_{t=1}^{T}f_t(\boldsymbol{\theta})=E_{\boldsymbol{\omega}}[f(\boldsymbol{\theta};\boldsymbol{\omega})] \tag{14-80}$$

对上述这些符号表达式做一些解释,$f(\boldsymbol{\theta};\boldsymbol{w})$是一个随机函数,$\boldsymbol{\theta}$ 是参数,$\boldsymbol{w}$ 是随机源,源自训练样本的特征 x 和标签 y;$f_t(\boldsymbol{\theta})$是随机函数 $f(\theta;w)$在 t 时刻的实现(也叫样本),具有随机性;$f_t(\boldsymbol{\theta})$是关于$\boldsymbol{\theta}$的确定性函数,产生自无限多个 $f_t(\boldsymbol{\theta})$的均值,趋近于总体均值,无随机性。要优化的目标函数是 $f(\boldsymbol{\theta})$,这是一个全局却不可知的函数;只能通过获取尽量多的 $f_t(\boldsymbol{\theta})$来接近 $f(\boldsymbol{\theta})$。有了这些知识储备,初步认识一下判定收敛的指标:

$$E(T)=\min_{t=1,2,\cdots,T}E[\|\nabla f(\boldsymbol{\theta}^{(t)})\|_2^2] \tag{14-81}$$

从表达式可以看出,$E(T)$是一系列梯度模值平方的期望的最小值,也就是说,只要有某一个时刻梯度消失了,算法就收敛了。在正式接受这个指标之前,要意识到,这个判定收敛的指标是比较弱的:它只要求存在时刻 t 使梯度消失,并没有要求当 t 大于某时刻 t_0 时,梯度(必然、几乎必然、以概率 1)消失;也就是说,如果任由算法无休止地运行下去,算法可能会发散。

详细地剖析一下 $E(T)$,重点关注 $E[\|\nabla f(\boldsymbol{\theta}^{(t)})\|_2^2]$。为什么要对 $\|\nabla f(\boldsymbol{\theta}^{(t)})\|_2^2$ 求期望呢?知道函数 f 是个确定性函数,同样的输入会产生同样的输出,不存在随机性,那么必然是$\boldsymbol{\theta}^{(t)}$存在随机性。联想$\boldsymbol{\theta}^{(t)}$的迭代表达式为

$$\begin{aligned}
t=1:&\quad \boldsymbol{\theta}^{(t+1)}=\boldsymbol{\theta}^{(t)}-\alpha_t\boldsymbol{g}_t-\beta s\alpha_t\boldsymbol{g}_t\\
t\geqslant 2:&\quad \boldsymbol{\theta}^{(t+1)}=\boldsymbol{\theta}^{(t)}-\alpha_t\boldsymbol{g}_t+\beta[(\boldsymbol{\theta}^{(t)}-s\alpha_t\boldsymbol{g}_t)-(\boldsymbol{\theta}^{(t-1)}-s\alpha_{t-1}\boldsymbol{g}_{t-1})]
\end{aligned} \tag{14-82}$$

$\boldsymbol{\theta}^{(1)}$是初始值,无随机性;$\boldsymbol{\theta}^{(2)}$与$\boldsymbol{\theta}^{(1)}$、$\boldsymbol{g}_1$ 有关,$\boldsymbol{g}_1=\nabla f_1[\boldsymbol{\theta}^{(1)}]$,由于 f_1 具有随机性,令$\nabla f_1[\boldsymbol{\theta}^{(1)}]=\nabla f_1[\boldsymbol{\theta}^{(1)}]+n_1$,那么$\boldsymbol{\theta}^{(2)}$与随机变量 n_1 有关;$\boldsymbol{\theta}^{(3)}$与$\boldsymbol{\theta}^{(2)}$、$\boldsymbol{g}_2$、$\boldsymbol{\theta}^{(1)}$、$\boldsymbol{g}_1$ 有关,$\boldsymbol{\theta}^{(2)}$又与$\boldsymbol{\theta}^{(1)}$、$\boldsymbol{g}_1$ 有关,由于 f_2 也具有随机性,同样令$\nabla f_2[\boldsymbol{\theta}^{(2)}]=\nabla f_2[\boldsymbol{\theta}^{(2)}]+n_2$,那么$\boldsymbol{\theta}^{(3)}$与随机变量 n_1、n_2 有关。通过上面的推导,可以大胆地得出:$\boldsymbol{\theta}^{(t)}$与随机变量 $n_1,n_2,\cdots,n_{t-1}$ 有关(与 n_t 无关),因为$\boldsymbol{\theta}^{(t)}$与 $\boldsymbol{g}_1,\boldsymbol{g}_2,\cdots,\boldsymbol{g}_{t-1}$ 都有关(与 $\boldsymbol{g}_t$ 无关)。为了在求期望时表现出这一规律,将符号表达式完善为

$$E[\|\nabla f(\boldsymbol{\theta}^{(t)})\|_2^2] \to E_{t-1}[\|\nabla f(\boldsymbol{\theta}^{(t)})\|_2^2] \tag{14-83}$$

$E(T)$表示对随机变量 $n_1, n_2, \cdots, n_{t-1}$ 求期望。于是判定收敛的指标最终写为

$$E(T) = \min_{t=1,2,\cdots,T} E_{t-1}[\|\nabla f(\boldsymbol{\theta}^{(t)})\|_2^2] \tag{14-84}$$

当 $T \to \infty$ 时，若 $E(T)$的平均值 $R(T)/T \to 0$，认为这样的算法是收敛的，并且一般认为 $E(T)$随着 T 增长得越慢，算法收敛越快。

最后再对符号 E_t 做一点说明，E_t 表示基于 t 时刻及之前的随机变量的期望函数，t 时刻及之前的随机变量有 $n_1, n_2, \cdots, n_t$。如果只想对 n_t 求期望，使用符号 $E_{t|t-1}$，表示给定 t 时刻之前的随机变量值，仅基于 t 时刻的随机变量 n_t 求期望，t 时刻之前的随机变量有 n_1，$n_2, \cdots, n_{t-1}$。举一个朴素 SGD 算法的例子来运用这些符号，如果

$$\forall t, \boldsymbol{\theta}^{(t+1)} = \boldsymbol{\theta}^{(t)} - \alpha_t \boldsymbol{g}_t, \quad \boldsymbol{g}_t = \nabla f(\boldsymbol{\theta}^{(t)}) + n_t, E[n_t] = 0$$

那么

$$\begin{aligned} E_t[\boldsymbol{\theta}^{(t+1)}] &= E_t[\boldsymbol{\theta}^{(t)} - \alpha_t \boldsymbol{g}_t] = E_t[\boldsymbol{\theta}^{(t)}] - \alpha_t E_t[\nabla f(\boldsymbol{\theta}^{(t)}) + n_t] \\ &= E_t[\boldsymbol{\theta}^{(t)}] - \alpha_t E_t[\nabla f(\boldsymbol{\theta}^{(t)})] - \alpha_t E_t[n_t] \\ &= E_{t-1}[\boldsymbol{\theta}^{(t)}] - \alpha_t E_{t-1}[\nabla f(\boldsymbol{\theta}^{(t)})] - \alpha_t E_{t|t-1}[n_t] \end{aligned} \tag{14-85}$$

$$E_{t|t-1}[\boldsymbol{\theta}^{(t+1)}] = \boldsymbol{\theta}^{(t)} - \alpha_t \nabla f(\boldsymbol{\theta}^{(t)}) - \alpha_t E_{t|t-1}[n_t] \tag{14-86}$$

在收敛性证明中，会用到符号 E_t 和 $E_{t|t-1}$。

3. 前提假设

前面提到了放宽 f_t 的假设，允许 f_t 是非凸函数。由于非凸函数不满足 $f_t(\boldsymbol{\theta}^*) \geqslant f_t(\boldsymbol{\theta}^{(t)}) + \langle \boldsymbol{g}_t, \boldsymbol{\theta}^* - \boldsymbol{\theta}^{(t)} \rangle$，于是 $R(T) \leqslant \sum_{t=1}^{T} \langle \boldsymbol{g}_t, \boldsymbol{\theta}^{(t)} - \boldsymbol{\theta}^* \rangle$ 不成立。在正式开始证明算法收敛性之前，要重新给出前提假设：

(1) 变量有界假设：表述与 SGD 一致。

(2) 梯度有界假设（对象为$\nabla f(\boldsymbol{\theta}^{(t)})$而非 $\boldsymbol{g}_t$）

$$\|\nabla f(\boldsymbol{\theta}^{(t)})\|_2 \leqslant G, \quad \forall t \tag{14-87}$$

或者对于变量的任意一维 i

$$\|[\nabla f(\boldsymbol{\theta}^{(t)})]_i\|_2 \leqslant G_i, \quad \forall t \tag{14-88}$$

(3) $f(\boldsymbol{\theta})$虽不再是凸函数，但仍须是 L-smooth 函数，即满足：f 可导，∇f 在定义域内处处存在；存在 $L>0$，使得定义域内任意$\boldsymbol{\theta}_1$ 和$\boldsymbol{\theta}_2$ 都有（第一定义）

$$f(\theta_2) \leqslant f(\theta_1) + \langle \nabla f(\theta_1), \theta_2 - \theta_1 \rangle + \frac{L}{2}\|\theta_2 - \theta_1\|_2^2 \tag{14-89}$$

亦即（第二定义）

$$\|\nabla f(\theta_1) - \nabla f(\theta_2)\| \leqslant L \|\theta_1 - \theta_2\|_2 \tag{14-90}$$

这个条件也被称作利普希茨连续(Lipschitz continuous)。

(4) 对于∇f，随机变量 n_t 定义为 $n_t = \boldsymbol{g}_t - \nabla f[\boldsymbol{\theta}^{(t)}]$，$n_t$ 须满足 $E[n_t]=0$，$E[\|n_t\|_2^2] \leqslant \sigma^2$，且在 $t_1 \neq t_2$ 时，n_{t_1} 与 n_{t_2} 统计独立。$E[n_t]=0$ 其实可以从已知条件中推导得出：

$$
\begin{aligned}
n_t &= g_t - \nabla f(\boldsymbol{\theta}^{(t)}) \Rightarrow n_t = \nabla f_t(\boldsymbol{\theta}^{(t)}) - \nabla f(\boldsymbol{\theta}^{(t)}) \\
&\Rightarrow E(n_t) = E[\nabla f_t(\boldsymbol{\theta}^{(t)})] - E[\nabla f(\boldsymbol{\theta}^{(t)})] \\
&= E_\omega[\nabla f_t(\boldsymbol{\theta}^{(t)};\boldsymbol{\omega})] - E\left[\nabla\left(\lim_{T\to\infty}\frac{1}{T}\sum_{t=1}^{T} f_t(\boldsymbol{\theta}^{(t)})\right)\right] \\
&= E_\omega[\nabla f_t(\boldsymbol{\theta}^{(t)};\boldsymbol{\omega})] - \lim_{T\to\infty}\frac{1}{T}\sum_{t=1}^{T} E[\nabla f_t(\boldsymbol{\theta}^{(t)})] \\
&= E_\omega[\nabla f_t(\boldsymbol{\theta}^{(t)};\boldsymbol{\omega})] - \lim_{T\to\infty}\frac{1}{T}\sum_{t=1}^{T} E_\omega[\nabla f(\boldsymbol{\theta}^{(t)};\boldsymbol{\omega})] \\
&= E_\omega[\nabla f_t(\boldsymbol{\theta}^{(t)};\boldsymbol{\omega})] - E_\omega[\nabla f(\boldsymbol{\theta}^{(t)};\boldsymbol{\omega})] = 0
\end{aligned}
\tag{14-91}
$$

14.3.2 基于 SGD 算法的收敛性

首先证明两个引理。

【引理 14.1】 令 $\eta^{(t)} = \begin{cases} 0 & t=1 \\ \boldsymbol{\theta}^{(t)} - \boldsymbol{\theta}^{(t-1)} + s\alpha_{t-1}\boldsymbol{g}_{t-1} & t \geqslant 2 \end{cases}$。当$\boldsymbol{\theta}$按照拓展 SGD 算法迭代时，$\eta^{(t)}$满足 $\eta^{(t+1)} = \beta\eta^{(t)} - (1-s(1-\beta))\alpha_t\boldsymbol{g}_t$。

证明：拓展 SGD 算法的迭代式如下

$$
\begin{aligned}
t=1:&\quad \boldsymbol{\theta}^{(t+1)} = \boldsymbol{\theta}^{(t)} - \alpha_t\boldsymbol{g}_t - \beta s\alpha_t\boldsymbol{g}_t \\
t \geqslant 2:&\quad \boldsymbol{\theta}^{(t+1)} = \boldsymbol{\theta}^{(t)} - \alpha_t\boldsymbol{g}_t + \beta[(\boldsymbol{\theta}^{(t)} - s\alpha_t\boldsymbol{g}_t) - (\boldsymbol{\theta}^{(t-1)} - s\alpha_{t-1}\boldsymbol{g}_{t-1})]
\end{aligned}
\tag{14-92}
$$

当 $t=1$ 时，

$$
\begin{aligned}
\eta^{(t+1)} &= \boldsymbol{\theta}^{(t+1)} - \boldsymbol{\theta}^{(t)} + s\alpha_t\boldsymbol{g}_t \\
&= -(1+\beta s)\alpha_t\boldsymbol{g}_t + s\alpha_t\boldsymbol{g}_t = -(1-s(1-\beta))\alpha_t\boldsymbol{g}_t \\
\beta\eta^{(t)} &- (1-s(1-\beta))\alpha_t\boldsymbol{g}_t = -(1-s(1-\beta))\alpha_t\boldsymbol{g}_t
\end{aligned}
\tag{14-93}
$$

命题得证。

当 $t \geqslant 2$ 时，

$$
\begin{aligned}
\boldsymbol{\theta}^{(t+1)} &= \boldsymbol{\theta}^{(t)} - \alpha_t\boldsymbol{g}_t + \beta[(\boldsymbol{\theta}^{(t)} - s\alpha_t\boldsymbol{g}_t) - (\boldsymbol{\theta}^{(t-1)} - s\alpha_{t-1}\boldsymbol{g}_{t-1})] \\
&= \boldsymbol{\theta}^{(t)} - s\alpha_t\boldsymbol{g}_t - (1-s)\alpha_t\boldsymbol{g}_t + \beta(\boldsymbol{\theta}^{(t)} - \boldsymbol{\theta}^{(t-1)} + s\alpha_{t-1}\boldsymbol{g}_{t-1}) - s\beta\alpha_t\boldsymbol{g}_t \\
&= \boldsymbol{\theta}^{(t)} - s\alpha_t\boldsymbol{g}_t - (1-s(1-\beta))\alpha_t\boldsymbol{g}_t + \beta(\boldsymbol{\theta}^{(t)} - \boldsymbol{\theta}^{(t-1)} + s\alpha_{t-1}\boldsymbol{g}_{t-1}) \\
\underbrace{\boldsymbol{\theta}^{(t-1)} - \boldsymbol{\theta}^{(t)} + s\alpha_t\boldsymbol{g}_t}_{\eta^{(t+1)}} &= \beta\underbrace{(\boldsymbol{\theta}^{(t)} - \boldsymbol{\theta}^{(t-1)} + s\alpha_{t-1}\boldsymbol{g}_{t-1})}_{\eta^{(t)}} - (1-s(1-\beta))\alpha_t\boldsymbol{g}_t
\end{aligned}
\tag{14-94}
$$

命题得证。

【引理 14.2】 当$\boldsymbol{\theta}$按照拓展 SGD 算法迭代时，

$$
\boldsymbol{\theta}^{(t+1)} + \frac{\beta}{1-\beta}\eta^{(t+1)} = \boldsymbol{\theta}^{t} + \frac{\beta}{1-\beta}\eta^{(t)} - \frac{\beta}{1-\beta}\alpha_t\boldsymbol{g}_t
\tag{14-95}
$$

证明：当 $t=1$ 时，$\eta^{(t)}=0$，

$$
\begin{aligned}
\boldsymbol{\theta}^{(t+1)} + \frac{\beta}{1-\beta}\eta^{(t+1)} &= \boldsymbol{\theta}^{(t)} - \alpha_t\boldsymbol{g}_t - \beta s\alpha_t\boldsymbol{g}_t + \frac{\beta}{1-\beta}(\beta\eta^{(t)} - (1-s(1-\beta))\alpha_t\boldsymbol{g}_t) \\
&= \boldsymbol{\theta}^{(t)} - \alpha_t\boldsymbol{g}_t - \beta s\alpha_t\boldsymbol{g}_t + \frac{\beta}{1-\beta}\alpha_t\boldsymbol{g}_t + s\beta\alpha_t\boldsymbol{g}_t
\end{aligned}
$$

$$=\boldsymbol{\theta}^{(t)}-\left(1+\frac{\beta}{1-\beta}=\frac{1}{1-\beta}\right)\alpha_t\boldsymbol{g}_t$$
$$=\boldsymbol{\theta}^{(t)}+\frac{\beta}{1-\beta}\eta^{(t)}-\frac{1}{1-\beta}\alpha_t\boldsymbol{g}_t \tag{14-96}$$

当 $t\geqslant 2$ 时，

$$\boldsymbol{\theta}^{(t+1)}+\frac{\beta}{1-\beta}\eta^{(t+1)}$$
$$=\boldsymbol{\theta}^{(t)}-\alpha_t\boldsymbol{g}_t+\beta[(\boldsymbol{\theta}^{(t)}-s\alpha_t\boldsymbol{g}_t)-(\boldsymbol{\theta}^{(t-1)}-s\alpha_{t-1}\boldsymbol{g}_{t-1})]+\frac{\beta}{1-\beta}(\beta\eta^{(t)}-(1-s(1-\beta))\alpha_t\boldsymbol{g}_t)$$
$$=\boldsymbol{\theta}^{(t)}-\alpha_t\boldsymbol{g}_t+\beta(\boldsymbol{\theta}^{(t)}-\boldsymbol{\theta}^{(t-1)}+s\alpha_{t-1}\boldsymbol{g}_{t-1})-s\beta\alpha_t\boldsymbol{g}_t+\frac{\beta}{1-\beta}\beta\eta^{(t)}-\frac{\beta}{1-\beta}(1-s(1-\beta))\alpha_t\boldsymbol{g}_t$$
$$=\boldsymbol{\theta}^{(t)}+\left(\beta+\frac{\beta}{1-\beta}\beta=\frac{\beta}{1-\beta}\right)\eta^{(t)}-\left((s\beta+1)+\frac{\beta}{1-\beta}(1-s(1-\beta))=\frac{1}{1-\beta}\right)\alpha_t\boldsymbol{g}_t \tag{14-97}$$

命题得证。

证明引理 14.1 与引理 14.2 的关键在于拆分动量项

$$\begin{aligned}&(\boldsymbol{\theta}^{(t)}-s\alpha_t\boldsymbol{g}_t)-(\boldsymbol{\theta}^{(t-1)}-s\alpha_{t-1}\boldsymbol{g}_{t-1})=(\boldsymbol{\theta}^{(t)}-\boldsymbol{\theta}^{(t-1)}+s\alpha_{t-1}\boldsymbol{g}_{t-1})-s\alpha_t\boldsymbol{g}_t\\&\eta^{(t)}=\boldsymbol{\theta}^{(t)}-\boldsymbol{\theta}^{(t-1)}+s\alpha_{t-1}\boldsymbol{g}_{t-1}=\boldsymbol{\theta}^{(t)}-(\boldsymbol{\theta}^{(t-1)}-s\alpha_{t-1}\boldsymbol{g}_{t-1})\end{aligned} \tag{14-98}$$

可看作变量现值与前值的差(动量 SGD)、变量现值与前值的预更新值的差(NAG)。要证明统计量

$$E(T)=\min_{t=1,2,\cdots,T}E_{t-1}[\|\nabla f(\boldsymbol{\theta}^{(t)})\|_2^2]$$

在 $T\to\infty$ 时趋于 0。

从引理 14.2 入手，令

$$\boldsymbol{\xi}^{(t)}=\boldsymbol{\theta}^{(t)}+\frac{\beta}{1-\beta}\eta^{(t)}$$

因为 f 是 L-smooth 函数，有

$$f(\boldsymbol{\xi}^{(t+1)})\leqslant f(\boldsymbol{\xi}^{(t)})+\langle\nabla f(\boldsymbol{\xi}^{(t)}),\boldsymbol{\xi}^{(t+1)}-\boldsymbol{\xi}^{(t)}\rangle+\frac{L}{2}\|\boldsymbol{\xi}^{(t+1)}-\boldsymbol{\xi}^{(t)}\|_2^2 \tag{14-99}$$

根据引理 14.2，有

$$\boldsymbol{\xi}^{(t+1)}=\boldsymbol{\xi}^{(t)}-\frac{1}{1-\beta}\alpha^t\boldsymbol{g}^t \tag{14-100}$$

接着做数学变形：

$$\begin{aligned}f(\boldsymbol{\xi}^{(t+1)})-f(\boldsymbol{\xi}^{(t)})&\leqslant\left\langle\nabla f(\boldsymbol{\xi}^{(t)}),-\frac{1}{1-\beta}\alpha_t\boldsymbol{g}_t\right\rangle+\frac{L}{2}\left\|-\frac{1}{1-\beta}\alpha_t\boldsymbol{g}_t\right\|_2^2\\&=-\frac{\alpha_t}{1-\beta}\langle\nabla f(\boldsymbol{\xi}^{(t)}),\nabla f(\boldsymbol{\theta}^{(t)})+n_t\rangle+\frac{L}{2}\frac{\alpha_t^2}{(1-\beta)^2}\|\nabla f(\theta^{(t)})+n_t\|_2^2\\&=-\frac{\alpha_t}{1-\beta}\langle\nabla f(\boldsymbol{\xi}^{(t)}),n_t\rangle-\frac{\alpha_t}{1-\beta}\langle\nabla f(\boldsymbol{\xi}^{(t)})-\nabla f(\boldsymbol{\theta}^{(t)}),\nabla f(\boldsymbol{\theta}^{(t)})\rangle\\&\quad-\frac{\alpha_t}{1-\beta}\|\nabla f(\boldsymbol{\theta}^{(t)})\|_2^2+\frac{L}{2}\frac{\alpha_t^2}{(1-\beta)^2}\|\nabla f(\theta^{(t)})+n_t\|_2^2\end{aligned} \tag{14-101}$$

不等号两边对随机变量 $n_1,n_2,\cdots,n_t$ 取期望：

$$
\begin{aligned}
E_t[f(\boldsymbol{\xi}^{(t+1)})-f(\boldsymbol{\xi}^{(t)})]\leqslant&-\frac{\alpha_t}{1-\beta}\langle E_{t-1}[\nabla f(\boldsymbol{\xi}^{(t)})],E_{t|t-1}[n_t]\rangle\\
&\underbrace{-\frac{\alpha_t}{1-\beta}E_{t-1}[\langle\nabla f(\boldsymbol{\xi}^{(t)})-\nabla f(\boldsymbol{\theta}^{(t)}),\nabla f(\boldsymbol{\theta}^{(t)})\rangle]}_{(14\text{-}102\text{b})}\\
&-\frac{\alpha_t}{1-\beta}E_{t-1}[\|\nabla f(\boldsymbol{\theta}^{(t)})\|_2^2]+\frac{L}{2}\frac{\alpha_t^2}{(1-\beta)^2}\underbrace{E_t[\|\nabla f(\boldsymbol{\theta}^{(t)})+n_t\|_2^2]}_{(14\text{-}102\text{a})}
\end{aligned}
\tag{14-102}
$$

接着将分别处理式(14-102a)和式(14-102b)，即

$$
\begin{aligned}
E_t[\|\nabla f(\boldsymbol{\theta}^{(t)})+n_t\|_2^2]&=E_{t-1}[\|\nabla f(\boldsymbol{\theta}^{(t)})\|_2^2]+E_{t-1}[\|n_t\|_2^2]\\
&\leqslant E_{t-1}[\|\nabla f(\boldsymbol{\theta}^{(t)})\|_2^2]+\sigma^2
\end{aligned}
\tag{14-103}
$$

这里用到了 n_t 的统计特性：$E[n_t]=0$，$E[\|n_t\|_2^2]\leqslant\sigma^2$，且在 $t_1\neq t_2$ 时，n_{t_1} 与 n_{t_2} 统计独立；对于式(14-102b)，关注期望算子内的表达式：

$$
\begin{aligned}
&-\frac{\alpha_t}{1-\beta}\langle\nabla f(\boldsymbol{\xi}^{(t)})-\nabla f(\boldsymbol{\theta}^{(t)}),\nabla f(\boldsymbol{\theta}^{(t)})\rangle\\
&=\left\langle\frac{1}{\sqrt{L}}(\nabla f(\boldsymbol{\xi}^{(t)})-\nabla f(\boldsymbol{\theta}^{(t)})),-\frac{\alpha_t}{1-\beta}\sqrt{L}\,\nabla f(\boldsymbol{\theta}^{(t)})\right\rangle\\
&\leqslant\frac{1}{2}\frac{1}{L}\|\nabla f(\boldsymbol{\xi}^{(t)})-\nabla f(\boldsymbol{\theta}^{(t)})\|_2^2+\frac{1}{2}\frac{\alpha_t^2}{(1-\beta)^2}L\|\nabla f(\boldsymbol{\theta}^{(t)})\|_2^2
\end{aligned}
\tag{14-104}
$$

稍作整理：

$$
\begin{aligned}
E_t[f(\boldsymbol{\xi}^{(t+1)})-f(\boldsymbol{\xi}^{(t)})]\leqslant&\frac{1}{2}\frac{1}{L}E_{t-1}[\|\nabla f(\xi^{(t)})-\nabla f(\boldsymbol{\theta}^{(t)})\|_2^2]+\\
&\frac{1}{2}\frac{\alpha_t^2}{(1-\beta)^2}LE_{t-1}[\|\nabla f(\theta^{(t)})\|_2^2]-\frac{\alpha_t}{1-\beta}E_{t-1}[\|\nabla f(\boldsymbol{\theta}^{(t)})\|_2^2]+\\
&\frac{L}{2}\frac{\alpha_t^2}{(1-\beta)^2}(E_{t-1}[\|\nabla f(\boldsymbol{\theta}^{(t)})\|_2^2]+\sigma^2)\\
\leqslant&\frac{1}{2L}\underbrace{E_{t-1}[\|\nabla f(\boldsymbol{\xi}^{(t)})-\nabla f(\boldsymbol{\xi}^{(t)})\|_2^2]}_{(14\text{-}105\text{a})}+\frac{L}{2}\frac{\alpha_t^2}{(1-\beta)^2}\sigma^2
\end{aligned}
\tag{14-105}
$$

下面分析式(14-105a)。根据 L-smooth 函数的第二定义。有：

$$
E_{t-1}[\|\nabla f(\boldsymbol{\xi}^{(t)})-\nabla f(\boldsymbol{\xi}^{(t)})\|_2^2]\leqslant L^2\cdot E_{t-1}[\|\boldsymbol{\xi}^{(t)}-\boldsymbol{\theta}^{(t)}\|_2^2]\tag{14-106}
$$

根据$\boldsymbol{\xi}^{(t)}$的定义，可有

$$
L^2E_{t-1}[\|\boldsymbol{\xi}^{(t)}-\boldsymbol{\theta}^{(t)}\|_2^2]=L^2E_{t-1}\left[\left\|\frac{\beta}{1-\beta}\eta^{(t)}\right\|_2^2\right]=\frac{L^2\beta^2}{(1-\beta)^2}\cdot E_{t-1}[\|\eta^{(t)}\|_2^2]\tag{14-107}
$$

所以式(14-105a)的关键在于 $E_{t-1}[\|\eta^{(t)}\|_2^2]$，这里要用到引理 14.1，有

$$
\eta^{(t+1)}=\beta\eta^{(t)}-(1-s(1-\beta))\alpha_t\boldsymbol{g}_t
$$

首先做个换元，简化表达式：令 $\hat{\alpha}_t=-(1-s(1-\beta))\alpha_t$，这样 $\eta^{(t+1)}=\beta\eta^{(t)}+\hat{\alpha}_t\boldsymbol{g}_t$。$\eta^{(t)}$ 存在闭式解 $\eta^{(1)}=0$，当 $t\geqslant 2$ 时

$$\begin{aligned}\eta^{(t)}&=\beta\eta^{(t-1)}+\hat{\alpha}_{t-1}\boldsymbol{g}_{t-1}=\beta^2\eta^{(t-2)}+\beta\hat{\alpha}_{t-2}g_{t-2}+\hat{\alpha}_{t-1}\boldsymbol{g}_{t-1}\\&=\beta^3\eta^{(t-3)}+\beta^2\hat{\alpha}_{t-3}\boldsymbol{g}_{t-3}+\beta\hat{\alpha}_{t-2}\boldsymbol{g}_{t-2}+\hat{\alpha}_{t-1}\boldsymbol{g}_{t-1}\\&=\beta^{t-1}\eta^{(1)}+\beta^{t-2}\hat{\alpha}_1\boldsymbol{g}_1+\cdots+\hat{\alpha}_{t-1}\boldsymbol{g}_{t-1}=\sum_{r=1}^{t-1}\beta^{t-1-s}\hat{\alpha}_r\boldsymbol{g}_r\end{aligned}\tag{14-108}$$

考察 $E_{t-1}[\|\eta^{(t)}\|_2^2]$，当 $t\geqslant 2$ 时，

$$\begin{aligned}E_{t-1}[\|\eta^{(t)}\|_2^2]&=E_{t-1}\left[\left\|\sum_{r=1}^{t-1}\beta^{t-1-r}\hat{\alpha}_r\boldsymbol{g}_r\right\|_2^2\right]=E_{t-1}\left[\left\|\left(\sum_{r=1}^{t-1}\beta^{t-1-r}\hat{\alpha}_r\right)\sum_{r=1}^{t-1}\frac{\beta^{t-1-r}\hat{\alpha}_r}{\sum_{r=1}^{t-1}\beta^{t-1-r}\hat{\alpha}_r}\boldsymbol{g}_r\right\|_2^2\right]\\&=\left(\sum_{r=1}^{t-1}\beta^{t-1-r}\hat{\alpha}_r\right)^2E_{t-1}\left[\left\|\sum_{r=1}^{t-1}\frac{\beta^{t-1-r}\hat{\alpha}_r}{\sum_{r=1}^{t-1}\beta^{t-1-r}\hat{\alpha}_r}\boldsymbol{g}_r\right\|_2^2\right]\end{aligned}\tag{14-109}$$

令

$$\pi_{r,t}=\frac{\beta^{t-1-r}\hat{\alpha}}{\sum_{r=1}^{t-1}\beta^{t-1-r}\hat{\alpha}_r}$$

有

$$\sum_{r=1}^{t-1}\pi_{r,t}=1,\quad\left\|\frac{\beta^{t-1-r}\hat{\alpha}}{\sum_{r=1}^{t-1}\beta^{t-1-r}\hat{\alpha}_r}\right\|_2^2=\left\|\sum_{r=1}^{t-1}\pi_{r,t}\boldsymbol{g}_r\right\|_2^2$$

运用琴生(Jensen)不等式

$$\left\|\sum_{r=1}^{t-1}\pi_{r,t}g_r\right\|_2^2\leqslant\sum_{r=1}^{t-1}\pi_{r,t}\|\boldsymbol{g}_r\|_2^2\tag{14-110}$$

于是

$$\begin{aligned}E_{t-1}[\|\eta^{(t)}\|_2^2]&=\left(\sum_{r=1}^{t-1}\beta^{t-1-r}\hat{\alpha}_r\right)^2E_{t-1}\left[\left\|\sum_{r=1}^{t-1}\pi_{r,t}\boldsymbol{g}_r\right\|_2^2\right]\leqslant\left(\sum_{r=1}^{t-1}\beta^{t-1-r}\hat{\alpha}_r\right)^2E_{t-1}\left[\sum_{r=1}^{t-1}\pi_{r,t}\|\boldsymbol{g}_r\|_2^2\right]\\&=\left(\sum_{r=1}^{t-1}\beta^{t-1-r}\hat{\alpha}_r\right)^2\left(\sum_{r=1}^{t-1}\pi_{r,t}E_{t-1}[\|\boldsymbol{g}_r\|_2^2]\right)\\&=\left(\sum_{r=1}^{t-1}\beta^{t-1-r}\hat{\alpha}_r\right)^2\left(\sum_{r=1}^{t-1}\pi_{r,t}E_{t-1}[\|\nabla f(\boldsymbol{\theta}^{(r)}+n_r)\|_2^2]\right)\end{aligned}\tag{14-111}$$

因为

$$E_{r-1}[\|\nabla f(\boldsymbol{\theta}^{(r)})+n_r\|_2^2]=E_{r-1}[\|\nabla f(\boldsymbol{\theta}^{(r)})\|_2^2]+E_{r|r-1}[\|n_r\|_2^2]\leqslant G^2+\sigma^2\tag{14-112}$$

（最后的放缩利用了梯度有界和统计特性）故

$$
\begin{aligned}
E_{t-1}[\|n^{(t)}\|_2^2] &\leqslant \left(\sum_{r=1}^{t-1}\beta^{t-1-r}\alpha\right)^2\left(\sum_{r=1}^{t-1}\pi_{r,t}E_{r-1}[\|\nabla f(\boldsymbol{\theta}^{(r)})+n_r\|_2^2]\right) \\
&\leqslant \left(\sum_{r=1}^{t-1}\beta^{t-1-r}\hat{\alpha}_r\right)^2\left(\sum_{r=1}^{t-1}\pi_{r,t}(G^2+\sigma^2)\right) = \left(\sum_{r=1}^{t-1}\beta^{t-1-r}\hat{\alpha}_r\right)^2(G^2+\sigma^2) \\
&= \left(\sum_{r=1}^{t-1}\beta^{t-1-r}\alpha_r\right)^2(s(1-\beta)-1)^2(G^2+\sigma^2)
\end{aligned} \tag{14-113}
$$

最后的等号将 $\hat{\alpha}_r$ 还原为 α_r。有了 $E_{t-1}[\|n^{(t)}\|_2^2]$ 的上界,可据此计算 $E_{t-1}[\|\nabla f(\boldsymbol{\xi}^{(t)})-\nabla f(\boldsymbol{\theta}^{(t)})\|_2^2]$ 的上界,当 $t\geqslant 2$ 时:

$$
\begin{aligned}
E_{t-1}[\|\nabla f(\boldsymbol{\xi}^{(t)})-\nabla f(\boldsymbol{\theta}^{(t)})\|_2^2] &\leqslant \frac{L^2\beta^2}{(1-\beta)^2}\cdot E_{t-1}[\|n^{(t)}\|_2^2] \\
&\leqslant \frac{L^2\beta^2}{(1-\beta)^2}\cdot\left(\sum_{r=1}^{t-1}\beta^{t-1-r}\alpha_r\right)^2(s(1-\beta)-1)^2(G^2+\sigma^2)
\end{aligned} \tag{14-114}
$$

随即计算 $E_{t-1}[\|\nabla f(\boldsymbol{\xi}^{(t)})-\nabla f(\boldsymbol{\xi}^{(t)})\|_2^2]$ 的上界:

$$
\begin{aligned}
& E_{t-1}[\|\nabla f(\boldsymbol{\xi}^{(t)})-\nabla f(\boldsymbol{\xi}^{(t)})\|_2^2] \\
&\leqslant \frac{1}{2L}\cdot\frac{L^2\beta^2}{(1-\beta)^2}\cdot\left(\sum_{r=1}^{t-1}\beta^{t-1-r}\alpha_r\right)^2(s(1-\beta)-1)^2(G^2+\sigma^2)+ \\
&\quad \frac{2}{L}\frac{\alpha_t^2}{(1-\beta)^2}+\left(\frac{L^2\alpha_t^2}{(1-\beta)^2}-\frac{\alpha_t}{1-\beta}\right)E_{t-1}[\|\nabla f(\theta^{(t)})\|_2^2]
\end{aligned} \tag{14-115}
$$

做数学变形

$$
\begin{aligned}
\frac{\alpha_t}{1-\beta}\left(1-\frac{L\alpha_t}{1-\beta}\right)E_{t-1}[\|\nabla f(\boldsymbol{\theta}^{(t)})\|_2^2] &\leqslant E_{t-1}[f(\boldsymbol{\xi}^{(t)})]-E_t[f(\boldsymbol{\xi}^{(t+1)})]+\frac{L}{2}\frac{\alpha_t^2}{(1-\beta)^2}\sigma^2 \\
&\leqslant \frac{L^2\beta^2}{2(1-\beta)^2}\cdot\left(\sum_{r=1}^{t-1}\beta^{t-1-r}\alpha_r\right)^2(s(1-\beta)-1)^2(G^2+\sigma^2)
\end{aligned} \tag{14-116}
$$

还需要补充讨论 $t=1$ 的情形:当 $t=1$ 时,

$$
\eta^{(t)}=0,\quad \boldsymbol{\xi}^{(t)}=\boldsymbol{\theta}^{(t)}+\frac{\beta}{1-\beta}\eta^{(t)}=\boldsymbol{\theta}^{(t)}
$$

$$
\begin{aligned}
E_{t-1}[\nabla f(\boldsymbol{\xi}^{(t+1)})-\nabla f(\boldsymbol{\xi}^{(t)})] &\leqslant \frac{1}{2L}E_{t-1}[\|\nabla f(\boldsymbol{\xi}^{(t)})-\nabla f(\boldsymbol{\theta}^{(t)})\|_2^2]+\frac{L}{2}\frac{\alpha_t^2}{(1-\beta)^2}\sigma^2+ \\
&\quad \left(\frac{L\alpha_t^2}{(1-\beta)^2}-\frac{\alpha_t^2}{1-\beta}\right)E_{t-1}[\|\nabla f(\theta^{(t)})\|_2^2]
\end{aligned} \tag{14-117}
$$

于是

$$\frac{\alpha_t^2}{1-\beta}\left(1-\frac{L\alpha_t^2}{(1-\beta)^2}\right)E_{t-1}[\|\nabla f(\boldsymbol{\theta}^{(t)})\|_2^2] \leqslant E_{t-1}[f(\boldsymbol{\xi}^{(t)})]-E_t[f(\boldsymbol{\xi}^{(t+1)})]+\frac{L}{2}\frac{\alpha_t^2}{(1-\beta)^2}\sigma^2 \tag{14-118}$$

结合 $t\geqslant 2$ 和 $t=1$ 的情形，让不等号两边同时对 $t=1,2,\cdots,T$ 求和

$$\begin{aligned}&\sum_{t=1}^{T}\frac{\alpha_t}{1-\beta}\left(1-\frac{L\alpha_t^2}{(1-\beta)^2}\right)E_{t-1}[\|\nabla f(\boldsymbol{\theta}^{(t)})\|_2^2]\\ \leqslant &\sum_{t=1}^{T}(E_{t-1}[f(\boldsymbol{\xi}^{(t)})]-E_t[f(\boldsymbol{\xi}^{(t+1)})])+\sum_{t=1}^{T}\frac{L}{2}\frac{\alpha_t^2}{(1-\beta)^2}\sigma^2+\\ &\sum_{t=2}^{T}\frac{L^2\beta^2}{2(1-\beta)^2}\cdot\left(\sum_{r=1}^{t-1}\beta^{t-1-r}\alpha_r\right)^2(s(1-\beta)-1)^2(G^2+\sigma^2)\end{aligned} \tag{14-119}$$

对式(14-119)进行放缩，将不等号左边缩小，右侧放大，使不等式仍成立

$$\begin{aligned}&\sum_{t=1}^{T}\frac{\alpha_t}{1-\beta}\left(1-\frac{L\alpha_t^2}{(1-\beta)^2}\right)E_{t-1}[\|\nabla f(\boldsymbol{\theta}^{(t)})\|_2^2]\\ \geqslant &\sum_{t=1}^{T}\frac{\alpha_t}{1-\beta}\left(1-\frac{L\alpha_t}{1-\beta}\right)\cdot\min_{t=1,2,\cdots,T}E_{t-1}[\|\nabla f(\boldsymbol{\theta}^{(t)})\|_2^2]\\ =&E(T)\cdot\sum_{t=1}^{T}\frac{\alpha_t}{1-\beta}\left(1-\frac{L\alpha_t}{1-\beta}\right)\end{aligned} \tag{14-120}$$

右侧放大可以暂时只放大其中一项

$$\sum_{t=1}^{T}(E_{t-1}[f(\boldsymbol{\xi}^{(t)})]-E_t[f(\boldsymbol{\xi}^{(t+1)})])=E_0[f(\boldsymbol{\xi}^{(t)})]-E_t[f(\boldsymbol{\xi}^{(T+1)})]\leqslant f(\boldsymbol{\theta}^{(1)})-f(\boldsymbol{\theta}^{(*)}) \tag{14-121}$$

其中

$$\boldsymbol{\xi}^{(t)}=\boldsymbol{\theta}^{(1)}+\frac{\beta}{1-\beta}\eta^{(1)}=\boldsymbol{\theta}^{(1)},\quad f(\boldsymbol{\xi}^{(T+1)})\geqslant\min_{\theta}f(\boldsymbol{\theta})=f(\boldsymbol{\theta}^*)$$

最终

$$\begin{aligned}E(T)\cdot\sum_{t=1}^{T}\frac{\alpha_t}{1-\beta}\left(1-\frac{L\alpha_t}{1-\beta}\right)\leqslant f(\boldsymbol{\theta}^{(1)})-f(\boldsymbol{\theta}^{(*)})+\sum_{t=1}^{T}\frac{L}{2}\frac{\alpha_t^2}{(1-\beta)^2}\sigma^2+\\ \sum_{t=2}^{T}\frac{L^2\beta^2}{2(1-\beta)^2}\cdot\left(\sum_{r=1}^{t-1}\beta^{t-1-r}\alpha_r\right)^2(s(1-\beta)-1)^2(G^2+\sigma^2)\end{aligned} \tag{14-122}$$

这样 $E(T)$的上界就只与学习率 α_t 有关了。

最后设计最优学习率。假设 $\alpha_t=\frac{\alpha}{t^p}$，让学习率呈现多项式衰减。首先关注 $\sum_{r=1}^{t-1}\beta^{t-1}\alpha_r$，即

$$\underbrace{\sum_{r=1}^{t-1}\beta^{t-1}\alpha_r\leqslant\alpha\sum_{r=1}^{t-1}}_{(14\text{-}123\text{a})}\underbrace{\beta^{t-1-r}\leqslant\frac{\alpha}{1-\beta}}_{(14\text{-}123\text{b})} \tag{14-123}$$

于是式(14-123a)

$$\sum_{t=2}^{T}\frac{L^2\beta^2}{2(1-\beta)^2}\cdot\left(\sum_{r=1}^{t-1}\beta^{t-1-r}\alpha_r\right)^2(s(1-\beta)-1)^2(G^2+\sigma^2)$$
$$\leqslant\sum_{t=2}^{T}\frac{L^2\beta^2}{2(1-\beta)^2}\cdot\frac{\alpha^2}{(1-\beta)^2}(s(1-\beta)-1)^2(G^2+\sigma^2)$$
$$=\frac{\alpha^2L\beta^2(s(1-\beta)-1)^2(G^2+\sigma^2)}{2(1-\beta)^4}(T-1)\leqslant C_1T \tag{14-124}$$
$$\sum_{t=1}^{T}\frac{L}{2}\cdot\frac{\alpha_t^2}{(1-\beta)^2}\sigma^2=\sum_{t=1}^{T}\frac{L}{2}\cdot\frac{\alpha_t^2}{(1-\beta)^2}\sigma^2t^{-2p}=C_2\sum_{t=1}^{T}t^{-2p}$$

而对于式(14-123b)，当 $\alpha\leqslant(1-\beta)/2L$ 时，

$$\sum_{t=1}^{T}\frac{\alpha_t}{1-\beta}\left(1-\frac{L\alpha_t}{1-\beta}\right)\geqslant\sum_{t=1}^{T}\frac{\alpha_t/t^p}{1-\beta}\left(1-\frac{L}{1-\beta}\frac{1-\beta}{2L}\right)=\sum_{t=1}^{T}\frac{\alpha_t}{2(1-\beta)}t^{-p}=C_3\sum_{t=1}^{T}t^{-p} \tag{14-125}$$

最终，令 $c_0=f(\theta^{(1)})-f(\theta^*)$，可得

$$E(T)\leqslant\frac{C_0+C_1T+C_2\sum_{t=1}^{T}t^{-2p}}{C_3\sum_{t=1}^{T}t^{-p}} \tag{14-126}$$

当 $p=0$ 时，

$$E(T)\leqslant\frac{C_0+C_1T+C_2T}{CT}=O(1) \tag{14-127}$$

当 $p=1/2$ 时，

$$E(T)\leqslant\frac{C_0+C_1T+C_2'\log T}{C\sqrt{T}}=O(\sqrt{T}) \tag{14-128}$$

当 $p=-1/2$ 时，

$$E(T)\leqslant\frac{C_0+C_1T+C_2''T^2}{C_3''T\sqrt{T}}=O(\sqrt{T}) \tag{14-129}$$

这意味着在当前的证明框架下，无论 p 取何值，$E(T)$在 $T\to\infty$时，不趋近于 0。最好的上界在 $p=0$，即 $\alpha_t=\alpha$ 时取到。可以进一步计算学习率如下。令

$$\alpha_t=\alpha=\alpha(T) \tag{14-130}$$

注意，改进前的方案是 $\alpha_t=\alpha(t)$，即学习率是关于迭代次数 t 的函数；改进后的方案中，学习率是一个与迭代次数 t 无关的常数，但是这个常数是关于总迭代次数 T 的函数。这时，$E(T)$的上界修正为

$$E(T)\leqslant\frac{C_0+C_1\alpha^2T+C_2\alpha^2T}{C_3\alpha^2T} \tag{14-131}$$

令表达式 $\dfrac{C_0+C_1T+C_2\sum_{t=1}^{T}t^{-2p}}{C_3\sum_{t=1}^{T}t^{-p}}$ 的参数 p 为 0，再把 C_1、C_2、C_3 中与 α 有关的项单独

列出。假设 $\alpha(T)=\frac{C_4}{T^q}$，那么

$$E(T)\leqslant\frac{C_0+C_1C_4T^{1-2q}+C_2C_4T^{1-2q}}{C_3C_4T^{1-q}}=O(T^{\max(q-1,-q)}) \tag{14-132}$$

当 $q=\frac{1}{2}$ 时，$E(T)$ 取到最优上界 $O(T^{-\frac{1}{2}})$，此时 C_4、$\alpha_t=\alpha=\frac{C_4}{T^{\frac{1}{2}}}$ 可取 $(1-\beta)/2L$，以使学习率尽量大。

当 $\alpha=[(1-\beta)/2L]/T^{\frac{1}{2}}$ 时，学习率的选取与迭代总次数 T 有关，算法不再支持无限迭代了。例如，变量迭代 10^4 次(不是 epoch 数)，学习率为 $[(1-\beta)/2L]\times10^{-2}$；变量迭代 10^6 次，学习率为 $[(1-\beta)/2L]\times10^{-3}$。

14.3.3 基于自适应梯度算法的收敛性

为克服 Adam 算法收敛性证明中的缺陷，Reddi 等提出 AMSgrad，旨在对 Adam 做改进：从 $\boldsymbol{v}^{(t)}=\boldsymbol{v}^{(t)}/(1-\beta_2^t)$ 改进为 $\boldsymbol{v}^{(t)}=\max(\boldsymbol{v}^{(t-1)},\boldsymbol{v}^{(t)}/(1-\beta_2^t))$。

AMSgrad 收敛性证明以复用 Adam 证明为主，仍然成立的核心结论有

$$\begin{aligned}g_{t,i}(\theta_i^{(t)}-\theta_i^*)=&\underbrace{\frac{\sqrt{\hat{v}_i^{(t)}}[(\theta_i^{(t)}-\theta_i^*)^2-(\theta_i^{(t+1)}-\theta_i^*)^2]}{2\gamma_t(1-\beta_{1,t})}}_{(14\text{-}133\text{a})}\\&\underbrace{-\frac{\beta_{1,t}}{1-\beta_{1,t}}m_i^{(t-1)}(\theta_i^{(t)}-\theta_i^*)}_{(14\text{-}133\text{b})}+\underbrace{\frac{\gamma_t}{2(1-\beta_{1,t})}\cdot\frac{(m_i^{(t)})^2}{\sqrt{\hat{v}_i^{(t)}}}}_{(14\text{-}133\text{c})}\end{aligned} \tag{14-133}$$

依然是对式(14-133a)～式(14-133c)分别放缩，由于式(14-133b)不涉及 $\hat{v}_i^{(t)}$，结论可以全部复用，只需关注式(14-133a)和式(14-133c)。关于式(14-133a)，可以复用 $\hat{v}_i^{(t)}$ 展开前的所有结论：当 $\frac{\sqrt{\hat{v}_i^{(t)}}}{\alpha_t}\geqslant\frac{\sqrt{\hat{v}_i^{(t-1)}}}{\alpha_{t-1}}$ 对任意 t 恒成立时，

$$\sum_{t=1}^{T}\frac{\sqrt{\hat{v}_i^{(t)}}[(\theta_i^{(t)}-\theta_i^*)^2-(\theta_i^{(t+1)}-\theta_i^*)^2]}{2\gamma_t(1-\beta_{1,t})}\leqslant\frac{D_i^2\sqrt{\hat{v}_i^{(T)}}}{2\alpha_T(1-\beta_{1,1})} \tag{14-134}$$

α_t 在单调不增的情况下：$\alpha_t\leqslant\alpha_{t-1}$，即 $\frac{1}{\alpha_t}\geqslant\frac{1}{\alpha_{t-1}}$，因此 $\frac{\sqrt{\hat{v}_i^{(t)}}}{\alpha_t}\geqslant\frac{\sqrt{\hat{v}_i^{(t-1)}}}{\alpha_{t-1}}$ 对任意 t 恒成立。还需要重新审视 $\hat{v}_i^{(t)}$ 和 $v_i^{(t)}$ 的有界性

$$v_i^{(t)}\leqslant\frac{v_i^{(t)}}{1-\beta_2^t}\leqslant\frac{(1-\beta_2)\sum_{s=1}^{t}\beta_2^{t-s}G_i^2}{1-\beta_2^t}=\frac{G_i^2(1-\beta_2^t)}{1-\beta_2^t}=G_i^2,\quad \hat{v}_i^{(0)}=0\leqslant G_i^2 \tag{14-135}$$

若

$$\hat{v}_i^{(t-1)}\leqslant G_i^2,\quad \hat{v}_i^{(t)}=\max\left(\hat{v}_i^{(t-1)},\frac{v_i^{(t)}}{1-\beta_2^t}\right)=\max\begin{cases}\hat{v}_i^{(t-1)}\leqslant G_i^2\\ \frac{v_i^{(t)}}{1-\beta_2^t}\leqslant G_i^2\end{cases}$$

则 $\hat{v}_i^{(t)}$ 和 $\hat{v}_i^{(t)}$ 的有界性与 Adam 中一致，因此第一项的结论可以直接复用。

关于式(14-133c)，通过观察发现

$$\frac{(m_i^{(t)})^2}{\sqrt{\hat{v}_i^{(t)}}}=\frac{(m_i^{(t)})^2}{\sqrt{\max\left(\hat{v}_i^{(t-1)},\frac{v_i^{(t)}}{1-\beta_2^t}\right)}}\leqslant\frac{(m_i^{(t)})^2}{\sqrt{\frac{v_i^{(t)}}{1-\beta_2^t}}}=\sqrt{1-\beta_2^t}\frac{(m_i^{(t)})^2}{\sqrt{v_i^{(t)}}}\leqslant\frac{(m_i^{(t)})^2}{\sqrt{v_i^{(t)}}} \tag{14-136}$$

即 $\frac{(m_i^{(t)})^2}{\sqrt{\hat{v}_i^{(t)}}}\leqslant\frac{(m_i^{(t)})^2}{\sqrt{v_i^{(t)}}}$ 依然成立，因此第三项的结论也可以直接复用，AMSgrad 收敛性证毕。

14.4 深度神经网络的收敛性

深度神经网络模型在广泛的任务中取得了很好的性能。通常，这些模型被认为是复杂的系统，其中许多类型的理论分析都是难以处理的。

神经网络通常用基于梯度的方法训练，这种方式容易收敛到局部最优。神经网络是否能收敛到全局最优，取决于初始化模型。对于深度神经网络，一般采取逐层预训练(layer-wise pre-training)，将整个深度网络看成多个单独的 RBM 去训练。加入预训练的深度神经网络可以进一步通过梯度优化的方式收敛到更好的局部最优解。本节首先讨论深度线性神经网络的收敛性，进而讨论深度非线性神经网络的收敛性。

14.4.1 深度线性神经网络的收敛性

深度神经网络的收敛性分析，即使在线性网络设置中，有效收敛到全局最小值的严格证明也被证明是难以捉摸的。它的线性速率收敛基于以下前提假设：隐藏层的维数至少是输入和输出维数的最小值；初始化时的权重矩阵近似平衡；初始损失小于任何秩差解的损失。此外，在输出维数为 1 的前提下，即标量回归，满足它们，从而收敛到全局最优，在随机初始化方案下概率恒定。

1. 深度线性神经网络的梯度下降

设 $\|\boldsymbol{v}\|$ 表示向量 $\boldsymbol{v}$ 的欧氏范数，$\|\boldsymbol{A}\|_F$ 表示矩阵的 Frobenius 规范。给定一个训练集 $\{(\boldsymbol{x}^{(i)},\boldsymbol{y}^{(i)})\}_{i=1}^m\subset\mathbb{R}^{d_x}\times\mathbb{R}^{d_y}$，并学习一个假设(预测)从一个参数集 $\mathcal{H}:=\{h_\theta:\mathbb{R}^{d_x}\to\mathbb{R}^{d_y}\mid\theta\in\Theta\}$ 通过最小化 L_2 损失：

$$\min_{\theta\in\Theta}L(\theta):=\frac{1}{2m}\sum_{i=1}^m\|h_\theta(\boldsymbol{x}^{(i)})-\boldsymbol{y}^{(i)}\|^2 \tag{14-137}$$

当参数族的问题是线性预测，即 $\mathcal{H}=\{\boldsymbol{x}\mapsto\boldsymbol{W}\boldsymbol{x}\mid\boldsymbol{W}\in\mathbb{R}^{d_y\times d_x}\}$，训练损失可以写成

$$L(\boldsymbol{W})=\frac{1}{2m}\|\boldsymbol{W}\boldsymbol{X}-\boldsymbol{Y}\|_F^2,\quad \boldsymbol{X}\in\mathbb{R}^{d_x\times m},\quad \boldsymbol{Y}\in\mathbb{R}^{d_y\times m}$$

矩阵的列分别持有实例和标签。假设现在数据集白化，即已经被转换，例如经验(无中心)协方差矩阵 $-\boldsymbol{\Lambda}_{xx}:=\frac{1}{m}\boldsymbol{X}\boldsymbol{X}^{\mathrm{T}}\in\mathbb{R}^{d_x\times d_x}$，在这种情况下，

$$L(\boldsymbol{W})=\frac{1}{2}\|\boldsymbol{W}-\boldsymbol{\Lambda}_{yx}\|_F^2+c \tag{14-138}$$

其中，$\boldsymbol{\Lambda}_{yx}:=\frac{1}{m}\boldsymbol{YX}^{\mathrm{T}}\in\mathbb{R}^{d_y\times d_x}$ 是实例和标签之间的经验（无中心）交叉协方差矩阵，c 是一个常数（不依赖于 W）。用 $\boldsymbol{\Phi}:=\boldsymbol{\Lambda}_{yx}$ 表示，对于线性模型，最小化白化数据上的 L_2 损失相当于最小化与目标矩阵 $\boldsymbol{\Phi}$ 的平方 Frobenius 距离：

$$\min_{\boldsymbol{W}\in\mathbb{R}^{d_y\times d_x}} L^1(\boldsymbol{W}):=\frac{1}{2}\|\boldsymbol{W}-\boldsymbol{\Phi}\|_F^2 \tag{14-139}$$

一个深度为 $-N(N\in\mathbb{N})$ 线性神经网络 $d_1,d_2,\cdots,d_{N-1}\in\mathbb{N}$ 对应于假设的参数族

$$\mathcal{H}:=\{\boldsymbol{x}\mapsto\boldsymbol{W}_N\boldsymbol{W}_{N-1}\cdots\boldsymbol{W}_1\boldsymbol{x}\mid\boldsymbol{W}_j\in\mathbb{R}^{d_j\times d_{j-1}},j=1,2,\cdots,N\}$$

其中，$d_0:=d_x,d_N:=d_y$。类似于一个（直接参数化的）线性预测器的情况，使用一个线性神经网络，最小化白化数据上的 L_2 损失可以转换为目标矩阵 $\boldsymbol{\Phi}$ 的平方 Frobenius 近似：

$$\min_{\boldsymbol{W}_j\in\mathbb{R}^{d_j\times d_{j-1}},j=1,2,\cdots,N} L^N(\boldsymbol{W}_1,\boldsymbol{W}_2,\cdots,\boldsymbol{W}_N):=\frac{1}{2}\|\boldsymbol{W}_N\boldsymbol{W}_{N-1}\cdots\boldsymbol{W}_1-\boldsymbol{\Phi}\|_F^2 \tag{14-140}$$

需要注意的是，$L^N(\cdot)$ 符号与式(14-137)一致，因为一个深度为 $N=1$ 的网络精确地简化为（直接参数化）线性模型。这里介绍通过梯度下降训练深度线性神经网络的过程，即通过迭代应用以下更新来解决方程(14-140)中的优化问题：

$$\boldsymbol{W}_j(t+1)\leftarrow\boldsymbol{W}_j(t)-\eta\frac{\partial L^N}{\partial\boldsymbol{W}_j}(\boldsymbol{W}_1(t),\boldsymbol{W}_2(t),\cdots,\boldsymbol{W}_N(t)),\quad j=1,2,\cdots,N,t=0,1,2,\cdots \tag{14-141}$$

其中，$\eta>0$ 是一个可配置的学习率。在深度为 $N=1$ 的情况下，方程(14-140)中的训练问题是光滑的和强凸的，因此它是已知的。在适当选择 η 后，梯度下降以线性速率收敛到全局最小值。相比之下，对于任何大于 1 的深度，方程(14-140)包含了一个基本的非凸程序，并且梯度下降的收敛性是非常不平凡的。除了 $N=2$（浅网络）的情况，不能希望通过景观参数证明收敛，因为已证明违反了严格的鞍属性。对梯度下降的轨迹的直接分析可以在这一领域取得成功，为线性速率收敛到全局最小值提供了保证。

2. 收敛性分析

接下来通过直接分析算法所采取的轨迹，建立深度线性神经网络的梯度下降的收敛性。首先介绍两个核心概念：近似平衡度和缺陷裕度。接下来介绍主要收敛定理。最后说明在随机初始化上概率恒定的收敛保证。

【定义 14.1】 近似平衡的定义。对于 $\delta\geqslant0$，矩阵 $\boldsymbol{W}_j\in\mathbb{R}^{d_j\times d_j-1},j=1,2,\cdots,N$ 是 δ 平衡的，有

$$\|\boldsymbol{W}_{j+1}^{\mathrm{T}}\boldsymbol{W}_{j+1}-\boldsymbol{W}_j\boldsymbol{W}_j^{\mathrm{T}}\|_F\leqslant\delta,\quad\forall j\in\{1,2,\cdots,N-1\} \tag{14-142}$$

注意，在 0-平衡的情况下，即 $\boldsymbol{W}_{j+1}^{\mathrm{T}}\boldsymbol{W}_{j+1}=\boldsymbol{W}_j\boldsymbol{W}_j^{\mathrm{T}},\forall j\in\{1,2,\cdots,N-1\}$，所有矩阵 $\boldsymbol{W}_j$ 共享同一组非零奇异值。此外，该集合是通过取端到端矩阵 $\boldsymbol{W}_{1:N}$ 中每个非零奇异值的第 n 个根得到的。将 $\delta>0$ 建立这些事实的 δ-平衡的近似版本，并通过证明如果线性神经网络的权重初始化为近似平衡，在整个梯度下降迭代中，它们将继续承认它们的使用。在线性残差网络的特殊情况下（$d_0=\cdots=d_N=d$ 和 $\boldsymbol{W}_1(0)=\cdots=\boldsymbol{W}_N(0)=\boldsymbol{I}_d$），可以轻松地满足初始化时的近似平衡条件。此外，对于给定的 $\delta>0$，如果标准差足够小，通过均值为零的随机高斯分布初始化导致高概率的近似平衡。

【定义 14.2】 缺陷裕度的定义。给定一个目标矩阵$\boldsymbol{\Phi}\in\mathbb{R}^{d_N\times d_0}$和一个常数$c>0$,假设一个矩阵$\boldsymbol{W}\in\mathbb{R}^{d_N\times d_0}$相对于$\boldsymbol{\Phi}$,有:

$$\|\boldsymbol{W}-\boldsymbol{\Phi}\|_F\leqslant\sigma_{\min}(\boldsymbol{\Phi})-c \tag{14-143}$$

缺陷边际指的是一个围绕目标的球距离包含秩缺陷(低秩)矩阵的距离。缺陷边际是指如果式(14-143)成立,每个距离$\boldsymbol{\Phi}$不大于$\boldsymbol{W}$的矩阵$\boldsymbol{W}'$都有离零有界的奇异值c。

【申明 14.1】 假设$\boldsymbol{W}$对$\boldsymbol{\Phi}$有缺陷边际c。那么$\|\boldsymbol{W}-\boldsymbol{\Phi}\|_F\leqslant\sigma_{\min}(\boldsymbol{\Phi})-c$满足$\sigma_{\min}(\boldsymbol{W}')\geqslant c$。证明依赖于不等式$\sigma_{\min}(\boldsymbol{A}+\boldsymbol{B})\geqslant\sigma_{\min}(\boldsymbol{A})-\sigma_{\max}(\boldsymbol{B})$。

如果权重$\boldsymbol{W}_1,\boldsymbol{W}_2,\cdots,\boldsymbol{W}_N$被初始化为(它们近似平衡和)端到端矩阵$\boldsymbol{W}_{1:N}$相对于目标$\boldsymbol{\Phi}$有缺陷边际$c>0$,则保证梯度下降收敛到全局最小值。此外,当$c$增大时,收敛速度将超过一个变快的特定速度。这表明,从理论的角度来看,初始化一个线性神经网络有利于端到端矩阵相对于目标有较大的缺陷边际。

考虑到初始化时对近似平衡和缺陷边际的需要,观察到在零附近的高斯扰动的常见设置下的一个微妙的权衡:如果标准偏差很小,权重可能高度平衡并满足缺陷边际;然而,过小的标准差则无法实现高幅度的延迟偏差,因此快速收敛不太可能发生;另一方面,大标准差危及平衡和缺陷边际,使整个收敛处于危险之中。这种权衡让人想起了深度学习中的经验现象,较小的初始化可以带来有效的收敛,而如果非常小,收敛速度可能会急剧下降(消失梯度问题),如果变大,发散就不可避免("爆炸梯度问题")。残差连接的通用分辨率类似于线性残差网络,它确保了完美的平衡性,如果目标距离身份不太远,则允许较大的缺陷边际。

利用定义 14.1 和定义 14.2,可以给出定理 14.1:线性收敛到全局最小值的保证。

【定理 14.1】 假设梯度下降初始化,端到端矩阵$\boldsymbol{W}_{1:N(0)}$相对于目标$\boldsymbol{\Phi}$有缺陷边际$c>0$,并且权重$\boldsymbol{W}_1(0),\boldsymbol{W}_2(0),\cdots,\boldsymbol{W}_N(0)$是$\delta$平衡的,其中$\delta=c^2/(256N^3\|\boldsymbol{\Phi}\|_F^{2(N-1)/N})$。还假设学习率$\eta$满足

$$\eta\leqslant\frac{c^{(4N-2)/N}}{6144N^3\|\boldsymbol{\Phi}\|_F^{(6N-4)/N}} \tag{14-144}$$

对于任何$\varepsilon>0$,

$$T\geqslant\frac{1}{\eta c^{2(N-1)/N}}\log\left(\frac{\ell(0)}{\varepsilon}\right) \tag{14-145}$$

梯度下降迭代T时$\ell(T)$的损失不大于ε。

定理 14.1 中所做的假设——初始化时的近似平衡度和缺陷裕度——都是必要的,因为违反它们中的任何一个都可能导致收敛失败。在线性残差网络(均匀维数和恒等式初始化)的特殊情况下,满足假设的一个充分条件是目标矩阵与恒等式的 Frobenius 距离小于 0.5。

定理 14.1 所依据的基石是引理 14.3,当$\sigma_{\min}(\boldsymbol{W}_{1:N})$有界远离零时,就会显示出非平凡下降。

【引理 14.3】 在定理 14.1 的条件下,对每个$t=0,1,2,\cdots$

$$\ell(t+1)\leqslant\ell(t)-\frac{\eta}{2}\sigma_{\min}(\boldsymbol{W}_{1:N(t)})^{\frac{2(N-1)}{N}}\left\|\frac{\mathrm{d}L^1}{\mathrm{d}W}(\boldsymbol{W}_{1:N(t)})\right\|_F^2 \tag{14-146}$$

完美初始平衡的理想设置的引理($\delta=0$)的引理

$$\boldsymbol{W}_{j+1}^{\mathrm{T}}(0)\boldsymbol{W}_{j+1}(0)=\boldsymbol{W}_j(0)\boldsymbol{W}_j^{\mathrm{T}}(0),\quad\forall j\in\{1,2,\cdots,N-1\} \tag{14-147}$$

和无穷小的学习率($\eta\to 0^+$)-梯度流

$$\dot{\boldsymbol{W}}_j(\tau)=-\frac{\partial L^N}{\partial \boldsymbol{W}_j}(\boldsymbol{W}_1(\tau),\boldsymbol{W}_2(\tau),\cdots,\boldsymbol{W}_N(\tau)),\quad j=1,2,\cdots,N,\tau\in[0,\infty) \tag{14-148}$$

其中,τ 是一个连续的时间指数,点符号(在 $\dot{W}_j(\tau)$ 中)表示对时间的导数。对于近似平衡和离散更新的现实情况($\delta,\eta>0$)。

梯度下降迭代 t 时的目标值(t)等于 $L^1(\boldsymbol{W}_{1:N(t)})$。因此,对于考虑的理想设置

$$\frac{\mathrm{d}}{\mathrm{d}\tau}L^1(\boldsymbol{W}_{1:N(\tau)})\leqslant-\frac{1}{2}\sigma_{\min}(\boldsymbol{W}_{1:N(\tau)})^{\frac{2(N-1)}{N}}\cdot\left\|\frac{\mathrm{d}L^1}{\mathrm{d}\boldsymbol{W}}(\boldsymbol{W}_{1:N(\tau)})\right\|_F^2 \tag{14-149}$$

下面将得到式(14-149)的一个更强版本,即一个没有 1/2 因子(仅由于离散化而出现)的方程。

根据定理 14.1 和申明 14.1,权重 $\boldsymbol{W}_1(\tau),\boldsymbol{W}_2(\tau),\cdots,\boldsymbol{W}_N(\tau)$ 在整个优化过程中保持平衡,这意味着端到端矩阵 $\boldsymbol{W}_{1:N(\tau)}$ 根据以下微分方程移动

$$\mathrm{vec}(\dot{W}_{1:N(\tau)})=-P_{\boldsymbol{W}_{1:N(\tau)}}\mathrm{vec}\left(\frac{\mathrm{d}L^1}{\mathrm{d}\boldsymbol{W}}(\boldsymbol{W}_{1:N(\tau)})\right) \tag{14-150}$$

其中,对于任意矩阵 $\boldsymbol{A}$,$\mathrm{vec}(\boldsymbol{A})$ 表示列一阶向量化,$\boldsymbol{P}_{\boldsymbol{W}_{1:N(\tau)}}$ 是一个正半定矩阵,其特征值都大于或等于 $\sigma_{\min}(\boldsymbol{W}_{1:N(\tau)})^{2(N-1)/N}$。取 $L^1(\boldsymbol{W}_{1:N(\tau)})$ 对时间的导数,得到没有 1/2 因子的方程

$$\begin{aligned}\frac{\mathrm{d}}{\mathrm{d}\tau}L^1(W_{1:N(\tau)})&=\left\langle\mathrm{vec}\left(\frac{\mathrm{d}L^1}{\mathrm{d}\boldsymbol{W}}(\boldsymbol{W}_{1:N(\tau)})\right),\mathrm{vec}(\dot{\boldsymbol{W}}_{1:N(\tau)})\right\rangle\\&=\left\langle\mathrm{vec}\left(\frac{\mathrm{d}L^1}{\mathrm{d}\boldsymbol{W}}(\boldsymbol{W}_{1:N(\tau)})\right),-P_{\boldsymbol{W}_{1:N(\tau)}}\mathrm{vec}\left(\frac{\mathrm{d}L^1}{\mathrm{d}\boldsymbol{W}}(\boldsymbol{W}_{1:N(\tau)})\right)\right\rangle\\&\leqslant-\sigma_{\min}(\boldsymbol{W}_{1:N(\tau)})^{\frac{2(N-1)}{N}}\left\|\mathrm{vec}\left(\frac{\mathrm{d}L^1}{\mathrm{d}\boldsymbol{W}}(\boldsymbol{W}_{1:N(\tau)})\right)\right\|^2\\&=-\sigma_{\min}(\boldsymbol{W}_{1:N(\tau)})^{\frac{2(N-1)}{N}}\left\|\frac{\mathrm{d}L^1}{\mathrm{d}\boldsymbol{W}}(\boldsymbol{W}_{1:N(\tau)})\right\|_F^2\end{aligned} \tag{14-151}$$

其中,第一个转换(等式)是链规则的应用;第二个转换(等式)插头;第三个转换(不等式)是因为对称矩阵 $\boldsymbol{P}_{\boldsymbol{W}_{1:N(\tau)}}$ 的特征值不小于 $\sigma_{\min}(\boldsymbol{W}_{1:N(\tau)})^{2(N-1)/N}$;最后一个转换(等式)对于任何矩阵 $\boldsymbol{A}$ 是平凡的—$\|\boldsymbol{A}\|_F=\|\mathrm{vec}(\boldsymbol{A})\|$。

建立了引理 14.3 后,定理 14.1 的证明很容易得到。根据式(14-143)的定义,对于任何 $\boldsymbol{W}\in\mathbb{R}^{d_N\times d_0}$

$$\frac{\mathrm{d}L^1}{\mathrm{d}\boldsymbol{W}}(\boldsymbol{W})=\boldsymbol{W}-\boldsymbol{\Phi}\Rightarrow\left\|\frac{\mathrm{d}L^1}{\mathrm{d}\boldsymbol{W}}(\boldsymbol{W})\right\|_F^2=2\cdot L^1(\boldsymbol{W}) \tag{14-152}$$

将其插入式(14-146),同时有 $\ell(t)=L^1(\boldsymbol{W}_{1:N(t)})$,对于每个 $t=0,1,2,\cdots$

$$L^1(\boldsymbol{W}_{1:N(t+1)})\leqslant L^1(\boldsymbol{W}_{1:N(t)})\cdot(1-\eta\cdot\sigma_{\min}(\boldsymbol{W}_{1:N(t)})^{\frac{2(N-1)}{N}}) \tag{14-153}$$

由于系数 $1-\eta\cdot\sigma_{\min}(\boldsymbol{W}_{1:N(t)})^{\frac{2(N-1)}{N}}$ 必然是非负的(否则会与 $L^1(\cdot)$ 的非负性相矛盾),展开不等式,得到

$$L^1(\boldsymbol{W}_{1:N(t+1)}) \leqslant L^1(\boldsymbol{W}_{1:N(0)}) \cdot \prod_{t'=0}^{t}(1-\eta \cdot \sigma_{\min}(\boldsymbol{W}_{1:N(t')})^{\frac{2(N-1)}{N}}) \tag{14-154}$$

这特别意味着，对于每一个 $t'=1,2,\cdots$

$$L^1(\boldsymbol{W}_{1:N(t')}) \leqslant L^1(\boldsymbol{W}_{1:N(0)}) \Rightarrow \|\boldsymbol{W}_{1:N(t')}-\boldsymbol{\Phi}\|_F \leqslant \|\boldsymbol{W}_{1:N(0)}-\boldsymbol{\Phi}\|_F \tag{14-155}$$

因此，$\boldsymbol{W}_{1:N(0)}$ 的缺陷边际 c 和权利要求 1 意味着 $\sigma_{\min}(\boldsymbol{W}_{1:N(t')}) \geqslant c$，有

$$L^1(\boldsymbol{W}_{1:N(t)}) \leqslant L^1(\boldsymbol{W}_{1:N(0)})(1-\eta \cdot c^{\frac{2(N-1)}{N}})^t \tag{14-156}$$

其中，$\eta \cdot c^{\frac{2(N-1)}{N}}$ 明显是非负的，且也不大于 1(否则将与 $L^1(\cdot)$ 的非负性相矛盾)。因此，可以将不等式 $1-\eta \cdot c^{2(N-1)/N} \leqslant \exp(-\eta c^{2(N-1)/N})$ 代入式(14-156)

$$L^1(\boldsymbol{W}_{1:N(t)}) \leqslant L^1(\boldsymbol{W}_{1:N(0)})\exp(-\eta \cdot c^{2(N-1)/N} \cdot t) \tag{14-157}$$

由此就可以得出结论 $L^1(\boldsymbol{W}_{1:N(t)}) \leqslant \varepsilon$ 有

$$t \geqslant \frac{1}{\eta c^{2(N-1)/N}} \log\left(\frac{L^1(\boldsymbol{W}_{1:N(0)})}{\varepsilon}\right) \tag{14-158}$$

通过 $\ell(t)=L^1(W_{1:N(t)})$，得证。

平衡初始化在确保完美平衡的同时随机分配权重。平衡初始化的概念和定理 1，保证线性收敛(适用于输出维数 1-标量回归)，在初始化中的随机性以恒定的概率保持。

【定理 14.2】 对于任何常数 $0<p<\frac{1}{2}$，有常数 $d'_0, a>0$，如下保持。假设 $d_N=1$，$d_0 \geqslant d'_0$，权重 $\boldsymbol{W}_1(0), \boldsymbol{W}_2(0), \cdots, \boldsymbol{W}_N(0)$ 进行平衡初始化(过程 1)，这样 $\boldsymbol{W}_{1:N(0)}$ 中的项是独立的零中心高斯扰动，标准差为 $s \leqslant \frac{\|\boldsymbol{\Phi}\|_2}{\sqrt{ad_0^2}}$。还假设运行梯度随学习率下降 $\eta \leqslant (s^2 d_0)^{4-2/N}/(10^5 N^3 \|\boldsymbol{\Phi}\|_2^{10-6/N})$。然后，在随机初始化上的概率至少是 p，对每个 $\varepsilon>0$

$$T \geqslant \frac{4}{\eta}\left(\ln(4)\left(\frac{\|\boldsymbol{\Phi}\|_2}{s^2 d_0}\right)^{2-2/N} + \|\boldsymbol{\Phi}\|_2^{2/N-2} \ln\left(\frac{\|\boldsymbol{\Phi}\|_2^2}{8\varepsilon}\right)\right) \tag{14-159}$$

梯度下降迭代 T 时 $\ell(T)$ 的损失不大于 ε。

14.4.2 深度非线性神经网络的收敛性

深度神经网络通常加入 ReLU 等激活函数增加模型非线性。这使训练目标不仅是非凸的，甚至是不光滑的。因为线性模型只能解决线性可分问题，而深度学习面对的问题是无法通过直线(或者高维空间的平面)划分的。神经网络本身就是过参数化，由于结构上的对称性，会导致存在大量的等价解。本节在一些基本假设的条件下，分析深度非线性神经网络的收敛性。

神经网络训练目标的全局最小值可以通过 SGD 等简单算法在多项式时间内找到。这基于两个假设：输入不退化并且网络被过度参数化。过度参数意味着隐藏的神经元的数量足够大。在实践中，由随机初始化的 SGD 训练的 ReLU 网络几乎从不面对非光滑性或非凸性的问题，并且可以很容易地在训练集上收敛到一个全局最小值。接下来从理论上解释这个现象。

考虑一个 L 层全连接 FNN，每一层由 m 个具有 ReLU 激活的神经元组成。只要 $m \geqslant \text{poly}(n, L, \delta^{-1})$，从随机高斯初始化权重开始梯度下降和 SGD，使用最多 $T=\text{poly}(n, L, \delta^{-1})$ 次迭代，在 ℓ_2 回归中找到 ε-误差的全局最小值。下面将证明这是一个线性收敛速度。

【定理 14.3】 梯度下降。假设 $m \geqslant \tilde{\Omega}(\text{poly}(n, L, \delta^{-1}) \cdot d)$。从随机初始化开始，概率至少为 $1-\mathrm{e}^{-\Omega(\log^2 m)}$，学习率为 $\eta=\Theta\left(\frac{d\delta}{\text{poly}(n, L) \cdot m}\right)$ 的梯度下降找到一个点 $F(\boldsymbol{W}) \leqslant \varepsilon$ 在

$$T=\Theta\left(\frac{\text{poly}(n, L)}{\delta^2} \log \varepsilon^{-1}\right) \tag{14-160}$$

这被称为线性收敛率，因为 ε 在 T 中呈指数快速下降。这里没有试图改进 m 和 T 中的多项式因子。注意，d 是数据输入维数，但结果与 d 无关。

【定理 14.4】 SGD。假设 $b \in [n]$ 和 $m \geqslant \Omega\left(\frac{\text{poly}(n, L, \delta^{-1}) d}{b}\right)$。从随机初始化开始，至少有概率 $1-\mathrm{e}^{-\Omega(\log^2 m)}$，具有学习率 $\eta=\Theta\left(\frac{b\delta d}{\text{poly}(n, L) m \log^2 m}\right)$ 的 SGD 并且按批量大小 b 查找 $F(\boldsymbol{W}) \leqslant \varepsilon$，迭代次数为

$$T=\Theta\left(\frac{\text{poly}(n, L) \log^2 m}{\delta^2 b} \log \varepsilon^{-1}\right) \tag{14-161}$$

这也是一个线性收敛速率，因为 $T \propto \log 1\varepsilon$。与定理 3 相比，额外的 $\log^2 m$ 因子的原因是有一个 $1-\mathrm{e}^{-\Omega(\log^2 m)}$ 高置信界。

接下来证明以下两个技术定理，分别是关于足够接近随机初始化点的梯度边界及目标的半光滑性。

【定理 14.5】 无临界点。在 probability$\geqslant 1-\mathrm{e}^{-\Omega(m / \text{poly}(n, L, \delta^{-1}))}$ 超随机性 $\boldsymbol{W}^{(0)}$、$\boldsymbol{A}$、$\boldsymbol{B}$，它满足对每一个 $\ell \in [L]$，每个 $i \in [n]$，每个 $\boldsymbol{W}$ 有 $\|\boldsymbol{W}-\boldsymbol{W}^{(0)}\|_2 \leqslant \frac{1}{\text{poly}(n, L, \delta^{-1})}$，

$$\begin{aligned}
&\|\nabla F(\boldsymbol{W})\|_F^2 \leqslant O\left(F(\boldsymbol{W}) \times \frac{L n m}{d}\right) \\
&\|\nabla F(\boldsymbol{W})\|_F^2 \geqslant \Omega\left(F(\boldsymbol{W}) \times \frac{\delta m}{d n^2}\right)
\end{aligned} \tag{14-162}$$

最值得注意的是，定理 14.5 的第二个性质表明，只要目标很大，梯度范数也很大。这意味着，当足够接近随机初始化时，就不存在任何阶的鞍点或临界点。这使有希望找到目标 $F(\boldsymbol{W})$ 的全局最小值。

定理 14.5 本身就足够了。即使遵循 $F(\boldsymbol{W})$ 的负梯度方向，但如何保证目标真正降低呢？在经典的优化理论中，人们依靠光滑性来推导出这种目标降低保证。不幸的是，平滑性至少要求目标是两次可微的，但 ReLU 激活不是。为了解决这个问题，需要证明目标的"半光滑"性质。

【定理 14.6】 半光滑性。在概率至少为 $1-\mathrm{e}^{-\Omega(m / \text{poly}(L, \log m))}$，$\boldsymbol{W}^{(0)}$、$\boldsymbol{A}$、$\boldsymbol{B}$ 随机性，为每一个 $\boldsymbol{W} \in (\mathbb{R}^{m \times m})^L$，有 $\|\boldsymbol{W}-\boldsymbol{W}^{(0)}\|_2 \leqslant \frac{1}{\text{poly}(L, \log m)}$，因为每一个 $\boldsymbol{W}' \in (\mathbb{R}^{m \times m})^L$ 有 $\|\boldsymbol{W}'\|_2 \leqslant \frac{1}{\text{poly}(L, \log m)}$，以下不等式成立

$$\begin{aligned}
F(\boldsymbol{W}+\boldsymbol{W}') \leqslant\ & F(\boldsymbol{W})+\langle\nabla F(\boldsymbol{W}), \boldsymbol{W}'\rangle+O\left(\frac{n L^2 m}{d}\right)\|\boldsymbol{W}'\|_2^2+ \\
& \frac{\text{poly}(L) \sqrt{n m \log m}}{\sqrt{d}} \cdot\|\boldsymbol{W}'\|_2(F(\boldsymbol{W}))^{1/2}
\end{aligned} \tag{14-163}$$

与经典光滑有很大不同的是，在右边仍然有一个一阶项$\|\boldsymbol{W}'\|_2$，但经典光滑只有一个二阶项$\|\boldsymbol{W}'\|_2^2$。当m变大时（过度参数化时），一阶项的影响比二阶项变得越来越小。这使得定理14.6更接近，但对于经典的利普希茨光滑性，仍然不完全相同。

对定理14.5和定理14.6的证明包括以下步骤。

步骤1：随机初始化时的属性。让$\boldsymbol{W}=\boldsymbol{W}(0)$是随机初始化的，而$h_{i,\ell}$和$D_{i,\ell}$是对$\boldsymbol{W}$定义的。首先证明了正向传播既不会爆炸也不会消失，即

$$\|\boldsymbol{h}_{i,\ell}\| \approx 1,\quad i\in[n],\quad \ell\in[L] \tag{14-164}$$

因为对于一个固定的$\boldsymbol{y}$，有$\|\boldsymbol{Wy}\|^2$在2左右，如果它的符号是足够随机的，那么ReLU激活杀死了一半的范数，也就是$\|\varphi(\boldsymbol{Wy})\|\approx 1$。然后应用归纳法完成证明。

对每个$a,b\in[L]$. 反向矩阵$\|\boldsymbol{BD}_{i,L}\boldsymbol{W}_L\cdots\boldsymbol{D}_{i,a}\boldsymbol{W}_a\|_2\leqslant O(\sqrt{m/d})$和中间矩阵$\|\boldsymbol{D}_{i,a}\boldsymbol{W}_a\cdots\boldsymbol{D}_{i,b}\boldsymbol{W}_b\|_2\leqslant O(\sqrt{L})$的谱范数界。只要$\|\boldsymbol{x}_i-\boldsymbol{x}_j\|\geqslant\delta$，对每层$\ell\in[L]$

$$\|\boldsymbol{h}_{i,\ell}-\boldsymbol{h}_{j,\ell}\|\geqslant\Omega(\delta) \tag{14-165}$$

步骤2：对抗性扰动后的稳定性。对于每一个“接近”于初始化的$\boldsymbol{W}$，意味着$\|\boldsymbol{W}_\ell-\boldsymbol{W}_\ell^{(0)}\|_2\leqslant\omega$对于每个$\ell$和一些$\omega\leqslant\dfrac{1}{\text{poly}(L)}$，然后有①符号变化的数量$\|\boldsymbol{D}_{i,\ell}-\boldsymbol{D}_{i,\ell}^{(0)}\|_0$最多为$O(m\omega^{2/3}L)$；②扰动量为$\|\boldsymbol{h}_{i,\ell}-\boldsymbol{h}_{i,\ell}^{(0)}\|\leqslant O(\omega L^{5/2})$。

步骤3：梯度下界。定理14.5的困难部分是表示梯度的下界。为此，每个样本$i\in[n]$通过$\boldsymbol{D}_{i,\ell}(\textbf{Back}_{i,\ell+1}^{\mathrm{T}}\textbf{loss}_i)\boldsymbol{h}_{i,\ell-1}^{\mathrm{T}}$对全梯度矩阵有贡献，其中后向矩阵应用于损失向量损失。为了证明这一点很大，直观地说，希望显示$(\textbf{Back}_{i,\ell+1}^{\mathrm{T}}\textbf{loss}_i)$和$\boldsymbol{h}_{i,\ell-1}^{\mathrm{T}}$都是具有大欧几里得范数的向量。

从步骤2中知道$\|\boldsymbol{h}_{i,\ell}-\boldsymbol{h}_{i,\ell}^{(0)}\|\leqslant o(1)$。人们也可以支持$(\textbf{Back}_{i,\ell+1}^{\mathrm{T}}\textbf{loss}_i)$，但这有点难。实际上，当从随机初始化$\boldsymbol{W}^{(0)}$移动到$\boldsymbol{W}$时，损失向量的损失可以完全改变。幸运的是，$\textbf{loss}_i\in\mathbb{R}^d$是一个低维向量，所以可以计算每个固定$u$的$\textbf{Back}_{i,\ell+1}^{\mathrm{T}}u$，然后应用ε-net。

最后，如何将上述参数与多个样本$i\in[n]$相结合？这些矩阵显然不是独立的，并且可以（在原则上）求和为零。为了处理这个问题，使用了步骤1中的$\|\boldsymbol{h}_{i,\ell}-\boldsymbol{h}_{i,\ell}^{(0)}\|\leqslant\Omega(\delta)$。

步骤4：平滑。为了证明定理14.6，如果目前在$\boldsymbol{W}$并用$\boldsymbol{W}'$扰动它，那么目标在二阶和高阶项上有多少变化。这与在步骤2中的稳定性理论不同，因为步骤2是关于对$\boldsymbol{W}^{(0)}$进行扰动；相反，在定理14.6中，需要在$\boldsymbol{W}'$上有一个（小的）扰动$\boldsymbol{W}$，它可能已经是从$\boldsymbol{W}^{(0)}$扰动的一个点。然而，仍然设法证明，如果$\boldsymbol{W}$和$\boldsymbol{h}_{i,\ell}$是在$\boldsymbol{W}+\boldsymbol{W}'$上计算的，然后$\|\boldsymbol{h}_{i,\ell}-\breve{\boldsymbol{h}}_{i,\ell}\|\leqslant O(L^{1.5})\|\boldsymbol{W}'\|_2$。这一点，以及其他要证明的性质，确保了半光滑性。

步骤1～步骤4实际上产生了一个证明训练任何神经网络的收敛性的总体计划（至少是关于ReLU激活的）。该定理至少可以在以下三个主要方向上得到扩展：不同的损失函数；CNN；ResNet。

深度非线性神经网络的收敛性可以通过以上步骤进行理论分析。此外，在实际应用中，分析神经网络的收敛性一般通过实验观测损失函数下降曲线，曲线趋于稳定则收敛。实际上全局最优点往往过拟合于训练数据，而现实世界中并不能保证测试数据和训练数据的同分布。深度学习的目标是获得最小的泛化误差，因此实际应用中，表现最好的模型不一定要求理论上收敛到全局最低点。

14.5 本章小结

本章首先介绍了收敛问题,包括收敛问题定义,收敛与一致收敛的差异;其次介绍了单隐藏层神经网络的收敛性,包括SGD算法的收敛性、自适应梯度算法的收敛性、动量自适应算法的收敛性;接着介绍非线性神经网络收敛性;最后介绍深度神经网络收敛性,包括深度线性神经网络收敛性,深度非线性神经网络收敛性。对于应用于高维问题的神经网络,需要更复杂并且高度非线性的网络结构,这会造成神经网络的非凸性,进一步增加了理论分析收敛性的复杂性。过参数化的神经网络存在大量的等价解,基于梯度优化的神经网络往往会收敛到局部最优解。局部最优解可以保证一定的泛化能力,使得神经网络可以很好地运用于高维问题。

参考文献

本章参考文献扫描下方二维码。

第 15 章 学习模型的复杂度

CHAPTER 15

模型复杂度是一个重要的基础问题，理解深度模型的复杂度是准确理解模型的能力和局限性的关键。机器学习的模型复杂度的研究已经有几十年的历史。VC 维、Natarajan 维和 Rademacher 复杂度等理论都是分析模型复杂度的经典理论。然而，深度学习模型与传统的机器学习模型有很大的不同，深度学习模型往往参数量更大，比传统的机器学习模型要复杂得多。因此，经典机器学习模型的复杂度分析不能直接应用或直接推广到深度模型。近年来关于深度学习的复杂度研究也有很多，裴健团队关于深度学习模型复杂度综述在 arXiv 上线，这也是首篇关于深度学习模型复杂度的综述。本章将系统地描述深度学习模型复杂度。

15.1 复杂度的基本概念

首先来看复杂度的概念。“模型复杂度”在深度学习中有两种不同的含义。

(1) 模型复杂度可能是指深层模型表达或逼近复杂分布函数的能力。

(2) 描述一些参数化深度模型的分布函数有多复杂。

这两方面含义可以分别表示为模型表达能力和模型有效复杂度两个概念。表达能力也称为表示能力、表达力或复杂度能力。

【定义 15.1】 表达能力：描述深度学习逼近复杂问题的能力。更一般地来说，表达能力描述了模型族中任何模型的复杂度上限。

这个概念与假设空间复杂度的描述是一致的。假设空间是一个集合，是在固定了学习算法之后，所有可能的函数构成的集合。模型属于由输入空间到输出空间的映射的集合，这个集合就是假设空间。假设空间的确定意味着学习范围的确定。考虑到由固定模型结构表示的假设空间，模型的表达能力也是假设空间的复杂度。探索表达能力有助于获得深度模型的可学习性保证，并推导泛化范围。

有效模型复杂度，也称为实际复杂度，实际表达力或可用容量。

【定义 15.2】 有效模型复杂度：具有特定参数化的深度模型所表示的函数的复杂度。

很明显，有效模型复杂度适用于刻画参数固定的模型的复杂度。

表达能力和有效模型复杂度密切相关，但是这是两个不同的概念。表达能力描述了深度模型的假设空间的表达能力。有效模型复杂度探讨了假设空间内特定假设的复杂度。直观地来讲，深度学习模型可以看作从数据中学到的知识的“容器”。表达能力可以被视为模型架构可以拥有的知识量的上限；对于特定模型而言，有效模型复杂度表示训练特定的数据集拥有多少知识。

Bonaccorso 指出，深度学习模型由静态结构部分和动态参数部分组成。静态结构部分是在学习过程之前根据模型选择原理确定的，一般确定之后就保持不变，与后续的动态训练无关；动态参数部分是优化的目标，由学习过程确定。这两部分都会增加模型的复杂度。

比如，对于深度学习模型而言，其模型框架和模型大小的影响与动态训练无关，而优化过程和带入数据的复杂度则主要影响动态训练部分。在本章的剩余部分，将从与动态训练无关和与动态训练相关两个角度来介绍深度模型的复杂度。

15.2 与动态训练无关

深度模型的复杂度在前面已经给出了定义，也已经将模型复杂度分为与动态训练无关和与动态训练相关两个部分，本节介绍与动态训练无关的部分，主要从 VC 维及其扩展还有表达能力两个部分介绍。

15.2.1 VC 维及其扩展

VC 维被广泛用于分析经典参数机器学习模型的表达能力和泛化。一系列工作研究了深度学习模型的 VC 维度。VC 维是一种表达能力度量，反映了假设空间可能破坏的最大样本数。较高的 VC 维意味着该模型可以破坏更多的样本，因此该模型具有较高的表达能力。

Maass 研究了带有线性阈值门的 FNN 的 VC 维。线性阈值门意味着每个神经元由一个加权和函数和一个 Heaviside 激活函数组成。令 W 为网络中的参数数量，L 为网络深度。Maass 证明，对于 $L\geqslant 3$，此类网络的 VC 维数为

$$\Omega(W\log W)$$

Bartlett 等研究了具有分段多项式激活函数的 FNN 的 VC 维。具有 p 块的分段多项式激活函数的形式为

$$\sigma(z)=\phi_i(z)$$

其中，$z\in[t_{i-1},t_i]$，$i\in\{1,2,\cdots,p+1\}$，$t_{i-1}<t_i$，每个 ϕ_i 是不超过 r 的次数的多项式函数。令 W 为网络中的参数数量，L 为网络深度。Bartlett 等证明了此类网络的 VC 维度的上限为

$$O(WL^2+WL\log WL)$$

而 VC 维度的下限为

$$\Omega(WL)$$

后来，Bartlett 等将这个下界提高到了 $\Omega(WL\log(W/L))$。

Bartlett 等研究了具有分段线性激活函数（例如 ReLU）的深层神经网络的 VC 维。给定一个具有 L 层和 W 参数的深层神经网络，他们证明了此类网络的 VC 维的下限为

$$\Omega(WL\log(W/L))$$

而 VC 维的上限为

$$O(WL\log W)$$

15.2.2 表达能力

与动态训练无关的表达能力主要从以下方面进行了探讨：深度效率分析了深度学习模

型如何从体系结构的深度获得性能；宽度效率分析深度学习模型中各层的宽度如何影响模型的表达能力。

1. 深度效率

一系列最新研究表明，深层架构的性能明显优于浅层架构。深度效率，即深度模型中深度的有效性，引起了人们的极大兴趣。具体来说，关于深度效率的研究分析了为什么深度架构可以获得良好的性能，并测量了模型深度对表达能力的影响。将深度效率研究分为两个子类别：模型简化方法和表达能力度量。

研究深度学习模型的表达能力的一种方法是将深度学习模型简化为可理解的问题和分析函数。

为了研究深度效率，一个直观的想法是比较深层网络和浅层网络之间的表示效率。Bengio 和 Delalleau 研究了深度和积网络（Sum-Product Network，SPN）上的深度效率问题。SPN 由计算输入的乘积或加权和的神经元组成。深层和浅层的深度 SPN 表示同一函数的比较结果表明，要表示相同的函数，浅层网络中的神经元数量必须按指数增长，但深层网络仅需要线性增长。

Mhaskar 等研究了层次二叉树网络，并和浅层网络进行了对比。Mhaskar 等证明具有设计组合结构的函数可以由深层和浅层网络逼近到相同的近似程度。然而，深层网络的参数数量要比浅层网络的参数数量少得多。

Arora 等研究了深度在具有 ReLU 激活函数的深度神经网络中的重要性。首先，研究了具有一维输入和一维输出的神经网络。结论表明，给定自然数 $k\geqslant 1$ 和 $w\geqslant 2$，存在可以由 k 个隐藏层 ReLU 神经网络表示的函数族，其中隐藏层的宽度均为 w。然而，为了表示这一函数族，具有 $k'<k$ 个隐藏层的网络至少需要 $\frac{1}{2}k'w^{\frac{k}{k'}}-1$ 个隐藏神经元。然后，他们研究了具有 d 维输入的 ReLU 神经网络。结果表明，在给定自然数 k、m，在 $d\geqslant 1$ 和 $w\geqslant 2$ 的情况下，存在一个 $\mathbb{R}^d\to\mathbb{R}$ 函数族，该族可以用具有 $k+1$ 个隐藏层和 $2m+wk$ 个神经元的 ReLU 网络表示。使用多面体理论中的区域拓扑理论构造了这个函数族。但是，要表示该函数族，具有 $k'\leqslant k$ 个隐藏层的 ReLU 神经网络所需的最小隐藏神经元数为

$$\max\left\{\frac{1}{2}(k'\omega^{\frac{k}{k'd}})(m-1)^{\left(1-\frac{1}{d}\right)\frac{1}{k'}}-1,k'\left(\frac{w^{\frac{k}{k'}}}{d^{\frac{1}{k'}}}\right)\right\}$$

为了研究深层神经网络何时可以证明比浅层神经网络更有效，Kuurkova 分析了具有 Signum 激活函数的浅层神经网络的表达能力的局限性。Signum 激活函数定义为

$$\operatorname{sgn}(z)=\begin{cases}-1, & z<0\\ 1, & z\geqslant 0\end{cases}$$

证明得，存在不能用单层 Signum 神经网络 L^1 稀疏表示的函数，该网络具有有限的神经元和有限的输出权重绝对值之和。这样的函数应该与 Signum 感知器中的任何函数近正交。

为了进一步说明浅层网络的局限性，Kuurkova 还比较了单隐藏层和双隐藏层 Heaviside 激活函数网络的表示能力。Heaviside 激活函数定义为

$$\sigma(z)=\begin{cases}0, & z<0\\ 1, & z\geqslant 0\end{cases}$$

Kuurkova 表明，为表示由 $S(k)$ 诱导的函数，一个双隐藏层 Heaviside 网络在每个隐藏层中都需要 k 个神经元。然而，为了表示这种函数，单隐藏的 Heaviside 网络至少需要 $\frac{2^k}{k}$ 个隐藏神经元，或者某些输出权重的绝对值不少于 $\frac{2^k}{k}$。

总之，模型简化方法将神经网络简化为某种函数，并研究模型深度对表达函数族的能力的影响。

2. 表达能力度量

为了研究深度效率，另一个想法是定义一种适当的表达能力度量，并研究当模型的深度和层宽度增加时表达能力如何变化。

Montufar 等研究了具有分段线性激活函数（例如 ReLU）的全连接 FNN，并提出用线性区域的数量表示模型复杂度。基本思想是具有分段线性激活函数的全连接 FNN 将输入空间划分为大量线性区域。每个线性区域对应一个线性函数。线性区域的数量可以反映模型的灵活性和复杂性。总之，具有分段线性激活函数的全连接 FNN 生成的线性区域的最大数量随模型深度呈指数增长。Montufar 等提供了深度效率的解释。深度模型的中间层能够将多个输入映射到相同的输出中。随着层数的增加，函数的逐层组合会指数级地使用较低级别的计算。即使参数相对较少，也允许深度模型计算高度复杂的函数。后来，Serra 等改进了 Montufar 等提出的最大线性区域的界限。

Bianchini 和 Scarselli 设计了用于深度神经网络的模型复杂性的拓扑度量。Bianchini 和 Scarselli 总结了一系列网络体系结构的上限和下限。特别是，Bianchini 和 Scarselli 证明了单隐藏网络的相对于隐藏层宽度呈多项式增长，还证明了深层神经网络在隐藏神经元的总数中呈指数增长。这表明深层神经网络具有更高的表达能力，因此能够学习比浅层神经网络更复杂的函数。Bianchini 和 Scarselli 提出，深层模型的分层组合机制可以使模型在输入空间的不同区域中复制相同的行为，从而使深度比宽度更有效。

3. 宽度效率

除了深度效率，宽度对表达能力的影响，即宽度效率，也值得探讨。宽度效率分析了宽度如何影响深度学习模型的表达能力。宽度效率对于充分理解表达能力非常重要，并有助于验证从深度效率中获得的见解。

Lu 等研究了具有 ReLU 激活函数的神经网络的宽度效率，将通用逼近定理扩展到宽度有界的深度 ReLU 神经网络。经典的通用逼近定理指出，具有某些激活函数（例如 ReLU）的单层神经网络可以将紧域上的任何连续函数逼近到任何所需的性能。此外，为了定量研究层宽在表达能力中的作用，提出了深度效率的双重问题，即是否存在宽的、浅的 ReLU 网络，这些网络无法用任何尺寸没有显著增加的窄而深的神经网络逼近。这表明存在一类浅层 ReLU 神经网络，这些深度不能由深度受多项式边界约束的窄的网络逼近。

宽度效率的多项式下界小于深度效率的指数下界。即，为了逼近深度线性增加的深层模型，浅层模型至少需要宽度的指数增长。为了逼近一个宽度线性增加的浅而宽的模型，一个深而窄的模型至少需要多项式来增加深度。但是，Lu 等指出，不能严格证明深度比宽度更有效，因为仍然缺乏宽度的多项式上限。多项式上限可确保要逼近一个浅且宽的模型，一个深而窄的模型最多需要增加深度的多项式。

15.3 与动态训练相关

深度学习模型在训练过程中,因其数据、优化等不同,复杂度也会产生变化,本节介绍与动态训练相关的复杂度。主要探讨 Rademacher 复杂度、表达能力和有效复杂度。

15.3.1 Rademacher 复杂度

Rademacher 复杂度捕获假设空间的容量以拟合随机标签作为表达能力的度量。Rademacher 复杂度越高,意味着该模型可以拟合更多数量的随机标签,因此该模型具有更高的表达能力。Bartlett 等研究具有 ReLU 激活函数的深度神经网络的 Rademacher 复杂度。Bartlett 等证明,此类网络的 Rademacher 复杂度的下限是

$$\Omega\left(\|X\|_F \prod_i \|A_i\|_\sigma\right)$$

其中,$\|\cdot\|_\sigma$ 是频谱范数;$\|\cdot\|_F$ 是 Frobenius 范数。

Neyshabur 等证明了两层 ReLU 神经网络的下限更严格,Rademacher 复杂度的下界为

$$\Omega\left(s_1 s_2 \sqrt{m}\ \frac{\|X\|_F}{n}\right)$$

其中,m 是隐藏层的宽度。

Yin 等研究了对抗训练的神经网络的 Rademacher 复杂度。证明网络的 Rademacher 复杂度的下界为

$$\Omega\left(\frac{\|X\|_F}{n} + \varepsilon\sqrt{\frac{d}{n}}\right)$$

该下限显示出对输入尺寸 d 的明确依赖性。

一些研究提出,深度学习模型在实践中经常被过度参数化,并且参数比样本要多得多。在这种情况下,深度学习模型的 VC 维度和 Rademacher 复杂度始终过高,因此它们可以提供的实践指导很薄弱。

15.3.2 表达能力

除了 15.2.2 节中研究的深度效率和宽度效率外,下面探讨可以由具有特定框架和指定大小的深度学习模型表示的函数族,即研究深度学习模型可表达的函数空间。

Arora 等研究了具有 ReLU 激活函数的深层神经网络表示的函数族。证明得到,每个分段线性函数都可以由 ReLU 神经网络表示,该神经网络最多包含$\lceil \log_2(d+1) \rceil$个隐藏层。在 Lebesgue 空间中,分段线性函数族在紧支撑的连续函数族中是密集的,而紧支撑连续函数的族在 Lebesgue 空间中是密集的。Lebesgue 空间定义为 Lebesgue 可积函数族。以上结论可以扩展,也就是说,每个函数可以通过 ReLU 神经网络逼近任意 L_p 范数,该网络最多由$\lceil \log_2(d+1) \rceil$个隐藏层组成。

Gühring 等研究了具有 ReLU 激活函数的深层神经网络在 Sobolev 空间中的表达能力。分析了 ReLU 神经网络在 Sobolev 空间中逼近函数中的效果,并确定了模型的上限和下限以及在 Sobolev 空间中逼近函数。

Kileel 等探索了具有多项式激活函数的深层神经网络的函数空间。他们认为,利用多项式激活函数,模型复杂性的研究可以受益于应用代数几何强大的数学机制。此外,多项式

可以逼近任何连续的激活函数，从而有助于探索其他深度学习模型。Kileel 等在深度多项式网络和张量分解之间建立了联系，并且证明了深度多项式网络的瓶颈性质。也就是说，太窄的层是瓶颈，并且可能“阻塞”多项式网络，以致该网络永远无法填充周围空间。填充环境空间的网络体系结构可能有助于优化和训练。

除了特定于模型的方法外，还可以采用跨模型的方式研究可表达的函数空间。具体来说，Khrulkov 等研究了 RNN 的表达能力。研究了网络体系结构与张量分解之间的联系，然后比较了 RNN、CNN 和浅层 FCNN 的表达能力。提出张量分解的秩作为神经网络复杂性的度量，因为分解的秩对应于网络的宽度。基于神经网络和张量分解之间的对应关系，比较了 RNN、CNN 和浅层 FCNN 的模型复杂度。

15.3.3 有效复杂度

深度学习模型的有效复杂度也称为实用复杂度、实用表现力和可用容量。它反映了具有特定参数设置的深度模型所代表的函数的复杂度。与表达能力相比，有效模型复杂度的研究对敏感和精确有更高的要求。这是因为有效的复杂度不能仅从模型结构中直接得出。相同模型结构的不同参数值可能导致不同的有效复杂度。预期有效的复杂度度量将对具有相同结构的模型中使用的不同参数值敏感。

很多工作致力于为深度学习模型的有效复杂度提出可行的措施。复杂度度量主要取决于输入空间中分段线性神经网络的线性区域划分。

1. 分段线性特性

众所周知，具有分段线性激活函数的神经网络会在输入空间中生成有限数量的线性区域，此特性称为分段线性特性。线性区域的数量以及此类区域的密度通常可以反映有效的复杂度。因此，对有效复杂度的一系列研究是从分段线性激活函数开始的，或者说是基于分段线性特性的。

Raghu 等针对具有分段线性激活函数的深层神经网络，特别是 ReLU 和 hard Tanh，提出了两个相互关联的有效复杂度度量。使用这两种复杂度度量方法研究深度神经网络的性能有如下优点。

(1) 有效复杂度相对于模型深度呈指数增长，相对于宽度呈多项式增长。

(2) 参数的初始化会影响有效复杂度。

(3) 向一个层注入扰动会导致其余层的扰动呈指数增长。

(4) 正则化方法有助于减少轨迹长度，这解释了为什么“归一化”有助于模型的稳定性和泛化性。

Novak 等研究了模型复杂度与具有分段线性激活函数的神经网络的泛化之间的关系，建议使用模型敏感性来衡量有效复杂度。模型敏感性(也称为鲁棒性)反映了模型区分小距离不同输入的能力，引入两个灵敏度指标，即输入/输出雅克比范数和轨迹长度。

使用这两个复杂性度量，Novak 等研究了复杂度与泛化之间的相关性。他们的研究证明，在深度模型具有良好泛化能力的训练数据流形区域附近，神经网络具有强大的鲁棒性。还表明，与泛化能力差相关的因素(例如，全批训练、随机标签)对应的鲁棒性较弱，而泛化能力强的相关因素(例如，数据增强、ReLU)与鲁棒性相对应。

为了开发一种针对一般平滑激活函数的有效复杂性度量，Hu 等针对具有曲线激活函数的深层神经网络提出了一种有效的复杂性度量。受分段线性属性的影响，使用具有最小数量的线性区域的分段线性函数来逼近给定网络，逼近函数的线性区域数可以衡量给定网络的有效复杂度网络。学习了具有曲线激活函数的深度神经网络的分段线性逼近，称为线性逼近神经网络(LANN)。通过学习分段线性逼近函数来构造 LANN，该分段线性逼近函数用于每个隐藏神经元上的曲线激活函数。

Hu 等使用复杂度度量研究了训练过程中模型复杂度的趋势。结果表明，有效复杂度随着训练迭代次数的增加而增加。过度拟合的发生与有效复杂度的增加呈正相关，而正则化方法抑制了模型复杂度的增加。

分段线性属性可以为捕获深度学习中的模型复杂度提供新的机会。除了上述关于有效复杂度的研究之外，分段线性神经网络或分段线性属性还可以帮助探索表达能力。分段线性激活函数，尤其是 ReLU，在许多任务和应用中都是流行且有效的激活函数。局部线性特征和有限数量的区域划分有助于使用分段线性激活函数来量化和分析神经网络模型的复杂性。

2. 其他度量指标

除分段线性属性外，还有其他基于思想的有效复杂性度量。

Nakkiran 等通过研究双下降现象引入了一种有效的复杂性度量。深度神经网络的双下降现象是，随着模型大小，训练时期或训练数据大小的增加，测试性能通常会先下降然后增加。为了帮助捕获训练中的双重下降效应，复杂度度量应对训练过程、数据分布和模型架构敏感。

为了解决深度学习模型的泛化问题，Liang 等引入了模型复杂度度量的新概念，即 Fisher-Rao 范数，研究集中于深层全连接神经网络，其激活函数 σ 满足 $\sigma(z)=\sigma'(z)z$。Liang 等通过复杂度度量应满足的几何不变性研究泛化能力。本质上说，由于许多不同的连续运算可能导致完全相同的预测，因此，泛化应仅取决于通过这些连续变换获得的等价类。具体参数化不应影响泛化，用于研究泛化的复杂 σ 度量应满足不变性。Fisher-Rao 范数满足不变性。

有效的复杂度可以通过模型达到零训练误差的训练样本的大小或 Fisher-Rao 范数来衡量。以后可能会制定出更有效的复杂度衡量标准。

15.4 表达能力与有效复杂度

Ba 和 Caruana 表明，浅层全连接的神经网络可以学习以前由深层神经网络学习的复杂函数，有时甚至只需要与深层网络相同数量的参数即可。具体而言，给定训练有素的深度模型，根据深度模型的输出来训练深度模型，以模仿深度模型，浅层模拟模型可以达到与深层模型一样高的精度。但是，浅层模型不能直接在原始标记的训练数据上进行训练以达到相同的精度。

基于这种现象，Ba 和 Caruana 推测，深度学习的优势可能部分源于深度架构与当前训练算法之间的良好匹配。也就是说，与浅层架构相比，深层架构可能更易于通过当前的优化技术进行训练。此外，当能够使用浅层模型模仿深层复杂模型学习的函数时，深层模型学习的函数实际上并不太复杂。深度学习模型的实际有效复杂度与其表达能力的理论界限之间可能会有很大的差距。称此为高容量低现实现象。

Hanin 和 Rolnick 研究了具有分段线性激活函数的全连接神经网络中的高容量低现实

现象。使用输入空间中线性区域的数量以及这些线性区域之间的边界量，提出了两种有效的复杂性度量。他们还得出结论，深度神经网络的有效复杂度可能远低于理论界限。也就是说，深度神经网络学习的函数可能不会比浅层神经网络学习的函数复杂。

15.5　本章小结

在本章中，调查了深度学习中的模型复杂度，并从两个角度概述了有关深度学习模型复杂度的现有研究。主要讨论了深度学习模型复杂度的两个主要问题，即模型表达能力和有效模型复杂度。最后讨论了高容量低现实现象。

参考文献

本章参考文献扫描下方二维码。

第 16 章 一阶优化方法

CHAPTER 16

优化算法是深度学习中的十分重要的一环，优化结果的好坏直接影响了模型特征提取能力和泛化性能。好的优化算法意味着能更快、更好地找到目标模型和参数。尤其是对于深层模型来说，其目标函数不再是凸函数，优化曲面更加复杂。这对于模型学习来说是十分困难的。那么为了能够为所设计的模型选择合适的优化算法，理解这些优化过程和计算代价在人工智能算法的设计中就显得尤为重要。

作为耳熟能详的优化算法，基于梯度的一阶优化方法受到了大众的广泛关注。基于梯度的方法原则上只能优化凸函数，但是在一些深度模型中却得到了最广泛的应用。首先需要了解基础的梯度优化算法的基本原理。对于目标函数来说，函数梯度的方向表示了函数值增长速度最快的方向，那么它的相反的方向就可以看作函数值减少速度最快的方向。对于深度学习问题来说，目标设定就是找到目标函数的最小值，因此模型参数的变化只需要朝着梯度下降的方向前进，就能不断逼近最优值。

梯度下降算法在深度学习中的应用十分广泛，它的主要目的是通过迭代找到目标函数的最小值。梯度下降算法的思想可以类比为人下山的过程。找到函数的最小值就对应着走到山底的过程。为了能够找到最快的下山方式，通常就是选择当前位置最陡峭的方向，而对应到函数中就相当于计算给定点的梯度，然后朝着梯度的方向，目标函数的值就能以最快的方式下降。利用这个方法，反复计算梯度，最后就能达到局部的最小值。

作为一阶优化方法的代表，近年来 SGD 以及它的变种得到了广泛的应用，并在高速发展。然而，许多用户很少关注这些方法的特点或应用范围。它们往往作为黑盒优化器采用，这可能会限制优化方法的功能。本章将全面介绍一阶优化方法，特别系统地阐述它们的优缺点、应用范围以及参数的特点。希望通过有针对性的介绍，能够帮助用户在学习过程中更加方便地选择一阶优化方法，使参数调整更加合理。

16.1 导数和梯度

优化是指找到使目标函数最小化(或最大化)的极值点。知道一个函数的值是如何随着输入的变化而变化的是有用的，因为它告诉我们可以在哪个方向上改进前面的点。函数值的变化是通过一维的导数和多维的梯度来测量的。本节简要回顾微积分中的一些基本要素。

对于单一变量 x 的函数 $f(x)$的导数是 f 在 x 处的变化率。它通常是可视化的，如图 16-1 所示，用函数在 x 处的切线来表示，其导数的值等于切线的斜率。

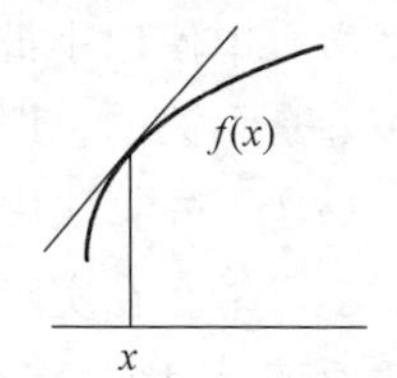

图 16-1　函数的导数

可以用导数来给出函数在 x 附近的线性近似

$$f(x+\Delta x)\approx f(x)+f'(x)\Delta x \tag{16-1}$$

它的导数是 x 点处 f 的变化量和 x 的变化量的比值

$$f'(x)=\frac{\Delta f(x)}{\Delta x} \tag{16-2}$$

16.2　梯度下降算法

梯度下降算法是深度学习中比较常用的优化算法，有 3 种不同的形式：批量梯度下降(Batch Gradient Descent，BGD)、SGD 以及小批量梯度下降(Mini-Batch Gradient Descent，MBGD)。为便于理解和统一描述，定义目标函数(损失函数)为

$$J(\boldsymbol{\theta})=\sum_i L(f(x^{(i)};\boldsymbol{\theta}),y^{(i)})$$

16.2.1　批量梯度下降

BGD 法是梯度下降法最原始的形式，它是指在每一次迭代时使用所有的样本进行梯度的更新。使用全数据集确定的优化方向更能代表总体，从而准确反映极值所在的方向，尤其是目标函数为凸函数时，一定可以得到全局最优解。但是当样本数 m 很大时，一次计算会消耗巨大的计算资源和训练时间。

16.2.2　随机梯度下降

不同于批量梯度下降算法，SGD 算法每次迭代使用一个样本进行参数的更新。虽然每一轮的训练速度得以大大加快，但是模型更容易收敛到局部最优解，造成准确度下降。

16.2.3　小批量梯度下降

为了平衡每次训练的样本数量和更新速度之间的矛盾，MBGD 是一个折中的办法。其思想是：每次使用 b 个样本进行参数更新。这样模型就能够以一种合理的方式展开训练。算法 16-1 给出了使用梯度下降算法进行模型训练的过程。

算法 16-1　梯度下降算法

输入：学习率 ε，初始参数 $\boldsymbol{\theta}$

while 停止准则未满足 **do**

　　从训练集中采 l 个样本 $\{x^{(1)},x^{(2)},\cdots,x^{(l)}\}$，其中 $x^{(i)}$ 对应的目标为 $y^{(i)}$

　　计算梯度估计：$\boldsymbol{g}\leftarrow+\frac{1}{l}\nabla_{\boldsymbol{\theta}}\sum_i L(f(x^{(i)};\boldsymbol{\theta}),y^{(i)})$

　　应用更新：$\boldsymbol{\theta}\leftarrow\boldsymbol{\theta}-\varepsilon\boldsymbol{g}$

end while

对于 l 的不同取值分别对应了三种不同的梯度下降方法。如果 $l=m$，表现为批量梯度下降算法；如果 $l=1$ 表现为 SGD 算法；如果 $l=b$，表现为小批量梯度下降算法。一般在

深度学习中使用小批量梯度优化算法，其中一个重要的特点就是每一步的更新与训练数据的多寡是无关的。即使训练样本数目非常大，也能处理整个训练集。

梯度下降算法中的一个关键参数是学习率 ε 的设置。一般为了便于公式表达，使用固定的学习率。在实践中，有必要随着时间的推移在训练的过程中逐步降低学习率。学习率的选取可通过实验和误差来进行，通常最好的选择方法应该是检测目标函数值随着训练过程中参数变化而变化的学习曲线。如果学习率太高，学习曲线容易出现振荡，一般表现为目标函数的明显增加。而学习率太小，学习过程又会十分缓慢，尤其是初始学习率设定过低，那么可能会卡在一个比较高的代价值。

16.3 动量

虽然梯度下降算法在深度学习中非常受欢迎，但是有时其学习过程非常缓慢。那么这个时候就有必要引入动量(momentum)的概念了。动量是物理课上学过的概念，在优化求解过程中，动量代表了之前的迭代优化量。动量方法旨在加速学习，特别是处理高曲率、小但一致的梯度，或是带噪声的梯度。动量算法积累了之前梯度指数级衰减的平均移动，它在优化过程持续起作用，推动目标值前进。拥有了动量，一个已经结束的更新量会以衰减的形式在优化中继续发挥作用。

从形式上看，动量表示参数在参数空间移动的方向和速率。假设单位质量，因此速度向量$\boldsymbol{v}$ 也可以看作是动量。把基于动量的梯度更新算法定义公式为

$$\boldsymbol{v}=\alpha\boldsymbol{v}-\varepsilon\nabla_{\boldsymbol{\theta}}\frac{1}{l}\sum_{i=1}^{l}L(f(x^{(i)};\boldsymbol{\theta}),y^{(i)}) \tag{16-3}$$

$$\boldsymbol{\theta}\leftarrow\boldsymbol{\theta}+\boldsymbol{v} \tag{16-4}$$

其中，超参数 $\alpha\in[0,1)$决定了之前梯度贡献衰减得有多快。速度$\boldsymbol{v}$ 累积了梯度元素。如果 α 的值越大，历史梯度对现在的影响也越大。直观上来说，要是当前时刻的梯度与历史梯度方向趋近，这种趋势会在当前时刻加强，否则当前时刻的梯度方向减弱。如果

$$\boldsymbol{g}_t=\varepsilon\nabla_{\boldsymbol{\theta}}\frac{1}{l}\sum_{i=1}^{l}L(f(x^{(i)};\boldsymbol{\theta}),y^{(i)})$$

表示第 t 轮迭代的更新量，如果动量算法总是观测到梯度 $\boldsymbol{g}_0$，那么它会不停加速，一直达到最终速度，这时 $\boldsymbol{g}_\infty=\frac{\boldsymbol{g}_0}{1-\alpha}$。最终的更新速度是梯度项学习率的$\frac{1}{1-\alpha}$倍。如果 $\alpha=0.9$，动量算法最终的更新速度是普通梯度下降算法的 10 倍，意味着在穿越“平原”和“平缓山谷”或者局部最小值时更有优势。实践中 α 的设置也会随着时间不断调整，一般初始是一个较小的值，随后慢慢变大。

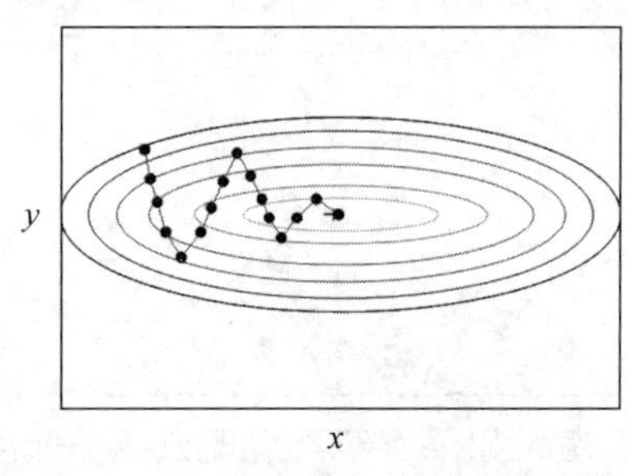

图 16-2　基于动量的梯度优化路径

基于动量的梯度下降算法主要目的是加速学习过程，通过速度$\boldsymbol{v}$ 积累梯度指数级衰减的平均并沿该方向移动。如图 16-2 所示，从根本上讲，动量算法解决了 Hessian 矩阵的病态条件问题和随机梯度的方差，避免了梯度在某一“峡谷窄轴”上来回移动。直观上讲就是

当前时刻与历史时刻梯度方向相似，这种趋势就会得到加强，否则梯度方向减弱。在实际中，一般将参数设置为 0.5，0.9 或者 0.99 分别对应最大速度 2 倍，10 倍和 100 倍的梯度下降算法。

通常在实践中将小批量梯度下降法与动量相结合。

算法 16-2　基于动量的批量梯度下降算法

输入：学习率 ε，动量参数 α，初始参数$\boldsymbol{\theta}$，初始速度$\boldsymbol{v}$

while 停止准则未满足 **do**

　　从训练集中采 b 个样本$\{x^{(1)}, x^{(2)}, \cdots, x^{(b)}\}$，其中 $x^{(i)}$ 对应的目标为 $y^{(i)}$

　　计算梯度估计：$\boldsymbol{g} \leftarrow + \frac{1}{b} \nabla_{\boldsymbol{\theta}} \sum_i L(f(x^{(i)}; \boldsymbol{\theta}), y^{(i)})$

　　计算速度更新：$\boldsymbol{v} = \alpha \boldsymbol{v} - \varepsilon \boldsymbol{g}$

　　应用更新：$\boldsymbol{\theta} \leftarrow \boldsymbol{\theta} + \boldsymbol{v}$

end while

虽然动量算法相比于基本的梯度下降算法有了很大的进步，但是仍然存在一些问题。举例来说，对于一个滚下山的小球，聪明的小球应该会注意当再次上坡时应该减速。然而当小球到达最低点，高动量的存在会导致其错过最小值。1983 年，Nesterov 发表了一篇解决动量问题的论文，该算法也叫作 Nesterov 梯度加速法。该方法赋予了动量项的预知能力，从而减少了梯度更新过程产生的抖动。与标准动量方之间的区别体现在梯度的计算上。Nesterov 动量中，梯度计算施加在当前速度之后。其他参数 α 和 ε 所起到的作用与标准动量算法一致。完整的 Nesterov 算法如算法 16-3 所示。

算法 16-3　加入 Nesterov 动量的批量梯度下降算法

输入：学习率 ε，动量参数 α，初始参数$\boldsymbol{\theta}$，初始速度$\boldsymbol{v}$

while 停止准则未满足 **do**

　　从训练集中采 b 个样本$\{x^{(1)}, x^{(2)}, \cdots, x^{(b)}\}$，其中 $x^{(i)}$ 对应的目标为 $y^{(i)}$

　　应用临时更新$\tilde{\boldsymbol{\theta}} \leftarrow \boldsymbol{\theta} + \alpha \boldsymbol{v}$

　　计算临时点梯度估计：$\boldsymbol{g} \leftarrow + \frac{1}{b} \nabla_{\boldsymbol{\theta}} \sum_i L(f(x^{(i)}; \boldsymbol{\theta}), y^{(i)})$

　　计算速度更新：$\boldsymbol{v} = \alpha \boldsymbol{v} - \varepsilon \boldsymbol{g}$

　　应用更新：$\boldsymbol{\theta} \leftarrow \boldsymbol{\theta} + \boldsymbol{v}$

end while

如图 16-3 所示，从算法中可以看出动量算法只是计算了当前目标点的梯度，而 Nesterov 算法计算的是动量更新和优化后的梯度。正是计算梯度的点不同，方便了算法执行更大或更小的更新幅度。

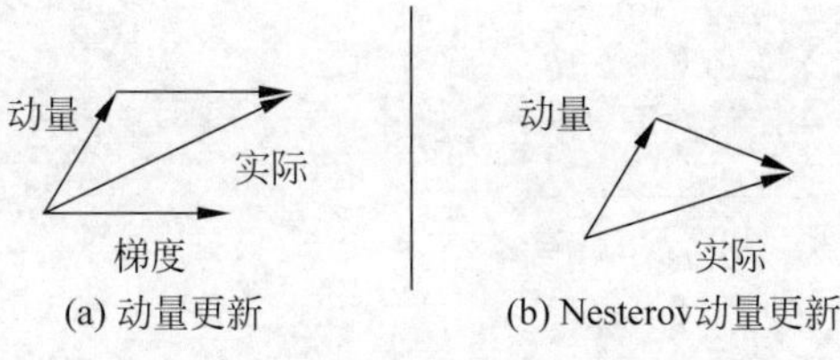

图 16-3　Momentum 与 Nesterov 的不同

16.4 自适应学习率

SGD 法用小批量的部分训练数据代替全部训练集进行学习，在较快的更新和较少的收敛迭代次数下，最终的效果接近全局梯度下降的效果。基于动量的方法对梯度进行修正加快了训练速度。然而一阶优化算法仍然存在一些问题，比如：使用统一的学习率，可能对于某些已经优化到极小值附近的参数，但是这些参数的梯度可能仍然很大。过小的学习率会使梯度大的参数收敛较慢；过大的学习率则可能使训练不稳定。那么在这种情况下，对每个参与训练的参数设置不同的学习率，并且在学习过程中自适应调整学习率的方法就是有道理的。

1988 年，Jacobs 提出了 Delta-ba-delta 的启发式算法用于为不同模型参数适应各自学习率。这个算法针对于全批量的优化，其基本思想是：损失与参数偏导一致，增大学习率；损失与参数偏导相反，减小学习率。最近也有一些关于小批量的自适应参数学习算法，将在后续的内容中进行回顾。

16.4.1 Adagrad

Adagrad 是一种自适应的学习算法，能够独立地适应所有模型参数的学习率，基于 Adagrad 梯度优化路径如图 16-4 所示。与梯度下降法中的更新量和梯度线性相关不同的是，它能够对较大偏导损失使用较大的学习率，对较小偏导损失使用较小的学习率，从而均衡参数优化过程。

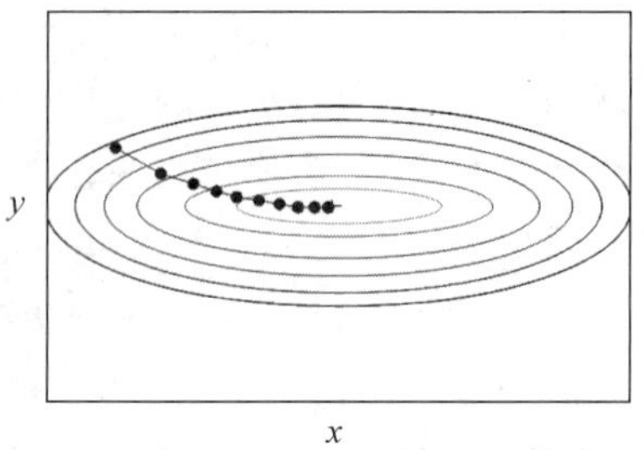

图 16-4　基于 Adagrad 梯度优化路径

Adagrad 算法缩放每个参数反比于其所有梯度历史平方值总和的平方根

$$\nabla\boldsymbol{\theta} = -\varepsilon \cdot \frac{\boldsymbol{g}}{\sqrt{\sum \boldsymbol{g}^2} + \delta} \tag{16-5}$$

其中，δ 的取值一般比较小，为了防止分母为 0。从公式中可以发现，算法积累了历史的梯度值的和。如果更新量较大，分母也会大，更新量相对就会小。Adagrad 算法理论上十分精美。然而实际训练神经网络的工程中发现积累的梯度平方会导致学习效率过早和过量减小，这在一些深度模型上产生了一些问题。对于 Adagrad 算法，可以用算法 16-4 进行表示。

算法 16-4　Adagrad 算法

输入：学习率 ε，初始参数$\boldsymbol{\theta}$，较小的常数 δ

　梯度累计变量初始值 $c=0$

while 停止准则未满足 **do**

　从训练集中采 b 个样本$\{x^{(1)}, x^{(2)}, \cdots, x^{(b)}\}$，其中 $x^{(i)}$ 对应的目标为 $y^{(i)}$

　计算梯度：$g \leftarrow + \frac{1}{b} \nabla_{\boldsymbol{\theta}} \sum_i L(f(x^{(i)}; \boldsymbol{\theta}), y^{(i)})$

　计算速度更新：$\nabla\boldsymbol{\theta} \leftarrow -\varepsilon \cdot \frac{\boldsymbol{g}}{\sqrt{\sum \boldsymbol{g}^2} + \delta}$

　应用更新：$\boldsymbol{\theta} \leftarrow \boldsymbol{\theta} + \nabla\boldsymbol{\theta}$

end while

16.4.2 RMSprop

Adagrad 算法有一个很大的问题：更新公式的分母项会随着优化迭代次数的增加而增大。因此更新量会变得越来越小，这并不利于参数优化。因此，RMSprop 算法试图通过改变梯度积累为指数加权的移动平均来解决这个问题。RMSprop 是在 Adagrad 基础上修改得到的，其采用了指数衰减平均的方式淡化了遥远过去的历史对当前梯度更新量的影响。

Adagrad 算法目的是快速收敛凸优化问题，当应用于训练非凸函数神经网络，在达到局部极小值之前学习率就会变得太小了。而 RMSprop 使用指数衰减平均以丢弃遥远过去的历史，使其能够在局部极小值附近快速收敛。在它的算法中，分母的梯度平方和不随优化而递增，而是做加权平均。对应的更新公式为

$$\boldsymbol{r}_{t+1}=\rho\boldsymbol{r}_t+(1-\rho)\boldsymbol{g}_t^2 \tag{16-6}$$

$$\Delta\boldsymbol{\theta}=-\varepsilon\cdot\frac{\boldsymbol{g}_t}{\sqrt{\boldsymbol{r}_{t+1}}+\delta} \tag{16-7}$$

RMSprop 算法的形式如算法 16-5 所示。

算法 16-5 RMSprop 算法

输入：学习率 ε，初始参数$\boldsymbol{\theta}$，衰减速度 ρ，较小的常数 δ

梯度累计变量初始值 $\boldsymbol{r}=\mathbf{0}$

While 停止准则未满足 **do**

从训练集中采 b 个样本$\{x^{(1)},x^{(2)},\cdots,x^{(b)}\}$，其中 $x^{(i)}$ 对应的目标为 $y^{(i)}$

计算梯度：$\boldsymbol{g}\leftarrow+\frac{1}{b}\nabla_{\boldsymbol{\theta}}\sum_i L(f(x^{(i)};\boldsymbol{\theta}),y^{(i)})$

累计平方梯度：$\boldsymbol{r}\leftarrow\rho\boldsymbol{r}+(1-\rho)\boldsymbol{g}^2$

计算速度更新：$\nabla\boldsymbol{\theta}\leftarrow-\varepsilon\cdot\frac{\boldsymbol{g}}{\sqrt{\boldsymbol{r}}+\delta}$

应用更新：$\boldsymbol{\theta}\leftarrow\boldsymbol{\theta}+\nabla\boldsymbol{\theta}$

end while

16.4.3 Adadelta

在某种程度上，Adgrad 和 RMSprop 算法解决了"自适应更新量"的问题，但是研究人员发现，Adagrad 算法中参数更新量的"单位"是有问题的。对于大多数梯度下降算法，学习率通常需要不断调整。选择合适的学习率是一件需要反复实验的问题。

引入新的"动态学习率"可以减轻原先需要反复选择学习率的重复任务。之前的优化算法更新量都是由学习率与梯度相乘得到，而 Adagrad 在分母上除以了梯度的累积量。因此分母也需要加上一些内容，得到的更新量才会和之前的算法的更新量"单位"保持平衡。具体地，用式(16-8)表示

$$\boldsymbol{r}_{t+1}=\rho\boldsymbol{r}_t+(1-\rho)\boldsymbol{g}_t^2 \tag{16-8}$$

$$\Delta\boldsymbol{\theta}_{t+1}=-\frac{\sqrt{\boldsymbol{s}_t}}{\sqrt{\boldsymbol{r}_{t+1}}+\delta}\boldsymbol{g}_t \tag{16-9}$$

$$\boldsymbol{s}_{t+1}=\rho\boldsymbol{s}_t+(1-\rho)\Delta\boldsymbol{\theta}_{t+1}^2 \tag{16-10}$$

算法 16-6 Adadelta 算法

输入：初始参数$\boldsymbol{\theta}$，较小的常数 δ

梯度累计变量初始值 $\boldsymbol{r}=\mathbf{0}$

While 停止准则未满足 **do**

从训练集中采 b 个样本$\{x^{(1)},x^{(2)},\cdots,x^{(b)}\}$，其中 $x^{(i)}$ 对应的目标为 $y^{(i)}$

计算梯度：$\boldsymbol{g}\leftarrow+\frac{1}{b}\nabla_{\boldsymbol{\theta}}\sum_i L(f(x^{(i)};\boldsymbol{\theta}),y^{(i)})$

累计平方梯度：$\boldsymbol{r}\leftarrow\rho\boldsymbol{r}+(1-\rho)\boldsymbol{g}^2$

计算梯度更新量：$\nabla\boldsymbol{\theta}\leftarrow-\frac{\sqrt{\boldsymbol{s}}}{\sqrt{\boldsymbol{r}}+\delta}\boldsymbol{g}$

累计平方梯度：$\boldsymbol{s}\leftarrow\rho\boldsymbol{s}+(1-\rho)\Delta\boldsymbol{\theta}^2$

应用更新：$\boldsymbol{\theta}\leftarrow\boldsymbol{\theta}+\nabla\boldsymbol{\theta}$

end while

可以看出，甚至都不需要提前设置初始学习率。解决了调参过程中重要的参数选择问题。同样解决了训练后期梯度难以更新的问题。

16.4.4 Adam

Adam 算法可以看作是动量算法和自适应梯度思想相结合的算法，计算每个参数的自适应学习率。计算过程中，Adam 即要像动量算法那样计算累计的动量，也要计算梯度的滑动平方和。Adam 没有直接把两种计算值直接加入到最终的计算公式中。而是通过计算修正滑动平均和直接求平均方法的差异。首先动量直接并入了梯度一阶矩的估计。其次，修正了从初始化的一阶矩和二阶矩的估计。

累计动量和梯度滑动平方和计算为

$$\boldsymbol{v}_{t+1}=\rho_1\boldsymbol{v}_t+(1-\rho_1)\boldsymbol{g}_t \tag{16-11}$$

$$\boldsymbol{r}_{t+1}=\rho_2\boldsymbol{r}_t+(1-\rho_2)\boldsymbol{g}_t^2 \tag{16-12}$$

修正一阶矩和二阶矩偏差

$$\boldsymbol{v}_t=\frac{\boldsymbol{v}_t}{1-\rho_1^t} \tag{16-13}$$

$$\boldsymbol{r}_t=\frac{\boldsymbol{r}_t}{1-\rho_2^t} \tag{16-14}$$

最终两个计算量融合到最后的梯度计算公式中

$$\Delta\boldsymbol{\theta}_t=-\varepsilon\cdot\frac{\boldsymbol{v}_t}{\sqrt{\boldsymbol{r}_t}+\delta} \tag{16-15}$$

算法 16-7 Adam 算法

输入：学习率 ε，初始参数$\boldsymbol{\theta}$，衰减速度 ρ_1，ρ_2，较小的常数 δ

梯度累计变量初始值$\boldsymbol{v}=\mathbf{0}$，$\boldsymbol{r}=\mathbf{0}$

初始化时间步长 $t=0$

while 停止准则未满足 **do**

从训练集中采 b 个样本 $\{x^{(1)}, x^{(2)}, \cdots, x^{(b)}\}$，其中 $x^{(i)}$ 对应的目标为 $y^{(i)}$

计算梯度：$\boldsymbol{g} \leftarrow + \frac{1}{b} \nabla_{\boldsymbol{\theta}} \sum_i L(f(x^{(i)}; \boldsymbol{\theta}), y^{(i)})$

$t \leftarrow t+1$

一阶矩估计：$\boldsymbol{v} \leftarrow \rho_1 \boldsymbol{v} + (1-\rho_1)\boldsymbol{g}$

二阶矩估计：$\boldsymbol{r} \leftarrow \rho_2 \boldsymbol{r} + (1-\rho_2)\boldsymbol{g}^2$

修正一阶矩：$\boldsymbol{v} = \frac{\boldsymbol{v}}{1-\rho_1^t}$

修正二阶矩：$\boldsymbol{r} = \frac{\boldsymbol{r}}{1-\rho_2^t}$

计算更新：$\Delta\boldsymbol{\theta} = -\varepsilon \cdot \frac{\boldsymbol{v}}{\sqrt{\boldsymbol{r}}+\delta}$

应用更新：$\boldsymbol{\theta} \leftarrow \boldsymbol{\theta} + \nabla\boldsymbol{\theta}$

end while

自适应模型残差的学习率可用于解决模型优化难题。然而，目前使用哪种算法优化模型，尤其是对于深度模型的优化，目前尚没有统一的标准和结论。选择哪一种算法还是要根据编程人员对算法的熟悉程度和具体的实验表现来确定。

16.4.5　AmsGrad

在 2018 年的 ICLR 会议论文中提出了 AmsGrad 方法，研究人员观察到 Adam 类的方法之所以会不能收敛到好的结果，是因为在优化算法中广泛使用的指数衰减方法会使梯度的记忆时间太短。在深度学习中，每一个 mini-batch 对结果的优化贡献是不一样的，有的产生的梯度特别有效，但是也一视同仁地被时间所遗忘。具体的做法是使用过去平方梯度的最大值来更新参数，而不是指数平均。

16.4.6　Adamax

Adamax 是 Adam 的一种变体，此方法对学习率的上限提供了一个更简单的范围。公式的变化如下

$$\boldsymbol{n}_t = \max(\boldsymbol{v}\boldsymbol{n}_{t-1}, |\boldsymbol{g}_t|) \tag{16-16}$$

$$\Delta\boldsymbol{x} = -\frac{\hat{\boldsymbol{m}}_t}{\boldsymbol{n}_t + \varepsilon}\eta \tag{16-17}$$

可以看出 Adamax 的学习率的边界范围更加简单。

16.4.7　Nadam

Nadam 类似于带有 Nesterov 动量项的 Adam

$$\hat{\boldsymbol{g}}_t = \frac{\boldsymbol{g}_t}{1 - \prod_{i=1}^{t} \mu_i} \tag{16-18}$$

$$\boldsymbol{m}_t = \mu_t \boldsymbol{m}_{t-1} + (1-\mu_t)\boldsymbol{g}_t \tag{16-19}$$

$$\hat{\boldsymbol{m}}_t = \frac{\boldsymbol{m}_t}{1 - \prod_{i=1}^{t+1} \mu_i} \tag{16-20}$$

$$\boldsymbol{n}_t = \boldsymbol{v}\boldsymbol{n}_{t-1} + (1-\boldsymbol{v})\boldsymbol{g}_t^2 \tag{16-21}$$

$$\hat{\boldsymbol{n}}_t = \frac{\boldsymbol{n}_t}{1-\boldsymbol{v}_t}\bar{m}_t = (1-\mu_t)\hat{\boldsymbol{g}}_t + \mu_{t+1}\hat{\boldsymbol{m}}_t \tag{16-22}$$

$$\Delta\boldsymbol{\theta}_t = -\eta\frac{\bar{\boldsymbol{m}}_t}{\sqrt{\hat{\boldsymbol{n}}_t}+\varepsilon} \tag{16-23}$$

Nadam 对学习率有了更强的约束，同时对梯度的更新也有更直接的影响。一般而言，在想使用带动量的 RMSprop 或者 Adam 的地方，大多可以使用 Nadam 取得更好的效果。

16.4.8 SparseAdam

SparseAdam 是一种针对稀疏张量的 Adam 算法的专用版本。

16.5 减少方差的方法

相比于梯度下降算法，SGD 的好处是能可以减少每次更新的计算代价，但是 SGD 带来的问题是收敛速度不如梯度下降。而收敛速度是衡量优化算法计算复杂度的重要指标。也就是说为了达到同样的精度，SGD 需要的总迭代次数总是要大于梯度下降，但是单次计算量相对较小。那么 SGD 是否可以做到和梯度下降一样的线性收敛就成为一个值得研究的问题。直到 2013 年随机平均梯度下降(Stochastic Average Gradient，SAG)和 SVRG 算法的出现，才为 SGD 类算法提供了更好的优化性能。

算法 16-8 基本 SVG 算法

输入：学习率 ε，初始参数 $\boldsymbol{\theta}$，样本数量 $l=1$，历史梯度和 $\boldsymbol{d}=\mathbf{0}$，过去梯度 $\boldsymbol{g}_{\text{old}}=\mathbf{0}$

计算所有样本梯度和 $\boldsymbol{d}$。

while 停止准则未满足 **do**

  从训练集中采 l 个样本 $\{x^{(1)}, x^{(2)}, \cdots, x^{(l)}\}$，其中 $x^{(i)}$ 对应的目标为 $y^{(i)}$

  计算梯度估计：$\boldsymbol{g} \leftarrow + \frac{1}{l}\nabla_{\boldsymbol{\theta}}\sum_i L(f(x^{(i)};\boldsymbol{\theta}), y^{(i)})$

  梯度替换：$\boldsymbol{d} \leftarrow \boldsymbol{d} - \boldsymbol{g}_{\text{old}} + \boldsymbol{g}$

  更新旧梯度：$\boldsymbol{g}_{\text{old}} \leftarrow \boldsymbol{g}$

  应用更新：$\boldsymbol{\theta} \leftarrow \boldsymbol{\theta} - \frac{\varepsilon}{N}\boldsymbol{d}$

end while

SAG 就是一开始先在初始参数处计算每个梯度，一共有 N 个，然后把这 N 个梯度全部存储到计算机中。在每次迭代时随机选 1，对于内存里面第 1 个样本的损失函数计算出 $\boldsymbol{g}$，使用它替换掉原来位置 $\boldsymbol{g}_{\text{old}}$ 的梯度，然后就很好地解释了 $\boldsymbol{d} \leftarrow \boldsymbol{d} - \boldsymbol{g}_{\text{old}} + \boldsymbol{g}$。它有点像 SGD，但是每次计算中需要涉及两个梯度，而且都将新计算出来的梯度取代原来相同位置的梯度，并且保存该梯度。

对于 SAG，并没有实际理论说明它降低了方差，但是有理论证明它在步长 $\varepsilon=\frac{1}{16L}$ 时线性收敛于最优值。

在 SGD 或者 SAG 中都是使用一个样本估计其梯度值，在 SVRG 中，是使用一批样本进行梯度估计,即一段时间内使用一部分样本来估计梯度,过完这段时间,重新选择样本来估计梯度。SVG 算法具有线性收敛速度,但其只能适用于损失函数为光滑凸的情况,且需要为每个样本都保留梯度信息。而 SVAG 方法,该方法可以无须为每个样本保留梯度信息,从而节省空间开销,更重要的是可用于非凸问题的优化。最终该算法会以线性收敛到最优值。

16.6 交替方向乘子法

交替方向乘子(Alternating Direction Method of Multipliers,ADMM)算法是一种求解具有可分离的凸优化问题的重要方法,由于处理速度快,收敛性能好,ADMM 算法在统计学习、机器学习等领域有着广泛应用。

ADMM 算法解决的是一个等式约束的问题,且该问题两个函数是成线性加法的关系。这意味着两者实际上是整体优化的两个部分,两者的资源占用符合一定等式,对整体优化贡献不同,但是是简单加在一起的。这里定义凸优化问题为

$$\begin{aligned}&\min_{\boldsymbol{x},\boldsymbol{z}} f(\boldsymbol{x})+g(\boldsymbol{z})\\&\text{s. t. } \boldsymbol{Ax}+\boldsymbol{Bz}=\boldsymbol{c}\end{aligned} \tag{16-24}$$

这里写出这个凸优化问题的增广拉格朗日函数为

$$L_\rho(\boldsymbol{x},\boldsymbol{y},\boldsymbol{z})=f(\boldsymbol{x})+g(\boldsymbol{z})+\boldsymbol{y}^{\mathrm{T}}(\boldsymbol{Ax}+\boldsymbol{Bz}-\boldsymbol{c})+(\rho/2)\|\boldsymbol{Ax}+\boldsymbol{Bz}-\boldsymbol{c}\|_2^2 \tag{16-25}$$

对 L_ρ 用拉格朗日乘子法就可以得到如下的算法形式

$$(\boldsymbol{x}^{k+1},\boldsymbol{z}^{k+1}):=\operatorname*{argmin}_{\boldsymbol{x},\boldsymbol{z}} L_\rho(\boldsymbol{x},\boldsymbol{z},\boldsymbol{y}^k) \tag{16-26}$$

$$\boldsymbol{y}^{k+1}:=\boldsymbol{y}^k+\rho(\boldsymbol{Ax}^{k+1}+\boldsymbol{Bz}^{k+1}-\boldsymbol{c}) \tag{16-27}$$

ADMM 就是期望结合乘子法的弱条件的收敛性以及对偶上升法的可分解求解性。乘子法是放在一起求解,而 ADMM 是分开求解,可以得到以下步骤

$$\begin{aligned}\boldsymbol{x}^{k+1}&:=\operatorname*{argmin}_{\boldsymbol{x}} L_\rho(\boldsymbol{x},\boldsymbol{z}^k,\boldsymbol{y}^k)\\\boldsymbol{z}^{k+1}&:=\operatorname*{argmin}_{\boldsymbol{z}} L_\rho(\boldsymbol{x}^{k+1},\boldsymbol{z},\boldsymbol{y}^k)\\\boldsymbol{y}^{k+1}&:=\boldsymbol{y}^k+\rho(\boldsymbol{Ax}^{k+1}+\boldsymbol{Bz}^{k+1}-\boldsymbol{c})\end{aligned} \tag{16-28}$$

如果定义残差项 $\boldsymbol{r}^k:=\boldsymbol{Ax}^k+\boldsymbol{Bz}^k-\boldsymbol{c}$ 和二元扩展变量 $\boldsymbol{u}^k:=(1/\rho)\boldsymbol{y}^k$,可以得到

$$(\boldsymbol{y}^k)^{\mathrm{T}}\boldsymbol{r}^k+(\rho/2)\|\boldsymbol{r}^k\|_2^2=(\rho/2)\|\boldsymbol{r}^k+\boldsymbol{u}^k\|_2^2-(\rho/2)\|\boldsymbol{u}^k\|_2^2 \tag{16-29}$$

ADMM 算法可以改写为

$$\begin{aligned}\boldsymbol{x}^{k+1}&:=\operatorname*{argmin}_{\boldsymbol{x}}\{f(\boldsymbol{x})+(\rho/2)\|\boldsymbol{Ax}+\boldsymbol{Bz}^k-\boldsymbol{c}+\boldsymbol{u}^k\|_2^2\}\\\boldsymbol{z}^{k+1}&:=\operatorname*{argmin}_{\boldsymbol{z}}\{g(\boldsymbol{z})+(\rho/2)\|\boldsymbol{Ax}^{k+1}+\boldsymbol{Bz}-\boldsymbol{c}+\boldsymbol{u}^k\|_2^2\}\\\boldsymbol{u}^{k+1}&:=\boldsymbol{u}^k+\boldsymbol{Ax}^{k+1}+\boldsymbol{Bz}^{k+1}-\boldsymbol{c}\end{aligned} \tag{16-30}$$

就可以得到更简洁的表达形式。之后就可以使用梯度下降法进行优化了。

16.7 Frank-Wolfe 方法

1956 年,Frank 和 Wolfe 提出了一种求解线性约束问题的算法,其基本思想是将目标

函数作线性近似，通过求解线性规划求得可行下降方向，并沿该方向在可行域内作一维搜索。这种方法又称作近似线性化方法。现将问题做如下定义：

$$\begin{aligned}&\min f(\boldsymbol{x})\\&\text{s.t.}\ \boldsymbol{A}\boldsymbol{x}=\boldsymbol{b}\\&\boldsymbol{x}\geqslant\boldsymbol{0}\end{aligned}\tag{16-31}$$

其中，$\boldsymbol{A}$ 为 $m\times n$ 的行满秩矩阵；$\boldsymbol{b}\in\mathbb{R}^m$；$f:\mathbb{R}^n\to\mathbb{R}$ 为可微函数，并记作可行域为 $S=\{\boldsymbol{x}\mid\boldsymbol{A}\boldsymbol{x}=\boldsymbol{b},\boldsymbol{x}\geqslant\boldsymbol{0}\}$。

对函数做近似线性化可以得到可行的下降方向 $f(\boldsymbol{x})\approx f(\boldsymbol{x}_k)+\nabla f(\boldsymbol{x}_k)^{\mathrm{T}}(\boldsymbol{x}-\boldsymbol{x}_k)$。那么问题可以转化为

$$\begin{aligned}&\min f(\boldsymbol{x}_k)+\nabla f(\boldsymbol{x}_k)^{\mathrm{T}}(\boldsymbol{x}-\boldsymbol{x}_k)\\&\text{s.t.}\ \boldsymbol{x}\in S\end{aligned}\tag{16-32}$$

进一步简化可得

$$\begin{aligned}&\min \nabla f(\boldsymbol{x}_k)^{\mathrm{T}}\boldsymbol{x}\\&\text{s.t.}\ \boldsymbol{x}\in S\end{aligned}\tag{16-33}$$

假设此问题存在有限最优解 $\boldsymbol{y}_k$，由线性规划的基本知识可知，这个最优解可在某极值点上达到。可以得出如下结论。

(1) 当$\nabla f(\boldsymbol{x}_k)^{\mathrm{T}}(\boldsymbol{y}_k-\boldsymbol{x}_k)=0$ 时，$\boldsymbol{x}_k$ 是该问题的 K-T 点。

(2) 当$\nabla f(\boldsymbol{x}_k)^{\mathrm{T}}(\boldsymbol{y}_k-\boldsymbol{x}_k)\neq 0$ 时，向量 $\boldsymbol{d}_k=\boldsymbol{y}_k-\boldsymbol{x}_k$ 是 f 在点 $\boldsymbol{x}_k$ 处的可行下降方向。

该算法的步骤如下。

(1) 选取初始数据，选取初始可行点 $\boldsymbol{x}_0$，允许误差 $\delta>0$，令 $k=0$。

(2) 求解近似线性规划问题

$$\begin{aligned}&\min \nabla f(\boldsymbol{x}_k)^{\mathrm{T}}\boldsymbol{x}\\&\text{s.t.}\ \boldsymbol{x}\in S\end{aligned}$$

得最优解 $\boldsymbol{y}_k$。

(3) 构造可行下降方向 $\boldsymbol{d}_k=\boldsymbol{y}_k-\boldsymbol{x}_k$，若 $\|\nabla f(\boldsymbol{x}_k)^{\mathrm{T}}\boldsymbol{d}_k\|\leqslant\delta$，停止计算，输出 $\boldsymbol{x}_k$；否则，$\boldsymbol{d}_k$ 为可行下降方向，转向(4)。

(4) 进行一维搜索，求解 $\min\limits_{0\leqslant\lambda\leqslant 1} f(\boldsymbol{x}_k+\lambda\boldsymbol{d}_k)$，得最优解 λ_k，令 $\boldsymbol{x}_{k+1}=\boldsymbol{x}_k+\lambda_k\boldsymbol{d}_k$，$k\leftarrow k+1$，转向(2)。

Frank-Wolfe 算法是一种可行方向法，在每次迭代内，搜索方向总是指向某个极点，并且当迭代点接近最优解时，搜索方向与目标函数的梯度趋于正交，因此算法收敛速度比较慢。但该方法把求解非线性最优化问题转化为求解一系列线性规划问题，而且各线性规划具有相同的约束条件，因而该方法在实际应用中仍然是一种有用的算法。

16.8 投影梯度下降算法

利用梯度的投影技巧是求约束非线性规划问题最优解的一种方法。求带线性约束的非线性规划问题更为有效。它是从一个基本可行解开始，由约束条件确定出凸约束集边界上梯度的投影，以便求出下次的搜索方向和步长。每次搜索后，都要进行检验，直到满足精度要求为止。这种方法是 Rosen 于 1960 年提出的，Goldfarb 和 Lapidus 于 1968 年作了改进。

投影梯度法是带有简单约束的连续优化算法，主要是求解 $\min_{x \in S \in \mathbb{R}^d} f(\boldsymbol{x})$，其中 S 是凸集。其基本想法是先沿着下降方向走一步，再判断是否在可行域里，具体迭代公式为

$$\boldsymbol{y}^{k+1} = \boldsymbol{x}^k - \alpha_k \nabla f(\boldsymbol{x}^k) \tag{16-34}$$

$$\boldsymbol{x}^{k+1} \in \underset{\boldsymbol{x} \in S}{\operatorname{argmin}} \|\boldsymbol{x} - \boldsymbol{y}^{k+1}\|_2^2 \tag{16-35}$$

投影保证了每次产生的 $\boldsymbol{x}^{k+1}$ 都在可行域中，而且向凸集的投影是唯一的。在投影计算时，步长 α_k 的选择会影响收敛速度。

16.9　本章小结

在实际使用中，可以参考以下意见，选择合适的优化器用于工程实践。

(1) 如果输入的数据较为稀疏，那么使用适应性学习率类型的算法会有助于得到好的结果。此外，使用该方法的另一个好处是，在不调参、直接使用默认值的情况下，就能得到好的结果。

(2) RMSprop 是一种基于 Adagrad 的拓展，它从根本上解决学习率骤缩的问题。Adadelta 和 RMSprop 大致相同，除了 Adadelta 在分子更新规则中使用了参数的 RMS 来更新。而 Adam 算法，则基于 RMSprop 添加了偏差修正项和动量项。在讨论范围中，RMSprop、Adadelta 和 Adam 算法都是非常相似的算法，在相似的情况下都能做得很好。此外，一些论文中也证实了偏差修正项帮助 Adam 在最优化过程快要结束，梯度变得越发稀疏的时候，表现还优于 RMSprop。所以，Adam 总体来说是一个相对稳定的选择。

(3) 选择使用带动量的 RMSprop 或者 Adam 时，使用 Nadam 会取得更好的效果。

(4) 在实际的科学研究和工程实践中，都直接使用了不带动量项的 SGD 法，配合一个简单的学习率退火列表。这些 SGD 算法最终都能找到一个最小值，但会花费远多于上述方法的时间。如果偏向于模型快速收敛或者是需要训练一个深度或者复杂的模型，可能需要性选择上述的适应性模型。

(5) 尽管 Adam 算法被认为是有前景的算法，但是带有 Momentum 的 SGD 方法比 Adam 算法找到的极小值更加平坦，而自适应方法往往会收敛到更加尖锐的极小值点，平坦的极小值通常比尖锐的极小值效果要好。

(6) 自适应算法有助于在复杂的损失函数上找到极小值点，但这还不够，特别是在当前网络背景越来越深的背景下。除了研究更好的优化算法之外，还有一些研究致力于构建产生更平滑损失函数的网络架构。Batch-Normalization 和残差连接便是其中的解决方法。

参考文献

本章参考文献扫描下方二维码。

第17章 高阶优化方法

CHAPTER 17

高阶方法可以用来解决目标函数高度非线性和病态的问题。它们通过引入曲率信息有效地工作。本章从引入共轭梯度法(Conjugate Gradient,CG)开始,它是一种只需要一阶导数信息就能定义良好的二次规划的方法,但克服了最速下降法的缺点,避免了牛顿法存储和计算逆 Hessian 矩阵的缺点。但是,当将其应用于一般优化问题时,需要二阶梯度才能得到二次规划的近似。然后,描述了利用二阶信息的经典拟牛顿方法。虽然算法的收敛性是可以保证的,但计算过程是昂贵的,因此很少用于解决大型机器学习问题。近年来,随着高阶优化方法的不断改进,越来越多的高阶方法提出用随机技术(随机拟牛顿法、大规模随机拟牛顿法和线性收敛随机 L-BFGS 算法)处理大规模数据。从这个角度出发,本章讨论了几种高阶方法,包括随机拟牛顿方法(整合二阶信息和随机方法)及其变体。这些算法允许使用高阶方法处理大规模数据。

17.1 共轭梯度法

共轭梯度法是一种非常有趣的优化方法,是求解大规模线性方程组的最有效方法之一,也可用于求解非线性优化问题。众所周知,一阶方法简单,但收敛速度慢,二阶方法需要大量的资源。共轭梯度优化是一种中间算法,它只能对一些问题利用一阶信息,但像高阶方法一样保证了收敛速度。

早在20世纪60年代就提出了一种求解线性系统的共轭梯度方法。在1964年,共轭梯度法被扩展到处理一般函数的非线性优化。多年来,基于该方法提出了许多不同的算法,其中一些算法在实践中得到了广泛的应用。这些算法的主要特点是具有比最速下降法更快的收敛速度。

考虑一个线性系统

$$\boldsymbol{A\theta}=\boldsymbol{b} \tag{17-1}$$

其中 $\boldsymbol{A}$ 是 $n\times n$ 对称的正定矩阵。已知矩阵 $\boldsymbol{A}$ 和向量 $\boldsymbol{b}$,需要求$\boldsymbol{\theta}$ 的值。式(17-1)也可以看作最小化二次正定函数的优化问题

$$\min_{\boldsymbol{\theta}} F(\boldsymbol{\theta})=\frac{1}{2}\boldsymbol{\theta}^{\mathrm{T}}\boldsymbol{A\theta}-\boldsymbol{b\theta}+c \tag{17-2}$$

由于式(17-1)和式(17-2)有相同的唯一解,所以可以将共轭梯度看作求解优化问题的一种方法。

通过简单的计算可以得到 $F(\boldsymbol{\theta})$的梯度,它等于线性系统的残差

$$r(\boldsymbol{\theta})=\nabla F(\boldsymbol{\theta})=\boldsymbol{A}\boldsymbol{\theta}-\boldsymbol{b}$$

【定义 17.1】 共轭：给定一个 $n\times n$ 对称正定矩阵 $\boldsymbol{A}$，两个非零向量 $\boldsymbol{d}_i$、$\boldsymbol{d}_j$ 是关于 $\boldsymbol{A}$ 共轭的，若满足

$$\boldsymbol{d}_i^{\mathrm{T}}\boldsymbol{A}\boldsymbol{d}_j=0 \tag{17-3}$$

一组非零向量 $\{\boldsymbol{d}_1,\boldsymbol{d}_2,\cdots,\boldsymbol{d}_n\}$ 被认为是相对于 $\boldsymbol{A}$ 的共轭，如果任意两个不相等的向量相对于 $\boldsymbol{A}$ 是共轭的。

接下是共轭梯度法的详细推导过程。$\boldsymbol{\theta}_0$ 是一个起点，$\{\boldsymbol{d}_t\}_{t=1}^{n-1}$ 是一组共轭方向。通常，可以通过下面迭代公式生成更新序列 $\{\boldsymbol{\theta}_1,\boldsymbol{\theta}_2,\cdots,\boldsymbol{\theta}_n\}$

$$\boldsymbol{\theta}_{t+1}=\boldsymbol{\theta}_t+\eta_t\boldsymbol{d}_t \tag{17-4}$$

通过线性搜索可以得到步长 η_t，这意味着 η_t 选择沿$\boldsymbol{\theta}_t+\eta_t\boldsymbol{d}_t$ 将对象函数 $f(\cdot)$ 最小化。经过一些计算（详细算法参考数值优化），η_t 的更新公式为

$$\eta_t=\frac{\boldsymbol{r}_t^{\mathrm{T}}\boldsymbol{r}_t}{\boldsymbol{d}_t^{\mathrm{T}}\boldsymbol{A}\boldsymbol{d}_t} \tag{17-5}$$

搜索方向 $\boldsymbol{d}_t$ 是由负残差和前一个搜索方向的线性组合得到的

$$\boldsymbol{d}_t=-\boldsymbol{r}_t+\beta_t\boldsymbol{d}_{t-1} \tag{17-6}$$

其中，$\boldsymbol{r}_t$ 可以通过 $\boldsymbol{r}_t=\boldsymbol{r}_{t-1}+\eta_{t-1}\boldsymbol{A}\boldsymbol{d}_{t-1}$ 更新；标量 β_t 是更新参数，它可以通过满足 $\boldsymbol{d}_t$ 和 $\boldsymbol{d}_{t-1}$ 相对于 $\boldsymbol{A}$ 的共轭要求来确定，即 $\boldsymbol{d}_t^{\mathrm{T}}\boldsymbol{A}\boldsymbol{d}_{t-1}=0$。将式(17-6)的两侧乘 $\boldsymbol{d}_{t-1}^{\mathrm{T}}\boldsymbol{A}$，可以得到 β_t

$$\beta_t=\frac{\boldsymbol{d}_{t-1}^{\mathrm{T}}\boldsymbol{A}\boldsymbol{r}_t}{\boldsymbol{d}_{t-1}^{\mathrm{T}}\boldsymbol{A}\boldsymbol{d}_{t-1}} \tag{17-7}$$

根据数值优化对上述公式进行几次推导后，β_t 的简化版本是

$$\beta_t=\frac{\boldsymbol{r}_t^{\mathrm{T}}\boldsymbol{r}_t}{\boldsymbol{r}_{t-1}^{\mathrm{T}}\boldsymbol{r}_{t-1}} \tag{17-8}$$

CG 方法具有一个卓越的特性，它只使用前一个向量 $\boldsymbol{d}_{t-1}$ 生成一个新的向量 $\boldsymbol{d}_t$，它不需要知道所有以前的向量 $\boldsymbol{d}_0,\boldsymbol{d}_1,\cdots,\boldsymbol{d}_{t-2}$。线性共轭梯度算法如算法 17-1 所示。

算法 17-1 共轭梯度法

输入：$\boldsymbol{A},\boldsymbol{b},\boldsymbol{\theta}_0$

输出：解$\boldsymbol{\theta}^*$

$\boldsymbol{r}_0=\boldsymbol{A}\boldsymbol{\theta}_0-\boldsymbol{b}$

$\boldsymbol{d}_0=-\boldsymbol{r}_0,t=0$

while 不满足收敛条件 **do**

$\eta_t=\dfrac{\boldsymbol{r}_t^{\mathrm{T}}\boldsymbol{r}_t}{\boldsymbol{d}_t^{\mathrm{T}}\boldsymbol{A}\boldsymbol{d}_t}$

$\boldsymbol{\theta}_{t+1}=\boldsymbol{\theta}_t+\eta_t\boldsymbol{d}_t$

$\boldsymbol{r}_{t+1}=\boldsymbol{r}_t+\eta_t\boldsymbol{A}\boldsymbol{d}_t$

$\beta_{t+1}=\dfrac{\boldsymbol{r}_{t+1}^{\mathrm{T}}\boldsymbol{r}_{t+1}}{\boldsymbol{r}_t^{\mathrm{T}}\boldsymbol{r}_t}$

$\boldsymbol{d}_{t+1}=-\boldsymbol{r}_{t+1}+\beta_{t+1}\boldsymbol{d}_t$

$t=t+1$

end while

当然，本章主要关注于探索神经网络和其他相关深度学习模型的优化方法，其对应的目标函数比二次函数复杂得多。或许令人惊讶，共轭梯度法在这种情况下仍然是适用的，但需要做一些修改。没有目标是二次的保证，共轭方向也不再保证在以前方向上的目标仍是极小值。其结果是，非线性共轭梯度算法会包括一些偶尔的重设，共轭梯度法沿未修改的梯度重启线搜索。

很多研究者在实践中使用非线性共轭梯度算法训练神经网络是合理的，但在开始非线性共轭梯度前使用 SGD 迭代若干步进行初始化效果会更好。另外，非线性共轭梯度算法作为传统的批方法，小批量版本已经成功用于训练神经网络。

17.2 牛顿法及其变体

17.2.1 牛顿法

梯度下降采用一阶信息，但收敛速度较慢，因此，自然的想法是使用二阶信息(例如牛顿法)。牛顿法的基本思想是利用一阶导数(梯度)和二阶导数(Hessian 矩阵)用二次函数逼近目标函数，然后求解二次函数的最小优化。重复过程直到更新的变量收敛。一维牛顿迭代公式为

$$\theta_{t+1}=\theta_t-\frac{f'(\theta_t)}{f''(\theta_t)} \tag{17-9}$$

其中，f 是对象函数。更一般地说，高维牛顿迭代公式是

$$\boldsymbol{\theta}_{t+1}=\boldsymbol{\theta}_t-\nabla^2 f(\boldsymbol{\theta}_t)^{-1}\nabla f(\boldsymbol{\theta}_t),\quad t\geqslant 0 \tag{17-10}$$

其中，$\nabla^2 f$ 是 f 的 Hessian 矩阵。更准确地说，如果引入学习率(步长因子)，则迭代公式为

$$\begin{cases}\boldsymbol{d}_t=-\nabla^2 f(\boldsymbol{\theta}_t)^{-1}\nabla f(\boldsymbol{\theta}_t)\\ \boldsymbol{\theta}_{t+1}=\boldsymbol{\theta}_t+\eta_t\boldsymbol{d}_t\end{cases} \tag{17-11}$$

其中，$\boldsymbol{d}_t$ 是牛顿方向；η_t 是步长。这种方法可以称为阻尼牛顿方法。几何上讲，牛顿法是用二次曲面拟合位置的局部曲面，而梯度下降法是用平面拟合局部曲面。

17.2.2 切割牛顿法

牛顿的一元函数最小化方法需要一阶和二阶导数。在许多情况下，一阶导数是已知的，但二阶导数不是。算法 17-2 实现的切割法采用牛顿法，利用二阶导数的估计，因此只需要一阶导数∇f。该特性使切割方法在实际应用中更加方便。

切割法使用最后两个迭代近似二阶导数为

$$\nabla^2 f(\boldsymbol{\theta}_t)\approx\frac{\nabla f(\boldsymbol{\theta}_t)-\nabla f(\boldsymbol{\theta}_{t-1})}{\boldsymbol{\theta}_t-\boldsymbol{\theta}_{t-1}} \tag{17-12}$$

此估算值将替换为牛顿的方法为

$$\boldsymbol{\theta}^{t+1}\leftarrow\boldsymbol{\theta}^t-\frac{\boldsymbol{\theta}^t-\boldsymbol{\theta}^{t-1}}{\nabla f(\boldsymbol{\theta}^t)-\nabla f(\boldsymbol{\theta}^{t-1})}\nabla f(\boldsymbol{\theta}^t) \tag{17-13}$$

切割法需要额外的初始点。它具有与牛顿法相同的问题，并且由于近似二阶导数，可能

需要更多的迭代才能收敛。

算法 17-2 是用于单变量函数最小化的分割方法。输入是目标函数的一阶导数∇f，两个初始点$\boldsymbol{\theta}_0$ 和$\boldsymbol{\theta}_1$ 以及所需的公差 ε。

算法 17-2 切割牛顿算法

```
输入：∇f,θ₀,θ₁
输出：θ₁
  g₀ = ∇f(θ₀)
  Δ = Inf
while  |Δ| > ε
      g₁ = ∇f(θ₁)
      Δ = (θ₁ − θ₀)/(g₁ − g₀) * g₁
      θ₀,θ₁,g₀ = θ₁,θ₁ − Δ,g₁
  end
  return θ₁
end
```

17.2.3 拟牛顿法

牛顿法是一种迭代算法，需要在每一步计算目标函数的逆 Hessian 矩阵，这使得存储和计算非常昂贵。为了克服昂贵的存储和计算，考虑了一种近似算法，称为拟牛顿法。拟牛顿法的基本思想是利用正定矩阵逼近 Hessian 矩阵的逆，从而简化了运算的复杂性。拟牛顿法是求解非线性优化问题最有效的方法之一。此外，拟牛顿法不直接需要二阶梯度，因此有时比牛顿法更有效。

拟牛顿条件：假设目标函数 f 可以用二次函数逼近，可以将 $f(\boldsymbol{\theta})$扩展到$\boldsymbol{\theta}=\boldsymbol{\theta}_{t+1}$ 的泰勒级数，即

$$f(\boldsymbol{\theta}) \approx f(\boldsymbol{\theta}_{t+1})+\nabla f(\boldsymbol{\theta}_{t+1})^{\mathrm{T}}(\boldsymbol{\theta}-\boldsymbol{\theta}_{t+1})+\frac{1}{2}(\boldsymbol{\theta}-\boldsymbol{\theta}_{t+1})^{\mathrm{T}}\nabla^2 f(\boldsymbol{\theta}_{t+1})(\boldsymbol{\theta}-\boldsymbol{\theta}_{t+1}) \tag{17-14}$$

然后计算上述方程两边的梯度，得到

$$\nabla f(\boldsymbol{\theta}) \approx \nabla f(\boldsymbol{\theta}_{t+1})+\nabla^2 f(\boldsymbol{\theta}_{t+1})(\boldsymbol{\theta}-\boldsymbol{\theta}_{t+1}) \tag{17-15}$$

令$\boldsymbol{\theta}=\boldsymbol{\theta}_t$，则

$$\nabla f(\boldsymbol{\theta}_t) \approx \nabla f(\boldsymbol{\theta}_{t+1})+\nabla^2 f(\boldsymbol{\theta}_{t+1})(\boldsymbol{\theta}_t-\boldsymbol{\theta}_{t+1}) \tag{17-16}$$

用 $\boldsymbol{B}$ 表示 Hessian 矩阵的相似矩阵。令

$$\boldsymbol{s}_t=\boldsymbol{\theta}_{t+1}-\boldsymbol{\theta}_t,\quad \boldsymbol{u}_t=\nabla f(\boldsymbol{\theta}_{t+1})-\nabla f(\boldsymbol{\theta}_t)$$

矩阵 $\boldsymbol{B}_{t+1}$ 满足

$$\boldsymbol{u}_t=\boldsymbol{B}_{t+1}\boldsymbol{s}_t \tag{17-17}$$

拟牛顿法的搜索方向为

$$\boldsymbol{d}_t=-\boldsymbol{B}_t^{-1}\boldsymbol{g}_t \tag{17-18}$$

其中，$\boldsymbol{g}_t$ 是 f 的梯度，拟牛顿法的更新公式为

$$\boldsymbol{\theta}_{t+1}=\boldsymbol{\theta}_t+\eta_t\boldsymbol{d}_t \tag{17-19}$$

选择步长 η_t 来满足 Wolfe 条件，它是一组不精确行搜索 $\min_{\eta_t} f(\boldsymbol{\theta}_t+\eta_t \boldsymbol{d}_t)$ 的不等式。与牛顿法不同，拟牛顿法使用 $\boldsymbol{B}_t$ 近似真实的 Hessian 矩阵。在下面的段落中，将介绍一些特定的拟牛顿方法，其中 $\boldsymbol{H}_t$ 用于表示 $\boldsymbol{B}_t$ 的逆，即 $\boldsymbol{H}_t=\boldsymbol{B}_t^{-1}$。

17.2.4 DFP 法

在 20 世纪 50 年代，物理科学家 William C. Davidon 提出了一种解决非线性问题的新方法——DFP(Davidon-Fletcher-Powell)法。Fletcher 和 Powell 解释和改进了这种方法，在 20 世纪 60 年代末和 20 世纪 70 年代初引发了大量的研究。DFP 是第一个以三个名字的首字母命名的拟牛顿方法。DFP 修正公式是非线性优化领域最具创造性的发明之一：

$$\boldsymbol{B}_{t+1}^{(\mathrm{DFP})}=\left(I-\frac{\boldsymbol{u}_t\boldsymbol{s}_t^{\mathrm{T}}}{\boldsymbol{u}_t^{\mathrm{T}}\boldsymbol{s}_t}\right)\boldsymbol{B}_t\left(\boldsymbol{I}-\frac{\boldsymbol{s}_t\boldsymbol{u}_t^{\mathrm{T}}}{\boldsymbol{u}_t^{\mathrm{T}}\boldsymbol{s}_t}\right)+\frac{\boldsymbol{u}_t\boldsymbol{u}_t^{\mathrm{T}}}{\boldsymbol{u}_t^{\mathrm{T}}\boldsymbol{s}_t} \tag{17-20}$$

式中，$\boldsymbol{H}_{t+1}$ 的更新公式为

$$\boldsymbol{H}_{t+1}^{(\mathrm{DFP})}=\boldsymbol{H}_t-\frac{\boldsymbol{H}_t\boldsymbol{u}_t\boldsymbol{u}_t^{\mathrm{T}}\boldsymbol{H}_t}{\boldsymbol{u}_t^{\mathrm{T}}\boldsymbol{H}_t\boldsymbol{u}_t}+\frac{\boldsymbol{s}_t\boldsymbol{s}_t^{\mathrm{T}}}{\boldsymbol{u}_t^{\mathrm{T}}\boldsymbol{s}_t} \tag{17-21}$$

17.2.5 BFGS 法

Broyden、Fletcher、Goldfarb 和 Shanno 提出了 BFGS(Broyden-Fletcher-Goldfarb-Shanno)方法，$\boldsymbol{B}_{t+1}$ 的更新为

$$\boldsymbol{B}_{t+1}^{(\mathrm{BFGS})}=\boldsymbol{B}_t-\frac{\boldsymbol{B}_t\boldsymbol{s}_t\boldsymbol{s}_t^{\mathrm{T}}\boldsymbol{B}_t}{\boldsymbol{s}_t^{\mathrm{T}}\boldsymbol{B}_t\boldsymbol{s}_t}+\frac{\boldsymbol{u}_t\boldsymbol{u}_t^{\mathrm{T}}}{\boldsymbol{u}_t^{\mathrm{T}}\boldsymbol{s}_t} \tag{17-22}$$

$\boldsymbol{H}_{t+1}$ 更新为

$$\boldsymbol{H}_{t+1}^{(\mathrm{BFGS})}=\left(\boldsymbol{I}-\frac{\boldsymbol{s}_t\boldsymbol{u}_t^{\mathrm{T}}}{\boldsymbol{s}_t^{\mathrm{T}}\boldsymbol{u}_t}\right)\boldsymbol{H}_t\left(\boldsymbol{I}-\frac{\boldsymbol{u}_t\boldsymbol{s}_t^{\mathrm{T}}}{\boldsymbol{s}_t^{\mathrm{T}}\boldsymbol{u}_t}\right)+\frac{\boldsymbol{u}_t\boldsymbol{s}_t^{\mathrm{T}}}{\boldsymbol{s}_t^{\mathrm{T}}\boldsymbol{u}_t} \tag{17-23}$$

因为拟牛顿法生成一个矩阵序列来逼近 Hessian 矩阵，存储这些矩阵需要消耗计算机资源(特别是对于高维问题)，所以该方法仍然不能解决大规模数据优化问题。

有限内存拟牛顿(L-BFGS)方法是基于拟牛顿方法的改进，在处理高维情况时是可行的。在相似矩阵 $\boldsymbol{H}_{t+1}$ 的计算中，L-BFGS 的基本思想是存储向量序列，而不是存储完整的矩阵 $\boldsymbol{H}_t$。L-BFGS 对 $\boldsymbol{H}_{t+1}$ 的更新公式做了进一步的整合

$$\boldsymbol{H}_{t+1}=\left(\boldsymbol{I}-\frac{\boldsymbol{s}_t\boldsymbol{u}_t^{\mathrm{T}}}{\boldsymbol{u}_t^{\mathrm{T}}\boldsymbol{s}_t}\right)\boldsymbol{H}_t\left(\boldsymbol{I}-\frac{\boldsymbol{u}_t\boldsymbol{s}_t^{\mathrm{T}}}{\boldsymbol{u}_t^{\mathrm{T}}\boldsymbol{s}_t}\right)+\frac{\boldsymbol{s}_t\boldsymbol{s}_t^{\mathrm{T}}}{\boldsymbol{u}_t^{\mathrm{T}}\boldsymbol{s}_t}=\boldsymbol{V}_t^{\mathrm{T}}\boldsymbol{H}_t\boldsymbol{V}_t+\rho\boldsymbol{s}_t\boldsymbol{s}_t^{\mathrm{T}} \tag{17-24}$$

上述方程意味着利用序列对 $\{\boldsymbol{s}_l,\boldsymbol{u}_l\}_{l=t-p+1}^{t}$ 可以得到逆 Hessian 相似矩阵 $\boldsymbol{H}_{t+1}$。如果已知 $\{\boldsymbol{s}_l,\boldsymbol{y}_l\}_{l=t-p+1}^{t}$，则可以计算 $\boldsymbol{H}_{t+1}$。换句话说，L-BFGS 不存储和计算完整矩阵 $\boldsymbol{H}_{t+1}$，只计算最新 p 对 $\{\boldsymbol{s}_l,\boldsymbol{y}_l\}$。根据方程，可以达到递推过程。可以计算更新方向 $\boldsymbol{d}_t=\boldsymbol{H}_t\boldsymbol{g}_t$，$\boldsymbol{g}_t$ 是目标函数 f 的梯度。详细算法过程如算法 17-3 和算法 17-4 所示。

算法 17-3 用于 $H_t g_t$ 的双回路递归算法

输入：$\nabla f_t,\boldsymbol{u}_t,\boldsymbol{s}_t$

输出：$\boldsymbol{H}_{t+1}\boldsymbol{g}_{t+1}$

$\boldsymbol{g}_t=\nabla f_t$

$\boldsymbol{H}_t^0=\frac{\boldsymbol{s}_t^{\mathrm{T}}\boldsymbol{u}_t}{\|\boldsymbol{u}_t\|^2}\boldsymbol{I}$

for $l=t-1$ to $t-p$ **do**

$\eta_l=\rho_l\boldsymbol{s}_l^{\mathrm{T}}\boldsymbol{g}_{l+1}$

$\boldsymbol{g}_l=\boldsymbol{g}_{l+1}-\eta_l\boldsymbol{u}_l$

end for

$r_{t-p-1}=\boldsymbol{H}_t^0\boldsymbol{g}_{t-p}$

for $l=t-p$ to $t-1$ **do**

$\beta_l=\rho_l\boldsymbol{u}_l^{\mathrm{T}}\rho_{l-1}$

$\rho_l=\rho_{l-1}+\boldsymbol{s}_l(\eta_l-\beta_l)$

end for

$\boldsymbol{H}_{t+1}\boldsymbol{g}_{t+1}=\rho$

算法 17-4 L-BFGS

输入：$\boldsymbol{\theta}_0\in\mathbb{R}^n,\varepsilon>0$

输出：解$\boldsymbol{\theta}^*$

$t=0$

$\boldsymbol{g}_0=\nabla f_0$

$\boldsymbol{u}_0=\boldsymbol{1}$

$\boldsymbol{s}_0=\boldsymbol{1}$

while $\|\boldsymbol{g}_t\|<\varepsilon$ **do**

选择 $\boldsymbol{H}_t^0$，例如 $\boldsymbol{H}_t^0=\frac{\boldsymbol{s}_t^{\mathrm{T}}\boldsymbol{u}_t}{\|\boldsymbol{u}_t\|^2}\boldsymbol{I}$

$\boldsymbol{g}_t=\nabla f_t$

$\boldsymbol{d}_t=-\boldsymbol{H}_t\boldsymbol{g}_t$ 来自用于 $\boldsymbol{H}_t\boldsymbol{g}_t$ 的双回路递归算法

通过 Wolfe 搜索步长 η_t

$\boldsymbol{\theta}_{t+1}=\boldsymbol{\theta}_t+\eta_t\boldsymbol{d}_t$

if $k>p$ **then**

从存储中丢弃向量对 $\{\boldsymbol{s}_{t-p},\boldsymbol{y}_{t-p}\}$

end if

计算并保存

$\boldsymbol{s}_t=\boldsymbol{\theta}_{t+1}-\boldsymbol{\theta}_t,\boldsymbol{u}_t=\boldsymbol{g}_{t+1}-\boldsymbol{g}_t$

$t=t+1$

end while

17.2.6 随机拟牛顿法

在许多大规模的机器学习模型中，需要使用基于相对较小的训练子集的每一步更新的随机逼近算法。随机算法在大规模学习系统中往往获得最佳的泛化性能。拟牛顿方法只利用一阶梯度信息逼近 Hessian 矩阵。将拟牛顿方法与随机方法相结合是一种自然的思想，使其能够对大规模问题进行处理。随机拟牛顿法详细过程如算法 17-5 所示。

算法 17-5 随机拟牛顿法框架

输入：$\boldsymbol{\theta}_0, V, m, \eta_t$

输出：解$\boldsymbol{\theta}^*$

for $t=1,2,3,4,\cdots$, **do**

$\boldsymbol{s}_t'=\boldsymbol{H}_t\boldsymbol{g}_t$ 使用双环递归

$\boldsymbol{s}_t=-\eta_t\boldsymbol{s}_t'$

$\boldsymbol{\theta}_{t+1}=\boldsymbol{\theta}_t+\boldsymbol{s}_t'$

if 更新对 **then**

计算 $\boldsymbol{s}_t$ 和 $\boldsymbol{u}_t$

在 V 中添加一个新的位移对 $\{\boldsymbol{s}_t,\boldsymbol{u}_t\}$

if $|V|>m$ **then**

从 V 移除最长的对

end if

end if

end if

在上述算法中，$V=\{\boldsymbol{s}_t,\boldsymbol{u}_t\}$ 是 m 位移对的集合，$\boldsymbol{g}_t$ 是当前随机梯度 $\nabla F_{S_t}(\boldsymbol{\theta})$。同时，矩阵向量积 $\boldsymbol{H}_t\boldsymbol{g}_t$ 可以通过两个循环递归计算。近年来，越来越多的工作在随机拟牛顿方面取得了很好的效果。具体地，提出了一种正则化随机 BFGS 方法，对该优化方法的收敛性进行了相应的分析。此外，还在文章 *Global convergence of online limited memory BFGS* 中介绍了在线 L-BFGS。此外，文章 *Stochastic block BFGS：Squeezing more curvature out of data* 还提出了一种方差缩减块 L-BFGS 方法，该方法利用子采样 Hessian 矩阵在一组随机向量上的作用。

17.3 不含海森矩阵的最优化方法

无 Hessian 矩阵(Hessian Free，HF)方法的主要思想类似于使用二阶梯度信息的牛顿方法。不同之处在于，HF 方法对于直接计算 Hessian 矩阵 $\boldsymbol{H}$ 是不必要的，它用一些技术估计积 $\boldsymbol{Hv}$。

考虑对象 F 围绕参数$\boldsymbol{\theta}$ 的局部二次逼近 $Q_{\boldsymbol{\theta}}(\boldsymbol{d}_t)$

$$F(\boldsymbol{\theta}_t+\boldsymbol{d}_t)\approx Q_{\boldsymbol{\theta}}(\boldsymbol{d}_t)=F(\boldsymbol{\theta}_t)+\nabla F(\boldsymbol{\theta}_t)^{\mathrm{T}}\boldsymbol{d}_t+\frac{1}{2}\boldsymbol{d}_t^{\mathrm{T}}\boldsymbol{B}_t\boldsymbol{d}_t \tag{17-25}$$

其中，$\boldsymbol{d}_t$ 是搜索方向。HF 方法应用共轭梯度法计算线性系统的近似解 $\boldsymbol{d}_t$

$$\boldsymbol{B}_t\boldsymbol{d}_t=-\nabla F(\boldsymbol{\theta}_t) \tag{17-26}$$

其中，$\boldsymbol{B}_t=H(\boldsymbol{\theta}_t)$是 Hessian 矩阵，但在实践中，$B_t$ 通常定义为

$$\boldsymbol{B}_t=H(\boldsymbol{\theta}_t)+\lambda\boldsymbol{I},\quad \lambda\geqslant 0$$

然后有

$$\boldsymbol{\theta}_{t+1}=\boldsymbol{\theta}_t+\eta_t\boldsymbol{d}_t \tag{17-27}$$

其中，η_t 是保证目标函数充分减小的步长，通常是通过线性搜索得到的。HF 优化的基本框架如算法 17-6 所示。

算法 17-6　不含 Hessian 矩阵方法

输入：$\boldsymbol{\theta}_0, \nabla f(\boldsymbol{\theta}_0), \lambda$

输出：解$\boldsymbol{\theta}^*$

$t=0$

repeat

$\boldsymbol{g}_t = \nabla f(\boldsymbol{\theta}_t)$

通过一些方法计算 λ

$\boldsymbol{B}_t(\boldsymbol{v}) \equiv H(\boldsymbol{\theta}_t)\boldsymbol{v} + \lambda \boldsymbol{v}$

计算步长大小 η_t

$\boldsymbol{d}_t = CG(\boldsymbol{B}_t, -\boldsymbol{g}_t)$

$\boldsymbol{\theta}_{t+1} = \boldsymbol{\theta}_t + \eta_t \boldsymbol{d}_t$

$t=t+1$

until 满足收敛条件

采用共轭梯度法的优点是可以在不直接计算 Hessian 矩阵的情况下计算 Hessian-向量乘积。由于在 CG 算法中，Hessian 矩阵与向量配对，因此可以计算 Hessian 向量乘积替代 Hessian 逆矩阵的计算。计算 Hessian-向量乘积的方法较多，常用的是有限差分计算

$$\boldsymbol{Hv} = \lim_{\varepsilon \to +0} \frac{\nabla f(\boldsymbol{\theta} + \varepsilon \boldsymbol{v})}{\varepsilon} \tag{17-28}$$

子采样无 Hessian 矩阵是一种众所周知的方法，在优化文献中已经被研究了几十年，但在应用于具有大规模数据的深度神经网络时存在缺陷。因此，在 HF 中采用了一种子采样技术，得到了一种有效的 HF 方法。只能通过使用一个小样本集 S 来计算高压来降低每次迭代的成本。目标函数有以下形式

$$\min F(\boldsymbol{\theta}) = \frac{1}{N}\sum_{i=1}^{N} f_i(\boldsymbol{\theta}) \tag{17-29}$$

在第 t 个迭代中，随机梯度估计可以写成

$$\nabla F_{S_t}(\boldsymbol{\theta}_t) = \frac{1}{|S_t|}\sum_{i \in S_t} f_i(\boldsymbol{\theta}) \tag{17-30}$$

随机 Hessian 估计表示为

$$\nabla^2 F_{S_t^H}(\boldsymbol{\theta}_t) = \frac{1}{|S_t^H|}\sum_{i \in S_t^H} \nabla^2 f_i(\boldsymbol{\theta}_t) \tag{17-31}$$

如上所述，可以通过使用 CG 方法求解线性系统得到方向 $\boldsymbol{d}_t$ 的近似解

$$\nabla^2 F_{S_t^H}(\boldsymbol{\theta}_t)\boldsymbol{d}_t = -\nabla F_{S_t}(\boldsymbol{\theta}_t) \tag{17-32}$$

其中使用随机梯度和随机 Hessian 矩阵。文章 *On the use of stochastic Hessian information in optimization methods for machine learning* 给出了子采样 HF 算法的基本框架。

一个自然的问题是如何确定 S_t^{H} 的大小。一方面，S_t^{H} 可以选择足够小，这样 CG 迭代的总成本不会比梯度评估大得多。另一方面，S_t^{H} 应该足够大，以便从 Hessian 向量积中获得有用的曲率信息。如何平衡 S_t^{H} 的大小是一个正在研究的挑战。

17.4 自然梯度法

自然梯度法可以潜在地应用于任何客观函数,以衡量某些统计模型的性能。它在应用于基于模型分布与目标分布之间的 KL 散度的目标函数时,或在这些的某些近似代理时,具有更丰富的理论性质。

传统的梯度下降算法是基于欧氏空间的。然而,在许多情况下,参数空间不是欧几里得的,它可能具有黎曼度量结构。在这种情况下,目标函数最陡峭的方向不能由普通梯度给出,而应该由自然梯度给出。

这样的模型分布 $p(\boldsymbol{y}|\boldsymbol{x},\boldsymbol{\theta})$ 和 $\pi(\boldsymbol{x},\boldsymbol{y})$ 是经验分布,需要拟合 $\boldsymbol{\theta}\in\mathbb{R}^N$ 参数。假设 $\boldsymbol{x}$ 是观测向量,$\boldsymbol{y}$ 是其关联标签。它具有客观的功能,

$$F(\boldsymbol{\theta})=E_{(\boldsymbol{x},\boldsymbol{y})\sim\pi}[-\log p(\boldsymbol{y}\mid\boldsymbol{x},\boldsymbol{\theta})] \tag{17-33}$$

需要解决其优化问题

$$\boldsymbol{\theta}^*=\underset{\boldsymbol{\theta}}{\operatorname{argmin}}\,F(\boldsymbol{\theta}) \tag{17-34}$$

自然梯度可以从传统梯度乘以 Fisher 信息矩阵得到,即

$$\nabla_N F=\boldsymbol{G}^{-1}\nabla F \tag{17-35}$$

其中,F 为目标函数;∇F 为传统梯度;$\nabla_N F$ 为自然梯度;$\boldsymbol{G}$ 为 Fisher 信息矩阵;

$$\boldsymbol{G}=E_{\boldsymbol{x}\sim\pi}\left[E_{\boldsymbol{y}\sim p(\boldsymbol{y}|\boldsymbol{x},\boldsymbol{\theta})}\left[\left(\frac{\partial p(\boldsymbol{y}\mid\boldsymbol{x};\boldsymbol{\theta})}{\partial\theta}\right)\left(\frac{\partial p(\boldsymbol{y}\mid\boldsymbol{x};\boldsymbol{\theta})}{\partial\theta}\right)^{\mathrm{T}}\right]\right] \tag{17-36}$$

具有自然梯度的更新公式为

$$\boldsymbol{\theta}_t=\boldsymbol{\theta}_t-\eta_t\nabla_N F \tag{17-37}$$

由于计算量过大,自然梯度的应用是非常有限的。估计 Fisher 信息矩阵并计算其逆矩阵是昂贵的。为了克服这一限制,截断牛顿方法出现,其中逆是通过迭代过程计算的,从而避免了 Fisher 信息矩阵逆的直接计算。此外,还提出了因子自然梯度和 Kronecker 因子近似曲率方法,利用概率模型的导数来计算近似自然梯度更新。

17.5 信任区域法

上面介绍的大多数方法的更新过程可以描述为 $\boldsymbol{\theta}_t+\eta_t\boldsymbol{d}_t$。点在 $\boldsymbol{d}_t$ 方向的位移可以写成 $\boldsymbol{s}_t$。典型的信任区域法(Trust Region Method,TRM)可用于无约束非线性优化问题,其中位移 $\boldsymbol{s}_t$ 是在没有搜索方向 $\boldsymbol{d}_t$ 的情况下直接确定的。

对于问题 $\min f_{\boldsymbol{\theta}}(\boldsymbol{x})$,TRM 使用二次泰勒展开逼近目标函数 $f_{\boldsymbol{\theta}}(\boldsymbol{x})$,表示为 $q_t(\boldsymbol{s})$。每个搜索都是在半径 R_t 的信任区域范围内进行的。这个问题可以描述为

$$\begin{cases}\min q_t(\boldsymbol{s})=f_{\boldsymbol{\theta}}(\boldsymbol{x}_t)+\boldsymbol{g}_t^{\mathrm{T}}\boldsymbol{s}+\dfrac{1}{2}\boldsymbol{s}^{\mathrm{T}}\boldsymbol{B}_t\boldsymbol{s}\\ \text{s.t. }\|\boldsymbol{s}_t\|\leqslant R_t\end{cases} \tag{17-38}$$

其中,$\boldsymbol{g}_t$ 是目标函数 $f(\boldsymbol{x})$ 在当前迭代点 $\boldsymbol{x}_t$ 处的近似梯度($\boldsymbol{g}_t\approx\nabla\boldsymbol{f}(\boldsymbol{x}_t)$);$\boldsymbol{B}_t$ 是一个对称矩阵,它是 Hessian 矩阵 $\nabla^2 f_{\boldsymbol{\theta}}(\boldsymbol{x}_t)$ 的近似;$R_t>0$ 是信任区域的半径。如果约束函数中使用 L_2 范数,则称为 Levenberg-Marquardt 算法。

如果 $\boldsymbol{s}_t$ 是信任区域子问题(17-36)的解,则每次更新的位移 $\boldsymbol{s}_t$ 受信任区域半径 R_t 的

限制。TRM 的核心部分是 R_t 的更新。在每个更新过程中,测量二次模型 $q(s_t)$ 和目标函数 $f_{\boldsymbol{\theta}}(\boldsymbol{x})$ 的相似性,并动态更新 R_t。在第 t 次迭代中的实际下降量为

$$\Delta f_t = f_t - f(\boldsymbol{x}_t + \boldsymbol{s}_t) \tag{17-39}$$

第 t 次迭代的预测下降量为

$$\Delta q_t = f_t - q(\boldsymbol{s}_t) \tag{17-40}$$

系数 r_t 被定义为测量两者的相似程度

$$r_t = \frac{\Delta f_t}{\Delta q_t} \tag{17-41}$$

表明当 r_t 接近 1 时,模型比预期更真实,然后考虑扩展 r_t。同时表明模型预测大下降,当 r_t 接近 0 时实际下降较小,则应减小 R_t。此外,如果 r_t 为 0~1,可以保持 R_t 不变。阈值 0 和 1 一般设置为 r_t 的左右边界。

17.6 本章小结

高阶优化方法能够利用曲率信息,收敛速度快。虽然计算和存储 Hessian 矩阵是困难的,但随着研究的发展,在文章 *Sub-sampled Newton methods II: local convergence rates*, *Sub-sampled Newton methods with non-uniform sampling*, *Second-Order Optimization For Neural Networks* 中,Hessian 矩阵的计算在二阶优化方法方面取得了很大的进展。目前,随机方法也被引入到二阶方法中,并将二阶方法扩展到大规模数据。随着随机变分推理工作的展开,将随机方法引入变分推理,使变分推理能够处理大规模数据。目前有学者提出将二阶(或高阶)优化方法纳入随机变分推理,这将是有趣和具有挑战性的研究。

随机方法在处理大规模数据时表现出强大的能力,特别是对于一阶优化。相关的专家和学者也将随机思想引入了二阶优化方法(如在线凸优化的随机拟牛顿方法、大规模优化的随机拟牛顿方法和拟牛顿 SGD 法),并取得了良好的效果。共轭梯度法是一种优雅而有吸引力的算法,它具有一阶和二阶优化方法的优点。共轭梯度的标准形式不用于随机近似。利用快速 Hessian 梯度积,引入了共轭梯度的随机方法,其中一些数值结果表明了随机共轭梯度下降法的算法有效性。另一种版本的随机共轭梯度方法采用方差简化技术,在几次迭代中收敛很快,在运行过程方差缩减的随机共轭梯度算法中需要更少的存储空间。共轭梯度的随机版本是一种潜在的优化方法,仍值得研究。

参考文献

本章参考文献扫描下方二维码。

第 18 章 启发式学习优化

CHAPTER 18

20 世纪 80 年代，自从建立全互连神经网络模型和提出反向传播算法以来，深度神经网络研究获得了快速发展。深度神经网络是对人脑神经网络的一种抽象，它由大量的连接节点构成。由于其并行结构、分布式存储和并行处理的特征，深度神经网络具有良好的自适应性、自组织性和容错性等。

尽管研究深度神经网络学习算法已经有许多种，但这些学习算法都是基于误差函数梯度信息的学习算法。针对那些复杂的、梯度信息难以获取或根本无法获取的问题，现有学习算法显得无能为力。同时，这些算法容易陷入局部最优解。首先，对于某一个具体的实际问题，设计神经网络是一个非常棘手的工作。尤其是对于梯度信息难以获得的优化问题，学习算法非常容易陷入局部最优点。在一定程度上，这样会降低构建神经网络工作的效率，而且还不能很好地保证所设计出的网络架构是最佳的。

启发式算法的优势在于：对于待优化的目标函数，既不要求其连续，也不要求可微。优化算法比较容易搜索到全局最优解。因此，将启发式算法用于深度神经网络结构优化的自动设计是比较好的一个研究点。本章重点讲述粒子群优化（Particle Swarm Optimization，PSO）算法、人工免疫优化算法和量子优化算法等启发式算法如何用于优化深度神经网络。

18.1 启发式算法

启发式算法的定义是依赖直观或经验构造的优化算法，在可接受的时间和空间下给出解决组合优化问题每一个实例的可行解。启发式算法可分为传统启发式算法、元启发式算法和超启发式算法。

18.1.1 传统启发式算法

如图 18-1 所示，传统启发式算法主要包括贪心算法、构造型方法、拉格朗日松弛算法、解空间缩减算法、局部搜索算法和爬山算法。贪心算法是指在对问题进行求解时，不从整体最优上考虑解的优劣性，仅搜索局部最优解。在局部搜索算法的搜索过程中，算法选择当前搜索邻域中与离目标解最近的方向搜索。对于爬山算法，如图 18-2 所示，从当前的搜索点开始，和邻域节点值进行比较。如果当前节点值是最大的，则将当前值作为最大值；否则，用邻域节点值替换当前节点值。如此循环，直至搜索结束。

18.1.2 元启发式算法

元启发式算法主要包括以下几类。

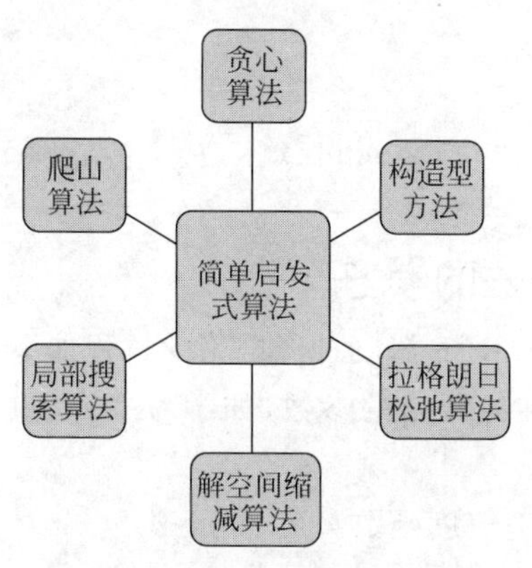

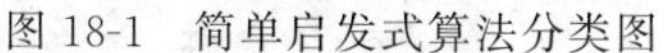
图 18-1 简单启发式算法分类图

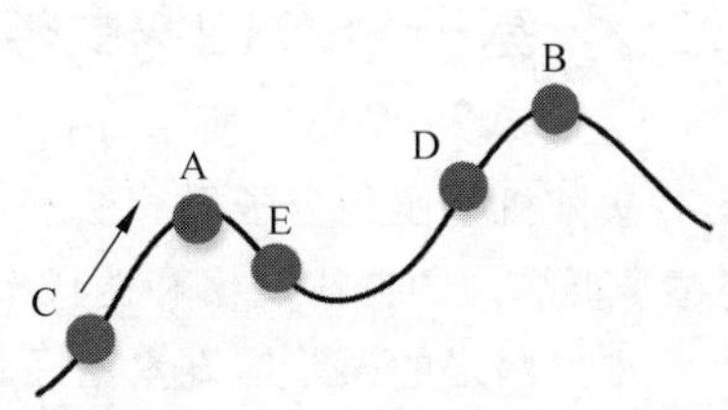

图 18-2 爬山算法示意图

(1) 进化计算是人工智能，该算法的生物机理受到自然界进化过程中“优胜劣汰”的影响，通过算法优化实现这一过程，把待解决的优化问题作为个体竞争环境，通过进化算法寻找到较优解。

(2) ANN 从信息处理角度对人脑神经元网络进行抽象，建立某种简单模型，按不同的连接方式组成不同的网络。

(3) PSO 算法是模拟鸟群觅食发展起来的一种群搜索算法。在 PSO 算法中，每个待优化的解都是搜索空间中的一只鸟，将其定义为粒子。所有的粒子都被赋予一个由适应度(fitness)函数决定的适应值。以解空间中当前的最优粒子为指导，“粒子们”完成优化搜索。

(4) 人工免疫优化算法是通过种群内部的克隆、克隆变异和克隆选择操作来完成优化过程。克隆、变异和选择用以实现种群的内部竞争，进而实现种群进化。

18.2 基于 PSO 算法的深度神经网络学习

18.2.1 PSO 算法

PSO 算法是在 20 世纪 90 年代出现的，动物界中的鸟类和鱼类捕获食物的过程就是不断追逐着食物改变其运动的速度和方向，PSO 算法的起源是仿生鸟群或鱼群的捕食行为，其目的是解决最优问题，每个寻找最优解的问题都可以当作一只鸟，即 PSO 算法的粒子。就像鸟儿具有记忆力一样，每个粒子也具有这样的能力，每个粒子都要利用适应度函数来验证此时的位置是否是最优位置，如果不是最优，那么粒子就要利用动量函数得出要移动的方向及距离，从而找到最优位置，即问题的最优解。因为这种算法中的参数个数很少，可以很好地在结合局部最优和全局最优的前提下进行调整。

PSO 算法的动量函数包含个体认知模式和社会认知模式，其中个体认知的函数为

$$\boldsymbol{v}_{id}=\boldsymbol{v}_{id}+c_1\times \mathrm{rand}()\times(\boldsymbol{P}_{id}-\boldsymbol{X}_{id}) \tag{18-1}$$

其中，$\boldsymbol{v}_{id}$ 是第 i 个粒子速度；d 是维度；$\boldsymbol{P}_{id}$ 是粒子到目前移动到的最好位置；$\boldsymbol{X}_{id}$ 是粒子当前所在位置；c_1 为学习常数；rand()为 0～1 之间的任意数。

社会行为的函数为

$$\boldsymbol{v}_{id}=\boldsymbol{v}_{id}+c_2\times \mathrm{rand}()\times(\boldsymbol{P}_{gd}-\boldsymbol{X}_{id}) \tag{18-2}$$

其中，P_{gd} 代表所有的粒子到目前移动到的最好位置；X_{id} 代表粒子当前所在位置；c_2 为

学习常数。

PSO 算法的动量函数为

$$\boldsymbol{v}_{id}=\boldsymbol{w}\times\boldsymbol{v}_{id}+c_1\times\mathrm{rand}()\times(\boldsymbol{P}_{id}-\boldsymbol{X}_{id})+c_2\times\mathrm{rand}()\times(\boldsymbol{P}_{gd}-\boldsymbol{X}_{id}) \tag{18-3}$$

其中，$\boldsymbol{w}$ 代表惯性权重。

18.2.2 基于 PSO 的深度神经网络算法的学习

PSO 算法流程如图 18-3 所示，用 PSO 算法优化 RBF 深度神经网络的过程如下。

(1) 算法随机初始化粒子群算法和 RBF 深度神经网络的参数，如学习率、权重等。然后，设定粒子群算法的群体规模和迭代次数。

(2) 将神经网络的误差均方差定义为待优化的适应度函数。

(3) 算法进行迭代，优化网络，最终找到满意解。

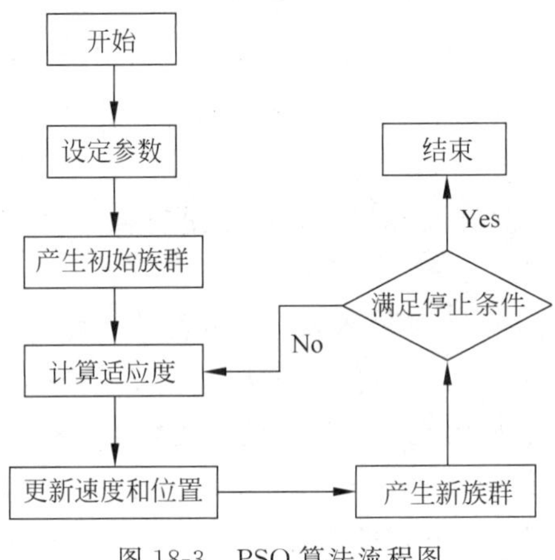

图 18-3 PSO 算法流程图

18.3 基于免疫优化算法的深度神经网络学习

18.3.1 免疫优化算法

免疫算法是通过种群内部的克隆、克隆变异和克隆选择操作来完成种群的内部竞争。选择物种中适应性强的样本复制，产生下一代样本，反之则淘汰，这个过程就是克隆。为了解决进化过程未能找到全局最优解的劣势，就要采取克隆变异的手段。经过上述两个步骤之后，就要进行克隆选择。它能通过从得到的后代样本中找到适应性较强的样本来完成种群的重新组合。整个克隆、克隆变异和克隆选择操作是用来完成种群内部的竞争，达到种群内部进化的目的。

免疫学是生物学中的非常核心的理论，免疫学中克隆选择又是主要的内容，一经出现，便得到广泛关注，20 世纪 50 年代末期通过研究者对其内容的完善，截止到现在其优势已经被大家普遍接受，其核心思想就是模仿自然界的物种进化过程中的克隆与选择。它通过对自身的编码，搜索过程能够实现与问题本身无关。克隆选择算法有很多优点，比如说提高算法的收敛速度、在保留最优个体的同时增加种群多样性等。

18.3.2 基于免疫优化的 RBF 深度神经网络算法的学习

免疫优化算法实现过程如下。

(1)步骤 1：性能优越的适应度函数为

$$\text{fitness}(x_i)=\frac{c}{J_m+d} \tag{18-4}$$

其中，J_m 是 RBF 网络优化的目标函数；c、d 是大于 0 的常数，c 用来缩放目标函数的值，使其便于观察。例如，可以令 $c=100$，d 可以保证分母不为 0。

(2) 步骤 2：给定 RBF 网络的样本中心和扩展宽度的起始值。这里初始化采用的是十进制编码。起始值在样本数据每一维数值的两个极值间波动。

(3) 步骤 3：克隆。假设 IA 种群大小为 X，根据其中单个样本 $\boldsymbol{x}$ 的适应度，按照下列规则实现克隆

$$N_{\text{clone}}(i)=\text{int}\left(N_c\cdot\frac{\text{fitness}(x_i)}{\sum_{j=1}^{N}\text{fitness}(x_j)}\right),\quad i=1,2,\cdots,N \tag{18-5}$$

其中，$N_{\text{clone}}(i)$表示第 i 个样本克隆后的数目；N_c 为恒定值，表征克隆后种群的规模；$\text{fitness}(x_i)$表示第 i 个样本的适应度值；$\text{int}(y)$表示大于或等于 y 的最小整数。首先计算单个样本的适应度值，然后按照式(18-5)计算要完成的克隆数目。种群进行克隆之后，适应度较高的个体在新种群中所占的比例上升。

(4) 步骤 4：克隆变异操作。假设克隆变异执行前的单个样本用 x_{ij} 来表征，之后的用 x'_{ij} 表征。然后依据如下规则对所有样本实现克隆变异

$$x'_{ij}=\begin{cases}2\alpha, & x_{ij}=0,\alpha\geqslant p_m\\ -2\alpha, & x_{ij}=0,\alpha< p_m\\ (1+2\alpha)x_{ij}, & x_{ij}\neq 0,\alpha\geqslant p_m\\ (1+2\alpha)x_{ij}, & x_{ij}\neq 0,\alpha< p_m\end{cases} \tag{18-6}$$

其中，α 是一个 0～1 的随机常数；p_m 是个恒定值，代表以何种概率实现变异，其值范围为 0～1。这里用变异后的个体替代变异前的个体。

(5) 步骤 5：克隆选择操作。步骤 3 和步骤 4 针对的是第 t 代种群的样本，a_i 是步骤 3 和步骤 4 完成后的种群样本。按照如下规则进行克隆选择操作：

$$p_{cs}(x_i(t+1)=a_i(t))=\begin{cases}0, & \text{fitness}(a_i(t))\leqslant\text{fitness}(x_i(t))(x_i(t)=\text{best}x_i(t))\\ \mathrm{e}^{\left(\frac{\text{fitness}(\boldsymbol{x}_i)-\text{fitness}(\boldsymbol{a}_i)}{b}\right)}, & \text{fitness}(a_i(t))\leqslant\text{fitness}(x_i(t))(x_i(t)\neq\text{best}x_i(t))\\ 1, & \text{fitness}(a_i(t))>\text{fitness}(x_i(t))\end{cases} \tag{18-7}$$

其中，b 是一个大于 0 的常数。克隆选择完成使得种群的大小恢复到原来的状态。这里，如果 $p_{cs}=0$，则 x_i 经过克隆选择后仍是自己本身；如果 $p_{cs}=1$，则 x_i 经过克隆选择后用变异个体 a_i 代替；如果 p_{cs} 不是 0 或者 1，就产生一个 0 到 1 之间的随机数 r，比较 r 与 p_{cs} 的大小，若 $r\geqslant p_{cs}$，按照 $p_{cs}=0$ 的情况进行操作，若 $r<p_{cs}$，按照 $p_{cs}=1$ 的情况进行操作。克隆选择的实现过程是：初始化种群；根据个体的适应度值依照式(18-5)进行克隆；按照式(18-6)进行克隆变异操作；根据变异后个体的适应度值依照式(18-7)完成克隆选择适应度在 T 代之内稳定，算法结束。否则跳转到步骤 2。

18.4 基于量子优化算法的网络学习

18.4.1 量子优化算法发展及研究现状

随着信息时代的迅速发展，量子优化算法作为一种概率搜索方法，将量子计算基本原理和传统的智能优化算法结合，能够有效地跳出局部最优。与此同时，基于量子编码方式，通过量子优化算法的并行计算可以加速传统智能算法。由于其在工程、经济等领域展现出来的巨大优势，量子优化算法受到越来越多国内外学者的高度关注，并提出了很多改进模型。例如基于量子位 Bloch 球面坐标的量子遗传算法将量子位的单位圆表示扩展为球面表示，使得最优解的数量迅速变多，展现出全局搜索能力强的优势。美中不足的是，量子遗传算法收敛速度慢，需要的迭代次数多，容易陷入局部极值。量子神经网络将量子编码与实数形式的神经元模型结合，提出了基于量子加权、量子自组织特征映射、量子门线路、量子 BP 神经网络模型与学习方法。量子群体智能算法将 PSO 算法、蚁群算法、混沌优化，免疫算法与量子计算结合，产生了量子粒子群算法、量子蚁群算法、混沌量子免疫算法。量子群体智能算法兴起于 20 世纪 90 年代后期，其中，简单的个体通过相互协作表现出自组织、自适应、分布式的群体能力，相比于单个个体具有明显的优势。

18.4.2 基于量子离散多目标粒子群算法的学习

1. 量子粒子群算法

量子粒子群优化(Quantum Particle Swarm Optimization，QPSO)算法是基于量子计算基本原理和 PSO 算法组合起来的新的概率搜索算法，该算法适合于求解连续空间的 NP-Hard 问题。QPSO 算法将量子力学中的量子位、量子旋转门、量子叠加态等理论引入 PSO 算法中，量子位的引入可以使每个粒子占有两个空间位置，量子位叠加态的概率幅对单个粒子的位置进行编码，量子旋转门通过更新粒子速度完成进化搜索，有效地避免了 PSO 算法收敛速度慢、不能全局收敛的缺点。

PSO 算法是由 Kennedy 和 Russell 在 20 世纪 90 年代中期提出的一种群智能技术。该启发式算法试图模拟鸟群觅食过程中的飞行行为，优点在于操作简单、可调节参数少、易于实现，适合于解决多目标优化问题。PSO 算法中粒子个体中的位置和速度信息更新规则如下

$$\boldsymbol{V}_{id} = \boldsymbol{w}_{id}\boldsymbol{V}_{id} + \eta_1 \mathrm{rand}()(\boldsymbol{P}_{id} - \boldsymbol{X}_{id}) + \eta_2 \mathrm{rand}()(\boldsymbol{P}_{gd} - \boldsymbol{X}_{id}) \tag{18-8}$$

$$\boldsymbol{X}_{id} = \boldsymbol{X}_{id} + \boldsymbol{V}_{id} \tag{18-9}$$

其中，η_1 和 η_2 两个常数是加速度系数；rand()表示[0,1]之间的一个随机数；$\boldsymbol{X}_{id}$ 和 $\boldsymbol{V}_{id}$ 分别表示第 d 维上的第 i 个粒子的位置向量和速度向量；$\boldsymbol{P}_{id}$ 表示第 i 个粒子的当前最好位置；$\boldsymbol{P}_{gd}$ 表示所有种群中全局最好位置；$\boldsymbol{w}_{id}$ 是惯性权重。

通过速度和位置的更新公式循环迭代，粒子通过追踪当前最优解和种群最优解来更新自己，直到达到算法终止条件。从式(18-8)和式(18-9)可以看出，PSO 算法中粒子的移动速度限制于$\boldsymbol{v} \in [-\boldsymbol{v}_{\max}, \boldsymbol{v}_{\max}]$，因此粒子群优化算法的搜索空间受到限制，不能进行整个决策空间搜索。在过去的几十年里，学者们提出了许多提高性能的改进 PSO 算法，例如基于高斯变异策略的 PSO 算法、基于 lévy 的 PSO 算法、基于指数分布的 PSO 算法等。

研究表明，PSO 算法中的随机因子体现了鸟类全体的智能性，因而这种随机道搜索模

拟能力十分有限，不能与人类的群体智能行为相比较。有学者发现，量子空间中粒子的行为与人类的智能行为很相似。在量子建模中，聚集性可以用粒子的束缚性来描述。处于量子束缚态的粒子能够以一定的概率出现在搜索空间的任何位置，因此关键在于如何建立一个量子化的吸引势能场来束缚个体使得群体具有聚集态，通常所说的量子粒子群算法是基于势阱模型的量子行为的粒子群算法。

2. QDM-PSO 算法描述

基于量子离散多目标粒子群算法(QDM-PSO)可用于复杂网络社区检测问题。该算法用于提高多目标离散粒子群算法(MODPSO)的性能，其主要贡献有两个方面。

(1) 基于量子离散粒子群算法(QDPSO)作为更新策略。加入量子机制的原理，由于其位置和速度的不确定性，单个粒子可以出现在搜索空间的任何位置，因此 QDPSO 算法具有好的全局收敛能力，并且有参数优化少的优势。

(2) 采用多目标的非支配选择策略来克服模块度分辨率限制问题。

用于复杂网络社区检测的 QDM-PSO 算法框架如算法 18-1 所示。首先，对位置和速度进行随机初始化；其次，更新局部最好位置和全局最好位置；再次，用 QDPSO 策略对单个粒子的位置和速度进行更新，并且用非支配排序策略对位置信息进行排序；最后，若满足停止条件则算法停止，否则，继续回到上一步。

算法 18-1 QDM-PSO 算法

参数：种群数 pop，最大迭代次数 maxgen，学习系数 c_1、c_2，权重系数 $\boldsymbol{w}$，递减指数 λ；

输入：复杂网络的邻接矩阵 $\boldsymbol{A}$；

Step 1：**初始化**

  $t=1$.

  位置初始化 $\boldsymbol{X}=\{\boldsymbol{x}_1,\boldsymbol{x}_2,\cdots,\boldsymbol{x}_{\text{pop}}\}^{\text{T}}$；

  速度初始化 $\boldsymbol{V}=\{\boldsymbol{v}_1,\boldsymbol{v}_2,\cdots,\boldsymbol{v}_{\text{pop}}\}^{\text{T}}$；

当 $t\leqslant$ maxgen 时，

Step 2：

  局部最优位置初始化 $\boldsymbol{P}_{\text{best}}=\boldsymbol{X}^t$；

  计算位置 $\boldsymbol{X}^t$ 的适应度，选出最好适应度对应的 $\boldsymbol{x}$ 作为当前全局最好位 Gbest；

Step 3：

For $i=1,2,\cdots,\text{pop}$, **do**

  计算新的速度 $\boldsymbol{V}_{\text{new}}^t$ 和离散化速度信息；

  计算新的位置 $\boldsymbol{X}_{\text{new}}^t$；

  位置种群 $\boldsymbol{X}^t$ 和 $\boldsymbol{X}_{\text{new}}^t$ 合并为 $\{\boldsymbol{X}^t,\boldsymbol{X}_{\text{new}}^t\}$，并且计算出对应的适应度值；

End

  依据非支配选择策略从位置种群 $\{\boldsymbol{X}^t,\boldsymbol{X}_{\text{new}}^t\}$ 中选择出新的位置种群位置 X^{t+1}；

Step 4：终止条件：

  如果 $t\leqslant$ maxgen 则 $t\leftarrow t+1$，继续回到 **Step 2**，

  否则，停止算法，返回最终结果。

输出：Pareto 前端解集。

在复杂网络社区检测中，粒子 i 的位置可以初始化为 $\boldsymbol{X}_i=\{\boldsymbol{x}_{i1},\boldsymbol{x}_{i2},\cdots,\boldsymbol{x}_{in}\}$，其中 n 为

网络节点数。在初始化过程中，每个位置 $\boldsymbol{x}$ 为分布在 $1\sim n$ 的随机整数。图 18-4 展示了粒子编码方式，如果 $\boldsymbol{x}_i=\boldsymbol{x}_j$，说明 i 和 j 属于同一社区；否则，它们属于不同社区。

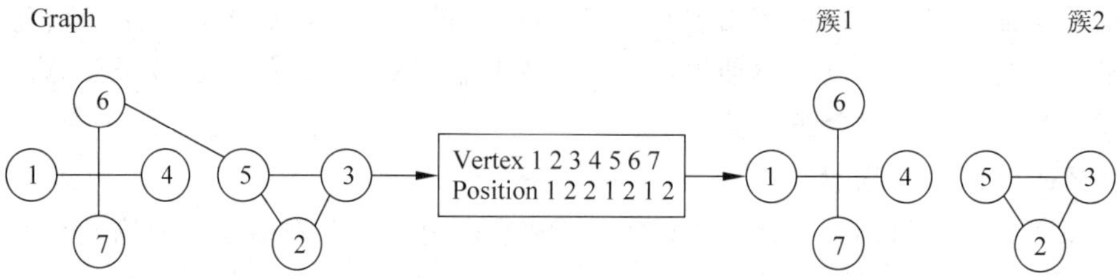

Graph　簇1　簇2

Vertex 1 2 3 4 5 6 7
Position 1 2 2 1 2 1 2

图 18-4　粒子编码解码方式

粒子 i 的速度初始化为 $\mathbf{V}_i=\{\boldsymbol{v}_{i1},\boldsymbol{v}_{i2},\cdots,\boldsymbol{v}_{iN}\}$，其中 $\mathbf{V}_i$ 是 $0\sim1$ 的随机数。这里用式(18-10)对速度 $\mathbf{V}_i$ 进行离散化为二进制编码，若 $\mathbf{V}_i=\mathbf{1}$，则粒子位置 $\boldsymbol{X}_i$ 发生改变，相反，当 $\mathbf{V}_i=\mathbf{0}$ 时，粒子将会停留在原来位置。式(18-10)表示速度离散化更新规则

$$\begin{cases} v_i^{t+1}=1, & \text{rand}()\geqslant v_i^{t+1} \\ v_i^{t+1}=0, & \text{rand}()< v_i^{t+1} \end{cases} \tag{18-10}$$

为了确保算法能够全局收敛，用 QDPSO 策略更新速度和位置信息。采用 QDPSO 策略更新粒子，粒子的速度随着位置的改变而发生改变，精确的表达如下：

$$\mathbf{V}_i^{t+1}=w\mathbf{V}_i^t+\eta_1\boldsymbol{X}_{\text{pbest},i}^t+\eta_2\boldsymbol{X}_{\text{gbest}}^t \tag{18-11}$$

$$\boldsymbol{X}_{\text{pbest},i}^t=a\,\mathbf{Pbest}_i^t+b(1-\mathbf{Pbest}_i^t) \tag{18-12}$$

$$\boldsymbol{X}_{\text{gbest},i}^t=a\,\mathbf{Gbest}^t+b(1-\mathbf{Gbest}^t) \tag{18-13}$$

其中，$a(0<a<1)$和 $b(0<b<1)$均是控制粒子位置的参数；η_1 和 η_2 是表示加速度系数的实数；参数 w 是惯性权重，$0<w$；η_1、$\eta_2<1$ 并且 $w+\eta_1+\eta_2=1$；向量 $\mathbf{Pbest}_i$ 表示粒子 i 的当前最好位置，**Gbest** 表示种群中粒子的最好位置。

单个粒子的位置随着速度的改变而更新，若粒子的速度为 1，则粒子将会移动到它的邻居位置，否则，粒子将会保持原有位置，可以表示为

$$\begin{cases} \boldsymbol{X}_i^{t+1}=\boldsymbol{X}_i^t, & \mathbf{V}_i^{t+1}=\mathbf{0} \\ \boldsymbol{X}_i^{t+1}=\mathbf{Nbest}_i^t, & \mathbf{V}_i^{t+1}=\mathbf{1} \end{cases} \tag{18-14}$$

其中，$\mathbf{Nbest}_i^t$ 指的是节点 i 的邻居节点对应适应度最好的位置。

在每次迭代过程中，计算所有粒子对应位置适应度并与 **Pbest** 进行比较。若当前适应度好于 **Pbest**，**Pbest** 将会更新为当前适应度。其次，比较 **Pbest** 和 **Gbest**，当 **Pbest** 适应度好于 **Gbest** 时，**Gbest** 将会更新为 **Pbest**。更新完 **Pbest** 和 **Gbest** 后，根据量子策略，$\boldsymbol{X}_{\text{pbest}}$ 和 $\boldsymbol{X}_{\text{gbest}}$ 可以通过式(18-12)和式(18-13)进行更新。速度 $\mathbf{V}$ 将会用式(18-11)获得，并且通过式(18-10)进行离散化。最终，粒子的位置 $\boldsymbol{X}$ 将会通过式(18-14)更新获得。

惯性权重 w 通过自适应调节全局和局部搜索之间的平衡来提高算法的 QDPSO 收敛性。特别地，当权重 w 较大时，QDM-PSO 算法具有很强的全局搜索能力，相反，当权重 w 变小时，该算法具有较强的局部搜索能力。本章用到非线性递减策略来提高算法的全局搜索能力。惯性权重 w 根据迭代次数的变化而变化

$$w(t)=w_{\max}-\left(\frac{t-1}{T_0-1}\right)^{\lambda}(w_{\max}-w_{\min}) \tag{18-15}$$

其中，T_0 表示总的迭代次数；t 是当前迭代次数；λ 是递减指数。根据实验结果分析，$w_{\max}$ 和 $w_{\min}$ 指最大迭代次数和最小迭代次数对应的惯性权重值，分别等于 0.9 和 0.4。

复杂网络社区结构检测包含有两个冲突目标：最大化社区内节点之间的连接(KKM)和最小化社区间节点的连接。在每次迭代过程中，粒子位置 $\boldsymbol{X}^t$ 种群通过更新产生新的种群 $\boldsymbol{X}^t_{\text{new}}$。通过非支配排序对解集$\{\boldsymbol{X}^t,\boldsymbol{X}^t_{\text{new}}\}$进行等级化排序。为了保持位置种群数量不变，仅选择 N 个解作为新的种群 $\boldsymbol{X}^{t+1}$，其中 N 表示种群个数。算法收敛后，将会得到社区划分解集，其中每个解对应网络的一种划分。采用快速非支配排序，能够获得不同分辨率下的复杂网络社区划分解，并且在 PSO 算法收敛速度较快的情况下保持解的多样性，最终我们选取模块度最大的解对应的社区划分。

18.5 本章小结

针对那些复杂的、梯度信息难以获取的优化问题，现有学习算法容易陷入局部最优解。另外，深度神经网络结构设计也没有一套标准的系统方法，目前主要依赖经验专家的经验知识，比较耗费人工和时间。

启发式算法的优点在于：它仅仅要求待优化的问题是可计算的，此外，它的搜索是整个优化搜索空间，比较容易得到全局最优解。所以，将启发式算法和深度神经网络学习结合起来是比较好的研究点。越来越多的研究人员从事深度神经网络与启发式算法的研究工作，从而开辟了新的深度神经网络研究领域。

参考文献

本章参考文献扫描下方二维码。

第 19 章 进化深度学习

CHAPTER 19

从信息处理的角度来说，深度神经网络是对人脑神经网络进行抽象，它是一种运算模型，由大量的节点相互连接构成，每个节点表示一种特定类型的输出函数。深度神经网络具有良好的自适应性、自组织性和容错性等。尽管深度神经网络学习算法已经有许多种，但这些学习算法都是基于误差函数梯度信息的学习算法。同时，这些算法容易陷入局部最优解。

进化计算实质上是自适应的机器学习方法，它的核心思想是利用进化历史中获得的信息指导搜索或计算。本章重点讲述进化计算如何用于优化深度神经网络的学习。

19.1 进化计算与深度学习

19.1.1 进化计算

人的智能归根结底是从生物进化中得到的，反映在遗传基因中，脑的结构变化也是通过基因的变化一代一代遗传下来，每一种基因产生的生物个体（看成一种结构）对环境有一定的适应性，或叫适应度。杂交和基因突变可能产生对环境适应性强的后代，通过优胜劣汰的自然选择，适合度高的结构被保存下来。因此，从进化的观点来看，结构是适合度的结果。在这种观点启发下，20 世纪 60 年代 Fogel 等提出了进化程序（Evolutional Programming，EP）思想，20 世纪 70 年代 Holland 提出了遗传算法（Genetic Algorithm，GA）。如同神经网络研究一样，经过 20 年的沉寂，到 20 世纪 80 年代后期，由于在经济预测等应用领域获得成功，进化计算成为十分热门的研究课题。

常用的进化计算包括遗传算法、遗传程序（genetic programming）、进化程序、爬山法（即局部搜索）、ANN、决策树的归纳以及模拟退火等。这些不同的方法具有以下共同特点：自适应结构、随机产生的或指定的初始结构、适合度的评测函数或判据、修改结构的操作、每一步中系统的状态即存储器、终止计算的条件、指示结果的方法、控制过程的参数。

上述几种进化计算方法中，只有遗传算法与遗传程序是一组结构同时进化，其他方法是一个结构的进化。最初的遗传算法的自适应结构为定长的二进制字符串而遗传程序的结构是分层的树，表示 LISP 语言中的 S 表达式，即一个解决指定定理的程序。遗传程序的目标是自动生成程序。不同进化计算方法采用不同的结构，实质是不同的问题表示。因为一种表示限制了系统观察世界的窗口，所以一个问题的复杂性取决于它的问题表示。因此，进化计算应从问题表示入手，即选择表示能力强又操作方便的结构。

任何一种传统的科学或工程方法都具有正确性、一致性、可验证性、确定性、次序性及简洁性等特点。进化计算是模拟自然界的进化过程，自然界是靠适应性而不是靠简洁性解决问题，所以常常采用的是间接复杂的方法。与自然进化类似，进化计算一般不提供简洁的求解方法，不采用严格同步控制。

进化计算的主要优点是简单、通用、鲁棒性强和适于并行处理。目前进化计算已广泛用于堆优控制、符号回归、自动生成程序、发现博弈策略、符号和积分微分及许多实际问题求解。它比盲目的搜索效率高得多，又比专门的针对特定问题的算法通用性强，它是一种与问题无关的求解模式。当然，若配合与领域有关的知识，求解效率会明显提高。

以遗传算法为例，简单说明进化计算系列算法的流程，如图 19-1 所示。

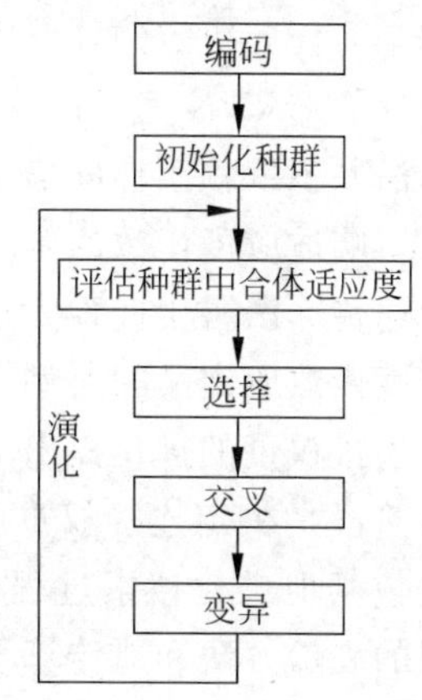

图 19-1　进化计算算法流程图

19.1.2　基于进化计算的深度学习

在进化计算中，随机选择是关键的因素，因此往往具有不确定性，甚至同时支持用不一致的相互矛盾的途径求解。与传统算法最大的不同是计算不是自动终止，往往是人为地限制进化多少代结束，或通过控制进化结果的一致性程度设定终止条件。在进化过程中即使达到了最优解或要求的目标，程序本身并不知道(除非设置一个全局监视器)。许多从事深度神经网络求解优化问题和进化计算的学者都深有体会，常常无法判断自己得到的结果好坏如何。进化计算的这些新特点给我们带来许多新的研究课题。

近年来，关于深度神经网络与进化搜索过程的结合的研究迅速增长。它涉及权重训练、结构设计，学习规则的学习、输入特征选择、遗传强化学习、初始权重选择、ANN 分析等。这里主要讨论可作为一个自适应系统(即能根据环境的不同，无人介入地改变其结构和学习规则的系统)一般构架的进化人工神经网络(Evolutionary ANN，EANN)。

EANN 的主要特点是它对动态环境的自适应性。这种自适应性过程通过进化的三个等级实现，即连接权重、网络结构和学习规则的进化，它们以不同的时间尺度进化，在自适应中也起着不同的作用。最高等级的进化以最慢的时间尺度搜索 EANN 空间，寻找最有希望使 EANN 善于应付环境的区域。最低等级的进化以最快的时间尺度搜索最有希望使 EANN 善于应付环境的区域，以建立一个次最优的 EANN。

1. 连接权重进化

连接权重的进化的目的是通过一个具有固定结构的 EANN 的进化，找到一个连接权重的次最优集。在进化权重训练中，通常使用遗传算法。如果容易得到梯度信息，基于梯度的快速训练算法比进化训练算法有效。一般来说，没有一种算法对所有类型的网络都是有效的。

ANN 中的学习可以大致分为有监督学习、无监督学习和强化学习三种形式。有监督学习通常以误差函数(如目标输出和实际输出之间的总的均方误差)表示。大多数有监督学习(如 BP 算法和共轭梯度算法)都是基于梯度下降搜索。BP 算法在各个领域已有一些成功的应用，然而由于 BP 算法的梯度下降特性，经常陷入误差函数的局部最小值，如果误差函数是多模的和非可微的，寻找全局最小值的效率就很低。

一种克服 BP 算法及其他基于梯度下降搜索算法缺点的方法是把训练过程表示为由结

构和学习任务决定的环境中连接权重的进化。人们可以有效地运用全局搜索过程寻找一个次最优的 EANN 完成连接权重的进化。EANN 的适应度可根据不同的需要定义。由于遗传算法并不依赖于梯度信息进行搜索，适应度函数就不需要是可微的，甚至并不需要是连续的。影响适应度函数的两个重要因素是目标输出和实际输出的误差及 EANN 的复杂程度。因为遗传算法善于搜索大规模的、复杂的、非可微的和多模空间(这样的空间是由误差函数适应度函数所定义的典型空间)，所以 GA 在连接权重的进化方面有很大的潜力。

连接权重的进化提出了另一种训练 EANN 的方法。这种进化方法包括两个主要阶段。第一阶段是决定连接权重的遗传表示，即是否以二进制序列形式表示；第二阶段是由遗传算法或其他进化搜索过程确定进化本身，其中遗传算子必须与表示方法相结合方可确定。不同的表示方法和遗传算子可以产生不同的训练操作。算法 19-1 给出一个典型的连接权重进化的具体过程。

算法 19-1 深度神经网络连接权重进化

解码：初将当前代的个体解码为一个连接取值的集合，并且构造一一对应的 EANN；

计算总均方误差：计算每个 EANN 的实际输出与目标输出的总的均方误差(也可用其他误差函数)，对每个 EANN 进行估计，每个个体的适应度由其误差决定，误差越大，适应度越低。由误差到适应度的最优变换通常是依赖于具体问题；

重组：根据适应度值，给当前代的每一个个体复制子代个体；

交叉(变异)：对每一个由上述得到的子代个体运用遗传算子(如交叉、变异)得到下一代；

终止：若满足某种停止条件，则权重进化过程结束；否则，执行计算总均方误差操作。

2. 网络结构进化

结构设计在很大程度上仍是专家们的工作。它严重地依赖专家的经验，目前还没有系统的自动设计方法可以一次得到最优结构。构造和破坏算法的研究正向着自动结构设计方向发展。构造算法从一个最小网络开始，如果训练过程需要，再增加新层、节点和连接。破坏算法则是做相反的工作，即从一个最大网络开始，在训练过程中删除不必要的层、节点和连接。

EANN 最优结构设计可以用结构空间中的一个点表示(结构空间中的一个点代表一个结构)。给定一个关于结构操作最优性准则(如最快学习、最低复杂度等)，所有级结构的操作构成了空间中的一个曲面。最佳结构设计等价于寻找这个曲面的最高点。基于 GA 的进化算法与上述构造和破坏算法相比有如下特点。

(1) 由于可能的节点和连接是无限的，平面是无限大的。

(2) 由于节点和连接的变化是离散的，对 EANN 的特性产生不连续效应，因而曲面是非可微的。

(3) 由于由结构到其特征的变换是非直接的，且强烈地依赖所使用的估值方法，因而平面是复杂有噪的。

(4) 由于相同的结构会有很不相同的特性，曲面的可靠性较差。

(5) 由于不同的结构可能有相同的特性，平面是多模的。

与连接权重的进化相同，结构进化包括两个阶段：结构的遗传表示和进化本身。这里的关键问题是有多少关于结构的信息应当编码，并用遗传表示。一个极端是所有的细节(即结构的每一个连接和节点)都由遗传表示，即用多个二进制位表示，这种表示方法称为直接编码方法。另一种极端是只把重要的结构参数(如隐藏层的个数、每个隐藏层的隐节点数)进行编码,而其他有关结构的细节留给训练过程去决定,这种方法称为非直接编码方法。在表示完成后,结构的进化可根据算法19-2的循环过程进行。

算法 19-2 深度神经网络结构进化

解码:把当前代的个体解码成为一个结构,如果使用非直接编码方法,用发展规则或训练过程指明结构的细节。

结构训练:从不同的随机初始权重集(如果有的话)和学习规则参数开始,用一个预先定义的学习规则(学习规则的一些参数可以在训练中学习得到)对每个解码后的EANN结构进行训练。

定义(计算)适应度:根据上述训练结构和其他操作准则(如结构复杂度)定义每个个体(解码后的结构)的适应度。

重组:根据其适应度给当前代的每个个体复制多个子代个体。

遗传算子操作:对由上述方法产生的子代运用遗传算子得到下一代。

3. 学习规则进化

训练算法对不同结构具有不同的性能。训练算法的设计用于调整连接权重的学习规则的设计。根据所研究的结构类型,提出了Hebb学习规则的各种不同形式,用以处理不同的结构。然而正像实际中经常出现的,当几乎没有关于结构的先验知识时,设计变得很难。人们想发展一种自动的和系统的方法,使学习规则能自适应结构和手头的任务。由于专家设计的学习规则通常包括一些关于EANN结构和由EANN完成的任务的假设,这些假设并不必为真。实际上,人们需要从EANN得到的是根据其所要完成的任务和内部环境(如结构)自适应地调整其学习规则的能力。换言之,一个EANN应能自己学习其学习规则,而不是由专家设计它。由于进化是自适应的最基本形式之一,为了学习学习规则,将学习规则的进化引入EANN也是自然的。

进化和学习之间的关系极其复杂,人们提出了各种模型,但大多数都是关于学习如何指导进化的及结构进化和连接权重进化的关系的研究,关于学习规则的进化才刚刚引起人们的注意,但其重要性不仅在于提供一种自动优化学习规则的方法和给学习与进化之间的关系建模。而且,由于进化的学习规则能处理复杂的动态环境,这样也可给生物系统中的创造过程建模。算法19-3给出了一个典型的学习规则的进化的循环过程。

算法 19-3 深度神经网络学习规则进化

解码:对当前代的每一个个体进行解码而进入学习规则;

结构训练:从对用随机产生的结构(或在某些情况下预先定义的结构)和一个初始权重,用已解码的学习规则进行训练;

定义(计算)适应度:根据上述训练结果和其他准则,计算每个个体(已编码的学习规则)的适应度;

重组:根据其适应度给当前代的每个个体产生多个子代个体;

遗传算子操作:对由上述过程产生的子代个体运用遗传算子,获得新一代。

19.2 收敛性分析

19.2.1 基于压缩映射的收敛性分析

【定义19.1】 设X是一个非空集合。若d是一个$X\times X$到R的映射,并且对于$\forall x,y$,

$z \in X$ 满足：

(1) $d(x,y) \geqslant 0$，并且 $d(x,y)=0$ 当且仅当 $x=y$；

(2) $d(x,y)=d(y,x)$；

(3) $d(x,y) \leqslant d(x,z)+d(y,z)$。

则称 d 为 X 上的度量(或称为距离函数)，称 (X,d) 为度量空间。

【定理 19.1】 在度量空间 (X,d) 中，

(1) 对于 $\forall x,y,z \in X$，有 $|d(x,z)-d(y,z)| \leqslant d(x,y)$；

(2) 对于 $\forall x,y,x_1,y_1 \in X$，有 $|d(x,y)-d(x_1,y_1)| \leqslant d(x,x_1)+d(y,y_1)$。

【定义 19.2】 设 (X,d) 为度量空间，$\{x_n\}$ 是 (X,d) 中的序列。若存在正整数 N，使得对一切 $n>N$，有 $d(x_n,x)<\varepsilon$，则称序列 $\{x_n\}$ 在 (X,d) 中收敛于 x，x 称为 $\{x_n\}$ 的极限，记为 $x_n \to x$。

【定义 19.3】 设 (X,d) 为度量空间，$\{x_n\}$ 是 (X,d) 中的序列。若对于 $\forall \varepsilon>0$，存在正整数 (X,d)，使得对一切 $m,n>N$，有 $d(x_m,x_n)<\varepsilon$，则称序列 $\{x_n\}$ 是 (X,d) 中的 Cauchy 序列。若 (X,d) 中的每一个 Cauchy 序列都收敛，则称 (X,d) 为完备度量空间。

【定义 19.4】 设 (X,d) 为度量空间，对于映射 $f: X \to X$，$\exists \varepsilon \in [0,1]$，使得对于 $\forall x,y \in X$ 满足：

$$d(f(x),f(y)) \leqslant \in d(x,y) \tag{19-1}$$

则称 f 为压缩映射。

【定理 19.2】 Banach 压缩映射定理：设 (X,d) 为完备度量空间，$f: X \to X$ 为一压缩映射，则 f 有且仅有一个不动点 $x^* \in X$，并且对于 $\forall x_0 \in X$ 满足

$$x^* = \lim_{k \to \infty} f^k(x_0) \tag{19-2}$$

其中 $f^0(x_0)=x_0, f^{k+1}(x_0)=f(f^k(x_0))$。

进化算法是一个迭代过程，若用 X 表示所有可能出现的种群的集合，记 t 时刻的种群为 x_t，将进化操作设为映射 $f: X \to X$，则进化算法过程可表示为 $x_{k+1}=f(x_k)$。若存在一个点 $x^* \in X$，使得 $x^*=f(x^*)$，则进化算法收敛于 x^*。

19.2.2 基于熵方法的收敛性分析

进化算法的收敛性是研究进化计算的重要步骤。基于马尔可夫链的证明依赖转移矩阵及特征值的描述，计算过程烦琐。喻寿益和邝溯琼提出可以利用鞅方法分析进化计算的收敛性。将鞅方法取代传统的马尔可夫链理论，简化证明过程。

首先，将进化搜索算法的演化过程转化成最大适应值函数变化过程 $\{\hat{f}(X_n)\}$ 构成马尔可夫序列。一个种群如果在第 n 代的最佳个体适应值达到全局最优解对应的适应值 f^*，记为 $\{\hat{f}(X_n)\}=f^*$，则第 n 代以后的任何一代种群的最佳个体的适应值都会达到最大适应值 f^*。因此马尔可夫序列 $\{\hat{f}(X_n)\}$ 构成下鞅，基于下鞅的性质和下鞅收敛定理，将进化搜索的收敛性研究转化为研究 $\{\hat{f}(X_n)\}$ 的收敛性。以下给出 3 个定理，定理 19.3 证明了马尔可夫序列 $\{\hat{f}(X_n)\}$ 满足下鞅定义条件；定理 19.4 基于鞅理论证明进化搜索算法是全局收敛的；定理 19.5 构造了满足下鞅收敛的条件，推导出进化搜索几乎处处收敛于优化问题

的最优解。

【定理 19.3】 描述进化搜索算法的最大适应值函数过程$\{\hat{f}(X_n)\}$是非负有界下鞅，即

$$E\{\hat{f}(\boldsymbol{X}_{n+1}) \mid \boldsymbol{X}_n\} \geqslant \hat{f}(X_n) \tag{19-3}$$

证明：由于进化搜索将上一代种群的最大适应值个体保留到下一代，且不参与遗传操作，最佳个体模式未被破坏，因此下一代种群的最大适应值不会小于上一代种群的最大适应值：

$$E\{\hat{f}(X_{n+1}) \mid X_n\} \geqslant \hat{f}(X_n) > 0 \tag{19-4}$$

因此，描述进化搜索的最大适应值函数过程$\{\hat{f}(X_n)\}$是非负有界下鞅。

【定理 19.4】 进化搜索依概率收敛到全局最优解。

证明：种群 X 演化到第 n 代的最大适应值记为 $\hat{f}(X_n)$，全局最优解的适应值记为 f^*，假设进化搜索演化到第 n 代收敛到全局最优解，即有 $\hat{f}(X_n)=f^*$。根据定理 19.3，得

$$E\{\hat{f}(X_{n+1}) \mid X_n\} = f^* \tag{19-5}$$

遗传操作过程可用转移概率描述。

(1) 交叉算子。对于单点交叉，母本 i 和 j 产生个体 k 的概率记为

$$P_C^n(i \times j, k) = \begin{cases} \dfrac{|k| p_c}{L}, & k \neq i, j \\ (1-p_c) + \dfrac{|k| p_c}{L}, & k = i \end{cases} \tag{19-6}$$

其中，$|k|$为 i 和 j 杂交生成个体 k 的个数；p_c 为交叉概率；L 为基因长度。交叉后获得的个体是母本的第一个个体的最小概率为

$$a = 1 - p_c + p_c/L \tag{19-7}$$

(2) 变异算子。对于某个参数序列的基本位变异，由 V_n 转移到 X_{n+1} 的概率为

$$P_M^n(i,j) = p_m^{d(i,j)}(1-p_m)^{L-d(i,j)} \tag{19-8}$$

其中，p_m 为变异概率；$d(i,j)$为个体 i 和 j 之间的海明距离。变异后使个体保持不变，即变异前后个体的海明距离为 0，其最小概率为

$$b = (1-p_m)^L \tag{19-9}$$

(3) 选择算子。进化搜索的选择算子采用了保留精英的策略，将种群规模扩展到 $m+1$，且将每代种群中的最好个体置于种群的第一个，并保留这个个体到下一代，不参加竞争。进化搜索选择下一代种群中第一个个体的概率为

$$P_S^{n^*}(x,i) = \frac{|x|}{|B(X_n)|}, \quad x \in B(X_n) \tag{19-10}$$

其中，$|x|$表示种群 X_n 中个体 x 的数目；$|B(X_n)|$表示 X_n 的最优解集 $B(X_n)$的基数。选择其他 m 个个体仍然按照比例选择方式，概率为

$$P_S^n(x,i) = \frac{\sigma_n(f(x_i))}{\sum_{k=1}^{m} \sigma_n(f(x_i))} \tag{19-11}$$

其中，σ_n 为某个严格单调递增的尺度函数。

由条件期望的定义知

$$
\begin{aligned}
E\{\hat{f}(X_{n+1}) \mid X_n\} &= \sum_{i,j\in x} P_C^n(i\times j,y)\sum_{i=1} P_M^n(y,v)\sum_k P_S^n(v,k)f(k) \\
&\geqslant \sum_{i=x}^{n} P_c^n(i\times j,i)\sum_v P_M^n(y,v)\sum_k P_S^n(v,k)\hat{f}(k) \\
&\geqslant a\sum_v P_M^n(y,v)\sum_k P_S^n(v,k)\hat{f}(k) \\
&\geqslant a\sum_v P_M^n(y,y)\sum_k P_S^n(v,k)\hat{f}(k) \\
&\geqslant ab^m\Big\{\sum_{k\in B(X_n)}[P_s^n(v,k)-P_s^{n^*}(v,k)]f(k)+\sum_{k\in B(X_n)}P_s^{n^*}(v,k)f(k)
\end{aligned}
\tag{19-12}
$$

对于进化搜索，当 $k\notin B(X_n)$时，$P_s^{n^*}(v,k)=0$，而当 $k\in B(X_n)$时，$\hat{f}(k)=f^*$，则式(19-12)可化简为

$$
E\{\hat{f}(x_{n+1}) \mid X_n\}\geqslant ab^m\sum_{k\in B(X_n)}^{m} P_s^n(v,k)\hat{f}(k)+f^*\geqslant ab^m f^* \tag{19-13}
$$

由以上推导得 $ab^m f^*\leqslant f^*$，因为 $f^*>0$，即 $ab^m\leqslant 1$。由式(19-12)和式(19-13)可知 $ab^m\leqslant 1$ 恒成立，即进化搜索一定收敛到全局最优解。

【定理 19.5】 $\forall n\geqslant 1$，若满足以下三个条件

$$
E[\hat{f}(X_1)]<\infty,\quad f^*<\infty \tag{19-14}
$$

$$
E\{\hat{f}(X_n) \mid X_{n-1}\}=\hat{f}(X_{n-1})+c_{n-1}f^* \tag{19-15}
$$

$$
c_n\in[0,1],\quad \lim_{n\to\infty}\sum_{i=n-1}^{\infty}c_k=1-\frac{\hat{f}(X_1)}{f^*} \tag{19-16}
$$

则随机序列 $\hat{f}(X_n)\xrightarrow{a,s}f^*$。

证明：对式(19-15)两边同时取数学期望得

$$
\begin{aligned}
E[\hat{f}(X_n)]&=E[\hat{f}(X_{n-1})]+c_{n-1}f^*=E(\hat{f}(X_{n-2})]+c_{n-1}f^*+c_{n-2}f^*=\cdots \\
&=E[\hat{f}(X_1)]+f^*\sum_{k=0}^{n-1}c_k
\end{aligned}
\tag{19-17}
$$

由式(19-14)和式(19-17)知 $E[\hat{f}(X_n)]<E[\hat{f}(X_1)]+f^*<\infty$，则

$$
\sup_n E[\hat{f}(x_n)]<\sup_n E[\hat{f}(x_1)]+\sup_n f^*<\infty
$$

又因为 $\hat{f}(x_n)$是一个下鞅序列，由下鞅收数定理知

$$
\hat{f}(X_n)\xrightarrow{a,s}\hat{f}(X_\infty)=\lim_{n\to\infty}\hat{f}(X_n)
$$

而

$$
\lim_{n\to\infty}E[\hat{f}(X_n)]=\lim_{n\to\infty}E[\hat{f}(X_1)]+f^*\lim_{n\to\infty}\sum_{k=0}^{n-1}c_k n=E[\hat{f}(X_1)]+f^*\left(1-\frac{\hat{f}(X_1)}{f^*}\right)=f^* \tag{19-18}
$$

所以 $\hat{f}(X_n)\xrightarrow{a,s}f^*$。

19.3 网络结构优化

19.3.1 神经网络结构搜索

深度神经网络在各个领域大放异彩,是深度学习的重要基石。目前,深度网络已经在很多领域中取得了巨大成功,包括图像分类、自然语言处理、语音识别等。深度神经网络与传统方法的手工设计特征不同,它可以利用神经网络自动学习有用的特征。深度神经网络抛弃了特征对人工设计的依赖,可以直接从原始数据中学习有意义的特征,几乎不需要任何明确的特征工程。深度神经网络的出现使得在图像、语音等任务上的研究取得了巨大的突破和进展。一般来说,深度神经网络的网络结构和相关的权重决定其性能的好坏。只有当两者同时达到最佳状态时,才能认为深度神经网络的性能是优秀的。最佳权重通常是通过学习过程获得的。但获得最优架构不能直接用连续函数来表述,甚至没有一个明确的函数来衡量寻找最优架构的过程。

由于深度神经网络的架构对其性能有着很大程度的影响,因此深度学习的大量研究工作一直致力于设计新颖的架构,例如 VGG、ResNet 和 DenseNet 网络结构等。这些优秀的深度神经网络模型架构都是由在神经网络和图像领域拥有广泛专业知识的人类专家手动设计的。但是,这些优秀的网络架构通常是经过大量的专业知识与反复试验尝试,加上人工设计而成的。往往需要花费大量的时间和精力,因而限制了神经网络的发展。并且,如果缺乏专业知识,不易设计出好的神经网络架构。除此之外,深度神经网络架构通常依赖具体问题。如果待解决问题的数据的分布发生变化,则必须相应地重新设计架构。

在此背景下,神经网络架构搜索(Neural Architecture Search,NAS)算法应运而生。NAS算法是一种可以自动设计架构的技术,可以避免人工反复尝试设计,可以根据算法设计出高性能的网络结构。搜索出的神经网络架构在性能上可以与最先进的 ANN 结构相比。还可以根据任务的需求有目的地设计生成网络结构的方法,从而有效降低神经网络的计算量和实现成本。NAS 算法被认为是解决上述挑战的一种有前途的方法。在数学上,NAS算法可以看作一个目标优化问题,通过下面方程制定的优化问题建模

$$\begin{cases}\underset{A}{\operatorname{argmin}}=\mathcal{L}(A,\mathcal{D}_{\text{train}},\mathcal{D}_{\text{fitness}})\\ \text{s.t}\ A\in\mathcal{A}\end{cases}\tag{19-19}$$

其中,A 表示潜在神经架构的搜索空间;$L(\cdot)$衡量架构 A 在训练数据集$\mathcal{D}_{\text{train}}$上训练后在适应度评估数据集$\mathcal{D}_{\text{fitness}}$上的性能,$L(\cdot)$通常是非凸的和不可微的。

理论上,NAS算法是一个复杂的优化问题,面临如复杂约束、离散表示、双层结构、特征计算成本高和多个标准相互冲突等挑战。通常设计 NAS 算法是在某一个给定的搜索空间中,利用搜索策略逐步搜索神经网络结构并对其进行性能判别,再用某种选择策略从中搜索出最优网络结构。

根据采用的搜索策略,现有的NAS算法可以大致分为三类:基于强化学习的 NAS 算法、基于梯度的 NAS 算法以及基于进化计算的 NAS 算法(ENAS)。

(1) 基于强化学习的 NAS 算法发现神经网络的结构可以用一个变长字符串来描述,则

可以使用 RNN 作为控制器生成字符串，然后使用强化学习算法优化控制器，通过这种方法得到最终最优的网络架构。

(2) 基于梯度的算法需要事先构建一个超级网，这也需要高度的专业知识。

(3) ENAS 算法利用进化计算解决 NAS 问题。由于进化计算方法具有对局部最小值不敏感和不需要梯度信息的特点，进化计算已广泛用于解决复杂的非凸优化问题，即使在目标函数的数学形式不存在的情况下。

一个完整的 NAS 框架由搜索空间、搜索策略、性能估计策略组成。搜索空间定义了网络的基本框架空间。神经网络结构将在搜索空间搜索生成。搜索策略说明了算法是如何探索搜索空间。性能估计指的是估计搜索出个体的性能，常常作为评判个体好坏的标准。最简单的选择是在数据上对架构进行标准的训练和验证，但不幸的是，这在计算上是昂贵的，并且限制了可以探索的架构的数量。总而言之，NAS 算法是在某个给定的搜索空间中，利用搜索策略逐步搜索神经网络结构并对其进行性能判别，再用某种选择策略从中搜索出最优网络结构。下面将介绍进化 NAS 在实际中的一些具体应用。

19.3.2 基于单目标进化的神经网络架构搜索

单目标进化 NAS 是架构搜索中最常见的一种搜索方式。一般以性能为评价指标，旨在搜索出性能最佳的神经网络架构

$$\underset{\text{Models}}{\operatorname{argmin}} = \text{Fitness}(\text{Models}, \mathcal{D}_{\text{train}}, \mathcal{D}_{\text{fitness}}) \tag{19-20}$$

基于单目标的 NAS 采用进化算法搜索神经网络架构，为了有效地遍历庞大的搜索空间，首先要对神经架构进行编码，即用一个固定长度的二进制字符串表示每个网络结构，并通过生成一组随机个体初始化进化算法。

在每一代中，需要定义一些进化操作(例如选择、变异和交叉)消除弱势个体，然后选择和产生更具竞争力的个体。每个个体的竞争力被定义为其识别准确率。再通过选择机制，一代一代迭代，逐渐优胜劣汰，淘汰不好的个体，搜索出最优个体。

在 Google 发表的文章 *Large-Scale Evolution of Image Classifiers* 中，引入进化算法解决 NAS 问题。如图 19-2 所示，文章中用有向图表示神经网络架构的基因编码，将神经网络架构引入进化学习中。把神经网络的结构用图形式来编码，将张量输入操作中，并在进化过程中不断完善对张量输入的操作过程。这些操作符的编码在进化过程中都可以进行变异、交叉等操作。

将进化概念与神经架构对应，可以使进化计算与 NAS 结合起来。两者映射定义如下：种群指的是模型集合；个体指的是训练完的单个模型；适应值指的是模型在测试集上的准确率；工作者指的是每次从种群中选取两个个体进行适应值计算；消灭指的是将工作者挑选的个体中，适应值低的去掉；繁殖指的是将工作者挑选的个体中，适应值高的作为父代，拷贝并进行变异得到子代，将子代放回种群中。通过这样的定义可以将搜索过程与进化过程合并起来。

算法通过维护结构的种群，从种群中挑选结构训练并评估，留下高性能网络而淘汰低性能网络。接下来通过预设定的结构变异操作形成新的候选，通过训练和评估后加入种群中，迭代该过程直到满足终止条件(如达到最大迭代次数或变异后的网络性能不再上升)。

同时，考虑到算法运行时间，算法还用于权重继承策略。如果让每个网络都收敛需要大

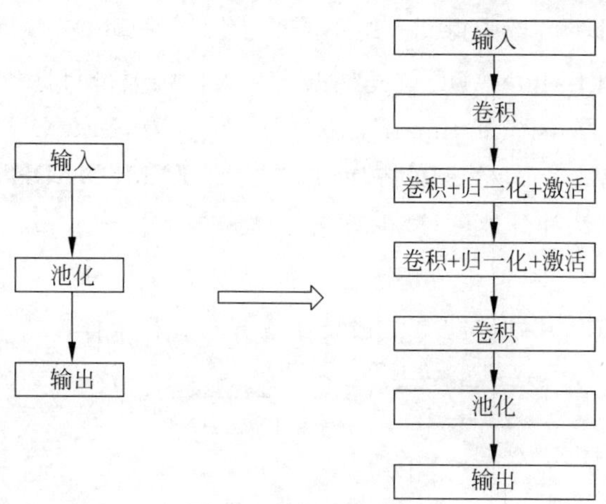

图 19-2　架构有向图进化

量的运行时间和算力，因此，新个体允许继承父母的权重，接着对其进行变异操作，通过变异操作后，新个体的权重将完全或是部分等于父母（结构相同下）的权重。计算量大也是进化神经网络架构始终存在的难点。

后续的研究人员在其基础上，做了很多优化，以提高算法搜索能力和搜索速度，提高搜索出模型的性能等。这使得单目标进化 NAS 算法不断完善。

19.3.3　基于多目标进化的 NAS

只用神经网络精度作为评判标准，过于单一，且不够全面。在实际部署中，由于硬件设备等客观环境的限制，计算量、功耗、模型大小等目标也应该考虑在优化过程中。

多目标进化思想的引进使 NAS 算法更加完善。假设有 n 个待优化目标。对于任意输入 x，就会有一组目标值$[f_1(x), f_2(x), \cdots, f_n(x)]$。这时候 NAS 的任务就是找到使该组目标值同时达到最小的输入 x

$$x = \text{argmin}[f_1(x), f_2(x), \cdots, f_n(x)] \tag{19-21}$$

具有代表性的 LEMONADE 算法是一种用于多目标架构搜索的进化算法，它允许在单次运行该方法时在多个目标（例如预测性能和参数数量）下逼近整个架构的最优前沿。

LEMONADE 算法为了降低计算开销，提高搜索速度，将待优化目标按搜索成本分为廉价和昂贵两类。因为获取神经网络模型参数（如参数量）只需要简单计算，而获取精度代价大，往往需要将网络训练至收敛，然后在验证集中测试模型精度，所以模型参数等性能被认为是廉价的，而验证精度被认为是昂贵的。

LEMONADE 将模型参数等也考虑到优化中，并将目标函数分为廉价和昂贵两类，分别进行计算，LEMONADE 算法的目标函数为

$$f(N) = (f_{\text{exp}}(N), f_{\text{cheap}}(N))^{\text{T}} \in \mathbb{R}^m \times \mathbb{R}^n \tag{19-22}$$

具体操作如下：在每次迭代中，首先根据基于廉价目标的概率分布对父代网络结构进行第一次采样，然后通过应用操作符生成新的子网络。在第二个采样阶段，再次基于廉价目标的概率分布对一个子集进行采样，并且仅对此子集根据昂贵目标进行评估。

在整个算法流程中，LEMONADE 算法利用 $f_{\text{cheap}}(N)$的评估成本低廉，以便将两个采样过程偏向 $f_{\text{cheap}}(N)$种群稀少的区域。因此，LEMONADE 算法多次评估 $f_{\text{cheap}}(N)$，最

终在目标空间的种群稀少区域中得到一组不同的子代，但只评估 $f_{\exp}(N)$几次，这样会减少计算量。更具体地说，LEMONADE 首先根据当前入口的廉价目标值 $f_{\text{cheap}}(N)\in\mathbb{R}^n$ 计算核密度估计器(Kernel Density Estimation，KDE)。请注意，LEMONADE 算法明确地只计算关于 $f_{\text{cheap}}(N)$而不是 f 的核密度估计，这将允许 LEMONADE 算法非常快速地评估 $P_{\text{KDE}(f_{\text{cheap}}(N))}$。加快算法计算速度，减少算法计算成本。

然后，通过应用网络运算符生成更大数量的提议子节点 $\boldsymbol{N}_{pc}^c=\{N_1^c,N_2^c,\cdots,N_{n_{pc}}^c\}$，其中每个子节点的父节点 N 根据与 P_{KDE} 成反比的分布进行采样

$$p_{\rho}(N)=\frac{c}{p_{\text{KDE}(f_{\text{cheap}}(N))}} \tag{19-23}$$

其中，

$$c=\left(\sum_{N\in\mathcal{P}}\frac{1}{p_{\text{KDE}}(f_{\text{cheap}}(N))}\right)^{-1}$$

由于子代与它们的父代有相似的目标值(网络态射不会彻底改变架构)，父代的这种抽样分布更有可能在 $f_{\text{cheap}}(N)$的密度较低的区域产生子代。之后，LEMONADE 算法再次使用 P_{KDE} 对一个子集进行抽样 n_{ac}，子代被录取的概率是

$$p_{\text{child}}(N^c)=\frac{\hat{c}}{p_{\text{KDE}(f_{\text{cheap}}(N^c))}}$$

其中，$\hat{c}$ 是归一化参数。只有这些被接受的子代才会根据 $f_{\exp}(N)$进行评估。通过这种两阶段抽样策略，生成并评估了更多有可能填补 f 中的空白的子代区域。

本节描述的 LEMONADE 算法的工作通过赋予每个待优化项一个权重，相加求和得到一个待优化的标量，从而将多目标优化问题转化为单目标优化问题。除此之外，还可以利用具有非支配排序的遗传算法实现网络优化。这些方法根据帕累托优势排序将种群划分为一个亚种群层次。通过精英选择准则利用这个顺序来指导进化过程，并发现不同的帕累托最优结构，搜索到最优解。

目前进化 NAS 方法已经取得了一些成功，但仍然面临着挑战和问题。除了稳定和可靠的搜索能力，如何减少算法对大量时间和计算资源的需求，仍是效率的一个巨大障碍。尽管进化 NAS 在设计高性能神经网络架构方面具有竞争力，但其搜索能力仍有待在更大的数据集和实际问题上进行检验。还缺少一个复杂的实验来判断进化的搜索策略的有效性。特别是在大的编码空间中，需要将进化 NAS 方法扩展到除架构准确性之外的属性，例如鲁棒性和可解释性。总而言之，进化 NAS 刚刚开始一个新的时代，还有很多未知的领域需要探索。

19.4 网络权重优化

19.4.1 梯度反向传播的局限性

广义上有两种用于训练神经网络的方法——梯度和无梯度，这两种方法在对神经网络进行优化时并不相同。由于基于梯度的方法具有快速收敛性，大多数神经网络使用基于梯度的方法及其相关改进方法对神经网络模型进行参数 θ 的优化。梯度下降法是反向传播优化中最通用的算法，在计算过程中沿梯度下降的方向求解极小值，也可以沿梯度上升方向求

解最大值。设模型参数为 θ，损失函数为 $J(\theta)$，损失函数 $J(\theta)$ 为 θ 的偏导数，学习率为 α。那么梯度为 $\nabla_\theta J(\theta)$，则使用梯度下降法更新参数为

$$\theta_{t+1}=\theta_t-\alpha\nabla_\theta J(\theta) \tag{19-24}$$

尽管基于梯度的反向传播算法在神经网络优化中被广泛应用，但其仍存在一些缺点。

(1) 从数学的角度看，基于梯度的方法很容易陷入局部最优点和鞍点。只有当动量、初始权重等其他超参数合适时才可以摆脱局部最小值。并且，网络误差存在多个局部极小点，算法也无法描述所寻找到的下一个点是否更好。

(2) 基于梯度的方法计算梯度时需要可导。实际生活中有很多问题的误差函数并不可微，因此，基于梯度的反向传播方法不能处理此类问题。

(3) BP 算法缺乏生物学的理论依据。在人的大脑中，误差的反向传播是不可能实现的。

同时，无梯度进化算法(gradient-free evolutionary algorithms)也被广泛应用。它们代表了另一类所谓的黑盒优化技术，旨在找到全局最优解，这些技术非常适合于一些复杂的、不可微的、非线性、非凸或非光滑的优化问题。在处理问题时避免了反向传播的缩放问题。因为遗传算法通常不受局部极小值的影响；并且通常会单调地改进当前的最佳候选对象，在寻找更好的候选解时，会把当前最优秀的个体作为群体的一部分。Felipe Petroski Such 等引入 GA 高效分布式训练深度神经网络，应对具有挑战性的强化学习任务，部分原因是发现神经进化不太可能陷入局部最小值。此外，利用遗传算法可以优化神经网络的初始权重，使初始权重跳出局部极值，加快 BP 网络的收敛速度，提高网络的收敛精度。

19.4.2 基于进化算法的神经网络权重优化

与基于梯度的方法相比，遗传算法具有很好的探索能力和对局部最优的不敏感的特性。因此，自 20 世纪 80 年代以来，许多进化优化方法都被用于优化神经网络权重中，即将训练过程表述为环境中连接权重的演化，该环境由架构和学习任务决定。

有学者将基于进化算法的神经网络权重优化概括为两个主要阶段。第一个阶段是确定连接权重的编码表示，如二进制、实数编码序列。第二个阶段是对进化优化方案的设计，如选择不同的交叉和变异等搜索操作。具体来讲整个过程主要分为以下四个步骤。

(1) 染色体编码与解码：将每个个体(基因型)解码为一组连接权重，并用这些权重构造一个对应的网络。在此过程中，通常神经网络中的权重(和偏差)被编码为实数或二进制数序列，如图 19-3 和图 19-4 所示。利用二进制编码比利用实数编码更加简单和实用，但往往需要对表示的位数进行限制，如果位数过长则运算效率大幅下降，如果位数过短则可能导致训练失败。

(2) 评估：通过设计对应的适应度函数来评估每个网络。通常计算网络输出和输出之间的误差来进行评估。

(3) 繁殖：借助自然遗传学的遗传算子对父代进行组合交叉和变异，产生新解集的种群。在利用实数编码时，交叉、变异过程中不能直接使用传统操作算子，因此，利用实数编码时需设计特殊的操作算子。例如，David J. Montana 等提出了如图 19-5 所示的变异、交叉和梯度三类算子，这三类算子又具体分为了 8 种不同的操作算子。

(4) 自然选择：根据适应度进行排序，以产生后代，形成下一代。

当适应度大于预定义值或种群已经收敛时，进化停止。

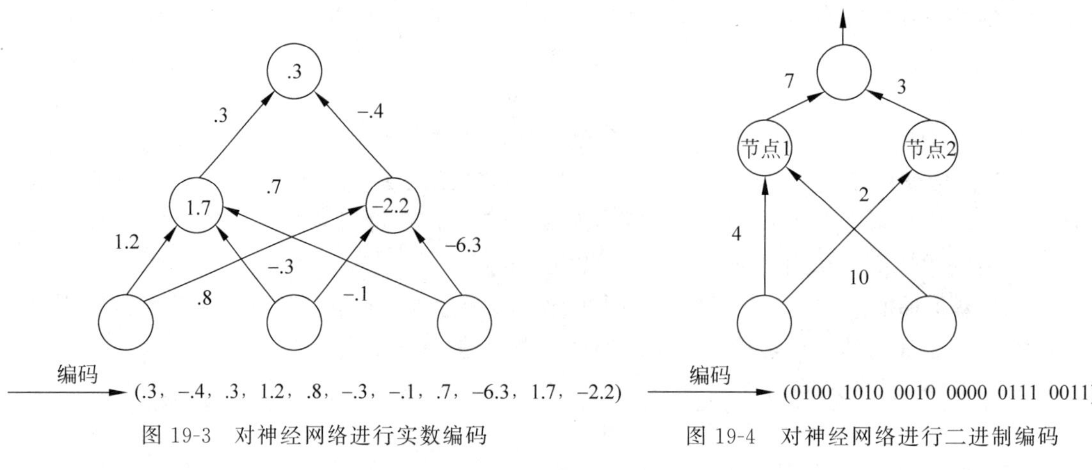

图 19-3　对神经网络进行实数编码

图 19-4　对神经网络进行二进制编码

变异 → (.3，−.4，1.2，.8，−.3，−.1，.7，−6.3)
(.3，−.4，1.2，−2.2，−.3，−.1，1.2，−6.3)

(.3，−.4，1.2，.8，−.3，−.1，.7，−6.3)
(−.7，−.9，1.3，.4，1.8，2.1，−.2，−1.2)
交叉 → (−.7，−.4，1.3，.4，1.8，2.1，.7，−6.3)

(.3，−.4，1.2，.8，−.3，−.1，.7，−6.3)
梯度 → (.4，−.2，1.2，.7，0，−.2，.5，−6.6)

图 19-5　算子操作示例

近年来，许多研究者也对基于进化算法的神经网络权重优化进行了改进与拓展。Montana 和 Davis 通过一种定制的遗传算法训练了共有 126 个权重的 FNN，经过验证，该算法优于基于梯度的方法。在 Felipe Petroski Such 的工作中，利用固定长度编码种群的遗传算法演化 CNN 的权重，成功进化出了具有超过 400 万个自由参数的网络。Alejandro Martín 等提出了 EvoDeep 方法优化网络的参数和结构。进化方法也可用于训练循环神经网络、高阶神经网络、模糊神经网络等。除此以外，有大量的学者将进化与梯度的方法结合起来对神经网络权重进行优化。

19.4.3　基于进化与反向传播结合的权重优化

SGD 在大规模神经网络的训练中，基于进化的方法都遇到了困难。大多数方法都是通过减少搜索空间解决维数问题，然而这样会增加陷入局部最优的概率。因此，有不少学者将梯度与进化的方法结合实现优化。

有学者认为，SGD 根据目标函数的梯度或曲率信息对其进行优化，而进化算法更适合处理复杂、并行的问题。为了更进一步将两者的优点相结合，提出的 ESGD 将 SGD 嵌套在进化算法中。其中，进化步骤产生一系列权重种群个体；SGD 步骤可以解释为一种共同进化机制，在这种机制下，不同优化器下的个体独立进化；最后在进化步骤中相互作用，并选择出下一代种群。Gong 提出利用协同进化与反向传播结合框架：BPCC，避免了反向传播陷入局部最优的缺点。在 BPCC 中,反向梯度传播算法会间歇性地执行多个训练期。在每个反向梯度传播算法的训练阶段结束后,如果反向梯度传播算法的效率下降,则协同进化会介入执行,帮助反向梯度传播脱离局部最优。

大多数进化方法在微调的局部搜索中效率相当低。因此,Shangshang Yang 等提出了基于梯度引导进化优化的方法对神经网络权重进行优化。主要针对传统算子 SBX 进行改进,设计出了基于梯度的遗传算子 g-SBX,旨在利用梯度信息引导遗传算子在期望的方向上产生后代解。这样既提高了运算效率,又降低了陷入局部最优解的概率。Lee 等也利用遗传算法搜索一组接近最优的初始连接权重,然后利用反向传播算法对其进行局部搜索,避免陷入局部最优。

在过去的几十年中,已经开发了许多用于训练深度神经网络的优化方法,其中大多数方法根据梯度信息优化权重。但基于梯度的方法很容易陷入局部最优点和鞍点,计算梯度时需要可导,并且缺乏生物学的理论依据。而进化算法具有全局最优、并行处理等特点,可用于训练神经网络。然而基于进化算法的方法在处理大规模神经网络问题时仍存在一些限制,因此,有不少学者将梯度与进化的方法相结合,将两者的优势互补,进行网络权重的优化。

19.5 学习规则优化

神经网络优化算法对不同的网络结构得到不同的性能。神经网络优化算法的设计以及用于调整连接权重的学习规则的设计,依赖于所研究的网络结构类型。人们提出 Hebb 学习规则的各种不同形式,用于处理不同的结构。然而当几乎没有关于结构的先验知识时,对网络规则的设计就会变得很难。因此,如何自动设计学习规则,使其能自适应结构和手头的任务?

人们需要从网络学习规则中得到的是根据其所要完成的任务和内部环境(如结构)自适应地调整其学习规则的能力。由于进化算法可以在没有先验知识的情况下较好的进行自适应搜索,因此利用进化算法进行神经网络规则学习也引起了广泛的关注。并且,神经网络可以通过平滑适应环境来增强进化学习,这种反馈称为鲍德温效应,网络进行规则学习可以应对更广泛的环境。

进化和学习之间的关系极其复杂,学习规则的进化的重要性不仅在于其提供了一种自动优化学习规则的方法,还在于进化的学习规则能处理复杂的动态环境,而且也为建立一个处理复杂和动态环境问题中新的进化学习规则提供了模型。一个典型的学习规则的进化循环过程可描述如下。

(1) 对当前代的每一个个体进行解码而进入学习规则。

(2) 对随机产生的结构(或在某些情况下预先定义的结构)和初始权重,用已解码的学习规则训练之。

(3) 根据上述训练结果和其他准则,计算每个个体(已编码的学习规则)的适应度。

(4) 根据其适应度给当前代的每个个体产生多个子代个体。

(5) 对由上述过程产生的子代个体运用遗传算子,获得新一代。

每个个体的适应度值(即已编码的学习规则)是有限的,虽然用某些方法可缓解这一问题。例如，可将具有不同初始权重的进化神经网络的训练结果的加权平均放入适应度函数中。如果结构不能预先定义，进化中的每个个体则必须用不同的结构进行估值。在这种情况下，估值会引入额外的噪声。

算法参数的进化当然是重要的，但它很难触及训练算法的基础部分，即学习规则或权重调整规则。与进化优化网络连接权重和网络结构不同，学习规则的进化必须处理网络的动态行为。关键问题是如何将学习规则的动态行为编码为静态染色体。Yao 提出学习规则的演变涉及三个主要问题：确定描述的术语子集；将它们的真实值系数表示为染色体；用于进化这些染色体的进化算法。

开发一个通用可以指定任何类型的动态行为的表示方案显然是不切实际的，并且搜索这样一个学习规则空间需要相当冗长的计算时间。为了减少表示复杂度和搜索空间，需要对动态行为类型设置约束，即进化学习规则的基本形式。因此，这种编码必须满足以下假设。

(1) 连接权重更新依赖局部信息，如输入节点的激活、输出节点的激活和当前连接权重等。

(2) 对进化神经网络中所有的连接，学习规则是相同的。学习规则可表示为

$$\Delta W(t)=\sum_{k=1}^{n}\sum_{i_1,i_2,\cdots,i_k=1}^{n}\left(Q_{i_1,i_2,\cdots,i_k}\prod_{j=1}^{k}x_{i_j}(t-1)\right) \tag{19-25}$$

其中，t 是时间；ΔW 是权重的变化量；$x_1,x_2,\cdots,x_n$ 是局部变量；Q 是学习规则进化所确定的实数系数，不同的 Q 决定不同的学习规则。由于式(19-25)有许多项，所以进化极慢并且不可行，通常需要根据生物或其他推理知识施加一些约束，这样也可给系统中的创造过程建模。

很多学者利用参数化的 Hebbian 规则作为更新函数，Hebbian 更新规则形式为

$$\Delta w_{i,j}=\eta(Ax_ix_j+Bx_i+Cx_i+D) \tag{19-26}$$

其中，x_i 和 x_j 分别是经过激活函数前、后的值；$\Delta w_{i,j}$ 即为权重的变化量；$A\sim D$ 是参数。进化的任务是找到这些参数值，以便更新规则以有用的方式改变连接权重。

进化自动利用突触可塑性机制来实现学习规则最早由 Chalmers D J 提出。他通过允许基于 4 个输入的二次函数更改每个突触连接：突触前活动、突触后活动、当前连接权重和训练信号，定义学习规则的形式为 4 个局部变量及 6 个成对积的线性函数，没有使用三阶或四阶项。并且，指数编码将 10 个系数和一个尺度参数编码到一个二进制序列。虽然结构是可以随机产生，甚至可以连同学习规则一起进化，但由于仅仅研究了单层进化神经网络，并且输入和输出的个数是由手头的学习任务确定且不变的，所以适应度估值中所使用的结构是固定的。从一个随机产生的学习规则的子代开始，迭代 1000 次后，进化发现了著名的进化规则及其变体。这一实验虽然简单且原始，但展示了学习规则在发现新的学习规则方面的进化，而不仅仅是已知学习规则方面的潜在能力。但是，对学习规则设置的约束可能会阻止某些规则的演变(例如包含三阶或四阶术语的规则)且对学习规则施加约束可加速进化。

Fontanari 和 Meir 使用 Chalmers D J 方法进化二元感知器的学习规则。Baxter 根据局部学习规则修改计算节点间权重的神经网络模型，并且试图在单一进化层次上进化出完整的神经网络(包括权重、架构和学习规则)。他们的研究证实了复杂的行为是可以学习的，而且神经网络的学习能力可以通过进化来提高。Alvarez A 通过将每个神经元的激活函数

编码成一些由实数、输入变量和4个操作符(+、-、×和÷)组成的字符表达式,把所有隐藏层和输出层神经元的激活函数编码连起来组成一个进化个体,从而进化神经网络隐藏层和输出层神经元的激活函数。

此后,有更多的更新规则被提出。基于超立方体的增强拓扑神经进化的方法hyperNEAT是其中知名的一种,hyperNEAT进化了空间函数,该函数对控制更新函数的两个参数进行编码。Jeff Orchard和Lin Wang用神经网络来构建学习函数,不仅仅是参数化的Hebbian更新规则,实验表明这种规则更适合于觅食任务。

19.6　本章小结

不同于网络架构以及网络权重优化,学习规则优化是神经网络学习中最基础的部分。学习规则优化也被称为网络权重调整规则。由于进化学习可以很好地进行规则学习而广泛受到关注。神经网络学习规则的进化使神经网络可以自适应于环境。目前越来越多的研究将其与网络权重优化和网络架构优化进行结合,形成进化神经网络,使网络更加自动化,具有更强的自适应性。

参考文献

本章参考文献扫描下方二维码。

第 20 章 离散优化问题

CHAPTER 20

离散优化问题，又称为整数规划(线性整数规划)。离散优化是指规划中的变量(全部或部分)限制为整数，若在线性模型中，则变量限制为整数。离散优化问题求解的精确算法通常需要用到分支定界法(branch and bound method)，以及增加分支定界效率的各种技巧，例如割平面方法(cutting planes method)，以及近似算法(approximation algorithms)，启发式算法(heuristic algorithms)。

离散优化问题广泛应用于国防、交通、工业、生活等各个领域，近几十年来，传统运筹优化方法是解决离散组合优化问题的主要手段，但随着实际应用中问题规模的不断扩大、求解实时性的要求越来越高，传统优化算法面临很大的计算压力，很难实现离散优化问题的在线求解。近年来，随着深度学习显示了其强大的学习能力与序贯决策能力，研究者也将深度学习应用到求解离散优化问题中。本章主要介绍离散优化，包括传统的离散优化问题以及利用深度学习和启发式算法求解离散优化的新方法。

20.1 经典离散优化问题

【定义 20.1】 网络流：给定一个有向图，其中有两个特殊的点，源点 S 和汇点 T，每条边有指定容量，也就是边的权重，称这样的带权有向图为网络，加上有流量，称为网络流。通俗一点的解释就是水管。水管相互之间都是连通的，会构成一张图。从供水的一端出发，水必然沿一个固定的方向流向最终的汇点，这就是有向图。同时，在条件的限制下，水管有粗有细，不同的水管单位时间内的流水量限制是不同的，可以看作是带权图。运输货物、限载限量、快递等都是类似的问题。如图 20-1 就是一个网络，其中所标注的权重为这条边的容量——可以流过的最大值。

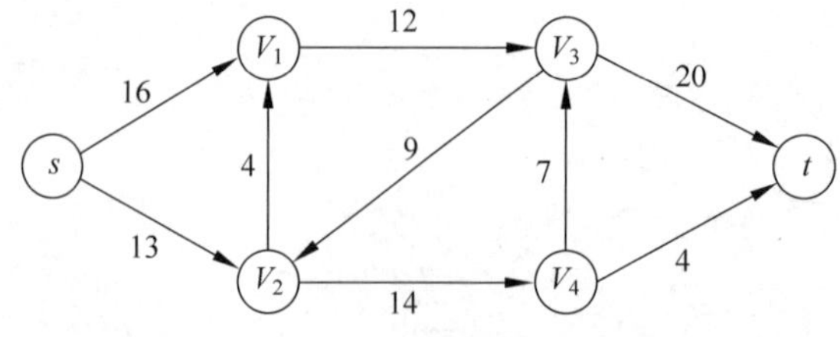

图 20-1 网络流示例

网络流最终的目的就是求满足条件的从 S 到 T 的最大流(maxflow)。最大流是网络流中最常见的问题。求解最大流就需要首先了解“可行流”：要求每条边上流过的值不超过它的容量,且在每个点、边都不允许有“积水”,即源点出去的流量=汇点收到的流量。最大流是求在所有的可行流中流动的“水”(流量)最多有多少。这是一个实际的问题,比如在水管系统中,人们都希望在水管不会出现任何故障的情况下,能够流过最多的水。

图 20-1 中的网络,看上去的最大流应该是 24,就是流入汇点的最大容量。如图 20-2 所示,实际的最大流(“/”前面的数表示流量)应该是 23,具体需要用算法求解这个问题,一个比较直观的解释就是,容量为 12、7 和 4 这三条边已经都满流了,无法再增加流量。

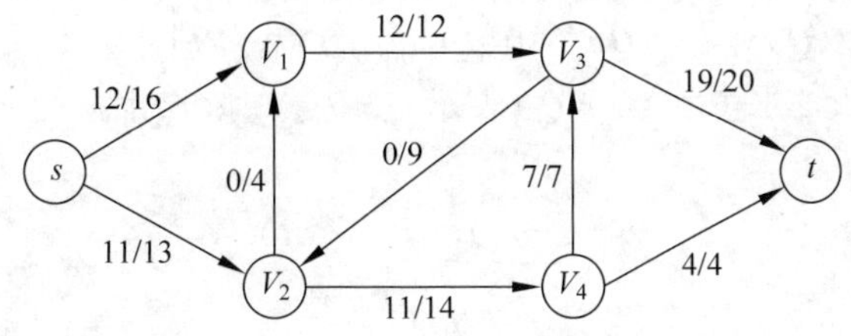

图 20-2　实际最大流

从 20 世纪五六十年代开始,研究者就不断开发求解最大流的算法。关于网络流的其他问题也有不少,都非常有趣。其实,一些实际用网络流解决的题目,看上去和网络流没有任何关系。网络流单独出现的情况比较少见,多数还是需要和其他算法相结合,主要的难点在于问题模型的建立以及把最大流等相关算法转化成正确的通俗的代码。

TSP 是运筹学离散组合优化领域中一个著名的问题,也是典型的离散组合优化问题。首先给出 TSP 的定义如下。

【定义 20.2】 给定一个完整的加权图 $G=(V,E)$,找到一个最小总权重的循环,即一个最小长度的循环,它只访问图的每个节点一次。

给出 TSP 的一个具体例子,一个推销员要去多个城市推销商品,他从一个城市出发,需要经过所有城市后回到出发地。推销员应如何选择行进路线,使总的行程最短。

可以看出该问题其实是很难进行求解的,如果该名推销员从北京出发并且最后需要回到北京,假设他将首先从其他 33 个省会中选取一个作为目的地,此时有 33 种情况。选择第一个目的地之后,要继续从剩下的 32 个省会中又选取一个作为目的地,以此类推,全部的情况总共有$\frac{33!}{2}$。但最短的行程往往只有一个或者几个,因此从如此多种的行程中找寻最短的行程具有很大的难度。

20.2　精确方法求解离散优化问题

TSP 是离散组合优化问题的典型示例,它已在规划、数据聚类、基因组测序等方面得到应用。TSP 问题是 NP-hard 的,并且已经开发了许多精确算法来解决它。

20.2.1　分支定界算法

1. 基本定义

分支定界算法是一种在问题的解空间树上搜索问题的解的方法。分支定界算法是通过状态空间搜索对候选解进行系统枚举:将候选解集看作是在根处形成一棵全集的根树。该算法探索了该树的分支,它代表了解集的子集。在枚举分支的候选解之前,根据最优解的上下估计边界检查分支,如果不能产生比算法迄今为止最好的解更好的解,则丢弃该分支。分支的过程就是不断给树增加子节点的过程。本章在这里描述的分支定界算法是求函数 $f: \mathbb{R}^m \to \mathbb{R}$ 在 m 维矩阵 $\boldsymbol{Q}_{init}$ 的全局最小值。对于一个矩阵 $\boldsymbol{Q} \subseteq \boldsymbol{Q}_{init}$，定义

$$\Phi_{\min}(\boldsymbol{Q}) = \min_{q \in \boldsymbol{Q}} f(q)$$

该算法使用两个函数 $\Phi_{\text{lb}}(\boldsymbol{Q})$ 和 $\Phi_{\text{ub}}(\boldsymbol{Q})$ 对 $\boldsymbol{Q} \mid \boldsymbol{Q} \subseteq \boldsymbol{Q}_{init}$ 进行定义（这两个函数比 $\Phi_{\min}(\boldsymbol{Q})$ 更容易计算），将 $\Phi_{\min}(\boldsymbol{Q})$ 计算到 $\varepsilon > 0$ 的绝对精度范围内。这两个函数满足以下条件。

（1）$\Phi_{\text{lb}}(\boldsymbol{Q}) \leqslant \Phi_{\min}(\boldsymbol{Q}) \leqslant \Phi_{\text{ub}}(\boldsymbol{Q})$。函数 Φ_{lb} 和 Φ_{ub} 分别计算 $\Phi_{\min}(\boldsymbol{Q})$ 的下限和上限。

（2）当 $\boldsymbol{Q}$ 边的最大半长（由 $\text{size}(\boldsymbol{Q})$ 表示）变为零时，上下限之间的差异均匀收敛至零，即

$$\forall \varepsilon > 0, \quad \exists \delta > 0$$

则

$$\forall \boldsymbol{Q} \subseteq \boldsymbol{Q}_{init}, \quad \text{size}(\boldsymbol{Q}) \leqslant \delta \Rightarrow \Phi_{\text{ub}}(\boldsymbol{Q}) - \Phi_{\text{lb}}(\boldsymbol{Q}) < \varepsilon$$

当矩形收缩到某个点时，边界 Φ_{lb} 和 Φ_{ub} 变得更尖锐。

2. 算法描述

首先计算 $\Phi_{\text{lb}}(\boldsymbol{Q}_{init})$ 和 $\Phi_{\text{ub}}(\boldsymbol{Q}_{init})$。如果 $\Phi_{\text{ub}}(\boldsymbol{Q}_{init}) - \Phi_{\text{lb}}(\boldsymbol{Q}_{init}) \leqslant \varepsilon$，则算法终止。否则，将 $\boldsymbol{Q}_{init}$ 划分为子矩形的并集，如 $\boldsymbol{Q}_{init} = \boldsymbol{Q}_1 \cup \boldsymbol{Q}_2 \cup \cdots \cup \boldsymbol{Q}_N$，并计算 $\Phi_{\text{lb}}(\boldsymbol{Q}_i)$ 和 $\Phi_{\text{ub}}(\boldsymbol{Q}_i)$，$i = 1, 2, \cdots, N$。有

$$\min_{1 \leqslant i \leqslant N} \Phi_{\text{lb}}(\boldsymbol{Q}_i) \leqslant \Phi_{\min}(\boldsymbol{Q}_{init}) \leqslant \min_{1 \leqslant i \leqslant N} \Phi_{\text{ub}}(\boldsymbol{Q}_i)$$

所以对 $\Phi_{\min}(\boldsymbol{Q}_{init})$ 有了新的界。如果新边界之间的差值小于或等于 ε，则算法终止。否则，将进一步重新定义 $\boldsymbol{Q}_{init}$ 的分区并更新边界。

如果分区 $\boldsymbol{Q}_{init} = \bigcup_{i=1}^{N} \boldsymbol{Q}_i$ 满足 $\text{size}(\boldsymbol{Q}_i) \leqslant \delta, i = 1, 2, \cdots, N$，则根据条件（2）有

$$\min_{1 \leqslant i \leqslant N} \Phi_{\text{ub}}(\boldsymbol{Q}_i) - \min_{1 \leqslant i \leqslant N} \Phi_{\text{lb}}(\boldsymbol{Q}_i) \leqslant \varepsilon$$

d-网格可以确保 $\Phi_{\min}(\boldsymbol{Q}_{init})$ 在绝对精度 ε 内确定。但是，d-网格形成分区的矩形的数量（因此，上限和下限计算的数量）随着 $1/\delta$ 而呈指数增长。分支定界算法将启发式规则用于对 $\boldsymbol{Q}_{init}$ 进行分区，与 d-网格相比，在大多数情况下，这会减少解决问题所需的计算数量。启发式算法是这样的：给定要重新定义的任何分区 $\boldsymbol{Q}_{init} = \bigcup_{i=1}^{N} \boldsymbol{Q}_i$，从分区中选取一个矩形 $\boldsymbol{Q}$，使得 $\Phi_{\text{lb}}(\boldsymbol{Q}_i) = \min_{1 \leqslant i \leqslant N} \Phi_{\text{lb}}(\boldsymbol{Q}_i)$，并将其分成两半。这条规则的基本原理是，由于试图找出一个函数的最小值，因此应集中精力于"最有希望的"矩形。必须强调，这是一种启发式方法，在最坏的情况下将导致 d-网格。

在下面的描述中，k 表示迭代索引。$\mathcal{L}_k$ 表示矩形列表，L_k 表示下限，U_k 表示 k 次迭代结束时 $\Phi_{\min}(\boldsymbol{Q}_{init})$ 的上限。

分支定界算法根据两个原则运行。

（1）它递归地将搜索空间分割成更小的空间，然后最小化这些更小空间上的 $f(x)$；这种分割称为分支。

（2）仅分支就相当于对候选解决方案进行暴力枚举并对其进行测试。为了提高暴力搜索的性能，分支定界算法将边界保持在它试图寻找的最小值上，并利用这些边界来"修剪"搜

索空间,消除它可以证明不包含最优解的候选解。

将这些原理转化为一个特定优化问题的具体算法需要某种表示候选解决方案集的数据结构。这种表示称为问题的实例。用 S_I 表示实例 I 的候选解集。实例表示必须附带 3 个操作:

(1) 分支(I)产生两个或多个实例,每个实例表示 S_I 的一个子集。通常,子集是不相交的,以防止算法访问同一候选解两次,但这不是必需的。然而,S_I 中的最优解必须包含在至少一个子集中。

(2) 边界(I)计算由 I 表示的空间中任何候选解的值的下界,即 S_I 中所有 x 的边界(I)$\leqslant f(x)$。

(3) 解决方案(I)确定 I 是否表示单个候选解决方案。如果解(I)返回解,则 f(解(I))提供整个可行解空间上的最优目标值的上界。

使用这些操作,分支定界算法通过分支操作形成的实例树执行自顶向下的递归搜索。在访问实例 I 时,它检查边界(I)是否大于目前为止找到的上限;如果大于上限,则可以从搜索中安全地丢弃 I,并停止递归。这个修剪步骤通常是通过维护一个全局变量来实现的,这个全局变量记录到目前为止所检查的所有实例中的最小上界。

算法 20-1 分支界定算法

$k=0$;

$\mathcal{L}_o=\{\boldsymbol{Q}_{init}\}$;

$L_0=\Phi_{\text{lb}}(\boldsymbol{Q}_{init})$;

$U_0=\Phi_{\text{ub}}(\boldsymbol{Q}_{init})$;

while $U_k-L_k>\varepsilon$,{

  选择 $\boldsymbol{Q}\in\mathcal{L}_k$,使得 $\Phi_{\text{lb}}(\boldsymbol{Q})=L_k$;

  把 $\boldsymbol{Q}$ 沿着最长的一边分为 $\boldsymbol{Q}_I$ 以及 $\boldsymbol{Q}_{II}$;

  从$\mathcal{L}_{k+1}$中去掉 $\boldsymbol{Q}_k$,增加 $\boldsymbol{Q}_I$ 以及 $\boldsymbol{Q}_{II}$,得到$\mathcal{L}_k$;

  $L_{k+1}:=\min\limits_{Q\in\mathcal{L}_{k+1}}\Phi_{\text{lb}}(\boldsymbol{Q})$;

  $U_{k+1}:=\min\limits_{Q\in\mathcal{L}_{k+1}}\Phi_{\text{ub}}(\boldsymbol{Q})$;

  $k:k+1$;

}

20.2.2 割平面方法

1. 基本定义

割平面方法是通过线性不等式(称为割)迭代地细化可行集或目标函数的多种优化方法中的任何一种。以求解线性规划问题为例:

线性规划可以在表达问题的规范形式为

$$\begin{aligned}&\min \quad \boldsymbol{c}^{\mathrm{T}}\boldsymbol{x}\\&\text{s.t.}\ \boldsymbol{ax}\leqslant\boldsymbol{b}\end{aligned}$$

其中,$\boldsymbol{x}\geqslant\boldsymbol{0}$,$x_i$ 可以是任意整数。

该方法首先删除 x_i 为整数的要求,并解决相关的线性规划问题以获得基本可行的解决方案。在几何上，此解决方案将是由所有可行点组成的凸多面体的顶点。如果该顶点不是整数点，则该方法找到顶点在一侧而所有可行的整数点在另一侧的超平面。然后将其添加为附加的线性约束，以排除找到的顶点，从而创建修改后的线性程序。然后解决新程序，并重复该过程，直到找到整数解为止。

使用单纯形法求解线性问题会生成以下形式的方程组

$$x_i + \sum \bar{a}_{i,j} x_j = \bar{b}_i$$

其中，x_i 是基本变量，而 x_j 是非基本变量。重写此方程使整数部分在左侧，而小数部分在右侧

$$x_i + \sum \lfloor \bar{a}_{i,j} \rfloor x_j - \lfloor \bar{b}_i \rfloor = \bar{b}_i - \lfloor \bar{b}_i \rfloor - \sum (\bar{a}_{i,j} - \lfloor \bar{a}_{i,j} \rfloor) x_j$$

对于可行区域中的任何整数点，该方程式的右侧小于 1，而左侧为整数，因此公共值必须小于或等于 0。因此，不等式

$$\bar{b}_i - \lfloor \bar{b}_i \rfloor - \sum (\bar{a}_{i,j} - \lfloor \bar{a}_{i,j} \rfloor) x_j \leqslant 0$$

必须在可行区域内的任何整数点都成立。此外，非基本变量在任何基本解中都等于 0，并且如果 x_i 不是基本解 x 的整数，

$$\bar{b}_i - \lfloor \bar{b}_i \rfloor - \sum (\bar{a}_{i,j} - \lfloor \bar{a}_{i,j} \rfloor) x_j = \bar{b}_i - \lfloor \bar{b}_i \rfloor > 0$$

因此，上述不等式排除了基本可行解，因此是具有期望性质的割集。为这个不等式引入一个新的松弛变量 x_k，在线性规划中加入一个新的约束，即

$$x_k + \sum \lfloor \bar{a}_{i,j} \rfloor x_j - \lfloor \bar{b}_i \rfloor = \bar{b}_i - \lfloor \bar{b}_i \rfloor$$

其中，$x_k \geqslant 0$ 且为整数。

下面举例说明在离散优化中的割平面法一般求解步骤。设某整数规划问题为

$$\max Z = c_1 x_1 + c_2 x_2 + \cdots + c_n x_n$$

$$\begin{cases} a_{11} x_1 + a_{12} x_2 + \cdots + a_{1n} x_n = b_1 \\ a_{21} x_1 + a_{22} x_2 + \cdots + a_{2n} x_n = b_2 \\ \qquad \vdots \\ a_{m1} x_1 + a_{m2} x_2 + \cdots + a_{mn} x_n = b_m \end{cases} \tag{20-1}$$

其中，$x_j \geqslant 0$ 且为整数，$j = 1, 2, \cdots, n$。

对上述线性模型求解如下。

(1) 先用单纯形表格法求解不考虑整数约束条件的松弛问题。

(2) 如果该松弛问题无可行解或已取得具有整数值的最优解，则运算停止；前者表示原问题也无可行解，后者表示已求得整数最优解。如果有一个或者更多个变量取值不满足整数条件，则选择某个非整数的变量建立割平面，进入下一步。

(3) 增加为割平面的新约束条件到松弛问题的最优单纯形表中，用对偶单纯形法重新求解，返回第(2)步。

2. 算法描述

假设表 20-1 是不考虑整数条件所对应的松弛问题的最优单纯形表。为了方便起见，以 $x_i (i = 1, 2, \cdots, m)$ 表示基变量，以 $x_j (j = m+1, m+2, \cdots, n)$ 表示非基变量。

表 20-1 最优单纯形表

X_B	x_1	x_2	…	x_r		x_m	x_{m+1}	x_{m+2}	…	x_n	b'
x_1	1	0	…	0	…	0	$a_{1,m+1}$	$a_{1,m+2}$	…	$a_{1,n}$	b'_1
x_2			…		…	0	$a_{2,m+1}$	$a_{2,m+2}$	…	$a_{2,n}$	b'_2
⋮			…		…				…	⋮	⋮
x_r			…		…	0	$a_{rs,m+1}$	$a_{r,m+2}$	…	$a_{r,n}$	b'_r
⋮			…		…				…	⋮	⋮
x_m	1	0	…	0	…	1	$a_{m,m+1}$	$a_{m,m+2}$	…	$a_{m,n}$	b'_m
z	0	0	…	0	…	0	σ_{m+1}	σ_{m+2}	…	σ_n	$-z^{(0)}$

如果 x_r 为最优解中具有非整数值的一个基变量，则由表 20-1 可以得到

$$b'_r = x_r + \sum_{j=m+1}^{n} a_{rj} x_j \tag{20-2}$$

其中，b'_r 表示 x_r 的取值。

将式(20-2)中的变量系数以及常数都分解为整数 N 和非负值分数 f 两部分之和，即

$$b'_r = N_r + f_r$$

$$a_{rj} = N_{rj} + f_{rj}$$

其中，$N_r = \lfloor b'_r \rfloor$ 表示 b'_r 的整数部分；f_r 表示 b'_r 的非负值分数部分；且有 $0 < f_r < 1$；$0 < f_{rj} < 1$，于是式(20-2)可以改写为

$$N_r + f_r = x_r + \sum_{j=m+1}^{n} N_{rj} x_j + \sum_{j=m+1}^{n} f_{rj} x_j$$

移项得

$$f_r - \sum_{j=m+1}^{n} f_{rj} x_j = x_r + \sum_{j=m+1}^{n} N_{rj} x_j - N_r \tag{20-3}$$

为了使所有的变量都是整数，式(20-3)右边必须是整数，左边也必然为整数。由于 $f_{rj} \geqslant 0$，且 x_j 为非负整数，所以有

$$\sum_{j=m+1}^{n} f_{rj} x_j \geqslant 0$$

又由于 f_r 为非负值分数，则可得出

$$f_r - \sum_{j=m+1}^{n} f_{rj} x_j \leqslant f_r < 1 \tag{20-4}$$

式(20-3)的左边必须为整数，显然式(20-4)不能为正，于是可以得到

$$f_r - \sum_{j=m+1}^{n} f_{rj} x_j \leqslant 0 \tag{20-5}$$

对式(20-5)进行处理后得到新的约束条件，再将其代入表 20-1 中进行求解。

20.3 深度学习求解离散优化问题

上述所列出精确方法求解离散优化问题可以求解到全局最优解，但当问题规模增大时，精确方法求解会产生巨大的计算量，因此需要寻求近似的方法进行求解。总体来讲，近似的方法主要包括近似算法与启发式算法两类。本节主要讲解利用深度神经网络近似求解离散

优化问题的方法，启发式方法求解离散优化问题将在 20.4 节介绍。

Hopfield 等在 1985 年提出的 Hopfield 网络求解 TSP 问题，被认为是利用神经网络解决离散组合优化问题的开端。Hopfield 神经网络是一种递归神经网络，从输出到输入均有反馈连接，每一个神经元跟所有其他神经元相互连接。尽管直接利用 Hopfield 网络求解 TSP 问题仍只能求解单个小规模 TSP 问题，本工作也指出生物或微电子神经元网络可以为具有组合复杂性的广泛问题提供计算能力，使得更多的学者基于神经网络对离散优化问题进行尝试。

神经网络模型能够有效解决离散组合优化问题在 2015 年 Vinyals 等所提出的 Pointer Networks 模型求解 TSP 问题的实验中得出。多年来传统的离散组合优化算法都是以迭代搜索的方式进行求解，但是 Pointer Networks 模型可以利用神经网络直接输出问题解，开启了新的求解研究领域。Pointer Network 模型主要在 seq2seq 模型以及注意力机制的基础上构造。在对注意力机制的使用中，利用注意力机制计算 Softmax 概率值，将其当作指针指向输入序列中的元素，对输入序列进行组合。Pointer Network 模型的核心思想是利用编码器对问题的输入序列进行编码得到特征向量，再利用解码器结合注意力计算方法以自回归的方式逐步构造解，自回归即每次选择一个节点，并在已选择节点的基础上选择下一个节点，直到构造得到完整解。

Pointer Networks 模型将离散组合优化问题类比为机器翻译过程（即序列到序列的映射），神经网络的输入是问题的特征序列（如城市的坐标序列），神经网络的输出是解序列（如城市的访问顺序）。经典 Pointer Network 模型的编码器和解码器均为 LSTM 网络，如图 20-3 所示。

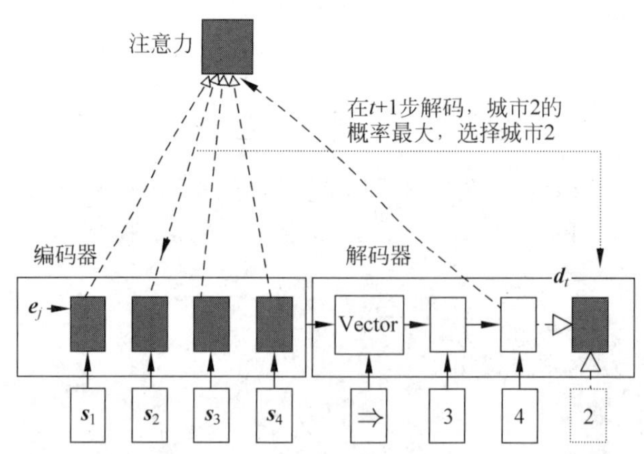

图 20-3 经典 Pointer Network 模型的编码器和解码器

以 TSP 问题为例，首先将每个城市的二维坐标转换成高维的节点表征向量 $\boldsymbol{s}_i$，编码器依次读入各个城市的表征向量 $\boldsymbol{s}_i$，最终编码得到一个存储输入序列信息的向量 Vector，同时计算得到每个城市的隐藏状态 $\boldsymbol{e}_i$。

解码器对 Vector 进行解码，每一个时间步利用注意力机制，根据当前步骤 t 的解码器隐藏状态 d_t 和编码器得到的各个城市的隐藏状态 $\boldsymbol{e}$ 计算选择各个城市的概率，可选择概率最大的节点作为下一步选择的城市，计算公式为

$$\begin{aligned} u_j^t &= \boldsymbol{v}^{\mathrm{T}} \tanh(W_1 \boldsymbol{e}_j + W_2 d_t), \quad j \in (1,2,\cdots,n) \\ a &= \mathrm{softmax}(u^t) \end{aligned} \tag{20-6}$$

即利用当前的 d_t 值和每个城市 $\boldsymbol{e}$ 值计算得到第 t 步选择各城市的概率，其中 $\boldsymbol{W}$ 和 $\boldsymbol{v}$ 均为神经网络的参数。在每一步解码过程中，对于每个城市 j，均可以根据式(20-6)计算得到其 u_j^t 值，u_j^t 代表在第 t 步解码过程中选择城市 j 的概率，此时可以选择具有最大概率值的节点添加到解中，按照该方式不断选择城市，直至构造得到一个完整解。

Pointer Network 基于参考算法提供的标签数据进行有监督训练，因此需要提供大量的最优路径的标签数据集，实际应用较为困难，而且模型的性能是由标签的质量决定的，永远不会超过标签解的质量。因此，有部分学者利用强化学习的方法对模型参数进行训练。如 Bello 等在 Pointer Network 基础上，提出利用强化学习训练网络，解决了需要依赖标签的问题，在节点长度 $n=100$ 的 TSP 问题上获得了近似最优解。Nazari 等使用一个嵌入层对 Pointer Network 的编码器部分进行了替换，当输入序列中的动态元素发生变化时，不必对编码器的网络(如 LSTM、RNN 等)部分进行完全更新，即输入端改变节点的顺序不会影响问题的求解，并且也有效降低计算成本。

GNN 是近年来提出的能够有效处理离散组合优化问题的一种方法。根据每个节点的原始信息(如城市坐标)和各个节点之间的关系(如城市之间的距离)，利用 GNN 方法计算得到各个节点的特征向量，进行节点预测等任务。

基于 GNN 的方法用图谱表示待解决的问题，然后让 GNN 依据图谱建立解决方案。在解决方案构建过程的每次迭代中，神经网络会观察当前的图表，并选择一个节点添加到解决方案中，然后根据该选择更新图表，接着重复这个过程，直到得到一个完整的解决方案。模型首先利用 GNN 计算得到各个节点 $\boldsymbol{v}$ 的表征 $\boldsymbol{h}_v^{(t)}$，将各个节点的 $\boldsymbol{h}_v^{(t)}$ 向量进一步运算得到各个节点的 Q 值。根据 Q 值以迭代的方式构造解，即每次选择 Q 值最大的节点添加到当前解当中，直到构造得到完整解，通常以 DQN 强化学习方法对该 GNN 进行训练，从而得到准确的 Q 值估计。最经典的方法是 Khalil E 等将深度图嵌入与强化学习的结合，提出了一个端到端机器学习框架，整体上采用 structure2vec 网络和 Q-学习的结构。使用贪婪算法，通过基于图结构逐次添加节点构造可行解，并保持其满足问题的图约束，利用 structure2vec 的图嵌入网络表示贪婪算法中的策略，在贪婪算法的每一步中，根据部分解更新图的嵌入，将每个节点的收益新知识反映到最终的目标值。Ma 等结合 Pointer Network 网络和 GNN 设计了一种图指针网络(Graph Pointer Network，GPN)，可以求解大规模 TSP 问题。该模型的编码器包含两部分：点编码器(point encoder)以及图编码器(graph encoder)。点编码器对城市坐标进行线性映射，并输入到 LSTM 中得到每个城市的点嵌入，图编码器通过 GNN 对所有城市进行编码，得到每个城市的图嵌入。模型根据图嵌入和点嵌入，基于注意力机制计算每一步城市选择的概率，采用分层强化学习方法对模型进行训练。

近年来 Transformer 的相关出色的工作引起了学者广泛的关注，有不少学者将 Transformer 结构引入至离散优化问题求解中。Deudon 等借鉴 Transformer 模型改进了传统的指针网络模型，将神经网络的贪婪输出与局部搜索融合以推断更好的结果。其编码层采用了与 Transformer 模型编码层相同的多头注意力结构，计算得到节点的特征向量；其解码层模型不依赖 LSTM 结构，而是完全基于注意力机制，将最近三步的决策直接进行线性映射得到参考向量，其注意力机制计算方式与传统 Pointer Network 模型相同，仍然采用经典的强化学习方法对该模型进行训练。在对 TSP 问题进行求解过程中，首先利用训练好的神经网络输出初始解，随后在该初始解上进行一个简单的两元素优化局部搜索，结果发现这种方式可以有效提高解的质量。

Kool 等借鉴 Transformer 模型，提出了可以利用注意力机制求解多种组合优化问题的新方法。该方法的编码层与 Deudon 等的工作相同，但在解码部分及训练机制中进行了改进，以使得算法不需在推理中应用搜索策略就能达到具有竞争力的实验表现。该模型每一步的解码过程中考虑的是第一步所做的决策和最近两步的决策，采用了 Transformer 模型的自注意力机制计算方法。

20.4 启发式算法与超启发式算法

20.4.1 启发式算法

启发式算法是相对于最优化算法提出的。一个问题的最优算法求得该问题每个实例的最优解。也就是说，在允许运行时长足够长的情况下，确保得到一个最优方案。但是大量重要的 ILP 和 INLP 问题，并不存在多项式时间的解法，因此，启发式算法可以这样定义：一个基于直观或经验构造的算法，在可接受的花费(指计算时间和空间)下给出待解决组合优化问题每一个实例的一个可行解，该可行解与最优解的偏离程度一般无法预计。

计算机科学的两大基础目标，就是发现可证明其执行效率良好且可得最佳解或次佳解的算法。而启发式算法则试图一次提供一个或全部目标。例如它常能发现很不错的解，但无法证明它不会得到较坏的解；它通常可在合理时间解出答案，但也没办法知道它是否每次都可以用这样的速度求解。有时候人们会发现在某些特殊情况下，启发式算法会得到很坏的答案或效率极差，然而造成那些特殊情况的数据组合，也许永远不会在现实世界出现。因此现实世界中启发式算法常用来解决问题。启发式算法处理许多实际问题时通常可以在合理时间内得到不错的答案。

启发式算法可分为传统启发式算法和元启发式算法。传统启发式算法包括构造型方法、局部搜索算法、松弛方法、解空间缩减算法等。元启发式算法包括禁忌搜索算法、模拟退火算法、遗传算法、蚁群优化算法、粒子群优化算法、人工鱼群算法、人工蜂群算法、ANN 算法等，此类算法都已在第 18 章中具体介绍，因此本节不再赘述。

20.4.2 超启发式算法

超启发式算法最早由 Cowling P 等提出，超启发式算法提供了某种高层策略(High-Level Strategy，HLS)，通过操纵或管理一组低层启发式算法(Low-Level Heuristics，LLH)，以获得新启发式算法，具有更高级抽象的特征，是启发式算法迈向更加自动化的一步。与启发式算法相同，超启发启发式算法也可用于求解各类 NP-hard 问题。但元启发式的部署往往需要专家级别的知识和所解决问题的经验，而超启发式算法通过强化已知启发式算法或补偿已知启发式的弱点来自动设计算法，可以有效降低成本。

超启发式算法通过在启发式空间运行，而不是直接在正在解决的潜在问题的解决方案的搜索空间上运行。超启发式算法从一组次启发式算法集(即 LLH 算法集)选择一个启发式算法，从而在一组问题上表现出色，为组合优化问题提供更普遍的解决方案。如图 20-4 所示，在问题域层面上，超启发式算法根据具体问题的性质，选择或设计一系列底层次启发式算法，组成底层次启发式算法集；在高层次启发式算法层面上，通过设计管理操纵机制，构造出新的或选择已有的启发式算法，应用到具体的问题实例上。

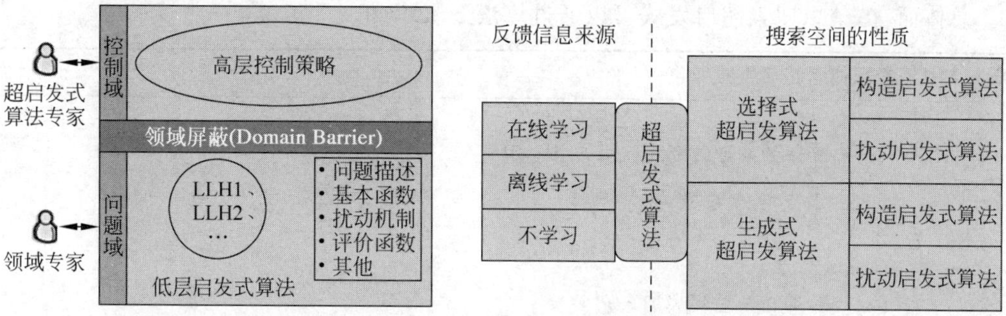

图 20-4 超启发式算法结构

超启发式算法也可以看作是一个"黑盒",只要修改 LLH 算法集和问题表示等信息,超启发式算法就可以应用于新的问题。超启发式"黑盒"接收有关问题的信息并以许多低级启发式算法作为输入,然后在每个决策点选择并应用启发式算法。当满足停止条件时,返回问题的一个或多个解决方案作为输出。

超启发式的关键思想是使用一组已知且合理理解的启发式算法来转换问题的状态。Burke 等提出的超启发式算法可分为基于启发式选择方法和基于启发式生成方法。

1. 基于启发式选择方法

基于启发式选择方法旨在选择现有启发式算法,这种选择具体取决于当前正在探索的解决方案空间区域的特征。在这种方法中,系统已经提供了用于解决某个问题的启发式算法列表,然后,基于启发式选择方法通过迭代选择最适合当前问题状态的启发式算法,从而找到解决方案。基于启发式选择方法分为构造性启发式算法和微扰启发式算法。传统的此类方法有禁忌搜索、基于案例的推理、遗传算法、蚁群系统等。接下来以 Edmund K Burke 等提出的基于禁忌搜索的超启发式算法为例,介绍构造性启发式算法。

禁忌搜索最早由 Fred W. Glover 在 1986 年提出,禁忌搜索使用邻域搜索过程从一个潜在的解决方案迭代移动 X 到一个改进的解决方案 X',直到满足某些标准时停止。在此期间,为了避免重复搜索,禁忌搜索引入了禁忌表。禁忌表包括禁忌对象和禁忌长度。由于在每次对当前解的搜索中,需要避免一些重复的步骤,因此将某些元素放入禁忌表中,这些元素在下次搜索时将不会被考虑,这些被禁止搜索的元素就是禁忌对象;禁忌长度则是禁忌表所能接受的最多禁忌对象的数量,若设置得太多则可能会造成耗时较长或者算法停止,若太少则会造成重复搜索。

低级启发式算法可以被认为是相互竞争的。在搜索开始时,每个低级启发式 k 的得分 $r_k=0$。低级启发式算法排名允许在区间$[r_{\min},r_{\max}]$内变化,其中 $r_{\min}$、$r_{\max}$ 分别对应最低和最高的排名。当应用启发式时,将评估函数值从以前的解决方案到新的解决方案的变化设为 σ。如果 $\sigma>0$,则启发式算法的分数会增加,例如 $r_k=r_k+\alpha$。否则减少,例如 $r_k=r_k-\alpha$,其中 α 为定义的实数。

此外,基于禁忌搜索的超启发式算法设置了一个低级启发式的禁忌列表,其中解决方法(启发式算法)被设为禁忌,设定一定时间内将一些启发式算法排除在竞争之外。其中,如果 σ 为负,将 k 个启发式算法包含在禁忌列表中(在"先进先出"的基础上)。此外,如果 $\sigma\neq 0$,则已在禁忌列表中的启发式被释放。其想法是,一旦修改了当前解决方案(例如,当 $\sigma\neq 0$ 时),保持启发式禁忌是没有意义的。

总体而言，禁忌搜索超启发式可以通过算法 20-2 概述。

算法 20-2 禁忌搜索超启发式

```
do：
    选择具有最高等级的低级启发式算法 k 并应用它
    if：
        σ>0 则 r_k=r_k+α
    else：
        r_k=r_k−α，并在禁忌列表加入 k
直到满足停止条件
```

微扰启发式方法用于改进随机或使用建设性启发式方法创建的现有初始解决方案。如 Burke 等研究了考试时间表的两阶段方法，该方法首先构建了一个可行的解决方案，然后使用超启发式对扰动的低级启发式排序进行改进。该方法自适应地调整启发式组合，以实现对构建的时间表的最佳改进。Ping-Che H 等提出了一种基于可变邻域搜索的超启发式算法，包括两个主要步骤：摇动和局部搜索。摇动扰乱解，然后局部搜索寻找局部最优。根据搜索状态定期调整局部搜索的计算预算，并且在搜索过程中使用动态存储解决方案的机制。

2. 基于启发式生成方法

基于启发式生成方法从现有启发式算法中生成新启发式算法，主旨是通过利用已知启发式的算法来发展新的启发式。基于启发式生成方法可能是"一次性的"，因为它们是为一个问题而创建的，而不是用于解决看不见的问题。因此，启发式生成方法更加灵活，理论上可以得到质量很高的解，但是设计和使用比较复杂。虽然两类方法都在运行结束时输出解决方案，但启发式生成器也会输出产生解决方案的新启发式算法。在某些情况下，来自低性能启发式算法的一个或多个组件，与来自高性能启发式的一个或多个组件结合时，可能会产生优于两种启发式的启发式。基于启发式生成方法也可以分为建设性启发式与微扰启发式。

下面以 Bader-El-Den M 等的工作为代表介绍生成建设性超启发式方法。Bader-El-Den M 等使用基于语法的遗传编程超启发式框架(GPHH)改进时间表的生成建设性启发式算法。

在 GPHH 中考虑了具有不同性能水平的启发式算法，这些算法被分解为组件。这种多样性在发展新的启发式方法中起着重要作用。图 20-5 显示了 GPHH 的结构。

GPHH 的应用需要以下步骤。

(1) **启发式选择**：选择了许多基于人工的启发式算法。

(2) **分解和语法**：将选定的启发式算法分解为基本组件，然后构建显示这些组件如何组合在一起的语法。

(3) **进化**：利用遗传编程，使用语法进化启发式。

在 GPHH 中，选择了一些合适的人工启发式算法之后，不是直接将这些启发式算法输入到超启发式系统中，而是首先将启发式算法分解成它们的基本组件。通常，这些组件如何相互连接的信息非常重。GPHH 通过语法捕获此信息。

GPHH 是一种通用工具，从某种意义上说，给定启发式算法语法和适当的适应度函数，它可以演化出解决各种问题的方法。通常情况下，GPHH 不会将构造语法的分解过程形式化，因为这在不同的问题和不同的启发式集合之间是不同的。同样，在构建语法时，也有一

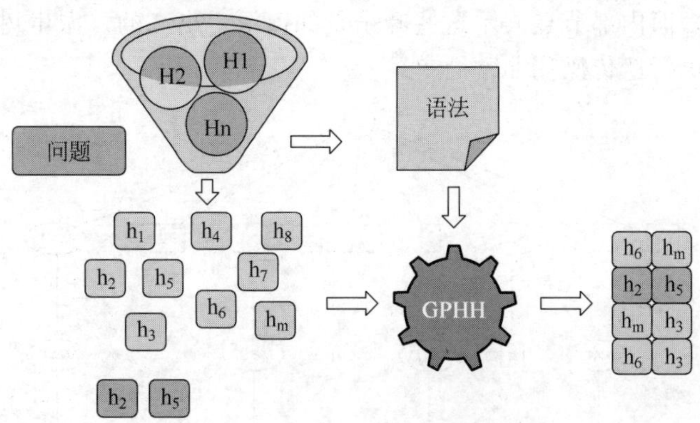

图 20-5 GPHH 结构

些要点。首先,需要对问题以及启发式算法的特征有很好的理解;另一个是在语法的灵活性和搜索空间大小之间保持平衡。语法越详细时,GPHH 就越自由地进化出全新的启发式算法。另外,在语法中添加更多的细节、选项和灵活性可能会相应地增加 GPHH 需要探索的搜索空间的大小,从而相应地需要更多计算资源和时间来找到好的新启发式算法。

GPHH 使用一种形式的遗传编程来进化新的启发式算法。描述 GPHH 中进化过程的伪代码如算法 20-3 所示。

算法 20-3 GPHH 的进化过程

```
使用语法随机初始化 G
for i=1 到 noGeneration do
  for j=1 到 noProblemsIn do
    for k=1 到 noProblemsInTrainingSet do
      将 G 中个体 j 应用于启发式 k
    end for
    对每个个体 j 计算适应度
    for m=1 到 crossoverRatio * 100/2 do
    基于适应度在 G 中选择两个个体对个体进行变异操作
    将新个体插入 G'
  end for
  G=G'
end for
```

遗传编程中使用的普通初始化、交叉和变异操作很容易生成无效(不合语法的)个体。本方法利用能够有效地呈现类型和句法约束的语法避免这个问题。语法通过使用派生树作为群体成员集成到遗传编程中。

为了说明这种表示方式,以简单的 if 语法作为示例:

```
<s>   ::= if(<con>)then<exp>[else<exp>]
<con> ::= <exp>≤<exp>|<exp>≥<exp>
<exp> ::= <var>|<exp><op><exp>
<op>  ::= +  | - | × | ÷
<var> ::= x  | y | z
```

图 20-6 显示了使用上述语法的 GP 派生树的示例。进化的句子(程序)由树的叶子表

示(从左到右读取),而内部节点表示这些叶子是如何派生出来的。派生树的好处在于,它们易于初始化,而且执行遗传操作非常简单。

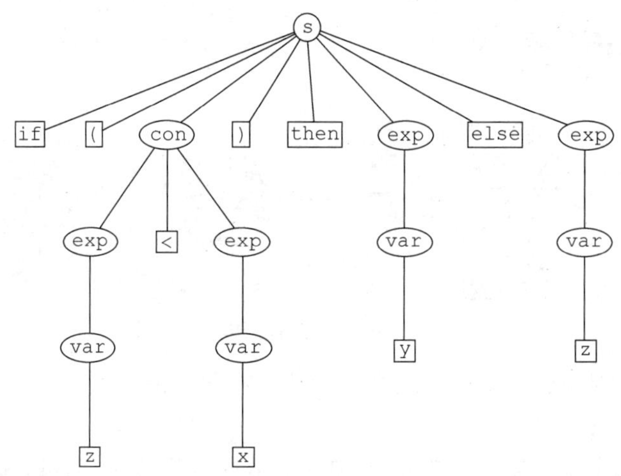

图 20-6 表示程序的派生树 if (z<x) then y else z

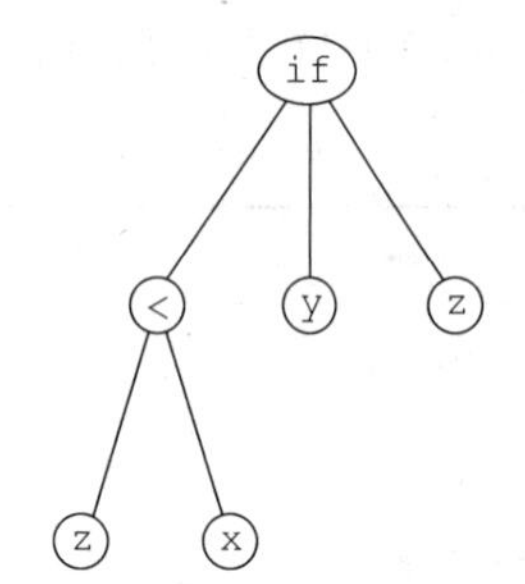

图 20-7 利用遗传编程表示图 20-6 中的个体

另一方面,由于如何生成每个叶子的信息都保存在树中,因此与相同个体的标准遗传编程表示相比,树的大小相对较大。这在图 20-7 中示出,图 20-7 显示了与图 20-6 中相同的程序,但以正常遗传编程样式表示。此外,执行派生树比执行普通遗传编程更复杂:首先需要从叶子中收集进化出的句子,然后将其转换为树,最后执行。

基于这些原因,GPHH 引入了一种在遗传编程中使用语法的新的混合方式。所使用的表示与普通遗传编程相同。然而,直接从给定语法生成遗传编程树的特殊初始化过程可确保所有初始个体都是有效的。

3. 基于微扰式超启发方法

像生成构造超启发式一样,生成微扰超启发式创建新的启发式,但这些都是微扰的。生成微扰超启发式旨在为问题域或实例创建新的低级微扰启发式。这些启发式算法是通过组合或配置现有的低级微扰启发式和/或这些启发式的组件来创建的。遗传编程及其变体,例如语法进化,主要用于将这些启发式方法以及具有条件分支和迭代结构的组件结合起来,以创建新的启发式方法。

Rong Qu 等定义了生成微扰超启发式方法。

【定义 20.3】 给定一个问题实例 i 或一组问题实例 $I=\{I_0,I_1,\cdots,I_m\}$ 和一组低级微扰启发式算法 $C=\{C_0,C_1,\cdots,C_n\}$ 的组件。生成微扰超启发式 GPH 生成一个新的低级微扰启发式,使用具有条件分支和迭代构造的 C 中的启发式和/或组件,为 i 或 I 中的问题实例和类似问题生成新的微扰启发式。生成微扰超启发式算法包括用于解决问题的局部搜索算子(如语法)和算法。

在基于语法的遗传编程已被用于超启发式算法的基础上,如将禁忌搜索和遗传算法与非标准、特定于问题的交叉算子相结合,选择净增益最高的变量。Sabar N 等采用具有自适应记忆机制的语法进化为组合优化问题创建微扰启发式。

生成的微扰启发式由现有的低级微扰启发式或其组件与条件分支结构和/或迭代结构相结合。生成微扰式超启发式算法已应用于包括TSP、布尔可满足性问题和自动聚类问题的领域。

20.5 本章小结

近年来涌现出了多个利用深度学习方法和启发式方法解决离散优化问题的新方法，具有求解速度快、模型泛化能力强的优势，为离散优化问题的求解提供了一种全新的思路。因此本章总结回顾近些年利用深度学习和启发式方法解决离散优化问题的相关理论方法与应用研究，对其基本原理、相关方法、应用研究进行总结和综述。

参考文献

本章参考文献扫描下方二维码。

第 21 章 非凸优化

CHAPTER 21

在绝对多数的学习算法中，通常将所要求的实际问题转化为可计算的数学模型，再通过优化求解来获取最优解。一般情况下，所希望面临的优化问题是凸的，这样优化问题的数学性能更好，但实际问题往往更加复杂，所需要构建的模型也就更加复杂，非凸优化的存在就十分必要。

本章首先从非凸优化与凸优化的不同出发，给出非凸优化的定义，以及非凸优化的示例，然后给出非凸优化一些经典算法的介绍，希望可以对理解非凸优化有一定的帮助，并且简单介绍非凸优化在机器学习上的应用。

21.1 非凸优化的基本概念

21.1.1 非凸优化的动机

要区别凸优化和非凸优化，首先给出优化问题的一般形式

$$\begin{aligned} &\min f(x) \\ &\text{s.t. } x \in \Omega \end{aligned} \tag{21-1}$$

其中，x 为问题的变量；f 是优化问题的目标函数；Ω 为问题的约束集。若目标函数为凸函数，并且约束集为凸集，则称式(21-1)为凸优化问题；否则，为非凸优化问题。

对于凸问题，因为其数学性质较好，应用比较广泛，凸问题最大的特点是，其局部最优解必是全局最优解。既然凸优化有这么好的理论基础，为什么还需要研究非凸优化问题呢？

在允许的情况下，期望解决的当然是凸优化问题，而随着人工智能的应用越来越广泛，需要处理的数据维数越来越高，需要解决的问题也越来越复杂，那么设计解决问题的模型也就开始有更多的结构化约束，比如稀疏或低秩的结构约束。这样的约束虽然有助于规范学习问题，而且能使模型得到唯一解，但是这种结构性约束常常证明是非凸的。

还有一些情况，需要学习的目标函数本身就是非凸函数，比如常见的深度神经网络。尽管非凸目标和约束条件可以帮助设计者准确地对学习问题进行建模，但它们也会给优化学习带来巨大挑战。

21.1.2 非凸优化的示例

1. 基因表达分析

DNA 微阵列基因表达数据的可用性使得识别广泛的表型特征(例如生理特性甚至疾病进展)的遗传解释成为可能。在这样的数据中，对于参与研究的 n 个人类测试对象，大量 p 基因的表达水平以及相应的表型性状 $y_i \in \mathbb{R}$。

假设表型响应与基因表达水平呈线性相关，然后目标是使用基因表达数据来推断估计值。获得模型有助于发现疾病、性状等可能的遗传基础。因此，这个问题对于理解生理学和开发新的医学干预措施以治疗和预防疾病具有重要意义。

但是，该问题未能简化为简单的线性回归问题。首先，虽然被记录的表达水平的基因数量通常非常大(达到数万)，但样本(测试对象)的数量通常不那么大，传统的回归算法在这种数据匮乏的环境中无法发挥作用。其次，并不期望所有的基因都参与实现表型，这意味着这是一个稀疏问题，传统的线性回归不能保证稀疏模型的恢复。

2. 协同过滤

推荐系统通常对用户的偏好模式进行建模，协同过滤是构建推荐系统的一种流行技术。

协同过滤方法旨在利用观察到的用户行为中的共现模式预测未来的用户行为。例如，通过查看点击、购买等可以直接访问每个用户某几个项目的实际偏好，但这种情况可用数据缺乏的问题很明显。克服这个问题的一种方法是在偏好矩阵中假设一个低秩结构，这个问题已被证明是 NP-Hard 的。

21.2 非凸优化的算法

将学习问题表示为非凸优化问题为算法设计人员提供了无限的建模能力，但通常此类问题很难得到最优解。在开始的解决思路中，一个流行的解决方法是将非凸问题松弛为凸问题，并使用传统方法解决凸松弛优化问题。然而，这种方法可能会造成一定的损失，而且对于大规模的优化仍然是一个巨大的挑战。目前，直接求解非凸优化的方法在多个领域都取得了巨大的成功，但是，其收敛性和其他性质或许不能得到保证。

本章主要介绍几种经典的非凸优化求解方法。

21.2.1 非凸投影梯度下降法

投影梯度下降算法是一种极其简单而有效的技术，可以毫不费力地扩展到大规模问题。本节将介绍和研究非凸投影梯度下降法。

非凸问题的投影梯度下降算法将投影投射到非凸集上。给定任何非凸集 C，投影算子 $\prod_{C}(z)$ 定义为

$$\prod_{C}(z)=\underset{x\in C}{\operatorname{argmin}}\|x-z\|_2$$

一般来说，在定义投影时不需要只使用 L_2 范数，这只是最常用的一种范数。这本身就是一个优化问题。因此，当要投影的集合 C 是非凸的时，投影问题本身可能是 NP-Hard 的。但是，对于几个结构良好的集合，尽管集合是非凸的，也可以有效地进行投影。

1. 投影到稀疏向量

$$\hat{\boldsymbol{w}}=\arg\min_{\|\boldsymbol{w}\|_0\leqslant s}\sum_{i=1}^{n}(\boldsymbol{y}_i-\boldsymbol{x}_i^{\mathrm{T}}\boldsymbol{w})^2$$

应用投影梯度下降需要投影到 s 个稀疏向量的集合上。通过简单地根据大小对向量 $\boldsymbol{z}$ 的坐标进行排序并将除前 s 个坐标之外的所有坐标都设置为 0，可以进行投影。

2. 投影到低秩矩阵

例如，在推荐系统中，

$$\hat{A}_{\mathrm{lr}} = \arg\min_{\mathrm{rank}(X) \leqslant r} \sum_{(i,j)\in\Omega} (X_{ij} - A_{ij})^2$$

需要投影到一组低阶矩阵上。首先正式定义这个问题，考虑 $m\times n$ 阶的矩阵，令$\mathcal{C}\in\mathbb{R}^{m\times n}$ 是矩阵的任意集合。然后，给出投影算子 $\prod_{\mathcal{C}}(\cdot)$ 的定义，对于任何矩阵 $\mathbf{A}\in\mathbb{R}^{m\times n}$

$$\prod_{\mathcal{C}}(\mathbf{A}) := \underset{\boldsymbol{X}\in\mathcal{C}}{\arg\min} \|\mathbf{A}-\boldsymbol{X}\|_F$$

其中，$\|\cdot\|_F$ 是矩阵的 Frobenius 范数。对于低秩投影，要求$\mathcal{C}$为低秩矩阵的集合。再次，可以通过在矩阵 $\mathbf{A}$ 上执行 SVD 并保留前 r 个奇异值和向量来有效地完成此投影。

现在，提出用于非凸优化问题的广义投影梯度下降算法(gPGD)。该过程在算法 21-1 中概述。

算法 21-1 广义投影梯度下降算法

输入：目标函数 f，约束集$\mathcal{C}$，步长 η

输出：具有接近最优目标值的点 $\hat{x}\in\mathcal{C}$

$\boldsymbol{x}^1 \leftarrow 0$

当 $t=1,2,\cdots,T$ 时

$\quad \boldsymbol{z}^{t+1} \leftarrow \boldsymbol{x}^t - \eta\cdot\nabla f(\boldsymbol{x}^t)$

$\quad \boldsymbol{x}^{t+1} \leftarrow \prod_{\mathcal{C}}(\boldsymbol{z}^{t+1})$

结束

返回 $\hat{\boldsymbol{x}}_{\text{final}} = \boldsymbol{x}^T$

本节将介绍一种广泛使用的非凸优化原理：交替最小化。该技术非常通用，它的广泛使用实际上比非凸优化的最新进展早了几十年。在非凸优化领域中，交替最小化继续为一些重要的非凸优化问题(如矩阵补全、鲁棒学习、相位检索和字典学习)提供新算法。

3. 边缘凸性和其他性质

交替最小化最常用于优化问题涉及两个或多个(组)变量的设置。在某些情况下，优化问题，更具体地说是目标函数，并不是对所有变量都凸的。

【定义 21.1】 联合凸性：有两个变量的连续可微函数 $\boldsymbol{f}$：$\mathbb{R}^p\times\mathbb{R}^q\rightarrow\mathbb{R}$ 被认为是联合凸的，即对于每个$(\boldsymbol{x}^1,\boldsymbol{y}^1)$，$(\boldsymbol{x}^2,\boldsymbol{y}^2)\in\mathbb{R}^p\times\mathbb{R}^q$ 有

$$f(\boldsymbol{x}^2,\boldsymbol{y}^2) \geqslant f(\boldsymbol{x}^1,\boldsymbol{y}^1) + \langle\nabla f(\boldsymbol{x}^1,\boldsymbol{y}^1),(\boldsymbol{x}^2,\boldsymbol{y}^2)-(\boldsymbol{x}^1,\boldsymbol{y}^1)\rangle$$

其中，$\nabla f(\boldsymbol{x}^1,\boldsymbol{y}^1)$是 f 在点$(\boldsymbol{x}^1,\boldsymbol{y}^1)$处的梯度。然而，并非所有应用中出现的多元函数都是联合凸的，这就引出了边缘凸性的概念。

【定义 21.2】 边缘凸性：有两个变量的连续可微函数 f：$\mathbb{R}^p\times\mathbb{R}^q\rightarrow\mathbb{R}$ 在其第一个变量中被认为是边缘凸的，如果对于任意的 $\boldsymbol{y}\in\mathbb{R}^q$，函数 $f(\cdot,y)$：$\mathbb{R}^p\rightarrow\mathbb{R}$ 都是凸的，即对于每个 $\boldsymbol{x}^1$、$\boldsymbol{x}^2\in\mathbb{R}^p$，有

$$f(\boldsymbol{x}^2,\boldsymbol{y}) \geqslant f(\boldsymbol{x}^1,\boldsymbol{y}) + \langle\nabla_{\boldsymbol{x}} f(\boldsymbol{x}^1,\boldsymbol{y}),\boldsymbol{x}^2-\boldsymbol{x}^1\rangle$$

其中，$\nabla_{\boldsymbol{x}} f(\boldsymbol{x}^1,\boldsymbol{y})$是 f 在点$(\boldsymbol{x}^1,\boldsymbol{y})$处关于第一个变量的偏梯度。相似地，也可以给出 f 在它的第二个变量中被认为是边缘凸的概念。

尽管上面的定义是针对具有两个变量的函数给出的，显然它可以扩展到具有任意数量

变量的函数。还需要注意的是，所有变量都为边际凸函数的函数不一定是联合凸函数，反之亦然。

【定义 21.3】 边际强凸/平滑函数：连续可微函数 $f:\mathbb{R}^p\times\mathbb{R}^q\to\mathbb{R}$ 被认为（一致）α 边缘强凸（MSC）和（一致）β 边缘强平滑（MSS）在其第一个变量中，如果对于 $y\in\mathbb{R}^q$ 的每个值，函数 $f(\cdot,y):\mathbb{R}^p\to\mathbb{R}$ 是 α 强凸且 β 强平滑，即对于每个 $\boldsymbol{x}^1$、$\boldsymbol{x}^2\in\mathbb{R}^p$，有

$$\frac{\alpha}{2}\|\boldsymbol{x}^2-\boldsymbol{x}^1\|_2^2\leqslant f(\boldsymbol{x}^2,\boldsymbol{y})-f(\boldsymbol{x}^1,\boldsymbol{y})-\langle\boldsymbol{g},\boldsymbol{x}^2-\boldsymbol{x}^1\rangle\leqslant\frac{\beta}{2}\|\boldsymbol{x}^2-\boldsymbol{x}^1\|_2^2$$

其中，$\boldsymbol{g}=\nabla_{\boldsymbol{x}}f(\boldsymbol{x}^1,\boldsymbol{y})$ 是 f 在点 $(\boldsymbol{x}^1,\boldsymbol{y})$ 处相对于其第一个变量的偏梯度。相似地，也可以给出 f 在它的第二个变量中被视为（一致）MSC/MSS 的概念。

算法 21-2 概述的是交替最小化算法（gAM），用于分别约束到集合 X 和 Y 的两个变量的优化问题。该过程可以很容易地扩展到具有更多变量的函数，或者具有更复杂的 $\mathcal{Z}\subset\mathcal{X}\times\mathcal{Y}$ 形式的约束集。在初始化步骤之后，gAM 交替固定一个变量，并对另一个变量进行优化。

算法 21-2 广义交替最小化算法

输入：目标函数 $f:\boldsymbol{X}\times\boldsymbol{Y}\to\mathbb{R}$

输出：具有接近最优目标值的点 $(\hat{\boldsymbol{x}},\hat{\boldsymbol{y}})\in\boldsymbol{X}\times\boldsymbol{Y}$

$(\boldsymbol{x}^1,\boldsymbol{y}^1)\leftarrow$ 初始值

当 $t=1,2,\cdots,T$ 时

  $\boldsymbol{x}^{t+1}\leftarrow\underset{\boldsymbol{x}\in\boldsymbol{X}}{\operatorname{argmin}}f(\boldsymbol{x},\boldsymbol{y}^t)$

  $\boldsymbol{y}^{t+1}\leftarrow\underset{\boldsymbol{y}\in\boldsymbol{Y}}{\operatorname{argmin}}f(\boldsymbol{x}^{t+1},\boldsymbol{y})$

结束

返回 $(\boldsymbol{x}^T,\boldsymbol{y}^T)$

还存在 gAM 的“下降”版本，它们不完全执行边缘优化，而是沿变量采取梯度步骤

$$\boldsymbol{x}^{t+1}\leftarrow\boldsymbol{x}^t-\eta_{t,1}\nabla_{\boldsymbol{x}}f(\boldsymbol{x}^t,\boldsymbol{y}^t)$$

$$\boldsymbol{y}^{t+1}\leftarrow\boldsymbol{y}^t-\eta_{t,2}\nabla_{\boldsymbol{y}}f(\boldsymbol{x}^{t+1},\boldsymbol{y}^t)$$

这样的形式通常更容易执行，但也可能收敛得更慢。

21.2.2 随机优化技术

本节介绍在更一般的环境中研究非凸目标的优化问题。一些机器学习和信号处理应用（如深度学习等）会产生具有非凸目标函数的优化问题。通常，非凸目标的全局优化，即找到目标函数的全局最优，是一个 NP-Hard 问题。因此，在具有非凸目标的应用中，一般寻求的目标是找到局部最小值。达到局部最优的主要障碍是鞍点的存在，这些鞍点可能会因拖延进度而误导诸如梯度下降之类的优化方法，避免鞍点是非常好的方法。

近年来，人们对如何规避鞍点产生了浓厚的兴趣，特别是随着深度学习的出现，经验说明，在存在足够数据的情况下，即使学习网络边缘权重问题的局部最优解决方案也表现得相当好。在这些情况中，凸松弛等技术和前面介绍的非凸优化技术（如 gAM、gPGD）并不直接适用，此时，必须尝试直接优化非凸目标。

考虑到鞍点可能出现在各种各样的情况，尤其是在高维问题中，避免或逃避鞍点的问题本身

实际上是非常具有挑战性的。对于这种情况，即使找到局部最优解也是一个 NP-Hard 问题。

考虑无约束优化问题 $\min_{x\in\mathbb{R}^p} f(\boldsymbol{x})$，以下给出严格的鞍特性。

【定义 21.4】 严格的鞍特性：二次可微函数 $f(x)$ 被称为满足 $(\alpha,\gamma,\kappa,\xi)$-严格鞍(SSa)属性，如果对于函数的每个局部最小值 $\boldsymbol{x}^*$，该函数在区域 $\mathcal{B}_2(\boldsymbol{x}^*,2\xi)$ 并且每个点 $\boldsymbol{x}_0\in\mathbb{R}^p$ 至少满足以下属性之一。

(1) 平稳点：$\|\nabla f(\boldsymbol{x}_0)\|_2\geqslant\kappa$。

(2) 严格鞍点：$\lambda_{\min}(\nabla^2 f(\boldsymbol{x}_0))\leqslant-\gamma$。

(3) 近似局部最小值：对于一些局部最小值 $\boldsymbol{x}^*$，$\|\boldsymbol{x}_0-\boldsymbol{x}^*\|_2\leqslant\xi$。

上述属性对函数施加了相当多的限制。函数在其每个局部最优值的附近必须是强凸的，并且每个不是近似局部最小值的点都必须提供一个陡峭下降的方向。该点可以通过具有陡峭的梯度或其他方式(如果该点是鞍点)使其 Hessian 提供具有大的负特征值的特征向量，然后提供陡峭的下降方向。在下面的章节中将看到存在满足此属性的应用。

1. 噪声梯度下降算法

鉴于严格鞍特性确保存在一个陡峭的下降方向，直到接近近似局部最小值，所以简单的技术能够在严格鞍的函数上实现局部最优也就不足为奇了。现在将给出一种简单的方法利用严格鞍属性实现局部最优。

该方法的思路非常简单：在每个可能使梯度下降停止的鞍点处，严格鞍属性确保存在一个陡峭下降的方向。如果扰乱梯度，它就有可能指向陡峭下降的大致方向并逃离鞍点。但是，如果处于局部最小值或非平稳点，这种无偏估计 $\boldsymbol{g}'$ 通常被称为随机梯度，广泛用于机器学习和优化。算法具体见算法 21-3。

算法 21-3 噪声梯度下降

输入：目标函数 f，最大步长 $\eta_{\max}$，误差 ε

输出：局部最优点 $\hat{\boldsymbol{x}}\in\mathbb{R}^p$

$\boldsymbol{x}^1\leftarrow$初始值

令 $T\leftarrow1/\eta^2$，$\eta=\min\{\varepsilon^2/\log^2(1/\varepsilon),\eta_{\max}\}$

当 $t=1,2,\cdots,T$ 时

  样本扰动 $\zeta^t\sim S^{p-1}$

  $\boldsymbol{g}^t\leftarrow\nabla f(\boldsymbol{x}^t)+\zeta^t$

  $\boldsymbol{x}^{t+1}\leftarrow\boldsymbol{x}^t-\eta\cdot\boldsymbol{g}^t$

结束

返回 $\boldsymbol{x}^{\mathrm{T}}$

2. 非凸目标的约束优化

现在将把上述讨论扩展到优化问题受到约束的情况。给出具有等式约束的约束优化问题

$$\min_{x\in\mathbb{R}^p} f(\boldsymbol{x})$$
$$\text{s.t.}\ c_i(\boldsymbol{x})=0,\quad i\in[m]$$

令 $\mathcal{W}:=\{\boldsymbol{x}\in\mathbb{R}^p:c_i(x)=0,i\in[m]\}$ 表示约束集。一般来说，W 是一个流形。

第一步是将上述约束优化转换为无约束优化，以便可以在此处重新应用用于 NGD 的

一些方法。一种常见的方法是首先构建拉格朗日函数,定义为

$$\mathcal{L}(\boldsymbol{x},\boldsymbol{\lambda})=f(\boldsymbol{x})-\sum_{i=1}^{m}\lambda_i c_i(\boldsymbol{x})$$

其中 λ_i 是拉格朗日乘子。很容易验证以上问题的解决方案与以下问题的解决方案一致

$$\min_{\boldsymbol{x}\in\mathbb{R}^p}\max_{\boldsymbol{\lambda}\in\mathbb{R}^m}\mathcal{L}(\boldsymbol{x},\boldsymbol{\lambda})$$

注意,上述问题是无约束的。对于任何 $\boldsymbol{x}\in\mathbb{R}^p$,定义 $\boldsymbol{\lambda}^*(\boldsymbol{x}):=\underset{\boldsymbol{\lambda}}{\operatorname{argmin}}\left\|\nabla f(\boldsymbol{x})-\sum_{i=1}^{m}\lambda_i c_i(\boldsymbol{x})\right\|$ 和 $\mathcal{L}(\boldsymbol{x}^*):=\mathcal{L}(\boldsymbol{x},\boldsymbol{\lambda}^*(\boldsymbol{x}))$。定义流形 W 的切线和法线空间如下。

【定义 21.5】 法线和切线空间:对于定义为 $c_i(\boldsymbol{x})=0$ 形式的 m 个约束的交集的流形 W,给定任意 $\boldsymbol{x}\in\mathcal{W}$,将其切空间定义为 $\mathcal{T}(\boldsymbol{x})=\{\boldsymbol{v}\mid\langle\nabla c_i(\boldsymbol{x}),\boldsymbol{v}\rangle=0,i\in[m]\}$ 及其正常空间为

$$\mathcal{T}^c(\boldsymbol{x})=\operatorname{span}\{\nabla c_1(\boldsymbol{x}),\nabla c_2(\boldsymbol{x}),\cdots,\nabla c_m(\boldsymbol{x})\}$$

如果将 W 视为一个光滑曲面,那么在任何一点,切空间定义了该点的曲面的切平面,而法线空间由与该切平面正交的所有向量组成。定义上述所有量的原因如下。在无约束优化中,有一阶和二阶最优性条件:如果 $\boldsymbol{x}^*$ 是 $f(\cdot)$ 的局部最小值,则 $\nabla f(\boldsymbol{x}^*)=0$ 和 $\nabla^2 f(\boldsymbol{x}^*)>0$。

同理,对于约束优化问题,存在表征平稳点和最优点的类似条件:可以证明如果 $\boldsymbol{x}^*$ 是约束问题的局部最优值,则对于所有 $\boldsymbol{v}\in\mathcal{T}(\boldsymbol{x}^*)$,必须有 $\nabla\mathcal{L}^*(\boldsymbol{x}^*)=0$,并且 $\boldsymbol{v}^{\mathrm{T}}\nabla^2\mathcal{L}^*(\boldsymbol{x}^*)\boldsymbol{v}\geqslant 0$。这引出了严格鞍特性的定义。

【定义 21.6】 严格约束鞍属性:具有约束集 W 的二次可微函数 $f(\boldsymbol{x})$ 被称为满足 $(\alpha,\gamma,\kappa,\xi)$-严格约束鞍属性,如果对于每个局部最小值 $\boldsymbol{x}^*\in\mathcal{W}$,有 $\boldsymbol{v}^{\mathrm{T}}\mathcal{L}^*(\boldsymbol{x}')\boldsymbol{v}\geqslant\alpha$ 对于所有的 $\boldsymbol{v}\in\mathcal{T}(\boldsymbol{x}')$,$\|\boldsymbol{v}\|_2=1$ 和对于区域 $\mathcal{B}_2(\boldsymbol{x}^*,2\xi)$ 中的所有 $\boldsymbol{x}'$,而且任何点 $\boldsymbol{x}_0\in\mathbb{R}^p$ 至少满足以下特性之一。

(1) 非平稳:$\|\nabla\mathcal{L}^*(\boldsymbol{x}_0)\|_2\geqslant\kappa$。

(2) 严格的鞍:对于一些 $\boldsymbol{v}\in\mathcal{T}(\boldsymbol{x}_0)$,$\|\boldsymbol{v}\|_2=1$,$\boldsymbol{v}^{\mathrm{T}}\nabla^2\mathcal{L}^*(\boldsymbol{x}_2)\boldsymbol{v}\leqslant-\gamma$。

(3) 近似局部最小值:对于一些局部最小值 $\boldsymbol{x}^*$,$\|\boldsymbol{x}_0-\boldsymbol{x}^*\|_2\leqslant\xi$。

21.3 非凸优化的应用

21.3.1 线性回归模型

本节介绍稀疏线性回归和鲁棒线性回归模型作为非凸优化的应用。令 $\boldsymbol{x}_i\in\mathbb{R}^p$ 表示特征,每个特征将构成一个数据点。将有一个与每个数据点相关的响应变量 $y_i\in\mathbb{R}$。假设 y_i 是使用一些底层稀疏模型 $\boldsymbol{w}^*\in\mathcal{B}_0(s)$ 生成的,因为 $y_i=\boldsymbol{x}_i^{\mathrm{T}}\boldsymbol{w}^*+\eta_i$,其中 η_i 表示良性噪声。

从数据 $(\boldsymbol{x}_1,y_1),(\boldsymbol{x}_2,y_2),\cdots,(\boldsymbol{x}_n,y_n)$ 中恢复 w^* 要求解决以下优化问题 $\min\limits_{\boldsymbol{w}\in\mathbb{R}^p,\|\boldsymbol{w}\|_0\leqslant s}\sum_{i=1}^{n}(y_i-\boldsymbol{x}_i^{\mathrm{T}}w)^2$。可以写为

$$\min_{\substack{\boldsymbol{w}\in\mathbb{R}^p\\ \|\boldsymbol{w}\|_0\leqslant s}}\sum_{i=1}^{n}\|\boldsymbol{y}-\boldsymbol{X}\boldsymbol{w}\|_2^2$$

其中，$\boldsymbol{X}=[\boldsymbol{x}_1,\boldsymbol{x}_2,\cdots,\boldsymbol{x}_n]^{\mathrm{T}}$，$\boldsymbol{y}=[y_1,y_2,\cdots,y_n]^{\mathrm{T}}$。通常将加性噪声建模为白噪声，即 $\eta_i\sim\mathcal{N}(0,\sigma^2)$，$\sigma>0$。应该注意的是，上述的稀疏回归问题是一个 NP-Hard 问题。

优化算法是在 21.2 节中研究的 gPGD 算法的变体，称为迭代硬阈值(Iterative Hard Thresholding，IHT)。IHT 算法在算法 21-4 中进行了概述。

算法 21-4 迭代硬阈值

输入：数据 $\boldsymbol{X},\boldsymbol{y}$，步长 η，投影稀疏度 k

输出：一个稀疏模型 $\hat{\boldsymbol{w}}\in\mathcal{B}_0(k)$

$\boldsymbol{w}^1\leftarrow 0$

当 $t=1,2,\cdots,T$ 时

$\quad\boldsymbol{z}^{t+1}\leftarrow\boldsymbol{w}^t-\eta\cdot\frac{1}{n}\boldsymbol{X}^{\mathrm{T}}(\boldsymbol{X}\boldsymbol{w}^t-\boldsymbol{y})$

$\quad\boldsymbol{w}^{t+1}\leftarrow\prod_{\mathcal{B}_0(k)}(\boldsymbol{z}^{t+1})$

结束

返回 $\boldsymbol{w}^t$

考虑到只需要梯度步骤，算法 21-4 实现起来非常简单，而且执行速度非常快。鉴于 IHT 的简易性和速度，所以它是从业者的首选方法。

凸松弛技术对解决稀疏线性问题也非常流行。松弛方法首先将非凸问题转换为凸问题，然后再解决它们。已被广泛研究的 LASSO 模型就是应用于稀疏回归问题的凸松弛方法

$$\min_{\substack{w\in\mathbf{R}^p\\ \|w\|_0\leqslant s}}\sum_{i=1}^{n}\|\boldsymbol{y}-\boldsymbol{X}\boldsymbol{w}\|_2^2$$

由于非凸约束 $\|\boldsymbol{w}\|_0\leqslant s$ 是非凸的，松弛方法通过将约束更改为使用 L_1 范数解决此问题，即

$$\min_{\substack{w\in\mathbf{R}^p\\ \|w\|_1\leqslant R}}\sum_{i=1}^{n}\|\boldsymbol{y}-\boldsymbol{X}\boldsymbol{w}\|_2^2 \tag{21-2}$$

或改用其正则化版本

$$\min_{w\in\mathbf{R}^p}\frac{1}{2n}\|\boldsymbol{y}-\boldsymbol{X}\boldsymbol{w}\|_2^2+\lambda_n\|\boldsymbol{w}\|_1 \tag{21-3}$$

式(21-2)和式(21-3)是凸的，适当调整这些参数可以确保适当收敛。

21.3.2 低秩矩阵恢复

仿射秩最小化(Affine Rank Minimization，ARM)，考虑低秩矩阵 $\boldsymbol{X}\in\mathbb{R}^{m\times n}$ 和一个仿射变换 $\boldsymbol{A}:\mathbb{R}^{m\times n}\rightarrow\mathbb{R}^k$。该变换可以看作是 k 个仿射变换 $\boldsymbol{A}_i:\mathbb{R}^{m\times n}\rightarrow\mathbb{R}$ 的串联。给定变换 $\boldsymbol{\mathcal{A}}$，其在矩阵 $\boldsymbol{X}^*$ 上进行 $\boldsymbol{y}=\mathcal{A}(\boldsymbol{X}^*)\in\mathbb{R}^k$。目标是通过解决以下优化问题来恢复这个矩阵

$$\begin{cases}\min\ \mathrm{rank}(\boldsymbol{X})\\ \text{s.t.}\ \ \boldsymbol{\mathcal{A}}(\boldsymbol{X}^*)=\boldsymbol{y}\end{cases} \tag{21-4}$$

这个问题可以被证明是 NP-Hard 的。

由于它与稀疏恢复问题的相似性，首先讨论一般的 ARM 问题。能发现将协同过滤问

题转换为低秩矩阵完成问题是有利的。有一个基础的低秩矩阵 $\boldsymbol{X}^*$，观察到集合 $\Omega \subset [m] \times [n]$ 中的项目。那么低秩矩阵补全问题可以表述为

$$\min_{\substack{\boldsymbol{X} \in \mathbb{R}^{m \times n} \\ \operatorname{rank}(\boldsymbol{X}) \leqslant r}} \left\| \prod_{\Omega} (\boldsymbol{X} - \boldsymbol{X}^*) \right\|_F^2$$

其中，$\prod_{\Omega}(X)$ 被定义，对于任何矩阵 $\boldsymbol{X}$ 为

$$\prod_{\Omega}(X)_{i,j} = \begin{cases} X_{i,j}, & (i,j) \in \Omega \\ 0, & \text{其他} \end{cases}$$

如前所述，这个问题是 NP-Hard 的。

现在将 gPGD 算法应用于 ARM 问题。为此，首先考虑对 ARM 问题进行以下

$$\begin{cases} \min \dfrac{1}{2} \| \boldsymbol{\mathcal{A}}(\boldsymbol{X}) - \boldsymbol{y} \|_2^2 \\ \text{s.t. } \operatorname{rank}(\boldsymbol{X}) \leqslant r \end{cases}$$

重新表述，以使其与投影梯度下降迭代更兼容。

1. 通过投影梯度下降进行低秩矩阵恢复

将 gPGD 算法应用于上述公式，得到奇异值投影(Singular Value Projection，SVP)，见算法 21-5。请注意，在这种情况下，需要对一组低秩矩阵进行投影。

算法 21-5 奇异值投影

输入：线性映射 $\boldsymbol{\mathcal{A}}$ 度量 $\boldsymbol{y}$，目标秩 q，步长 η

输出：秩至多为 q 的矩阵 $\hat{\boldsymbol{X}}$

$\boldsymbol{X}^1 \leftarrow \boldsymbol{0}^{m \times n}$

当 $t = 1, 2, \cdots, T$ 时

  $\boldsymbol{Y}^{t+1} \leftarrow \boldsymbol{X}^t - \eta \cdot \boldsymbol{\mathcal{A}}^{\mathrm{T}}(\boldsymbol{\mathcal{A}}(\boldsymbol{X}^t) - \boldsymbol{y})$

  计算 $\boldsymbol{Y}$ 的前 q 个奇异向量 / 值 $\boldsymbol{Y}^{t+1}$：$\boldsymbol{U}_q^t, \sum_q^t, \boldsymbol{V}_q^t$

  $\boldsymbol{X}^{t+1} \leftarrow \boldsymbol{U}_q^t \sum_q^t (\boldsymbol{V}_q^t)^{\mathrm{T}}$

结束

返回 $\boldsymbol{X}^t$

---

2. 通过交替最小化完成矩阵

现在研究用于解决低秩矩阵完成问题的交替最小化技术。LRMC 问题允许进行等效的重新表述，其中消除了低秩结构约束，取而代之的是，解决方案是根据两个低秩组件来描述

$$\min_{\substack{\boldsymbol{U} \in \mathbb{R}^{m \times k} \\ \boldsymbol{V} \in \mathbb{R}^{n \times k}}} \left\| \prod_{\Omega} (\boldsymbol{U}\boldsymbol{V}^{\mathrm{T}} - \boldsymbol{X}^*) \right\|_F^2$$

在这种情况下，固定 $\boldsymbol{U}$ 或 $\boldsymbol{V}$ 将上述问题简化为一个简单的最小二乘问题。这些问题非常适合应用 gAM 算法。AM-MC 算法(参见算法 21-6)将 gAM 方法应用于以上优化问题。

算法 21-6 AltMin 矩阵补全

输入：在集合 Ω 中的秩为 r 的矩阵 $\boldsymbol{A}\in\mathbb{R}^{m\times n}$，采样概率 p，停止时间 T

输出：秩至多为 r 的矩阵 $\hat{\boldsymbol{X}}$

将集合 Ω 随机均匀分为 $2T+1$ 个集合 $\Omega_0,\Omega_1,\cdots,\Omega_{2T}$

$\boldsymbol{U}^1 \leftarrow SVD\left(\frac{1}{p}\prod_{\Omega_0}(\boldsymbol{A}),r\right)$，$\frac{1}{p}\prod_{\Omega_0}(\boldsymbol{A})$ 的左上 r 个奇异向量

当 $t=1,2,\cdots,T$ 时

$\boldsymbol{V}^{t+1} \leftarrow \arg\min\limits_{\boldsymbol{V}\in\mathbf{R}^{n\times r}}\left\|\prod_{\Omega_t}(\boldsymbol{U}^t\boldsymbol{V}^{\mathrm{T}}-\boldsymbol{A})\right\|_F^2$

$\boldsymbol{U}^{t+1} \leftarrow \arg\min\limits_{\boldsymbol{U}\in\mathbf{R}^{m\times r}}\left\|\prod_{\Omega_{T+t}}(\boldsymbol{U}(\boldsymbol{V}^{t+1})-\boldsymbol{A})\right\|_F^2$

结束

返回 $\boldsymbol{U}^{\mathrm{T}}(\boldsymbol{V}^{\mathrm{T}})^{\mathrm{T}}$

3. 其他的矩阵恢复技术

解决 ARM 和 LRMC 问题的方法有基于松弛的方法，这些方法使用(凸)核范数放宽了式(21-3)中的非凸秩目标

$$\min \|\boldsymbol{X}\|_*$$
$$\text{s. t. } \mathcal{A}(\boldsymbol{X})=\boldsymbol{y}$$

其中，矩阵$\|\boldsymbol{X}\|_*$的核范数是矩阵 $\boldsymbol{X}$ 的所有奇异值的总和。与稀疏恢复类似，存在用于矩阵恢复的追踪式技术，其中最值得注意的是 ADMiRA 方法，它将正交匹配追踪方法扩展到矩阵恢复设置。然而，这种方法在恢复秩稍大的矩阵时可能会有点迟钝，因为它会逐渐发现一个秩越来越大的矩阵。

21.3.3 张量分解

对于任意 $\boldsymbol{u}$、$\boldsymbol{v}$、$\boldsymbol{w}$、$\boldsymbol{x}\in\mathbb{R}^p$，令 $\boldsymbol{T}=\boldsymbol{u}\otimes\boldsymbol{v}\otimes\boldsymbol{w}\otimes\boldsymbol{x}\in\mathbb{R}^{p\times p\times p\times p}$。这个张量的第$(i,j,k,l)$项，对于任何 $i,j,k,l\in[p]$，将是 $\boldsymbol{T}_{i,j,k,l}=\boldsymbol{u}_i\cdot\boldsymbol{v}_j\cdot\boldsymbol{w}_k\cdot\boldsymbol{x}_l$。4 阶张量的集合在加法和标量乘法下是闭合的。给出一类特殊的四阶张量——正交张量，其正交分解如下

$$\boldsymbol{T}=\sum_{i=1}^{r}\boldsymbol{u}_i\otimes\boldsymbol{u}_i\otimes\boldsymbol{u}_i\otimes\boldsymbol{u}_i$$

其中，向量 $\boldsymbol{u}_i$ 是张量 $\boldsymbol{T}$ 的正交分量，即，如果 $i\neq j$ 且$\|\boldsymbol{u}_i\|_2=1$，则 $\boldsymbol{u}_i^{\mathrm{T}}\boldsymbol{u}_i=0$。据说上述张量的秩为 r，因为它在分解中具有 r 个分量。如果张量的正交分解存在，则可以证明它是唯一的。

将张量分解问题简化为解决以下优化问题

$$\begin{cases}\max T(\boldsymbol{u},\boldsymbol{u},\boldsymbol{u},\boldsymbol{u})=\sum\limits_{i=1}^{r}(\boldsymbol{u}_i^{\mathrm{T}}\boldsymbol{u})^4\\ \text{s. t. } \|\boldsymbol{u}\|_2=1\end{cases}$$

上述问题在分量的排列方面具有内部对称性，以及符号翻转(u_i 和 $-u_i$ 都是有效分量)，这会产生鞍点。

任何解决问题的方法都必须在范围内。由于分量 u_i 是正交的，这意味着寻找 $u=$

$\sum_{i=1}^{r} x_i u_i$ 形式的解就足够了。这给了 $\boldsymbol{T}(\boldsymbol{u},\boldsymbol{u},\boldsymbol{u},\boldsymbol{u})=\sum_{i=1}^{r} x_i^4$ 和 $\|\boldsymbol{u}\|_2=\|\boldsymbol{x}\|_2$，其中 $\boldsymbol{x}=[x_1,x_2,\cdots,x_r]$。可以将等价问题表述为

$$\begin{cases}\min & -\|\boldsymbol{x}\|_4^4 \\ \text{s.t.} & \|\boldsymbol{x}\|_2=1\end{cases}$$

注意，上述问题是非凸的，因为目标函数是凹的。然而，也有可能表明优化问题的唯一局部最小值是 $\pm\boldsymbol{u}_i$。通过将 PNGD 算法应用于优化问题来发现一个变量(比如 $\boldsymbol{u}_1$)。恢复这个分量后，创建一个新的张量 $\boldsymbol{T}'=\boldsymbol{T}-\boldsymbol{u}_1\otimes\boldsymbol{u}_1\otimes\boldsymbol{u}_1\otimes\boldsymbol{u}_1$，再次应用该过程以发现第二个分量，依此类推。

21.3.4　深度神经网络

对于神经网络的结构设计仍然缺乏统一的指导。神经网络结构设计可以受到优化算法的启发，而更快的优化算法可能会导致神经网络结构更好。具体而言，在具有相同线性变换的 FNN 在不同层中的传播等效于使用梯度下降算法将某些函数最小化。基于此观察结果，用重球算法和 Nesterov 的加速梯度下降算法替换梯度下降算法，这些算法速度更快，并启发我们设计新的更好的网络结构。

21.4　本章小结

非凸优化的主要挑战是由可行集的非凸性或目标函数的非凸性引起的。当决策变量只能采用一组离散值时，第一种情况与离散优化紧密相关。在第二种情况下，变量可以取连续的值，问题的非凸性不允许希望在合理的时间内找到全局解。从两个特定的示例开始，这些示例总体上说明了非凸优化的难处理性。这种难解性导致了各种放松，例如将目标更改为以下一种放松：找到一个近似的平稳点而不是一个全局最小值，或者引入关于该问题的其他假设，或者大量使用问题的结构，这导致证明可以收敛到全局最小化器。

参考文献

本章参考文献扫描下方二维码。

第 22 章 非负矩阵深度学习分解

CHAPTER 22

在信息缤纷的世界当中，总有一些简洁而重要的内容潜藏在事物的表象背后。对于信号而言，简单的模式也能产生复杂多变的表征形式。挖掘信息背后的规律，正是信号处理、数据分析、数据挖掘、模式识别、机器学习等学科发展的主要目的。

随着科技的发展，人类获取信息的手段的成熟，越来越多数据呈现高维、复杂的特性。这些数据的维度从几万维到几千万维，引发的维度灾难给数据分析算法带来了巨大的挑战。因此，如何有效地将数据进行降维，并且能够分析各项任务的主要成分，隐藏概念，保留特征或潜在变量是一项重要的工作。

非负矩阵分解(Nonnegative Matrix Factorization，NMF)正是能够满足以上需求的数据降维工具。本章将介绍非负矩阵分解的发展背景以及相关的基本概念、非负矩阵分解的经典算法以及重要的变体、非负矩阵分解与深度学习之间的联系与应用。

22.1 非负矩阵分解概述

数据信息的高效提取以及处理是设计自动化算法的目标。而算法运行过程的可解释性，对设计出更优算法有着重要的指导意义。对于我们而言，图像、声音等数据都是以非负的形式进行存储的。因此，若算法提取的特征同样为非负的，那么数据可以表示为特征的线性组合，具有可解释性。对于深度学习而言，人们普遍关注模型性能的提升，未对模型提取的特征进行约束。因此，深度学习算法的设计通常依赖大量数据进行训练，通过大量的实验进行验证，却难以通过观察提取的特征了解模型的工作原理。

NMF 算法是一种有效降维样本的经典方法，它在样本的低维表示中具有出色的性能。在很多情况下，常常以矩阵(或者张量)的形式对采集的数据进行存储，然后通过线性组合模型对其进行描述。从代数的角度而言，矩阵分解的工作就是对一个高维的矩阵进行因子分解，得到两个低维的矩阵。PCA、LDA、独立成分分析、三角(LU)分解、QR 分解等都是常见的矩阵分解方法。通常称分解的两个低维矩阵为基矩阵以及系数矩阵。以上算法的区别主要在于对分解得到的矩阵施加不同的约束，得到不同的基矩阵。通过这些不同的基矩阵可以了解不同算法具体的区别，具有很强的可解释性。NMF 与 VQ 分解、PCA 分解的区别如图 22-1 所示。

NMF 主要关注样本的局部信息，其基矩阵主要表现为人脸上的局部位置(眼睛、鼻子等)。VQ 分解则将系数矩阵的列向量约束为一元向量，即向量中只有一个元素为 1，其余都为 0，因此其基矩阵表现为整体的目标。PCA 对分解的矩阵没有非负性的约束。

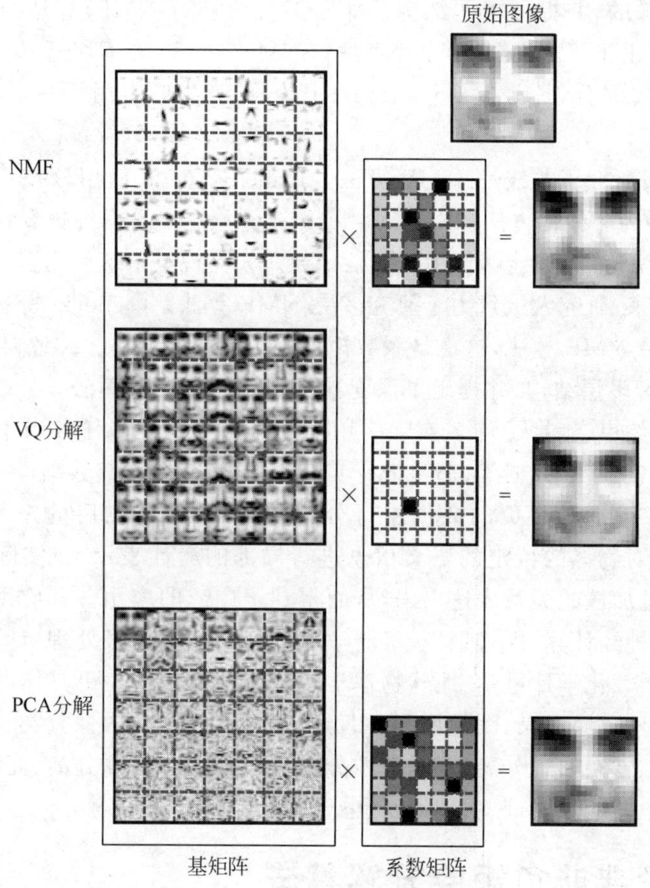

图 22-1 三种矩阵分解效果的比较

NMF 要求分解的两个矩阵的元素都均是非负的。具体而言，在 NMF 中，数据矩阵被分为基矩阵以及系数矩阵。基矩阵的每一行都代表了数据中的某一部分(潜在特性)，系数矩阵中的某一列则是一个样本通过基矩阵表示得到的系数。因此，一个样本可以通过不同的部分(基矩阵的每一行)的线性组合(系数矩阵的每一列)得到样本的整体。NMF 不仅是一种数学形式的对矩阵的分解，它还试图建立一个可学习的模型对物体的局部进行建模，也就是"局部代表整体"的特性。这种基于局部的表示形式与人类对物体的整体感知是一致的，表现十分直观，因此也具有一定的可解释性。

最早由 Lee 等提出的 NMF 算法将原始图像样本表示为一组基础图像的组合。NMF 算法中的原始样本可以通过一组基础图像进行重建。这种基于基本向量组合的样本表示具有非常直观的语义解释，反映了人类思维中"部分构成整体"的概念。NMF 算法的分解过程中的矩阵元素满足非负特性，使其广泛用于许多实际数据分析中，包括具有非负像素值的图像分析，具有非负字频的文本分析等。

此后，出现了很多对于 NMF 的改进算法，Hoyer 提出了一种具有稀疏约束的 NMF 算法，以在分解后改善基础图像的局部特征。Pascual-Montano 等为了获得具有更好的样本表达能力和更强的局部特征表示的基础图像，提出了非光滑的 NMF。该算法引入了"平滑"矩阵以构造新的因子分解形式。从几何学的角度，蔡等认为数据通常是从嵌入在高维空间中的低维流形采样的,并提出了图结构的非负矩阵分解(GNMF)算法。丁等放宽因式分解的约束条件,提出了半非负矩阵分解算法(SNMF),该算法不仅适用于非负数据分析,而且适用于负数数据分析。2018 年,Rousset 等将 SNMF 应用于单像素成像中的模式泛化。

一些研究人员研究了非线性 NMF 算法。Ioan Buciuetal 使用核技巧和多项式核函数将线性 NMF 扩展为非线性方法。Stefanos Zafeiriou 等提出了一种投影梯度核非负矩阵分解(PGKNMF)算法,该算法能够使用任意核函数。人类视觉系统使用多层非线性方法分析图像。因此,近年来,研究人员致力于研究多层 NMF 算法。Cichocki 等提出了一种具有多起始初始化的多层 NMF 算法,这也是系数矩阵的一个深层分解。2017 年,Trigeorgis 等将 SNMF 算法扩展为多层结构,并提出了深度半 NMF(DSNMF)算法。

NMF 的非负约束,满足了许多实际应用上的需求。在许多任务当中,其收集的数据,例如图像、光谱信息、基因数据等,都是带有实际的物理意义,对其数据进行存储的矩阵都是非负的。而 NMF 正是对非负的数据进行分解,并要求分解以后的矩阵也均是非负的。NMF 通过基矩阵对物体的特定的语义信息进行局部的属性表示,将实际应用中的潜在属性及局部信息通过加性的关系表达出来,从而得到了广泛的应用。其应用的领域包括且不局限于数学优化、神经计算、模式识别、机器学习、数据挖掘、信号处理、计算机视觉、光谱数据分析、生物信息学、化学计量学、地球物理学和金融与经济等。更具体的应用包括文本数据挖掘 、数字水印、图像去噪、图像恢复、图像分割、图像融合、图像分类、图像检索、人脸识别、人脸表情识别、音频模式分离、音乐类型分类、语音识别、盲源分离、光谱学、基因表达分类、细胞分析、脑电图信号处理、病理诊断、电子邮件监测等。

22.2 经典非负矩阵分解算法

22.2.1 非负矩阵分解

经典的 NMF 符合图像数据的特性,其主要目的是将原始训练样本 $\boldsymbol{x}_i \in \mathbb{R}_+^m$ 分解为多个基础图像 $\boldsymbol{w}_j \in \mathbb{R}_+^m$ 的线性组合

$$x_i = \sum_{j=1}^{r} h_{ij} \boldsymbol{w}_j \tag{22-1}$$

其对应的矩阵形式为

$$\begin{cases} \boldsymbol{X} \approx \boldsymbol{WH}, \\ \text{s.t. } \boldsymbol{W} \geqslant 0, \boldsymbol{H} \geqslant 0 \end{cases} \tag{22-2}$$

其中,$\boldsymbol{W} \in \mathbb{R}^{m \times r}$ 是基矩阵;$\boldsymbol{H} = [\boldsymbol{h}_1, \boldsymbol{h}_2, \cdots, \boldsymbol{h}_{n+k}] \in \mathbb{R}^{r \times (n+k)}$ 为系数矩阵;$h_i, i = 1, 2, \cdots, n+k$ 对应 $v_i \in V$ 的系数编码;r 是分解后矩阵的维度,通常是根据对数据的先验以及实验进行选取,并要求 $r \ll min\{m, n\}$。

从上面 NMF 的定义,可以清晰地看出,NMF 的目标就是求得两个非负矩阵 $\boldsymbol{W}$ 和 $\boldsymbol{H}$ 去近似表示矩阵 $\boldsymbol{X}$。本节后面会介绍经典的 NMF 求解方法。

1. 乘法更新法则

不同于其他矩阵分解,NMF 要求基矩阵 $\boldsymbol{W}$ 和系数矩阵 $\boldsymbol{H}$ 中的元素均为非负的。那么设 $\boldsymbol{E}$ 为 $\boldsymbol{X}$ 分解前后的逼近误差,则式(22-2)可以转换为

$$X = WH + E \tag{22-3}$$

NMF 希望分解前后误差 $\boldsymbol{E}=\boldsymbol{X}-\boldsymbol{W}\boldsymbol{H}$ 越小越好，即 $\|\boldsymbol{E}\|$ 越小越好，以欧氏距离度量的目标函数为

$$\begin{cases}\min\limits_{\boldsymbol{W},\boldsymbol{H}}\sum\limits_{ij}\frac{1}{2}(X_{ij}-(\boldsymbol{W}\boldsymbol{H})_{ij})^2=\min\limits_{W,H}\frac{1}{2}\|\boldsymbol{X}-\boldsymbol{W}\boldsymbol{H}\|_F^2\\ \text{s. t.}\,\boldsymbol{W}\geqslant 0,\boldsymbol{H}\geqslant 0\end{cases} \tag{22-4}$$

以 KL 散度度量的目标函数为

$$\begin{cases}\min\limits_{\boldsymbol{W},\boldsymbol{H}}\sum\limits_{ij}(X_{ij}\log\frac{X_j}{(\boldsymbol{W}\boldsymbol{H})_{ij}}-X_{ij}+(\boldsymbol{W}\boldsymbol{H})_{ij})\\ \text{s. t.}\,\boldsymbol{W}\geqslant 0,\boldsymbol{H}\geqslant 0\end{cases} \tag{22-5}$$

对于 $\boldsymbol{W}$、$\boldsymbol{H}$ 而言，式(22-4)和式(22-5)是非凸的，无法直接求解。固定 $\boldsymbol{W}$ 时，式(22-4)和式(22-5)对于 $\boldsymbol{H}$ 是凸的。即当 $\boldsymbol{H}\geqslant 0$，式(22-4)和式(22-5)存在局部最优解。同理当固定 $\boldsymbol{H}$ 时，在 $\boldsymbol{W}$ 的取值范围 $\boldsymbol{W}\geqslant 0$ 内，式(22-4)和式(22-5)存在局部最优解。因此可以通过交替迭代求解式(22-4)和式(22-5)的局部最优解。下面以式(22-4)为例给出其对应的迭代规则

$$W_{ik}\leftarrow W_{ik}\frac{(\boldsymbol{X}\boldsymbol{H}^{\mathrm{T}})_{ik}}{(\boldsymbol{W}\boldsymbol{H}\boldsymbol{H}^{\mathrm{T}})_{ik}} \tag{22-6}$$

$$H_{kj}\leftarrow H_{kj}\frac{(\boldsymbol{W}^{\mathrm{T}}\boldsymbol{X})_{kj}}{(\boldsymbol{W}\boldsymbol{W}^{\mathrm{T}}\boldsymbol{H})_{kj}} \tag{22-7}$$

式(22-6)和式(22-7)是一种经典的求解 NMF 的方法，也称为乘法更新法则(Multiplicative Updates，MU)。其通过梯度下降法推导而来，选择特定的更新步长，可以保证每次更新后依旧满足非负约束条件。

2. 分层交替最小平方

除了乘法更新法则以外，还有分层交替最小平方(Hierarchical Alternating Least Squares，HALS)等经典优化算法。分层交替最小平方算法对非负矩阵分解任务进行重新的表示。对于平方欧氏损失函数可定义为

$$J(\boldsymbol{w}_1,\boldsymbol{w}_2,\cdots,\boldsymbol{w}_j,\boldsymbol{h}_1,\boldsymbol{h}_2,\cdots,\boldsymbol{h}_j)=\frac{1}{2}\|X-WH^{\mathrm{T}}\|_F^2=\frac{1}{2}\left\|X-\sum_k^K w_j h_j^{\mathrm{T}}\right\|_F^2 \tag{22-8}$$

其核心思想是将损失定义为一个残差项

$$\boldsymbol{X}^{(k)}=\boldsymbol{X}-\sum_{p\neq k}\boldsymbol{w}_p\boldsymbol{w}_p^{\mathrm{T}}=\boldsymbol{X}-\boldsymbol{W}\boldsymbol{H}^{\mathrm{T}}+\boldsymbol{w}_k\boldsymbol{h}_k^{\mathrm{T}}=\boldsymbol{X}-\boldsymbol{W}\boldsymbol{H}^{\mathrm{T}}+\boldsymbol{w}_{k-1}\boldsymbol{h}_{k-1}^{\mathrm{T}}-\boldsymbol{w}_{k-1}\boldsymbol{h}_{k-1}^{\mathrm{T}}+\boldsymbol{w}_k\boldsymbol{h}_k^{\mathrm{T}} \tag{22-9}$$

对于 $k=1,2,\cdots,K$，通过交替地去优化一系列的损失函数，接着求目标变量的梯度，得到迭代求解的式子

$$\boldsymbol{w}_k\rightarrow\frac{1}{\boldsymbol{h}_j^{\mathrm{T}}\boldsymbol{h}_j}[\boldsymbol{X}^{(k)\mathrm{T}}\boldsymbol{h}_j]_+,\quad \boldsymbol{h}_k\rightarrow\frac{1}{\boldsymbol{w}_j^{\mathrm{T}}\boldsymbol{w}_j}[\boldsymbol{X}^{(k)\mathrm{T}}\boldsymbol{w}_j]_+ \tag{22-10}$$

上述目标函数是 NMF 的基本定义形式，同时介绍的优化方式能够保证将原始矩阵分解为基矩阵以及系数矩阵均为非负的。然而对于实际情况，这样的分解并不具有实际的意义，无法解决实际生活中的各种问题。因此，在目标函数上添加额外的约束，才能保证非负矩阵分解具有实际的含义。22.2.2 节将介绍非负矩阵分解最重要的一种约束——稀疏

约束。

3. NeNMF 求解

标准 NMF 求解会面临收敛速度慢、解不稳定及不收敛等情况。为了解决这些问题，Guan 等提出了 NeNMF 求解器。该方法使用 Nesterov 最优梯度优化方法，交替更新式(22-2)中的因子。由于式(22-2)是非凸最小化额问题，不利于求解最优解。因此，利用块坐标下降法，交替地求解式(22-11)，可以得到局部可行解

$$\boldsymbol{H}^{t+1} = \operatorname{argmin} F(\boldsymbol{W}^t, \boldsymbol{H}) = \frac{1}{2}\|\boldsymbol{X} - \boldsymbol{W}^t\boldsymbol{H}\|_F^2 \tag{22-11}$$

已有的研究已经证明了 $F(\boldsymbol{W}^t, \boldsymbol{H})$是凸的，并且其梯度$\nabla_H F(\boldsymbol{W}^t, \boldsymbol{H})$是 Lipschitz 连续。使用 Nesterov 最优梯度优化方法可以用于有效地优化公式(22-11)。以下为 Nesterov 最优梯度优化方法，优化矩阵 $\boldsymbol{H}$ 的过程

$$\boldsymbol{H}_k = \underset{\boldsymbol{H}\geqslant 0}{\operatorname{argmin}} \phi(\boldsymbol{Y}_k, \boldsymbol{H}) = F(\boldsymbol{W}^t, \boldsymbol{Y}_k) + \langle \nabla_H F(\boldsymbol{W}^t, \boldsymbol{Y}_k), \boldsymbol{H} - \boldsymbol{Y}_k \rangle + \frac{L}{2}\|\boldsymbol{H} - \boldsymbol{Y}_k\|_F^2 \tag{22-12}$$

$$\boldsymbol{Y}_{k+1} = \boldsymbol{H}_k + \frac{\alpha_k - 1}{\alpha_{k+1}}(\boldsymbol{H}_k - \boldsymbol{H}_{k-1})$$

其中，$\phi(\boldsymbol{Y}_k, \boldsymbol{H})$是 $F(\boldsymbol{W}^t, \boldsymbol{Y}_k)$的关于 $\boldsymbol{Y}_k$ 的近似函数；$L = \|\boldsymbol{W}^{(t)\mathrm{T}}\boldsymbol{W}^t\|$ 是 Lipschitz 常量；$\langle \cdot, \cdot \rangle$是矩阵的内积；$\boldsymbol{H}_k$ 包含了通过最小化近似函数 $\phi(\boldsymbol{Y}_k, \boldsymbol{H})$在 $\boldsymbol{H}$ 上得到的近似解，同时 $\boldsymbol{Y}_k$ 通过线性组合最近的两个近似解来存储搜索点。另外，这里的结合系数 α_{k+1} 定义为

$$\alpha_{k+1} = \frac{1 + \sqrt{4\alpha_k^2 + 1}}{2} \tag{22-13}$$

利用拉格朗日乘子法，其 Karush-KuhnTucker(KKT)条件为

$$\begin{cases} \nabla_H \phi(\boldsymbol{Y}_k, \boldsymbol{H}_k) \geqslant 0 \\ \boldsymbol{H}_k \geqslant 0 \\ \nabla_H \phi(\boldsymbol{Y}_k, \boldsymbol{H}_k) \otimes \boldsymbol{H}_k = 0 \end{cases} \tag{22-14}$$

通过求解式(22-14)，可以得到 $\boldsymbol{H}_k$ 的迭代式

$$\boldsymbol{H}_k = P\left(\boldsymbol{Y}_k - \frac{1}{L}\nabla_H F(\boldsymbol{W}^t, \boldsymbol{Y}_k)\right) \tag{22-15}$$

其中，$P(\boldsymbol{X})$是将 $\boldsymbol{X}$ 中所有负数映射为零。通过交替地更新 $\boldsymbol{H}_k$、α_{k+1} 和 Y_{k+1}，直到收敛，$\boldsymbol{H}^t$ 的最优解就可以得到。更新 $\boldsymbol{W}^t$ 的方式与上述过程类似。通过循环迭代更新矩阵 $\boldsymbol{H}^t$ 和 $\boldsymbol{W}^t$，NeNMF 求解方法就得到了 NMF 的结果。

以上主要介绍了几种主要的矩阵分解求解方法。更全面和详细的介绍可参考文章 *Non-negative Matrix Factorization: A Survey*。

22.2.2 稀疏非负矩阵分解

标准 NMF 仅对基矩阵以及系数矩阵具有非负的约束。然而这种约束并不能得到唯一解，NMF 仍然是一个病态的问题。为了让解表示信号的局部性更强，满足具体应用的需求，需要对基矩阵 $\boldsymbol{W}$ 和系数矩阵 $\boldsymbol{H}$ 都额外引入约束。引入多种的有约束非负矩阵分解可以统一表示为相似的目标函数

$$D_C(\boldsymbol{X} \| \boldsymbol{WH}) = D(\boldsymbol{X} \| \boldsymbol{WH}) + \alpha J_1(\boldsymbol{W}) + \beta J_2(\boldsymbol{H}) \tag{22-16}$$

其中，$J_1(\boldsymbol{W})$和$J_2(\boldsymbol{H})$是添加特定应用相关的约束惩罚因子，α、β是用来平衡重构精度以及约束项的正则化参数。其优化方法可以基于基本的非负矩阵分解进行求导。

本节主要介绍有约束NMF中，应用最广而且研究最深的基于稀疏约束的NMF。稀疏约束要求矩阵中的非零项是稀疏的，换言之，让矩阵的零元素越多越好。利用这个约束，NMF就能利用更少的数，去对原数据进行表达，从而提高分解的唯一性，并且加强了非负矩阵基于局部的表现能力。

那么该对基矩阵$\boldsymbol{W}$还是系数矩阵$\boldsymbol{H}$增加稀疏约束，这个问题主要取决于实际处理的任务。如果基矩阵$\boldsymbol{W}$每一列是稀疏的，其本质上就是一个局部的表示形式，每一个基向量只影响每个样本的局部区域。如果系数矩阵$\boldsymbol{H}$的每一列是稀疏的，每一个样本只利用少量的基向量进行线性组合进行表示。如果系数矩阵$\boldsymbol{H}$的每一行是稀疏的，那么就代表了每一个基向量只对部分样本进行表示，这种约束方式与聚类任务相关。

Patrik Hoyer等提出了一种稀疏度的度量方式，该度量方式介于L_1范数以及L_2范数之间

$$\text{sparseness}(\boldsymbol{x}) = \frac{\sqrt{n} - \left(\sum |x_i|\right) / \sqrt{\sum x_i^2}}{\sqrt{n} - 1} \tag{22-17}$$

其中，n是$\boldsymbol{x}$的维度。当且仅当$\boldsymbol{x}$只包含一个非零分量时，这个函数的值为1。当且仅当所有分量都相等时，该函数的值为0，在两种情况之间平滑地插值。

上面最大化sparseness($\boldsymbol{x}$)等同于最小化L_1/L_2范数：$\|\boldsymbol{x}\|_1/\|\boldsymbol{x}\|_F$。因此，稀疏非负矩阵分解可以表示为

$$\begin{cases} \min\limits_{\boldsymbol{W},\boldsymbol{H}} \|\boldsymbol{X} - \boldsymbol{WH}\|_F^2 \\ \text{s.t.}\ \boldsymbol{W} \in \mathbb{R}_+^{m\times r}, \boldsymbol{H} \in \mathbb{R}_+^{r\times n} \\ \dfrac{\|\boldsymbol{W}\|_1}{\|\boldsymbol{W}\|_F} \leqslant \alpha \end{cases} \tag{22-18}$$

稀疏度约束$\|\boldsymbol{W}\|_1/\|\boldsymbol{W}\|_F \leqslant \alpha$可以帮助学习到数据中稀疏的有意义的语义部分。如图22-2所示，通过可视化L_0、L_1/L_2、L_1范数可以发现，最小值的L_1/L_2范数与L_0范数更相似，这意味着基于L_1/L_2范数的稀疏约束可以帮助实现更合理的稀疏语义部分，即使它们不是高级稀疏性或具有较大L_1范数值。

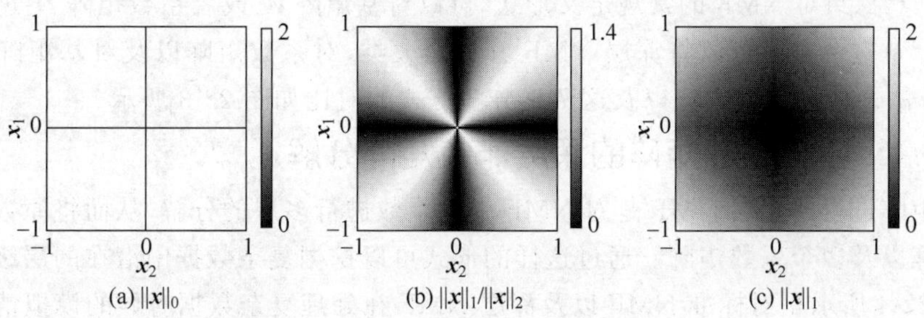

图22-2　L_0、L_1/L_2、L_1范数的可视化

22.2.3 正交非负矩阵分解

标准 NMF 具有很多进一步提高空间。针对 NMF 不能得到唯一解的问题，Ding 等提出了正交 NMF。基于标准 NMF 的定义，其在分解的矩阵因子上，增加了正交的约束。这时候，正交 NMF 的定义为

$$\begin{cases} J_{\text{ONMF}} = \|\boldsymbol{X} - WH\|_F^2 \\ \text{s.t.}\, \boldsymbol{W} \geqslant 0, \boldsymbol{H} \geqslant 0, \boldsymbol{H}^{\mathrm{T}}\boldsymbol{H} = I \end{cases} \tag{22-19}$$

或者

$$\begin{cases} J_{\text{ONMF}} = \|\boldsymbol{X} - WH\|_F^2 \\ \text{s.t.}\, \boldsymbol{W} \geqslant 0, \boldsymbol{H} \geqslant 0, \boldsymbol{W}^{\mathrm{T}}\boldsymbol{W} = I \end{cases} \tag{22-20}$$

以上两个模型可以得到稀疏和唯一解。Ding 等证明了这两个模型等同于 K-means 聚类模型。值得注意的是，这两种模型的实质是完全不同的。例如，对于聚类任务，式(22-19)表示基于输入矩阵(或样本)列的聚类，式(22-20)表示基于输入矩阵(或特征)行的聚类。

22.2.4 半非负矩阵分解

标准 NMF 约束了输入矩阵为非负的，这约束了其的应用。因此，Ding 等提出了半非负矩阵分解(Simi-NMF)。这种分解形式可以将原本的 NMF 拓展到更广泛、更通用的数据当中。Simi-NMF 松弛了 NMF 中的非负约束。其允许矩阵 $\boldsymbol{X}$ 和矩阵 $\boldsymbol{W}$ 是任意正负的，同时约束系数矩阵 $\boldsymbol{H}$ 是非负的。其目标函数为

$$\begin{cases} \boldsymbol{J}_{\text{semi-NMF}} = \|\boldsymbol{X} - \boldsymbol{WH}\|_F^2 \\ \text{s.t.}\, H \geqslant 0 \end{cases} \tag{22-21}$$

22.3 深层非负矩阵分解

22.2 节主要介绍了单层 NMF 算法，这些分解方法获得的解直接通过原始图像分解得到，只能反映图像浅层的局部特征。人类的视觉系统处理信息的时候通常是多层的，并且是非线性的。随着深度学习的多层深度结构的广泛使用，越来越多学者开始关注 NMF 的深层分解结构。如何利用多层结构，提高 NMF 处理复杂数据的能力以及如何保持 NMF 具有的局部表示性和可解释性是深层 NMF 主要研究的两个热点。

根据式(22-2)对 NMF 的常规定义形式，可以对基矩阵 $\boldsymbol{W}$ 或者系数矩阵 $\boldsymbol{H}$ 进行多层的分解表示。从这两方面可以将深层 NMF 分为两大类，对系数矩阵以及对基矩阵进行的深层 NMF 方法。传统分解方法以及这两种分解方式的对比如图 22-3 所示。

22.3.1 基于系数矩阵的深层非负矩阵分解

系数矩阵进行的深层 NMF 是对 NMF 中的系数进行多层的分解，从而将原数据分解为一个基矩阵以及多个系数矩阵。通过这样的形式可以挖掘复杂数据中潜在的层级特征。

如图 22-4 所示是对标准 NMF 以及深层 NMF 在处理复杂数据时候的模拟情况。如果有一个复杂的输入数据通过三类进行表示，这样的数据样本并不会表现为具体的某类形式，而是处于多类交叠的状态。图 22-4(a)是三类主要的特征。图 22-4(b)是标准 NMF 的分解结果，图 22-4(c)是深层 NMF 的结果。在这种复杂数据的情况下，如果标准 NMF 需要将数

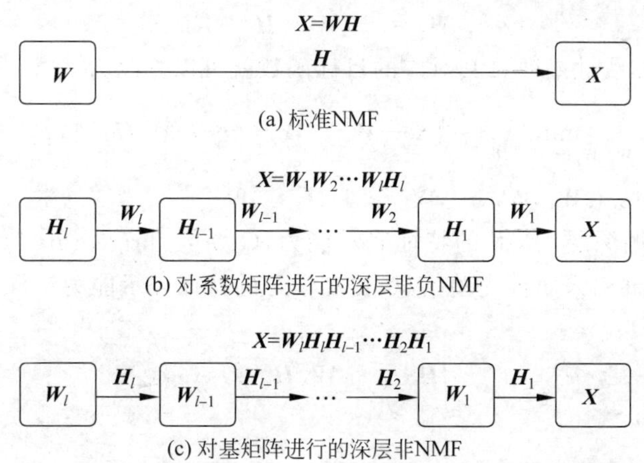

图 22-3 传统分解方法以及对系数矩阵和对基矩阵进行的深层非负矩阵分解方法

据分成局部特性很强的表示，需要至少 7 个基去进行表示。但是由于目标分为 3 类，因此，当分解的基的数据较少的时候，标准 NMF 并不能得到有意义的分解结果。而深层 NMF 则是对完整的基进行了分层表示，从而保持了较大表示空间，提高了解的质量。因此，有利于处理复杂数据的分析降维的工作。

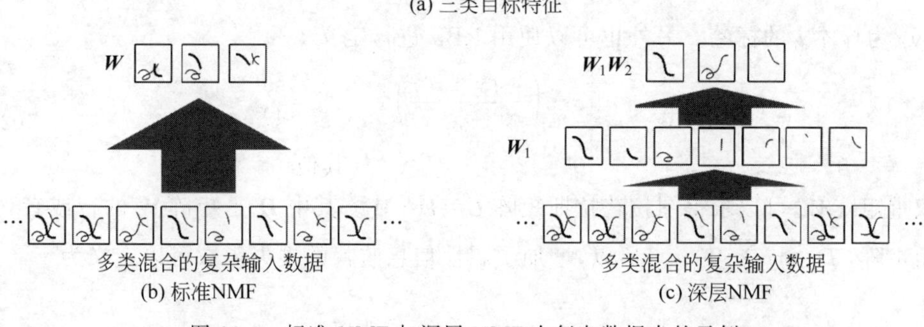

图 22-4 标准 NMF 与深层 NMF 在复杂数据中的示例

数学上，将数据矩阵 $\boldsymbol{X}$ 分解为 $l+1$ 个矩阵的基于学习系数的深层 NMF 形式可以表示为

$$\boldsymbol{X}=\boldsymbol{W}_1\boldsymbol{W}_2\cdots\boldsymbol{W}_l\boldsymbol{H}_l \tag{22-22}$$

式(22-22)同样可以表示为 m 层的表示形式

$$\begin{cases}\boldsymbol{H}_{l-1}\approx\boldsymbol{W}_l\boldsymbol{H}_l\\ \quad\cdots\\ \boldsymbol{H}_2\approx\boldsymbol{W}_3\cdots\boldsymbol{W}_l\boldsymbol{H}_l\\ \boldsymbol{H}_1\approx\boldsymbol{W}_2\cdots\boldsymbol{W}_l\boldsymbol{H}_l\end{cases} \tag{22-23}$$

这样的表示可以构成不同层次的特征表达形式，使每一层级都能够有对应的解释性。以上形式为基于系数矩阵进行的深层 NMF。Song H A 等为了提高深层分解的准确性，在此基础上借鉴了神经网络中的非线性变换层，提高矩阵分解的能力，其在层中间第 i 层的特征矩阵 $\boldsymbol{H}_i$ 加上非线性函数

$$\boldsymbol{H}_i \approx f(\boldsymbol{W}_{i+1}\boldsymbol{H}_{i+1}) \tag{22-24}$$

其中函数 $f(\cdot)$是非线性函数。其对应的目标函数就可以修改为：

$$\begin{gathered}\min_{\boldsymbol{W}_1,\boldsymbol{W}_2\cdots,\boldsymbol{W}_l,\boldsymbol{H}_l} \frac{1}{2}\|\boldsymbol{X}-\boldsymbol{W}_1 f(\boldsymbol{W}_2 f(\cdots f(\boldsymbol{W}_l\boldsymbol{H}_l)))\|_F^2 \\ \text{s. t. } \boldsymbol{W}_1,\boldsymbol{W}_2,\cdots,\boldsymbol{W}_l \geqslant \boldsymbol{0}, \boldsymbol{H}_l \geqslant \boldsymbol{0}\end{gathered} \tag{22-25}$$

为了进一步挖掘深层 NMF 的特征表示能力，George Trigeorgis 等将深层 NMF 拓展到深层 Simi-NMF，并引入属性先验信息，提高学习的特征表示能力。深层 Simi-NMF 的定义为

$$\begin{cases}\boldsymbol{H}_{l-1}^{+} \approx \boldsymbol{W}_l^{\pm}\boldsymbol{H}_l^{+} \\ \qquad\cdots \\ \boldsymbol{H}_2^{+} \approx \boldsymbol{W}_3^{\pm}\cdots\boldsymbol{W}_l^{\pm}\boldsymbol{H}_l^{+} \\ \boldsymbol{H}_1^{+} \approx \boldsymbol{W}_2^{\pm}\cdots\boldsymbol{W}_l^{\pm}\boldsymbol{H}_l^{+}\end{cases} \tag{22-26}$$

假设已知部分数据的标签。定义图 G 拥有 N 个节点，每个节点代表一个样本。然后如果节点 i 和节点 j 具有相同的标签，它们将具有连接的边，边的权重为 w_{ij}。这里权重的定义有多种，最简单的定义形式为二值权重矩阵

$$W_{ij} = \begin{cases}1, & y_i = y_j \\ 0, & \text{其他}\end{cases} \tag{22-27}$$

其中，y_i 为样本 i 的标签。另外也可以使用 RBF 进行定义

$$W_{ij} = \begin{cases}\exp\left(-\dfrac{x_i - x_j}{2\sigma^2}\right), & y_i = y_j \\ 0, & \text{其他}\end{cases} \tag{22-28}$$

由图权重矩阵 $\boldsymbol{W}$，可以求得图拉普拉斯矩阵 $\boldsymbol{L}=\boldsymbol{D}-\boldsymbol{W}$。其中 $\boldsymbol{D}$ 是矩阵 $\boldsymbol{W}$ 的行或者列求和的对角矩阵，$D_{jj}=\sum_k W_{jk}$。所以，增加了属性信息监督的损失函数可以定义为

$$J_{\text{DeepWSF}} = \frac{1}{2}\|\boldsymbol{X}-\boldsymbol{W}_1\cdots\boldsymbol{W}_l\boldsymbol{H}_l\|_F^2 + \frac{1}{2}\sum_{i=1}^{l}\lambda_i Tr(\boldsymbol{H}_i^{\mathrm{T}}\boldsymbol{L}_i\boldsymbol{H}_i) \tag{22-29}$$

22.3.2 基于基矩阵的深层非负矩阵分解

不同于 22.3.1 节在系数矩阵上进行多层 NMF，Zhao 等提出，也有必要从基矩阵上进行多层 NMF。对于 NMF，基矩阵直接影响了系数矩阵的表达形式。对于系数矩阵分解的深层 NMF 只有第一层分解获得的基矩阵与原始图像直接相关，但只反映浅层局部特征。同时其基矩阵的优化是间接的，解释性较弱。因此，对基矩阵进行逐层分解，有利于挖掘基矩阵的深层信息，更好地包含具体局部的特征。同时，由于基矩阵更好的特征表示能力，每一层的分解过程包含了明确的可解释性。

如图 22-5 所示，阐述了对基矩阵进行的深层 NMF 的整体流程以及其分解的基矩阵效果。当进行第一层 NMF 的时候，基向量主要保持的是人脸、轮廓等信息，通过第二层分解以后，基矩阵会进一步关注局部区域的信息，从而更好地获得局部特征的能力，且维持良好的可解释性。

与对系数矩阵分解相似的，对基矩阵进行 m 层的 NMF 可以表示为

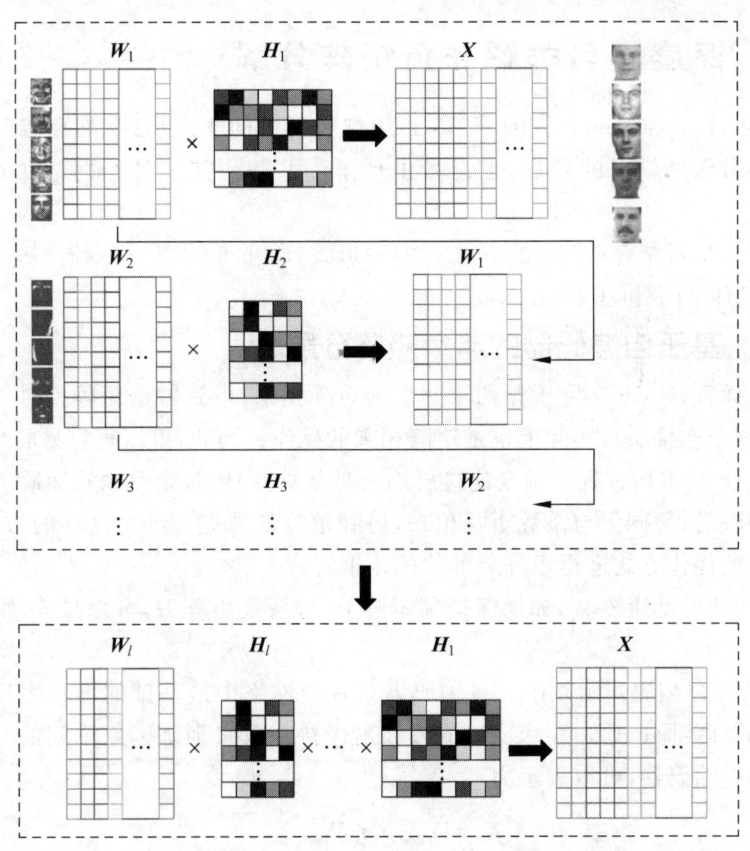

图 22-5　对基矩阵进行的深层 NMF 的整体流程图示

$$\begin{cases} \boldsymbol{X} = \boldsymbol{W}_1 \boldsymbol{H}_1 \\ \boldsymbol{W}_1 = \boldsymbol{W}_2 \boldsymbol{H}_2 \\ \cdots \\ \boldsymbol{W}_{l-1} = \boldsymbol{W}_l \boldsymbol{H}_l \end{cases} \tag{22-30}$$

其分解为 $m+1$ 个矩阵的形式为

$$\boldsymbol{X} = \boldsymbol{W}_l \boldsymbol{H}_l \boldsymbol{H}_{l-1} \cdots \boldsymbol{H}_2 \boldsymbol{H}_1 \tag{22-31}$$

22.3.3　深层非负矩阵分解的优化

不同于单层的 NMF 能够容易求得矩阵分解的迭代解，通常深层 NMF 不容易求得所有子矩阵的迭代解。而且，NMF 的结果与初始值关系较大，因此常规的深层矩阵分解的训练优化过程包含初始化以及微调两个步骤。

以对系数矩阵进行多层分解为例，在初始化阶段，从第一层开始逐层进行单层 NMF，将数据矩阵 $\boldsymbol{X}$ 分解为第一层的基矩阵 $\boldsymbol{W}_1$ 以及第一层的系数矩阵 $\boldsymbol{H}_1$。然后将 $\boldsymbol{H}_1$ 作为第二层的输入数据，分解得到第二层的基矩阵 $\boldsymbol{W}_2$ 以及第二层的系数矩阵 $\boldsymbol{H}_2$。执行以上操作 l 次，则完成了 l 层分解的初始化。然后根据具体任务的正则项，使用梯度下降法等优化方法，对初始化好的各层进行逐层微调，得到最终的分解结果。

22.4 深度学习求解非负矩阵分解

在 1997 年，Lee 和 Seung 提出了 NMF 用神经网络的实现形式，然而当时并没有引起较多重视。随着深度学习的发展，也慢慢出现了一些使用深度神经网络实现的 NMF 的方法。

现有的深度学习结合 NMF 的方法有多种形式，着重介绍以下三种：基于自编码器的 NMF，深度 NMF 网络和基于 GAN 的 NMF。

22.4.1 基于自编码器的非负矩阵分解

从本质上而言，NMF 实际上是两个非负的矩阵相乘，得到数据矩阵。对于神经网络中的一层隐藏层（全连接层），实际上也是矩阵相乘的操作。因此，可以很容易联想到通过全连接层，实现 NMF 的重构过程。设全连接层输入是基矩阵 $\boldsymbol{W}$，权重是系数矩阵 $\boldsymbol{H}$。基矩阵经过全连接层的映射，等同于与系数矩阵相乘，得到重构的数据。利用这样的方式，就能使用深度学习一般的优化方式进行矩阵分解的优化求解。

因此，如何获得基矩阵 $\boldsymbol{W}$，如何保持基矩阵 $\boldsymbol{W}$ 与系数矩阵 $\boldsymbol{H}$ 均为非负，则是需要解决的问题。

如图 22-6 为自编码器示意图。自编码器是神经网络中最基础的形式之一。其包含编码器以及解码器两部分，通过要求网络输入输出保持一致来训练网络中间的权重。对于一个单隐藏层的自编码器，可以表示为

$$\hat{\boldsymbol{X}}=\boldsymbol{W}_{\mathrm{dec}}\cdot\sigma(\boldsymbol{W}_{\mathrm{enc}}\boldsymbol{X}) \tag{22-32}$$

其中，$\boldsymbol{W}_{\mathrm{enc}}$、$\boldsymbol{W}_{\mathrm{dec}}$ 分别是编码器与解码器的权重，$\boldsymbol{X}$，$\hat{\boldsymbol{X}}$ 分别为原始数据以及重构数据，$\sigma(\cdot)$ 为激活函数。若令 $\sigma(\boldsymbol{W}_{\mathrm{enc}}\boldsymbol{X})$ 为非负矩阵分解的系数矩阵 $\boldsymbol{H}$，$\boldsymbol{W}_{\mathrm{dec}}$ 为基矩阵 $\boldsymbol{W}$，那么自编码器与 NMF 在结构上就保持一致了。为了让系数矩阵 $\boldsymbol{H}$ 为非负的，一个简单且有效的方法就是使用激活值域为非负的激活函数，例如深度学习中常用的 ReLU 激活函数，即 $\sigma(x)=\max(0,x)$，就能够保证得到的系数矩阵 $\boldsymbol{H}$ 是非负的。基矩阵 $\boldsymbol{W}$ 是网络中的权重，由于其在训练过程中不具有非负的约束，因此需要使用截断或者特殊的更新策略保持基矩阵 $\boldsymbol{W}$ 在训练过程中的非负性。

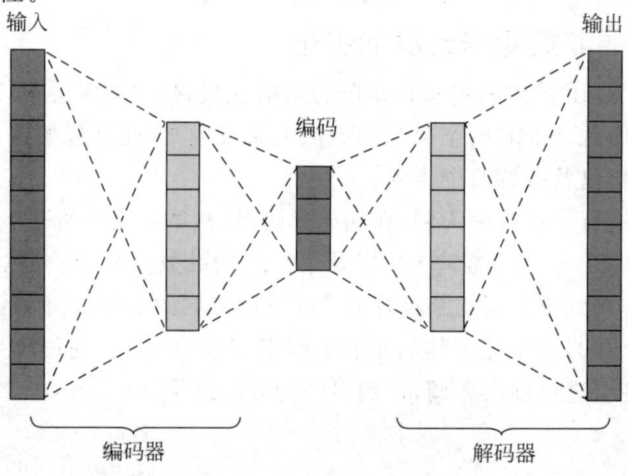

图 22-6 自编码器示意图

Andre Lemme 等引入了正则项对权重中的负值进行惩罚，约束权重更新为非负。这种约束并不能保证权重中所有元素都是非负的。而使用投影梯度下降的方法，在每次迭代的过程中，将负值直接映射为零。这种截断的方法容易使训练不稳定，无法优化得到好的解。

Jan Chorowski 等提出了一种指数梯度下降更新的策略，保证在梯度下降的过程当中，权重的符号不会发生变化。指数梯度下降的更新公式为

$$w \leftarrow w \cdot e^{-\eta \frac{\partial L}{\partial w}} \tag{22-33}$$

其中，η 是学习率，$\frac{\partial L}{\partial w}$是损失函数对权重的偏导。利用指数梯度下降的方式，只要保证网络权重初始化为非负，就能在训练过程保持权重为非负。

22.4.2　深度非负矩阵分解网络

不同于基于自编码器的 NMF 方法将 NMF 的形式表示在自编码器的解码部分。深度 NMF 网络将标准的深度网络表示为 NMF 的形式，实现了多层的深度 NMF 网络。

如图 22-7 所示为单层的神经网络计算。网络层输入的是原始矩阵 $\boldsymbol{X}$，将网络的权重定义为基向量$\boldsymbol{W}$ 的广义逆 $W^{\dagger}$，输出为系数矩阵 $\boldsymbol{H}$。如图 22-8 所示，通过堆叠上述的 NMF 层，同时结合深度学习中的激活函数，池化层，增加有标签的监督，就能得到深层 NMF 网络模型。

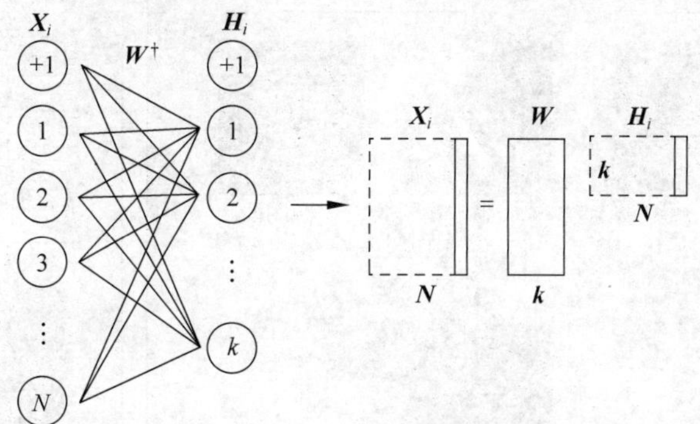

图 22-7　单层网络与非负矩阵分解对应关系

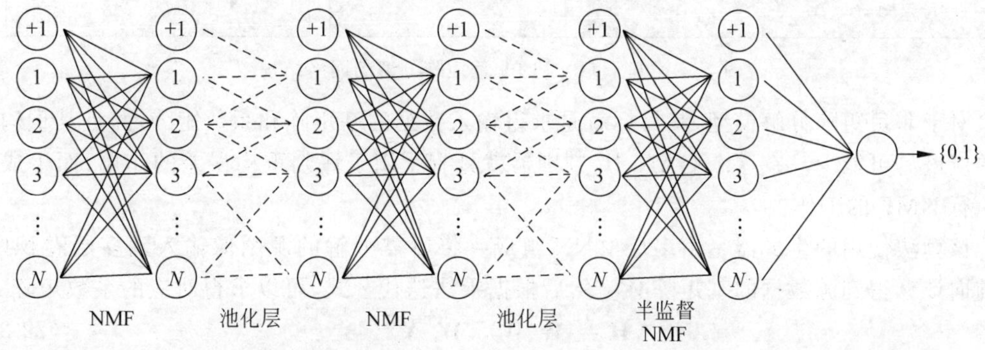

图 22-8　深层 NMF 网络

在设计好整体深层 NMF 网络模型以后，可以使用深度学习中常用的反向传播算法对网络进行优化求解。具体求解方式可参考文章 *A Deep Non-Negative Matrix Factorization*

Neural Network。

22.4.3 基于生成对抗网络的非负矩阵分解

NMF 方法都是针对某个固定的数据矩阵进行矩阵分解。当输入矩阵发生变化时，就必须训练一个新的模型进行处理，并不具有很好的泛化性能。GAN 能够经过对抗性的训练，利用网络生成所需的数据。Duo Li 等利用了生成网络以及经典方法的混合方法训练网络，利用 GAN 生成 NMF 所需的基矩阵和系数矩阵。

整体网络结构如图 22-9 所示。网络对输入的数据进行两种变换，一种是利用原始图像加上干扰，然后再叠加原始图像的方式，形成正样本。另一种是利用生成器，产生伪造的重构图像，再与源图像叠加形成负样本。训练判别器区分这两种样本，而生成器则尝试重构出与源图像相似的重构图像，从而提高判别器判别正负样本的难度。因此，在这个过程，实现了对抗性的训练，同时提高了判别器对真假样本的判别能力以及生成器的生成图像能力。

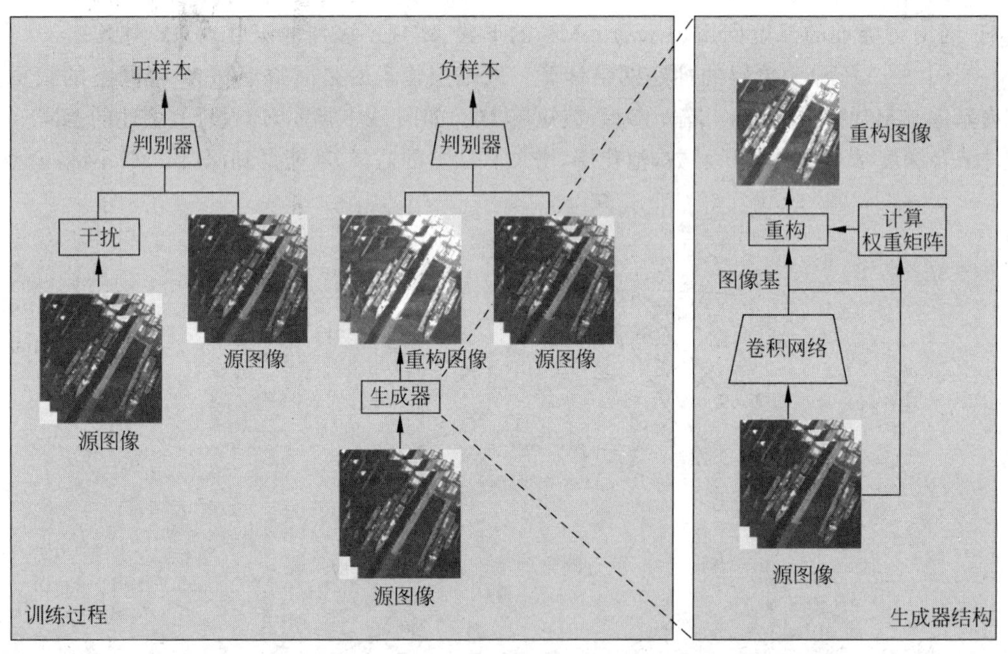

图 22-9 基于 GAN 的非负矩阵分解的网络结构

对于非负矩阵分解模型，其目标就是求得输入数据的基矩阵和系数矩阵，并且其重构的误差应该尽可能少。在这个 GAN 中，判别器就具有了用于评判重构误差的作用，而生成器则执行 NMF 的工作。

该算法使用的生成器是由多层 GNN 组成。将所需分解的源图像输入到多层卷积中，其前向计算得到源数据的基矩阵 $\boldsymbol{W}$。然后根据乘法迭代公式，可以求得对应的系数矩阵 $\boldsymbol{H}$

$$\boldsymbol{H}=(\boldsymbol{W}^{\mathrm{T}}\boldsymbol{W})^{-1}\boldsymbol{W}^{\mathrm{T}}\boldsymbol{X} \tag{22-34}$$

然后可以得到重构图像 $\boldsymbol{X}=\boldsymbol{W}\boldsymbol{H}$。利用这样的形式，基矩阵 $\boldsymbol{W}$ 由网络直接计算产生，系数矩阵 $\boldsymbol{H}$ 则通过分解公式得到。同时，其仅需网络前向传播计算，就能得到图像的分解结果，避免了分解过程的迭代计算。

22.5 本章小结

NMF 作为经典的数据分析以及降维工具，其通过简明的模型结构，实现对数据的有效降维，并保证了解的可解释性，其对于机器学习领域影响深远。本章介绍了 NMF 的基本定义，传统的 NMF 模型以及其加入稀疏约束的变体等。随着深度学习的发展，NMF 的多层结构以及与神经网络的结合也同样得到学者的关注。虽然在大数据的时代，NMF 简洁的模型形式不足以很好地处理海量的复杂数据，但是作为人工智能的基础理论，其研究理论仍引导着高阶张量的降维分解的发展。非负性的思想也被引入到深度学习中提高模型的可解释性，推动着人工智能前沿研究的发展。

参考文献

本章参考文献扫描下方二维码。

第 23 章 稀疏张量深度学习分解

CHAPTER 23

23.1 张量表示

张量又称多路数组，可以看成向量和矩阵的一种直观的高阶扩展。就像矩阵的行和列一样，一个 N 阶张量有 N 个模式，每一个模式都有各自的维度。因此，标量又称零阶张量，向量称为一阶张量，矩阵称为二阶张量，三阶及以上称为高阶张量。

23.1.1 张量的符号表示

标量(零阶张量)用小写字母 a、b、c 表示，向量(一阶张量)用粗体小写字母 $\boldsymbol{a}$、$\boldsymbol{b}$、$\boldsymbol{c}$ 表示，矩阵及高阶张量(二阶以上张量)用大写字母 $\boldsymbol{A}$、$\boldsymbol{B}$、$\boldsymbol{C}$ 表示。

向量 $\boldsymbol{a}$ 的第 i 个元素表示为 a_i，矩阵 $\boldsymbol{A}$ 的第(i,j)个元素表示为 a_{ij}，同理，三阶张量 $\boldsymbol{A}$ 的第(i,j,k)个元素表示为 a_{ijk}，索引一般从 1 到其大写字母，例如 $i=1,2,\cdots,I$。如果将其看成一个矩阵序列，则 $\boldsymbol{A}^{(n)}$ 表示这个序列的第 n 个矩阵。纤维是矩阵行和列的高阶衍生物，把张量的下标全部固定只有一个变化时就是纤维。一个矩阵的列可以看成模式 1-纤维，而行就是模式 2-纤维。一个三阶张量 $\boldsymbol{A}$ 有列、行、管三种纤维，分别表示为 $\boldsymbol{a}_{:jk}$、$\boldsymbol{a}_{i:k}$、$\boldsymbol{a}_{ij:}$。

切片是张量中的二维部分，定义为所有坐标固定只有两个变化时的部分。一个三阶张量 $\boldsymbol{A}$ 有三种切片：水平、侧面和正面，分别表示为 $\boldsymbol{X}_{i::}$、$\boldsymbol{X}_{:j:}$ 和 $\boldsymbol{X}_{::k}$。

23.1.2 张量的图形表示

张量一般是由节点(或者其他任意形状，如圆圈、球、三角形、方形、椭球等)和带有数字的边(每一条边代表一个模式、索引、阶等)表示的。一个张量就用单个节点表示，配上几条边就表示几阶张量，边上的数字表示该阶具有的维度。

张量的图形表示不仅在张量分解的可视化方面非常有用，而且在表示张量重塑和张量的数学运算(多线性乘积运算)方面也非常直观。因此，在表示非常复杂的张量之间的运算关系时，用张量的图形表示简单明了，不必再面临传统高阶张量难表示的窘境。

23.1.3 张量展开

张量展开又称为张量矩阵化，实际上就是把一个张量摊平(或重塑)成一个矩阵。原来的张量是高阶低维的，而展开后的矩阵一般维度较大。例如：一个 $10\times20\times30\times40$ 的张量可以展开成 20×12000 或 200×1200 的矩阵。

按照展开的方式不同，张量展开大致可以分为三类。

(1) 沿着第 n 阶展开,又称模式-(n)展开。如果一个张量的某一条和另一个张量的某条边相连,就表示它们之间可以进行相乘运算,即张量收缩。但运算之前需要首先对张量沿着这条边进行展开,展开后的矩阵的行就是这条边对应的阶,而剩下所有阶的乘积对应着矩阵的列。

(2) 沿着前 n 阶展开,又称为模式-([n])展开。模式-([n])展开可以看成是对索引的"顺序二分",前面 n 阶对应展开后的矩阵的行,后面 $N-n$ 阶对应着列。例如:对于一个 N 阶张量 $\boldsymbol{A}\in\mathbb{R}^{I_1\times I_2\times\cdots\times I_N}$ 来说,进行模式-([n])展开后就形成一个矩阵 $\boldsymbol{A}_{([n])}=\boldsymbol{A}_{(\overline{i_1\cdots i_n};\overline{i_{n+1}\cdots i_N})}\in\mathbb{R}^{I_1I_2\cdots I_n\times I_{n+1}\cdots I_N}$。

(3) 沿着任意 n 阶展开。它是上面两种的任意扩展,也是最一般的展开方式。它可以看成是对索引的"任意二分",指定的 n 阶对应展开后矩阵的行,剩余的 $N-n$ 阶对应着列。

23.1.4 张量收缩

当一个张量的某些边和另一个张量的某些边相连时,就意味着它们进行张量收缩运算。两个张量的收缩运算就是把两个张量沿着相连的边收缩成一个张量,对应的相连的边消失,而不相连的边保留。

两个张量的张量收缩运算的全部过程包含以下三个步骤。

(1) 把两个张量分别沿着它们相连的边展成两个矩阵。

(2) 对这两个矩阵做矩阵乘法。

(3) 最后再对这个矩阵按照最开始两个张量的展开顺序重塑成一个张量。

按照张量阶数的多少,张量收缩可以分为以下几种。

(1) 矩阵和向量的收缩,即矩阵和向量的乘积。矩阵 $\boldsymbol{A}\in\mathbb{R}^{I\times J}$ 乘以向量 $\boldsymbol{b}\in\mathbb{R}^J$ 得到矩阵 $\boldsymbol{Ab}\in\mathbb{R}^I$。

(2) 矩阵和矩阵的收缩。也即矩阵乘积。

(3) 张量和张量的收缩。两个张量 $\boldsymbol{A}\in\mathbb{R}^{I_1\times I_2\times I_3}$ 和 $\boldsymbol{B}\in\mathbb{R}^{J_1\times J_2\times J_3\times J_4}$ 按照 I_3 和 J_1 两个阶收缩,得到张量 $\boldsymbol{C}\in\mathbb{R}^{I_1\times I_2\times J_2\times J_3\times J_4}$。

上面讨论的是两个张量的收缩过程,如果存在多个张量进行收缩,则需要按顺序两两收缩。收缩的顺序对运算过程的计算复杂度影响较大。

23.2 稀疏张量分解

张量分解(Tensor Decomposition,TD)的概念起源于 Hitchcock。在塔克(Tucker)分解出现前,它并没有得到足够的重视。20 世纪 70 年代,该工作出现在心理学文献中。在 2004 年,TD 在化学计量学中变得非常流行。目前,它被广泛应用于数值计算、信号处理、计算机视觉、定量化学、多体物理、图形分析等领域。更确切地说,TD 是利用低阶因子张量来逼近高阶张量的过程。根据分解后的因子张量块的不同形式,TD 可以分为 Tucker 分解、CP(Candecomp/Parafac)分解、块项分解(Block Term Decomposition,BTD)、张量火车分解(Tensor Train Decomposition,TTD)、张量环分解(Tensor Ring Decomposition,TRD)等。本节总结不同分解的表示方法及其特点,详细内容可以参考相关论文。

23.2.1 张量 Tucker 分解

Tucker 分解是高阶 PCA 的一种形式。它将一个张量分解为一个核心张量与每个模式矩阵的乘积。三阶张量 Tucker 分解后，可以得到 3 个因子矩阵和一个核心张量。每个模的因子矩阵称为张量的基矩阵或主成分。所以 Tucker 分解也称为高阶 PCA、高阶 SVD 等。图 23-1 为三阶张量的 Tucker 分解，可以表示为

$$\boldsymbol{X} \approx \boldsymbol{G} \times_1 \boldsymbol{A} \times_2 \boldsymbol{B} \times_3 \boldsymbol{C} = \sum_{p=1}^{P}\sum_{q=1}^{Q}\sum_{r=1}^{R} \boldsymbol{g}_{pqr} \circ \boldsymbol{a}_p \circ \boldsymbol{b}_q \circ \boldsymbol{c}_r = \boldsymbol{G}; \boldsymbol{A}, \boldsymbol{B}, \boldsymbol{C} \tag{23-1}$$

其中，$\boldsymbol{X} \in \mathbb{R}^{I \times J \times K}$；$\boldsymbol{A}$、$\boldsymbol{B}$、$\boldsymbol{C}$ 是因子矩阵；$\boldsymbol{A} \in \mathbb{R}^{I \times P}$，$\boldsymbol{B} \in \mathbb{R}^{J \times Q}$，$\boldsymbol{C} \in \mathbb{R}^{K \times R}$；核心张量 $\boldsymbol{G} \in \mathbb{R}^{P \times Q \times R}$ 表示各部分之间的相互作用；“∘”表示向量的外积；“•”表示多线积。

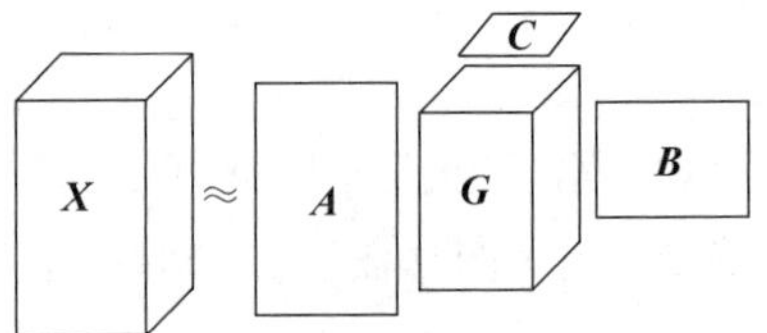

图 23-1 三阶张量的 Tucker 分解

23.2.2 张量 CP 分解

与 Tucker 分解相比，CP 分解没有核心张量。如果 Tucker 分解结果的核心张量是对角线，那么 Tucker 就会退化成 CP 分解。CP 分解将张量表示为有限秩一张量之和。如图 23-2 所示，一个三阶张量可以分解为

$$\boldsymbol{X} = \sum_{r=1}^{R} \boldsymbol{a}_r \circ \boldsymbol{b}_r \circ \boldsymbol{c}_r = A, B, C \tag{23-2}$$

其中，$\boldsymbol{X} \in \mathbb{R}^{I \times J \times K}$；$\boldsymbol{A} = [\boldsymbol{a}_1, \boldsymbol{a}_2, \cdots, \boldsymbol{a}_R]$，$\boldsymbol{a}_r \in \mathbb{R}^I$，$\boldsymbol{b}_r \in \mathbb{R}^J$，$\boldsymbol{c}_r \in \mathbb{R}^I$，$\boldsymbol{B}$ 和 $\boldsymbol{C}$ 也是如此。

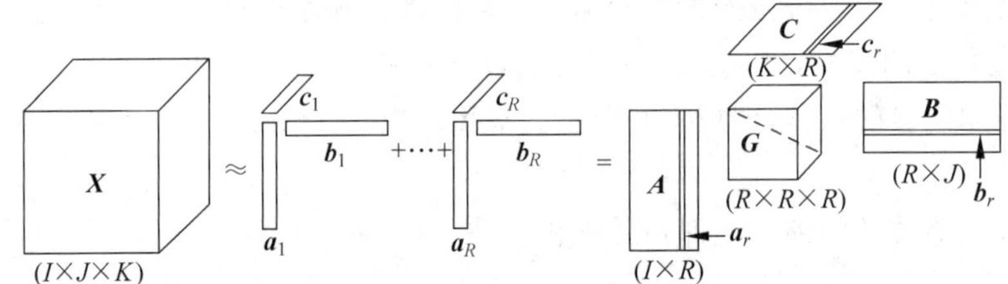

图 23-2 三阶张量的 CP 分解

23.2.3 张量 BTD

2008 年，Lieven 提出了 BTD 方法。它将一个 N 阶张量分解为 R 个成员张量的形式。BTD 可以看作 Tucker 分解和 CP 分解的结合。当 $R=1$ 时，只有一个成员张量，与 Tucker 分解相同。当每个成员张量都是一个秩一分解时，分解就退化为 CP 分解。这也说明 BTD 具有很强的泛化能力。同时，BTD 唯一性条件比 Tucker 分解和 CP 弱。图 23-3 所示为三阶张量的 BTD，其数学表示为

$$\boldsymbol{X} \approx \sum_{r=1}^{R} \boldsymbol{d}_r \circ \boldsymbol{a}_r \circ \boldsymbol{b}_r \circ \boldsymbol{c}_r = \boldsymbol{D}; \boldsymbol{A}, \boldsymbol{B}, \boldsymbol{C} \tag{23-3}$$

其中，$\boldsymbol{d}_r$、$\boldsymbol{a}_r$、$\boldsymbol{b}_r$、$\boldsymbol{c}_r$ 与 $\boldsymbol{G}$、$\boldsymbol{A}$、$\boldsymbol{B}$、$\boldsymbol{C}$ 在 Tucker 分解中的含义相同。

23.2.4 张量 TTD

TTD 将原来的高阶张量分解成多个三维张量的乘积(第一个张量和最后一个张量是二阶张量)。图 23-4 所示为三阶张量的 TTD，其分解形式为

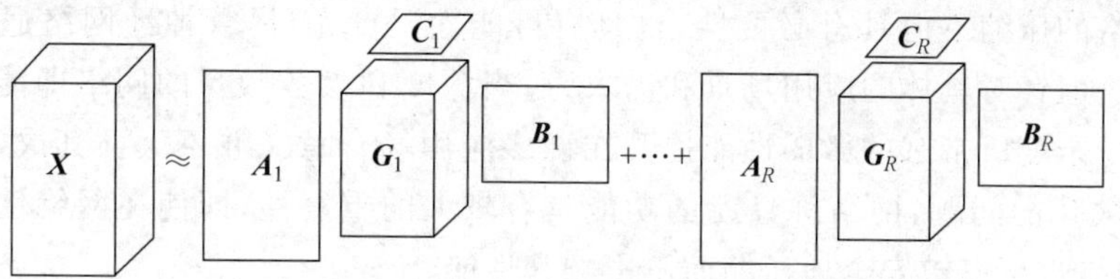

图 23-3　三阶张量的 BTD 分解

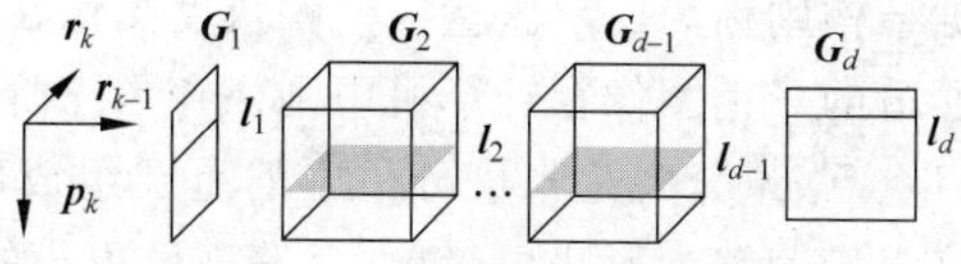

图 23-4　三阶张量的 TTD

$$
\begin{cases}
\boldsymbol{X}(\boldsymbol{l}_1,\boldsymbol{l}_2,\cdots,\boldsymbol{l}_d)=\boldsymbol{G}_1(\boldsymbol{l}_1)\boldsymbol{G}_2(\boldsymbol{l}_2)\cdots\boldsymbol{G}_d(\boldsymbol{l}_d) \\
\boldsymbol{G}_k\in\mathbb{R}^{p_k\times r_{k-1}\times\cdots\times p_k},\boldsymbol{l}_k\in[1,\boldsymbol{p}_k],\forall k\in[1,d] \\
r_0=r_d=1
\end{cases}
\tag{23-4}
$$

23.2.5　张量 TRD

TTD 高度依赖张量维数的排列，由于其潜在核上严格的连续多线性积，导致了寻找最佳 TTD 表示的困难。通过对潜在核的跟踪操作和等效处理可以得到圆形张量环模型。TRD 模型可以看作是 TTD 的线性组合，可获得强大的广义表示能力。高阶张量的 TRD 如图 23-5 所示，数学表示为

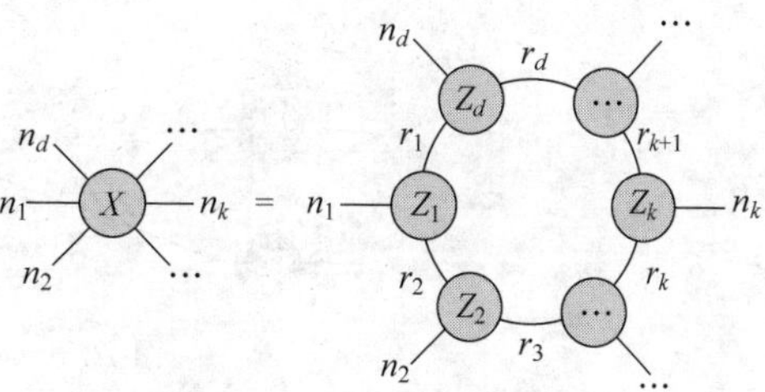

图 23-5　高阶张量的 TRD

$$
\boldsymbol{X}(n_1,n_2,\cdots,n_k)=\mathrm{Tr}(\boldsymbol{Z}_1(n_1)\boldsymbol{Z}_2(n_2)\cdots\boldsymbol{Z}_k(n_k))
\tag{23-5}
$$

为了进一步描述这个概念，也可以表示为张量形式：

$$
\boldsymbol{X}=\sum_{\alpha_1,\alpha_2,\cdots,\alpha_{d=1}}^{r_1,r_2,\cdots,r_d}\boldsymbol{z}_1(\alpha_1,\alpha_2)\circ\boldsymbol{z}_2(\alpha_2,\alpha_3)\circ\cdots\circ\boldsymbol{z}_d(\alpha_d,\alpha_1)
\tag{23-6}
$$

其中，$\boldsymbol{X}\in\mathbb{R}^{n_1\times n_2\times\cdots\times n_k}$，$\boldsymbol{Z}_k\in\mathbb{R}^{r_k\times n_k\times r_{k+1}}$，$\boldsymbol{z}_d(\alpha_k,\alpha_{k+1})\in\mathbb{R}^{n_k}$，$\boldsymbol{z}_d(\alpha_k,\alpha_{k+1})$表示张量 $\boldsymbol{Z}_k$ 模式 2 展开表示的张量。

23.3　张量分解的应用

23.3.1　张量分解的神经网络压缩

深度学习的实际应用往往受限于其存储和运算规模。例如，VGG-16 网络含有约 1.4 亿浮点数参数，假设每个参数存储为 32 位浮点数格式，则整个网络需要占用超过 500MB 的存储空间。在运算时，单幅测试图像共需要大约 3.13×10^8 次浮点数运算。这样的计算量在目前只能通过高性能并行设备进行，且仍不具备很好的实时性。高性能并行计算设备具有体积大、能耗大、价格高的特点，在许多场合都不能使用。因此，如何在资源受限场合(如手机、平板电脑、各种嵌入式和便携式设备)运行神经网络，是深度学习走向日常生活的关键一步。

神经网络的压缩不但具有必要性，也具有可能性。首先，尽管神经网络通常是深度越深，效果越好，但针对具体的应用场景和需求，适当深度和参数数目的网络即能够满足。盲目加深网络复杂度所带来的微弱性能提升在许多应用场合意义并不大。其次，神经网络常常存在过参数化的问题，网络神经元的功能具有较大的重复性，即使在网络性能敏感的场景，大部分网络也可以被安全地压缩而不影响其性能。

张量是向量和矩阵的自然推广，向量可称为一阶张量，矩阵可称为二阶张量，将矩阵堆叠形成“立方体”，这种数据结构则称为三阶张量。一幅灰度图像在计算机中由矩阵表示，是二阶张量。一幅 RGB 三通道的彩色图像在计算机中则保存为三阶张量。当然，三阶张量也可以堆叠形成更高阶的张量。张量分解是张量分析中的重要组成部分，其基本原理是利用张量数据中的结构信息，将张量分解为形式更简单、存储规模更小的若干张量的组合。

深度神经网络包含很多层，每一层又由许多节点组成。其中每个节点可以看成是人脑神经元的不精确模式，它里面包含着计算(输入函数)，并且只有当它受到足够的刺激时才会被激活。单个神经元如图 23-6 所示，则节点也可以看作用一组系数或权重(用来增强或抑制输入)把输入组合起来，为算法试图解决的任务的每一个输入分配一个重要的权重。

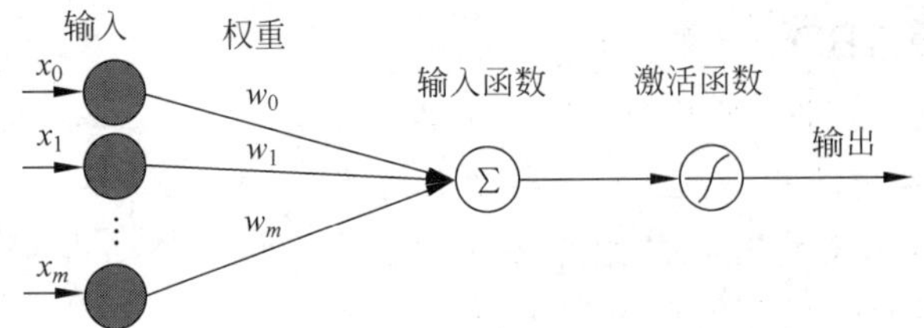

图 23-6　单个神经元的图形表示

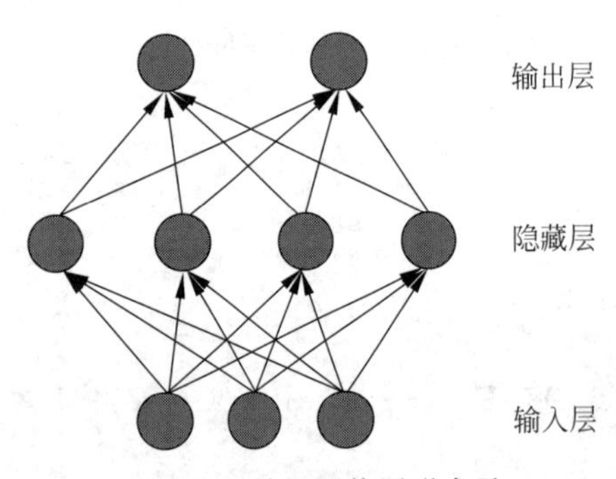

图 23-7　神经网络图形表示

一个节点层可以看成是由一行像开关一样的神经元组成的，当输入通过图 23-7 所示的神经网络时，它会打开或关闭。从最开始接收数据的输入层开始，每一层的输出会自动变成下一层的输入，直到最终的输出层。将这些可调权重和输入特征进行配对，实际上就是如何为这些特征分配重要性，让网络更好地对输入数据进行分类或聚类。

在神经网络中，参数通常以张量的形式集中保存。对全连接层而言，全连接通过权重矩阵将输入向量变换到输出向量，其参数为二阶张量。对卷积层而言，设输入数据为具有 n 通道的三阶张量。则卷积层中的每一个卷积核也都是具有 n 通道的三阶卷积核，故一层卷积所包含的一组卷积核构成了形如 $a \times b \times c \times n$ 的四阶张量。

基于张量分解的网络压缩的基本思想，就是利用张量分解技术将网络的参数重新表达为小张量的组合。重新表达后的张量一般能够在一定的精度下近似与原张量相同，而所占用的空间又大大降低，从而获得网络压缩的效果，形成一种占用空间更小的网络层。

目前的计算存储空间和硬件的速度无法满足复杂网络(深度学习模型)的需求。这些模型依靠的是具有几百甚至几十亿个参数的深度网络。只有计算能力较强的 GPU 才能使网络得到相对快速的训练。在现有的计算资源条件下，参数数量庞大，导致存储空间大，训练时间长。因此,有必要对网络的权重进行压缩。在目前所有的深度学习平台中,卷积都是通过矩阵乘法实现的。为了解决参数规模和参数冗余的问题,可以在保证推理正确的前提下,通过分解参数来简化计算。基于张量分解的深度神经网络压缩和加速的基本思想是利用张量分解将网络的参数重新表达为小张量的组合(即一层分解为若干个更小的层),那么深度学习模型的参数也可以称为低阶估计。虽然分解后层数会更多,但浮点运算和权重的总数会变小。重新表达的张量一般可以近似于原始张量,占用的空间大大减少,从而获得网络压缩的效果。

在 CNN 中,卷积占了大部分的计算量,所以减少卷积层的计算量,可以提高压缩率和整体加速。卷积层可以看作是一个四阶张量,特别有希望消除冗余。全连接层的参数可以看作是一个二维矩阵,低阶算法对它是有帮助的。

简单来说,就是将三阶张量展开成二阶张量,应用 SVD 压缩深度 CNN,用多个一阶张量外积降低参数(例如,用 3 个一阶张量外积相加逼近三阶张量)。通常,基于张量低阶逼近理论和方法,将原权重张量分解为两个或多个张量。对分解后的张量进行优化调整与微调。如图 23-8 所示,以 Tucker 分解为例,将原卷积分解为 3 个较小的卷积,分解前后的计算量分别为

$$N_{\text{conv}} = H_{\text{out}} \cdot W_{\text{out}} \cdot C_{\text{out}} \cdot K_{\text{H}} \cdot C_{\text{in}} \tag{23-7}$$

$$N_{\text{tucker}} = H_{\text{out}} \cdot W_{\text{out}} \cdot (R_3 \cdot C_{\text{in}} + R_3 \cdot R_4 \cdot K_{\text{H}} \cdot K_{\text{W}} + R_3 \cdot C_{\text{out}}) \tag{23-8}$$

其中,N_{conv} 代表普通卷积计算量,N_{tucker} 代表分解后的卷积计算量。

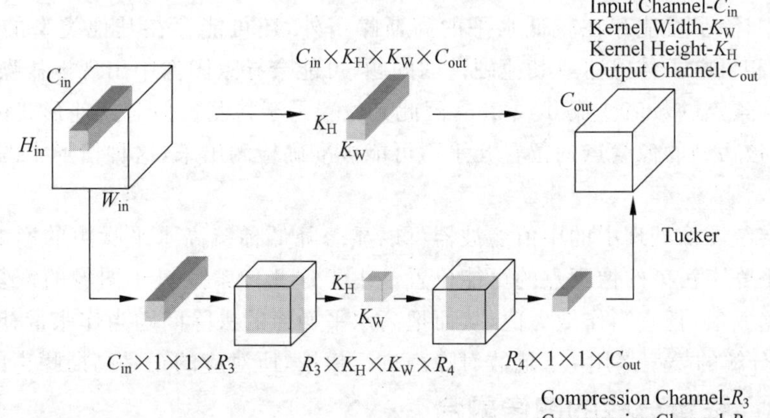

图 23-8　张量分解压缩神经网络

23.3.2　张量分解的数据补全和去噪

随着计算机技术、互联网、物联网的发展,人类社会运行时产生的数据越来越复杂,维度也越来越高,这对数据分析的工具提出了更高要求。同时,现实世界中的许多数据往往存在数据缺失和噪声,如何处理这样的数据也成为了机器学习、数据挖掘、计算机视觉等领域的重要问题之一。针对多维数据中存在数据缺失和噪声的问题,基于张量分解、优化理论的方法可以为这些方法提供行之有效的解决办法。

现实世界中常常会遇见数据缺失的问题,例如使用数码相机拍摄照片时可能因为电子设备的故障致使某些像素点缺失数值;电影评分网站收集用户对电影的评价时,一般用户

不会对每部影片都进行评价，这就造成部分数据的缺失。

由于很多数据是以张量形式直接呈现出来的，因此在过去几年里，张量数据缺失的问题受到了越来越多的研究者的关注。多数研究者在这一问题上都假设原始张量是低秩的。为了从不完整的张量中提取出其低秩本质张量，一些研究者把经典的张量分解算法推广到了数据缺失的情形。

基于张量分解的张量补全可转化为如下优化问题（大多数张量补全问题都可转化为对优化问题的求解）

$$\begin{cases} \min & \frac{1}{2}\| P_O(\boldsymbol{X}-\boldsymbol{J})\|_F^2 \\ \text{s.t.} & \operatorname{rank}(\boldsymbol{X})=S \end{cases} \tag{23-9}$$

其中，$\boldsymbol{X}$ 是补全后的张量，$\boldsymbol{J}$ 是存在缺失数值的张量。不同张量分解方法对张量补全带来的差异主要集中于秩的定义。S 是一个给定的低秩张量的秩的界限。P_O 表示随机取样操作

$$P_O(A)=\begin{cases} A_{i_1,i_2,\cdots,i_N}, & (i_1,i_2,\cdots,i_N)\in O \\ 0, & \text{其他} \end{cases} \tag{23-10}$$

数码图像有时会因各种原因而被噪声所污染，在图像处理领域，图像去噪已经成为重要的问题之一，并持续不断地吸引着研究者的目光。图像去噪算法在去除噪声的同时，也可能把图像中较为尖锐的细节当作噪声抹除。因此，如何在去噪的同时保持尽可能多的细节也是研究者所关心的问题之一。

在图像中，除了可能存在较低水平的高斯噪声外，还可能存在其他类型的大噪声。例如，由于包括相机电子传感器或其他硬件的问题，可能会导致图像中出现椒盐噪声。被椒盐噪声污染的像素点的数值变成 0 或 255，因此其位置易于检测。但对其他形式的大噪声（例如随机噪声）被污染的像素点的位置几乎不可能被准确检测出来，这种情形中图像数据恢复更加具有挑战性。

考虑到传统图像处理中的中值滤波器可以显著降低稀疏高水平噪声的影响，首先用其检测被高水平噪声污染的像素点的可能位置。由于这些像素点对于图像的恢复意义不大，因此可以忽略其值，把它当作缺失值，从而把高水平噪声的去除问题当作张量补全问题来求解。Tucker 分解的模型采用 L_2 范数对噪声进行模拟，所对应的正是高斯噪声的去除。

23.3.3 张量分解的图像融合

图像融合作为一个新兴的科研领域，在近三十年的发展中已取得了一定成果，并广泛应用于医学、军事、遥感等领域。就目前的发展情况来看，图像融合的研究还存在许多理论和技术方面的问题，尤其是国内对图像融合的研究起步较晚，相对落后，因此迫切需要对图像融合技术进行深入的研究。

基于张量的信息处理方法与基于向量和矩阵的方法相比更能有效的表示高维数据，并能够精确提取多维数据中的相关特征。特别地，高阶奇异值分解（Higher Order Singular Value Decomposition，HOSVD）是张量最有效的分解方式之一，它是一种完全数据驱动的分解方式，其分解过程不需要选择参数或者设定阈值就能有效提取多维数据中的结构特征。作为另一种有效的图像分析工具，结构张量能够同时进行图像结构分析和方向估计，通过结构张量可以获取图像中丰富的局部结构信息，有效地度量像素点邻域内结构特征的各向

异性。

由于图像融合依赖于源图像的局部信息，因此利用子张量代替整个张量是合理的。但是如果融合图像中两个相邻的图像块来自不同的源图像，就会引起像素的不连续性。针对上述情况，本节采用滑动窗口技术对图像进行分块，很好地避免了像素的不连续性。分块后对应的图像块构成子张量，然后利用 HOSVD 对子张量进行分解，得到分解系数，并采用基于模糊推理的加权融合方法对分解系数进行融合，很好地克服了融合图像中的不确定性问题。

23.3.4 张量分解的多维信号压缩

多光谱图像、彩色视频等多维信号在现代越来越普遍，不断给数据存储和传输带来挑战，因此需要有效的压缩策略。这样的高维观测结果可以被自然地编码为张量，在不同维度上显示出显著的冗余。这种特性被张量分解技术所利用，越来越多地用于大型多维数组的紧凑编码。这些海量多维数据在存储和通信方面带来了相当大的挑战，因此有效的数据缩减、紧凑的数据表示和压缩技术至关重要。当计算表示信号信息所需的比特数时，对压缩的需求就变得更加明显。由于信息冗余的存在，实际上描述它所需的比特数可以小得多。

最近，基于张量的方法已被证明是压缩高维数据以及许多其他信号处理应用程序的强大工具。与众多基于变换的数据缩减方法相反，涉及张量模型的压缩算法可以自然地利用变量之间的相关性。

具体来说，Tucker 分解是一种日益流行的基于张量的降维技术，它通过缩小的核心张量的系数加权因子矩阵的多线性组合来逼近一个张量数据集。因子矩阵是分解的关键组成部分，因为它们的列向量表示数据被投影到的基函数集合，从而定义了初始数据和压缩数据之间的映射，反之亦然。而在变换编码方法中，基是预先定义的，独立于输入数据，而张量分解依赖于直接从输入数据本身提取的依赖于数据的基。目前缺少的是一种正式的方法，可以使用预定义的、但特定于数据的基来表示。根据机器学习范式，这些基应该从训练数据中提取出来，与测试数据具有相似的特征。

23.4 张量网络

张量网络(Tensor Network，TN)在物理科学领域有很多应用。最近，科研人员将同样的方法应用于机器学习问题并取得了重大进展。特别地，相关张量网络库的创建促进了这项研究，加速了机器学习社区对张量网络方法的应用。张量网络不同于张量的传统符号表示，是张量表示和计算的一种数值方法。

张量网络是指由许多由同一指标收缩连接的网络。通常张量网络的代数表示方法涉及复杂的求和。为了直观，通常用图形方法表示张量网络。如图 23-9 所示，用一个圆表示一个独立的代数对象，从圆圈延伸出来的线则代表自由指标，也就是该对象的阶。

张量的图形表示不仅可以灵活地表示张量的可视化，而且直观地表示张量的数学运算和张量的整形。如图 23-10 所示，在表示张量之间非常复杂的运算方面，使用这种图形化的表示方法是非常直接的，很好地解决了传统高阶张量表示法的困难。

根据对波函数纠缠特性的准确分析，张量网络状态利用低阶张量的收缩构成的网络来近似高阶张量。从物理学的角度来看，这种近似相当于忽略了高阶张量的非局部指标之间

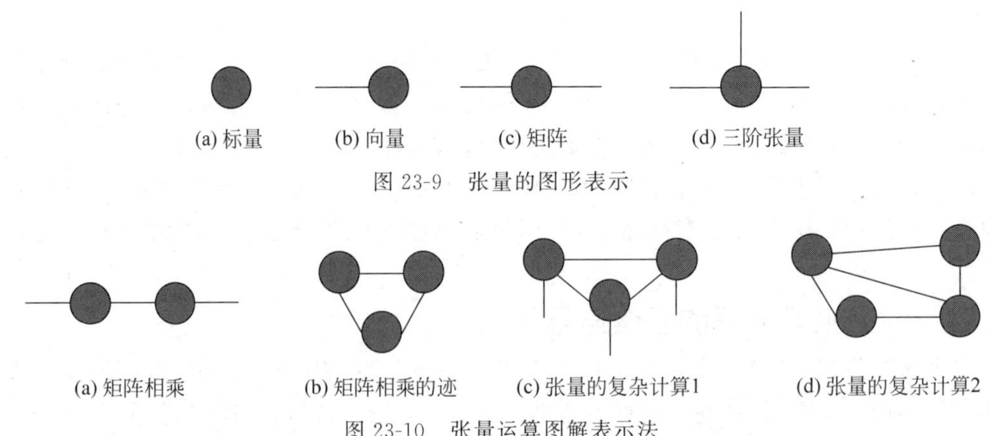

图 23-9 张量的图形表示

图 23-10 张量运算图解表示法

的一些长程相关性。张量网络状态的合理性与量子态的面积规律有关。从另一个角度看，张量分解主要是将数据时序分解为因子张量，而张量网络则是将高阶张量分解为稀疏互连的低阶张量。根据稀疏互连的低阶张量的连接形式，常用的张量网络状态可以分为 4 种形式。矩阵乘积态(Matrix Product State，MPS)、投影纠缠对态(Projected Entangled Pair State PEPS)、树状张量网络(Tree Tensor Network，TTN)和多尺度纠缠重整化假设(Multi-scale Entangled Renormalization Ansatz，MERA)，具体如图 23-11 所示。

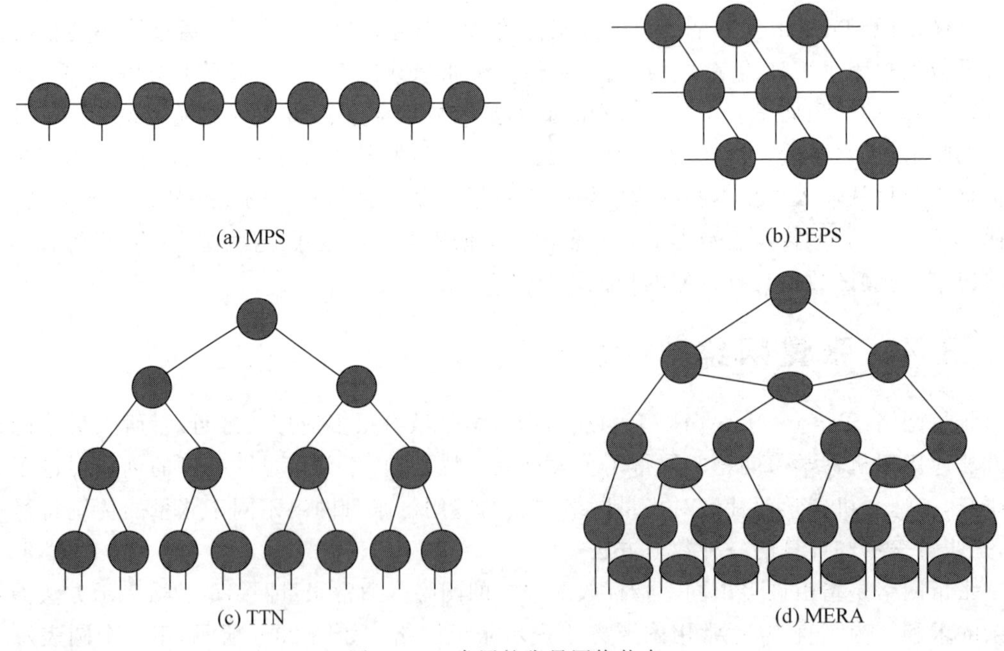

图 23-11 常用的张量网络状态

张量网络算法是在张量网络态的基础上发展处理解决真实物理问题的计算方法。一般来说，利用张量网络计算人们关心的物理量，还需要解决两个问题：如何找到正确的张量值；找到正确的张量值之后，如何准确地收缩掉整个张量网络。

寻找正确张量值的过程是与张量分解类似的过程，它要求得到的互连的低阶张量能够收敛到真实值。网络的收缩则要更多地关注计算资源的代价。设计合理的更新算法以及收缩近似算法是张量网络研究中的关键问题。

张量网络在物理领域是一种有效的量子多体数值计算方法。它在物理科学领域已经取得了许多发展和应用,例如凝聚态物理、量子理论和统计力学。通过对机器学习与张量网络在物理学中的应用可以发现:张量网络的图解表示法更适合描绘和分析张量运算过程;张量网络在数据表示优势更大;张量网络为机器学习能够带来更多的可解释性理论和全新的研究方法;张量网络和深度学习体系结构有着极大的相似性。

根据张量网络与机器学习结合的方式,可以分为两类。一种是纯粹的机器学习张量网络化表达。这种方法将机器学习任务与物理学问题相类比。从数据分析到建模过程都与量子多体物理中张量网络保持一致。虽然这种形式的张量网络拥有很强的理论支撑,但是在数据建模中,高额的计算代价会严重制约算法的使用和发展。另一类是传统机器学习与张量网络相结合。将张量网络嵌入现有的机器学习算法中,利用张量网络的优势提高该算法的性能、计算效率和应用能力。

23.4.1 数据编码

基于张量网络的量子化机器学习是从物理领域到机器学习的直接推广。因为这种方法把数据编码成量子多体状态。要引入基于张量网络的监督学习模型。首先要解决的是数据输入到网络中。以图像为例,机器学习中图像常被表示为维度为像素个数 N 的向量,向量中每个元素与像素对应。而张量网络中,如果有 d 种状态,那么向量的维度为 d^N。所以需要定义从 N 维空间到 d^N 空间的映射。将描述经典信息的图像转化为在希尔伯特空间上定义的乘积态,然后把这些乘积态映射到一个张量网络中。N 个独立系统状态可以用各个局域状态向量的张量积构造,

$$\boldsymbol{\Phi}^{s_1,s_2,\cdots,s_N}(X)=\boldsymbol{\phi}^{s_1}(x_1)\otimes\boldsymbol{\phi}^{s_2}(x_2)\otimes\cdots\otimes\boldsymbol{\phi}^{s_N}(x_N) \tag{23-11}$$

其中,张量$\boldsymbol{\phi}$ 是对应于输入 $\boldsymbol{x}_j$ 的局域特征映射的张量积。S_j 的指标为 $1\sim d$,d 表示特征映射的维度,就是把每个 $\boldsymbol{x}_j$ 映射为 d 维向量。

对于有 N 个像素的灰度图像,每个像素的取值可以归一化。那么对于特征映射$\boldsymbol{\phi}$ 的一种表示为

$$\boldsymbol{\phi}^{x_j}(x_j)=\left[\cos\left(\frac{\pi}{2}x_j\right),\sin\left(\frac{\pi}{2}x_j\right)\right] \tag{23-12}$$

整幅图像可以被这些局部向量的张量积所表示。每个$\boldsymbol{\phi}$ 可以看作是单个量子比特的归一化波函数。实际应用中,只需要保证映射是归一化的就可以,因此特征映射函数也不是唯一的。特征映射虽然不是训练参数,但该函数的选取会影响到实际效果。

23.4.2 网络模型

如果模型的决策函数定义为 $\boldsymbol{f}^l(\boldsymbol{X})=\boldsymbol{W}^l\cdot\boldsymbol{\Phi}(\boldsymbol{X})$。$\boldsymbol{f}$ 表示 $\boldsymbol{l}$ 维向量,输入 $\boldsymbol{X}$ 的标签表示 $\boldsymbol{f}$ 中值最大的那一个,$\boldsymbol{W}$ 表示模型权重。如果权重张量使用一个高阶张量来表示,那么需要 Ld^N 个元素。严格计算这个张量是不现实的,为了近似优化这个张量,可以使用一组低阶张量的缩并组成的张量网络来近似逼近高阶张量。这种表示方式与量子多体物理系统的波函数是一致的。根据权重张量 $\boldsymbol{W}$ 的近似方式不同,可以将张量网络的监督学习模型分为:MPS 模型、TTN 模型、TTN 特征提取的 MPS 模型和广义张量模型。

张量网络监督学习模型的第一个广为人知的模型是用 MPS 近似 $\boldsymbol{W}$。MPS 操作和优

化相对简单,参数只和像素的个数线性相关。对于权重张量 $\boldsymbol{W}$,其 MPS 表示具有如下形式:

$$\boldsymbol{W}^{l}_{S_1 S_2 \cdots S_N}=\sum_{\{\alpha\}}\boldsymbol{A}^{\alpha_1}_{S_1}\boldsymbol{A}^{\alpha_1\alpha_2}_{S_2}\cdots\boldsymbol{A}^{l;\,\alpha_j\alpha_{j+1}}_{S_j}\cdots\boldsymbol{A}^{\alpha_{N-1}}_{S_N} \tag{23-13}$$

对于分解后的张量,标签可以放置在任意第 j 个张量上。在具体的算法中,模型使用二次成本函数,即将 N_T 幅训练图像的损失求和

$$C=\frac{1}{2}\sum_{n=1}^{N_T}\sum_{l}(\boldsymbol{f}^{l}(\boldsymbol{X}_n)-y_n^l)^2 \tag{23-14}$$

如果 $\boldsymbol{X}_n$ 正确标签是 $\boldsymbol{L}_n$,那么 $y_n^{L_n}=1$,并且对于别的标签位置 $y_n^l=0$。

类比于量子多体物理中用到的方法,除了 MPS,其他张量网络态算法 PEPS、TTN 和 MERA 应该可以自然推理出来。尤其 PEPS 是特别为二维系统建立,因此适用于图像。MERA 为多尺度结构并能捕获幂律关联,可能更适合并提供优越的性能。由于算力的限制,这两种算法在机器学习中的应用受到限制。而另一种算法 TTN 受到的算力影响不大,而且实现相对容易。因此也获得了一定的发展。

与 MPS 算法类似,权重张量 $\boldsymbol{W}^l$ 也可以使用 TTN 表达。相比于 MPS,TTN 提供了更自然地表达二维图像。它可以表示为一个 K 层的张量网络结构

$$\boldsymbol{W}^{l}_{S_{1,1}S_{1,2}\cdots S_{N_1,1}}=\sum_{S}\prod_{k=1}^{K}\prod_{n=1}^{N_k}\boldsymbol{T}^{[k,n]}_{S_{k+1,n'}S_{k,n,1}S_{k,n,2}S_{k,n,3}S_{k,n,4}} \tag{23-15}$$

其中,N_k 是第 k 层的张量的数目。在一个 TTN 中,局部张量包括 4 个向下的指标和一个向上的指标。最低层与像素对应的态向量相连,最上层的指标作为输出向量。从图 23-12 中可以看出 MPS 和 TTN 近似权重矩阵 $\boldsymbol{W}$ 的不同。

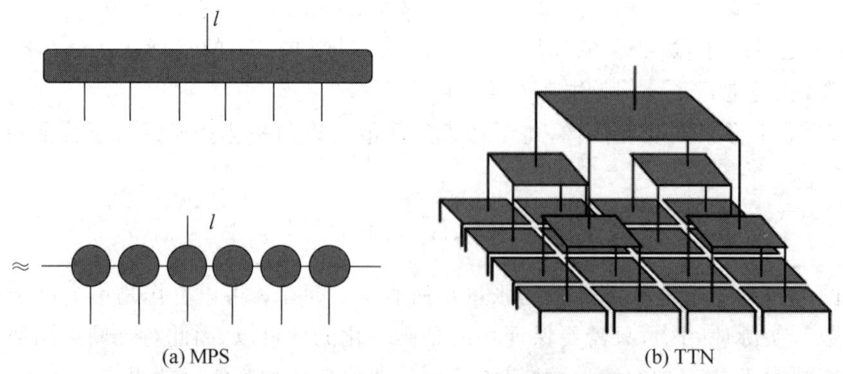

图 23-12 矩阵乘积态和树状张量网络模型

TTN 模型与输入向量缩并后的输出定义为

$$f^{l,[n]}=\boldsymbol{W}^l\prod_{j}\boldsymbol{\phi}^{[n,j]} \tag{23-16}$$

其中,$\phi^{[n,j]}$ 表示第 n 幅图像的 j 个像素的向量表示。成本函数定义为

$$C=\frac{1}{2}\sum_{n=1}^{N_T}|\,f^{l,[n]}-y_n^l\,|^2 \tag{23-17}$$

此处与 MPS 成本函数是一致的,l 维度的误差和使用向量的模长代替。

物理学中的重整化群(也称为粗粒化)从另一方面也促进了张量网络的发展。这种方法

通过有选择地丢掉小尺度上的信息来显现系统的宏观状态。如果不考虑直接将图像输入张量网络,可以利用密度矩阵对图像进行特征提取,得到几层粗粒化,这时的数据仍然是高阶张量,可以使用 MPS 近似表达高阶张量。通常这种处理方法比直接输入图片的 MPS 方法表现更好。除此之外,还有一种没有显著正则形式的张量网络监督学习模型——广义张量网络。与传统张量网络最主要的不同是网络中部分张量可以被复制和重用,这种方式可以直接将一类机器学习中的图模型映射到广义张量网络中。

23.4.3 优化方法

对于张量网络的有监督机器学习模型训练算法,通常的思路包含两种:借鉴了机器学习领域思路的梯度下降扫描算法。传统张量网络变分优化的更新算法。

受密度矩阵重整化群算法在物理领域成功应用的启发,与机器学习中的梯度下降算法结合。研究人员提出的类似算法在 MPS 来回扫描,迭代最小化成本函数。对于模型中用到的二次成本函数,系数 1/2 只是为了之后的化简,不影响训练过程。降低这个成本函数的策略是在保持其他张量不变的情况下,近似地一次只改变张量网络的 1～2 个局域张量。如果想更新位于 j 和 $j+1$ 的张量,首先需要将 MPS 张量中的 $\boldsymbol{A}_{S_j}^{l}$ 和 $\boldsymbol{A}_{S_{j+1}}^{l}$ 合并为一个键张量 $\boldsymbol{B}_{S_jS_{j+1}}^{\alpha_{j-1}l\alpha_{j+1}}$ 通过缩并操作。接下来就需要计算成本函数的导数以便使用梯度下降算法进行更新。当前决策函数可以表示为这个键张量与除这个键张量以外的张量网络$\tilde{\boldsymbol{\Phi}}_n$

$$f^{l}(\boldsymbol{X}_n)=\sum_{\alpha_{j-1}l\alpha_{j+1}}\sum_{S_jS_{j+1}}\boldsymbol{B}_{S_jS_{j+1}}^{\alpha_{j-1}l\alpha_{j+1}}(\tilde{\boldsymbol{\Phi}}_n)_{\alpha_{j-1}l\alpha_{j+1}}^{S_jS_{j+1}} \tag{23-18}$$

计算成本函数 C 对于键张量的导数

$$\Delta B^{l}=-\frac{\partial C}{\partial B^{l}}=\sum_{n=1}^{N_T}\sum_{l}(y_n^{l}-f^{l}(\boldsymbol{X}_n))\tilde{\boldsymbol{\Phi}}_n \tag{23-19}$$

然后旧的 B_L 被 $B_l+\alpha B_l$ 代替。这里 α 表示学习率。得到新的 B_l 后,使用 SVD 将其分开,并将指标移动到 SVD 的右边

$$\boldsymbol{B}_{S_jS_{j+1}}^{\alpha_{j-1}l\alpha_{j+1}}=\sum_{\alpha_j'\alpha_j}\boldsymbol{U}_{S_j\alpha_j'}^{\alpha_{j-1}}\boldsymbol{S}^{\alpha_j'}\boldsymbol{V}_{S_{j+1}}^{\alpha_jl\alpha_{j+1}} \tag{23-20}$$

得到新的张量 $\boldsymbol{A}'_{S_j}=\boldsymbol{U}_{S_j}$,$\boldsymbol{A}'^{l}_{S_{j+1}}=\boldsymbol{S}\boldsymbol{V}_{S_{j+1}}^{l}$。这样就完成了扫描算法中的一步扫描。下一步移动到下一个局部张量的位置,重复上述过程,直到成本函数收敛。

除此之外还有一种在 TTN 工作中用到的基于变分张量网络态的更新算法。它是一种受 MERA 启发的高效训练算法。该算法通过在一定精度下简化成本函数,直接利用变分张量技术迭代更新各个张量以最小化成本函数。量子化的张量网络模型为机器学习带来了全新的建模方式和提高了模型的可解释性。然而,这种方法不可避免的就是数据表示量子化后带来的高额计算代价。就目前的计算水平来说,这种代价极大程度上限制了张量网络的发展。

23.5 本章小结

对于机器学习来说,张量的研究是一个非常基本的问题。因为标量、向量和矩阵可以认为是张量的特殊情况。为了保持数据的内部结构和完整性,目前的高维数据大多以张量形式存储。最初,张量分解具有类似于矩阵分解的功能:不可见的关系挖掘、降维和数据补

全。研究人员发现,根据分解的目的,张量可以分解成不同的形式:块、链和环。分解后的因子张量从低阶缩并发展到稀疏互联。此外,张量火车分解的研究直接将张量分解和张量网络联系起来,因为张量火车分解本质上与网络中的矩阵乘积态相同。目前机器学习中的张量技术也逐渐从分解发展到网络形式。张量网络是量子多体物理中一种重要的数值分析方法。由于自然数据的结构往往受到物理定律的限制,它们的实际分布只占所有可能构型的小部分。这与物理学中的面积定律是一致的。张量技术的使用对于数据在机器学习中的表示起着重要的作用,对于所有形式的数据,都可以认为是张量的一种形式。张量分解的发展减少了模型的权重参数,有利于模型优化和防止过拟合。该方法为大规模优化和学习提供了支持。此外,张量网络的研究不同于基础物理研究,而是试图为机器学习的表示和推理提供新的解释。张量网络中另一个最重要的问题是模型存储和计算资源的消耗,特别是对于深度神经网络,从压缩和优化神经网络结构的角度,将张量网络方法与深度神经网络相结合,降低模型参数和资源消耗。

参考文献

本章参考文献扫描下方二维码。

第 24 章 线性方程组的深度学习求解

CHAPTER 24

深度学习由于其在许多推理问题上的广泛成功而广受欢迎。本章考虑了深度学习在稀疏线性逆问题中的应用，对其进行深度求解，在其中寻求从一些有噪声的线性测量中恢复一个稀疏信号。

24.1 线性方程组

24.1.1 定义

m 个 n 元一次方程组称为线性方程组，其一般形式为

$$\begin{cases} a_{11}x_1 + a_{12}x_2 + \cdots + a_{1n}x_n = b_1 \\ a_{21}x_1 + a_{22}x_2 + \cdots + a_{2n}x_n = b_2 \\ \vdots \\ a_{m1}x_1 + a_{m2}x_2 + \cdots + a_{mn}x_n = b_m \end{cases} \tag{24-1}$$

其中，$x_i(i=1,2,\cdots,n)$为 n 个未知量；a_{ij} 是第 i 个方程第 j 个未知量 x_j 的系数，其中 $i=1,2,\cdots,m$；$j=1,2,\cdots,n$；$b_i(i=1,2,\cdots,m)$为常数项；方程的个数 m 和未知量个数 n 的关系为：$m>n$ 或 $m=n$ 或 $m<n$；方程 $ax+by=c$ 中，包含加法(+)和数乘(ax,by)运算，而 $ax+by=c$ 在平面中表示一条直线。若将 $x_1=c_1,x_2=c_2,\cdots,x_n=c_n$ 代入方程组中，使得每一个方程都变成恒等式，则称

$$\begin{pmatrix} c_1 \\ c_2 \\ \vdots \\ c_n \end{pmatrix}$$

为方程组的一个解(向量)。

24.1.2 矩阵表示

式(24-1)的矩阵表示为

$$\boldsymbol{Ax} = \boldsymbol{b} \tag{24-2}$$

其中，

$$\boldsymbol{A} = \begin{bmatrix} a_{11} & a_{12} & \cdots & a_{1n} \\ a_{21} & a_{22} & \cdots & a_{2n} \\ \vdots & \vdots & \ddots & \vdots \\ a_{m1} & a_{m2} & \cdots & a_{mn} \end{bmatrix}$$

称为系数矩阵；而

$$\boldsymbol{x}=\begin{bmatrix}x_1\\x_2\\\vdots\\x_n\end{bmatrix}$$

称为未知数向量；且

$$\boldsymbol{b}=\begin{bmatrix}b_1\\b_2\\\vdots\\b_m\end{bmatrix}$$

称为常数项向量,同时

$$\boldsymbol{B}=\begin{bmatrix}a_{11}&a_{12}&\cdots&a_{1n}&b_1\\a_{21}&a_{22}&\cdots&a_{2n}&b_2\\\vdots&\vdots&\ddots&\vdots&\vdots\\a_{m1}&a_{m2}&\cdots&a_{mn}&b_m\end{bmatrix}$$

称为增广矩阵,可记为 $\boldsymbol{B}=(\boldsymbol{A}\ \vdots\ \boldsymbol{b})$ 或 $\boldsymbol{B}=(\boldsymbol{A},\boldsymbol{b})$。

式(24-2)以向量为未知元,它的解称为式(24-1)的解向量,此后提到线性方程组的解指的就是解向量。

24.1.3 向量表示

如果把系数矩阵 $\boldsymbol{A}$ 按列分成 n 块,则式(24-2)可写成

$$(\alpha_1,\alpha_2,\cdots,\alpha_n)\begin{bmatrix}x_1\\x_2\\\vdots\\x_n\end{bmatrix}=\boldsymbol{b}$$

$$x_1\alpha_1+x_2\alpha_2+\cdots+x_n\alpha_n=\boldsymbol{b} \tag{24-3}$$

式(24-3)就是式(24-1)的向量表示形式。

如果把系数矩阵 $\boldsymbol{A}$ 按行分成 m 块,则式(24-2)可写成

$$\begin{bmatrix}\alpha_1^{\mathrm{T}}\\\alpha_2^{\mathrm{T}}\\\vdots\\\alpha_m^{\mathrm{T}}\end{bmatrix}x=\begin{bmatrix}b_1\\b_2\\\vdots\\b_m\end{bmatrix}$$

或

$$\begin{cases}\alpha_1^{\mathrm{T}}x=b_1\\\alpha_2^{\mathrm{T}}x=b_2\\\vdots\\\alpha_m^{\mathrm{T}}x=b_m\end{cases} \tag{24-4}$$

24.1.4 齐次与非齐次线性方程组

式(24-1)称为非齐次线性方程组，如果 $b_1=b_2=\cdots=b_m=0$，则称方程组

$$\begin{cases}a_{11}x_1+a_{12}x_2+\cdots+a_{1n}x_n=0\\a_{21}x_1+a_{22}x_2+\cdots+a_{2n}x_n=0\\\cdots\\a_{m1}x_1+a_{m2}x_2+\cdots+a_{mn}x_n=0\end{cases}\tag{24-5}$$

为式(24-1)对应的齐次线性方程组，也称为式(24-1)的导出组。其矩阵表示形式为 $\boldsymbol{Ax}=\mathbf{0}$，向量表示形式为 $x_1\alpha_1+x_2\alpha_2+\cdots+x_n\alpha_n=\mathbf{0}$，也可以表示为

$$\begin{cases}\alpha_1^{\mathrm{T}}x=0\\\alpha_2^{\mathrm{T}}x=0\\\quad\vdots\\\alpha_m^{\mathrm{T}}x=0\end{cases}$$

24.2 稀疏线性逆问题

假设从一个有噪声的线性测量 $\boldsymbol{y}\in\mathbb{R}^M$ 中恢复一个信号 $\boldsymbol{s}^0\in\mathbb{R}^N$，形式为

$$\boldsymbol{y}\in\boldsymbol{\Phi s}^0+\boldsymbol{w}\tag{24-6}$$

其中$\boldsymbol{\Phi}\in\mathbb{R}^{M\times N}$ 表示一个线性算子，$\boldsymbol{w}\in\mathbb{R}^M$ 是加性高斯白噪声(Additive White Gaussian Noise，AWGN)。在许多感兴趣的情况下，$M\ll N$。将假设信号向量 $\boldsymbol{s}^0$ 在一个已知的标准正交基$\boldsymbol{\Psi}\in\mathbb{R}^{N\times N}$ 中有一个稀疏表示，即，对于一些稀疏向量 $\boldsymbol{x}^0\in\mathbb{R}^N$ 且 $\boldsymbol{s}^0=\boldsymbol{\Psi x}^0$。因此定义 $\boldsymbol{A}\triangleq\boldsymbol{\Phi\Psi}\in\mathbb{R}^{M\times N}$，式(24-6)写为

$$\boldsymbol{y}=\boldsymbol{Ax}^0+\boldsymbol{w}\tag{24-7}$$

试图从 $\boldsymbol{y}$ 中恢复一个稀疏的 $\boldsymbol{x}^0$。后续将这个问题称为"稀疏线性逆"问题。由此得到的 $\boldsymbol{x}^0$ 的估计 $\boldsymbol{x}$ 可以通过$\hat{\boldsymbol{s}}=\boldsymbol{\Psi}\hat{\boldsymbol{x}}$ 转换为 $\boldsymbol{s}^0$ 的估计$\hat{\boldsymbol{s}}$。

24.3 线性方程组的深度求解算法

大多数现有的方法都涉及一个重构算法，它输入一对$(\boldsymbol{y},\boldsymbol{A})$并产生一个稀疏估计 $\boldsymbol{x}$。求解稀疏线性逆问题的最著名的算法方法之一是通过求解凸优化问题

$$\boldsymbol{x}=\arg\min_{\boldsymbol{x}}\frac{1}{2}\|\boldsymbol{y}-\boldsymbol{Ax}\|_2^2+\lambda\|\boldsymbol{x}\|_1\tag{24-8}$$

其中 $\lambda>0$ 是一个可调参数，它控制 $\boldsymbol{x}$ 中稀疏度和测量保真度之间的权衡。式(24-8)的凸性导致了可证明的收敛算法和估计 $\boldsymbol{x}$ 性能的边界。

最近，在深度学习领域出现了一种解决这个问题的不同方法，即使用一组 D 个例子来训练一个多层的神经网络$\{(\boldsymbol{y}^{(d)},\boldsymbol{x}^{(d)})\}_{d=1}^{D}$。一旦训练，网络可以预测对应给定输入 $\boldsymbol{y}$ 的稀疏 $\boldsymbol{x}$。以往的工作已经表明，解决稀疏线性逆问题的深度学习方法比传统算法方法在准确性和复杂性方面都有显著的改进。

由于标准正交$\boldsymbol{\Psi}$ 意味着 $\boldsymbol{x}=\boldsymbol{\Psi}^{\mathrm{H}}\boldsymbol{s}$，因此以形式为$\{(\boldsymbol{y}^{(d)},\boldsymbol{s}^{(d)})\}$的训练例子可以通过

$\boldsymbol{x}^{(d)}=\boldsymbol{\Psi}^{\mathrm{H}}\boldsymbol{s}^{(d)}$转换为$\{(\boldsymbol{y}^{(d)},\boldsymbol{x}^{(d)})\}_{d=1}^{D}$。

24.3.1 LISTA 算法

1. ISTA 算法和 FISTA 算法

求解式(24-8)的最简单的方法之一是迭代软阈值化算法(Iterative Soft-Thresholding Algorithm,ISTA),它包括迭代步骤(对于 $t=0,1,2,\cdots$和 $\boldsymbol{x}_0=\boldsymbol{0}$)

$$\boldsymbol{v}_t=\boldsymbol{y}-\boldsymbol{A}\boldsymbol{x}_t \tag{24-9a}$$

$$\boldsymbol{x}_{t+1}=\eta(\boldsymbol{x}_t+\beta\boldsymbol{A}^{\mathrm{H}}\boldsymbol{v}_t;\lambda) \tag{24-9b}$$

其中 $\beta\in(0,1/\|\boldsymbol{A}\|_2^2)$是步长大小,$\boldsymbol{v}_t$ 是第t 个迭代残余测量误差,$\eta(\cdot;\lambda):\mathbb{R}^N\to\mathbb{R}^N$ 是“软阈值”删除器,其操作为

$$[\eta(r;\lambda)]_j=\operatorname{sgn}(r_j)\max\{|r_j|-\lambda,0\} \tag{24-10}$$

虽然 ISTA 保证在 $\beta\in(0,1/\|\boldsymbol{A}\|_2^2)$下收敛,但它的收敛速度有点慢,并且提出了很多修改来加速它。其中最著名的是 Fast ISTA(FISTA)

$$\boldsymbol{v}_t=\boldsymbol{y}-\boldsymbol{A}\boldsymbol{x}_t \tag{24-11a}$$

$$\boldsymbol{x}_{t+1}=\eta\left(\boldsymbol{x}_t+\beta\boldsymbol{A}^{\mathrm{H}}\boldsymbol{v}_t+\frac{t-2}{t+1}(\boldsymbol{x}_t-\boldsymbol{x}_{t-1});\lambda\right) \tag{24-11b}$$

它的收敛迭代大约比 ISTA 少一个数量级。图 24-1 为利用 ISTA 求解的示例,此时取 $T=4$。

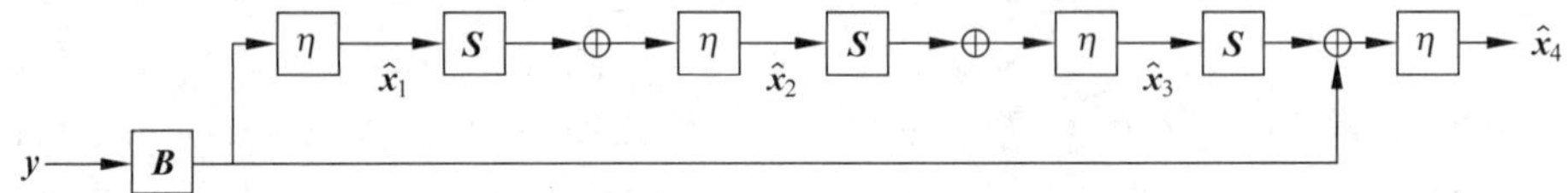

图 24-1 通过展开 ISTA 迭代 $T=4$ 所构建的 FNN 图

2. CoD 算法

在 FISTA 中,所有代码组件同时更新,每次迭代需要 $O(mn)$、$O(m^2)$或 $O(mk)$操作。坐标下降算法(Coordinate Descent algorithm,CoD)的想法是一次只改变一个精心选择的坐标,该步骤需要进行 $O(m)$操作。重复此 $O(m)$或 $O(n)$会比同时更新所有坐标产生更好的近似值。

该算法的计算结果如下。在任何给定的步骤,选择一个代码组件,并减少该组件的最小能量,保持所有其他组件不变。重复直到收敛。在任何给定点选择的代码组件是将通过此更新进行最大修改的组件。这些步骤详见算法 24-1。由于只有一个组件被修改,所以只有一列 S 用于传播下一次收缩操作的变更,且成本为 $O(m)$。选择下一个最佳部件所需的最大操作也为 $O(m)$。通过无限多次迭代,它收敛于最优稀疏代码,但始终比 FISTA 少的操作产生更好的近似。

给定一个输入向量 $\boldsymbol{X}\in\mathbb{R}^n$,找到最优的稀疏码向量 $\boldsymbol{Z}^*\in\mathbb{R}^m$,$h_\alpha$ 是一个具有阈值α 的坐标收缩函数,$\boldsymbol{W}_d$(其列是基向量)是字典矩阵。

算法 24-1 Coordinate Descent 算法

函数:$\mathrm{CoD}(\boldsymbol{X},\boldsymbol{Z},\boldsymbol{W}_d,\boldsymbol{S},\alpha)$

要求:$\boldsymbol{S}=\boldsymbol{I}-\boldsymbol{W}_d^{\mathrm{T}}\boldsymbol{W}_d$

初始化:$\boldsymbol{Z}=\boldsymbol{0}$;$\boldsymbol{B}=\boldsymbol{W}_d^{\mathrm{T}}\boldsymbol{X}$

重复

$\bar{\boldsymbol{Z}}=h_{\alpha}(\boldsymbol{B})$

k 的值为 $|\boldsymbol{Z}-\bar{\boldsymbol{Z}}|$ 的最大组成部分的指数

$\forall j\in[1,m]: B_j=B_j+S_{jk}(\bar{Z}_k-Z_k)$

$Z_k=\bar{Z}_k$

until $\boldsymbol{Z}$ 中的变化低于一个阈值

$\boldsymbol{Z}=h_{\alpha}(\boldsymbol{B})$

End function

3. LISTA 算法

在深度学习中,训练数据由(特征、标签)对 $\{(\boldsymbol{y}^{(d)},\boldsymbol{x}^{(d)})\}_{d=1}^{D}$ 组成,用于训练深度神经网络的参数,以准确预测新观察到的特征(测试特征)$\boldsymbol{y}$ 的标签 $\boldsymbol{x}$。深度网络接受 $\boldsymbol{y}$,并对其进行许多层的处理,其中每一层都由一个线性变换组成,然后是一个非线性变换。

通常,标签空间是离散的(例如,$\boldsymbol{y}$ 是一个图像,$\boldsymbol{x}$ 是它的类{cat,狗,…,树})。然而,在稀疏线性逆问题中,标签 $\boldsymbol{x}$ 是连续的和高维的。值得注意的是,Gregor 和 Le Cun 证明,一个构造良好的深度网络可以准确地预测这样的标签。若将式(24-9b)重写为

$$\boldsymbol{x}_{t+1}=\eta(\boldsymbol{S}\boldsymbol{x}_t+\boldsymbol{B}\boldsymbol{y};\lambda),\quad \begin{cases}\boldsymbol{B}\triangleq\beta\boldsymbol{A}^{\mathrm{H}}\\ \boldsymbol{S}\triangleq\boldsymbol{I}_N-\boldsymbol{B}\boldsymbol{A}\end{cases} \tag{24-12}$$

和"展开"迭代 $t=1,2,\cdots,T$,从而形成 T 层 FNN。而 ISTA 则使用了式(24-12)中规定的 $\boldsymbol{S}$ 和 $\boldsymbol{B}$ 值以及所有层的 λ 公共值,Gregor 和 Le Cun 建议使用依赖于层的阈值 $\boldsymbol{\lambda}\triangleq[\lambda_1,\lambda_2,\cdots,\lambda_T]$ 通过最小化二次损失,从训练数据 $\{(\boldsymbol{y}^{(d)},\boldsymbol{x}^{(d)})\}_{d=1}^{D}$ 中"学习"阈值 $\boldsymbol{\lambda}$ 和矩阵 $\boldsymbol{B}$、$\boldsymbol{S}$:

$$\mathcal{L}_T(\boldsymbol{\Theta})=\frac{1}{D}\sum_{d=1}^{D}\|\boldsymbol{x}_T(\boldsymbol{y}^{(d)};\boldsymbol{\Theta})-\boldsymbol{x}^{(d)}\|_2^2 \tag{24-13}$$

这里,$\boldsymbol{\Theta}=[\boldsymbol{B},\boldsymbol{S},\boldsymbol{\lambda}]$ 表示可学习参数和 $\boldsymbol{x}_T(\boldsymbol{y}^{(d)};\boldsymbol{\Theta})$ 带输入 $\boldsymbol{y}^{(d)}$ 的 t 层网络的输出和参数 $\boldsymbol{\Theta}$。此方法称为 Learned ISTA(LISTA)。

相对于现有的具有最优调谐正则化参数(如 $\boldsymbol{\lambda}$ 或 α)的稀疏线性逆问题的算法,LISTA 生成了对矩阵向量乘法明显更少的 MMSE 的估计。

其他学者也将深度学习的思想应用到稀疏线性逆问题中。例如,Sprechmann 等扩展了 LISTA 处理结构化的稀疏性和字典学习(当训练数据是 $\{\boldsymbol{y}^{(d)}\}_{d=1}^{D}$ 和 $\boldsymbol{A}$ 是未知的)。最近,Z. Wang 将 LISTA 从式(24-8)的 $\ell_2+\ell_1$ 目标扩展到 $\ell_2+\ell_0$ 目标,U. Kamilov 等提出通过学习 B-spline 曲线的参数学习 MSE 最优标量去噪函数 $\boldsymbol{\eta}$。

24.3.2 LAMP 算法

1. AMP 算法

最将近似消息传递(Approximate Message Passing,AMP)算法应用于式(24-8),表示为

$$\boldsymbol{v}_t=\boldsymbol{y}-\boldsymbol{A}\boldsymbol{x}_t+b_t\boldsymbol{v}_{t-1} \tag{24-14a}$$

$$\boldsymbol{x}_{t+1}=\eta(\boldsymbol{x}_t+\boldsymbol{A}^{\mathrm{H}}\boldsymbol{v}_t;\lambda_t) \tag{24-14b}$$

其中，$\boldsymbol{x}_0=\boldsymbol{0}, \boldsymbol{v}_{-1}=\boldsymbol{0}, t\in\{0,1,2,\cdots\}$，

$$b_t=\frac{1}{M}\|\boldsymbol{x}_t\|_0 \tag{24-15}$$

$$\lambda_t=\frac{\alpha}{\sqrt{M}}\|\boldsymbol{v}_t\|_2 \tag{24-16}$$

其中，α 是与式(24-8)中的 λ 有一对一对应关系的调谐参数。比较 AMP 和 ISTA，其有两个主要差异：式(24-14a)中的 AMP 残余 $\boldsymbol{v}_t$ 包括"在线修正"术语 $b_t\boldsymbol{v}_{t-1}$；式(24-14b)中的去噪阈值 λ_t 采用规定的与 t 相关的值。

AMP 实际上可以用于任何 Lipschitz 连续收缩函数。因此，AMP 算法写为

$$\boldsymbol{v}_t=\boldsymbol{y}-\boldsymbol{A}\boldsymbol{x}_t+b_t\boldsymbol{v}_{t-1} \tag{24-17a}$$

$$\boldsymbol{x}_{t+1}=\eta(\boldsymbol{x}_t+\boldsymbol{A}^{\mathrm{H}}\boldsymbol{v}_t;\sigma_t,\theta_t) \tag{24-17b}$$

其中，$\boldsymbol{x}_0=\boldsymbol{0}, \boldsymbol{v}_{-1}=\boldsymbol{0}, t\in\{0,1,2,\cdots\}$，

$$b_{t+1}=\frac{1}{M}\sum_{j=1}^{N}\left.\frac{\partial[\eta(r;\sigma_t,\theta_t)]_j}{\partial r_j}\right|_{\boldsymbol{r}=\boldsymbol{x}_t+\boldsymbol{A}^{\mathrm{H}}\boldsymbol{v}_t} \tag{24-18}$$

$$\sigma_t^2=\frac{1}{M}\|\boldsymbol{v}_t\|_2^2 \tag{24-19}$$

在式(24-17b)中，假设收缩函数 η 接受噪声-标准-偏差估计 σ_t 作为一个参数。

当 $\boldsymbol{A}$ 是一个大型身份证的典型实现时，具有方差 M^{-1} 项的亚高斯随机矩阵和 $\eta(\cdot)$ 具有相同的标量分量，Onsager 校正解耦了输入到收缩函数的意义上的 AMP 迭代，

$$\boldsymbol{r}_t\triangleq\boldsymbol{x}_t+\boldsymbol{A}^{\mathrm{H}}\boldsymbol{v}_t \tag{24-20}$$

可建模为

$$\boldsymbol{r}_t=\boldsymbol{x}+\mathcal{N}(0,\sigma_t^2 I_N),\quad \sigma_t^2=\frac{1}{M}\|\boldsymbol{v}_t\|_2^2 \tag{24-21}$$

换句话说，在线校正确保收缩输入是具有已知方差 σ_t^2 的真实信号 $\boldsymbol{x}^0$ 的 AWGN 损坏版本。由此产生的"去噪"问题，即根据 $\boldsymbol{r}_t$ 估计 $\boldsymbol{x}^0$，就可以很好地理解。

2. LAMP 算法

LISTA 涉及学习矩阵 $\boldsymbol{S}\triangleq\boldsymbol{I}_N-\boldsymbol{B}\boldsymbol{A}$，其中 $\boldsymbol{B}\in\mathbb{R}^{N\times M}$ 和 $\boldsymbol{A}\in\mathbb{R}^{M\times N}$。如算法 ISTA 中所指出的，当 $M<N/2$ 时，对于具有第一层输入 $\boldsymbol{x}_0=\boldsymbol{0}$ 和 $\boldsymbol{v}_0=\boldsymbol{y}$ 且利用 $\boldsymbol{S}$ 的 $\boldsymbol{I}_N-\boldsymbol{B}\boldsymbol{A}$ 结构是有利的，导致了如图 24-2 所示形式的网络层。虽然在 ISTA 中没有考虑到，但在图 24-2 中的网络允许 $\boldsymbol{A}$ 和 $\boldsymbol{B}$ 随层 t 而变化，允许适度改进。

从可展开的 AMP 迭代式(24-12)构建一个神经网络，然后，建议学习网络参数的 MSE 最优值，从训练数据 $\{(\boldsymbol{y}^{(d)},\boldsymbol{x}^{(d)})\}_{d=1}^{D}$ 中学习到可调参数 $\{\boldsymbol{A}_t,\boldsymbol{B}_t,\boldsymbol{\alpha}_t\}_{t=0}^{T-1}$ 的 MSE 最优值。这个算法称为 Learned AMP(LAMP)，且 LAMP 比 LISTA 具有更少的层，就像 AMP 通常需要比 ISTA 更少的迭代来收敛一样。

通过比较图 24-2 和图 24-3，两个主要的不同点如下。

(1) LAMP 包括从 LISTA 中不存在的从 $\boldsymbol{v}_t$ 到 $\boldsymbol{v}_{t-1}$ 的前馈路径。这条路径实现了一个 Onsager 校正，其目标是解耦了网络的各个层，就像它解耦了 AMP 算法的迭代一样。

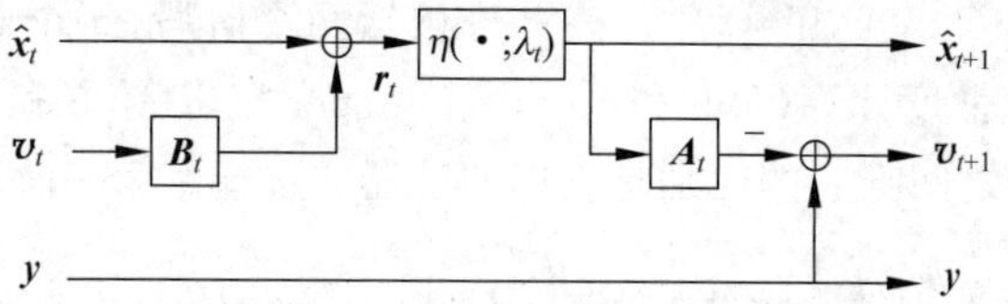

图 24-2　LISTA 网络的第 t 层,具有可调参数 $\{\boldsymbol{A}_t, \boldsymbol{B}_t, \lambda_t\}_{t=0}^{T-1}$

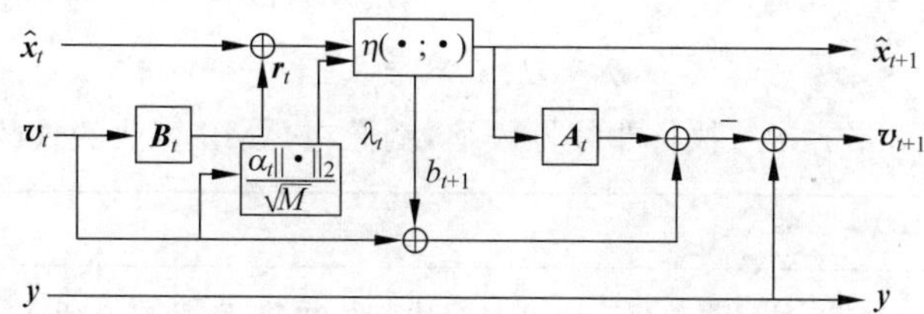

图 24-3　LAMP 网络的第 t 层,具有可调参数 $\{\boldsymbol{A}_t, \boldsymbol{B}_t, \alpha_t\}_{t=0}^{T-1}$

(2) LAMP 的去噪阈值 $\lambda_t=\alpha_t\|\boldsymbol{v}_t\|_2/\sqrt{M}$ 随实现值 $\boldsymbol{v}_t$ 而变化,而 LISTA 的值是常数。

注意,LAMP 是建立在 AMP 算法(24-12)的推广基础上的,其中矩阵 $(\boldsymbol{A}, \boldsymbol{A}^{\mathrm{H}})$ 在迭代 t 时表现为 $(\boldsymbol{A}_t, \boldsymbol{B}_t)$。一个重要的问题是,这种推广是否保留了去噪器输入错误的独立高斯特性,即公式(24-19)—AMP 的关键特征。可以表明,当具有标量 β_t 的 $\boldsymbol{A}_t=\beta_t\boldsymbol{A}$,和具有适当缩放比例 C_t 的 $\boldsymbol{B}_t=\boldsymbol{A}^{\mathrm{H}}C_t$ 时,期望的行为确实发生。因此,对于 LAMP,加上 $\boldsymbol{A}_t=\beta_t\boldsymbol{A}$ 只学习 β_t,并且在学习之前适当地初始化 B_t。

从图 24-3 中,可看到在 $\boldsymbol{x}_t$ 的适当重新定义下,$\boldsymbol{A}_t$ 内的 β_t 尺度可以移到去噪器 $\eta(\bullet;\bullet)$,因此,在 LAMP 中采用这种方法的网络的第 t 层可以总结为

$$\boldsymbol{x}_{t+1}=\beta_t\eta\left(\boldsymbol{x}_t+\boldsymbol{B}_t\boldsymbol{v}_t;\ \frac{\alpha_t}{\sqrt{M}}\|\boldsymbol{v}_t\|_2\right) \tag{24-22a}$$

$$\boldsymbol{v}_{t+1}=\boldsymbol{y}-\boldsymbol{A}\boldsymbol{x}_{t+1}+\frac{\beta_t}{M}\|\boldsymbol{x}_{t+1}\|_0 v_t \tag{24-22b}$$

其中,第一层输入 $\boldsymbol{x}_0=\boldsymbol{0}$ 和 $\boldsymbol{v}_0=\boldsymbol{y}$。

24.3.3　LVAMP 算法

1. VAMP 算法

为了解决 AMP 矩阵 $\boldsymbol{A}$ 的虚弱性,S. Rangan 等提出了 Vector AMP(VAMP)算法。VAMP 算法保留了原始 AMP 的所有的理想特性(即,迭代复杂度低,收敛迭代很少,以及服从 AWGN 模型的收缩输入 $\boldsymbol{r}_t$)。

右旋转不变矩阵 $\boldsymbol{A}$ 是一种在右乘以任意固定正交矩阵后其分布保持不变的随机矩阵。对这些矩阵的直观理解来自于它们的 SVD。假设

$$\boldsymbol{A}=\boldsymbol{U}\boldsymbol{S}\boldsymbol{V}^{\mathrm{T}} \tag{24-23}$$

是一个 $\boldsymbol{A}\in\mathbb{R}^{M\times N}$ 的 SVD。对于右旋转不变的 $\boldsymbol{A}$,矩阵 $\boldsymbol{V}$ 将包含均匀分布在 $N\times N$ 正交矩阵群上的矩阵的第一个 R 列。请注意,高斯矩阵是右旋转不变的一种特殊情况,其中 $\boldsymbol{U}$ 是随机正交的,而 $\boldsymbol{S}$ 具有特定的分布。重要的是,只要维数 M、N 足够大,在任何正交矩阵 $\boldsymbol{U}$,任何奇异值 $\boldsymbol{S}$ 下,VAMP 表现得很好。

在算法 24-2 中定义了 VAMP 算法。该算法包括两个阶段，每个阶段包括相同的 4 个步骤：估计(第 4 和 9 行)、散度计算(第 5 和 10 行)、Onsager 校正(第 6 和 11 行)和方差计算(第 7 和 12 行)。这两个阶段之间唯一的区别是它们估计器的选择。第一阶段的使用方法是：

$$\eta(\tilde{\boldsymbol{r}}_t;\boldsymbol{\sigma}_t,\boldsymbol{\theta})\triangleq V\left(\mathrm{Diag}(\boldsymbol{S})^2+\frac{\boldsymbol{\sigma}_w^2}{\boldsymbol{\sigma}_t^2}\boldsymbol{I}_R\right)^{-1}\left(\mathrm{Diag}(\boldsymbol{S})\boldsymbol{U}^{\mathrm{H}}\boldsymbol{y}+\frac{\boldsymbol{\sigma}_w^2}{\boldsymbol{\sigma}_t^2}\boldsymbol{V}^{\mathrm{H}}\tilde{\boldsymbol{r}}_t\right) \tag{24-24}$$

取决于测量值 $\boldsymbol{y}$ 和参数

$$\boldsymbol{\theta}\triangleq\{\boldsymbol{U},\boldsymbol{S},\boldsymbol{V},\boldsymbol{\sigma}_w\} \tag{24-25}$$

第二阶段通过 $\eta(\boldsymbol{r}_t;\boldsymbol{\sigma}_t,\boldsymbol{\theta}_t)$ 执行非线性收缩，就像在 AMP 算法的式(24-17b)中一样。

算法 24-2 Vector AMP

要求：式(24-24)中的 **LMMSE** 估计器 $\eta(\cdot;\sigma,\boldsymbol{\theta})$，最大迭代次数 T，参数为 $\{\boldsymbol{\theta}_t\}_{t=1}^{T}$ 和 $\boldsymbol{\theta}$。

1：选择初始值 $\tilde{\boldsymbol{r}}_1$ 和 $\boldsymbol{\sigma}_1>0$。

2：**for** $t=1,2,3,\cdots,T$ **do**

3： // **LMMSE 阶段**

4： $\boldsymbol{x}_t=\eta(\tilde{\boldsymbol{r}}_t;\boldsymbol{\sigma}_t,\boldsymbol{\theta})$

5： $\tilde{\boldsymbol{v}}_t=\langle\eta'(\tilde{\boldsymbol{r}}_t;\boldsymbol{\sigma}_t,\boldsymbol{\theta})\rangle$

6： $\boldsymbol{r}_t=(\boldsymbol{x}_t-\tilde{\boldsymbol{v}}_t\tilde{\boldsymbol{r}}_t)/(1-\tilde{\boldsymbol{v}}_t)$

7： $\boldsymbol{\sigma}_t^2=\sigma_t^2\tilde{\boldsymbol{v}}_t/(1-\tilde{\boldsymbol{v}}_t)$

8： // **Shrinkage 阶段**

9： $\boldsymbol{x}_t=\eta(\boldsymbol{r}_t;\boldsymbol{\sigma}_t,\boldsymbol{\theta}_t)$

10：$\hat{\boldsymbol{v}}_t=\langle\eta'(\boldsymbol{r}_t;\boldsymbol{\sigma}_t,\boldsymbol{\theta}_t)\rangle$

11：$\tilde{\boldsymbol{r}}_{t+1}=(\boldsymbol{x}_t-\boldsymbol{v}_t\boldsymbol{r}_t)/(1-\boldsymbol{v}_t)$

12：$\boldsymbol{\sigma}_{t+1}^2=\boldsymbol{\sigma}_t^2\boldsymbol{v}_t/(1-\boldsymbol{v}_t)$

13：**end for**

14：Return $\boldsymbol{x}_T$

综上所述，VAMP 在似然 $\mathcal{N}(\boldsymbol{y};\boldsymbol{A}\boldsymbol{x}^0,\sigma_w^2\boldsymbol{I})$ 和伪核子 $\mathcal{N}(\boldsymbol{x}^0;\tilde{\boldsymbol{r}}_t,\boldsymbol{\sigma}_t^2\boldsymbol{I})$ 下对 $\boldsymbol{x}^0$ 的 MMSE 推理，以及在伪似然 $\mathcal{N}(\boldsymbol{r}_t;\boldsymbol{x}^0,\boldsymbol{\sigma}_t^2\boldsymbol{I})$ 和先验 $\boldsymbol{x}^0\sim p(\boldsymbol{x}^0)$ 下对 $\boldsymbol{x}^0$ 的 MMSE 推理之间交替进行。

中间量的每个阶段分别使用 Onsager 修正项 $-\boldsymbol{v}_t\boldsymbol{r}_t$ 和 $-\tilde{\boldsymbol{v}}_t\tilde{\boldsymbol{r}}_t$ 对 $\tilde{\boldsymbol{r}}_t$ 和 $\boldsymbol{r}_t$ 进行更新，其中 $\boldsymbol{v}_t$ 和 $\tilde{\boldsymbol{v}}_t$ 是与估计器 η 相关的差异。从本质上讲，Onsager 校正的作用是将 VAMP 的两个阶段相互解耦，以便每个阶段的局部 MSE 优化产生算法的全局 MSE 优化。

2. LVAMP 算法

如上所述，当 $\boldsymbol{A}$ 是独立同分布亚高斯模型时，AMP 的行为就可以很好地理解。但即使是与这个模型的小偏差也会导致 AMP 发散，或至少其行为方式是不被充分理解的。然而，最近，VAMP 算法被提出作为该问题的部分解。也就是说，VAMP 享有和 AMP 同样的好处，但适用于更大类别的矩阵 $\boldsymbol{A}$：那些右旋转不变的矩阵。也许，通过围绕 VAMP 算法构建一个深度网络，可以规避在非独立同分布高斯矩阵中出现的 LAMP 问题。

将 VAMP 算法展开成一个网络，并学习其参数的 MSE 最优值。LVAMP 网络的第 t

层如图 24-4 所示。本质上,它由 4 个操作组成：LMMSE 估计、解耦、收缩、解耦,其中两个解耦阶段是相同的。

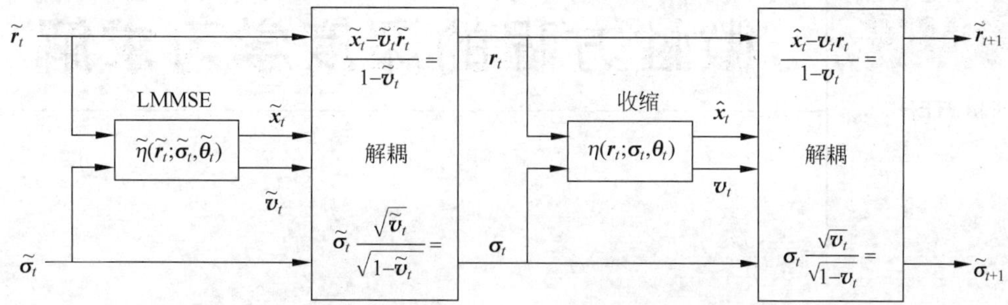

图 24-4 LVAMP 网络的第 t 层,具有可学习的 LMMSE 参数$\boldsymbol{\theta}_t$ 和可学习的收缩参数$\boldsymbol{\theta}_t$

VAMP 假设有一个独立同分布信号,对所有的迭代 t,它在 LMMSE 阶段被$\boldsymbol{\theta}=\{\boldsymbol{U},\boldsymbol{S},\boldsymbol{V},\boldsymbol{\sigma}_w^2\}$参数化。为了一般性,允许 LVAMP 随层 t 改变这些参数,给出 $\boldsymbol{\theta}_t=\{\boldsymbol{U}_t,\boldsymbol{S}_t,\boldsymbol{V}_t,\boldsymbol{\sigma}_{wt}^2\}$。

使用非独立同分布(例如,相关的)信号,LMMSE 估计器也依赖于信号协方差矩阵(我们可能不是很明确的)。在这种情况下,将 LVAMP 的独立同分布 t 层的 LMMSE 阶段参数化为更有意义

$$\eta(\tilde{\boldsymbol{r}}_t;\boldsymbol{\sigma}_t,\boldsymbol{\theta}_t)=\boldsymbol{G}_t\tilde{\boldsymbol{r}}_t+\boldsymbol{H}_t\boldsymbol{y} \tag{24-26}$$

其中,无约束的 $\boldsymbol{G}_t\in\mathbb{R}^{N\times N}$ 和 $\boldsymbol{H}_t\in\mathbb{R}^{N\times M}$,在这种情况下,$\boldsymbol{\theta}_t=\{\boldsymbol{G}_t,\boldsymbol{H}_t\}$。在任何一种情况下,非线性阶段都以收缩参数$\boldsymbol{\theta}_t$ 为特征,其格式取决于所使用的收缩家族。

24.4 本章小结

本章对稀疏线性逆问题概括了三种深度学习方法。第一种是 LISTA,相对于现有的具有最优调谐正则化参数(如 λ 或 α)的稀疏线性逆问题的算法,LISTA 生成了对矩阵向量乘法明显更少的 MMSE 的估计；第二种是 LAMP,通过将 AMP 算法展开到一个深度网络中,并学习最适合一个大型训练数据集的网络参数获得。虽然与 LISTA 相似,但它的不同之处在于：包含跨层解耦误差的 Onsager 校正路径；线性变换和非线性收缩函数的联合学习；第三种方法 LVAMP,通过将 VAMP 算法展开到一个深度网络中,并使用类似 LISTA 的方法学习其线性和非线性参数得到。

参考文献

本章参考文献扫描下方二维码。

第 25 章 微性方程的深度学习求解

CHAPTER 25

25.1 微分方程简介

25.1.1 常微分方程简介

常见的常微分方程的数值解法有两种：欧拉法和龙格库塔法。下面将简单地对这两种方法进行介绍。

1. 欧拉法

欧拉法的主要思想是使用某点的一阶导数来线性逼近终值，由于使用一阶导数的点的位置不同又分为前向欧拉法（又称显式欧拉法）和后向欧拉法（隐式欧拉法）。前向欧拉法是利用 t_0 处的导数来线性逼近 t 处的值，是一种显示的表达，即

$$z(t_0+\Delta t)=z(t_0)+\Delta t\,\frac{\mathrm{d}z}{\mathrm{d}t}\mid t=t_0 \tag{25-1}$$

而后向欧拉法则是利用 t 处的导数来线性逼近 t 处的值，是一种隐式的表达，即

$$z(t_0+\Delta t)=z(t_0)+\Delta t\,\frac{\mathrm{d}z}{\mathrm{d}t}\mid t=(t_0+\Delta t) \tag{25-2}$$

2. 龙格库塔法

龙格库塔法的主要思想是在 t 点的附近选取一些特定的点，然后把这些点的函数值进行线性组合，使用组合值代替 t 点的导数值，为了方便说明，以 2 阶龙格库塔法为例，即

$$\begin{aligned}
z_{t_0+\Delta t}&=z_{t_0}+\Delta t\,\frac{(k_1+k_2)}{2}\\
k_1&=f(t_0,z_0)\\
k_2&=f(t_0+\Delta t,z_0+\Delta t k_1)
\end{aligned} \tag{25-3}$$

$z_{t_0+\Delta t}$ 由初值 z_{t_0} 加上时间步长 Δt 和一个估算的斜率的乘积所决定。该斜率是以下斜率的加权平均：k_1 是 t_0 的梯度；k_2 是通过欧拉法估计得到 $t_0+\Delta t$ 处的梯度。最终利用平均梯度代入欧拉法 $k=\frac{k_1+k_2}{2}$，估算出 $t_0+\Delta t$ 处的值。

25.1.2 偏微分方程简介

偏微分方程是指包含未知函数的偏导数（或偏微分）的方程，方程中所出现未知函数偏导数的最高阶数，称为该方程的阶。在数学、物理及工程技术中应用最广泛的是二阶偏微分方程，习惯上把这些方程称为数学物理方程。

常见的被用来物理仿真的偏微分方程一般被分为三类：泊松方程、对流扩散方程、波动方程。

泊松方程一般是用来描述稳定场的偏微分方程，它的特点是场变量不随时间的变化而变化，场变量的值只与位置有关。泊松方程的形式为

$$\Delta u = f(x, y, z) \tag{25-4}$$

其中，Δ 表示拉普拉斯算子。

对流扩散方程是用来描述流动系统动态规律的偏微分方程，它的特点是场变量与时间、位置都有关系，特别是与时间的一阶偏导数有关。对流扩散方程的形式为

$$\frac{\partial u}{\partial t} - \alpha^2 \Delta u = 0 \tag{25-5}$$

波动方程是用来描述自然界中的各种的波动现象，包括横波和纵波。它的特点是场变量与时间、位置都有关系，特别是与时间的二阶偏导数有关。波动方程的形式为

$$\frac{\partial^2 u}{\partial t^2} - \alpha^2 \Delta u = 0 \tag{25-6}$$

25.2 基于常微分方程的网络架构设计

神经网络能天然理解为动力学系统，能利用常微分方程进行天然的表示。由于常微分方程的发展历史远远久于神经网络，有丰富的研究成果可以参考。利用离散化常微分方程和网络架构的联系，从离散化的常微分方程推导出神经网络新的架构，这种新架构网络能获得比传统网络更好的效果。事实上，神经网络的网络架构是与常微分方程的数值解法对应的，而经典的常微分方程数值解法有欧拉法，龙格库塔法等，它们都可以与不同的网络架构对应上。

25.2.1 基于欧拉法的网络架构设计

1. ResNet

ResNet 的一般形式可以视为离散的动力学系统，因为它的每一步都是由最简单的非线性离散动力学系统——线性变换与非线性激活函数构成。残差单元用式(25-7)的离散动力系统描述

$$\begin{cases} y_l = h(z_l) + F(z_l, W_l) \\ z_{l+1} = g(y_l) \end{cases} \tag{25-7}$$

其中，z_l 和 z_{l+1} 为第 l 层的输入与输出，y_l 为第 l 层的辅助变量，h 和 g 为一些映射，它们可以是线性的，也可以是非线性的。如果令 G 为 g 的逆向映射(inverse map)，则可以将式(25-7)表述的动力学系统表述为

$$z_{l+1} = G(h(z_l) + F(z_l, W_l)) \tag{25-8}$$

为了有一个稳定的训练过程，即梯度不爆炸、不消失，上述方程右边的梯度需要接近于恒等映射，即$\nabla G \nabla h \sim I$，F 可以认为是一个小扰动，这时梯度的传递就非常平稳。所以当 g 和 h 都是单位映射时是满足条件的，并且有

$$z_{l+1} \sim G(h(z_l)) + \nabla G \cdot F(z_l, W_l) \tag{25-9}$$

这意味着 z_{l+1} 主要受 $G(h)$控制。如果想要使用深层结构，选择更一般的 g 和 h 所增加的

灵活性并没有提供太多的实际改进。令 g 和 h 为恒等映射时

$$z_{l+1}=z_l+F(z_l,W_l) \tag{25-10}$$

这可以看作是动力系统的离散化

$$\frac{\mathrm{d}z}{\mathrm{d}t}=F(z,W(t)) \tag{25-11}$$

实际上,最简单的离散化形式为

$$z_{l+1}=z_l+\Delta t_l F(z_l,W_l) \tag{25-12}$$

其中,Δt_l 是第 l 层的时间步长,通过自适应选择步长 Δt_l,可以同时提高算法的效率和稳定性,而在深度学习中,自适应时间步进相当于自适应地选择网络深度。值得注意的是,传统求解常微分方程时,已知的是 $z(0)$以及 $F(z,W(t))$,需要求解系统之后的状态变化 $z(t)$,但是这里所关注的不是动力系统本身,而是数据的表示,已知的是 $z(0)$和 $z(t)$,需要得到的是 $F(z,W(t))$。所以当 Δt_l 无限小时,按照导数的定义,z_{l+1} 与 z_l 两层之间的差就趋向于 z 对 t 的导数,即

$$z(t_0+\Delta t)=z(t_0)+\Delta t\,\frac{\mathrm{d}z}{\mathrm{d}t}\mid t=t_0 \tag{25-13}$$

所以,可以说残差网络其实就是常微分方程求解中的前向欧拉法。如果从导数定义的角度来看式(25-13),当 Δt 趋向于无穷小时,隐藏状态的变化 $\mathrm{d}z$ 可以通过神经网络建模。当 t 从初始一点点变化到终止,那么 $z(t)$的改变最终就代表着前向传播结果。Δt 无限小从深度学习角度来看就是网络深度无限大,从上述公式中也可以侧面反映出为什么加深网络可以提高模型的表征能力。

2. RevNet

前向欧拉法除了对应了残差网络以外,还可以对应上 RevNet。它的结构如图 25-1 所示。

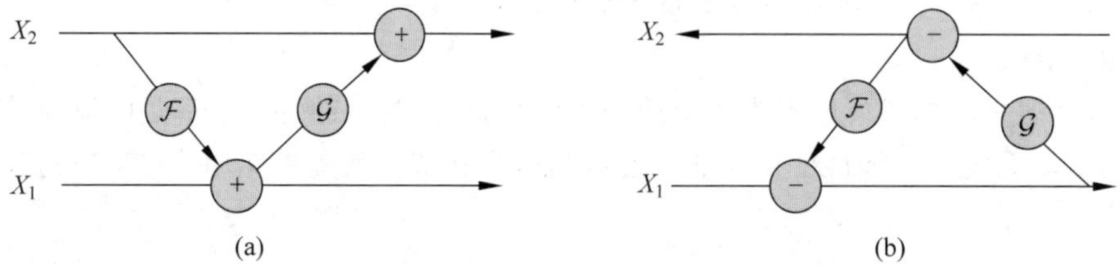

图 25-1 RevNet 网络结构

RevNet 是一种可逆网络,就是可以模拟从结束时间到初始时间的动态,也就是从 X 到 Y 和 Y 到 X 的过程,也是动态系统中一个重要特性。虽然深度学习中很少有可逆的双向网络,但是在常微分方程中,动态系统的正反向都是可行的。RevNet 不需要在前向传播期间存储激活值。利用离散动态系统表示 RevNet 可以得到以下形式

$$\begin{cases} X_{n+1}=X_n+f_n(Y_n) \\ Y_{n+1}=Y_n+g(X_{n+1}) \\ \dot{X}=f_1(Y,t) \\ \dot{Y}=f_2(X,t) \end{cases} \tag{25-14}$$

RevNet 可以解释为动力学系统的一个简单的正向欧拉近似,从式(25-14)可以看出,

RevNet 的前向和反向的过程都可以看作前向欧拉法的过程。

3. PolyNet

后向欧拉法对应 PolyNet。在 PolyNet 中介绍了 PolyInception 模块，其结构如图 25-2 所示。

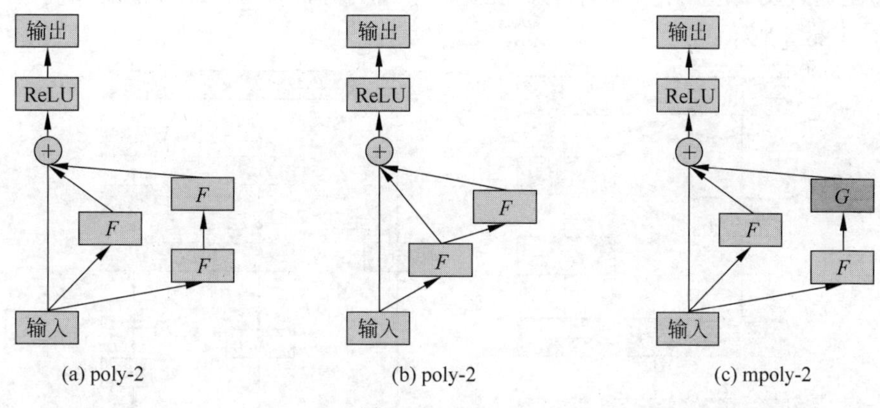

图 25-2 PolyNet

图 25-2(a)和图 25-2(b)的结构是等价的。F、G 表示神经网络模块，二者表示的神经网络结构一致，但是不共享网络参数。PolyNet 主要希望提供多样性的架构，因此，PolyInception 除了常规残差模块的一阶路径，还添加了另一条二阶路径。具体而言，PolyInception 模块可以表示为

$$x_{l+1}=(I+F+F^2)\cdot x_l=x_l+F(x_l)+F(F(x_l)) \tag{25-15}$$

其中，I 表示恒等映射，"·"表示作用于，即 $F\cdot x_l$ 表示非线性变换 F 作用于 x_l。可以看到，PolyInception 多了一个二阶的复合函数，也就是说，如果 F 表示某种 Inception 模块，那么二阶的路径会穿过串联的两个 Inception 模块。

后向欧拉法的表达式为

$$x_{l+1}=x_l+\Delta t\ \frac{\mathrm{d}z}{\mathrm{d}t}\mid(t=l+1) \tag{25-16}$$

由于在离散动力系统中 $\Delta t\ \frac{\mathrm{d}z}{\mathrm{d}t}=F$，推导出

$$x_{l+1}=x_l+F\cdot x_{l+1}=(I-F)^{-1}x_l \tag{25-17}$$

但是反向欧拉要求解一个非常大的非线性方程组的逆 $(I-\Delta tF)^{-1}$，无法直接求解出来，所以只能用多项式去逼近解。而上述求逆部分可以表示为

$$(I-F)^{-1}=I+F+F^2+\cdots+F^n+\cdots \tag{25-18}$$

所以

$$x_{l+1}=(I+F+F^2+\cdots+F^n+\cdots)\cdot x_l \tag{25-19}$$

因此，PolyNet 的体系结构可以看作是求解常微分方程 $f(u,t)=\frac{\mathrm{d}u}{\mathrm{d}t}$ 的后向欧拉格式的近似。后向欧拉法可以使用更大的步长 Δt，这意味着允许使用更少的 PolyInception 模块达到与更深的网络相似的精度。这也解释了为什么 PolyNet 能够通过增加每个残留区块的宽度来降低深度，从而达到最先进的分类精度。此外，从常微分方程的角度来说，反向欧拉法比正向欧拉法有更好的稳定性。这也能从侧面说明为什么在相近参数和计算量下，

PolyNet 能实现更好的效果。

25.2.2 基于龙格库塔法的网络架构设计

FractalNet 的宏观结构可以解释为著名的龙格库塔形式。FractalNet 的设计基于自相似性。它是通过反复应用一个简单的扩展规则生成结构布局为截断分形的深度网络，其网络结构如图 25-3 所示。

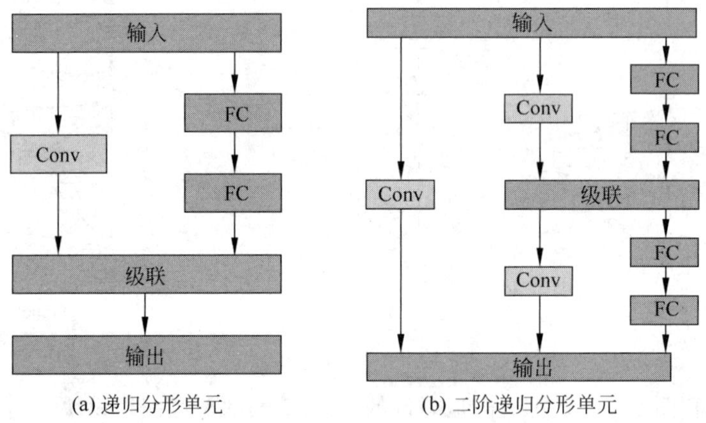

图 25-3 FractalNet

FractalNet 的递归分形单元可以表示为

$$f_{c+1}=\frac{1}{2}k_c+\frac{1}{2}f_c\circ f_c \tag{25-20}$$

为了表示的简单，这里只说明二阶递归分形单元，二阶递归分形单元可以表示为

$$z_{l+1}=k_0\cdot z_l+k_2\cdot(k_1+f_1)\cdot z_l+f_2\cdot(k_1+f_1)\cdot z_l \tag{25-21}$$

其中，k_i 表示卷积操作，f_i 表示全连接操作，再对比二阶龙格库塔方法，就会发现它们的表达式非常相似

$$\begin{aligned}k_2(k_1+f_1)\cdot z_l&=\frac{\Delta t}{2}f(t_0,z_0)\\ f_2(k_1+f_1)\cdot z_l&=\frac{\Delta t}{2}f(t_0+\Delta t,z_0+\Delta t k_1)\end{aligned} \tag{25-22}$$

因此，FractalNet 的体系结构可以看作求解常微分方程 $f(u,t)=\frac{\mathrm{d}u}{\mathrm{d}t}$ 的龙格库塔格式的近似。

25.3 基于常微分方程的优化算法设计

常微分方程不仅为深度网络提供理论解释并设计网络架构，它还能对神经网络的优化算法进行设计与改进。有很多优化算法都有常微分方程的影子内涵于其中，更有利于用常微分方程改变传统意义上的参数优化方式，以一种全新的训练和优化方法进行模型的优化。

25.3.1 梯度下降法

梯度下降是用得最多的优化算法之一。假设函数 f 是一个凸函数，为了得到函数的最小值点，需要求解下列问题：$\min\limits_{\boldsymbol{x}} f(\boldsymbol{x})$。由于函数 f 在点 $\boldsymbol{x}$ 的梯度 $\nabla f(\boldsymbol{x})$ 为 f 在 $\boldsymbol{x}$ 处的值

增加最快的方向。因此，$-\nabla f(\boldsymbol{x})$为 f 在 $\boldsymbol{x}$ 处函数值下降最快的方向。为求解$\min_{\boldsymbol{x}} f(\boldsymbol{x})$，梯度下降法从一个任意的给定点 $\boldsymbol{x}_0$ 开始，沿着 $-\nabla f(\boldsymbol{x}_0)$ 的方向走到点 $\boldsymbol{x}_1$，再沿着 $-\nabla f(\boldsymbol{x}_1)$的方向前进到点 $\boldsymbol{x}_2$，接着用相似的方式前进，直到某个停止条件满足为止。停止条件可以是到达了指定的最大迭代次数，或者是前进过程中两个相邻的点 $\boldsymbol{x}_k$ 和 $\boldsymbol{x}_{k+1}$ 之间的距离非常接近，即表示在 $\boldsymbol{x}_k$ 处沿着$-\nabla f(\boldsymbol{x}_k)$的方向行进，函数 f 的值不再减少，$-\nabla f(\boldsymbol{x}_k)$近似为 0，则到达了函数 f 的最小值或者说是极小值。

记 $\boldsymbol{x}_k$ 为前进 k 次到达的点，那么有

$$\boldsymbol{x}_{k+1} = \boldsymbol{x}_k - h\nabla f(\boldsymbol{x}_k) \tag{25-23}$$

其中，h 为沿$-\nabla f(\boldsymbol{x}_0)$方向行进的步长。所以梯度下降法所对应的常微分方程为

$$\frac{\boldsymbol{x}_{k+1} - \boldsymbol{x}_k}{h} = -\nabla f(\boldsymbol{x}_k) \tag{25-24}$$

观察式(25-24)可知，其为常微分方程式(25-23)的有限差分下的显式欧拉离散

$$\boldsymbol{x}'(t) = -\nabla f(\boldsymbol{x}(t)) \tag{25-25}$$

25.3.2 Nesterov 加速算法

一般地，梯度下降法具有一阶收敛性，而牛顿法可以达到二阶的收敛性，可以理解为比梯度下降法收敛更迅速。因此理论上牛顿法更快速。但牛顿法需要求解函数 f 的二阶导数，在高维度以及 f 不可以求二次导数的情况下，会显得不太适用。利用函数 f 的一阶导数信息的优化算法具有一阶收敛性，利用函数 f 的二阶导数信息的算法具有二阶收敛性，而若算法具有更高阶收敛性，则算法必定需要利用到函数 f 更高阶导数信息。

Nesterov 加速算法可以只用函数的一阶梯度就达到高阶的收敛速度。具体地，Nesterov 算法设置起点，并使用式(25-26)生成迭代序列

$$\begin{cases} \boldsymbol{x}_k = \boldsymbol{y}_{k-1} - s\nabla f(\boldsymbol{y}_{k-1}) \\ \boldsymbol{y}_k = \boldsymbol{x}_k + \dfrac{k-1}{k+2}(\boldsymbol{x}_k - \boldsymbol{x}_{k-1}) \end{cases} \tag{25-26}$$

其中，s 为选取的步长。Nesterov 证明了当 f 的梯度∇f 是 Lipschitz 连续且 $s \leqslant \frac{1}{L}$时，Nesterov 算法具有二阶收敛性。通过对式(25-26)进行整理可以得到

$$\frac{\boldsymbol{x}_{k+1} - \boldsymbol{x}_k}{\sqrt{s}} = \frac{k-1}{k+2}\frac{(\boldsymbol{x}_k - \boldsymbol{x}_{k-1})}{\sqrt{s}} - \sqrt{s}\,\nabla f(\boldsymbol{y}_k) \tag{25-27}$$

假设序列$\{\boldsymbol{x}_k\}$是由函数$\boldsymbol{x}(t)$取离散值得到的，并且有关系 $\boldsymbol{x}_k = x(k\sqrt{s})$，即 $\boldsymbol{x}_k$ 为函数 $\boldsymbol{x}(t)$在点 $k\sqrt{s}$ 的近似值。因此，使用泰勒公式，则有

$$\begin{cases} \dfrac{\boldsymbol{x}_{k+1} - \boldsymbol{x}_k}{\sqrt{s}} \approx \dot{\boldsymbol{x}}(k\sqrt{s}) + \dfrac{1}{2}\ddot{\boldsymbol{x}}(k\sqrt{s})\sqrt{s} + o(\sqrt{s}) \\ \dfrac{\boldsymbol{x}_k - \boldsymbol{x}_{k-1}}{\sqrt{s}} \approx \dot{\boldsymbol{x}}(k\sqrt{s}) - \dfrac{1}{2}\ddot{\boldsymbol{x}}(k\sqrt{s})\sqrt{s} + o(\sqrt{s}) \\ \sqrt{s}\,\nabla f(\boldsymbol{y}_k) \approx \sqrt{s}\,\nabla f(\boldsymbol{x}_k) + o(\sqrt{s}) \end{cases} \tag{25-28}$$

因此，从式(25-28)可以得到

$$\dot{\boldsymbol{x}}(t)+\frac{1}{2}\ddot{\boldsymbol{x}}(t)\sqrt{s}=\frac{\frac{t}{\sqrt{s}}-1}{\frac{t}{\sqrt{s}}+2}\left(\dot{\boldsymbol{x}}(t)-\frac{1}{2}\ddot{\boldsymbol{x}}(t)\sqrt{s}\right)-\sqrt{s}\,\nabla f(\boldsymbol{x}_k)+o(\sqrt{s}) \tag{25-29}$$

对式(25-29)进行整理得到

$$\frac{t+\frac{1}{2}\sqrt{s}}{t+2\sqrt{s}}\ddot{\boldsymbol{x}}+\frac{3}{t+2\sqrt{s}}\dot{\boldsymbol{x}}+\nabla f(\boldsymbol{x})+o(\sqrt{s})=0 \tag{25-30}$$

当 s 趋近于 0 时,得到

$$\ddot{\boldsymbol{x}}+\frac{3}{t}\dot{\boldsymbol{x}}+\nabla f(\boldsymbol{x})=0 \tag{25-31}$$

即式(25-26)为 Nesterov 加速算法对应的常微分方程。

25.3.3 ODENet 逆模自动微分

ODENet 将神经网络可以看作常微分方程的离散化,认为神经网络的前向传播过程就是给定初值的常微分方程求解末值的过程,即利用成熟的常微分方程求解器求解常微分方程代替传统神经网络的前向传播。

通过使用神经网络参数化隐藏状态的导数,而不是如往常那样直接参数化隐藏状态,类似构建了连续性的层级与参数,而不再是离散的层级。因此参数也是一个连续的空间,并且不需要再分层传播梯度与更新参数。简而言之,神经网络建模可以表示为

$$\frac{\mathrm{d}h(t)}{\mathrm{d}t}=f(h(t),t,\theta) \tag{25-32}$$

其中,f 表示的是神经网络,h 表示的是隐藏状态。相比而言,常规 CNN 可表示为

$$h(t+1)=f(h(t),\theta) \tag{25-33}$$

如果参数化的是隐藏状态的变化,神经网络化的常微分方程在前向传播过程中不储存任何中间结果,因此它只需要近似常数级的内存成本。ODENet 利用自适应的常微分方程求解器代替前向传播过程,使得它不像欧拉法移动固定的步长,相反它会根据给定的误差容忍度选择适当的步长逼近真实解。

传统神经网络(如 ResNet)可以利用神经网络拟合相邻隐藏状态之间的增量,通过逐层的增量渐渐拟合出终值,所以它们可以表达为

$$h_{t+1}=f(h_t,\theta)+h(t) \tag{25-34}$$

其中,h_t 表示第 t 层残差结构的输入,f 表示神经网络。

与传统神经网络不同,ODENet 利用神经网络拟合各个时刻隐藏状态的梯度,即

$$\frac{\mathrm{d}h}{\mathrm{d}t}=f(\boldsymbol{x}_0,\theta) \tag{25-35}$$

其中,f 表示的也是神经网络层级。而求解终值的方法抛弃了传统神经网络前向传播过程,通过利用欧拉法、龙格库塔法等常微分方程求解的数值算法(ODESlover)求解终值

$$\boldsymbol{x}_{t_1}=\mathrm{ODESlover}(f,\boldsymbol{x}_0,t_1) \tag{25-36}$$

所以利用神经网络拟合得到的隐藏状态的梯度 $f(\boldsymbol{x}_0,\theta)$、初值 $\boldsymbol{x}_0$ 以及终止时刻 t_1,可以直接通过常微分方程求解器求出终止时刻的 $\boldsymbol{x}_{t_1}$,整个常微分方程求解器就是一个黑箱过程。

ODENet 与传统的神经网络不同之处在于利用常微分方程求解器代替了整个前传过程，也正是因为常微分方程求解器没有传统意义上的前向传播，所以无法利用反向传播来更新神经网络中的参数，为了绕过前向传播中的常微分方程求解器，ODENet 采用了伴随法的梯度计算方法更新参数。这种方法使模型可以在反向传播中通过另一个常微分方程求解器求解出梯度，其可以逼近按计算路径从前向传播中的常微分方程求解器传回的梯度，因此可用于进一步的参数更新，并适用于所有的 ODE 求解器。这种方法随着问题的大小线性扩展，具有较低的内存成本，并显式控制数值误差。

考虑优化标量值损失函数 L，其输入是 ODE 求解器的结果

$$L(z(t_1))=L\left(z(t_0)+\int_{t_0}^{t_1} f(z(t),t,\theta)\mathrm{d}t\right)=L(\mathrm{ODESolver}(z(t_0),f,t_0,t_1,\theta)) \tag{25-37}$$

为了优化 L，需要关于参数 θ 的梯度，第一步是确定梯度的损耗如何依赖每个隐藏状态 $z(t)$。令 $a(t)=\partial L/\partial z(t)$。它的动力学过程可以由另一个 ODE 给出，它可以被认为是链式法则的瞬时类比

$$\frac{\mathrm{d}a(t)}{\mathrm{d}t}=-a(t)^{\mathrm{T}}\frac{\partial f(z(t),t,\theta)}{\partial z} \tag{25-38}$$

式(25-32)可以通过另一个 ODE 求解器 $a(t_0)=\partial L/\partial z(t_0)$ 计算。这个求解器必须反向进行，即初始值为 $a(t_1)=\partial L/\partial z(t_1)$。通过反向求解该常微分方程可以得到 $z(t)$ 和伴随函数 $a(t)$，而计算关于参数 θ 的梯度需要计算另一个关于 $z(t)$ 和 $a(t)$ 的积分

$$\frac{\mathrm{d}L}{\mathrm{d}\theta}=-\int_{t_1}^{t_0} a(t)^{\mathrm{T}}\frac{\partial f(z(t),t,\theta)}{\partial \theta}\mathrm{d}t \tag{25-39}$$

其中，由于函数 f 是通过神经网络进行拟合的，所以 $a(t)^{\mathrm{T}}\frac{\partial f}{\partial z}$ 和 $a(t)^{\mathrm{T}}\frac{\partial f}{\partial \theta}$ 可以通过自动微分被计算。所有用于求解 $z(t)$、$a(t)$、$\frac{\partial L}{\partial \theta}$ 的积分都可以在对 ODE 求解器的单次调用中进行计算。

总之，通过一系列推导，反向传播可以在没有前向传播过程中间隐藏值的情况下，直接利用常微分方程求解器求解一个常微分方程就可以得到原来需要通过一层层反向传递才能得到的参数更新梯度。所以，ODENet 采用了一种非常新颖的前向与反向传播过程，它和常规的神经网络训练完全不一样。它的优势也体现在这种差异上，因为 ODENet 反向传播不需要保留前传的中间计算结果，所以只需要常数级别的内存要求。

25.4　偏微分方程的深度求解

偏微分方程被广泛地应用到自然科学的各个领域，用于对自然或者社会领域问题的建模。在复杂的场景下，偏微分方程的解很难用显式的方法表示而只能求助于数值计算。偏微分方程的数值求解方法一直是非常前沿的研究热点，常用的方法包括有限差分、有限元、有限体等。一般地，这些方法需要使用网格近似偏微分方程的定义空间。网格越细，那么求解得到的解越精确。但相应地，越细的网格需要更高的计算代价与更大的存储空间。因此，这些方法能在低维度的时候得到很好的对原方程解的近似，但在高维度的情况下，计算代价

相当大。最近,基于深度学习的方法求解偏微分方程的数值解得到了越来越多的关注。通过学习神经网络的参数来求偏微分方程的近似解的方法,相较于传统网格的求解方法而言,深度学习的方法能大幅度的减少参数数量,使得计算代价大幅减少。

25.4.1 Deep Ritz method

偏微分方程可以通过泛函分析中的变分法进行方程求解,偏微分方程的变分方法的思想是把偏微分方程的求解问题转化为相应泛函临界点的存在性问题,也就是变分问题。

例如,变分问题可以描述为

$$\begin{cases}\min\limits_{u\in H} I(u)\\ I(u)=\int_{\Omega}\left(\frac{1}{2}\mid\nabla u(\boldsymbol{x})\mid^2-f(\boldsymbol{x})u(\boldsymbol{x})\right)\mathrm{d}\boldsymbol{x}\end{cases}\tag{25-40}$$

其中,H 是可取函数集合,也叫作试验函数,f 是给定的已知函数,u 是需要求解的函数。

现在利用神经网络——残差网络拟合函数 $u(x)$,令神经网络拟合的函数为 $u_\theta(x)$,将其代入式(25-40)的变分问题,得到该变分问题的优化问题

$$\begin{cases}\min\limits_{\theta} L(\theta)\\ L(\theta)=\int_{\Omega}\left(\frac{1}{2}\mid\nabla u_\theta(\boldsymbol{x})\mid^2-f(\boldsymbol{x})u_\theta(\boldsymbol{x})\right)\mathrm{d}\boldsymbol{x}\end{cases}\tag{25-41}$$

为了求解式(25-38)所示的优化问题,需要解决两个问题:将上述连续积分形式离散化以便求得该优化问题的数值解;确定求解优化问题的优化算法。

对于离散化问题,将 $L(\theta)$ 中积分离散化得到

$$\min_{\boldsymbol{x}\in\mathbf{R}^d} L(\theta):=\frac{1}{N}\sum_{i=1}^{N}L_i(\theta)\tag{25-42}$$

其中累加项中的每一项都对应着一个不同的数据点,N 表示所取得离散点的数目,该值取值越大,结果越准确。

对于优化算法选择问题,在深度学习中最常见的参数优化方法为 SGD

$$\theta^{k+1}=\theta^k-\eta\nabla f_{\gamma^k}(\theta^k)\tag{25-43}$$

其中,$\{\gamma^k\}$ 是取值范围为 $\{1,2,\cdots,n\}$ 的独立同分布的随机变量。SGD 算法计算 L 的梯度时,不需要计算所有数据点的损失 L 的和,只需要随机选择一部分数据点进行损失求和。将式(25-43)的优化函数代入 SGD 算法表达式(25-40),可得

$$\theta^{k+1}=\theta^k-\eta\,\nabla_\theta\left(\frac{1}{N}\sum_{j=1}^{N}\left(\frac{1}{2}\mid\nabla u_\theta(x_{j,k})\mid^2-f(x_{j,k})u_\theta(x_{j,k})\right)\right)\tag{25-44}$$

其中,$\{x_{j,k}\}$ 表示第 k 次迭代随机采样的 N 个点的集合。

变分问题和偏微分方程的求解问题是通过 Dirichlet 定理联系起来的。在 Dirichlet 准则中定义能量函数

$$I(u)=\int_{\Omega}\left(\frac{1}{2}\mid\nabla u(\boldsymbol{x})\mid^2-f(\boldsymbol{x})u(\boldsymbol{x})\right)\mathrm{d}\boldsymbol{x}\tag{25-45}$$

其中,u 属于可取函数集合 $\mathcal{A}=\{u\mid u=g,\boldsymbol{x}\in\partial\Omega\}$。下列优化问题的最优解 u^*

$$I(u)=\min_{u\in A}I(u)\tag{25-46}$$

同时也是偏微分方程——泊松方程的解

$$\begin{cases}\Delta u = f, & \boldsymbol{x} \in \Omega \\ u = g(\boldsymbol{x}), & \boldsymbol{x} \in \partial\Omega\end{cases} \tag{25-47}$$

Dirichlet 定理换句话说就是泊松方程解的存在性与泛函极小值点存在性是等价的。

由于无法确定$\mathcal{A}=\{u \mid u=g, \boldsymbol{x} \in \partial\Omega\}$有哪些函数，所以通过在能量函数中加入惩罚项的方法迫使最优解满足边界方程

$$I(u)=\int_{\Omega}\left(\frac{1}{2} \mid \nabla u(\boldsymbol{x}) \mid^2 - f(\boldsymbol{x})u(\boldsymbol{x})\right)\mathrm{d}\boldsymbol{x}+\beta\int_{\partial\Omega}\left(u(\boldsymbol{x})-g(\boldsymbol{x})\right)^2 \mathrm{d}s \tag{25-48}$$

离散化后得到

$$\min_{x \in \mathbb{R}^d} L(\theta) := \frac{1}{N}\sum_{i=1}^{N} L_i(\theta)+\frac{\beta}{K}\sum_{k=1}^{K}(u_\theta(x_{j,k})-g(x_{j,k}))^2 \tag{25-49}$$

其中，N 为 Ω 内随机采样点的数量，K 为$\partial\Omega$ 上随机采样点的数量，β 为超参数，表示边界惩罚项的权重。

以 $L(\theta)$作为神经网络的损失函数，将随机采样的数据集合$\{x_{j,k}\}$作为数据集，利用 SGD 算法优化参数 θ，在不考虑过拟合的情况下，损失 $L(\theta)$越小，u_θ 与 u^* 的误差就越小，也就意味着与需要偏微分方程的解的误差就越小。

25.4.2 Deep Galerkin Method

对于偏微分方程的求解来说，已知它的初始条件和边界条件是必要的，否则无法得到该偏微分方程的解，所以偏微分方程求解问题可以描述为

$$\begin{cases}\partial_t u(t,\boldsymbol{x})+\mathcal{L}u(t,\boldsymbol{x})=0, & (t,\boldsymbol{x}) \in [0,T]\times\Omega \\ u(o,\boldsymbol{x})=u_o(\boldsymbol{x}), & \boldsymbol{x} \in \Omega \\ u(t,\boldsymbol{x})=g(t,\boldsymbol{x}), & \boldsymbol{x} \in [0,T]\times\partial\Omega\end{cases} \tag{25-50}$$

其中，u 为未知函数，依赖于时间变量 t 与空间变量 $\boldsymbol{x}$，$\partial\Omega$ 为空间 Ω 的边界。因此，在上述方程组中，给定了函数 u 在 $t=0$ 时刻的初始条件以及在空间 Ω 的边界条件，需要求解的是满足给定的初始条件以及边界条件的在各个时刻各个位置的值，即函数 $u(t,x)$。

为求解式(25-47)的偏微分方程组，可以利用神经网络 u_θ 来近似函数 u，其中 θ 为神经网络的参数。因此，只需要找到一组参数 θ，使得神经网络逼近的函数 u_θ 近似求解函数 u 即可。而为了得到参数 θ，可以通过构造优化问题——损失函数来训练神经网络来得到最优参数。构造的优化问题要满足对每一个输入参数$(t,\boldsymbol{x})$、$u_\theta(t,\boldsymbol{x})$与 $u(t,\boldsymbol{x})$的值都很接近，因此，需要 u_θ 尽可能地满足方程组。所以定义损失函数为

$$J(u_\theta)=\|(\partial_t u_\theta+\mathcal{L}u_\theta)-o\|^2_{[0,T]\times\Omega,v_1}+\|u_\theta(t,\boldsymbol{x})-g(t,\boldsymbol{x})\|^2_{[0,T]\times\partial\Omega,v_2}+ \\ \|u_\theta(o,\boldsymbol{x})-u_o(\boldsymbol{x})\|^2_{\Omega,v_3} \tag{25-51}$$

其中，

$$\|f\|^2_{\Omega,v}=\int_{\Omega} f^2 v\mathrm{d}\boldsymbol{x}$$

v 为 Ω 上的概率密度函数。$J(u_\theta)$表示了 u_θ 对原方程解 u 的近似误差，如果损失函数的值很小，那么表示 u_θ 大致满足式(25-50)中的偏微分方程、初始条件和边界条件。因此，求解偏微分方程的解的过程，即为训练神经网络 u_θ 的过程，即为求解优化问题

$$\min_\theta J(u_\theta) \tag{25-52}$$

一般情况下,目标函数 $J(u_\theta)$ 为高维度的非凸函数,且其中包含了高维的积分,直接求解是非常困难的。因此,使用 SGD 的方法来得到优化问题的最优解。算法的具体步骤如下。

(1) 构造数据集。按照概率密度函数 v_1 从$[0,T]\times\Omega$ 中生成样本点$(t_n,\boldsymbol{x}_n)$,以概率密度 v_2 从$[0,T]\times\partial\Omega$ 中随机生成样本点$(\tau_n,\boldsymbol{z}_n)$,按概率密度 v_3 从 Ω 中生成样本点 $\boldsymbol{w}_n$。之后构建训练集$\mathcal{S}=\{s_n\,|\,s_n=\{(t_n,\boldsymbol{x}_n),(\tau_n,\boldsymbol{z}_n),\boldsymbol{w}_n\}\}$。

(2) 计算损失。记 θ_n 为第 n 次迭代后 θ 的值,计算平方根误差 $G(\theta_n,s_n)$

$$G(\theta_n,s_n)=(\partial_t u_{\theta_n}(t_n,\boldsymbol{x}_n)+\mathcal{L}u_{\theta_n}(t_n,\boldsymbol{x}_n))^2+(u_{\theta_n}(\tau_n,\boldsymbol{z}_n)-g(\tau_n,\boldsymbol{z}_n))^2+(u_{\theta_n}(o,\boldsymbol{w}_n)-u_o(\boldsymbol{w}_n))^2 \tag{25-53}$$

(3) 优化参数。进行梯度下降,更新 θ 的值:

$$\theta_{n+1}=\theta_n-lr_n\nabla_\theta G(\theta_n,s_n) \tag{25-54}$$

其中,lr_n 为学习率。

(4) 迭代优化。不断重复上述步骤直到迭代次数到达设置的最大迭代次数或者损失函数的值小于设定阈值。当完成迭代时,$\hat{u}=u_\theta$,神经网络 u_θ 就完成了对微分方程解 u 的近似。

25.5 本章小结

本章主要介绍了微分方程与深度学习相结合的相关问题:利用常微分方程方法设计神经网络的网络框架以及优化算法;利用深度学习方法求解偏微分方程。

从某个角度来说,神经网络可以被认为是一个动力系统。传统的动力学系统基于的先验知识是已知初始输入以及系统的动力学过程,输出是系统每个时刻的状态。相比于传统的动力学系统,神经网络这个动力系统的先验是初始输入以及最终的输出,而需要得到的是整个系统的动力学过程,而被设计的神经网络的动力学过程只需要在整个动态过程中包含这两个状态即可。简而言之,微分方程与神经网络,从某个角度上看,有极大的相似性与相关性。

既然微分方程与神经网络有极大的相似性与相关性,而设计神经网络的约束是它的整个动态过程中包含输入和标签这两个状态,那么通过常微分方程的数值求解方法设计全新的神经网络架构就完全合理。因为在数值求解方法中将涉及该微分方程的隐藏状态,只需要将某个隐藏状态认为是输出状态,那么微分方程的解就是所需要的动力学过程。本章介绍了三种微分方程的数值解法——前向欧拉法、后向欧拉法、龙格库塔法,以及它们对应的神经网络架构的设计——ResNet、RevNet、PolyNet、FractalNet。

对于动力学系统而言,系统的动力学过程绝大部分情况都是朝着系统能量最小化或者说熵值最大化的方向进行发展的。神经网络,作为一种动力学系统而言,如果将损失函数作为动力学系统的能量函数,那么动力系统的发展方向和神经网络的优化方向是保持一致的。换言之,这种能量减小的动力学过程——微分方程可以用于优化神经网络的损失函数,使得损失函数值在该动力学过程中逐渐得到优化。本章介绍了三种优化算法与微分方程的联系——梯度下降、Nesterov 加速算法、ODENet 逆模自动微分。

在介绍了神经网络与动力系统的相关性之后,再回过头来思考最初神经网络的意义。

神经网络的意义正是通用逼近定理赋予它的，神经网络最初的意义就是逼近，理论上它可以以任意的精度逼近任意的函数，那么通过神经网络逼近微分方程的解在理论上来说是完全没有问题的。那么偏微分方程的求解问题也可以通过神经网络的方式得以解决。本章介绍了两种深度求解微分方程的方法——Deep Ritz method、Deep Galerkin Method。

参考文献

本章参考文献扫描下方二维码。

第 26 章 深度学习分类

CHAPTER 26

分类是在一群已经知道类别标号的样本中，训练一种分类器，然后让其能够对某种未知的样本进行分类。分类算法属于有监督的学习。

有监督学习是一种搜索算法的过程，这种算法从外部提供的实例中进行推理，产生一般假设，然后对未来的实例进行预测。换句话说，监督学习的目标是根据预测器特征建立一个简明的类标签分布模型。然后，使用生成的分类器将类标签分配给测试实例，在这些实例中，预测器特征的值是已知的，但类标签的值是未知的。

26.1 深度贝叶斯学习

26.1.1 朴素贝叶斯

贝叶斯分类器是一类分类算法的总称，这类算法均以贝叶斯定理为基础，故统称为贝叶斯分类器，它是一类利用概率统计知识进行分类的算法。而朴素贝叶斯分类器是贝叶斯分类器中最简单，也是最常见的一种分类方法。并且，朴素贝叶斯算法仍然是流行的十大挖掘算法之一，顾名思义，它是一种分类算法，且借助了贝叶斯定理。该算法是有监督的学习算法，解决的是分类问题，如客户是否流失、是否值得投资、信用等级评定等多分类问题。另外，它是一种生成模型，给定 x，采用直接对联合概率 $P(x,c)$ 建模，以获得目标概率值的方法。该算法的优点：简单易懂，学习效率高，在某些领域的分类问题中能够与决策树、神经网络相媲美。

这些算法主要利用贝叶斯定理预测一个未知类别的样本属于各个类别的可能性，选择其中可能性最大的一个类别作为该样本的最终类别。由于贝叶斯定理的成立本身需要一个很强的条件独立性假设前提，而此假设在实际情况中经常是不成立的，因而其分类准确性就会下降。为此就出现了许多降低独立性假设的贝叶斯分类算法，如 TAN(Tree Augmented naive Bayes)算法是在贝叶斯网络结构的基础上增加属性对之间的关联实现的。

1. 贝叶斯决策论

假设有 N 种可能的类别标记，即 $y=\{c_1,c_2,\cdots,c_N\}$，λ_{ij} 是将一个真实标记为 c_j 的样本误分类为 c_i 所产生的损失。基于后验概率 $P(c_i|x)$ 可获得将样本 x 分类为 c_i 所产生的期望损失，即在样本 x 上的“条件风险”

$$R(c_i \mid x)=\sum_{j=1}^{N}\lambda_{ij}P(c_j \mid x) \tag{26-1}$$

目标是寻找一个判定准则 $h: \chi \to y$ 来最小化总风险

$$R(h)=E_X[R(h(x)\mid x)] \tag{26-2}$$

显然,对每个样本 x,若 h 能最小化条件风险 $R(h(x)|x)$,则总体风险 $R(h)$ 也将被最小化。贝叶斯判定准则:为最小化总体风险,只需在每个样本上选择那个能使条件风险 $R(c|x)$ 最小的类别标记,即

$$h^*(x)=\underset{c\in y}{\operatorname{argmin}}R(c\mid x) \tag{26-3}$$

其中,h^* 称为贝叶斯最优分类器,$R(h^*)$ 称为贝叶斯风险。$1-R(h^*)$ 反映了分类器所能达到的最好性能,即通过机器学习所能产生的模型精度的上限。

具体来说,若目标是最小化分类错误率,则误判损失 λ_{ij} 可写为

$$\lambda_{ij}=\begin{cases}0, & i=j\\ 1, & 其他\end{cases} \tag{26-4}$$

$$R(c\mid x)=1-P(c\mid x) \tag{26-5}$$

$$h^*(x)=\underset{c\in y}{\operatorname{argmax}}P(c\mid x) \tag{26-6}$$

即对每个样本 x,选择能使后验概率 $P(c|x)$ 最大的类别标记。

后验概率 $P(c|x)$ 在限时任务中通常难以直接获得,所要实现的是基于有限训练样本集尽可能准确地估计出后验概率 $P(c|x)$。基于贝叶斯定理,$P(c|x)$ 可写为

$$P(c\mid x)=\frac{P(c)P(x\mid c)}{P(x)} \tag{26-7}$$

2. 朴素贝叶斯分类算法

基于贝叶斯公式估计后验概率 $P(c|x)$ 的主要困难:类条件概率 $P(x|c)$ 是所有属性上的联合概率,难以从有限的训练样本直接估计得到。

朴素贝叶斯分类器采用了属性条件独立性假设,即假设所有属性相互独立。基于属性条件独立性假设,贝叶斯公式可重写为

$$P(c\mid x)=\frac{P(c)P(x\mid c)}{P(x)}=\frac{P(c)}{P(x)}\prod_{i=1}^{d}P(x_i\mid c) \tag{26-8}$$

其中,d 为属性数目,x_i 为 x 在第 i 个属性上的取值

$$h_{nb}(x)=\underset{c\in y}{\operatorname{argmax}}P(c)\prod_{i=1}^{d}P(x_i\mid c) \tag{26-9}$$

这就是朴素贝叶斯分类器的表达式。朴素贝叶斯分类器的训练过程就是基于训练集 D 来估计类先验概率 $P(c)$,并为每个属性估计条件概率 $P(x_i|c)$。

类先验概率为

$$P(c)=\frac{|D_c|}{|D|} \tag{26-10}$$

对于离散属性而言,则条件概率 $P(x_i|c)$ 可估计为

$$P(x_i\mid c)=\frac{|D_{c,x_i}|}{|D_c|} \tag{26-11}$$

3. 贝叶斯的优缺点

贝叶斯的优点如下。

(1) 朴素贝叶斯模型发源于古典数学理论,有着坚实的数学基础以及稳定的分类效率。

(2) 朴素贝叶斯模型所需估计的参数很少，对缺失数据不太敏感，算法也比较简单。

贝叶斯的缺点如下。

(1) 理论上，朴素贝叶斯模型与其他分类方法相比具有最小的误差率。但是实际上并非总是如此，这是因为朴素贝叶斯模型假设属性之间相互独立，这个假设在实际应用中往往是不成立的(可以考虑用聚类算法先将相关性较大的属性聚类)，这给朴素贝叶斯模型的正确分类带来了一定影响。在属性个数比较多或者属性之间相关性较大时，朴素贝叶斯模型的分类效率比不上决策树模型。而在属性相关性较小时，朴素贝叶斯模型的性能最为良好。

(2) 需要知道先验概率。

(3) 分类决策存在错误率。

26.1.2 贝叶斯深度学习

在深度学习中，$w_i(i=1,2,\cdots,n)$和 b 都是一个确定的值，例如 $w_1=0.1,b=0.2$。即使通过梯度下降更新 $w_i=w_i-\alpha\dfrac{\partial J}{\partial w_i}$，仍未改变"$w_i$ 和 b 都是一个确定的值"这一事实。将 w_i 和 b 由确定的值变为分布，这就是贝叶斯深度学习。

广义的贝叶斯深度学习指的是将深度神经网络概率化后作为感知模块，然后把它和概率图模型作为任务模块统一在同一个概率框架下，进行端到端的学习和推断。感知模块可以是贝叶斯神经网络，也可以是贝叶斯神经网络的简化版本。狭义的贝叶斯深度学习指的是贝叶斯神经网络本身，因此，可以把狭义的贝叶斯深度学习看成是广义贝叶斯深度学习的一个子模块(感知模块)。

贝叶斯深度学习认为每一个权重和偏置都应该是一个分布，而不是一个确定的值。

网络的权重和偏置都是分布，想要像非贝叶斯神经网络那样进行前向传播，可以对贝叶斯神经网络的权重和偏置进行采样，得到一组参数，然后像非贝叶斯神经网络那样即可。当然，也可以对权重和偏置的分布进行多次采样，得到多个参数组合，参数的细微变化对模型的结果可以产生一定的影响，多次采样最后一起得到的结果更加鲁棒。

对于非贝叶斯神经网络，在各种超参数固定的情况下，训练一个神经网络想要的就是各层之间的权重和偏置。对于贝叶斯深度学习，训练的目的就是得到权重和偏置的分布，这个时候就要用到贝叶斯公式了。

给定一个训练集 $D=\{(x_1,y_1),(x_2,y_2),\cdots,(x_m,y_m)\}$，用 D 训练一个贝叶斯神经网络，则贝叶斯公式可以写为

$$p(w\mid x,y)=\frac{p(y\mid x,w)p(w)}{\int p(y\mid x,w)p(w)\mathrm{d}w} \tag{26-12}$$

其中，初始时将 $p(w)$设为标准正态分布，似然 $p(y|x,w)$是一个关于 w 的函数。

26.2 深度决策树学习

26.2.1 决策树

朴素贝叶斯分类算法以贝叶斯定理为基础，可以对分类及决策问题进行概率推断。而相比贝叶斯算法，决策树的优势在于构造过程不需要任何领域知识或参数设置，因此在实际应用中，对于探测式的知识发现，决策树更加适用。

决策树是一个树结构(可以是二叉树或非二叉树)。其每个非叶子节点表示一个特征属性上的测试,每个分支代表这个特征属性在某个值域上的输出,而每个叶节点存放一个类别。使用决策树进行决策的过程就是从根节点开始,测试待分类项中相应的特征属性,并按照其值选择输出分支,直到到达叶子节点,将叶子节点存放的类别作为决策结果。

决策树的决策过程非常直观,容易被人理解。目前决策树已经成功运用于医学、制造产业、天文学、分支生物学以及商业等诸多领域。

1. 决策树的构造

不同于贝叶斯算法,决策树的构造过程不依赖领域知识,它使用属性选择度量来选择将元组划分成不同类的属性。所谓决策树的构造就是进行属性选择度量,确定各个特征属性之间的拓扑结构的过程。

构造决策树的关键步骤是分裂属性。所谓分裂属性就是在某个节点处按照某一特征属性的不同划分构造不同的分支,其目标是让各个分裂子集尽可能"纯"。尽可能"纯"就是尽量让一个分裂子集中待分类项属于同一类别。分裂属性分为三种不同的情况。

(1) 属性是离散值且不要求生成二叉决策树。此时用属性的每一个划分作为一个分支。

(2) 属性是离散值且要求生成二叉决策树。此时使用属性划分的一个子集进行测试,按照"属于此子集"和"不属于此子集"分成两个分支。

(3) 属性是连续值。此时确定一个值作为分裂点(split_point),按照大于 split_point 和小于或等于 split_point 生成两个分支。

构造决策树的关键性内容是进行属性选择度量,属性选择度量是一种选择分裂准则,是将给定类标记的训练集合中的数据划分成个体类的启发式方法,它决定了拓扑结构及 split_point 的选择。

属性选择度量算法有很多,一般使用自顶向下递归分治法,并采用不回溯的贪心策略。这里介绍 ID3 和 C4.5 两种常用算法。

2. ID3 算法

从信息论知识中可以知道,期望信息越小,信息增益越大,从而纯度越高。所以 ID3 算法的核心思想就是以信息增益度量属性选择,选择分裂后信息增益最大的属性进行分裂。

设 D 为类别对训练元组进行划分的元组,则 D 的熵表示为

$$\inf o(D) = -\sum_{i=1}^{m} p_i \log_2(p_i) \tag{26-13}$$

其中,p_i 表示第 i 个类别在整个训练元组中出现的概率,可以用属性此类别元素的数量除以训练元组元素总数量作为估计。熵的实际意义表示是 D 中元组的类标号所需要的平均信息量。

假设将训练元组 D 按属性 A 进行划分,则 A 对 D 划分的期望信息为

$$\inf o_A(D) = \sum_{j=1}^{v} \frac{|D_j|}{|D|} \inf o(D_j) \tag{26-14}$$

而信息增益即为两者的差值

$$\text{gain}(A) = \inf o(D) - \inf o_A(D) \tag{26-15}$$

ID3 算法就是在每次需要分裂时,计算每个属性的增益率,然后选择增益率最大的属性

进行分裂。

3. C4.5 算法

ID3 算法存在一个问题，就是偏向于多值属性。例如，如果存在唯一标识属性 ID，则 ID3 会选择它作为分裂属性，这样虽然使得划分充分纯净，但这种划分对分类几乎毫无用处。ID3 的后继算法 C4.5 使用增益率(gain ratio)的信息增益扩充，试图克服这个偏倚。

C4.5 算法首先定义了“分裂信息”，其定义可以表示成

$$\text{split\_inf}\, o_A(D) = -\sum_{j=1}^{v} \frac{|D_j|}{|D|}\log_2\left(\frac{|D_j|}{|D|}\right) \tag{26-16}$$

其中各符号意义与 ID3 算法相同，增益率被定义为

$$\text{gain\_ratio}(A) = \frac{\text{gain}(A)}{\text{split\_inf}\, o(A)} \tag{26-17}$$

C4.5 选择具有最大增益率的属性作为分裂属性，其具体应用与 ID3 类似。

4. CART 算法

在分类问题中，假设有 K 个类，样本点属于第 k 类的概率为 p_k，则概率分布的基尼指数定义为

$$\text{Gini}(p) = \sum_{k=1}^{K} p_k(1-p_k) = 1 - \sum_{k=1}^{K} p_k^2 \tag{26-18}$$

其中，p_k 表示选中的样本属于 k 类别的概率，则这个样本被分错的概率为 $(1-p_k)$。

对于给定的样本集合 D，其基尼指数为

$$\text{Gini}(D) = 1 - \sum_{k=1}^{K}\left(\frac{|c_k|}{|D|}\right)^2 \tag{26-19}$$

其中，c_k 是 D 中属于第 k 类的样本，K 是类的个数。

则在特征 A 的条件下，集合 D 的基尼指数定义为

$$\text{Gini}(D,A) = \frac{|D_1|}{|D|}\text{Gini}(D_1) + \frac{|D_2|}{|D|}\text{Gini}(D_2) \tag{26-20}$$

基尼指数 Gini(D)表示集合 D 的不确定性，基尼指数 Gini(D,A)表示经 $A=a$ 分割后集合 D 的不确定性。基尼指数值越大，样本集合的不确定性也就越大，这一点跟熵相似。

则 CART 算法的流程如下。根据训练数据集，从根节点开始，递归地对每个节点进行以下操作，构建二叉树。

(1) 设节点的训练数据集为 D，计算现有特征对该数据集的基尼指数。此时，对每一个特征 A，对其可能取的每个值 a，根据样本点 $A=a$ 的测试为“是”或“否”将 D 分割为 D_1 和 D_2 两部分，利用式(26-20)计算 $A=a$ 时的基尼指数。

(2) 在所有可能的特征 A 以及它们所有可能的切分点 a 中，选择基尼指数最小的特征及其对应可能的切分点作为最优特征与最优切分点。依最优特征与最优切分点，从现节点生成两个子节点，将训练数据集依特征分配到两个子节点中。

(3) 对两个子节点递归地调用(1)和(2)，直至满足条件。

(4) 生成 CART 决策树。

(5) 算法停止计算的条件是节点中的样本个数小于预定阈值，或样本集的基尼指数小于预定阈值，或者没有更多特征。

5. 决策树的优缺点

决策树的优点如下。

(1) 不需要任何领域知识或参数假设。

(2) 适合高维数据。

(3) 简单易于理解。

(4) 短时间内处理大量数据,得到可行且效果较好的结果。

决策树的缺点如下。

(1) 对于各类别样本数量不一致数据,信息增益偏向于那些具有更多数值的特征。

(2) 易于过拟合。

(3) 忽略属性之间的相关性。

(4) 不支持在线学习。

26.2.2 深度森林

深度森林是一个新的基于树的集成学习方法,它通过对树构成的森林进行集成并串联起来达到让分类器做表征学习的目的,从而提高分类的效果。它更容易训练,性能更优,效率高且可扩展,支持小规模训练数据。其结构主要包括级联森林和多粒度扫描。

1. 级联森林

级联森林的每一个层包含若干个集成学习的分类器(例如决策树森林),这是一种集成中的集成的结构。

决策树其实是在特征空间中不断划分子空间,并且给每个子空间打上标签(分类问题就是一个类别,回归问题就是一个目标值),所以给予一条测试样本,每棵树会根据样本所在的子空间中训练样本的类别占比生成一个类别的概率分布,然后对森林内所有树的各类比例取平均,输出整个森林对各类的比例。即每个森林都会生成一个长度为 C 的概率向量,假如深度森林的每一层由 N 个森林构成,那么每一层的输出就是 N 个 C 维向量连接在一起,即 $C\times N$ 维向量。深度森林采用了 DNN 中的层级联层结构,从前一层输入的数据和输出数据做级联作为下一层的输入。这个向量与输入到级联下一层的原始特征向量进行拼接,作为下一层的输入。这样就完成了一次特征变化,并保留了原始特征继续做后续处理,每一层都这样,最后一层将所有随机森林输出的三维向量加和求平均算出最大的一维作为最终输出。

2. 多粒度扫描

在日常生活中,数据的特征之间可能存在某种关系。例如,在图像识别中,位置相近的像素点之间有很强的空间关系,序列数据有顺序上的关系。深度森林使用多粒度扫描对级联森林进行增强,即利用多种大小的滑动窗口进行采样,以获得更多的特征子样本,从而达到多粒度扫描的效果。

对于序列数据,假设输入特征是 400 维,扫描窗口大小是 100 维,这样就得到 301 个 100 维的特征向量,每个 100 维的特征向量对应一个 3 分类的类向量(3 维类向量),即得到 301 个 3 维类向量。最终每个森林会得到 903 维的特征向量,特征就更多更丰富。对于图像数据的处理和序列数据一样,图像数据的扫描方式当然是从左到右、从上到下,而序列数据只是从上到下。可以用各种尺寸不等的扫描窗口去扫描,这样就会得到更多更丰富的特征关系。

3. 深度森林特性

(1) 深度森林可以处理不同规模的数据,具有更加稳定良好的学习性能。深度神经网络需要大规模的训练数据,而深度森林在仅有小规模训练数据的情况下也照常运转。

(2) 深度森林不需要设置超参数,通过在具体数据集上训练误差最小化进行自动设定。实际上,在几乎完全一样的超参数设置下,深度森林在处理不同领域的不同数据时,也能达到极佳的性能。

(3) 相比于神经网络,深度森林的树结构具有更好的解释性。

26.3 深度近邻学习

26.3.1 近邻法

对于样本集 $S_N=\{(x_1,\theta_1),(x_2,\theta_2),\cdots,(x_N,\theta_N)\}$。其中,$x_i$ 是样本,θ_i 是类别标号,$\theta_i=\{1,2,\cdots,c\}$。样本 x_i 与 x_j 之间的距离为 $\delta(x_i,x_j)$,比如欧氏距离 $\|x_i-x_j\|$。对于未知样本 x,S_N 中与之距离最近的样本为 x'

$$\delta(x,x')=\min_{j=1,2,\cdots,N}\delta(x,x_j) \tag{26-21}$$

则将 x 分到 θ' 类,即 $\hat{\omega}(x)=\theta'$,或记作 $\hat{\omega}_1(x)$。

对于标有标签的训练集而言,当输入没有标签的数据后,将新数据与样本对比统计之后,找到最多的相似标签的过程就是 K 近邻(K-Nearest Neighbor,KNN)算法,下面以一个简单的例子通俗地描述 K-近邻算法的思想,如图 26-1 所示。

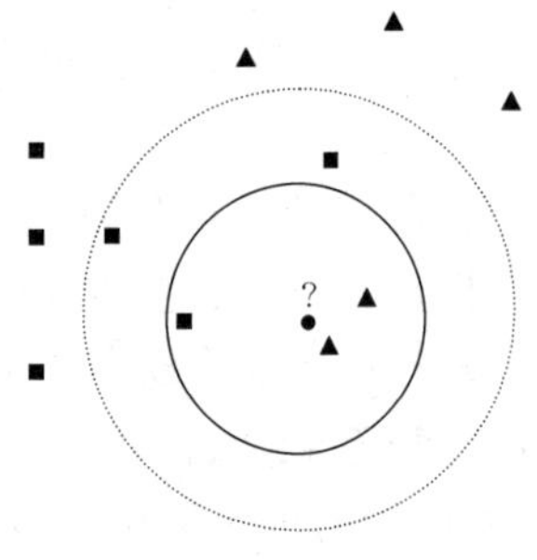

图 26-1 K 近邻算法

当 $k=3$ 时,在实心圆的内部里有两个三角形,一个正方形,基于统计的思想,且三角形明显多于正方形,因此将新加入的样本分类为三角形;当 $k=5$ 时,在虚线圆的内部里有两个三角形,三个正方形,和上述分类方法相同,因此将新加入的样本分类到为正方形。

以上通过例子简单地叙述了 K 近邻算法的思想,由此可见,K 近邻算法比较通俗易懂。但是它的计算复杂度和样本数成正比,即如果样本数为 n,那么利用 K 近邻算法分类的时间复杂度将是 $O(n)$。

K 近邻算法的 Python 代码实现可分为以下步骤(已知 k 值)。

(1) 计算已知标签的点到待测点的距离(欧氏距离)为

$$D(x,y)=\sqrt{(x_1-y_1)^2+(x_2-y_2)^2+\cdots+(x_n-y_n)^2} \tag{26-22}$$

(2) 按照距离大小对已知标签的点进行排序。

(3) 然后选择距离最小的 k 个点。

(4) 最后将待测样本点分配到这 k 个点中。

k 的取值相当重要,通过交叉验证(将样本数据按照一定比例,拆分出训练用的数据和验证用的数据,比如 6∶4 拆分出部分训练数据和验证数据),从选取一个较小的 k 值开始,不断增加 k 的值,然后计算验证集合的方差,最终找到一个比较合适的 k 值。

当增大 k 时,一般错误率会先降低,因为周围有更多的样本可以借鉴了,分类效果会变好。所以可以选择一个较大的临界 k 点,当它继续增大或减小时,错误率都会上升。

K 近邻算法简单、有效，适用于样本容量比较大的类域的自动分类。由于 K 近邻算法主要靠周围有限个邻近的样本，而不是靠判别类域的方法来确定所属类别，因此对于类域的交叉或重叠较多的待分样本集来说，K 近邻算法较其他方法更为适合。但是，K 近邻算法需要事先确定 k 值，计算量较大，输出的可解释性不强，对样本容量较小的类域很容易产生误分。

26.3.2 深度 K 近邻算法

深度 K 近邻算法采用标准 DNN 学习算法训练的 DNN，并修改所遵循的程序，使模型对测试数据进行预测：将 DNN 的内部组件（即层）在测试时识别的数据中的模式与训练时发现的模式进行比较，以确保任何预测都得到训练数据的支持。因此，推理过程并不是将模型视为黑箱，并毫不在意地相信它的预测，而是确保 DNN 执行的每一个中间计算都与其最终输出的标签预测一致。具体的算法流程如算法 26-1 所示。

算法 26-1 深度 K 近邻算法

输入：训练数据集 (X,Y)，校准数据 (X^C,Y^C)

输入：具有 l 层的神经网络 f

输入：K

输入：测试输入 z

为测试输入 z 计算层上 K 个最近邻

for each layer $\lambda \in 1,2,\cdots,l$ **do**

  $\Gamma \leftarrow$ 找到 w/LSH 表中在 X 中最接近 z 的 K 个点

  $\Omega_\lambda \leftarrow \{Y_i : i \in \Gamma\}$ ▷找到 K 个输入的标签

end for

计算预测，置信度和可信度

$A=\{\alpha(x,y):(x,y)\in X^C,Y^C\}$ ▷校准

for each label $j \in 1\cdots n$ **do**

  $\alpha(z,j) \leftarrow \sum\limits_{\lambda \in 1,2,\cdots,l} |\, i \in \Omega_\lambda : i \neq j \,|$ ▷不一致

  $p_j(z)=\dfrac{|\{\alpha \in A : \alpha \geqslant \alpha(z,j)\}|}{|A|}$ ▷经验 p 值

end for

预测 $\leftarrow \arg\max\limits_{j \in 1,2,\cdots,n} p_j(z)$

置信度 $\leftarrow 1-\max\limits_{j \in 1,2,\cdots,n,\, j \neq \text{prediction}} p_j(z)$

可信度 $\leftarrow \max\limits_{j \in 1,2,\cdots,n} p_j(z)$

return 预测，置信度，可信度

26.4 深度支持向量机学习

26.4.1 支持向量机

D_0 和 D_1 是 n 维欧氏空间中的两个点集。如果存在 n 维向量 $\boldsymbol{w}$ 和实数 b，使得所有属于 D_0 的点 $\boldsymbol{x}_i$ 都有 $\boldsymbol{w}\boldsymbol{x}_i+b>0$，而对于所有属于 D_1 的点 $\boldsymbol{x}_j$，则有 $\boldsymbol{w}\boldsymbol{x}_j+b<0$，则称 D_0 和 D_1 线性可分。

但是将样本分开的划分超平面可能有很多,必须选择一个容错性更高、鲁棒性更好,可以以最大间隔把两类样本分开的超平面,也称为最大间隔超平面。两类样本分别分割在该超平面的两侧;两侧距离超平面最近的样本点到超平面的距离被最大化了。

SVM 想要的就是找到各类样本点到超平面的距离最远,也就是找到最大间隔超平面。任意超平面可以用下面这个线性方程来描述

$$\boldsymbol{w}^{\mathrm{T}}\boldsymbol{x}+\boldsymbol{b}=\mathbf{0} \tag{26-23}$$

扩展到 n 维空间后,点 $\boldsymbol{x}=(\boldsymbol{x}_1,\boldsymbol{x}_2,\cdots,\boldsymbol{x}_n)$。则样本空间任意点 $\boldsymbol{x}$ 到超平面 $\boldsymbol{w}^{\mathrm{T}}\boldsymbol{x}+\boldsymbol{b}=\mathbf{0}$ 的距离为

$$r=\frac{|\boldsymbol{w}^{\mathrm{T}}\boldsymbol{x}+\boldsymbol{b}|}{\|\boldsymbol{w}\|} \tag{26-24}$$

其中,$\|\boldsymbol{w}\|=\sqrt{w_1^2+w_2^2+\cdots+w_n^2}$。

假设超平面 $\boldsymbol{w}^{\mathrm{T}}\boldsymbol{x}+\boldsymbol{b}=\mathbf{0}$ 能将样本正确分类,即对于$(\boldsymbol{x}_i,\boldsymbol{y}_i)\in D$,有

$$\begin{cases}\boldsymbol{w}^{\mathrm{T}}\boldsymbol{x}_i+\boldsymbol{b}\geqslant+1, & y_i=+1\\ \boldsymbol{w}^{\mathrm{T}}\boldsymbol{x}_i+\boldsymbol{b}\leqslant-1, & y_i=-1\end{cases} \tag{26-25}$$

则两个异类支持向量到超平面的距离之和为

$$\gamma=\frac{2}{\|\boldsymbol{w}\|} \tag{26-26}$$

称为"间隔"。这里乘 2 也是为了后面推导,对目标函数没有影响。

想要找到"最大间隔"的划分超平面,也就是找到参数 $\boldsymbol{w}$ 和 $\boldsymbol{b}$,使得 γ 最大,即

$$\begin{aligned}&\max_{\boldsymbol{w},\boldsymbol{b}}\frac{2}{\|\boldsymbol{w}\|}\\&\text{s.t. } \boldsymbol{y}_i(\boldsymbol{w}^{\mathrm{T}}\boldsymbol{x}_i+\boldsymbol{b})\geqslant 1,\quad i=1,2,\cdots,m\end{aligned} \tag{26-27}$$

为了方便计算,仅需最大化$\|\boldsymbol{w}\|^{-1}$,这等价于最小化$\|\boldsymbol{w}\|^2$,即重写为

$$\begin{aligned}&\min_{\boldsymbol{w},\boldsymbol{b}}\frac{1}{2}\|\boldsymbol{w}\|^2\\&\text{s.t. } \boldsymbol{y}_i(\boldsymbol{w}^{\mathrm{T}}\boldsymbol{x}_i+\boldsymbol{b})\geqslant 1,\quad i=1,2,\cdots,m\end{aligned} \tag{26-28}$$

SVM 是一个二分类的模型,通俗的理解,即需要找到一条线,使得离该线最近的点能够最远,即间隔最大化,最终将其转化为一个凸二次规划问题来求解,相当于将求解极大值的问题转换为求解极小值的问题,主要应用拉格朗日乘子法进行求解,下面通过一个简单的例子来理解 SVM,如图 26-2 所示。已知图 26-2(a)中有两个带有标签的分类样本,现在需要将其利用一根直线来分开,当然,由图 26-2 可知,这样的直线将会有很多条,例如在图 26-2(b)和图 26-2(c)中分别给出了两种不同的线性分类方法。直线 A 和 B 都可以将已知的样本分开,但是两者的性能却是不同的,把直线 A、B 称为"决策面",相当于是一个线性分类器。

在分类性能不同的情况下,在图 26-3(a)中添加一个点,显然图 26-3(b)还可以正确地进行分类,但是图 26-3(c)已经不能正确分类,所以图 26-3(b)线性分类器的分类效果要比图 26-3(c)的分类效果好。

SVM 的思想是,分类间隔可能存在多个情况,因此要最大化分类间隔,但是在深度学习

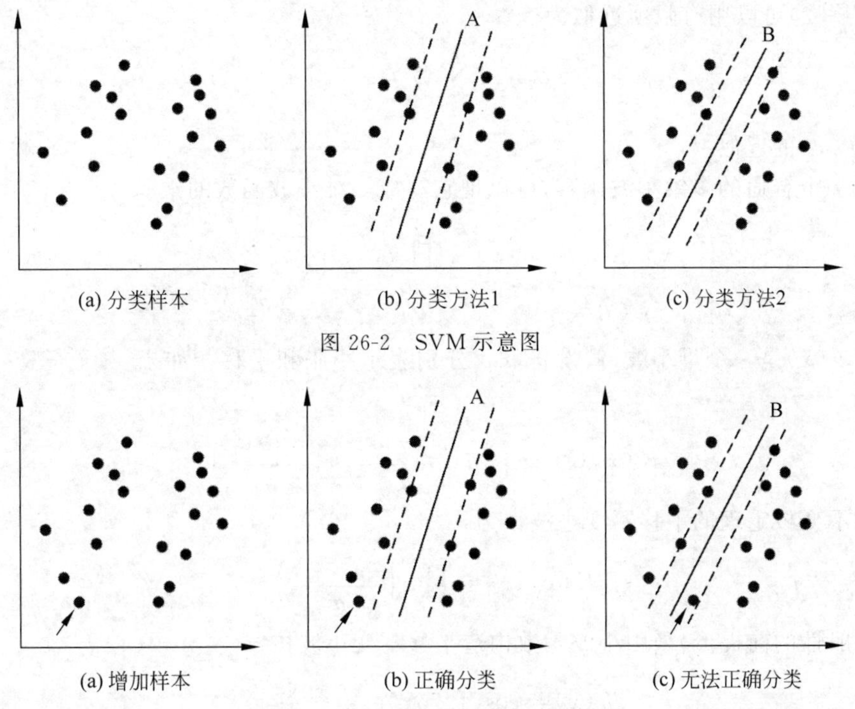

(a) 分类样本　(b) 分类方法1　(c) 分类方法2

图 26-2　SVM 示意图

(a) 增加样本　(b) 正确分类　(c) 无法正确分类

图 26-3　增加一个样本点的示意图

的算法中，一般都将最大化问题转化为最小化问题来解决，即 SVM 需要利用拉格朗日乘子法寻找最优解。

SVM 可以解决小样本下机器学习的问题，提高泛化性能，可以解决高维非线性问题，避免神经网络结构选择和局部极小的问题。但是 SVM 对缺失数据敏感，内存消耗大且难以解释。

26.4.2　小波支持向量机

小波分析背后的思想是用一组函数表示或近似一个信号或函数，这些函数是由称为母小波的函数 $h(x)$ 的扩张和平移产生的

$$h_{a,c}(x)=|a|^{-1/2}h\left(\frac{x-c}{a}\right) \tag{26-29}$$

其中，x、a、$c\in\mathbb{R}$，a 是膨胀因子，c 是平移因子（在小波分析中，平移因子表示为 b，但是在这里，$\boldsymbol{b}$ 被用于表示支持向量机中的阈值）。因此，函数 $f(x)\in L_2(R)$ 的小波变换可以表示为：

$$W_{a,c}(f)=\langle f(x),h_{a,c}(x)\rangle \tag{26-30}$$

其中，$\langle\cdot,\cdot\rangle$ 表示在 $L_2(R)$ 上的内积。式(26-30)是指函数 $f(x)$ 在小波基 $h_{a,c}(x)$ 上的分解。对于一个母小波 $h(x)$，则有

$$W_h=\int_0^{\infty}\frac{|H(w)|^2}{|w|}\mathrm{d}w<\infty \tag{26-31}$$

其中，$h(x)$ 的傅里叶变换是 $H(w)$，$f(x)$ 可以被重建为

$$f(x)=\frac{1}{W_h}\int_{-\infty}^{\infty}\int_0^{\infty}W_{a,c}(f)h_{a,c}(x)\mathrm{d}a/a^2\mathrm{d}c \tag{26-32}$$

式(26-32)可以用有限项近似为

$$\hat{f}(x)=\sum_{i=1}^{l}W_i h_{a_i,c_i}(x) \tag{26-33}$$

$\hat{f}(x)$是 $f(x)$的近似。

对于一个普通的多维小波函数,可以把它写成一维小波函数的乘积

$$h(\boldsymbol{x})=\prod_{i=1}^{N}h(x_i) \tag{26-34}$$

其中,$\{\boldsymbol{x}=(x_1,x_2,\cdots,x_N)\in\mathbb{R}^N\}$。

假设 $h(\boldsymbol{x})$是一个母小波,假设 a 和 c 分别表示膨胀和平移。如果 $x,x'\in\mathbb{R}^N$,则点积小波核为

$$K(\boldsymbol{x},\boldsymbol{x}')=\prod_{i=1}^{N}h\left(\frac{x_i-c_i}{\boldsymbol{a}}\right)h\left(\frac{x'_i-c'_i}{\boldsymbol{a}}\right) \tag{26-35}$$

满足平移不变核定理的平移不变小波核为

$$K(\boldsymbol{x},\boldsymbol{x}')=\prod_{i=1}^{N}h\left(\frac{x_i-x'_i}{\boldsymbol{a}}\right) \tag{26-36}$$

在不失一般性的前提下,采用小波函数构造平移不变小波核

$$h(\boldsymbol{x})=\cos(1.75\boldsymbol{x})\exp\left(-\frac{\boldsymbol{x}^2}{2}\right) \tag{26-37}$$

这个母小波的小波核是

$$K(\boldsymbol{x},\boldsymbol{x}')=\prod_{i=1}^{N}h\left(\frac{x_i-x'_i}{\boldsymbol{a}}\right)=\prod_{i=1}^{N}\left(\cos\left(1.75\times\frac{(x_i-x'_i)}{a}\right)\exp\left(-\frac{\|x_i-x'_i\|^2}{2\boldsymbol{a}^2}\right)\right) \tag{26-38}$$

这是一个可容许的支持向量核。从小波核的表达式可以将其看作一种多维小波函数。小波支持向量机的目标是在多维小波基所构成的空间中找到最优的小波系数,从而得到最优的估计函数或决策函数。小波支持向量机估计函数为

$$f(\boldsymbol{x})=\sum_{i=1}^{l}(\alpha_i-\alpha_i^*)\prod_{j=1}^{N}h\left(\frac{x^j-x_i^j}{a_i}\right)+\boldsymbol{b} \tag{26-39}$$

分类的决策函数为

$$f(\boldsymbol{x})=\mathrm{sgn}\left(\sum_{i=1}^{l}\alpha_i y_i\prod_{j=1}^{N}h\left(\frac{x^j-x_i^j}{a_i}\right)+\boldsymbol{b}\right) \tag{26-40}$$

其中,x_i^j 表示第 i 个训练样本的第 j 个分量。

26.4.3 最小二乘支持向量机

在特征空间中,LS-SVM 采用这种形式:

$$y=\mathrm{sgn}(\boldsymbol{w}^{\mathrm{T}}\varphi(\boldsymbol{x})+\boldsymbol{b}) \tag{26-41}$$

其中,非线性映射 $\varphi(\boldsymbol{x})$将输入数据映射到高维特征空间,该特征空间的维数可以是无限的。为了获得分类器,LS-SVM 解决了以下优化问题

$$\begin{aligned}&\min\left\{\frac{1}{2}\boldsymbol{w}^{\mathrm{T}}\boldsymbol{w}+\frac{\gamma}{2}\sum_{i=1}^{l}e_i^2\right\}\\&\text{s.t. } y_i=\boldsymbol{w}^{\mathrm{T}}\varphi(\boldsymbol{x}_i)+\boldsymbol{b}+e_i\quad i=1,2,\cdots,l\end{aligned} \tag{26-42}$$

它的沃尔夫对偶问题是

$$\min\left\{\frac{1}{2}\sum_{i,j=1}^{l}\alpha_i\alpha_j\varphi(\boldsymbol{x}_i)^{\mathrm{T}}\varphi(\boldsymbol{x}_j)+\sum_{i=1}^{l}\frac{\alpha_i^2}{2\gamma}-\sum_{i=1}^{l}\alpha_i\boldsymbol{y}_i\right\}$$
$$\text{s.t.}\ \sum_{i=1}^{l}\alpha_i=0 \tag{26-43}$$

消除等式约束，得到

$$\min\left\{\frac{1}{2}\sum_{i,j=1}^{l}\alpha_i\alpha_j\varphi(\boldsymbol{x}_i)^{\mathrm{T}}\varphi(\boldsymbol{x}_j)-\sum_{i=1}^{l}\alpha_i\boldsymbol{y}_i+\sum_{i=1}^{l}\frac{\alpha_i^2}{2\gamma}+b\sum_{i=1}^{l}\alpha_i\right\} \tag{26-44}$$

$\varphi(\boldsymbol{x}_i)^{\mathrm{T}}\varphi(\boldsymbol{x}_j)$的形式经常被替换为一个所谓的正定核函数 $k(\boldsymbol{x}_i,\boldsymbol{x}_j)=\varphi(\boldsymbol{x}_i)^{\mathrm{T}}\varphi(\boldsymbol{x}_j)$。任何正定核函数都可以表示为特征空间中两个向量的内积，因此可以用于快速稀疏支持向量机。在所有的核函数中，高斯核函数 $k(\boldsymbol{x}_i,\boldsymbol{x}_j)=\exp(-\theta\|\boldsymbol{x}_i-\boldsymbol{x}_j\|_2^2)$是最广泛的选择，对于一个新的样本 $\boldsymbol{x}$，可以通过以下公式对其进行预测：

$$f(\boldsymbol{x})=\mathrm{sgn}(\boldsymbol{w}^{\mathrm{T}}\varphi(\boldsymbol{x})+\boldsymbol{b})=\mathrm{sgn}\left(\sum_{i=1}^{l}\alpha_i k(\boldsymbol{x}_i,\boldsymbol{x}_j)+\boldsymbol{b}\right) \tag{26-45}$$

26.4.4 深度支持向量机

神经网络与支持向量机是统计学习的代表方法。可以认为神经网络与支持向量机都源自感知机。同时，神经网络与支持向量机(包含核方法)都是非线性分类模型。神经网络是多层(通常是三层)的非线性模型，而支持向量机利用核技巧把非线性问题转换成线性问题。对于深度的支持向量机的分类，直接将支持向量机加在深度网络 VGG、ResNet、AlexNet、DenseNet 等分类器的最后一层，即可实现基于深度 SVM 的分类。关于深度网络的内容，在此不做赘述。

26.5 深度关联规则学习

26.5.1 规则学习

基于关联规则进行分类的算法(Classification base of Association，CBA)，它的分类情况也就是给定一些预先知道的属性，然后判断出它的决策属性是哪个值。判断的依据是先验算法挖掘出的频繁项，如果一个项集中包含预先知道的属性，同时也包含分类属性值，然后计算此频繁项能否导出已知属性值，推出决策属性值的关联规则，如果满足规则最小置信度的要求，那么可以把频繁项中的决策属性值作为最后的分类结果。具体的算法细节如下。

(1) 输入数据记录，就是一条条的属性值。

(2) 对属性值做数字的替换(按照列从上往下寻找属性值)，类似于先验中的一条条事务记录。

(3) 根据这个转化后的事务记录，进行先验算法计算，挖掘出频繁项集。

(4) 输入查询的属性值，找出符合条件的频繁项集(需要包含查询属性和分类决策属性)，如果能够推导出这样的关联规则，就算分类成功，输出分类结果。

26.5.2 深度关联学习

深度学习方法已开始主导基于视频的行人重识别研究。但是现有方法主要考虑监督学习，需要手工标注大量的不同画面的成对数据。因此，它们在现实世界的视频监控应用中缺乏可扩展性和实用性。

为了解决视频行人重识别任务，提出了一种新的深度关联学习(Deep Association Learning，DAL)方法，这是第一种在模型初始化和训练中不使用任何身份标签的端到端的深度学习方法。DAL 通过端到端方式联合优化两个基于间隔的关联损失学习深度重新匹配模型，这有效地限制了每个帧与最佳匹配的同一摄像机表示和跨摄像机表示的关联。

在视频序列中，含有同一个人的视点、遮挡、姿态等变化的一小段视频帧本身就是可以利用的信息源，在不加入其他人工标注的情况下，可以用来训练用于行人重识别的神经网络。利用视频中两种数据一致性(Local Space-Time Consistency 与 Global Cyclic Ranking Consistency)进行关联学习，包括同摄像头内部关联学习与跨摄像头的关联学习。相比其他学习方法，基于 DAL 的 3 个行人重识别数据库的性能都取得了大幅提升。

26.6 深度集成学习

26.6.1 集成学习

所谓集成学习(ensemble learning)是指构建多个弱学习器并结合为一个强学习器来完成分类任务。相较于弱分类器而言，集成学习进一步提升了结果的准确率。严格来说，集成学习并不算是一种分类器，而是一种学习器结合的方法。

根据个体学习器的生成方式，目前集成学习方法大致可分为两大类：第一类是个体学习器之间存在强依赖关系、必须串行生成的序列化方法，这种方法的代表是 Boosting；第二类是个体学习器间不存在强依赖关系、可同时生成的并行化方法，它的代表是 Bagging。

1. Bagging

首先从数据集中采样出 T 个子数据集，然后基于这 T 个子数据集训练出一个基分类器，再将这些基分类器进行组合做出预测。Bagging 在做预测时，对于分类任务，使用简单的投票法，对于回归任务使用简单平均法。若分类预测时出现两个类票数一样时，则随机选择一个。

从图 26-4 中能够看出，Bagging 非常适合并行处理，这对于大数据量非常有好处。关于从原始数据集里采样出 T 个数据集，希望能够产生 T 个不同的子集，因为这样训练出来的基分类器具有比较大的差异，满足“多样性”，有助于提高集成算法最终的性能。但是，又不能让基分类器性能太差，比如采样时，采样出来的子集每个都不相同，这样训练出来的基分类器性能比较差，因为每个基分类器相当于只用了一小部分数据去训练。因此，Bagging 一般采用自助采样法(bootstrap sampling)。

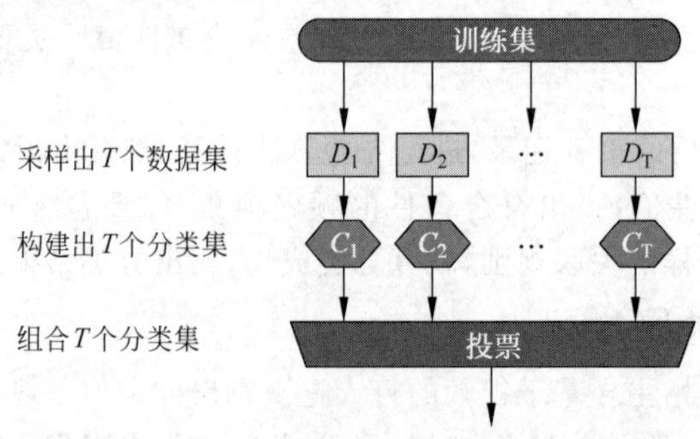

图 26-4　Bagging 工作流程

自助采样法就是有放回的采样，每个采样出来的样本集都和原始数据集一样大。假如给定包含 m 个样本的数据集，先随机取出一个样本放入采样集中，然后再把该样本放回去，使得下次这个样本还有可能被选中。这样经过 m 次随机采样，得到包含 m 个样本的采样集，原始数据集中有的样本在采样集中多次出现，有的则未出现。采样集中大约包含63.2%的原始数据，因为每个样本被抽到的概率为 $\left(1-\frac{1}{m}\right)^m$，当 $m\rightarrow\infty$ 时，其极限为 $\frac{1}{\mathrm{e}}\approx 0.368$。

2. Boosting

与 Bagging 能够并行处理不同，由于各基学习器之间存在强依赖关系，因此 Boosting 只能串行处理，也就是说 Boosting 实际上是个迭代学习的过程。Boosting 的工作机制为：先从初始训练集中训练出一个基学习器，再根据基学习器的表现对训练样本分布进行调整(比如增大被误分样本的权重，减小被正确分类样本的权重)，使先前基学习器做错的样本在后续的训练过程中受到更多关注，然后基于调整后的样本分布来训练下一个基学习器，如此重复，直到基学习器数目达到事先自定的值 T，然后将这 T 个基学习器进行加权结合(比如错误率小的基学习器权重大，错误率大的基学习器权重小，这样做决策时，错误率小的基本学习器影响更大)。Boosting 算法的典型代表有 AdaBoost 和 XGBoost。Boosting 算法可以用图 26-5 简略形象地描述。

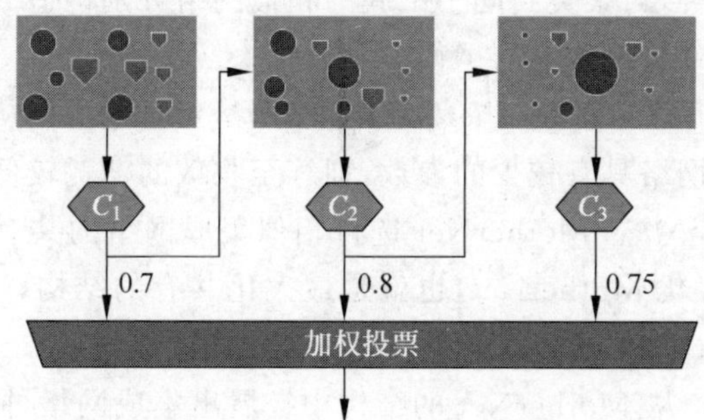

图 26-5 Boosting 工作流程

3. Stacking

Stacking 是通过一个元分类器或者元回归器来整合多个分类模型或回归模型的集成学习技术。基础模型利用整个训练集做训练，元模型将基础模型的特征作为特征进行训练。即 Stacking 方法是指训练一个模型用于组合其他各个模型。首先训练多个不同的模型，然后把之前训练的各个模型的输出作为输入训练一个模型，得到一个最终的输出。基础模型通常包含不同的学习算法，因此 Stacking 通常是异质集成。算法伪代码见算法 26-2。

算法 26-2 Stacking

输入：训练数据集 $D=\{x_i, y_i\}_{i=1}^m$
输出：集合分类器 H
第一步：学习基本的分类器
for $t=1$ to T **do**
  基于 D 学 h_t

---

end for
第二步：构建新的预测数据集
for $i=1$ to m **do**
  $D_h=\{x_i',y_i\}$，其中 $x_i'=\{h_1(x_i),\cdots,h_T(x_i)\}$
end for
第三步：学习一个 meta-classifer
基于 D_h 学习 H
返回 H

26.6.2 快速深度集成学习

集成学习能显著提升深度神经网络模型的泛化精度，但是深度神经网络模型对于计算资源和时间的消耗都是巨大的，而集成学习需要训练多个深度神经网络，使得训练消耗更加巨大。快速深度集成学习在多个相似的集成模型中抽象出一个网络 MotherNet，它代表集成模型的共有结构。首先通过训练一个和多个 MotherNet（也就是对集成模型的共有结构网络进行训练），然后将其转化成集成网络并继续训练到收敛，得到最终的集成网络。此方法对相似的集成网络的共有结构（MotherNet）只训练一次，可以大大降低每个单独的集成网络再训练的时间，从而降低整体的计算消耗。同时它还利用 K-Means 聚类的方法将具有相似结构的网络进行聚类，对聚类到同一个簇的相似网络分别构造 MotherNet，同时利用簇的数量来控制准确性和计算消耗上的平衡。

（1）MotherNet 的训练。对 MotherNet 的训练，是对全量数据从头开始训练至收敛的。MotherNet 相对于集成网络具有较少的参数，训练至收敛的消耗较低，更重要的是对于这个相同的结构只需要训练一次。MotherNet 选自相似集成网络的共有结构，MotherNet 的选取有两个原则，一是最大化 MotherNet，也就是最大化共有的结构，这部分是节约训练开销的关键，二是保证 MotherNet 可以转化成任何一个集成网络。

（2）孵化集成网络。从 MotherNet 的结构中扩展出集成网络，同时保留 MotherNet 中已经学到的函数关系（或者说是特征映射，也可以理解为模型的权重）。

（3）孵化网络的训练。通过步骤（2）可以得到各个集成网络，在每个单独的网络上继续训练即可。同时在此时的参数上增加了一些随机的高斯噪声，目的是增加集成模型的多样性。

通过 MotherNet 的数量（也就是集成网络聚类的数量）控制集成模型最终的准确率和计算消耗的平衡。MotherNet 的数量越多，最终的准确率越高。MotherNet 的数量比较少时，计算消耗比较低。举两个极端的例子，当 MotherNet 的数量和集成网络的数量相同（也就是每个集成网络都单独训练），此时的准确率预期是最高的；当 MotherNet 的数量取 1 时，所有的集成网络共享同一个 MotherNet，此时的计算消耗是比较低的。

26.7 深度特征学习

作为一种单隐藏层网络，Wishart 网络比基本的 Wishart 距离具有更高的精度。在下面的讨论中，为了进一步提高 Wishart 网络的性能，在流行的深度叠加网络（Deep Stacking Network，DSN）的基础上建立了 Wishart 网络的深度模型，命名为 Wishart 深度叠加网络

(W-DSN)。

显而易见,Wishart 网络是深度叠加网络的一个单一模块,其主要区别在于原始输入数据复杂,连接输入层和隐藏层的权重复杂,并通过聚类方式初始化。具有三个模块的 W-DSN 结构与 DSN 的相同。W-DSN 与传统的 DSN 不同的是,在 W-DSN 中堆叠的模块都是 Wishart 网络,Wishart 网络的参数是唯一的。特别地,只有一个模块的 W-DSN 就是 Wishart 网络。W-DSN 的训练见算法 26-3。

算法 26-3 W-DSN 的训练

输入:训练数据集 $\Omega=\{(t_1^l,y_1^l),(t_2^l,y_2^l),\cdots,(t_K^l,y_K^l)\}$,其中 $t_k^l=f(\langle T_k^l\rangle),k=1,2,\cdots,K$

输入:类别数为 M,最大的迭代次数是 100

输入:步长 $\lambda=0.2$

输入:W-DSN 的层数:L

1:**初始化**:

$\widetilde{W}_1=[W_1;b_1']$ 且 $\widetilde{U}_1=[U_1;c_1']$

2:**训练**:

3:**for** $i=2:L$

4:　通过 $\widetilde{W}_i=[\widetilde{W}_{i-1};P]$来初始化第 i 个模块,其中 P 是一个 $M\times M$ 随机实数矩阵对应于输入的增加部分((即相邻下一个模块的输出);

计算 Y_{i-1},将其添加到第 i 个模块的输入中,即获取第 i 个模块的输入$[T;Y_1;\cdots;Y_{i-1}]$

用输入的数据训练第 i 个模块,来获得 $\widetilde{W}_i=[W_i;b_i']$和 $\widetilde{U}_i=[U_i;c_i']$

5:**end**

输出:$\{\widetilde{W}_1,\widetilde{U}_1\},\{\widetilde{W}_2,\widetilde{U}_2\},\cdots,\{\widetilde{W}_L,\widetilde{U}_L\}$。

26.8 深度损失学习

26.8.1 交叉熵损失

由于 Softmax 激活函数简单和概率解释的特点,被广泛应用于 DCNN 的最后的全连接层。当这个激活函数与 DCNN 最后一个全连接层的交叉熵损失(或多项逻辑回归)相结合时,就形成了广泛使用的 Softmax 交叉熵损失。

Softmax 交叉熵分类算法一般是指原始的样本可能存在多类标签。假设有一个数组 y,y_i 表示 y 中的第 i 个元素,那么这个元素的 Softmax 交叉熵损失值为

$$L=-\frac{1}{N}\sum_i\log\left(\frac{e^{y_i}}{\sum_j e^{y_j}}\right) \tag{26-46}$$

具体的计算过程如图 26-6 所示。

26.8.2 对比和三元组损失

为了进一步增强类内紧性和类间可分离性,从而使 DCNN 具有更多的判别信息,分别提出了对比损失(又称基于边缘的损失)和三组损失。对比损失首先在 Siamese DCNN 中实现,通过学习对几何畸变不变的映射来降低数据的维数,而嵌入的 DCNN 将其与铰链损

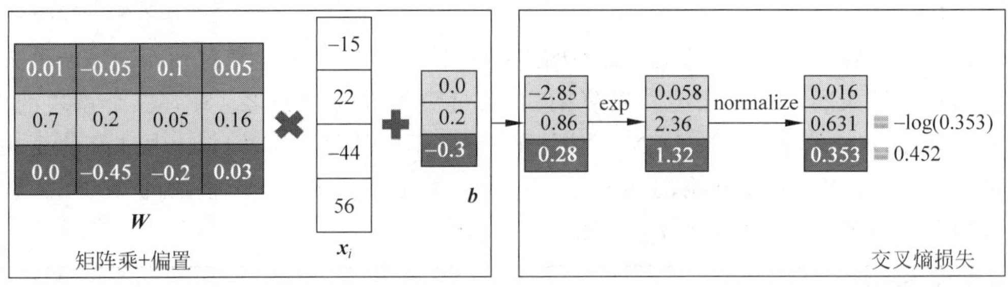

图 26-6 Softmax 损失计算过程

失相结合,用于图像分类和语义角色标记任务。其他使用对比损失作为 DCNN 架构一部分的图像分类相关应用包括用于视觉搜索的人脸表征和视觉相似性,其中对比损失与 Softmax 损失结合使用。对于对比损失,损失函数是在一对样本上运行,这与保守系统不同,保守系统是在单个样本上运行。

对于一对输入向量 $\boldsymbol{X}_1$、$\boldsymbol{X}_2 \in \boldsymbol{I}$ 和二元标签 γ,如果 $\gamma=0$,则认为 $\boldsymbol{X}_1$ 和 $\boldsymbol{X}_2$ 是相似的,如果 $\gamma=1$,则认为 $\boldsymbol{X}_1$ 和 $\boldsymbol{X}_2$ 是不相似的,对比损失的一般形式为

$$L = \sum_{i=1}^{P} L(W,(\gamma,\boldsymbol{X}_1,\boldsymbol{X}_2)^i) = (1-\gamma)L_S(D_W^i) + \gamma L_D(D_W^i) \tag{26-47}$$

其中,为了缩短符号,$D_W(\boldsymbol{X}_1,\boldsymbol{X}_2)$写为 D_W;$(\gamma,\boldsymbol{X}_1,\boldsymbol{X}_2)^i$ 是第 i 个标记的样本对;用 L_S 和 L_D 分别表示一对相似点和不相似点的部分损失函数;P 表示训练样本对的数量。

DCNN 的三元组损失需要 3 倍的训练样本,它使一个共享身份模板样本和一个正样本之间的距离最小,同时使模板样本和具有不同身份的负样本之间的距离最大。对于人脸分类,最小损失 L 定义为

$$L = \sum_{i}^{N} [\| f(\boldsymbol{x}_i^a) - f(\boldsymbol{x}_i^p) \|_2^2 - \| f(\boldsymbol{x}_i^a) - f(\boldsymbol{x}_i^n) \|_2^2 + \alpha]_+ \tag{26-48}$$

其中,$\boldsymbol{x}_i^a$ 是一个人的模板图像;$\boldsymbol{x}_i^p$ 是同一个人的正样本图像;$\boldsymbol{x}_i^n$ 是同一个人的负样本图像;α 是正样本和负样本对之间的间隔;N 是训练集中所有可能的三个一组的基数;下标“+”表示[]内的值大于零时,取该值为损失,小于零的时候,损失为零。由损失函数可以看出:

(1) 当 $\boldsymbol{x}_i^a$ 与 $\boldsymbol{x}_i^n$ 之间的距离小于 $\boldsymbol{x}_i^a$ 与 $\boldsymbol{x}_i^p$ 之间的距离加 α 时,[]内的值大于零,就会产生损失;

(2) 当 $\boldsymbol{x}_i^a$ 与 $\boldsymbol{x}_i^n$ 之间的距离大于或等于 $\boldsymbol{x}_i^a$ 与 $\boldsymbol{x}_i^p$ 之间的距离加 α 时,损失为零。

26.8.3 大边距损失

更大的角相似性将导致学习特征之间更大的角分离性,即会导致产生更多有区别的特征。因此,在输入特征向量和权重矩阵之间引入了一个角度,得到了一个大边距损失(Large-margin Softmax loss,L-Softmax)

$$L\text{-Softmax} = -\log\left(\frac{\mathrm{e}^{\|\boldsymbol{W}_{y_i}\| \|\boldsymbol{x}_i\| \psi(\theta_{Y_i})}}{\mathrm{e}^{\|\boldsymbol{W}_{y_i}\| \|\boldsymbol{x}_i\| \psi(\theta_{Y_i})} + \sum_{j \neq y_i} \mathrm{e}^{\|\boldsymbol{W}_j\| \|\boldsymbol{x}_i\| \cos(\theta_j)}}\right) \tag{26-49}$$

$$\psi(\theta)=\begin{cases}\cos(m\theta), & 0\leqslant\theta\leqslant\dfrac{\pi}{2}\\ D(\theta) & \dfrac{\pi}{m}\leqslant\theta\leqslant\pi\end{cases}\tag{26-50}$$

其中，θ_j 是角距；W_j 是矩阵的第 j 列；m 用来调节类别之间的距离。除了形成更有区别的特征，L-Softmax 的其他可取的优点包括其几何解释非常清楚，并且避免了过拟合。当应用于图像分类任务时，它的性能优于原始的 Softmax 损失(对于相同的架构)，并在 MINIST 数据集上取得了与最先进水平相当的结果。它还完成了 CIFAR-10 和 CIFAR-100 数据集的最新最先进的结果。由于这种损失会导致产生更有区别的特征，将其应用于对抗性例子的挑战将有助于理解是否需要对训练 DCNN 进行整体改变，以便应对其挑战。

26.8.4 双正则支持向量机损失

虽然支持向量机以前曾与 CNN 结合使用以提高分类性能，但是 CNN 的较低层次特征没有根据支持向量机的目标进行学习。为了解决这个问题，提出了在较低层次上进行联合训练，分别引入新的成本函数，将支持向量机与 MLP 和 CNN 相结合。也将 SVM 与 DCNN 集成，用双正则支持向量机损失(L2-SVM)代替了标准了 L1-SVM(SVM hinge loss)。与 L1-SVM 损失相比，L2-SVM 损失是可微的，并且惩罚误差更深刻。支持向量机最初是用于二元分类的。因此，对于给定的训练样本以及它们对应的标签($\boldsymbol{x}_n,\boldsymbol{y}_n$)，$n=1,2,\cdots,N$，$\boldsymbol{x}_n\in\mathbb{R}^D$，$t_n\in\{-1,+1\}$，L2-SVM 使平方铰链损失更小，可以表示为无约束优化问题

$$\min_{w}\frac{1}{2}\boldsymbol{w}^{\mathrm{T}}W+C\sum_{n=1}^{N}\max(1-\boldsymbol{w}^{\mathrm{T}}\boldsymbol{x}_n t_n,0)^2\tag{26-51}$$

其中，W 是连接倒数第二层到 Softmax 层的权重。测试数据 $\boldsymbol{x}$ 的类标签通过 $\operatorname*{argmax}_t(\boldsymbol{w}^{\mathrm{T}}\boldsymbol{x})t$ 来预测，对于一个多类支持向量机，其中第 k 个 SVM 的输出被定义为 $a_k(x)=\boldsymbol{w}^{\mathrm{T}}\boldsymbol{x}$，预测的类别是 $\operatorname*{argmax}_k a_k(\boldsymbol{x})$。与传统的 Softmax 损失相比，对于相同的 DCNN 架构，L2-SVM 损失在 CIFAR-10 数据集上表现出了更好的分类性能，获得的结果与当时的技术水平相当，它使用了一个更复杂的模型，包括对比度归一化层和贝叶斯参数微调等。

26.8.5 Focal Loss

解决目标检测领域中 one-stage 算法(如 YOLO 系列算法)准确率不高的问题。样本的类别不均衡(比如前景和背景)是导致这个问题的主要原因。比如在很多输入图像中，利用网格去划分小窗口，大多数的窗口是不包含目标的。如此一来，如果直接运用原始的交叉熵损失，那么负样本所占比例会非常大，主导梯度的优化方向，即网络会偏向于将前景预测为背景。即使可以使用在线困难样本挖掘(Online Hard Sample Mining，OHEM)算法处理不均衡的问题，虽然其增加了误分类样本的权重，但也容易忽略掉易分类样本。而 focal loss 则是聚焦于训练一个困难样本的稀疏集，通过直接在标准的交叉熵损失基础上做改进，引进了两个惩罚因子来减少易分类样本的权重，使得模型在训练过程中更专注于困难样本。其基本定义为

$$\mathrm{FL}(p,\hat{p})=-(\alpha(1-\hat{p})^{\gamma}p\log(\hat{p})+(1-\alpha)\hat{p}^{\gamma}(1-p)\log(1-\hat{p}))\tag{26-52}$$

其中，α 和$(1-\alpha)$分别用于控制正/负样本的比例，其取值范围为$[0,1]$。α 的取值一般可通

过交叉验证来选择合适的值。参数 γ 称为聚焦参数，其取值范围为$[0,+\infty)$，目的是通过减少易分类样本的权重，从而使模型在训练时更专注于困难样本。当 $\gamma=0$ 时，Focal Loss 就退化为交叉熵损失，γ 越大，对易分类样本的惩罚力度就越大。

26.8.6 骰子损失

骰子(dice)损失是一种用于评估两个样本之间相似性度量的函数，取值范围为 0～1，值越大表示两个值的相似度越高，其基本定义(二分类)为

$$L_{\text{dice}}=1-\frac{2\cdot|X\cap Y|}{|X|+|Y|}=1-\frac{2\cdot \text{TP}}{2\cdot \text{TP}+\text{FP}+\text{FN}} \tag{26-53}$$

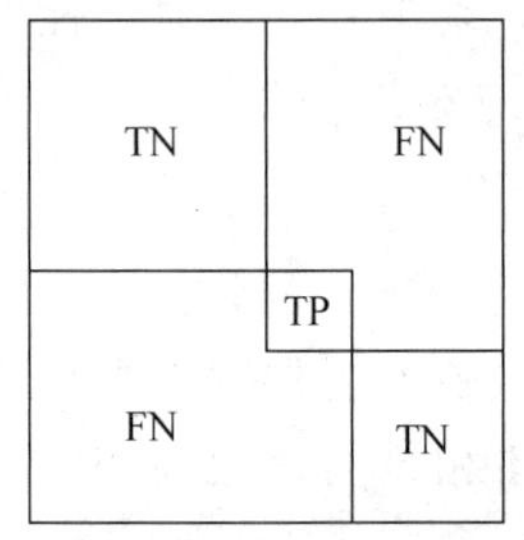

图 26-7 分类结果的混淆矩阵

其中，$|X\cap Y|$表示 X 和 Y 之间的交集，$|X|$和$|Y|$分别表示集合 X 和 Y 中像素点的个数，分子乘于 2 保证域值范围为 0～1，因为分母相加时会计算多一次重叠区间，如图 26-7 所示。

其实骰子系数是等价于 F_1 分数的，优化骰子系数等价于优化 F_1 值。此外，为了防止分母项为 0，一般会在分子和分母处同时加入一个很小的数作为平滑系数，也称为拉普拉斯平滑项。骰子损失有以下主要特性。

(1) 有益于调整正负样本不均衡的情况，侧重于对前景的挖掘。

(2) 训练过程中，在有较多小目标的情况下容易出现振荡。

(3) 极端情况下会出现梯度饱和的情况。

一般来说，都会结合交叉熵损失或者其他分类损失一同进行优化。

Softmax 损失是 CNN 的一个非常受欢迎的选择。由于其简单性、概率说明和直观的输出。为了使 CNN 具有提取更多区别特征的能力，提出了其他损失，如对比损失和三元组损失。虽然这些损失鼓励辨别学习，但由此产生的一个问题是，理论上需要的训练对的数量上升到了 $O(N^2)$，其中 N 是训练样本的总数。此外，对于一个大数据集(如 ILSVRC 使用的数据集)包含超过 100 万张图像，训练样本子集需要对这两种损失进行仔细的在线或离线选择。因此，提出的耦合簇损失加速了网络收敛且稳定了训练过程。尽管它有良好的和可接受的性能，但是 Softmax 损失并没有明确鼓励类内紧密性和类间可分离性。它利用类间余弦距离作为分类分数。因此，给定输入的标签的预测主要是由每个类的角度相似性决定的。集成 L2-SVM 损失(传统上与 SVM 相关联)有助于提高分类精度，但是像耦合的群集损失一样，其在各种任务中的一致性仍然未知。

尽管有以上总结的创新，但 Softmax 损失仍然是传统学术基准的良好选择，如 MNIST、ImageNet 或其他任何单一输出类(标签)的任务，每个图像需要一个单独的输出类(标签)。对于每个图像需要多个类的实际任务，建议每个类使用多个逻辑回归作为起点。根据任务的要求，可以对本节中提到的其他损失函数进行实验。最后，建议未来的工作应该挑战和开发新的损失函数，来解决 DCNN 的开放性问题。

26.9 本章小结

目前随着人工智能的发展，机器学习和深度学习的应用领域日益宽泛，各种机器学习和深度学习适应不同的应用场景，而机器学习和深度学习差别的关键点之一就在于所使用算

法的不同，本章主要列举了一些常用的分类方法，并且详细地讲述了各个分类方法的基本思想和原理。具体主要包括深度贝叶斯学习、深度决策树学习、深度近邻学习、深度支持向量机学习、深度关联规则学习、深度进程学习、深度特征学习和基于深度损失学习（Softmax损失、对比损失、三元组损失、大边距损失、双正则支持向量机损失、Focal Loss和骰子损失等）。

分类损失函数的形式千变万化，但追究溯源还是万变不离其宗。其本质便是给出一个能较全面合理地描述两个特征或集合之间的相似性度量或距离度量，针对某些特定的情况（如类别不平衡等）给予适当的惩罚因子进行权重的加减。大多数的损失都是基于最原始的损失逐渐改进的，或提出更一般的形式，或提出更加具体实例化的形式。

参考文献

本章参考文献扫描下方二维码。

第27章 深度学习聚类

CHAPTER 27

聚类是一种运用广泛的探索性数据分析技术。聚类本质上是集合划分问题,就是按照某个特定标准(如距离)把一个数据集分割成不同的类或簇,使得同一个簇内的数据对象的相似性尽可能大,同时不在同一个簇中的数据对象的差异性也尽可能地大。

与分类相同,聚类也是要确定一个物体的类别,但与分类问题不同的是,聚类没有事先定义好的类别,需要实现的目标只是把一批样本分开,分成多个类,保证每一个类中的样本之间是相似的,不同类的样本之间是不同的。在这里,类被称为簇(cluster)。因此,一个聚类算法通常只需要知道如何计算相似度就可以开始工作了,因此 聚类通常并不需要使用训练数据进行学习,这在机器学习中被称作无监督学习(unsupervised learning)。而分类通常需要知道"这个东西被分为某某类"的例子,然后从训练集进行学习,从而具备对未知数据进行分类的能力,这种提供训练数据的过程通常叫作监督学习(supervised learning)。聚类算法没有训练过程,这是和分类算法最本质的区别。

27.1 聚类基础

27.1.1 聚类定义

聚类问题可以抽象成数学中的集合划分问题。假设一个样本集 $C=\{x_1,x_2,\cdots,x_n\}$ 聚类算法把这个样本集划分成 m 个不相交的子集 $\{C_1,C_2,\cdots,C_m\}$,即簇。这些子集的并集是整个样本集,$C_1 \cup C_2 \cdots \cup C_m = C$。每个样本只能属于这些子集中的一个,即任意两个子集之间没有交集,$C_i \cup C_j = \varnothing, \forall i,j, i \neq j$。样本之间相似性的恒量标准需要聚类算法决定。

27.1.2 聚类过程

聚类过程的具体步骤如下。

(1) 数据准备:包括特征标准化和降维。

(2) 特征选择:从最初的特征中选择最有效的特征,并将其存储于向量中。

(3) 特征提取:对所选择的特征进行转换形成新的突出特征。

(4) 聚类:首先选择合适特征类型的某种距离函数(或构造新的距离函数)进行接近程度的度量,而后执行聚类或分组。

(5) 聚类结果评估:对聚类结果进行评估,评估主要有3种,分别是外部有效性评估、内部有效性评估和相关性测试评估。

27.1.3 性能度量

不同的聚类算法都试图从不同途径实现对数据集进行高效、可靠的聚类。数据挖掘对聚类的典型要求包括：处理大数据集的能力；处理任意形状、有间隙的嵌套的数据的能力；算法处理的结果与数据输入的顺序是否相关，也就是说算法是否独立于数据输入顺序；处理数据噪声的能力；是否需要预先知道聚类个数，是否需要用户给出领域知识；算法处理有很多属性数据的能力，也就是对数据维数是否敏感；算法的可解释性和实用性。

聚类性能度量也称为聚类的有效性指标(validity index)。与监督学习一样，它的目的是评估聚类结果的好坏。当通过性能度量评估聚类的好坏时，则可以将性能度量作为优化目标来生成更好的聚类结果。聚类的目标保证簇内相似度高的同时簇间相似度也要低。按照这样的定义，将聚类的性能度量大致划分为了外部指标和内部指标两类。

外部指标是将聚类结果与某个参考模型进行比较，比如与领域专家的划分结果进行比较(在某种程度上这其实是对数据进行标注)。基于对参考模型权威的信任，外部指标的度量目的是使聚类结果与参考模型尽可能相近，通常通过将聚类结果与参考模型结果对应的簇标记向量进行两两比对，生成具体的性能度量，其度量的中心思想是：聚类结果中被划分到同一簇中的样本在参考模型中也被划分到同一簇的概率越高代表聚类结果越好。常用的性能指标包括 Jaccard 系数、FM 指数、Rand 指数，它们的数值均在[0,1]区间，值越大表示聚类性能越好。

Jaccard 系数为

$$\mathrm{JC}=\frac{a}{a+b+c} \tag{27-1}$$

FM 指数为

$$\mathrm{FMI}=\sqrt{\frac{a}{a+b}\cdot\frac{a}{a+c}} \tag{27-2}$$

Rand 指数为

$$\mathrm{RI}=\frac{2(a+d)}{m(m-1)} \tag{27-3}$$

其中，

$$\begin{cases} a=|\mathrm{SS}|,\mathrm{SS}=\{(x_i,x_j)\mid\lambda_i=\lambda_j,\lambda_i^*=\lambda_j^*,i<j\} \\ b=|\mathrm{SD}|,\mathrm{SD}=\{(x_i,x_j)\mid\lambda_i=\lambda_j,\lambda_i^*\neq\lambda_j^*,i<j\} \\ c=|\mathrm{DS}|,\mathrm{DS}=\{(x_i,x_j)\mid\lambda_i\neq\lambda_j,\lambda_i^*=\lambda_j^*,i<j\} \\ d=|\mathrm{DD}|,\mathrm{DD}=\{(x_i,x_j)\mid\lambda_i\neq\lambda_j,\lambda_i^*\neq\lambda_j^*,i<j\} \end{cases} \tag{27-4}$$

其中，(x_i,x_j)为样本对，λ 和 λ^* 分别表示聚类给出的簇 C 和参考模型给出的 C^* 对应的簇标记向量。

内部指标是直接考察聚类结果而不利用任何参考模型，它通过计算簇内的样本距离以及簇间的样本距离对聚类结果进行评估。其中心思想是簇内的样本距离近似于簇内相似度，簇间样本距离近似于簇间相似度，通过计算并组合这些样本/簇距离的值来构建一个符合需要的性能度量指标。常用的性能指标包括 DB 指数、Dunn 指数。

DB 指数为

$$\mathrm{DBI}=\frac{1}{k}\sum_{i=1}^{k}\max_{j\neq i}\left(\frac{\mathrm{avg}(C_i)+\mathrm{avg}(C_j)}{d_{\mathrm{cen}}(\mu_i,\mu_j)}\right) \tag{27-5}$$

Dunn 指数为

$$\mathrm{DI}=\min_{1\leqslant i\leqslant k}\left\{\min_{j\neq i}\left(\frac{d_{\min}(C_i,C_j)}{\max\limits_{1\leqslant r\leqslant k}\mathrm{diam}(C_r)}\right)\right\} \tag{27-6}$$

其中，DBI 的值越小越好，DI 的值越大越好。avg(C)为簇 C 内样本间的平均距离

$$\mathrm{avg}(C)=\frac{2}{|C|(|C|-1)}\sum_{1\leqslant i<j\leqslant|C|}\mathrm{dist}(x_i,x_j) \tag{27-7}$$

diam(C)为簇 C 内样本间的最远距离

$$\mathrm{diam}(C)=\max_{1\leqslant i<j\leqslant|C|}\mathrm{dist}(x_i,x_j) \tag{27-8}$$

$d_{\min}(C_i,C_j)$为簇 C_i 和 C_j 最近样本间的距离

$$d_{\min}(C_i,C_j)=\min_{x_i\in C_i,x_j\in C_j}\mathrm{dist}(x_i,x_j) \tag{27-9}$$

$d_{\mathrm{cen}}(C_i,C_j)$为簇 C_i 和 C_j 中心点之间的距离

$$d_{\mathrm{cen}}(C_i,C_j)=\mathrm{dist}(\mu_i,\mu_j) \tag{27-10}$$

27.2 基本聚类算法

聚类算法要解决的核心问题是如何定义簇，唯一的要求是簇内的样本尽可能相似。通常的做法是根据簇内样本之间的距离或是样本点在数据空间中的密度来确定。对簇的不同定义可以得到各种不同的聚类算法。常见的聚类算法可分为：划分式聚类算法、基于密度的聚类算法、层次化聚类算法、图论聚类、基于模型的聚类算法、基于网格的聚类算法、新发展的方法等。

27.2.1 基于质心的聚类方法

基于质心的聚类方法创建聚类中心并使用度量函数将每个数据点分配到具有最相似中心的簇中。这类聚类算法会预先指定聚类数目或聚类中心，然后对可能的聚类定义一个距离代价函数，反复迭代逐步降低代价函数的误差值直至收敛得到最终结果，即“类内的点足够相似，类间的点都足够不同”。典型的算法有 K-means 算法及其变体包括 K-means++、Genetic K-means、K-medoids、K-modes、K-medians 和 Kernel K-means 等。

经典 K-means 算法流程如下。

步骤 1. 选取质心：随机地选择 K 个向量作为簇点，聚类中心的个数 K 需要事先给定，但在实际中 K 值的选定是难以估计的，很多时候，事先并不知道给定的数据集应该分成多少个类别才最合适。下面几种策略可以缓解这种问题。

(1) 遍历尝试所有 K 值，通过设置一个$[K,K+n]$范围的 K 类值，然后逐个观察聚类结果，最终决定该使用什么 K 值对当前数据集是最佳的。

(2) 小数据集抽样试验，在实际情况中，往往对特定的数据集对应一个最佳的 K 值，而换一个数据集，可能原来的 K 值效果就会下降。但对于同一个项目中的一类数据，通过抽样的小数据集确定一个最佳 K 值后，对之后的所有 K 值都能获得较好的效果。

(3) 启发式分裂探索策略，即先找出很少几个聚类，然后决定是否值得将它们分裂。例如可以选择 $K=2$，执行 K 均值聚类直到终止，然后考虑分裂每个聚类。

步骤 2. 根据距离度量标准计算剩余的每个对象与各簇中心的距离，选取距离最小的质心作为该样本所属的类别。

步骤 3. 重新计算每个簇的平均值，更新为新的簇中心。

步骤 4. 不断重复步骤 2 和步骤 3，进行“划分-更新-划分-更新”这个过程，直到每个簇的中心不再移动为止，则算法达到收敛状态。

27.2.2　基于密度的聚类方法

基于密度的聚类方法与其他方法的一个根本区别是：它不是基于各种各样的距离度量的，而是基于密度的。因此它能克服基于距离的算法只能发现“类圆形”聚类的缺点。基于密度的聚类方法主要思想是只要邻近区域的密度(对象或数据点的数目)超过某个阈值，就继续聚类擅于解决不规则形状的聚类问题，广泛应用于空间信息处理。常用的算法有SGC、GCHL、DBSCAN 算法、OPTICS 算法和 DENCLUE 算法。

DBSCAN 算法的指导思想是：用一个点的邻域内的邻居点数衡量该点所在空间的密度，只要一个区域中的点的密度大于某个阈值，就把它加到与之相近的聚类中去。它可以找出形状不规则(oddly-shaped)的簇，且聚类时不需要事先知道簇的个数。DBSCAN 算法过程具体见算法 27-1。

数据集合 $X=\{x^{(1)},x^{(2)},\cdots,x^{(N)}\}$，DBSCAN 算法的目标是将数据集合 X 分成 K 个簇(K 由算法自动推断得到，无须事先指定)及噪音点组成，为此，引入簇标记数组 m_i

$$m_i=\begin{cases} j, & j>0,\text{若 } x^{(i)} \text{ 属于第 } j \text{ 个簇} \\ -1, & \text{若 } x^{(i)} \text{ 为噪音点} \end{cases}$$

DBSCAN 算法的目标就是生成标记数组 $m_i, i=1,2,\cdots,N$，K 为 $\{m_i\}_{i=1}^N$ 中互异的非负数的个数。

算法 27-1　DBSCAN 算法流程

输入：样本集 $D=(x_1,x_2,\cdots,x_m)$

输出：簇划分 C

step 1. 初始化

1. 给定参数 ε 和 M；
2. 生成 i 的邻域 $N_\varepsilon(i), i=1,2,\cdots,N$；
3. 令 $k=1, m_i=0, i=1,2,\cdots,N$；
4. 令 $I=\{1,2,\cdots,N\}$。

　step 2. 生成簇标记数组

　while ($I\neq\varnothing$)：

　{从 I 中任取一个元素 i，并令 $I:=I\setminus\{i\}$

　if($m_i=0$)，即节点 i 还没有被处理过：

　　{(1)初始化 $T:=N_\varepsilon(i)$

　　(2) 若 $|T|<M$，则令 $m_i=-1$(暂时将节点 i 标记为噪音点)

　　(3) 若 $|T|\geqslant M$，即节点 i 为核心点，则

　　(3.1)令 $m_i=k$，即将节点 i 归属于第 k 个聚类

(3.2) while ($T \neq \varnothing$):

{(a)从 T 中任取元素 j,令 $T := T\backslash\{j\}$

(b)若 $m_j = 0$ 或 -1,则令 $m_j = k$

(c)若 $|N_\varepsilon(j)| \geq M$,即 j 为核心点,则令 $T := T \cup N_\varepsilon(j)$

}

(3.3)令 $k = k + 1$(第 k 个聚类已完成,开始下一个聚类)

}

}

可以看到,DBSCAN 在不断发现新的核心点的同时,还通过直接密度可达,发现核心点邻域内的核心点,并把这些邻域内的核心点都归纳到第 k 个聚类中。而噪音点在每轮聚类中会被全局过滤,不参与下一轮启发式发现中。在下一次迭代中,边界点会被再次检验是否能够成为新聚类的核心点。

27.2.3 层次聚类

层次聚类方法通过计算不同类别数据点间的相似度来创建一棵有层次的嵌套聚类树。算法一开始将每个实例都看成一个簇,在一个确定的“聚类间度量函数”的驱动下,算法的每次迭代都将最相似的两个簇合并在一起,该过程不断重复直到只剩下一个簇为止。它不需要指定最终聚成的簇的数目(例如 K 值)。在聚类树中,不同类别的原始数据点是树的最底层,树的顶层是一个聚类的根节点。创建聚类树有自下而上凝聚和自上而下分裂两种方法,分裂法由上向下对大的簇进行分割,凝聚法由下向上对小的簇进行聚合,一般用得比较多的是由下向上的凝聚方法。常见的分层聚类算法有 BIRCH 算法、ROCK 算法和 Chameleon 算法等。

1. 分裂法

分裂法指的是初始时将所有的样本归为一个类簇,然后依据某种准则进行逐渐的分裂,直到达到某种条件或者达到设定的分类数目。算法流程如算法 27-2 所示。

算法 27-2 分裂聚类算法流程

输入: 样本集合 D,聚类数目或者某个条件(一般是样本距离的阈值,则可不设置聚类数目)

输出: 聚类结果

步骤 1. 将样本集中的所有的样本归为一个类簇;

repeat:

步骤 2. 在同一个类簇(计为 C)中计算两样本之间的距离,找出距离最远的两个样本 a,b;

步骤 3. 将样本 a,b 分配到不同的类簇 C_1 和 C_2 中;

步骤 4. 计算原类簇 C 中剩余的其他样本点和 a,b 的距离,若是 $\mathrm{dis(a)} < \mathrm{dis(b)}$,则将样本点归到 C_1 中,否则归到 C_2 中;

util: 达到聚类的数目或者达到设定的条件。

2. 凝聚法

凝聚法指的是初始时将每个样本点当作一个类簇,所以原始类簇的大小等于样本点的个数,然后依据某种准则合并这些初始的类簇,直到达到某种条件或者达到设定的分类数目。算法流程如算法 27-3 所示。

算法 27-3　凝聚聚类法的算法流程

输入：样本集合 D，聚类数目或者某个条件（一般是样本距离的阈值，这样就可不设置聚类数目）

输出：聚类结果

步骤 1. 将样本集中的所有的样本点都当作一个独立的类簇；

repeat：

步骤 2. 计算两类簇之间的距离，找到距离最小的两个类簇 C_1 和 C_2；

步骤 3. 合并簇 C_1 和 C_2 为一类；

util：达到聚类的数目或者达到设定的条件。

27.2.4 基于图论的聚类方法

基于图的算法把样本数据看作图的顶点，根据数据点之间的距离构造边，形成带权重的图。通过图的切割实现聚类，即将图切分成多个子图，这些子图就是对应的簇。这类算法的典型代表是谱聚类算法。谱聚类算法首先构造样本集的邻接图，得到图的拉普拉斯矩阵，接下来对矩阵进行特征值分解，最后通过对特征向量进行处理构造出簇。

算法首先根据样本集构造出带权重的图 G，聚类算法的目标是将其切割成多个子图。假设图的顶点集合为 V，边的集合为 E。聚类算法将顶点集合切分成 k 个子集，它们的并集是整个顶点集：$V_1 \cup V_2 \cup \cdots \cup V_k = V$。任意两个子集之间的交集为空：$V_i \cap V_{jk} = \varnothing, \forall i, j, i \neq j$。对于任意两个子图，其的顶点集合为 A 和 B，它们之间的切图权重定义为连接两个子图节点的所有边的权重之和

$$W(A,B) = \sum_{i \in A, j \in B} w_{ij} \tag{27-11}$$

其中 W 可以看作两个子图之间的关联程度，如果两个子图之间没有边连接，则 W 值为 0。从另一个角度看，这是对图进行切割时去掉的边的权重之和。对图顶点的子集 $V_1, V_2 \cdots V_k$，分割的代价定义为

$$\text{cut}(V_1, V_2, \cdots, V_k) = \frac{1}{2} \sum_{i=1}^{k} W(V_i, \bar{V}_i) \tag{27-12}$$

其中，$\bar{V}_i$ 为 V_i 的补集。这个值与聚类的目标一致，即每个子图内部的连接很强，而子图之间的连接很弱。图 27-1 为图切割示意图，将一个图切分成 3 个子图，虚线边为切掉的边，它们的权重之和即为切图成本。

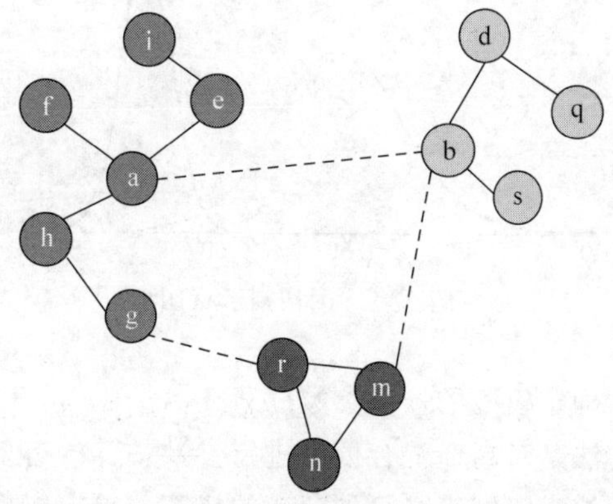

图 27-1　图切割示意图

但直接通过最小化这个值完成聚类还有问题，它没有考虑子图规模对代价函数的影响，使得这个指标最小的切分方案不一定就是最优切割。解决这个问题的方法是对代价函数进行归一化。第一种方法是用图的顶点数进行归一化，由此得到优化的目标为

$$\text{cut}(V_1, V_2, \cdots, V_k) = \frac{1}{2} \sum_{i=1}^{k} \frac{W(V_i, \bar{V}_i)}{|V_i|} \tag{27-13}$$

其中，$|V_i|$ 为子集的元素数量。最后归结为求解矩阵的特征值和特征向量问题。另外一种

方案也采用了归一化项：

$$\text{cut}(V_1,V_2,\cdots,V_k)=\frac{1}{2}\sum_{i=1}^{k}\frac{W(V_i,\bar{V}_i)}{\text{vol}(V_i)} \tag{27-14}$$

其中，vol 是图中所有顶点的加权度之和

$$\text{vol}(V)=\sum_{i\in V}d_i \tag{27-15}$$

求解上面的最优化问题，即可得到图的最佳切分方案，也就是想要的聚类结果。已经证明，求上面的最优化问题的解等价于求解图的归一化的拉普拉斯矩阵的特征值问题。

27.2.5 基于模型的聚类方法

基于模型的方法给每个簇假定一个模型，然后寻找对给定模型的最佳拟合的数据集，同一"类"数据属于同一种概率分布，即假设数据是根据潜在的概率分布生成的。这样一个模型可能是数据点在空间中的密度分布函数或者其他。它的一个潜在的假定是：目标数据集是由一系列的概率分布所决定的。常用方法包括基于概率模型的方法和基于神经网络模型的方法，尤其以基于概率模型的方法居多。

基于概率模型的方法中最典型最常用的方法是高斯混合模型。从概率的角度看，聚类的目标是寻找给定数据的最有可能的集合。由于任何有限数量的证据都不足以对某件事做完全肯定的结论，所以实例都以一定的可能性分属于每个聚类。这有助于消除那些硬性而快速的判断方案引发的脆弱性。

概率聚类的基础是建立在有限混合(finite mixture)的统计模型上。混合是指用 k 个概率分布代表 k 个聚类，控制聚类成员的属性值。每个聚类都有不同的分布，任何具体实例属于且只属于一个聚类，但不知道是哪个。各个聚类并不是等分布的，存在某种反映它们相对总体数量的概率分布。以一维情况为例，最简单的有限混合情况是在一个一维坐标轴上的数值属性，每个聚类都是一个高斯分布，但有不同的均值和方差。统计模型的目标是计算每个聚类的平均值和方差以及聚类之间的总体分布。

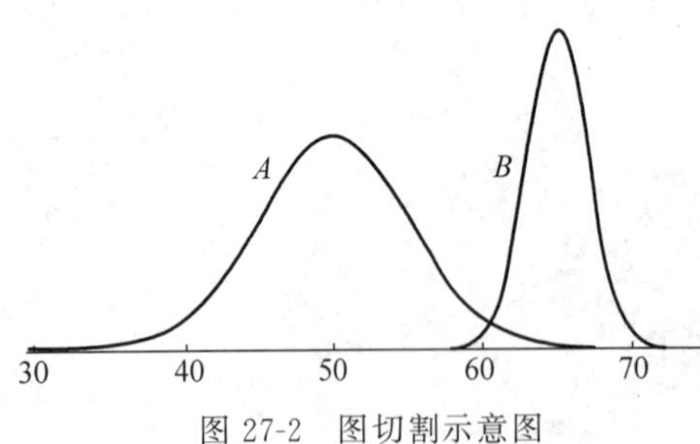

图 27-2 图切割示意图

混合模型将几个正态分布组合起来，它的概率密度函数看起来就像一组连绵的山脉，每座山峰代表一个高斯分布。图 27-2 中有两个聚类 A 和 B，每个都呈正态分布，聚类 A 的均值和标准差分别是 μ_A 和 σ_A，聚类 B 的均值和标准差分别是 μ_B 和 σ_B。从这些分布中抽样，聚类 A 的抽样概率为 P_A，聚类 B 的抽样概率为 P_B，$P_A+P_B=1$。所给的数据集没有类值只有数据，要求确定模型的 5 个参数($\mu_A,\sigma_A,\mu_B,\sigma_B,P_A$)，这就是有限混合问题。在许多情况下，EM 算法是对高斯混合模型进行参数估计的有效方法。如果 5 个参数一致，接下来是要找出某个给定实例来自每种分布的概率。给定实例 x，它属于聚类 A 的概率 $\Pr[A|x]$为

$$\Pr[A\mid x]=\frac{\Pr[A\mid x]\times\Pr[A]}{\Pr[x]}=\frac{f(x;\mu_A,\sigma_A)}{\Pr[x]} \tag{27-16}$$

其中，$f(x;\mu_A,\sigma_A)$是聚类 A 的正态分布函数，即

$$f(x;\mu,\sigma)=\frac{1}{\sqrt{2\pi}\sigma}\mathrm{e}^{-\frac{(x-\mu)^2}{2\sigma^2}} \tag{27-17}$$

在做比较时，分母 $\Pr[x]$ 会被消除，只要比较分子大小即可。

基于神经网络模型的聚类方法主要是指 SOM(Self-organizing Maps)网络。SOM 网络是 1981 年芬兰 Helsinki 大学的 T. Kohonen 教授提出的一种自组织特征映射网，又称为 Kohonen 网。Kohonen 认为一个神经网络接受外界输入模式时，将会分为不同的对应区域，各区域对输入模式具有不同的响应特征，而且这个过程是自动完成的。自组织特征映射正是根据这一看法提出来的，其特点与人脑的自组织特性相类似。典型 SOM 网络共有两层，输入层模拟感知外界输入信息的视网膜，输出层模拟做出响应的大脑皮层。图 27-3 给出了一维和二维的 SOM 网络示意图。

SOM 神经网络算法假设在输入对象中存在一些拓扑结构或顺序，可以实现从输入空间(n 维)到输出平面(二维)的降维映射，其映射具有拓扑特征保持性质，与实际的大脑处理有很强的理论联系。

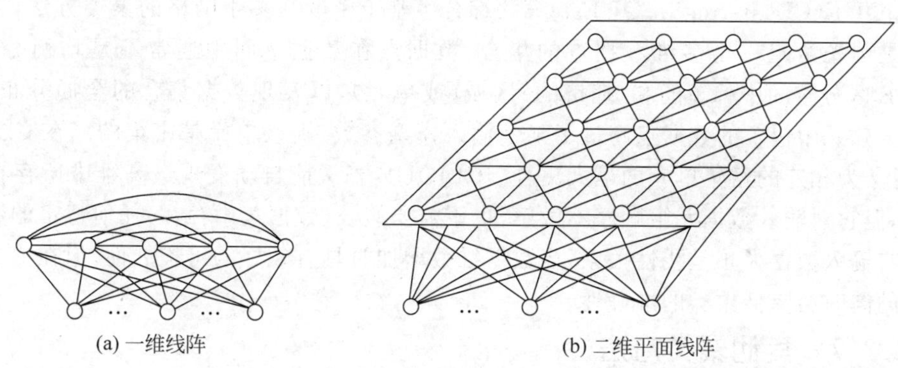

图 27-3　一维和二维的 SOM 网络示意图

SOM 网络包含输入层和输出层。输入层对应一个高维的输入向量，输出层由一系列组织在二维网格上的有序节点构成，输入节点与输出节点通过权重向量连接。学习过程中，找到与之距离最短的输出层单元，即获胜单元，对其更新。同时，将邻近区域的权重更新，使输出节点保持输入向量的拓扑特征。

SOM 算法流程如下。

步骤 1：网络初始化，对输出层每个节点权重赋初值。

步骤 2：将输入样本中随机选取输入向量，找到与输入向量距离最小的权重向量。

步骤 3：定义获胜单元，在获胜单元的邻近区域调整权重使其向输入向量靠拢。

步骤 4：提供新样本、进行训练。

步骤 5：收缩邻域半径、减小学习率、重复，直到小于允许值，输出聚类结果。

27.2.6　基于网格的聚类方法

基于网格的方法把对象空间量化为有限数目的单元，形成一个网格结构。所有的聚类操作都在这个网格结构(即量化空间)上进行。这种方法的主要优点是处理速度很快，其处理速度独立于数据对象的数目，只与量化空间中每一维的单元数目有关。但这种算法效率的提高是以聚类结果的精确性为代价的。此算法经常与基于密度的算法结合使用，代表算法有 STING 算法、CLIQUE 算法、Wave-Cluster 算法等。

STING(STatistical INformation Grid-based)算法是一种基于网格的多分辨率聚类技术,它将空间区域划分为矩形单元。针对不同级别的分辨率,通常存在多个级别的矩形单元,这些单元形成了一个层次结构:高层的每个单元被划分为多个低一层的单元。关于每个网格单元属性的统计信息(例如平均值、最大值和最小值)被预先计算和存储。这些统计信息用于回答查询。

WaveCluster(Clustering with Wavelets)算法采用小波变换聚类,它是一种多分辨率的聚类算法。它首先通过在数据空间上加一个多维网格结构来汇总数据,然后采用一种小波变换对原特征空间进行变换,并在变换后的空间中找到密集区域,WaveCluster 的计算复杂度是 $O(n)$。WaveCluster 能有效地处理大数据集合,发现任意形状的簇,成功地处理孤立点,对于输入的顺序不敏感,不要求指定诸如结果簇的数目或邻域的半径等输入参数。在实验分析中,WaveCluster 在效率和聚类质量上优于 BIRCH、CLARANS 和 DBSCAN。实验分析也发现 WaveCluster 能够处理多达 20 维的数据,但对数学建模的知识要求较高。

CLIQUE(CLustering in QUEst)算法综合了基于密度和基于网格的聚类方法,它的中心思想是首先给定一个多维数据点的集合,数据点在数据空间中通常不是均衡分布的。CLIQUE 区分空间中稀疏的和"拥挤的"区域(或单元),以发现数据集合的全局分布模式。如果一个单元中包含的数据点超过了某个输入模型参数,则该单元是密集的。在 CLIQUE 中,簇定义为相连的密集单元的最大集合。CLIQUE 算法能自动发现最高维中所存在的密集聚类,但它对输入数据元组顺序不敏感,也不需要假设(数据集中存在)任何特定的数据分布。它与输入数据大小呈线性关系,当数据维数增加时具有较好的可扩展性,但在追求方法简单化的同时会降低聚类的准确性。

27.2.7 其他聚类方法

1. 基于模糊的聚类方法

模糊理论是计算智能中的一个重要分支,它模仿了人类语言和思维中的模糊性概念,可以解决许多相应科学领域中的近似问题。模糊聚类是模糊理论应用和研究的一个活跃领域,它是将模糊理论应用于聚类分析,用模糊子集的概念代替确定子集(二值逻辑),就会得到模糊聚类结果。基于模糊理论的聚类方法,通过计算不同数据对象之间的相似程度,数据样本以一定的概率属于某个类,这建立了样本类别的不确定性描述,能够比较客观地反映现实世界,更符合自然界的规律。比较典型的方法有基于目标函数的模糊聚类方法、基于相似性关系和模糊关系的方法、基于模糊等价关系的传递闭包方法、基于模糊图论的最小支撑树方法以及基于数据集的凸分解、动态规划和难以辨别关系等。

以 FCM(Fuzzy C-Means)模糊聚类算法举例说明。FCM 算法首先是 Bezdek 对 K-means 算法进行模糊化改进后得到的,是基于对目标函数的优化基础上的一种数据聚类方法。聚类结果是每一个数据点对聚类中心的隶属程度,该隶属程度用一个数值来表示。然而当参数的初始化选取的不合适,可能影响聚类结果的正确性,并且当数据样本集合较大并且特征数目较多时,FCM 算法的实时性不太好。

FCM 模糊聚类算法流程如下。

步骤 1:标准化数据矩阵。

步骤 2:建立模糊相似矩阵,初始化隶属矩阵。

步骤 3：算法开始迭代，直到目标函数收敛到极小值。

步骤 4：根据迭代结果，由最后的隶属矩阵确定数据所属的类，显示最后的聚类结果。

2. 量子聚类

量子力学主要研究粒子在量子空间的分布，聚类则关注样本在尺度空间的分布，因此两者具有相通之处。David Horn 和 Assaf Gottlieb 首次提出了量子聚类（Quantum Clustering，QC）的概念。受量子力学的启发，量子聚类将聚类问题视为一个物理系统，基本的量子聚类过程如下。

(1) 给定数据集，将数据集中的样本点视为量子空间中的粒子，已知样本分布，也就是粒子的波函数是已知的。

(2) 量子聚类中的势能函数就相当于价值函数，利用薛定锷方程求解势能函数，则可以获得粒子的势能分布情况，势能最小的位置被视为聚类的中心点。具体地，利用梯度下降法对量子势能函数进行迭代，在局部区域内，粒子向势能函数的极小值点靠近，同类的粒子最终将聚集在同一位置，即聚类的中心。

(3) 设定距离度量函数，聚集在一起的粒子被归分为一类，这也就实现了数据样本点的聚类。

量子聚类属于基于划分的无监督聚类算法，样本的分布模型和聚类数目等都不需要预先假定，这也克服了传统聚类算法无能为力的几种聚类问题。并且，量子聚类算法的重点是聚类中心的选取而不是聚类边界的查找。

3. 核聚类

核方法常用于非线性数据的处理，它的特点是先采用非线性映射将数据从原始数据空间映射到特征空间，然后在特征空间进行线性操作。由于聚类过程严重依赖样本之间的特征差异，因此许多聚类算法应用核函数增加对样本特征的优化。核聚类通过利用 Mercer 核将输入样本映射到高维特征空间，进而在特征空间进行聚类。核聚类方法是普适的，它通过非线性映射可以更好地提取并放大鲁棒的特征，大大增强了聚类算法的非线性处理能力，加快算法收敛速度的同时，也可以实现更准确的聚类。代表算法有 SVDD 算法、SVC 算法。

27.3 深度学习聚类

聚类的目标是根据一些相似度度量(例如，欧几里得距离)将相似的数据分类为一个聚类。输入数据的可分离性决定着聚类算法的性能。不同的数据需要不同的相似性度量，但是传统聚类方法的相似度测量效率低下，并且高维数据的相似性计算具有较高的复杂度。因此，输入数据的降维和特征变换尤为重要，以便将输入数据映射到更容易分离的特征空间。深度神经网络(DNN)无须手动提取特征，即可学习高维数据的非线性映射。因此可以用于将数据转换为更有利于聚类的表示。

深度聚类算法的核心是学习聚类友好特征表示。图 27-4 总结了深度学习聚类算法的通用框架。首先，输入的高维数据被送入神经网络进行非线性降维，得到低维且判别性强的特征数据作为聚类算法输入数据。这里常用的神经网络架构包括自编码器、深度神经网络和 GAN。在多数情况下，使用神经网络学习输入数据的聚类友好表示时，特征重建损失通常和聚类损失被组合使用对网络参数进行微调，这里特征重建损失适用于基于自编码器的深度聚类网络架构。最后，低维数据被送入聚类算法进行簇更新。下面分别对深度聚类算法中常用的神经网络架构、深度聚类重建损失和深度聚类的簇更新进行详细介绍。

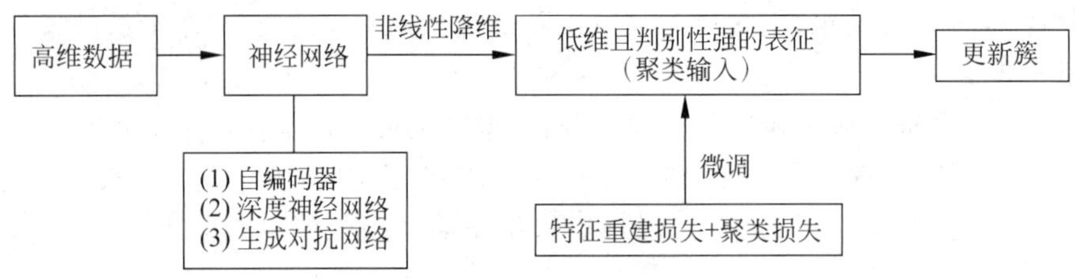

图 27-4 深度聚类通用框架

27.4 深度聚类网络架构

27.4.1 基于自编码器的聚类方法

自编码器是无监督表示学习中重要算法之一。训练映射确保在编码器层和数据层之间的重建损失最小。由于隐藏层的维数通常比数据层小,因此它可以帮助提取数据的最显著特征。AE 主要用于在监督学习中为参数找到更好的初始化,也可将其与无监督聚类结合。AE 一般由两部分组成:将原始数据 x 映射为潜在表示 h 的编码器函数 $h=f_{\varphi}(x)$,以及用于产生重建的解码器 $r=f_{\varphi}g_{\theta}(h)$,其中 φ 和 θ 分别表示编码器和解码器的参数。给定一组数据样本 $\{x_i\}_{i=1}^{n}$,为确保编码阶段没有丢失有用的信息,自编码器的优化目标为

$$\min_{\varphi,\theta} L_{\text{rec}}=\min\frac{1}{n}\sum_{i=1}^{n}\|x_i-g_{\theta}(f_{\varphi}(x_i))\|^2 \tag{27-18}$$

在自编码器中,编码器和解码器都可以由全连接的神经网络或 CNN 构造。需要说明的是,在基于自编码器的深度聚类方法中,一旦训练完成,解码器部分就不再使用,而编码器则用于将其输入映射到潜在空间。

变分自编码器(Variational Auto Encoder,VAE)可视为 AE 的生成变体,VAE 结合了变分贝叶斯方法和神经网络。它引入了神经网络以适应条件后验,因此可以通过 SGD 和标准反向传播优化变分推理目标。VAE 使用变分下界的重新参数化产生下界的简单可微分的无偏估计量。该估计器可用于几乎任何具有连续潜在变量的模型中的有效近似后验推断。从数学上讲,它旨在最小化数据集 $X=\{x_i\},i=1,2,\cdots,N$ 的边际似然的(变化)下界,其目标函数表述为

$$L(\theta,\varphi;X)=\sum_{i}^{N}(-D_{KL}(q_{\varphi}(z\mid x^{(i)})\|p(z))+\mathbb{E}_{q_{\varphi}(z|x^{(i)})}[\log p_{\theta}(x^{(i)}\mid z)]) \tag{27-19}$$

其中,$p(z)$是潜在变量的先验;$q_{\varphi}(z|x^{(i)})$是真实后验 $p_{\varphi}(z|x^{(i)})$的变分近似;而 $p_{\theta}(x^{(i)}|z)$是似然函数。从编码理论的角度来看,不可观测变量 z 可以解释为一个潜在表示,因此 $q_{\varphi}(z|x)$是一个概率编码器,而 $p_{\theta}(x|z)$是一个概率解码器。总而言之,标准自编码器与 VAE 之间的最大区别是 VAE 在潜在表示 z 上强加了概率先验分布。

在聚类背景下,先验分布 $p(z)$通常使用高斯混合模型,即假设观察数据是从混合的高斯生成,推断数据点的类别等效于推断数据点是从哪一种潜势分布模式生成的。在最大化证据的下界之后,可以通过学习的 GMM 模型推断聚类的簇分配。代表算法有 VaDE

(Variational Deep Embedding)和 GMVAE(Gaussian Mixture VAE)。

基于 AE 的深度聚类代表性方法包括以下几类。

(1) SDCN(Structural Deep Clustering Network)：SDCN 通过 GCN 将数据的结构信息集成到深度聚类中。具体地，首先为了描述数据的底层结构，SDCN 构建了一个 KNN 图。然后利用多个图卷积层组成的 GCN 模块捕获数据的低阶和高阶结构信息。进一步地，传递算子将自编码器表征转移到 GCN 层，最后利用双重自监督模块统一这两种不同的深度神经网络架构并指导整个模型的更新，以完成聚类任务。

(2) DCN(Deep Clustering Network)：DCN 将降维和 K-means 聚类统一在一个框架中，其中降维是通过堆叠的自编码器来完成的，并设计了 DNN 结构和 K-means 聚类的联合优化准则，首先对自编码器通过逐层预训练进行初始化，然后对网络参数和集群参数进行交替随机优化。与其他方法相比，DCN 的目标很简单，并且计算复杂度较低。

(3) DSC(Deep Subspace Clustering)：受益于深度神经网络的成功，DSC-L1 是最早的基于深度学习的子空间聚类方法，即满足子空间聚类的稀疏性原则，也使子空间聚类方法对非线性子空间同样有效。DSC-L1 的优势在于可以利用自编码器的非线性变换使数据满足线性子空间分布的假设有效，它将样本从输入空间显式地映射到潜在空间，并且以数据驱动的方式学习转换参数。DSC-L1 的优化目标是子空间聚类损失和重建损失。

(4) DEN(Deep Embedding Network)：在利用自编码器学习聚类友好表征时，为了保留原始数据的局部结构，DEN 首先对学习表征施加了局部约束，旨在将原始数据嵌入底层的流形空间中。此外，为进一步促进聚类并使表征包含聚类信息，DEN 使用群组稀疏性约束将表征的亲和力对角化。然后对重建损失、局部约束和群组约束一起进行优化，以对网络进行微调。最后，使用 K-means 对学习到的表征进行聚类。

(5) Deep K-means：在深度聚类研究的背景下，判别性模型在研究中占据了主导地位并具有最优的聚类性能。判别性模型对数据的假设较少，它的目标是通过给定输入数据的标签的条件概率(后验)学习簇之间的决策边界，例如图聚类。因此判别性方法的目标函数(如基于互信息或 KL 散度的函数)比生成方法(如 K-means)更加灵活。Mohammed Jabi 等揭示了深度判别聚类性模型和 K-means 之间的联系，不仅证明了判别模型等同于温和条件下的 K-means 和常见的后验模型以及参数正则化，而且证明了通过近似交替方向方法(Alternating Direction Method，ADM)最大化 L_2 正则化互信息等效于最小化软和正则化 K-means 损失，最后提出了新的软正则化的深度 K-means 算法，将最近几个最先进的判别模型直接连接到 K-means。

(6) DMC(Deep Multi-Manifold Clustering)：DMC 采用深度神经网络对位于多个流形上的未标记数据进行分类和参数化。由于位于局部流形的数据点具有相似的表示，因此 DMC 通过反向传播优化由两部分组成的联合损失函数：局部保持目标和面向聚类的目标。局部保持目标包括自编码器重构损失和局部保持损失。面向聚类的损失函数根据数据表征与每个簇中心的接近性来惩罚它们，使得表征对集群友好并且具有判别性。

27.4.2 基于深度神经网络的聚类方法

基于深度神经网络(Clustering Deep Neural Networks，CDNN)的聚类算法仅使用聚类损失训练网络，其中网络可以是 FCN、CNN 或 DBN。由于没有重建损失，当数据点简单地映射到紧密的聚类时，基于 CDNN 的算法就有获得损坏的特征空间的风险，导致聚类损失的值很小但无意义。因此，聚类损失的设置和网络初始化很重要。

根据网络初始化的方式可以将基于 CDNN 的深度聚类算法分为三类：无监督的预训练、有监督的预训练和无预训练。无监督预训练的代表算法有 DNC、DEC(Deep Embedded Clustering)、DBC(Discriminatively Boosted Clustering)等。尽管无监督的预训练可以更好地初始化网络，但是从复杂的图像数据中提取可行的特征仍然具有挑战性。有监督的预训练方法采用经过大规模、多样的标记数据集训练后的 CNN 架构(如 VGG、ResNet 等流行的网络架构)提取输入数据的特征，然后再结合经典的聚类算法。CCNN(Clustering Convolutional Neural Network)是有监督预训练的代表算法。预训练好的 CNN 模型可以显著提高聚类性能，但在一个设计良好的聚类损失的指导下，这些网络也可以被训练来提取判别性特征。同时，也有许多算法采用无预训练的方法，例如 IMSAT(Information Maximizing Self-Augmented Training)、JULE(Joint Unsupervised Learning)、DAC(Deep Adaptive Image Clustering)等。

27.4.3 基于生成对抗网络的聚类方法

GAN 是近年来流行的一种深度生成模型。GAN 在两个神经网络(生成网络 G 和判别网络 D)之间建立了最小-最大对抗博弈。生成网络负责将样本 z 从先前分布 $P(z)$ 映射到数据空间，而判别网络则负责根据数据分布计算输入是真实样本或者是生成网络生成的样本的概率。GAN 的目标函数可以表述为：

$$\min_G\max_D E_{x\sim P_{\text{data}}}[\log D(x)] + E_{z\sim P(z)}[\log(1-D(G(z)))] \tag{27-20}$$

利用 SGD 对生成器 G 和判别器 D 进行交替优化。GAN 提供了一个对抗性的解决方案，将数据的分布或其表示与任意先验分布进行匹配。一些方法利用生成对抗的思想构建适合聚类的特征空间，代表性的算法有 DAC(Deep Adversarial Clustering)、CatGAN(Categorial Generative Adversarial Network)和 InfoGAN(Information Maximizing Generative Adversarial Network)等。需要说明的是，基于 GAN 的深度聚类算法具有 GAN 相同的问题，例如难以收敛和模式崩溃(mode collapse)。

27.5 深度聚类损失

在深度学习聚类算法中，对聚类输入数据进行微调时，目标函数通常为深度网络的损失和聚类损失的结合，即

$$L = \lambda L_{\text{dn}} + (1-\lambda) L_{\text{c}} \tag{27-21}$$

其中，L_{c} 是聚类损失；L_{dn} 是深度网络损失；λ 是一个常数指定两个损失之间的权重。下面介绍三种不同的 λ 设置。

(1) $0<\lambda<1$ 表示深度网络和聚类算法进行联合训练，即网络参数的微调受重建损失和聚类损失的影响。

(2) $\lambda=0$ 表示仅使用聚类损失来训练网络。它的缺点是，网络模型仅受聚类损失约束。对于大多数聚类损失，没有深度网络损失的可能会产生更差的表示，或者理论上甚至会导致崩溃的集群。

(3) $\lambda=1$ 表示仅使用深度网络损失来训练网络。这种情况下，神经网络用于改变聚类输入的表示，例如降维。这种转换有时可能对聚类有益，但使用聚类损失通常会产生更好的结果。

在实践中，常用的损失组合方法有两种，一种是λ在训练期间随着时间变化；另一种首先将λ设置为0，即仅使用深度网络的损失训练网络参数，然后再将λ设置为1，即去除深度网络分支(例如自编码器的解码器)，使用聚类损失微调网络参数。

27.6　深度聚类的簇更新

基本聚类方法已在27.2节进行了详细的介绍，在深度聚类的背景下，基于质心的聚类方法和层次聚类方法是两种最常与深度学习使用的聚类方法。接下来详细介绍这两类方法的簇更新方式。

K-means属于基于质心的聚类类别，通过介绍基于K-means的深度聚类工作来展示基于质心聚类的簇更新过程。例如，Li等在文章 *Discriminatively boosted image clustering with fully convolutional auto-encoders* 提出了基于全卷积自编码器(Fully Convolutional Auto-Encoders，FCAE)的判别增强聚类(Discriminatively Boosted Blustering，DBC)，其中原始图像的深度表示和集群分配是联合学习的。它包含两部分，第一部分是用于快速和粗略图像特征提取的FCAE；第二部分是由FCAE和软K-means分类器组成的DBC方法。具体地，首先以端到端的方式训练FCAE，这避免了传统堆叠自编码器中采用的烦琐且耗时的逐层预训练。然后丢弃FCAE的解码器部分，提出的DBC方法在FCAE编码器的特征层之上添加软K-means模型来制作统一的聚类模型进行特征学习和聚类。DBC与有判别性的增强分布假设进行联合训练，这使得基于FCAE的深度表示更适合分类器，也克服了使用直接从自编码器学习的特征和基本聚类方法的分离问题。具体的簇更新步骤如下。

(1) 粗略训练深度全卷积自编码器FCAE。

(2) 去掉FCAE的解码器部分，然后利用FCAE编码器部分提取图像特征。

(3) 使用K-means计算FCAE特征的簇中心。

(4) 采用基于t分布的软分配分数测量样本特征和簇中心的相似度，也可以称为衡量样本的难易程度。

(5) 根据软分配分数确定目标分布。

(6) 计算软分配和目标分布之间的KL散度损失来提高软分配分数较高的样本，同时降低软分配分数较低的样本，将较难的样本转化为较容易的样本。

(7) 根据KL散度计算FCAE编码器的网络参数和聚类中心的梯度。

(8) 用梯度进一步微调FCAE编码器的网络参数和聚类中心。

(9) 如果硬分配保持不变则停止上述过程。

凝聚聚类是一种自下向上的层次聚类方法，Yang等在文章 *Joint Unsupervised Learning of Deep Representations and Image Clusters* 中提出了一个递归的框架，对深度表征和凝聚聚类进行联合学习，其中，凝聚聚类的合并操作表示为前向传播，基于CNN的聚类特征表示为反向传播过程。在优化过程中，还推导出了一个单一的损失函数指导凝聚聚类和CNN的参数更新，这使得两个任务的优化可以端到端的完成。图像经过CNN的表征有利于图像聚类，同时，聚类结果可以为表征学习提供监督学习。

凝聚聚类的核心思想是在每一个时间步合并两个聚类，直到簇的个数达到设定数目。由于凝聚聚类在多个时间点进行簇的合并，因此可以将凝聚聚类解释为一个循环的过程。考虑到图像初始的CNN特征不可靠，因此需要在合并聚类后更新CNN的参数，假设需要

合并 T 个合并时间点，由于在每个合并时间点更新 CNN 参数时间消耗太大，因此将 T 个合并拆分为 P 个周期，每个周期包括前向和反向传播过程。在前向传递中，固定 CNN 的网络参数并搜索最优的簇合并结果，在反向传播中，以当前最优的粗分配作为监督信号推导出最优的 CNN 网络参数。以一个周期为例，介绍簇和 CNN 网络参数更新的流程。

(1) 每个图像的深度表征视为一个集群，即初始集群。

(2) 基于初始集群构建有向图，利用图度链接计算初始集群之间的亲和力(相似度)。

(3) 将初始集群与和它相似度最高的集群进行合并。

(4) 每个合并时间点的聚类目标函数包括两个部分，第一部分是簇与其最近邻之间的相似度，这遵循传统的凝聚聚类。第二部分测量簇与其最近邻之间的相似度和簇与其他相邻簇之间的差异，这考虑了集群周围的局部结构。

(5) 在前向传播中固定 CNN 的参数，并且搜索最优的簇合并结果。

(6) 将一个周期里面的所有合并时间点的损失(如步骤(4)所示)相加，利用 SGD 法优化该周期的损失，并在反向传播中更新 CNN 的网络参数。

更一般地，在深度网络训练期间，簇的更新和分配有两种形式。第一种是基本聚类模型与深度网络模型交替更新，这种情况下，簇的更新比较严格，根据不同设置的迭代次数和更新频率，簇的更新的步骤与网络模型更新的步骤不同。第二种是基本聚类模型与深度网络模型联合更新，这种情况下，簇的分配被表示为概率形式，具有介于 0 ～ 1 的连续值，因此它们可以作为网络的参数，并通过反向传播进行优化。

27.7 本章小结

本章主要介绍了聚类基础、基本聚类算法以及深度学习聚类。在聚类基础中，介绍了聚类定义、聚类过程以及性能度量，并将基本聚类算法分为七种类型：基于质心的聚类方法、基于密度的聚类方法、层次聚类、图论聚类、基于模型的聚类、基于网格的聚类方法和新发展的聚类方法。在深度学习聚类中，介绍了深度聚类的一般框架，由深度聚类网络架构、深度聚类损失以及深度聚类簇更新组成。深度聚类网络架构分别包括基于自编码器的聚类方法、基于聚类深度神经网络的聚类方法和基于 GAN 的聚类方法。在深度聚类的簇更新中分别详细介绍了基于质心聚类的簇更新和基于层次聚类的簇更新过程。

参考文献

本章参考文献扫描下方二维码。

第 28 章 深度学习回归

CHAPTER 28

在对数据进行建模和分析时，回归分析扮演着重要角色，本章主要介绍回归分析的概念；常见的回归分析技术；如何将回归分析技术用于深度网络的优化学习中。

28.1 回归分析

回归分析是用于研究自变量与因变量关系的一种技术，例如可以使用回归分析技术去研究客流量与交通事故频率的定量关系。回归分析技术的好处：可以定量地指示出自变量与因变量之间的关系；可以直接或间接地研究出自变量对因变量的影响。

28.2 基于深度学习的线性回归分析

28.2.1 线性回归

在线性回归分析中，因变量是连续型变量，自变量可以是连续型或离散型变量，如图 28-1 所示。一般情况下，线性回归用回归直线去建立因变量 Y 和自变量 X 之间的关系。其关系可表示为

$$Y=a+b\times X+e \tag{28-1}$$

其中，a 是截距；b 是回归直线的斜率；e 是误差项。

简单线性回归与多元线性回归主要的不同点：一般情况下，多元线性回归可以有多个自变量，简单线性回归往往只有一个自变量。

一个问题：如何找到合适的回归线？一般情况下，通过使用最小二乘法确定回归线。本质上说，最小二乘法就是定义的一个线性回归的损失函数，如图 28-2 所示。回归算法需要优化的任务是，把损失函数做到最小。这个时候，算法所对应的参数就是最优的参数。

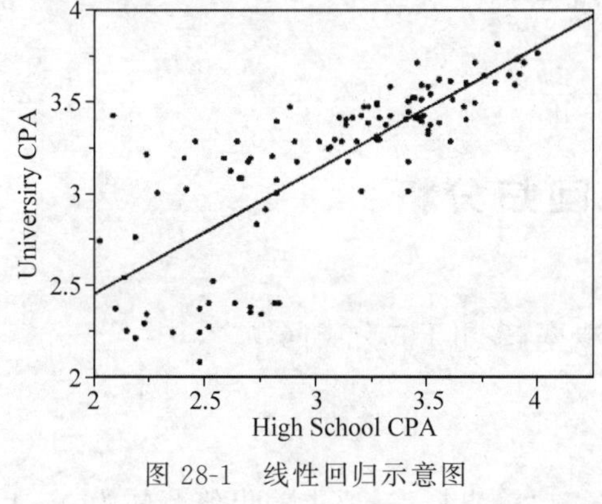

图 28-1 线性回归示意图

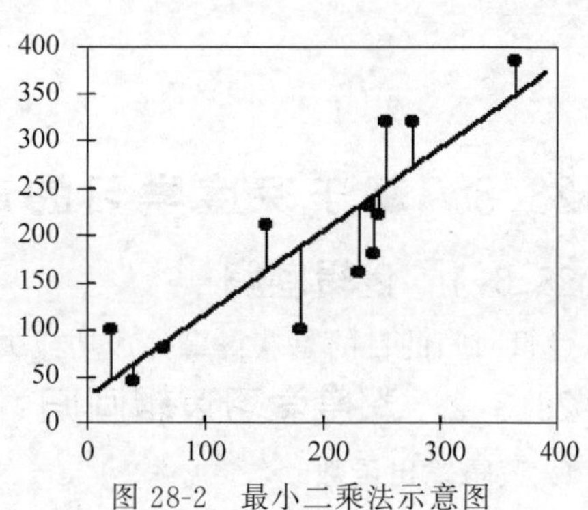

图 28-2 最小二乘法示意图

28.2.2 深度学习线性回归

1. 梯度下降法

在深度神经网络优化中，图 28-3 所示的梯度下降法是比较常用的算法。在算法优化的每一个步骤中，就是让输入数据找到最优的下降迭代方向，以使得最终的输出值可以在局部最小值附近。基于此，在针对梯度下降法构建线性回归方程时，算法需要把损失函数定义为待优化的函数，使其沿梯度下降的方向做迭代优化，最终找到满意的参数。

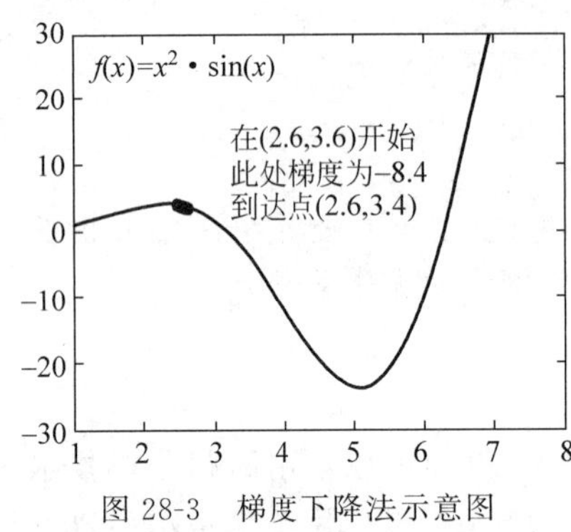

图 28-3 梯度下降法示意图

梯度下降法公式如下：

$$w=w_1-\alpha\left(\frac{\partial_y}{\partial_w}\right) \tag{28-2}$$

其中，w_1 为上一层的权重，α 为学习率，比值是 y 对 w 求偏导。通过调整学习率 α 可以在一定程度上找到满意解。

但是，需要认真考虑的一个问题是：如何才能够避免算法陷入局部最优解？一般可以采用以下方法。

（1）使用不同的初始参数对深度网络进行训练。

（2）使用 SGD 法。在一定程度上，SGD 法可以对优化的方向产生小的干扰，进而降低陷入局部最优的概率。

2. 线性回归-数学模型

模型为

$$h(x)=w_1x_1+w_2x_2+\cdots+w_nx_n+b \tag{28-3}$$

损失函数为

$$J(w,b)=\frac{1}{2m}\sum(h(x_i)-y_i)^2 \tag{28-4}$$

优化算法的目的是使得 $J(w,b)$最小，可以通过梯度下降算法来实现。$J(w)$的梯度为

$$\frac{\partial J}{\partial w}=\frac{1}{m}\sum_i(h(x_i)-y_i)x_i \tag{28-5}$$

$$\frac{\partial J}{\partial b}=\frac{1}{m}\sum_i(h(x_i)-y_i) \tag{28-6}$$

梯度下降为

$$w:=w-\alpha\frac{\partial J}{\partial w} \tag{28-7}$$

$$b:=b-\alpha\frac{\partial J}{\partial b} \tag{28-8}$$

28.3 基于深度学习的逻辑回归分析

28.3.1 逻辑回归

逻辑回归的目的是获得事件成功或失败的概率，多用于二分类问题。

28.3.2 深度学习逻辑回归

1. 逻辑输出函数

Logistic 函数是解决二分类问题。因此，它需要输出概率，要求输出值范围为 0～1，需

要加一个激励函数，常用的 Sigmoid 函数如下

$$f(z)=\frac{1}{1+e^{-z}}$$

2. 计算图

计算图的理解是神经网络的前向传播、反向传播算法的基础。所以，首先讨论一下计算图的概念。

(1) 前向传播。若 $a=5,b=3,c=2$，且 $u=bc,v=a+u,J=3v$，J 的求解过程如图 28-4 所示。

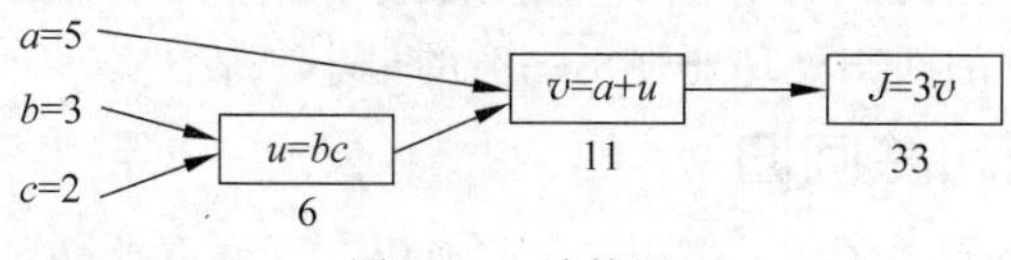

图 28-4 计算图

(2) 反向传播—求导。J 对参数 a 的导数为

$$\frac{dJ}{da}=\frac{dJ}{dv}\frac{dv}{da}$$

同理，可以求得 J 对参数 b、c 的导数。

3. 计算图优化逻辑(单个样本)

现在有 3 个参数 w_1、w_2、b，则如图 28-5 所示，可以求得该样本的损失函数 L

$$\boldsymbol{z}=\boldsymbol{w}^{\mathrm{T}}\boldsymbol{x}+\boldsymbol{b} \tag{28-9}$$

$$\hat{\boldsymbol{y}}=\boldsymbol{a}=\sigma(\boldsymbol{z}) \tag{28-10}$$

$$L(\boldsymbol{a},\boldsymbol{y})=-(\boldsymbol{y}\log(\boldsymbol{a})+(1-\boldsymbol{y})\log(1-\boldsymbol{a})) \tag{28-11}$$

根据上述推论，可以求损失函数 L 对 w_1、w_2、b 的偏导数，完成了一次优化，然后可以用优化后的 w_1、w_2、b 再次前向计算 L，再反向计算偏导数。以此类推，最终可以得到最小 L 情况下的 w_1、w_2、b。

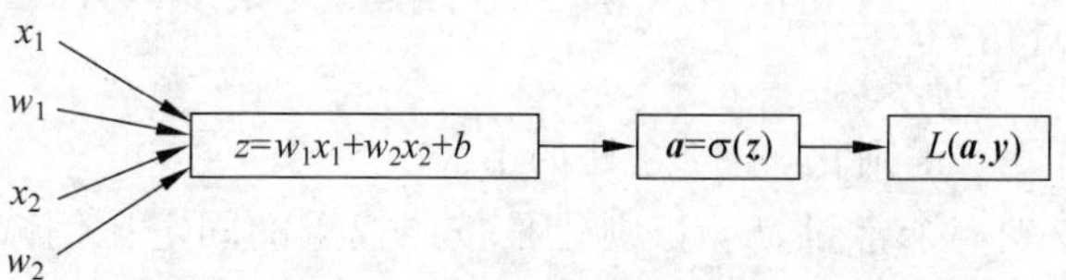

图 28-5 参数优化示意图

4. 逻辑推导

这里主要讲解逻辑的输出函数和代价函数的推导。

(1) 单样本的损失函数。首先，需要再次明确，假定逻辑输出 $y=1$ 的概率是 y_1。那么，输出 $y=0$ 的概率是 $1-y_1$，数学表达式 $y_1y+(1-y_1)(1-y)$。逻辑损失函数为

$$y\log y_1+(1-y)\log(1-y_1)$$

(2) 样本集的代价函数。假定各样本之间是相互独立的，则总的概率即为各个样本概率的乘积，样本集的代价函数为

$$\log P(\text{labels in training set})=\log\prod_{i=1}^{m}P(y^{(i)}\mid x^{(i)}) \tag{28-12}$$

$$\log P(\text{labels in training set})=\sum_{i=1}^{m}\log P(y^{(i)}\mid x^{(i)})=-\sum_{i=1}^{m}L(\hat{y}^{(i)},y^{(i)}) \tag{28-13}$$

$$\min J(w,b)=\frac{1}{m}\sum_{i=1}^{m}L(\hat{y}^{(i)},y^{(i)}) \tag{28-14}$$

28.4 基于深度学习的岭回归分析

28.4.1 岭回归

对于多重共线性问题,需要用到岭回归,其示意如图 28-6 所示。多重共线性是自变量之间有高度相关关系,使用岭回归会减少标准误差。岭回归是一种改进的最小二乘估计算法,它损失了部分信息、降低了结果精度。但是对病态数据的回归处理要强于一般的最小二乘法。

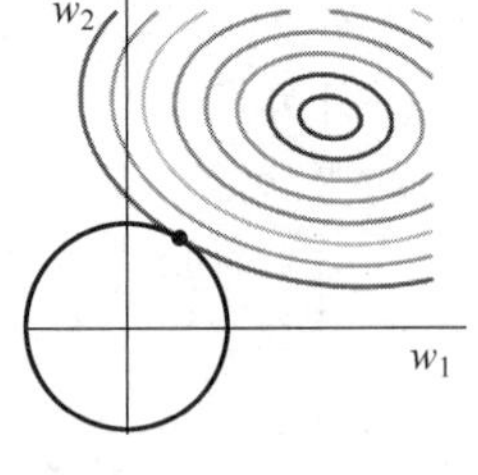

图 28-6 岭回归示意图

28.4.2 深度学习岭回归

在深度学习目标函数的构建中,多用 L_2 正则化:$L(\theta)=L(\theta)+\lambda\sum n_i\theta_{2i}$,其中,$\theta$ 是神经网络的待优化学习的参数,λ 表示正则项的强弱,取值越大,对网络模型的复杂度约束越强。L_2 正则化对应的项称为惩罚项。

28.5 基于深度学习的 LASSO 回归分析

28.5.1 LASSO 回归

和岭回归类似,LASSO 回归也是通过惩罚其回归系数求得最优参数,其示意如图 28-7 所示。它主要的特点如下。

(1) 它可以把系数收缩到 0,进一步帮助特征选择。

(2) 若一组变量具有高度相关性,LASSO 会选择其中之一。

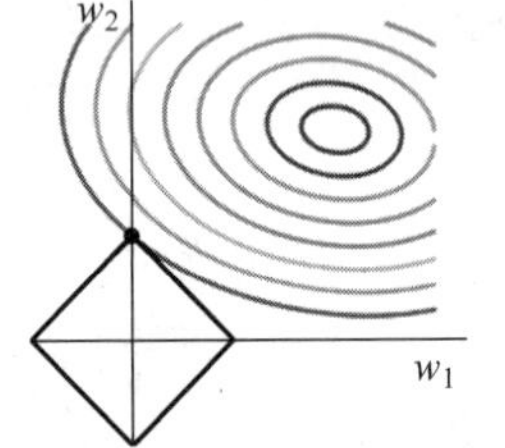

图 28-7 Lasso 回归示意图

28.5.2 深度学习 LASSO 回归

L_1 正则化的形式为 $\lambda|\theta_i|$,优化的目标函数为 $L(\theta)=L(\theta)+\lambda\sum n_i|\theta_i|$。除了约束模型复杂度以外,$L_1$ 正则化还可以稀疏参数。

L_1 正则化相比于 L_2 正则化,不同之处如下。

(1) L_1 正则化减少一个常量,L_2 正则化是按照权重的固定比例减少。

(2) L_1 正则化稀疏权重,L_2 正则化平滑权重。

28.6 本章小结

本章内容主要重点讲述回归技术和深度学习优化的结合。其中,首先介绍了回归分析的概念以及为什么需要用回归分析技术。然后分析了常用的回归技术是如何与深度网络的优化学习结合的。

参考文献

本章参考文献扫描下方二维码。